Die Grundlehren der mathematischen Wissenschaften

in Einzeldarstellungen
mit besonderer Berücksichtigung
der Anwendungsgebiete

Band 141

Herausgegeben von

J. L. Doob · E. Heinz · F. Hirzebruch · E. Hopf · H. Hopf
W. Maak · S. Mac Lane · W. Magnus · D. Mumford
M. M. Postnikov · F. K. Schmidt · D. S. Scott · K. Stein

Geschäftsführende Herausgeber

B. Eckmann und B. L. van der Waerden

Mathematische Hilfsmittel des Ingenieurs

Herausgegeben von
R. Sauer   I. Szabó

Unter Mitwirkung von
H. Neuber · W. Nürnberg · K. Pöschl
E. Truckenbrodt · W. Zander

Teil III

Verfaßt von
T. P. Angelitch · G. Aumann · F. L. Bauer
R. Bulirsch · H. P. Künzi · H. Rutishauser
K. Samelson · R. Sauer · J. Stoer

Mit 101 Abbildungen

Springer-Verlag Berlin Heidelberg New York 1968

ISBN-13: 978-3-642-95031-5   e-ISBN-13: 978-3-642-95030-8

DOI: 10.1007/978-3-642-95030-8

Titel Nr. 5124

Vorwort der Herausgeber zum Gesamtwerk

Das auf vier Bände angelegte Werk „Mathematische Hilfsmittel des Ingenieurs" (MHI), von dem hier der dritte Teilband vorliegt, will den Ingenieur mit dem modernen Stand der Mathematik vertraut machen, soweit es sich um Theorien und Methoden handelt, die für das Ingenieurwesen von Bedeutung sind oder von Bedeutung zu werden versprechen. An mathematischen Vorkenntnissen wird lediglich der Stoff der mathematischen Kursvorlesungen vorausgesetzt, wie sie an den deutschen Technischen Hochschulen in den ersten drei oder vier Semestern gehalten werden.

Der rasche Fortschritt der Technik im Verein mit den Naturwissenschaften hat dazu geführt, daß für die Bearbeitung technischer Probleme immer umfassendere mathematische Hilfsmittel benötigt werden. Im Zuge dieser Entwicklung sind einerseits manche abstrakten mathematischen Disziplinen, die im Rahmen der sogenannten „reinen Mathematik" ohne irgendeinen Bezug auf Anwendung entstanden waren (wie z. B. die Boolesche Algebra), heutzutage ein wichtiges Werkzeug für den Ingenieur geworden. Andererseits haben praktische Bedürfnisse in Technik und Wirtschaft zum Ausbau neuer Zweige der Mathematik geführt (z. B. Optimierungsprobleme in der Unternehmensforschung). Viele Ingenieure benötigen daher in ihrer Praxis sowohl eine vertiefte Kenntnis der älteren klassischen mathematischen Disziplinen als auch Vertrautheit mit neu entstandenen Zweigen der Mathematik. Dieser Gesichtspunkt ist für die Stoffauswahl der MHI maßgebend gewesen. Natürlich ist die getroffene Auswahl letzten Endes subjektiv. Die Herausgeber hoffen jedoch, unterstützt durch die Redakteure und Autoren, nichts Wichtiges, für das ein breites Bedürfnis besteht, übersehen zu haben.

Die MHI sind mehr als eine Formelsammlung im üblichen Sinn. Sie bringen nämlich in jeder der behandelten Disziplinen nicht nur den erforderlichen Formelapparat, sondern dazu auch die grundlegenden Definitionen, Sätze und Methoden, und zwar in einer Darstellung, die der auf physikalisch-geometrische Anschaulichkeit gerichteten Denkweise des Ingenieurs Rechnung trägt. Das heißt: Die in den Definitionen eingeführten Begriffe werden, soweit dies möglich ist, anschaulich erläutert, und es wird stets versucht, dem Leser verständlich zu machen, aus welchem Grund die betreffenden Begriffe eingeführt werden. Bei den

a*

Sätzen und Methoden wird dem Leser das Verständnis durch Beispiele und plausible Begründungen erleichtert. Beweise werden nur in solchen Fällen gebracht, in denen sie für das Verständnis eines Satzes oder einer Methode notwendig sind. Durch Hinweise auf Lehrbücher wird der Leser jedoch in den Stand gesetzt, von Fall zu Fall sich auch über die Beweise zu orientieren.

Der heutzutage weit verbreitete Einsatz von Rechenautomaten hat in der angewandten Mathematik insofern eine Wandlung gebracht, als neben „geschlossenen", d. h. formelmäßig gegebenen Lösungen auch Algorithmen zur numerischen Lösung mathematischer Probleme große Bedeutung erlangt haben. Diesem Umstand wird an vielen Stellen der MHI durch ausführliche Behandlung einschlägiger numerischer Verfahren Rechnung getragen. In diesem Zusammenhang ist besonders auf Teil II und vor allem auf den hier vorliegenden Teil III hinzuweisen, in dem drei Abschnitte speziell der Numerik gewidmet sind. Ein angehängter Abschnitt des Teiles III beschäftigt sich außerdem mit der logischen Struktur der Rechenautomaten und mit grundsätzlichen Fragen der Programmierung.

Obwohl die MHI in erster Linie auf die Bedürfnisse der Ingenieure ausgerichtet sind, werden sie auch von Naturwissenschaftlern, insbesondere Physikern, sowie von Mathematikern mit Nutzen verwendet werden können. Und entsprechend dem Vordringen mathematischer Methoden in immer weitere Bereiche werden auch für Vertreter anderer Disziplinen manche Abschnitte des Werkes von Interesse sein, z. B. für Wirtschafts- und Betriebswissenschaftler der Abschnitt J über lineare und nichtlineare Optimierung in Teil III und in Teil IV der Abschnitt M über Wahrscheinlichkeitsrechnung und mathematische Statistik.

Im letzten Band findet man eine Zusammenstellung der grundlegenden Formeln der theoretischen Ingenieurwissenschaften, insbesondere der Mechanik und der Elektrotechnik. Damit soll dem Benutzer für ein größeres Gebiet von „Normalproblemen" der entsprechende Vorrat von Ausgangsgleichungen mitgegeben und zum Teil eine zusätzliche Verknüpfung mit dem mathematischen Stoff hergestellt werden.

Die Vorbereitung eines so umfassenden Vorhabens bringt durch Terminfragen und die notwendige gegenseitige Abstimmung der einzelnen Beiträge naturgemäß erhebliche Schwierigkeiten mit sich. Den beiden Herausgebern ist es daher ein herzliches Bedürfnis, allen Autoren für ihre Mühe und Geduld zu danken, Herrn Professor Dr. KLAUS PÖSCHL und Herrn Dipl.-Ing. WOLFGANG ZANDER außerdem noch für die kritische Durchsicht und Koordinierung der Manuskripte und schließlich auch den zahlreichen Mitarbeitern der Autoren, die sich am Korrekturlesen beteiligt haben. Besonderer Dank gebührt dem Springer-Verlag, der den Plan, das vorliegende Werk herauszubringen, alsbald verständnisvoll aufgegriffen und seine Durchführung von Anfang an und über manche äußeren Hemmnisse hinweg tatkräftig gefördert hat, so daß nunmehr nach dem ersten auch der dritte Teil des Werkes in der bekannten vorzüglichen Ausstattung erscheinen kann.

Das Gesamtwerk wird, auch bei Bejahung der ihm unterliegenden Konzeption durch den Leser, noch manche Wünsche offen lassen. Autoren wie Herausgeber sind schon jetzt für alle Anregungen dankbar, die aus dem Benutzerkreise an sie herangetragen werden. Selbstverständlich sind in diesem Wunsch auch Hinweise auf Fehler und Druckfehler eingeschlossen, die sich ja trotz der Mühe aller Beteiligten nie völlig vermeiden lassen.

München—Berlin,
im Frühjahr 1968   ROBERT SAUER   ISTVÁN SZABÓ

Vorwort zu Teil III

Nach Teilband I, in dem in den Abschnitten A bis C die Funktionentheorie, die für die Anwendungen wichtigsten „speziellen Funktionen" und die Funktionaltransformationen behandelt wurden, erscheint nun Teilband III des auf insgesamt vier Teilbände angelegten Werkes „Mathematische Hilfsmittel des Ingenieurs" (MHI). Jeder Abschnitt und jeder Teilband des Werkes ist zwar durch Hinweise mit anderen Abschnitten und Teilbänden verkettet, ist aber trotzdem ein selbständiger Bestandteil und kann ohne Kenntnis vorangehender Abschnitte verstanden werden.

Teilband III der MHI umfaßt sechs Abschnitte F bis K. Im Abschnitt F werden die Grundzüge der Algebra und des Matrizenkalküls gebracht, soweit sie heutzutage in verschiedenen Zweigen der Ingenieurmathematik benötigt werden, vor allem auch in der numerischen Mathematik beim Einsatz von Rechenanlagen. Da es erst vor kurzem üblich geworden ist, die Algebra und den Matrizenkalkül in die allgemeine Kursvorlesung der Technischen Hochschulen einzubauen, ist Abschnitt F für Ingenieure, deren Ausbildungsgang länger zurückliegt, von besonderer Wichtigkeit. Abschnitt G ist der Geometrie gewidmet.

Er gliedert sich in zwei Unterabschnitte G I (affine und projektive Geometrie, Kegelschnitte und Flächen zweiten Grades, Nomographie, sphärische Trigonometrie, Vektorrechnung, Grundzüge der Differentialgeometrie der Kurven und Flächen mit Anwendungen auf die Getriebelehre) und G II (ausführliche Darstellung der Tensorrechnung, die vor allem bei Anwendungen in der Mechanik und insbesondere in der Kontinuumstheorie ein wesentliches Rüstzeug des Ingenieurs ist). Der an späterer Stelle folgende Abschnitt J über „Lineare und nichtlineare Optimierung" behandelt ein in Deutschland verhältnismäßig neues Anwendungsgebiet der Mathematik. Es wird in den angelsächsischen Ländern seit längerer Zeit, insbesondere im Rahmen des Operations Research, gepflegt. Diese bei uns Unternehmensforschung genannte Disziplin und speziell der hier behandelte schon praktisch wichtig gewordene Teilbereich entwickelte sich aus den mit der heutigen Massengesellschaft zusammenhängenden Fragen der Organisation und aus der Notwendigkeit, möglichst rationell zu produzieren, d. h. unter verschiedenen einschränkenden materiellen, personellen und zeitlichen Bedingungen ein möglichst günstiges Ergebnis zu erzielen.

Die übrigen Abschnitte H, I und K des vorliegenden Teilbandes III der MHI dienen unmittelbar oder mittelbar den Erfordernissen der modernen numerischen Mathematik unter dem Einfluß des Einsatzes von Rechenautomaten. Abschnitt H enthält Verfahren zur Interpolation und numerischen Quadratur, durchweg ausgerichtet auf die Verwendung von Rechenautomaten. Alle angegebenen Verfahren sind an großen Rechenzentren praktisch erprobt, und großenteils sind auch geeignete und in ALGOL formulierte Rechenprogramme für den auf diesem Gebiet interessierten Leser hinzugefügt. Dasselbe gilt für den Abschnitt I über die Approximation von Funktionen, und zwar im Unterabschnitt I II, der die Darstellung von Funktionen in Rechenanlagen zum Gegenstand hat. In dem vorangehenden Unterabschnitt I I, dessen Kenntnis im Unterabschnitt I II nicht vorausgesetzt wird, sind für mathematisch tiefer interessierte Leser die theoretischen Grundlagen der Approximationstheorie kurz und prägnant zusammengestellt. Abschnitt K befaßt sich unmittelbar mit den Rechenanlagen. Dabei geht es nicht etwa um die Beschreibung konkreter Rechenanlagen oder um technische Fragen, sondern um eine kurze Übersicht über die der Automatisierung von Prozessen zugrunde liegenden prinzipiellen logischen Probleme („Modelle" und Algorithmen, Mechanisierung der Datenverarbeitung, Programme und formale Sprachen).

Ebenso wie beim Teilband I der MHI sind auch hier beim Teilband III Autoren und Herausgeber nicht nur für Hinweise auf Unstimmigkeiten und Druckfehler, sondern auch für Anregungen jeder Art dankbar.

Den Herausgebern ist es ein herzliches Bedürfnis allen, die speziell am Zustandekommen des vorliegenden Teilbandes mitgewirkt haben, aufs wärmste zu danken. Besonders aber danken sie dem Springer-Verlag sowie den Autoren, die es ermöglicht haben, das Buch in einer im Vergleich zum Umfang des Vorhabens verhältnismäßig kurzen Zeit zustande zu bringen. Möge auch Teilband III der MHI einem großen Benutzerkreis dienlich sein.

München—Berlin,
im Frühjahr 1968   ROBERT SAUER   ISTVÁN SZABÓ

Inhaltsverzeichnis

F. Algebra

Von Dr. FRIEDRICH L. BAUER
o. Professor an der Technischen Hochschule Munchen

und

Dr. JOSEF STOER
Dozent an der Technischen Hochschule München, z. Z. La Jolla (USA)

G. Geometrie und Tensorkalkül

I. Geometrie

Von Dr. Dr.-Ing. E. h. Robert Sauer

o. Professor an der Technischen Hochschule München

II. Tensorkalkül nebst Anwendungen

Von Dr. Tatomir P. Angelitch,

o. Professor an der Universität Beograd

Tensoralgebra

Tensoranalysis

H. Interpolation und genäherte Quadratur

Von Dr. ROLAND BULIRSCH

Dozent an der Technischen Hochschule München, z. Z. La Jolla (USA)

und

Dr. HEINZ RUTISHAUSER

Professor an der Eidgen. Technischen Hochschule Zurich

I. Approximation von Funktionen

I. Theoretische Grundlagen

Von Dr. GEORG AUMANN

o. Professor an der Technischen Hochschule Munchen

II. Darstellung von Funktionen in Rechenautomaten

Von Dr. Roland Bulirsch

Dozent an der Technischen Hochschule Munchen, z. Z. La Jolla (USA)

und

Dr. Josef Stoer

Dozent an der Technischen Hochschule Munchen, z. Z. La Jolla (USA)

J. Lineare und nichtlineare Optimierung

Von Dr. Hans Paul Künzi

Direktor, Professor an der Universität Zurich
und an der Eidg. Techn. Hochschule Zurich

Die lineare Optimierung

Nichtlineare Optimierung

Anhang

K. Rechenanlagen

Von Dr. Klaus Samelson

o. Professor an der Technischen Hochschule München

Inhalt der weiteren drei Teilbände

Teil I

(Bereits erschienen)

A. Funktionentheorie

B. Spezielle Funktionen

C. Funktionaltransformationen

Sachverzeichnis

Teil II

(In Vorbereitung)

D. Anfangswertprobleme bei gewöhnlichen und partiellen Differentialgleichungen

E. Rand- und Eigenwertprobleme bei gewöhnlichen und partiellen Differentialgleichungen und Integralgleichungen

Sachverzeichnis

Teil IV

(In Vorbereitung)

L. Bewegungsstabilität bei Systemen mit endlich vielen Freiheitsgraden

M. Wahrscheinlichkeitsrechnung und mathematische Statistik

N. Die wichtigsten Formeln aus Mechanik und Elektrotechnik

Gesamt-Sachverzeichnis (fur alle 4 Teilbände)

F. Algebra

Von **Friedrich L. Bauer** München, und **Josef Stoer**, München und La Jolla

§ 1. Grundlagen der allgemeinen Algebra

1.1 Mengen und Abbildungen

In der Mathematik faßt man häufig Objekte, die dieselbe Eigenschaft haben, zusammen und sagt, daß diese Eigenschaft eine Menge M definiere.

(1.1.1)   *Elemente*

der Menge M, in Zeichen $a \in M$, sind diejenigen Objekte a, die die betreffende Eigenschaft besitzen. Mit $\emptyset$ wird die

(1.1.2)   *leere Menge*

bezeichnet, d. i. die Menge, die keine Elemente enthält.

Eine Menge M beschreibt man gewöhnlich entweder durch Aufzählung ihrer Elemente, wie z. B.*

$$M := \{1, 2, 9, 0\},$$

oder mit Hilfe einer definierenden Eigenschaft von M, wie in

$$M_1 := \{x \mid x \text{ gerade Zahl}\},$$
$$M_2 := \{x \mid x \text{ positive Zahl und } x^2 - 1 = 0\}.$$

Eine Menge N heißt

(1.1.3)   *Teilmenge*

einer Menge M, wenn alle Elemente von N auch in M liegen. Man schreibt dafür

$$N \subseteq M \quad \text{oder} \quad M \supseteq N.$$

Mit $M \cap N$ bezeichnet man den

(1.1.4)   *Durchschnitt,*

nämlich die Menge $\{x \mid x \in M \text{ und } x \in N\}$, zweier Mengen M und N. Es ist die Menge derjenigen Elemente, die sowohl in M als auch in N liegen. Die

(1.1.5)   *Vereinigung* $M \cup N := \{x \mid x \in M \text{ oder } x \in N\}$

---

* Das Zeichen „... := ...“ ist zu lesen „... ist definiert durch ...“.

zweier Mengen M und N besteht dagegen aus allen Elementen, die mindestens einer der beiden Mengen M oder N angehören. Mit $M \setminus N$ bezeichnet man die Menge aller Elemente aus M, die nicht zu N gehören: $\{x \mid x \in M$ und $x \notin N\}$*.

Eine Vorschrift f, die jedem Element a einer Menge M genau ein Element $b = f(a)$ einer Menge N zuordnet, heißt eine

(1.1.6)   *Abbildung*

von M in N. Man schreibt $f: M \to N$. f kann als Funktion $f(\ )$ auf M mit Werten in N aufgefaßt werden. Ist $b = f(a)$, so heißt b das *Bild* von a und a *Urbild* von b. Für Teilmengen M_1 von M bedeutet $f(M_1)$ die Menge $\{f(x) \mid x \in M_1\}$, auch Bildmenge von M_1 genannt. Eine Abbildung $f: M \to N$ nennt man eine Abbildung von M *auf* N (*surjektive* Abbildung), wenn jedes $a \in N$ als Bild vorkommt, $f(M) = N$. Mit $f^{-1}(b) := \{a \mid f(a) = b\}$ bezeichnet man die Menge aller Urbilder eines Elementes $b \in N$ bezüglich der Abbildung $f: M \to N$. Für Teilmengen N_1 von N bedeutet analog $f^{-1}(N_1)$ die Menge $\{a \mid f(a) \in N_1\}$. Man beachte, daß f^{-1} möglicherweise keine Abbildung von $f(M)$ in M liefert, weil ein Element $b \in f(M)$ mehrere Urbilder $a \in M$ haben kann. f^{-1} ist nur dann eine Abbildung von $f(M)$ in M, wenn f

(1.1.7)   *umkehrbar eindeutig,*

oder, wie man auch sagt, *injektiv* ist, d. h., wenn aus der Gleichheit der Bilder $f(x) = f(y)$ die Gleichheit der Urbilder, $x = y$, folgt. f^{-1} heißt dann die

(1.1.8)   *Umkehrabbildung*

von f.

Ist $f: M_1 \to M_2$ eine Abbildung von M_1 in M_2 und $g: M_2 \to M_3$ eine Abbildung von M_2 in M_3, so wird durch

$$h(a) := g(f(a)) \quad \text{für} \quad a \in M_1$$

eine zusammengesetzte Abbildung $h: M_1 \to M_3$ definiert, die man auch mit $g \circ f$ oder, falls keine Mißverständnisse möglich sind, mit $g f$ bezeichnet.

Sind M_1 und M_2 zwei Mengen, so bezeichnet man mit $M_1 \times M_2$ die Menge aller geordneten Elementepaare (a_1, a_2) mit $a_1 \in M_1$ und $a_2 \in M_2$. Allgemeiner bezeichnet für k Mengen $M_1, \ldots, M_k$ die Menge $M_1 \times M_2 \times \cdots \times M_k$ die Menge aller geordneten k-tupel $(a_1, a_2, \ldots, a_k)$ von Elementen $a_\iota \in M_\iota$. $M_1 \times \cdots \times M_k$ heißt

(1.1.9)   *kartesisches Produkt*

der Mengen M_ι. Sind die Mengen M_i alle gleich M, so schreibt man auch kurz M^2 für $M \times M$, M^k für $M \times M \times \cdots \times M$ (k Faktoren).

---

* „$x \notin N$" bedeutet „x ist kein Element von N".

M^0 bedeutet die leere Menge. Damit kann man z. B. eine Funktion $f(\ ,\ )$ von zwei Variablen $x_1 \in M_1$, $x_2 \in M_2$ mit Werten in der Menge N als eine Abbildung $f: M_1 \times M_2 \to N$ des kartesischen Produktes $M_1 \times M_2$ in N erklären.

1.2 Algebraische Strukturen

Gewisse Züge der einzelnen algebraischen Strukturen, die im folgenden zu besprechen sind, sind von so allgemeiner Art, daß es zweckmäßig ist, sie bereits am Modell der allgemeinen

(1.2.1) *algebraischen Struktur*

zu erläutern. Man versteht darunter eine nichtleere Menge M von Objekten, zwischen denen gewisse Verknüpfungen erklärt sind.

Sehr häufig treten 2-stellige Verknüpfungen auf. Zum Beispiel sind die gewöhnliche Addition oder Multiplikation 2-stellige Verknüpfungen im Bereich Γ der ganzen Zahlen. Unter einer k-stelligen Verknüpfung $f^{(k)}$ in M versteht man eine Abbildung

$$f^{(k)} : M^k \to M$$

des k-fachen kartesischen Produkts von M in M. Wir nehmen an, daß nur endlich viele Verknüpfungen, jede mit endlicher Stellenzahl, vorkommen. Eine algebraische Struktur besteht also aus einer nichtleeren Menge M und einer Anzahl von Abbildungen von $M^0 = \emptyset$, von M, von $M^2, \ldots$, von M^k in M. Sie kann kurz mit

$$\mathfrak{M} = (M; f_1^{(0)}, \ldots, f_{i_0}^{(0)}, \ldots, f_1^{(k)}, \ldots, f_{i_k}^{(k)})$$

bezeichnet werden, wobei $f_j^{(\varrho)}$, $j = 1, 2, \ldots, i_\varrho$ die verschiedenen ϱ-stelligen Verknüpfungen in M bedeuten. Dabei kann jede 0-stellige Verknüpfung $f_j^{(0)}$ mit dem Element $f_j^{(0)}(\emptyset)$ aus M identifiziert werden. 1-stellige Verknüpfungen sind Abbildungen von M in sich. Sie werden häufig auch durch Hochindizes ausgedrückt, also a^τ für $\tau(a)$, oder durch Vorsetzen des Verknüpfungssymbols, etwa $-a$ für die Negation im Bereich Γ der ganzen Zahlen. Eine 1-stellige Verknüpfung $\iota: M \to M$ mit $\iota(a) = a$ für alle $a \in M$ heißt

(1.2.2) *Identität.*

Jede 1-stellige Verknüpfung $\sigma: M \to M$ mit $\sigma \circ \sigma = \iota$ wird als

(1.2.3) *Involution*

bezeichnet, ein Beispiel liefert die Kehrwertbildung sowie 1.2c).

Bei den 2-stelligen Verknüpfungen wird sehr häufig das Funktionssymbol als Konnektiv zwischen die beiden Argumente geschrieben: $a \varkappa b$ statt $\varkappa(a, b)$. Ein Element $e \in M$ heißt

(1.2.4) *Links-Einselement*

bezüglich der 2-stelligen Verknüpfung $\varkappa$, wenn $e \varkappa a = a$ für alle $a \in M$. Dagegen wird ein Element $n \in M$ mit $n \varkappa a = n$ für alle $a \in M$ als

(1.2.5)   *Links-Nullelement*

bezüglich $\varkappa$ bezeichnet. Entsprechend werden Rechts-Einselemente und Rechts-Nullelemente durch die Forderungen $a \varkappa e = a$ bzw. $a \varkappa n = n$ für alle $a \in M$ definiert.

Eine 2-stellige Verknüpfung $\varkappa$ heißt

(1.2.6)   *assoziativ*,

wenn

$$(a \varkappa b) \varkappa c = a \varkappa (b \varkappa c) \quad \text{für alle} \quad a, b, c \in M;$$

(1.2.7)   *kommutativ*,

falls

$$a \varkappa b = b \varkappa a \quad \text{für alle} \quad a, b \in M;$$

(1.2.8)   *auflösbar*,

wenn die Gleichungen $a \varkappa x = b$ und $x \varkappa a = b$ für beliebiges $a, b \in M$ Lösungen $x \in M$ besitzen. Andere häufig vorkommende Eigenschaften sind

(1.2.9)   *die Existenz (mindestens) eines Links-Einselementes e*

und

(1.2.10)   *die Existenz (mindestens) einer Links-Inversen a^L zu jedem $a \in M$ mit $a^L \varkappa a = e$, wobei e stets dasselbe Links-Einselement bedeutet.*
Entsprechende Eigenschaften können selbstverständlich auch für Rechts-Einselemente und Rechts-Inverse postuliert werden. Der folgende Satz ist leicht einzusehen:

(1.2.11) **Satz:** *Gibt es bezüglich der 2-stelligen Verknüpfung $\varkappa$ mindestens ein Links- und mindestens ein Rechts-Einselement, so sind alle Rechts- und Links-Einselemente untereinander gleich. Es gibt also genau ein beidseitiges Einselement.*

Eine Teilmenge $N \subseteq M$ einer algebraischen Struktur $(M; f_1^{(0)}, \ldots, f_{i_0}^{(0)}, \ldots, f_1^{(k)}, \ldots, f_{i_k}^{(k)})$ heißt

(1.2.12)   *Unterstruktur*

von M, wenn sie wieder algebraische Struktur bezüglich der Verknüpfungen $f_1^{(0)}, \ldots, f_{i_0}^{(0)}, \ldots, f_1^{(k)}, \ldots, f_{i_k}^{(k)}$ ist; d. h., wenn die Anwendung der Verknüpfungen aus N nicht „hinausführt":

$$f_j^{(\varrho)} (N^\varrho) \subseteq N \quad \text{für alle} \quad j = 1, 2, \ldots, i_\varrho, \quad \varrho = 1, 2, \ldots, k.$$

Beispiel: a) Die Teilmenge $2\Gamma = \{0, \pm 2, \pm 4, \pm 6, \ldots\}$ aller geraden Zahlen ist Unterstruktur der algebraischen Struktur $\mathfrak{M} = \{\Gamma, +\}$ aller ganzen Zahlen $\Gamma = \{0, \pm 1, \pm 2, \ldots\}$, wenn als einzige 2-stellige Verknüpfung in Γ die gewöhnliche Addition $+$ genommen wird.

Schließlich betrachtet man häufig Abbildungen φ einer algebraischen Struktur $(M; f_1^{(0)}, \ldots, f_{i_0}^{(0)}, \ldots, f_1^{(k)}, \ldots, f_{i_k}^{(k)})$ in eine algebraische

Struktur $(N; g_1^{(0)}, \ldots, g_{i_0}^{(0)}, \ldots, g_1^{(k)}, \ldots, g_{i_k}^{(k)})$. Man beachte, daß beide Strukturen denselben Typ haben, insofern in ihnen gleichviel Verknüpfungen gleicher Stellenzahl erklärt sind. Man nennt eine Abbildung $\varphi\colon M \to N$ von M in N oder auf N einen

(1.2.13) $\qquad\qquad$ *Homomorphismus,*

wenn sie mit den in M und N erklärten Verknüpfungen verträglich ist in folgendem Sinne:

$$\varphi\big(f_j^{(\varrho)}(a_1, \ldots, a_\varrho)\big) = g_j^{(\varrho)}\big(\varphi(a_1, \ldots, a_\varrho)\big)$$

gilt für alle $a_\mu \in M$, $j = 1, 2, \ldots, i_\varrho$, $\varrho = 1, \ldots, k$. Gleichbedeutend damit ist, daß für die Abbildung φ und die Abbildungen $f_j^{(\varrho)}$, $g_j^{(\varrho)}$ gilt

$$\varphi \circ f_j^{(\varrho)} = g_j^{(\varrho)} \circ \varphi \quad \text{für alle} \quad j = 1, \ldots, i_\varrho, \quad \varrho = 1, \ldots, k.$$

Beispiel: b) Durch die Abbildung $\varphi\colon \Gamma \to \Gamma$ mit

$$\varphi(x) = 2x \quad \text{für alle} \quad x \in \Gamma$$

wird ein Homomorphismus der algebraischen Struktur $\mathfrak{M} = \{\Gamma, +\}$ [s. Beispiel a)] in sich gegeben. φ ist damit auch Beispiel eines Endomorphismus (s. 1.2.16).

Es gilt der

(1.2.14) **Satz:** *Ist $\varphi\colon M \to N$ ein Homomorphismus, so ist $\varphi(M)$ Unterstruktur von N.*

Ist $\varphi\colon M \to N$ sogar ein umkehrbar eindeutiger Homomorphismus von M *auf* N, so heißt φ ein

(1.2.15) $\qquad\qquad$ *Isomorphismus,*

und beide Strukturen heißen *isomorph*. Selbstverständlich ist die Umkehrabbildung $\varphi^{-1}\colon N \to M$ eines Isomorphismus $\varphi\colon M \to N$ ein Isomorphismus von N auf M.

Beispiel: c) Die Abbildung $\varphi\colon \Gamma \to \Gamma$ mit $\varphi(x) = -x$ ist ein Isomorphismus der algebraischen Struktur $\mathfrak{M} = \{\Gamma, +\}$ auf sich selbst, und damit auch Beispiel eines Automorphismus (s. 1.2.17) von $\mathfrak{M}$.

Einen Homomorphismus $\varphi\colon M \to M$ von M in sich nennt man einen

(1.2.16) $\qquad\qquad$ *Endomorphismus,*

einen Isomorphismus $\varphi\colon M \to M$ von M auf sich einen

(1.2.17) $\qquad\qquad$ *Automorphismus.*

1.3 Halbgruppen

Die Halbgruppen sind das einfachste Beispiel einer algebraischen Struktur.

(1.3.1) **Definition:** *Eine Halbgruppe $(S, \circ)$ ist eine algebraische Struktur mit einer 2-stelligen assoziativen Verknüpfung $\circ$:*

$$(a \circ b) \circ c = a \circ (b \circ c).$$

Ist die Verknüpfung ∘ auch kommutativ, so heißt $(S, ∘)$ eine kommutative Halbgruppe.

Beispiele: a) Die *natürlichen Zahlen* $N = \{1, 2, 3, \ldots\}$ bilden bezüglich der Addition $+$ eine kommutative Halbgruppe.

b) *Transitionshalbgruppen.* Ist $N = \{1, 2, \ldots, n\}$ eine nichtleere Menge, so bildet die Menge $S_n := \{s \mid s : N \to N\}$ aller Abbildungen von N in sich eine Halbgruppe mit der Zusammensetzung von Abbildungen als Verknüpfung $∘$. Diese Abbildungen $s \in S_n$ schreibt man gewöhnlich in der Form

$$s = \begin{pmatrix} 1, & 2, & \ldots, & n \\ i_1, & i_2, & \ldots, & i_n \end{pmatrix},$$

wenn $i_k = s(k)$ ist. Diese Halbgruppe ist besonders in der Theorie der finiten Automaten wichtig. Dort bedeutet N die Menge aller „inneren Zustände" eines Automaten und die Abbildungen aus S_n entsprechen den Wirkungen der Eingangssignale auf diese inneren Zustände.

c) *Matrizenhalbgruppen.* Die $n \times n$-Matrizen $A = \{a_{ik}\}$ aus rationalen, reellen oder komplexen Zahlen $a_{i\kappa}$, unter denen man Zahlschemata der Art

$$A = \begin{pmatrix} a_{11}, & a_{12}, & \ldots, & a_{1n} \\ a_{21}, & a_{22}, & \ldots, & a_{2n} \\ \cdots\cdots\cdots\cdots\cdots\cdots \\ a_{n1}, & a_{n2}, & \ldots, & a_{nn} \end{pmatrix}$$

versteht, bilden bezüglich der *Matrizenmultiplikation*

$$A \cdot B = C = \{c_{ik}\}$$

mit $c_{ik} = \sum_{s=1}^{n} a_{is} b_{sk}$, wenn $A = \{a_{ik}\}$, $B = \{b_{ik}\}$, eine Halbgruppe.

Entsprechend der allgemeinen Definition (1.2.13) heißt eine Abbildung $\varphi : S_1 \to S_2$ der Halbgruppe S_1 in die Halbgruppe S_2 ein Homomorphismus, wenn

$$(1.3.2) \qquad \varphi(x_1 \circ x_2) = \varphi(x_1) \circ \varphi(x_2)$$

für alle $x_1, x_2 \in S_1$ gilt. $\varphi(S_1)$ ist dann Unterhalbgruppe von S_2.

In vielen Halbgruppen existieren z. B. keine oder mehrere Links- oder Rechts-Einselemente [(1.2.4) f]. Falls jedoch Links- und Rechts-Einselemente existieren, fallen diese nach Satz (1.2.11) zusammen. Analog gilt für Inverse:

(1.3.3) Satz: *Ist S eine Halbgruppe mit beidseitigem Einselement e und besitzt ein Element $a \in S$ eine Links-Inverse a^L mit $a^L \circ a = e$ und eine Rechtsinverse a^R mit $a \circ a^R = e$, so gilt $a^L = a^R$.*

Denn es ist wegen der Assoziativität von $\circ$:

$$a^L = a^L \circ e = a^L \circ (a \circ a^R) = (a^L \circ a) \circ a^R = e \circ a^R = a^R.$$

(1.3.4) Definition: *Eine Halbgruppe $(S, ∘)$ heißt regulär, wenn zu jedem $a \in S$ ein $x \in S$ (genannt: Pseudoinverse) existiert mit $x \circ a \circ x = x$ und $a \circ x \circ a = a$.*

Man sieht, daß in einer regulären Halbgruppe das Element x in gewisser Hinsicht als Inverse von a angesehen werden kann, ohne daß dazu die Existenz von (Links-, Rechts-) Einselementen gefordert werden muß.

Die Matrizenhalbgruppe ist regulär, z. B. hat $a = \begin{pmatrix} 1, & -1 \\ -1, & 1 \end{pmatrix}$ keine Inverse, aber die Pseudoinverse

$$x = \begin{pmatrix} 1/4, & -1/4 \\ -1/4, & 1/4 \end{pmatrix}.$$

1.4 Gruppen

Eine Halbgruppe $(G, \cdot)$, deren 2-stellige Verknüpfung nicht nur assoziativ ist, sondern auch die Bedingungen (1.2.9) (Existenz eines Links-Einselements) und (1.2.10) (Existenz von Links-Inversen) erfüllt, heißt

(1.4.1) *Gruppe.*

Man bezeichnet die Verknüpfung auch als (Gruppen-)Multiplikation. Der folgende Satz besagt, daß man für Gruppen die Bedingungen (1.2.9) und (1.2.10) auch durch die Bedingung der Auflösbarkeit (1.2.8) ersetzen kann:

(1.4.2) **Satz:** *In einer Gruppe sind die Gleichungen $a \cdot x = b$, $x \cdot a = b$ für beliebiges $a, b \in G$ eindeutig auflösbar. Insbesondere sind das Eins-element e und die Inverse a^{-1} eines Elementes a eindeutig bestimmt. e ist auch Rechtseins: $a \cdot e = a$ für alle a; a^{-1} ist auch Rechtsinverse von a: $a \cdot a^{-1} = e$.*

Ist umgekehrt die assoziative Verknüpfung $\cdot$ der Halbgruppe $(G, \cdot)$ auflösbar (1.2.8), so ist $(G, \cdot)$ eine Gruppe.

Besteht die Gruppe nur aus endlich vielen Elementen, so heißt diese Anzahl die

(1.4.3) *Ordnung*

der Gruppe. Ist die Verknüpfung auch kommutativ (1.2.7), so heißt die Gruppe eine

(1.4.4) *abelsche Gruppe.*

In abelschen Gruppen schreibt man meist $+$ als Gruppenverknüpfung (additive Schreibweise). In diesem Fall bezeichnet man mit 0 das Einselement der Gruppenverknüpfung, das durch $x + 0 = 0 + x = x$ für alle x definiert ist.

Beispiele: a) Die ganzen Zahlen $\Gamma = \{\ldots, -2, -1, 0, 1, 2, \ldots\}$ bilden eine abelsche Gruppe bezüglich der gewöhnlichen Addition $+$ als Gruppenverknüpfung. Die Zahl 0 ist Einselement (1.2.4) der Addition. Ein Nullelement (1.2.5) ist bezüglich der Addition nicht vorhanden.

b) *Deckgruppen.* Die Menge der Bewegungen, die eine geometrische Figur kongruent auf sich selbst abbilden, ist eine Gruppe mit der Zusammensetzung der Bewegungen als Verknüpfung. Zum Beispiel besteht die Deckgruppe eines gleichseitigen Dreiecks aus 6 Elementen (s. 1.3, Beispiel b)):

$$I = \begin{pmatrix} 1,\,2,\,3 \\ 1,\,2,\,3 \end{pmatrix}, \quad S_1 = \begin{pmatrix} 1,\,2,\,3 \\ 1,\,3,\,2 \end{pmatrix}, \quad S_2 = \begin{pmatrix} 1,\,2,\,3 \\ 3,\,2,\,1 \end{pmatrix}, \quad S_3 = \begin{pmatrix} 1,\,2,\,3 \\ 2,\,1,\,3 \end{pmatrix}$$

$$R_1 = \begin{pmatrix} 1,\,2,\,3 \\ 2,\,3,\,1 \end{pmatrix}, \quad R_2 = \begin{pmatrix} 1,\,2,\,3 \\ 3,\,1,\,2 \end{pmatrix}.$$

Hier bedeuten 1, 2, 3 die 3 Ecken. Die Gruppenverknüpfung ist durch folgende Gruppentafel gegeben:

$\cdot$	I	S_1	S_2	S_3	R_1	R_2
I	I	S_1	S_2	S_3	R_1	R_2
S_1	S_1	I	R_1	R_2	S_2	S_3
S_2	S_2	R_2	I	R_1	S_3	S_1
S_3	S_3	R_1	R_2	I	S_1	S_2
R_1	R_1	S_3	S_1	S_2	R_2	I
R_2	R_2	S_2	S_3	S_1	I	R_1

c) Die Menge aller n-reihigen nichtsingulären Matrizen (s. 2.1) bilden eine Gruppe $GL(n)$ bezüglich der Matrizenmultiplikation; ebenso alle n-reihigen Matrizen mit positiver Determinante (s. 2.5).

d) Die Menge aller linearen Transformationen

$$y_i = \sum_{k=1}^{n} a_{ik}\, x_k,$$

die die quadratische Form (s. 2.4) $y_1^2 + \cdots + y_n^2$ „invariant" lassen, d. h. überführen in $x_1^2 + \cdots + x_n^2$, bilden eine Gruppe: die Gruppe der orthogonalen Transformationen (s. 2.3).

e) Eine besonders wichtige Gruppe ist die (volle) Permutationsgruppe $\mathfrak{S}_n$. Darunter versteht man die Menge aller Permutationen von n Elementen; d. h. die Menge aller *umkehrbar eindeutigen* Abbildungen s der Menge $N = \{1, 2, \ldots, n\}$ auf sich. Einselement ist die identische Abbildung $\iota = \begin{pmatrix} 1,\,2,\,\ldots,\,n \\ 1,\,2,\,\ldots,\,n \end{pmatrix}$. $\mathfrak{S}_n$ ist eine endliche Gruppe. Ihre Ordnung ist $n!$.

f) Ist die Transitionshalbgruppe [vgl. 1.3, Beispiel b)] eines Automaten eine Gruppe, so redet man von einem Gruppenautomaten und seiner Gruppe. Die Permutationsgruppe $\mathfrak{S}_n$ ist Unterhalbgruppe der Transitionshalbgruppe S_n, sie umfaßt alle umkehrbar eindeutigen Abbildungen aus S_n.

Untergruppen einer Gruppe sind wie in (1.2.12) definiert. Bei Gruppen gilt folgendes Kriterium:

(1.4.5)   **Satz:** *Eine nichtleere Teilmenge* $\mathfrak{g} \subseteq G$ *einer Gruppe* G *ist Untergruppe von* G *genau dann, wenn mit* $a, b \in \mathfrak{g}$ *auch* $a \cdot b^{-1}$ *zu* $\mathfrak{g}$ *gehört.*

Ist $\mathfrak{g}$ eine Untergruppe von G, so bezeichnet man für ein $a \in G$ die Menge

$$a\,\mathfrak{g} := \{a \cdot g \mid g \in \mathfrak{g}\}$$

aller Produkte von a mit einem Element aus $\mathfrak{g}$ als

(1.4.6)   *linksseitige Restklasse*

(auch Nebenklasse) von $\mathfrak{g}$. Die rechtsseitige Restklasse $\mathfrak{g}\,a$ von $\mathfrak{g}$ ist analog definiert. Man kann nun zeigen, daß zwei linksseitige Restklassen $a\,\mathfrak{g}$ und $b\,\mathfrak{g}$ entweder gleich sind, $a\,\mathfrak{g} = b\,\mathfrak{g}$, oder kein Element gemeinsam haben: $a\,\mathfrak{g} \cap b\,\mathfrak{g} = \emptyset$. Ferner haben zwei Restklassen von $\mathfrak{g}$ stets gleichviel Elemente, wenn $\mathfrak{g}$ endlich ist.

Damit gibt jede Untergruppe $\mathfrak{g}$ von G Anlaß zu einer Zerlegung von G in disjunkte linksseitige Restklassen. Bezeichnet man als

(1.4.7)   *Index*

j einer Untergruppe $\mathfrak{g}$ der Gruppe G die Anzahl der verschiedenen (linksseitigen) Restklassen von $\mathfrak{g}$, so gilt der

(1.4.8) **Satz:** *Ist G eine endliche Gruppe der Ordnung n und j der Index der Untergruppe $\mathfrak{g}$ von G, so ist j Teiler von n und n/j ist die Ordnung von $\mathfrak{g}$.*

Ist die Abbildung $\varphi\colon G \to H$ ein Homomorphismus [(1.2.13), (1.3.2)] der Gruppe G in die Gruppe H, so ist nach dem allgemeinen Satz (1.2.14) $\varphi(G)$ eine Untergruppe von H. Ist e das Einselement von G und $\bar{e}$ das Einselement von H, so bestätigt man leicht, daß $\varphi(e) = \bar{e}$ und daß auch die Menge der Urbilder von $\bar{e}$

$$\mathfrak{g} := \varphi^{-1}(\bar{e}),$$

der sog.

(1.4.9)   *Kern*

des Homomorphismus φ, eine Untergruppe $\mathfrak{g}$ von G bildet. Ist a ein beliebiges Element von G und ist $\bar{a} = \varphi(a) \in H$ sein Bild, so ist die Menge der Urbilder $\varphi^{-1}(\bar{a})$ gleich der Menge

$$\begin{aligned}
\{b \mid \varphi(b) = \varphi(a)\} &= \{b \mid (\varphi(a))^{-1}\,\varphi(b) = \bar{e}\} \\
&= \{b \mid \varphi(a^{-1})\,\varphi(b) = \bar{e}\} \\
&= \{b \mid \varphi(a^{-1}\,b) = \bar{e}\} \\
&= \{b \mid a^{-1}\,b \in \mathfrak{g}\} \\
&= a\,\mathfrak{g},
\end{aligned}$$

also gleich der linksseitigen Restklasse $a\,\mathfrak{g}$ von $\mathfrak{g}$. Da wegen

$$\{b \mid \varphi(b) = \varphi(a)\} = \{b \mid \varphi(b)\,(\varphi(a))^{-1} = \bar{e}\}$$

ebenso gezeigt werden kann, daß $\varphi^{-1}(\bar{a})$ auch gleich der rechtsseitigen Restklasse $\mathfrak{g}\,a$ ist, muß für $\mathfrak{g}$ gelten

(1.4.10) $a\,\mathfrak{g} = \mathfrak{g}\,a$ für alle $a \in G$.

Für Untergruppen, die Kerne von Homomorphismen sind, stimmen also die rechts- und linksseitigen Restklassen eines beliebigen Elements $a \in G$ überein. Da dies nicht notwendigerweise für beliebige Untergruppen von G gilt (siehe die folgenden Beispiele), nennt man die Untergruppen, die Kerne von Homomorphismen sind,

(1.4.11)   *Normalteiler* von G.

Es ist nun bemerkenswert, daß die Eigenschaft (1.4.10) für Normalteiler kennzeichnend ist:

(1.4.12) **Satz:** *Eine Untergruppe* $\mathfrak{g}$ *einer Gruppe* G *ist Normalteiler genau dann, wenn die links- und rechtsseitigen Restklassen von* $\mathfrak{g}$ *übereinstimmen:*

$$a\,\mathfrak{g} = \mathfrak{g}\,a \quad \textit{für alle} \quad a \in G.$$

Um die noch unbewiesene Hälfte des Satzes zu zeigen, muß man zu einer Untergruppe $\mathfrak{g}$ mit $a\,\mathfrak{g} = \mathfrak{g}\,a$ für alle $a \in G$ eine Gruppe H und einen Homomorphismus $\varphi: G \to H$ angeben, so daß $\mathfrak{g} = \varphi^{-1}(\bar{e})$ Urbildmenge des Einselements von H wird. Nun schließt man aus (1.4.10) sofort, daß aus $a_1 \in a\,\mathfrak{g}$, $b_1 \in b\,\mathfrak{g}$ folgt $a_1 b_1 \in (a\,b)\,\mathfrak{g}$. Das heißt durch die Festsetzung

$$(a\,\mathfrak{g}) \cdot (b\,\mathfrak{g}) := (a\,b)\,\mathfrak{g}$$

wird eindeutig ein Produkt zwischen den Restklassen von $\mathfrak{g}$ definiert. Man kann leicht zeigen, daß mit dieser Produktdefinition die Menge aller Restklassen von $\mathfrak{g}$ eine Gruppe bildet. Diese Gruppe heißt die *Faktorgruppe* oder *Restklassengruppe* von G nach $\mathfrak{g}$ und wird mit $G/\mathfrak{g}$ bezeichnet. Ihre Ordnung ist gleich dem Index von $\mathfrak{g}$ in G, wenn G endlich ist. Das Einselement $\bar{e}$ von $G/\mathfrak{g}$ ist die Restklasse $e\,\mathfrak{g} = \mathfrak{g}$. Angesichts der Definition (1.2.13) eines Homomorphismus erhält man das Resultat, daß die Abbildung $\varphi: G \to G/\mathfrak{g}$ mit $\varphi(a) := a\,\mathfrak{g}$, die jedem Element $a \in G$ die Restklasse zuordnet, zu der a gehört, ein Homomorphismus der Gruppe G auf die Faktorgruppe $G/\mathfrak{g}$ ist. Ferner gilt nach Konstruktion von φ und $G/\mathfrak{g}$ die Beziehung $\varphi^{-1}(\bar{e}) = \mathfrak{g}$, d. h., $\mathfrak{g}$ ist der Kern von φ und damit ist $\mathfrak{g}$ Normalteiler von G.

Beispiel: g) Die Gruppe G des obigen Beispiels b) hat folgende echten Untergruppen:

$$\mathfrak{E} := \{I\},$$
$$\mathfrak{S}_2' := \{I, S_1\}, \quad \mathfrak{S}_2'' := \{I, S_2\}, \quad \mathfrak{S}_3''' := \{I, S_3\},$$
$$\mathfrak{A}_3 := \{I, R_1, R_2\}.$$

Echte Normalteiler sind $\mathfrak{E}$ und $\mathfrak{A}_3$. Die Nebenklassen von $\mathfrak{A}_3$ in G sind

$$\mathfrak{A}_3 = \{I, R_1, R_2\},$$
$$\mathfrak{A}_3' := S_1 \cdot \mathfrak{A}_3 = \{S_1, S_2, S_3\} = \mathfrak{A}_3 \cdot S_1.$$

Die Restklassengruppe $G/\mathfrak{A}_3$ hat die Multiplikationstafel

	$\mathfrak{A}_3$	$\mathfrak{A}_3'$
$\mathfrak{A}_3$	$\mathfrak{A}_3$	$\mathfrak{A}_3'$
$\mathfrak{A}_3'$	$\mathfrak{A}_3'$	$\mathfrak{A}_3$.

Eine wichtige Klasse von Gruppen sind die zyklischen Gruppen. Dabei heißt eine Gruppe G

(1.4.13) *zyklisch,*

wenn jedes Element $a \in G$ sich als Potenz $a = g^k$, k ganze Zahl, eines festen Elements $g \in G$ schreiben läßt. Hier bedeutet $g^0 = e$, $g^1 = g$, $g^2 = g \cdot g, \ldots, g^{-2} = (g^{-1})^2$ usw. — g heißt *erzeugendes* Element von G. Zyklische Gruppen sind stets abelsch. Ferner enthält jede Gruppe G zyklische Untergruppen, nämlich die Untergruppen

$$\mathfrak{g} := \{ g^k \, | \, k = 0, \pm 1, \pm 2, \ldots \},$$

die aus allen Potenzen eines beliebigen Gruppenelements $g \in G$ bestehen.

1.5 Ringe

Unter einem Ring R versteht man eine algebraische Struktur mit zwei 2-stelligen Verknüpfungen. Dabei wird verlangt, daß R bezüglich der ersten Verknüpfung, die $+$ geschrieben und Addition genannt wird, eine *abelsche* Gruppe ist:

(1.5.1)
- a) $(a + b) + c = a + (b + c)$,
- b) $a + b = b + a$,
- c) für alle a, $b \in R$ gibt es (genau) ein $x \in R$, so daß $a + x = b$.

Für die zweite Verknüpfung, Multiplikation $\cdot$ genannt, wird lediglich Halbgruppenstruktur verlangt:

- d) $(a \cdot b) \cdot c = a \cdot (b \cdot c)$.

Zusätzlich werden für das Zusammenspiel beider Verknüpfungen die beiden *Distributivitätsgesetze* verlangt:

- e) $a \cdot (b + c) = a \cdot c + a \cdot c$,
- f) $(a + b) \cdot c = a \cdot c + b \cdot c$.

Ist die Multiplikation auch noch kommutativ:

- g) $a \cdot b = b \cdot a$,

so heißt R ein

(1.5.2) *kommutativer Ring.*

Aus der Gruppenstruktur bezüglich der Addition folgt aus Satz (1.4.2) der

(1.5.3) **Satz:** *Es gibt genau ein Element* $0 \in R$ *(,,Null''), so daß*

$$a + 0 = 0 + a = a \quad \text{für alle} \quad a \in R.$$

*Zu jedem $a \in R$ gibt es genau ein Element $-a$, so daß $a + (-a) = 0$.
$b - a := b + (-a)$ ist die eindeutig bestimmte Lösung x der Gleichung
$a + x = b$.*

Schließlich gilt

$$(1.5.4) \qquad a \cdot 0 = 0 \cdot a = 0 \quad \textit{für alle} \quad a \in R,$$

d. h., 0 ist Nullelement (1.2.5) bezüglich der Multiplikation [und nach Definition Einselement (1.2.4) bezüglich der Addition]. Man nennt ein Element $a \neq 0$ einen

$$(1.5.5) \qquad \textit{(Links-) Nullteiler}$$

von R, wenn es ein $b \neq 0$ gibt mit $a \cdot b = 0$. In einem Ring ohne Nullteiler sind Gleichungen wie $a \cdot x = b$ oder $x \cdot a = b$ für $a \neq 0$ *eindeutig* lösbar, wenn sie überhaupt lösbar sind. Denn $a \cdot x = b$ und $a \cdot y = b$ geben $a \cdot (x - y) = 0$, und die Nullteilerfreiheit impliziert $x = y$.

Beispiele: a) Die Menge Γ aller ganzen Zahlen bildet einen kommutativen nullteilerfreien Ring *mit* Einselement 1; d. h. mit einem Element mit $1 \cdot x = x \cdot 1 = x$ für alle $x \in \Gamma$ ($e = 1$ ist beidseitiges Einselement (1.2.4) bezüglich der Multiplikation).

b) Die geraden Zahlen bilden einen kommutativen nullteilerfreien Ring *ohne* Einselement.

c) Polynomring $K[x]$: Die Menge aller Polynome

$$a_0 x^n + a_1 x^{n-1} + \cdots + a_n$$

in einer Unbestimmten x mit Koeffizienten a_i aus einem Körper K (s. 1.7) bilden den Polynomring $K[x]$.

Die

$$(1.5.6) \qquad \textit{Unterringe } R_1 \subseteqq R$$

eines Ringes R sind als Unterstruktur (1.2.12) dadurch gekennzeichnet, daß aus $a, b \in R_1$ folgt $a + b \in R_1$ und $a \cdot b \in R_1$. Unter ihnen spielen, analog den Normalteilern (1.4.11) in einer Gruppe, spezielle Unterringe, die *Ideale*, eine Sonderrolle. Ist $\varphi : R \to S$ ein Homomorphismus (1.2.13) des Ringes R in den Ring S, d. h. eine Abbildung φ mit

$$(1.5.7) \qquad \begin{aligned} \varphi(a + b) &= \varphi(a) + \varphi(b), \\ \varphi(a \cdot b) &= \varphi(a) \cdot \varphi(b) \qquad \text{für alle} \quad a, b \in R, \end{aligned}$$

und ist $\bar{0}$ die Null aus S, so bildet der

$$(1.5.8) \qquad \textit{Kern } R_1 := \varphi^{-1}(\bar{0})$$

von φ einen Unterring R_1 von R. Für solche Kerne $R_1 \subseteqq R$ von Homomorphismen zeigt man leicht:

(1.5.9) R_1 *ist Unterring von R, für den mit a auch jedes Element der Form $r \cdot a$ und $a \cdot r$, r beliebig aus R, wieder in R_1 liegt.*

Nicht jeder Unterring R_1 von R besitzt diese Eigenschaft. Man nennt daher die Unterringe von R, die Kerne von Homomorphismen sind,

$$(1.5.10) \qquad \textit{beidseitige Ideale} \text{ von } R.$$

Wiederum [s. (1.4.12)] ist die Eigenschaft (1.5.9) für beidseitige Ideale kennzeichnend:

(1.5.11) Satz: *Ein Unterring R_1 eines Ringes R ist beidseitiges Ideal genau dann, wenn R die Eigenschaft (1.5.9) besitzt.*

Zum Beweis dieses Satzes nutzt man wieder aus, daß jeder Unterring R_1, der (1.5.9) erfüllt, Anlaß zu einer Zerlegung von R in disjunkte *Restklassen*

$$(a + R_1) := \{a + x \mid x \in R_1\}$$

gibt und daß die Menge der Restklassen wieder einen Ring, den sog.

(1.5.12) *Restklassenring R/R_1*

bildet, unter den Verknüpfungen $\oplus$, $\odot$:

$$(a + R_1) \oplus (b + R_1) := ((a + b) + R_1),$$
$$(a + R_1) \odot (b + R_1) := (a \cdot b + R_1).$$

Die Abbildung $\varphi\colon R \to R/R_1$ mit

$$\varphi(a) := (a + R_1),$$

durch die jedem Element $a \in R$ die Restklasse zugeordnet wird, in der a liegt, wird dann ein Homomorphismus von R auf R/R_1; R_1 ist der Kern dieses Homomorphismus.

Neben den beidseitigen Idealen, die nach dem letzten Satz auch durch (1.5.9) definiert werden können, definiert man allgemeiner auch Links- bzw. Rechtsideale. Man sagt, daß die Menge $R_1 \subseteq R$ ein

(1.5.13) *Linksideal (Rechtsideal)*

im Ring R ist, wenn R_1 Unterring von R ist, und für alle $a \in R_1$, $r \in R$ gilt $r \cdot a \in R_1$ (bzw. $a \cdot r \in R_1$).

Beispiel: d) Die geraden Zahlen bilden ein beidseitiges Ideal im Ring aller ganzen Zahlen Γ.

1.6 Teilbarkeit

Im folgenden nehmen wir an, daß R ein kommutativer Ring ist. a heißt dann *Teiler* von b,

(1.6.1) $a \mid b$,

wenn es ein $r \in R$ gibt, so daß $r \cdot a = b$. Besitzt R ein Einselement e mit $e \cdot x = x \cdot e = x$ für alle $x \in R$, so nennt man ferner alle Teiler ε von e

(1.6.2) *Einheiten.*

Ein Element ε ist also Einheit, wenn ε ein Inverses ε^{-1} besitzt. Läßt nun ein Element $p \in R$ nur triviale *Zerlegungen* $p = a \cdot b$ in dem Sinne zu, daß aus $p = a \cdot b$ folgt, daß a oder b eine Einheit ist, so heißt p

(1.6.3) *Primelement* oder *unzerlegbares Element*

von R.

Beispiel: a) Im Ring Γ der ganzen Zahlen ist jede Primzahl Primelement.

b) Im Ring der Polynome $K[x]$ über einem Körper K (s. 1.7) heißen die Primelemente auch *irreduzible Polynome*.

Ein Element $d \in R$ heißt *größter gemeinsamer Teiler* (g. g. T.) von $a, b \in R$, in Zeichen

$$d = (a, b),$$

wenn d Teiler von a und b ist und jeder weitere Teiler d' von a und b auch Teiler von d ist.

Im Ring Γ der ganzen Zahlen und im Polynomring $K[x]$ über einem Körper K läßt sich der g. g. T. mit Hilfe des

(1.6.4)   *euklidischen Algorithmus*

explizit berechnen:

Ist in Γ ohne Beschränkung der Allgemeinheit $|a| > |b| > 0$, wobei $|a|$ den Betrag der Zahl a bedeutet, so setze man $a_0 := a$, $a_1 := b$ und bilde durch sukzessive Division so lange die Kette

$$a_0 = q_1 a_1 + a_2 \quad \text{mit} \quad |a_2| < |a_1|,$$
$$a_1 = q_2 a_2 + a_3 \quad \text{mit} \quad |a_3| < |a_2|,$$
$$\cdots\cdots\cdots\cdots\cdots\cdots\cdots\cdots$$
$$a_{s-1} = q_s a_s + a_{s+1} \quad \text{mit} \quad a_{s+1} = 0,$$

bis ein Rest a_{s+1} verschwindet. Dann ist a_s (der letzte nichtverschwindende Rest) der größte gemeinsame Teiler von a und b.

Im Polynomring $K[x]$ über einem Körper K kann ein analoger Algorithmus angegeben werden. Ist $p_0(x) = a_0 x^n + a_1 x^{n-1} + \cdots + a_n$, $a_0 \neq 0$, $p_1(x) = b_0 x^m + b_1 x^{m-1} + \cdots + b_m$, $b_0 \neq 0$ und Grad $p_0(x) := n > \text{Grad } p_1(x) = m$, so bildet man hier die Kette

$$p_0(x) = q_1(x) \cdot p_1(x) + p_2(x) \quad \text{mit} \quad \text{Grad} \, p_2(x) < \text{Grad} \, p_1(x),$$
$$p_1(x) = q_2(x) \cdot p_2(x) + p_3(x) \quad \text{mit} \quad \text{Grad} \, p_3(x) < \text{Grad} \, p_2(x),$$
$$\cdots\cdots\cdots\cdots\cdots\cdots\cdots\cdots\cdots\cdots\cdots\cdots$$
$$p_{s-1}(x) = q_s(x) \, p_s(x) + p_{s+1}(x) \quad \text{mit} \quad p_{s+1}(x) \equiv 0.$$

Dann ist das letzte $p_s(x) \not\equiv 0$ der g. g. T von $p_0(x)$ und $p_1(x)$.

Ringe R, wie Γ und $K[x]$, in denen jedem Element $a \in R$ eine nichtnegative ganze Zahl $g(a)$ zugeordnet ist mit

1. für $a \neq 0$, $b \neq 0$ gilt $a \cdot b \neq 0$ und $g(a \cdot b) \geq g(a)$,

2. zu $a, b \in R$, $a \neq 0$ gibt es Elemente $q, r \in R$ mit

$$b = q \cdot a + r,$$

wobei

$$r = 0 \quad \text{oder} \quad g(r) < g(a)$$

ist, Ringe also, in denen ein Analogon des euklidischen Algorithmus existiert, heißen

(1.6.5)   *euklidische Ringe.*

Für sie gelten die folgenden wichtigen Sätze:

(1.6.6) **Satz:** *Jeder euklidische Ring R ist Hauptidealring; d. h. ein Ring, in dem jedes Ideal R_1 nur Vielfache $r \cdot d$, $r \in R$, eines festen erzeugenden Elements d enthält. Ferner besitzt jeder euklidische Ring ein Einselement.*

(1.6.7) **Satz:** *Jedes Element a eines euklidischen Ringes R läßt sich eindeutig (bis auf Einheiten und bis auf die Reihenfolge) in ein Produkt von endlich vielen Primelementen p_i zerlegen:*

$$a = p_1 \cdot p_2 \cdot p_3 \cdots p_k.$$

1.7 Körper und Schiefkörper

Unter einem

(1.7.1) *Schiefkörper K*

versteht man einen Ring, der folgende Eigenschaft besitzt: Für alle $a, b \in K$, $a \neq 0$ haben die Gleichungen $a \cdot x = b$, $x \cdot a = b$ stets Lösungen in K. Mit anderen Worten, die Menge $K \setminus \{0\}$ (K mit Ausnahme von 0) bildet bezüglich der Multiplikation eine Gruppe. Nach Satz (1.4.2) sind damit die Gleichungen $a \cdot x = b$, $x \cdot a = b$ für $a \neq 0$ *eindeutig* auflösbar.

Wenn die Multiplikation von K außerdem noch kommutativ ist, nennt man K einen

(1.7.2) *Körper.*

Beispiele: a) Die *rationalen Zahlen* P bilden einen Körper.
b) Die *reellen Zahlen* R bilden einen Körper.
c) Die *komplexen Zahlen* C bilden einen Körper.
d) Der Schiefkörper Q der Hamiltonschen *Quaternionen*: Mit der Festsetzung

$$(1.7.3) \quad \begin{array}{ccc} i^2 = -1, & j^2 = -1, & k^2 = -1, \\ i \cdot j = -j \cdot i = k, & j \cdot k = -k \cdot j = i, & k \cdot i = -i \cdot k = j \end{array}$$

bilden alle formalen Linearkombinationen

$$Q := \{(a_0 + a_1 i + a_2 j + a_3 k) \mid a_i \text{ reell}\}$$

einen Schiefkörper bezüglich der „komponentenweisen" Addition

$$(a_0 + a_1 i + a_2 j + a_3 k) + (b_0 + b_1 i + b_2 j + b_3 k)$$
$$= ((a_0 + b_0) + (a_1 + b_1) i + (a_2 + b_2) j + (a_3 + b_3) k)$$

und der durch (1.7.3) und die Distributivgesetze (1.5.1) e), f) bestimmten Multiplikation.

e) *Erweiterungskörper eines Körpers:* Ist K ein Körper, der die rationalen Zahlen P enthält und in dem die Gleichung $x^2 - 2 = 0$ keine Lösung hat, so ergibt sich auf folgende Weise ein „Erweiterungskörper" $K(\xi)$, in dem $x^2 - 2 = 0$ eine Lösung ξ besitzt. Man definiere dazu in der Menge $M := K \times K$ aller Paare (a_1, a_2) die Verknüpfungen

$$(a_1, a_2) \oplus (b_1, b_2) := (a_1 + b_1, a_2 + b_2),$$
$$(a_1, a_2) \circ (b_1, b_2) := (a_1 b_1 + 2 a_2 b_2, a_1 b_2 + a_2 b_1).$$

Man bestätigt leicht, daß die Ringgesetze bezüglich $\oplus$ und $\odot$ in M erfüllt sind. Das Element $(0, 0)$ ist die Null dieses Ringes, $(1, 0)$ das Einselement.

In M besitzt jedes Element $(a_1, a_2) \neq (0, 0)$ aber auch eine Inverse, nämlich

$$\left(\frac{a_1}{a_1^2 - 2a_2^2}, \ \frac{-a_2}{a_1^2 - 2a_2^2} \right),$$

denn es ist $a_1^2 - 2a_2^2 \neq 0$ für $(a_1, a_2) \neq (0, 0)$, weil $x^2 - 2 = 0$ nach Voraussetzung keine Lösung in K hat. Ferner bestätigt man, daß die Menge $K' := \{(a, 0) \mid a \in K\}$ einen Unterkörper (1.2.12) von M bildet, der vermöge der Abbildung $\varphi : K' \to K$ mit

$$\varphi(a, 0) = a$$

isomorph (1.2.15) zu K ist. Identifiziert man K mit K' mit Hilfe dieses Isomorphismus, so wird M Erweiterungkörper von K. Faßt man die Gleichung $x^2 - 2 = 0$ in diesem Sinne als die Gleichung $x^2 - (2, 0) = (0, 0)$ auf, so besitzt sie in M die Lösung $\xi := (0, 1)$.

Der Körper C der komplexen Zahlen kann auf analoge Weise als Menge von Paaren (a, b) reeller Zahlen $a, b \in R$ konstruiert werden als ein Erweiterungskörper von R, in dem die Gleichung $x^2 + 1 = 0$ eine Lösung $\xi (= i)$ besitzt.

f) Körper von endlicher Charakteristik:

(1.7.4) Definition: *Ein (Schief-) Körper oder Ring K heißt von endlicher Charakteristik, wenn es eine natürliche Zahl $p > 0$ gibt, so daß für alle $a \in K$ die Gleichung*

$$p \cdot a := a + a + \cdots + a = 0 \qquad (p \text{ Summanden})$$

gilt. Die kleinste natürliche Zahl $p > 1$, für die dies zutrifft, heißt die Charakteristik des (Schief-) Körpers bzw. Ringes. Gibt es keine solche Zahl p, so spricht man von einem (Schief-) Körper oder Ring der Charakteristik 0.

Es gilt der

(1.7.5) Satz: *Ist K ein Schiefkörper von endlicher Charakteristik p, so ist p eine Primzahl.*

Es gibt Körper von jeder Primzahlcharakteristik p, sogar solche, die nur p Elemente besitzen. Denn der Restklassenring (1.5.12) $\Gamma/(p)$ des Ringes Γ der ganzen Zahlen nach dem von der Primzahl p erzeugten Hauptideal

$$(p) = \{r \cdot p \mid r \in \Gamma\}$$

ist ein solcher Körper. Diese speziellen Körper $\Gamma/(p)$ nennt man auch

(1.7.6) *Primkörper*

der Charakteristik p. Zum Beispiel besteht $\Gamma/(3)$ aus den 3 Elementen $0, 1, 2$ mit der Addition und der Multiplikation:

+	0	1	2		$\cdot$	0	1	2
0	0	1	2		0	0	0	0
1	1	2	0		1	0	1	2
2	2	0	1		2	0	2	1

Besonders wichtig sind Körper K der Charakteristik 2, für die die Beziehung $a + a = 0$ für alle $a \in K$ gilt. Der zugehörige Primkörper $\Gamma/(2)$ der Charakteristik 2 besteht aus den Elementen $0, 1$ und hat die Additions- und Multiplikationsregeln:

$$0 + 0 = 0, \quad 0 + 1 = 1, \quad 1 + 1 = 0,$$
$$0 \cdot 0 = 0, \quad 0 \cdot 1 = 0, \quad 1 \cdot 1 = 1.$$

In Körpern der endlichen Charakteristik p gilt die Formel

$$(a + b)^p = a^p + b^p.$$

In diesem Zusammenhang sind noch zwei Sätze über endliche Schiefkörper (die notwendig von endlicher Charakteristik sind) interessant:

(1.7.7) **Satz** (*Wedderburn*): *Jeder endliche Schiefkörper ist kommutativ, also ein endlicher Körper (auch Galoisfeld genannt).*

(1.7.8) **Satz** (*Galois*): *Ist K ein endlicher Körper der Charakteristik p, so ist die Anzahl seiner Elemente gleich einer Potenz p^k von p. Die multiplikative Gruppe von $K \setminus \{0\}$ ist zyklisch: Es gibt ein $\xi \in K$, so daß $K = \{0, \xi, \xi^2, \ldots, \xi^{p^k - 1}\}$. Alle Körperelemente von K sind Nullstellen von $x^{p^k} - x = 0$.*

g) Ist K ein beliebiger Körper, so bildet die Menge aller rationalen Funktionen

$$f(x) = \frac{g(x)}{h(x)},$$

wobei $h(x) \not\equiv 0$ und $g(x)$ Polynome aus dem Polynomring $K[x]$ sind, einen Körper, den

(1.7.9) *Körper der rationalen Funktionen mit Koeffizienten aus K,*

der mit

$$K(x)$$

bezeichnet wird.

Sei K nun ein Körper und $K[x]$ der zugehörige Ring aller Polynome in einer Unbestimmten x mit Koeffizienten aus K. Ein Element $\alpha \in K$ heißt *Nullstelle* des Polynoms $f(x)$ aus $K[x]$, wenn $f(\alpha) = 0$ ist. Es gilt der

(1.7.10) **Satz**: *Ist α Nullstelle von $f(x)$, so ist $f(x)$ durch $x - \alpha$ teilbar.*

Gilt für eine Nullstelle α von $f(x) \in K[x]$:

$$f(x) = (x - \alpha)^\nu \cdot g(x),$$

mit $g(x) \in K[x]$ und $g(\alpha) \neq 0$, so heißt α eine

(1.7.11) *ν-fache Nullstelle von $f(x)$.*

Aus (1.7.10) folgt sofort:

(1.7.12) **Satz**: *Jedes Polynom $f(x) \not\equiv 0$, $f(x) \in K[x]$ vom Grad n hat in K höchstens n Nullstellen.*

Es gibt Körper K und Polynome aus $K[x]$, die in K keine Nullstellen besitzen. Zum Beispiel hat das reelle Polynom $x^2 + 1 = 0$ im reellen Zahlkörper R keine Nullstelle. Im Körper der komplexen Zahlen C hat dagegen jedes nichtkonstante Polynom $f(x) \in C[x]$ mit komplexen Koeffizienten mindestens eine Nullstelle. Das ist der Inhalt des sogenannten *Fundamentalsatzes der Algebra*, zu dessen Beweis nichtalgebraische Hilfsmittel herangezogen werden müssen. Daraus folgt, daß jedes Polynom $f(x) \in C[x]$ vom Grad n im Körper der komplexen Zahlen C genau n Nullstellen hat.

Aus Satz (1.6.6) folgt, daß sich jedes Polynom

$$(1.7.13) \qquad h(x) = x^n + a_1 x^{n-1} + \cdots + a_n \in K[x]$$

als Produkt von irreduziblen Polynomen $p_i(x) \in K[x]$ darstellen läßt:

$$(1.7.14) \qquad h(x) = (p_1(x))^{v_1} \cdot \ \cdots \ \cdot (p_k(x))^{v_k},$$

wobei die $p_i(x)$ bis auf die Reihenfolge eindeutig bestimmt sind und voneinander verschieden sind, wenn der Koeffizient der höchsten Potenz von $p_i(x)$ auf 1 normiert ist. Im Körper $K = R$ der reellen Zahlen ist ein irreduzibles Polynom $p(x)$ entweder konstant, linear:

$$p(x) = a \cdot (x - c), \quad a \neq 0$$

oder quadratisch:

$$p(x) = a \cdot (x^2 + 2bx + c) \quad \text{mit} \quad a \neq 0, \quad b^2 - c < 0$$

[d. h., $p(x)$ hat keine reellen Nullstellen].

Im Körper C der komplexen Zahlen sind nach dem Fundamentalsatz der Algebra nur Konstante und lineare Polynome $a(x - c)$, $a \neq 0$ irreduzibel, und es gilt hier

$$h(x) = (x - \varrho_1)^{v_1} \cdot \ \cdots \ \cdot (x - \varrho_k)^{v_k}, \quad \varrho_i \neq \varrho_k \quad \text{für} \quad i \neq k,$$

wobei die ϱ_i, $i = 1, 2, \ldots, k$ die *verschiedenen* Nullstellen von $h(x)$ sind, oder

$$(1.7.15) \qquad h(x) = (x - \xi_1) \cdot \ \cdots \ \cdot (x - \xi_n),$$

wenn die ξ_i alle Nullstellen von $h(x)$ sind, entsprechend ihrer Vielfachheit (1.7.11) gezählt. Vergleicht man (1.7.13) mit (1.7.15), so sieht man, daß die Koeffizienten a_i von $h(x)$ sich als sogenannte

$$(1.7.16) \qquad \textit{symmetrische Grundfunktionen}$$

der Wurzeln ξ_i schreiben lassen:

$$a_1 = - \sum_{i=1}^{n} \xi_i,$$

$$a_2 = \sum_{i<j}^{n} \xi_i \xi_j,$$

$$a_3 = - \sum_{i<j<k}^{n} \xi_i \xi_j \xi_k,$$

$$\cdots \cdots \cdots \cdots \cdots$$

$$a_n = (-1)^n \xi_1 \xi_2, \ldots, \xi_n.$$

Für viele Zwecke ist es wichtig, daß man auch für rationale Funktionen $f(x) = \dfrac{g(x)}{h(x)} \in K(x)$, $g(x)$, $h(x) \in K[x]$ eine gewisse Standarddarstellung angeben kann, die sog.

$$(1.7.17) \qquad \textit{Partialbruchzerlegung.}$$

Setzt man voraus, daß das Zählerpolynom $g(x)$ und das Nennerpolynom $h(x)$ teilerfremd sind, ferner daß Grad $g(x) = m$, Grad $h(x) = n$ ist und daß $h(x)$ die Zerlegung (1.7.14) in irreduzible Polynome $p_i(x)$ mit Grad $p_i(x) = v_i$ besitzt, so gilt der

(1.7.18) **Satz:** *Die rationale Funktion* $f(x) = \dfrac{g(x)}{h(x)}$ *läßt sich in der Form*

$$f(x) = q(x) + \sum_{i=1}^{k} \sum_{l=1}^{v_i} \frac{s_l^{(i)}(x)}{(p_i(x))^l}$$

schreiben, wobei $q(x)$, $s_l^{(i)}(x) \in K[x]$ *Polynome sind mit*

Grad $s_l^{(i)} < v_i$, $q(x) \equiv 0$ *falls* $m < n$,   Grad $q(x) = m - n$ *sonst*.

1.8 Vektorräume

Ein
(1.8.1)   *Vektorraum V über einem (Schief-) Körper K*

ist eine abelsche Gruppe V mit der Verknüpfung $+$ zusammen mit einem (Schief-) Körper K und einer sog. äußeren Verknüpfung $\varphi : K \times V \to V$. φ ordnet einem Element $\alpha \in K$ und einem Element $x \in V$ das Element $\varphi(\alpha, x) \in V$ zu und wird Multiplikation von Elementen $x \in V$ mit Elementen $\alpha \in K$ genannt, dementsprechend

$$\varphi(\alpha, x) = \alpha\,x$$

als Multiplikation geschrieben. Es wird nun zusätzlich für diese Multiplikation verlangt

(1.8.2)
$$\begin{cases} \alpha(x + y) = \alpha\,x + \alpha\,y, \\ (\alpha + \beta)\,x = \alpha\,x + \beta\,x, \\ (\alpha \cdot \beta)\,x = \alpha(\beta\,x), \\ 1x = x \qquad (1 = \text{Einselement von } K) \end{cases}$$

für alle $x, y \in V$, $\alpha, \beta \in K$. K wird auch der *Skalarbereich* genannt, seine Elemente *Skalare* (werden im folgenden durch kleine griechische Buchstaben bezeichnet); die Elemente von V heißen *Vektoren*. Die Multiplikation selbst nennt man auch *Skalarmultiplikation*. Der Körper K ist häufig entweder der Körper der reellen oder komplexen Zahlen. V heißt dann entweder reeller oder komplexer Vektorraum.

Beispiele: a) Man betrachte die Menge

$$V := K^n = \left\{ \begin{pmatrix} \alpha_1 \\ \vdots \\ \alpha_n \end{pmatrix} \,\middle|\, \alpha_i \in K \quad \text{für} \quad i = 1, 2, \ldots, n \right\}$$

aller n-tupel von Elementen α_i aus dem Körper K, die wir aus gewissen Gründen als Spalten schreiben wollen. Die additive Struktur erklären wir in V durch die Festsetzung

$$\begin{pmatrix} \alpha_1 \\ \cdot \\ \cdot \\ \cdot \\ \alpha_n \end{pmatrix} + \begin{pmatrix} \beta_1 \\ \cdot \\ \cdot \\ \cdot \\ \beta_n \end{pmatrix} := \begin{pmatrix} \alpha_1 + \beta_1 \\ \cdots \\ \cdots \\ \cdots \\ \alpha_n + \beta_n \end{pmatrix};$$

die Skalarmultiplikation mit dem Skalar $\alpha \in K$ bedeute:

$$\alpha \begin{pmatrix} \alpha_1 \\ \cdot \\ \cdot \\ \cdot \\ \alpha_n \end{pmatrix} := \begin{pmatrix} \alpha \cdot \alpha_1 \\ \cdots \\ \cdots \\ \cdots \\ \alpha \cdot \alpha_n \end{pmatrix}.$$

Dann ist ersichtlich V eine abelsche Gruppe, und die Multiplikation $\alpha \, x$ mit einem Skalar erfüllt die Gesetze (1.8.2); V ist also ein Vektorraum, der im folgenden auch kurz mit K^n bezeichnet wird.

b) Man betrachte die Menge $C[0, 1]$ aller auf dem Intervall $J := [0, 1]$ stetigen reellen Funktionen $f: J \to R$. Erklärt man die Summe $f = f_1 + f_2$ zweier Funktionen $f_1, f_2 \in C[0, 1]$ durch

$$f(x) := f_1(x) + f_2(x) \quad \text{für alle} \quad x \in [0, 1]$$

und für reelles α das Vielfache αg einer Funktion $g \in C[0, 1]$ durch

$$(\alpha g)(x) := \alpha \cdot (g(x)) \quad \text{für} \quad x \in [0, 1],$$

so wird $C[0, 1]$ ein Vektorraum über dem Körper der reellen Zahlen.

Die Elemente $x_1, \ldots, x_n \in V$ eines linearen Vektorraums V heißen

(1.8.3) *linear unabhängig,*

wenn aus

$$\alpha_1 x_1 + \cdots + \alpha_n x_n = 0$$

folgt $\alpha_1 = \alpha_2 = \cdots = \alpha_n = 0$, andernfalls *linear abhängig.* Eine Teilmenge $M \subseteq V$ heißt

(1.8.4) *Basis* von V,

wenn sich *jedes* Element $x \in V$ *eindeutig* als eine Linearkombination $x = \alpha_1 x_1 + \cdots + \alpha_n x_n$ von endlich vielen Elementen $x_i \in M$ darstellen läßt.

Beispiel: c) Im K^n bilden die Vektoren

$$e_1 := \begin{pmatrix} 1 \\ 0 \\ \cdot \\ 0 \end{pmatrix}, \quad e_2 := \begin{pmatrix} 0 \\ 1 \\ \cdot \\ 0 \end{pmatrix}, \ldots, \quad e_n := \begin{pmatrix} 0 \\ 0 \\ \cdot \\ 1 \end{pmatrix}$$

eine Basis. Die Vektoren e_i heißen *Achsenvektoren.*

Es gilt nun der

(1.8.5) **Satz:** *Jeder Vektorraum V besitzt eine Basis (die möglicherweise keine endliche Menge ist). Jede Basis M von V ist linear unabhängig, d. h., je endlich viele Elemente aus M sind linear unabhängig. Jede Menge von linear unabhängigen Vektoren aus V läßt sich zu einer Basis von V erweitern.*

Ferner,

(1.8.6) **Satz:** *Besitzt V eine endliche Basis M, dann hat jede Basis M' von V dieselbe Anzahl von Elementen wie M. Diese Anzahl heißt die Dimension des Vektorraums V.*

Beispiel: d) Der Vektorraum $C[0, 1]$ aller auf $[0, 1]$ stetigen reellen Funktionen ist nicht endlich dimensional: Zum Beispiel sind die Funktionen $1, x, x^2, x^3, \ldots$ linear unabhängig. Sie können nach Satz (1.8.5) zu einer Basis von $C[0, 1]$ ergänzt werden, die somit unendlich viele Elemente enthält.

Ein analoger Satz ist auch für unendliche Basen richtig. Wir betrachten im folgenden jedoch nur endlich dimensionale Vektorräume V. Ihre Dimension wird mit $\dim V$ bezeichnet.

(1.8.7) **Satz:** *Ist V n-dimensional, so bilden je n linear unabhängige Elemente von V stets eine Basis von V. Je $n+1$ Elemente aus V sind dann linear abhängig.*

Eine Teilmenge $V_1 \subseteq V$ eines Vektorraums V über K wird

(1.8.8) *Teilraum*

genannt, wenn mit $x, y \in V_1$ auch $x + y$ und αx für alle $\alpha \in K$ in V_1 liegen.

(1.8.9) **Satz:** *Ist V_1 Teilraum des endlich dimensionalen Vektorraums V, so gilt $\dim V_1 \leqq \dim V$. Ist $\dim V_1 = \dim V$, dann gilt sogar $V_1 = V$.*

Sind V_1 und V_2 zwei Vektorräume über demselben Körper K, so heißt eine Abbildung $\varphi\colon V_1 \to V_2$ eine

(1.8.10) *lineare Abbildung* oder *Vektorraumhomomorphismus,* wenn

$$\varphi(\alpha x + \beta y) = \alpha \varphi(x) + \beta \varphi(y) \quad \text{für alle} \quad \alpha, \beta \in K, \quad x, y \in V_1.$$

(1.8.11) **Satz:** *Ist $\varphi\colon V_1 \to V_2$ eine lineare Abbildung des Vektorraums V_1 in den Vektorraum V_2, so ist $\varphi(V_1)$ ein Teilraum von V_2 und $\varphi^{-1}(0)$ ein Teilraum von V_1.*

Wir nennen zwei Vektorräume V_1, V_2 über K *isomorph*, wenn es eine umkehrbar eindeutige lineare Abbildung φ von V_1 *auf* V_2 gibt. Wir können nun sofort eine Isomorphie φ zwischen einem n-dimensionalen Vektorraum V über K und dem Vektorraum K^n [Beispiel a)] angeben. Ist nämlich $(x_1, \ldots, x_n)$ eine feste Basis für V, so entspricht jedem $x = \xi_1 x_1 + \cdots + \xi_n x_n \in V$ eineindeutig das Koordinaten-n-tupel (die ξ_i heißen die Koordinaten des Vektors x bezüglich der Basis der x_i):

$$\varphi(x) := \hat{x} = \begin{pmatrix} \xi_1 \\ \cdot \\ \xi_n \end{pmatrix} \in K^n.$$

Diese Zuordnung φ ist offensichtlich linear und ein Isomorphismus von V auf K^n.

Wir bezeichnen mit

(1.8.12) $\mathfrak{L}(V_1, V_2) := \{\varphi \mid \varphi : V_1 \to V_2, \varphi \text{ linear}\}$

die Menge aller linearen Abbildungen des Vektorraums V_1 über K in den Vektorraum V_2 über K. Diese Menge trägt wieder eine Vektorraumstruktur:

(1.8.13) **Satz:** *Die Menge $\mathfrak{L}(V_1, V_2)$ bildet einen Vektorraum über K bezüglich der Verknüpfungen:*

$$\varphi_3 = \varphi_1 + \varphi_2 \quad mit \quad \varphi_3(x) := \varphi_1(x) + \varphi_2(x),$$
$$\varphi_4 = \alpha\, \varphi_1 \qquad mit \quad \varphi_4(x) := \alpha\, \varphi_1(x).$$

für alle $x \in V_1$, $\varphi_1, \varphi_2 \in \mathfrak{L}(V_1, V_2)$, $\alpha \in K$.

Ist $V_1 = V_2 = V$, dann trägt $\mathfrak{L}(V, V)$ sogar Ringstruktur:

(1.8.14) **Satz:** *$\mathfrak{L}(V, V)$ ist ein (i. allg. nichtkommutativer) Ring mit Einselement. Dabei ist die Ringmultiplikation von φ_1 und φ_2 aus $\mathfrak{L}(V, V)$ definiert durch*

$$\varphi_1 \cdot \varphi_2 := \varphi_1 \circ \varphi_2,$$

wobei $\varphi_1 \circ \varphi_2$ die aus φ_2 und φ_1 zusammengesetzte Abbildung von V in sich ist: $\varphi_1 \circ \varphi_2(x) := \varphi_1(\varphi_2(x))$.

Da der Körper K selbst ein (1-dimensionaler) Vektorraum über K ist, ist auch die Menge $\mathfrak{L}(V, K)$ aller linearen Abbildungen eines Vektorraums V in seinen Skalarbereich K wieder ein Vektorraum über K. Man nennt ihn den zu V

(1.8.15)   *dualen Vektorraum*
und bezeichnet ihn mit

$$V^* := \mathfrak{L}(V, K).$$

Die Elemente von V^* heißen auch

(1.8.16)   *Linearformen* oder *lineare Funktionale* auf V.
Es gilt der

(1.8.17) **Satz:** *Ist $\dim V = n$, dann gilt auch $\dim V^* = n$.*

Zu jeder Basis $(x_1, \ldots, x_n)$ von V gehört eine

(1.8.18)   *duale Basis* $(x^1, \ldots, x^n)$ von V^*,

die durch die Eigenschaften

$$x^i(x_k) = \delta_k^i = \begin{cases} 1 & \text{falls} \quad i = k, \\ 0 & \text{sonst} \end{cases}$$

gekennzeichnet ist. Ist $l \in V^*$, $x \in V$, so schreibt man statt $l(x)$ auch oft $\langle l, x \rangle$ für das Bild des Vektors x unter der linearen Abbildung l.

Bezüglich der dualen Basis kann jedes lineare Funktional $l \in V^*$ dargestellt werden

$$l = \sum_{i=1}^{n} \lambda_i \, x^i,$$

wenn V n-dimensional ist. Damit ist jedem l ein Koordinaten-n-tupel

$$\boldsymbol{l} := \begin{pmatrix} \lambda_1 \\ \cdot \\ \lambda_n \end{pmatrix}$$

zugeordnet. Damit gilt

$$l(x) = \sum_{i=1}^{n} \lambda_i \, \xi_i,$$

oder unter Benutzung der Matrixschreibweise [s. (1.8.23)]:

$$l(x) = \boldsymbol{l}^T \, \hat{x}.$$

Eine lineare Abbildung $A \in \mathfrak{L}(V_1, V_2)$ von V_1 in V_2 läßt sich bequem durch Matrizen beschreiben. Hat nämlich V_1 die Basis $(x_1, \ldots, x_n)$ und V_2 die Basis $(y_1, \ldots, y_m)$, so ist die lineare Abbildung eineindeutig beschrieben durch Angabe der Bilder[*]

$$A \, x_i = \sum_{k=1}^{m} \alpha_{k i} \, y_k$$

der Basiselemente x_i, d. h. durch Angabe des Koeffizientenschemas

$$\hat{A} := (\alpha_{i k}) = \begin{pmatrix} \alpha_{11}, & \ldots, & \alpha_{1 n} \\ \cdot \cdot \cdot \cdot \cdot \cdot \cdot \cdot \cdot \\ \alpha_{m 1}, & \ldots, & \alpha_{m n} \end{pmatrix}, \qquad \alpha_{i k} \in K,$$

das man eine Matrix mit m Zeilen und n Spalten oder kurz $m \times n$-Matrix nennt. Jedem $x = \xi_1 x_1 + \cdots + \xi_n x_n \in V_1$ entspricht dann als Bild

$$A \, x = \eta_1 \, y_1 + \cdots + \eta_m \, y_m = \sum_{i=1}^{n} \xi_i \, A \, x_i = \sum_{i=1}^{n} \sum_{k=1}^{m} \xi_i \, \alpha_{k i} \, y_k.$$

Das heißt, die Koordinaten η_k des Bildes ergeben sich zu

$$(1.8.19) \qquad \eta_k = \sum_{i=1}^{n} \alpha_{k i} \, \xi_i.$$

Definiert man als Summe zweier $m \times n$-Matrizen $(\alpha_{i k})$ und $(\beta_{i k})$ die Matrix

$$(\gamma_{i k}) \quad \text{mit} \quad \gamma_{i k} := \alpha_{i k} + \beta_{i k},$$

ferner als Produkt der $m \times n$-Matrix $(\alpha_{i k})$ mit einem Skalar $\alpha \in K$ die Matrix

$$\alpha \, (\alpha_{i k}) := (\alpha \cdot \alpha_{i k})$$

____

[*] Für das Bild $A(x)$ eines Vektors $x \in V_1$ unter einer linearen Abbildung $A \in \mathfrak{L}(V_1, V_2)$ schreibt man auch $A \, x$.

und schließlich als Produkt einer $m \times n$-Matrix (α_{ik}) und einer $n \times l$-Matrix (β_{kj}) die $m \times l$-Matrix $(\gamma_{ij}) = (\alpha_{ik})\,(\beta_{kj})$ mit

$$(1.8.20) \qquad \gamma_{ij} := \sum_{k=1}^{n} \alpha_{ik}\,\beta_{kj}, \quad i = 1, 2, \ldots, m, \quad j = 1, 2, \ldots, l,$$

so ist mit diesen Definitionen zunächst die Menge aller $m \times n$-Matrizen ein Vektorraum über K, und es gilt der

(1.8.21) Satz: *Der Summe $A + B$ der beiden linearen Abbildungen $A, B \in \mathfrak{L}(V_1, V_2)$ entspricht die Matrix $(\alpha_{ik}) + (\beta_{ik})$, wenn A zu (α_{ik}) und B zu (β_{ik}) gehört. Zu $\alpha\,A \in \mathfrak{L}(V_1, V_2)$ gehört die Matrix $\alpha\,(\alpha_{ik})$. Ist ferner $B \in \mathfrak{L}(V_1, V_2)$, $A \in \mathfrak{L}(V_2, V_3)$, $\dim V_1 = l$, $\dim V_2 = n$, $\dim V_3 = m$ und entspricht den Abbildungen A und B die Matrix (α_{ik}) bzw. (β_{kj}), so entspricht der Abbildung $A \circ B \in \mathfrak{L}(V_1, V_3)$ die Matrix $(\alpha_{ik})\,(\beta_{kj})$.*

Formel (1.8.19) kann im Sinne der Matrixmultiplikation (1.8.20) verstanden werden:

$$\begin{pmatrix} \eta_1 \\ \cdot \\ \eta_m \end{pmatrix} = \begin{pmatrix} \alpha_{11}, & \ldots, & \alpha_{1n} \\ \cdots\cdots\cdots\cdots \\ \alpha_{m1}, & \ldots, & \alpha_{mn} \end{pmatrix} \begin{pmatrix} \xi_1 \\ \cdot \\ \xi_n \end{pmatrix}.$$

Sind V_1 und V_2 Vektorräume und $A \in \mathfrak{L}(V_1, V_2)$ eine lineare Abbildung von V_1 in V_2, so kann man die zu A

$$(1.8.22) \qquad \text{\textit{transponierte Abbildung} } A^T \in \mathfrak{L}(V_2^*, V_1^*)$$

des zu V_2 dualen Vektorraums V_2^* in den zu V_1 dualen Vektorraum V_1^* definieren durch die Festsetzung:

$$(1.8.23) \qquad A^T(l_2) := l_2 \circ A \quad \text{für alle} \quad l_2 \in V_2^*.$$

Besitzt V_1 die Basis $(x_1, \ldots, x_n)$, V_2 die Basis $(y_1, \ldots, y_m)$ und gehört zu der linearen Abbildung $A \in \mathfrak{L}(V_1, V_2)$ die Koeffizientenmatrix $\hat{A} = (\alpha_{ik})$ bezüglich dieser Basen

$$A\,x_i = \sum_{k=1}^{m} y_k\,\alpha_{ki}, \quad i = 1, 2, \ldots, n,$$

so gehört zu der transponierten Abbildung $A^T \in \mathfrak{L}(V_2^*, V_1^*)$ bezüglich der dualen Basen $(x^1, \ldots, x^n)$ von V_1^* und $(y^1, \ldots, y^m)$ von V_2^* die Matrix (β_{ik}) mit $\beta_{ik} := \alpha_{ki}$, $i = 1, 2, \ldots, n$, $k = 1, 2, \ldots, m$:

$$A^T\,y^k = \sum_{i=1}^{n} x^i\,\beta_{ik},$$

also

$$(A^T\,y^k)\,(x_i) = \beta_{ik} = y^k(A\,x_i) = y^k\left(\sum_{j=1}^{m} y_j\,\alpha_{ji}\right) = \alpha_{ki},$$

d. h., zur transponierten Abbildung A^T gehört die *transponierte Matrix* $A^T = (\alpha_{ik})^T$. Dabei wird generell mit $(\alpha_{ik})^T$ die Matrix (β_{ik}) mit

$$(1.8.24) \qquad \beta_{ik} := \alpha_{ki}$$

bezeichnet.

1.9 Algebren

Unter einer

$$(1.9.1) \qquad \textit{Algebra A über einem Körper K}$$

wird ein Vektorraum A über K verstanden, der gleichzeitig Ring ist. In A sind also zwei Multiplikationen erklärt:

1. die Multiplikation $\alpha x \in A$ eines Elements $x \in A$ mit einem Skalar $\alpha \in K$, die aus der Vektorraumstruktur herrührt: eine *äußere* Verknüpfung zwischen A und K;

2. die Ringmultiplikation $x \cdot y \in A$ zweier Elemente $x, y \in A$: eine Verknüpfung *in* A.

Man verlangt zusätzlich noch als Verträglichkeitsbedingung für beide Multiplikationen

$$\alpha (x \cdot y) = (\alpha x) \cdot y = x \cdot (\alpha y)$$

für alle $\alpha \in K$, $x, y \in A$.

Ist A als Vektorraum über K endlichdimensional und ist $(x_1, \ldots, x_n)$ eine Basis von A, so ist die Ringmultiplikation eindeutig durch Angabe der endlich vielen Produkte

$$x_i \cdot x_k = \sum_{l=1}^{n} \gamma_{ik}^l x_l, \qquad \gamma_{ik}^l \in K$$

von Basiselementen bestimmt. Die n^3 Konstanten $\gamma_{ik}^l \in K$ heißen die

$$(1.9.2) \qquad \textit{Strukturkonstanten} \text{ der Algebra } A.$$

Beispiel: a) Algebra Q der Quaternionen [s. 1.7, Beispiel d)]: Q ist ein Vektorraum der Dimension 4 über dem Körper R der reellen Zahlen. Basiselemente sind

$$\{1, i, j, k\}.$$

b) Der Ring aller $n \times n$-Matrizen (α_{ik}), $\alpha_{ik} \in K$ ist mit der Matrixmultiplikation (1.8.20) eine Algebra [s. Sätze (1.8.14), (1.8.21)]. Ihre Dimension als Vektorraum ist n^2. Eine Basis besteht z. B. aus allen Matrizen $E_{ik} = (\alpha_{j,l}^{(i,k)})$ mit

$$\alpha_{j,l}^{(i,k)} := \begin{cases} 1 & \text{falls } i = j \text{ und } k = l \\ 0 & \text{sonst.} \end{cases}$$

FROBENIUS bewies den interessanten

(1.9.3) **Satz:** *Ist die endlich dimensionale Algebra A über dem Körper R der reellen Zahlen gleichzeitig ein Schiefkörper, der R umfaßt: $R \subsetneqq A$, und ist jedes Element α von R mit jedem Element $x \in A$ vertauschbar: $\alpha x = x \alpha$, so ist A entweder der Körper R der reellen Zahlen, oder der Körper C der komplexen Zahlen oder der Schiefkörper Q der Quaternionen.*

1.10 Verbände

Unter einem

(1.10.1) *Verband M*

versteht man eine Menge M, in der zwei 2-stellige Verknüpfungen $\sqcup$ und $\sqcap$ erklärt sind, die beide assoziativ

$$(a \sqcup b) \sqcup c = a \sqcup (b \sqcup c),$$
$$(a \sqcap b) \sqcap c = a \sqcap (b \sqcap c)$$

und kommutativ sind

$$a \sqcap b = b \sqcap a, \quad a \sqcup b = b \sqcup a$$

und außerdem die beiden

(1.10.2) *Absorptionsgesetze*

$$a \sqcap (a \sqcup b) = a,$$
$$a \sqcup (a \sqcap b) = a$$

erfüllen sollen. Aus diesen Gesetzen folgt bereits

(1.10.3)
$$a \sqcap a = a \sqcap (a \sqcup (a \sqcap b)) = a,$$
$$a \sqcup a = a \sqcup (a \sqcap (a \sqcup b)) = a \quad \text{für alle} \quad a \in M.$$

Man bestätigt ebenso leicht den

(1.10.4) **Satz:** *Die Beziehung $a \sqcap b = a$ gilt genau dann, wenn $a \sqcup b = b$.*

Man definiert nun, daß zwischen den Elementen $a, b \in M$ die Relation $\leqq$ besteht:

(1.10.5)
$$a \leqq b$$

genau dann, wenn $a \sqcap b = a$, oder, was nach dem letzten Satz damit äquivalent ist, wenn $a \sqcup b = b$.

Statt $a \leqq b$ sagt man auch: a liegt vor b, b liegt hinter a, a ist kleiner oder gleich b, b ist größer oder gleich a. Die Relation $\leqq$ erfüllt die Gesetze

(1.10.6)
$$\begin{cases} \text{1. } a \leqq a, \\ \text{2. aus } a \leqq b \text{ und } b \leqq a \text{ folgt } a = b, \\ \text{3. aus } a \leqq b, \ b \leqq c \text{ folgt } a \leqq c. \end{cases}$$

Relationen, die solchen Gesetzen genügen, heißen

(1.10.7) *Ordnungsrelationen.*

Die Absorptionsgesetze besagen nun, daß

$$a \leqq a \sqcup b,$$
$$b \leqq a \sqcup b$$

sowie

$$a \sqcap b \leqq a,$$
$$a \sqcap b \leqq b.$$

Diese Aussagen werden wesentlich ergänzt durch den

(1.10.8) **Satz:** *Es gilt $c \leqq a$ und $c \leqq b$ genau dann, wenn $c \leqq a \sqcap b$. Es gilt $a \leqq c$ und $b \leqq c$ genau dann, wenn $a \sqcup b \leqq c$.*

Mit anderen Worten, $a \sqcap b$ ist das „größte" Element von M, das „kleiner oder gleich" a und b ist, $a \sqcup b$ ist das „kleinste" Element von M, das „größer oder gleich" a und b ist.

Man nennt nun einen Verband M

(1.10.9)   *distributiv,*

wenn zusätzlich die beiden *Distributivitätsgesetze*

$$a \sqcap (b \sqcup c) = (a \sqcap b) \sqcup (a \sqcap c),$$
$$a \sqcup (b \sqcap c) = (a \sqcup b) \sqcap (a \sqcup c)$$

erfüllt sind. Ein Element $n \in M$ heißt

(1.10.10)   *Nullelement*

des Verbandes, wenn $a \sqcap n = n$ für alle $a \in M$ [vgl. (1.2.5)], d. h. wenn $n \leqq a$ für alle $a \in M$. Umgekehrt heißt ein Element $e \in M$

(1.10.11)   *Einselement*

des Verbandes, wenn $a \sqcap e = a$ für alle $a \in M$ [vgl. (1.2.4)], d. h. wenn $a \leqq e$ für alle $a \in M$. Es ist leicht zu sehen, daß in einem Verband höchstens ein Nullelement und höchstens ein Einselement existieren kann.

Man nennt einen Verband M

(1.10.12)   *komplementär,*
wenn

    1. M ein Nullelement n und ein Einselement e enthält und
    2. es in M eine 1-stellige Verknüpfung „$\sim$" gibt, mit

$$a \sqcap (\sim a) = n,$$
$$a \sqcup (\sim a) = e$$

für alle $a \in M$. Das Element $\sim a$ heißt auch *Komplement* von a. Es gilt der

(1.10.13) **Satz:** *In einem komplementären Verband M gilt*

$$\sim (\sim a) = a$$

sowie die beiden de Morganschen Regeln:

$$\sim (a \sqcap b) = (\sim a) \sqcup (\sim b),$$
$$\sim (a \sqcup b) = (\sim a) \sqcap (\sim b).$$

Schließlich wird ein Verband M ein

(1.10.14)   *Boolescher Verband* oder eine *Boolesche Algebra*

genannt, wenn M ein distributiver komplementärer Verband ist.

Beispiele: a) Der Verband $M := \{O, L\}$ aus 2 Elementen ist bezüglich der Verknüpfungen $\sqcap := \wedge$, $\sqcup := \vee$, $\sim := \neg$ ein Boolescher Verband, wenn definiert wird:

$\wedge$	O	L
O	O	O
L	O	L

$\vee$	O	L
O	O	L
L	L	L

$\neg$	O	L
	L	O

In diesem Verband ist $n := O$, $e := L$. Ferner ist in M: $O \leq O$, $O \leq L$, $L \leq L$.

b) Die Menge $\mathfrak{P}\, E := \{A \mid A \subseteq E\}$ aller Teilmengen einer Menge E, die sog. *Potenzmenge* von E, bildet einen Booleschen Verband bezüglich der Operationen:

$$A \sqcap B := A \cap B \qquad (\cap: \text{mengentheoretischer Durchschnitt}),$$

$$A \sqcup B := A \cup B \qquad (\cup: \text{mengentheoretische Vereinigung}),$$

$$\sim A := E \setminus A = \{x \mid x \in E \quad \text{und} \quad x \notin A\}.$$

Nullelement n dieses Verbandes ist die leere Menge $\emptyset$, Einselement e die Menge E selbst. Die Ordnungsrelation $A \leq B$ bedeutet in diesem Verband dasselbe wie $A \subseteq B$.

c) Die Teiler einer gegebenen ganzen Zahl g bilden einen distributiven Verband mit dem Nullelement $n := 1$ und dem Einselement $e := g$ bezüglich der Verknüpfungen:

$$a \sqcap b := \text{g. g. T.} (a, b) \; (\text{größter gemeinsamer Teiler von } a \text{ und } b),$$

$$a \sqcup b := \text{k. g. V.} (a, b) \; (\text{kleinstes gemeinsames Vielfaches von } a \text{ und } b).$$

Dieser Verband ist i. allg. kein komplementärer Verband, also kein Boolescher Verband. Zum Beispiel haben im Verband $M := \{1, 2, 3, 4, 6, 12\}$ der Teiler von 12 die Zahlen 2 und 6 kein Komplement. Man kann diesen Verband, wie alle endlichen Verbände übersichtlich in einem sog. *Hasse-Diagramm* darstellen:

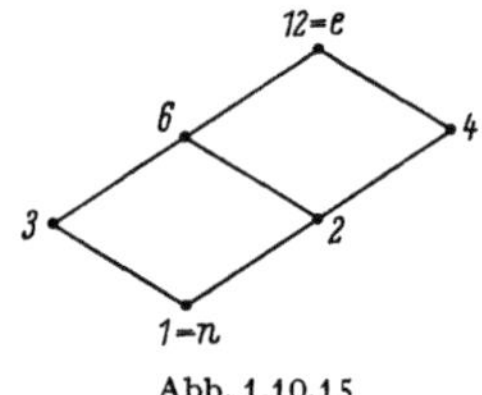

Abb. 1.10.15

Man stellt jedes Element a von M durch einen Punkt P_a der Zeichenebene dar. Ist $a \leq b$, so zeichnet man P_a unter P_b. Liegen „zwischen" a und b keine weiteren Elemente c mit $a \leq c \leq b$ und ist $a \leq b$, so wird P_a und P_b durch einen Strich verbunden.

Der Begriff des Verbandes ist sehr allgemein; so bilden z. B. auch sämtliche Unterstrukturen (1.2.12) einer algebraischen Struktur, sämtliche offene Mengen eines topologischen Raumes usw. Verbände.

Als letztes Beispiel eines Booleschen Verbandes, der für die Praxis besonders wichtig ist, sei der Verband der

(1.10.16) *Schaltfunktionen*

(„Schaltalgebra") dargestellt:

Ist $M := \{O, L\}$ der Verband von Beispiel a), so nennen wir jede Abbildung $f\colon M^p \to M$ des p-fachen kartesischen Produkts von M in M eine *Schaltfunktion* von p Variablen. Mit anderen Worten, eine Schaltfunktion f ist eine p-stellige Verknüpfung in M, oder, eine Schaltfunktion ist eine Funktion $f(x_1, \ldots, x_p)$ von p Variablen $x_1, \ldots, x_p$, *Schaltvariable* genannt, die jeder Belegung von x_i mit den Werten O oder L (2^p mögliche verschiedene Belegungen!) je einen der Werte O oder L eindeutig zuordnet. Die Menge N aller Schaltfunktionen der p Variablen $(x_1, \ldots, x_p)$ bildet einen Booleschen Verband bezüglich der Verknüpfungen

$$f_3 := f_1 \sqcup f_2 \quad \text{mit} \quad f_3(x_1, \ldots, x_p) := f_1(x_1, \ldots, x_p) \vee f_2(x_1, \ldots, x_p),$$

$$f_4 := f_1 \sqcap f_2 \quad \text{mit} \quad f_4(x_1, \ldots, x_p) := f_1(x_1, \ldots, x_p) \wedge f_2(x_1, \ldots, x_p)$$

und der Komplementierung

$$f_5 := \sim f \quad \text{mit} \quad f_5(x_1, \ldots, x_p) := \neg f(x_1, \ldots, x_p).$$

Einselement e dieses Verbandes ist die Schaltfunktion f_L, die durch

$$f_L(x_1, \ldots, x_p) := L \quad \text{für alle} \quad x_i \in M = \{O, L\}$$

definiert ist. Nullelement n von N ist die Schaltfunktion f_0 mit

$$f_O(x_1, \ldots, x_p) := O \quad \text{für alle} \quad x_i \in M = \{O, L\}.$$

Daß N ein Boolescher Verband ist, folgt leicht aus der Tatsache, daß M ein Boolescher Verband ist.

Die Schaltnetze der Informationsverarbeitung liefern Schaltfunktionen. Ein Schaltnetz ist dabei eine gerichtete Aneinanderfügung von Schaltgliedern mit zwei Eingängen (Und-, Oder-Glied) und einem Ausgang bzw. mit einem Eingang und einem Ausgang (Nicht-Glied). Bezeichnet man mit a, b die beiden Eingänge des Und- bzw. Oder-Gliedes, so liefert das Und-Glied am Ausgang den Wert $a \wedge b$ [s. Beispiel a)], das Oder-Glied den Wert $a \vee b$. Das Nicht-Glied liefert am Ausgang den Wert $\neg a$, wenn a den Wert am Eingang bezeichnet. Zum Beispiel wird durch das Schaltnetz der Abb. (1.10.17) die Schaltfunktion $(x_1 \wedge x_2) \vee (x_2 \wedge x_3)$ dargestellt.

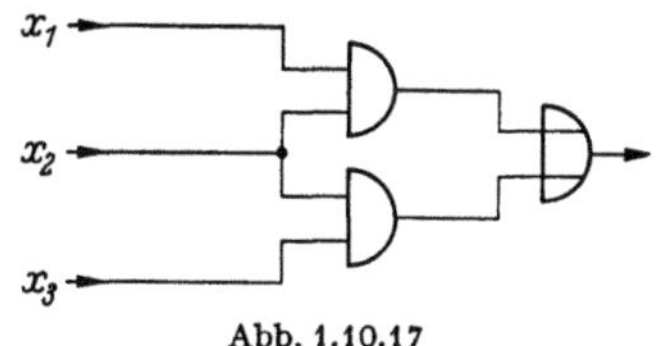

Abb. 1.10.17

Zum Schluß soll noch eine interessante Beziehung der Booleschen Verbände zu gewissen Ringen, den *Booleschen Ringen*, erwähnt werden. Man nennt einen Ring B einen

(1.10.18)   *Booleschen Ring,*

wenn B

1. ein kommutativer Ring mit Einselement ist und
2. alle Elemente *idempotent* sind:

$$x \cdot x = x \quad \text{für alle} \quad x \in B.$$

Es ergibt sich, daß B die Charakteristik 2 hat [s. (1.7.4)]:

$$x + x = 0 \quad \text{für alle} \quad x \in B.$$

Es gilt der

(1.10.19) Satz: *Ein Boolescher Ring B ist eine Boolesche Algebra bezüglich der Verknüpfungen*

$$a \sqcap b := a \cdot b, \quad a \sqcup b := a + b + a \cdot b,$$
$$\sim a := a + 1, \quad e := 1, \quad n := 0.$$

Ist umgekehrt B ein Boolescher Verband, so wird B zu einem Booleschen Ring bezüglich der Verknüpfungen

$$a \cdot b := a \sqcap b,$$
$$a + b := (a \sqcap (\sim b)) \sqcup ((\sim a) \sqcap b).$$

Dieser Satz ist insofern von praktischer Bedeutung, weil er es ermöglicht, schaltalgebraische Rechnungen in dem zugehörigen Booleschen Ring auszuführen mit dem Vorteil, vertraute Rechengesetze zu haben.

§ 2. Lineare Algebra

2.1 Der Rang linearer Abbildungen

Seien V_1 und V_2 zwei endlichdimensionale Vektorräume mit $\dim V_1 = n$ und $\dim V_2 = m$ über dem Körper der komplexen Zahlen. Die Einschränkung auf den Körper der reellen Zahlen soll selbstverständlich mit eingeschlossen sein. Es soll im folgenden die Struktur von linearen Abbildungen $A \in \mathfrak{L}(V_1, V_2)$ näher bestimmt werden. Bei einer gegebenen Abbildung A können zwei lineare Räume unterschieden werden: Der Bildraum

$$A(V_1) = \{y \in V_2 \mid y = A x, x \in V_1\}$$

und der *Kern* oder *Defektraum*

$$N[A] := \{x \mid A x = 0\}.$$

Die Dimension $\dim A(V_1)$ des Bildraums nennt man den

(2.1.1)   *Spaltenrang* von A.

Er wird im folgenden mit $r(A)$ bezeichnet. Nach Einführung einer Basis $(x_1, \ldots, x_n)$ in V_1 und $(y_1, \ldots, y_m)$ in V_2 entspricht jedem $x = \xi_1 x_1 + \cdots + \xi_n x_n \in V_1$ eineindeutig das n-tupel (s. 1.8)

$$\hat{x} := \begin{pmatrix} \xi_1 \\ \cdot \\ \xi_n \end{pmatrix} \in C^n$$

und analog jedem $y = \eta_1 y_1 + \cdots + \eta_m y_m \in V_2$ ein m-tupel

$$\mathfrak{y} := \begin{pmatrix} \eta_1 \\ \cdot \\ \eta_m \end{pmatrix} \in C^m.$$

Ferner wird die Abbildung A durch die $m \times n$-Matrix $\hat{A} = (\alpha_{ik})$ [s. (1.8.19)] beschrieben, und die Gleichung $A\,x = y$ wird durch die Matrizengleichung

(2.1.2) $$\hat{A}\,\hat{x} = \mathfrak{y}$$

wiedergegeben.

Der begrifflichen Klarheit halber halten wir in den folgenden Abschnitten zunächst die Begriffspaare Vektor — n-tupel, lineare Abbildung — Matrix auseinander. Aus Gründen der Isomorphie (s. 1.8) können wir später auf diese Unterscheidung verzichten.

Aus (2.1.2) folgt der

(2.1.3) **Satz:** *Der Spaltenrang $r(A)$ der linearen Abbildung $A \in \mathfrak{L}(V_1, V_2)$ ist gleich der Anzahl der linear unabhängigen Spalten der Matrix $\hat{A}$.*

Wir bezeichnen diese Anzahl auch als Spaltenrang $r(\hat{A}) := r(A)$ der Matrix $\hat{A}$.

Der Defektraum $N[A]$ ist nach (1.8.11) wieder ein linearer Raum. Seine Dimension $s(A) := \dim N[A]$ heißt auch

(2.1.4) *Rangabfall* von A.

Es gilt

(2.1.5) **Satz:** $s(A) + r(A) = n = \dim V_1$.

Faßt man die Gleichung $A\,x = 0$ als Matrixgleichung $\hat{A}\,\hat{x} = 0$ auf, so besteht $N[A]$ genau aus allen Lösungen des *homogenen* linearen Gleichungssystems

$$\alpha_{11}\,\xi_1 + \cdots + \alpha_{1n}\,\xi_n = 0,$$
$$\cdots\cdots\cdots\cdots\cdots\cdots\cdots$$
$$\alpha_{m1}\,\xi_1 + \cdots + \alpha_{mn}\,\xi_n = 0,$$

und der letzte Satz besagt, daß dieses System genau $s(a) = n - r(A)$ linear unabhängige (also nichttriviale, d. h. vom Nullvektor 0 verschiedene) Lösungen besitzt, aus denen man alle Lösungen durch Bildung von Linearkombinationen erhält. Man kann nun leicht Aussagen über die Lösungen des *inhomogenen* linearen Gleichungssystems

(2.1.6) $$A\,x = b$$

machen, wobei (2.1.6) als Matrixgleichung $\hat{A}\,\hat{x} = b$ interpretiert wird. Ist nämlich x_1 und x_2 Lösung von (2.1.6), so ist $x_1 - x_2$ Lösung von $A\,x = 0$. Man erhält daher alle Lösungen von (2.1.6), wenn man zu einer speziellen Lösung z von (2.1.6) alle Lösungen der homogenen Gleichung $A\,x = 0$ addiert. Nun besitzt aber $\hat{A}\,\hat{x} = b$ nur dann eine

Lösung, wenn sich b linear aus den Spalten von $\hat{A}$ kombinieren läßt, d. h., wenn der Spaltenrang der Matrix $(\hat{A}, b)$, die man aus $\hat{A}$ durch Anhängen der Spalte b erhält, gleich dem Spaltenrang von $\hat{A}$ ist.

(2.1.7) **Satz:** *Das lineare Gleichungsystem $\hat{A}\hat{x} = b$ ist genau dann lösbar, wenn $r(\hat{A}, b) = r(\hat{A})$ ist. Ist $\hat{z}$ eine Lösung von $\hat{A}\hat{x} = b$, so lassen sich alle Lösungen $\hat{x}$ von $\hat{A}\hat{x} = b$ in der Form*

$$\hat{x} = \hat{z} + \lambda_1 \hat{x}_1 + \cdots + \lambda_s \hat{x}_s, \quad \lambda_i \in C \text{ beliebig,}$$

schreiben, wobei $s = n - r(\hat{A})$ und die $\hat{x}_i$, $i = 1, 2, \ldots, s$ linear unabhängige Lösungen von $\hat{A}\hat{x} = 0$ sind.

Nach dem Gesagten ist es klar, daß gilt

(2.1.8) **Satz:** $r(A) \leqq \min(\dim V_2, \dim V_1) = \min(m, n)$.

Wichtig ist in dieser Beziehung der Extremfall $r(A) = n = \dim V_1$:

(2.1.9) **Satz:** *Es gilt $r(A) = \dim V_1$ genau dann, wenn es eine lineare Abbildung $A^L \in \mathfrak{L}(V_2, V_1)$ gibt mit $A^L A = I_1$ ($=$ identische Abbildung auf V_1). A^L ist Linksinverse von A im Sinne von (1.2.10).*

Man beachte, daß $A A^L$ nicht notwendig die identische Abbildung I_2 von V_2 auf sich ist. Dagegen gilt

$$A A^L y = y \quad \text{für alle} \quad y \in A(V_1).$$

Eine Verschärfung liefert der

(2.1.10) **Satz:** *Ist $V_1 = V_2 = V$ und $\dim V = n$, so gilt für eine lineare Abbildung $A \in \mathfrak{L}(V, V)$ $r(A) = n$ genau dann, wenn es eine beidseitige Inverse $A^{-1} \in \mathfrak{L}(V, V)$ gibt, d. h. eine lineare Abbildung A^{-1} mit*

$$A^{-1} A = A A^{-1} = I \quad (= \text{Identität auf } V).$$

A^{-1} ist in diesem Fall eindeutig bestimmt. A^{-1} heißt die inverse Abbildung von A und die Abbildung A heißt nichtsingulär.

Die zu A^{-1} gehörige Matrix bezeichnen wir mit $\hat{A}^{-1}$. Sie erfüllt die Beziehung

$$\hat{A}^{-1} \hat{A} = \hat{A} \hat{A}^{-1} = \hat{I} = \begin{pmatrix} 1, 0, \ldots, 0 \\ 0, 1, \ldots, 0 \\ \cdots\cdots\cdots \\ 0, 0, \ldots, 1 \end{pmatrix}.$$

$\hat{A}^{-1}$ heißt die *Inverse* der Matrix $\hat{A}$. Ebenso nennt man die Matrix $\hat{A}$ *nichtsingulär*, wenn $\hat{A}^{-1}$ existiert. $\hat{I}$ heißt *Einheitsmatrix*.

Zur linearen Abbildung $A: V_1 \to V_2$ gehört die transponierte Abbildung $A^T: V_2^* \to V_1^*$ der dualen Vektorräume V_2^*, V_1^* [s. (1.8.22)]. Man definiert nun den

(2.1.11)   *Zeilenrang* von A

als die Dimension $\dim A^T(V_2^*)$ des Bildraums von A^T, also als $r(A^T)$. Da zur transponierten Abbildung A^T die transponierte Matrix $\hat{A}^T$ gehört, haben wir den

(2.1.12) **Satz:** *Der Zeilenrang von A ist gleich der Anzahl der linear unabhängigen Zeilen von $\hat{A}$.*

Aus Satz (2.1.5) und Satz (1.8.5) folgt leicht, daß man in V_1 eine Basis $(x_1, \ldots, x_r, x_{r+1}, \ldots, x_n)$ so wählen kann, daß $A\, x_{r+1} = \cdots = A\, x_n = 0$, $\big(r = r(A)\big)$ und die Vektoren

$$y_1 := A\, x_1, \ldots, y_r := A\, x_r$$

linear unabhängig sind. Vervollständigt man die $y_1, \ldots, y_r$ zu einer Basis von V_2, so hat die Abbildung $A \in \mathfrak{L}(V_1, V_2)$ bezüglich dieser Basen die Koeffizientenmatrix

$$\hat{A} = \left. \begin{pmatrix} 1, 0, \ldots, 0, 0, \ldots, 0 \\ 0, 1, \ldots, 0, 0, \ldots, 0 \\ \cdots\cdots\cdots\cdots\cdots\cdots \\ 0, 0, \ldots, 1, 0, \ldots, 0 \\ 0, 0, \ldots, 0, 0, \ldots, 0 \\ \cdots\cdots\cdots\cdots\cdots\cdots \\ 0, 0, \ldots, 0, 0, \ldots, 0 \end{pmatrix} \right\} r$$

Also gilt nach Satz (2.1.3) und (2.1.12) der

(2.1.13) **Satz:** *Für jede lineare Abbildung $A \in \mathfrak{L}(V_1, V_2)$ ist der Zeilenrang gleich dem Spaltenrang. Diese Zahl nennt man den Rang $r(A)$ von A.*

Im Prinzip kann man den Rang $r(\hat{A})$ einer Matrix $\hat{A}$ und gegebenenfalls auch die Lösung eines linearen Gleichungssystems $\hat{A}\,\hat{x} = \hat{b}$ mit Hilfe des *Gaußschen Eliminationsverfahrens* ermitteln, das auch wegen seiner praktischen Bedeutung kurz dargestellt werden soll. Man startet mit den Ausgangsgleichungen $\hat{A}_1\,\hat{x} = \hat{b}_1$, wobei $\hat{A}_1 := \hat{A}$, $\hat{b}_1 := \hat{b}$. Nimmt man an, daß zu Beginn des i-ten Schrittes des Eliminationsverfahrens ein Gleichungssystem $\hat{A}_i\,\hat{x} = \hat{b}_i$ der folgenden Form vorliegt

$$(\hat{A}_i,\, \hat{b}_i) = \begin{pmatrix} 1, 0, \ldots, 0, \alpha_{1i}^{(i)}, \ldots, \alpha_{1n}^{(i)} & \big| & \beta_1^{(i)} \\ 0, 1, \ldots, 0, \alpha_{2i}^{(i)}, \ldots, \alpha_{2n}^{(i)} & \big| & \beta_2^{(i)} \\ \cdots\cdots\cdots\cdots\cdots\cdots\cdots & \big| & \cdot \\ 0, 0, \ldots, 1, \ldots\ldots\ldots\ldots & \big| & \cdot \\ 0, 0, \ldots, 0, \alpha_{ii}^{(i)}, \ldots, \alpha_{in}^{(i)} & \big| & \beta_i^{(i)} \\ \cdots\cdots\cdots\cdots\cdots\cdots\cdots & \big| & \cdot \\ 0, 0, \ldots, 0, \alpha_{mi}^{(i)}, \ldots, \alpha_{mn}^{(i)} & \big| & \beta_m^{(i)} \end{pmatrix}$$

[Die j-te Spalte von $(\hat{A}_i, \hat{b}_i)$ ist für $j = 1, 2, \ldots, i - 1$ gleich dem j-ten Achsenvektor], so kann man durch folgende Operationen ein Gleichungssystem $\hat{A}_{i+1}\,\hat{x} = \hat{b}_{i+1}$ analoger Form erzeugen. Man muß verschiedene Fälle unterscheiden.

1. Fall $\alpha_{ii}^{(i)} \neq 0$. Dann dividiert man die i-te Gleichungszeile von $\hat{A}_i\,\hat{x} = \hat{b}_i$ durch $\alpha_{ii}^{(i)}$ und zieht anschließend für $j \neq i$ das $\alpha_{ji}^{(i)}$-fache der (neuen) i-ten Zeile von der j-ten Gleichungszeile ab. Man erhält so das System $\hat{A}_{i+1}\,\hat{x} = \hat{b}_{i+1}$.

2. Fall. Ist zwar $\alpha_{ii}^{(i)} = 0$, existiert aber ein $\alpha_{jk}^{(i)} \neq 0$ mit $j \geq i$, $k \geq i$, so vertauscht man die i-te und j-te Zeile, und die i-te und k-te Spalte von $\hat{A}_i\,x = \hat{b}_i$ (die letzte Operation bedeutet lediglich eine Umnumerierung der ξ_i) und behandelt das entstehende System wie im 1. Fall weiter.

Das Verfahren bricht ab, wenn weder die Regeln von Fall 1 noch von Fall 2 anwendbar sind. Ist dies nach $k\,(\leq n)$ Schritten der Fall, so liegt ein System $\hat{A}_{k+1}\,\hat{x} = \hat{b}_{k+1}$ vor, für das genau 2 Fälle zu unterscheiden sind·

a) $(\hat{A}_{k+1}, \hat{b}_{k+1})$ hat die Gestalt:

$$(2.1.14) \qquad \begin{pmatrix} 1, & \ldots, & 0, & \alpha_{1,\,k+1}^{(k+1)}, & \ldots, & \alpha_{1,\,n}^{(k+1)} & \Big| & \beta_1^{(k+1)} \\ \multicolumn{6}{c}{\cdots\cdots\cdots\cdots\cdots\cdots\cdots\cdots} & \Big| & \cdots \\ 0, & \ldots, & 1, & \alpha_{k,\,k+1}^{(k+1)}, & \ldots, & \alpha_{k,\,n}^{(k+1)} & \Big| & \beta_k^{(k+1)} \\ 0, & \ldots, & 0, & 0, & \ldots, & 0 & \Big| & \beta_{k+1}^{(k+1)} \\ \multicolumn{6}{c}{\cdots\cdots\cdots\cdots\cdots\cdots\cdots\cdots} & \Big| & \cdots \\ 0, & \ldots, & 0, & 0, & \ldots, & 0 & \Big| & \beta_m^{(k+1)} \end{pmatrix}$$

mit $\beta_j^{(k+1)} \neq 0$ für wenigstens ein $j \geq k + 1$.

b) $(\hat{A}_{k+1}, \hat{b}_{k+1})$ hat dieselbe Gestalt (2.1.14) wie eben, nur daß jetzt alle $\beta_j^{(k+1)} = 0$ für $j \geq k + 1$ verschwinden.

Man kann zeigen, daß das System $\hat{A}_{k+1}\,\hat{x} = \hat{b}_{k+1}$ dieselben Lösungen besitzt wie das Ausgangssystem $\hat{A}\,\hat{x} = \hat{b}$, und daß sich die Ränge der Matrizen nicht ändern:

$$r(\hat{A}_{k+1}, \hat{b}_{k+1}) = r(\hat{A}, \hat{b}), \qquad r(\hat{A}_{k+1}) = r(\hat{A}).$$

Also gilt im

Fall a): $r(\hat{A}) = r(\hat{A}_{k+1}) = k$, $r(\hat{A}_{k+1}, \hat{b}_{k+1}) = r(\hat{A}, \hat{b}) = k + 1$.

Das System $\hat{A}\,\hat{x} = \hat{b}$ ist nicht lösbar.

Fall b): $r(\hat{A}) = r(\hat{A}_{k+1}) = r(\hat{A}_{k+1}, \hat{b}_{k+1}) = r(\hat{A}, \hat{b}) = k$.

Das System $\hat{A}\,\hat{x} = \hat{b}$ ist lösbar. Seine sämtlichen Lösungen sind

$$\hat{x}\cdot = \hat{z} + \lambda_{k+1}\,\hat{x}_{k+1} + \cdots + \lambda_n\,\hat{x}_n, \quad \lambda_{k+1}, \ldots, \lambda_n \quad \text{beliebige Zahlen,}$$

mit

$$\hat{z} = \begin{pmatrix} \beta_1^{(k+1)} \\ \cdots \\ \beta_k^{(k+1)} \\ 0 \\ \cdots \\ 0 \end{pmatrix}, \qquad \hat{x}_i := \begin{pmatrix} \xi_1^{(i)} \\ \cdots \\ \xi_n^{(i)} \end{pmatrix} \quad \text{mit} \quad \xi_j^{(i)} := \begin{cases} \alpha_{j,\,i}^{(k+1)} & \text{für } j \leq k \\ -1 & \text{für } j = i \\ 0 & \text{sonst.} \end{cases}$$

Ist $k = n$, so liegt stets Fall b) vor. Es existiert dann genau eine Lösung, nämlich $\hat{z}$.

Die Inverse $\hat{A}^{-1}$ einer Matrix $\hat{A}$ gewinnt man durch Lösung der n Gleichungssysteme

$$\hat{A}\,\hat{x} = e_i, \quad i = 1, 2, \ldots, n,$$

wobei die $e_1, \ldots, e_n$ die n Achsenvektoren sind.

Zur praktischen Gleichungsauflösung gibt es eine Anzahl von Varianten dieses Eliminationsverfahrens.

2.2 Basistransformationen

Der Vektorraum V_1 besitze die Basis $B_1 := (x_1, \ldots, x_n)$, der Vektorraum V_2 die Basis $B_2 := (y_1, \ldots, y_m)$. Die lineare Abbildung $A \in \mathfrak{L}(V_1, V_2)$ werde bezüglich dieser Basen durch die Matrix $\hat{A} = (a_{ik})$ dargestellt*:

$$A\, x_i = \sum_{k=1}^{m} y_k\, a_{ki}.$$

Die Matrix $\hat{A}$ hängt von den gewählten Basen B_1, B_2 ab. Es erhebt sich daher die Frage, wie die Matrixdarstellung der Abbildung A sich ändert, wenn andere Basen gewählt werden. Eine andere Basis $\tilde{B}_1 := (\tilde{x}_1, \ldots, \tilde{x}_n)$ von V_1 kann nach Definition einer Basis durch die alte Basis B_1 ausgedrückt werden:

$$\tilde{x}_i = \sum_{k=1}^{n} x_k\, b_{ki}$$

und die Matrix $\hat{B} := (b_{ik})$ besitzt eine Inverse $\hat{B}^{-1} = (\tilde{b}_{ik})$:

$$x_i = \sum_{k=1}^{n} \tilde{x}_k\, \tilde{b}_{ki}.$$

Entsprechend gilt in V_2 für eine neue Basis $\tilde{B}_2 := (\tilde{y}_1, \ldots, \tilde{y}_m)$:

$$\tilde{y}_i = \sum_{k=1}^{m} y_k\, c_{ki}, \qquad y_i = \sum_{k=1}^{m} \tilde{y}_k\, \tilde{c}_{ki}$$

mit $\hat{C} = (c_{ik})$, $\hat{C}^{-1} = (\tilde{c}_{ik})$. Also gilt bezüglich der neuen Basen $\tilde{B}_1$ und $\tilde{B}_2$:

$$A\, \tilde{x}_i = \sum_{k=1}^{n} A\, x_k\, b_{ki} = \sum_{k=1}^{n} \sum_{j=1}^{m} y_j\, a_{jk}\, b_{ki}$$

$$= \sum_{l=1}^{m} \tilde{y}_l \sum_{j=1}^{m} \tilde{c}_{lj} \sum_{k=1}^{n} a_{jk}\, b_{ki}$$

$$= \sum_{l=1}^{m} \tilde{y}_l\, a'_{li},$$

wobei $\hat{A}' = (a'_{ik}) = \hat{C}^{-1}\, \hat{A}\, \hat{B}$ die Darstellungsmatrix der linearen Abbildung A bezüglich der neuen Basen $\tilde{B}_1$, $\tilde{B}_2$ ist. Beschreibt insbesondere $\hat{A}$ eine Abbildung $A \in \mathfrak{L}(V, V)$ von V *in sich*, so geht bei einer Basistransformation

$$\tilde{x}_i = \sum_{k=1}^{n} x_k\, t_{ki},$$

die Koeffizientenmatrix $\hat{A}$ über in

$$(2.2.1) \qquad\qquad \hat{A}' = \hat{T}^{-1}\, \hat{A}\, \hat{T},$$

---

* Wir werden im folgenden die Komponenten einer Matrix nicht mehr mit griechischen, sondern mit lateinischen Buchstaben bezeichnen.

wobei $\hat{T} := (t_{ik})$. Diese Transformation heißt eine

(2.2.2)   *Ähnlichkeitstransformation*

und die Matrizen $\hat{A}'$, $\hat{A}$ heißen *ähnlich*.

2.3 Das Skalarprodukt. Hermetische, unitäre und definite lineare Abbildungen

Für sehr viele Anwendungen (im R^2 oder R^3) sind noch weitere Begriffe für einen reellen oder komplexen Vektorraum wichtig. Man benötigt den Begriff der Länge $\|x\|$ eines Vektors x und den Begriff des Winkels α zwischen zwei Vektoren x und y. Beide Begriffe braucht man zur Einführung des

(2.3.1)   *Skalarprodukts (x, y)*

zweier Vektoren x und y, das gewöhnlich durch

$$(x, y) := \|x\| \cdot \|y\| \cdot \cos\alpha$$

definiert wird. Algebraisch geht man umgekehrt vor. Man versteht unter einem Skalarprodukt in einem *reellen* Vektorraum V eine Funktion $\varphi: V \times V \to R$, die jedem Paar von Vektoren $x, y \in V$ eine reelle Zahl $\varphi(x, y)$ zuordnet mit den folgenden Eigenschaften (wir schreiben hier, wie es gewöhnlich geschieht, (x, y) statt $\varphi(x, y)$):

$$(2.3.2) \quad \begin{cases} 1.\ (x, x) > 0 \quad \text{für alle} \quad x \in V, \quad x \neq 0, & (\textit{Definitheit}) \\ 2.\ (x, y) = (y, x), & (\textit{Symmetrie}) \\ 3.\ (\alpha\, x_1 + \beta\, x_2, y) = \alpha\,(x_1, y) + \beta\,(x_2, y) & (\textit{Linearität}). \end{cases}$$

In einem *komplexen* Vektorraum V ist ein Skalarprodukt eine Funktion, die jedem Paar von Vektoren $x, y \in V$ eine *komplexe* Zahl $(x, y) \in C$ zuordnet, die die Bedingungen (2.3.2), 1. und 3. erfüllt; statt 2. wird jedoch die Forderung

$$2'.\quad (x, y) = (y, x)^c$$

gestellt. Dabei bedeutet α^c die zur komplexen Zahl α konjugiert komplexe Zahl.

Beispiel: Im reellen R^3 wird durch

$$(x, y) := \xi_1\,\eta_1 + \xi_2\,\eta_2 + \xi_3\,\eta_3$$

ein Skalarprodukt definiert ($x = (\xi_1, \xi_2, \xi_3)^T$, $y = (\eta_1, \eta_2, \eta_3)^T$). Im komplexen C^3 wird durch

$$(x, y) := \xi_1\,\eta_1^c + \xi_2\,\eta_2^c + \xi_3\,\eta_3^c$$

ein Skalarprodukt erklärt.

Im früher erklärten [s. 1.8, Beispiel b)] unendlich dimensionalen reellen Vektorraum $C[0, 1]$ aller auf dem Intervall $[0, 1]$ stetigen reellen Funktionen f ist durch folgende Festsetzung ein Skalarprodukt definiert:

$$(f, g) := \int_0^1 f(x)\, g(x)\, dx.$$

Ist V ein reeller oder komplexer Vektorraum mit Skalarprodukt, so kann man die *Länge* $\|x\|$ eines Vektors x wegen (2.3.2), 1. durch

(2.3.3)
$$\|x\| := {}_+\sqrt{(x, x)}$$

erklären. Es gilt der

(2.3.4) **Satz:** *Die Funktion $\|\cdot\|$ hat die Eigenschaften*

1. $\|x\| > 0$ *für alle* $x \neq 0$, $x \in V$ *(Definitheit)*

2. $\|\alpha x\| = |\alpha| \cdot \|x\|$ *für beliebige Konstante* α *(strenge Homogenität)*

3. $\|x + y\| \leq \|x\| + \|y\|$ *(Dreiecksungleichung)*

4. $|(x, y)| \leq \|x\| \cdot \|y\|$ *(Schwarzsche Ungleichung, auch Cauchy-Bunjakowskische Ungleichung genannt).*

Schließlich gilt noch die sog. Parallelogrammbeziehung:

5. $\|x + y\|^2 + \|x - y\|^2 = 2\|x\|^2 + 2\|y\|^2$

für beliebige $x, y \in V$.

In einem *reellen* Vektorraum erhält man das Skalarprodukt aus der Länge zurück vermittels

$$2(x, y) = \|x + y\|^2 - \|x\|^2 - \|y\|^2.$$

Wegen der Schwarzschen Ungleichung ist folgende Definition des Kosinus des Winkels α zwischen den Vektoren $x, y \in V$ sinnvoll:

(2.3.5)
$$\cos\alpha := \frac{(x, y)}{\|x\| \cdot \|y\|} \quad \text{für} \quad x \neq 0, \quad y \neq 0.$$

Ist $(x, y) = 0$, so heißen x und y *orthogonal* zueinander. Eine Basis $(x_1, \ldots, x_n)$ von V heißt eine

(2.3.6)   *Orthonormalbasis,*

wenn die Basisvektoren paarweise orthogonal und auf die Länge 1 normiert sind:

$$(x_i, x_k) = \delta_{ik} := \begin{cases} 1 & \text{für} \quad i = k, \\ 0 & \text{sonst.} \end{cases}$$

Jede Basis $(y_1, \ldots, y_n)$ von V kann nach dem

(2.3.7)   *Schmidtschen Orthonormalisierungsverfahren*

schrittweise zu einer Orthonormalbasis $(x_1, \ldots, x_n)$ von V abgeändert werden:

$$x_1 := \frac{y_1}{\|y_1\|}$$

für $i = 2, 3, \ldots, n$:

$$\bar{y}_i := y_i - (y_i, x_1)\, x_1 - (y_i, x_2)\, x_2 - \cdots - (y_i, x_{i-1})\, x_{i-1},$$

$$x_i := \frac{\bar{y}_i}{\|\bar{y}_i\|}\,.$$

Ist $(x_1, \ldots, x_n)$ eine orthonormale Basis von V und besitzen in dieser die Vektoren x und y die Darstellung

$$x = \xi_1 x_1 + \cdots + \xi_n x_n,$$
$$y = \eta_1 x_1 + \cdots + \eta_n x_n,$$

so gilt

$$(x, y) = \xi_1 \cdot \eta_1^c + \cdots + \xi_n \eta_n^c$$

$$\left(\text{bzw.} = \sum_{i=1}^n \xi_i \eta_i, \text{ falls } V \text{ reeller Vektorraum ist.}\right)$$

Man kann leicht zeigen, daß es zu jeder linearen Abbildung $A : V \to V$ des mit einem Skalarprodukt versehenen Vektorraums V in sich genau eine

(2.3.8)   *adjungierte Abbildung* $A^H : V \to V$

gibt mit

(2.3.9) $(A\,x, y) = (x, A^H y)$ für alle $x, y \in V$.

Ist $(x_1, \ldots, x_n)$ nämlich eine *orthonormale* Basis von V und wird A in dieser Basis durch die Matrix $\hat{A} = (a_{ik})$ dargestellt:

$$A\,x_i = \sum_{k=1}^n x_k\, a_{ki},$$

so gilt wegen (2.3.9)

$$(x_k, A^H x_i) = (A\,x_k, x_i) = \left(\sum_{\varrho=1}^n x_\varrho\, a_{\varrho k}, x_i\right) = a_{ik},$$

also wegen (2.3.2), 2')

$$A^H x_i = \sum_{k=1}^n x_k\, a_{ik}^c.$$

Somit wird die adjungierte Abbildung A^H bezüglich der *orthonormalen* Basis $(x_1, \ldots, x_n)$ durch die Matrix

$$\hat{A}^H := (b_{ik}) = (\hat{A}^c)^T \quad \text{mit} \quad b_{ik} := a_{ki}^c$$

dargestellt, wenn A durch die Matrix $\hat{A} = (a_{ik})$ dargestellt wird. $\hat{A}^H$ bezeichnet man auch als die zu $\hat{A}$

(2.3.10)   *hermitesch konjugierte Matrix.*

(Man beachte, daß die Bildung $\hat{A}^H$ auch einen Sinn hat, wenn $\hat{A}$ eine rechteckige $m \times n$-Matrix ist. In diesem Fall ist $\hat{A}^H$ eine $n \times m$-Matrix.)

Ist $A = A^H$, gilt also

$$(A\,x, y) = (x, A\,y) \quad \text{für alle} \quad x, y \in V,$$

so heißt A

(2.3.11)   *selbstadjungiert.*

Man nennt eine komplexe Matrix $\hat{A}$ mit $\hat{A}^H = \hat{A}$ *hermitesch* bzw. eine reelle Matrix $\hat{A}$ mit $\hat{A}^H = \hat{A}$ *symmetrisch*.

Für die Bildung der adjungierten Abbildung A^H gelten folgende einfache Regeln:

$$(2.3.12) \qquad \begin{cases} (A^H)^H = A, \\ (A + B)^H = A^H + B^H, \\ (A B)^H = B^H A^H. \end{cases}$$

Analoge Regeln gelten für die Bildung der hermitesch konjugierten Matrix $\hat{A}^H$, $\hat{B}^H$.

Die selbstadjungierte Abbildung A heißt

$$(2.3.13) \qquad\qquad \textit{positiv definit,}$$

falls

$$(A\,x, x) > 0 \quad \text{für alle} \quad x \neq 0, \quad x \in V,$$

$$(2.3.14) \qquad\qquad \textit{positiv semidefinit,}$$

falls

$$(A\,x, x) \geqq 0 \quad \text{für alle} \quad x \in V.$$

Ist $-A$ positiv (semi-) definit, so heißt A *negativ (semi-) definit*. Schließlich nennt man eine lineare Abbildung $U: V \to V$ eines *komplexen* Vektorraums V in sich

$$(2.3.15) \qquad\qquad \textit{unitär,}$$

falls

$$(U\,x, U\,y) = (x, y) \quad \text{für alle} \quad x, y \in V,$$

oder, nach Definition der adjungierten Abbildung, falls

$$(U\,x, U\,y) = (x, U^H U\,y) = (x, y),$$

d. h. falls

$$U^H U = I \quad (= \text{identische Abbildung von } V).$$

Es ist leicht zu zeigen, daß mit U auch U^H unitär ist: $U\,U^H = I$. In einem *reellen* Vektorraum heißt eine solche Abbildung dagegen

$$(2.3.16) \qquad\qquad \textit{orthogonal.}$$

Bezüglich einer orthonormalen Basis gehören zu einer unitären bzw. orthogonalen Abbildung eine *unitäre* bzw. eine *orthogonale* Matrix $\hat{U} = (u_{\iota k})$. Dabei heißt eine *komplexe* Matrix $\hat{U}$ *unitär*, wenn

$$\hat{U}\,\hat{U}^H = \hat{U}^H \hat{H} = \hat{I} \quad (= \text{Einheitsmatrix}).$$

Eine *reelle* Matrix $\hat{U}$ heißt *orthogonal*, wenn

$$\hat{U}\,\hat{U}^H = \hat{U}\,\hat{U}^T = \hat{U}^T\,\hat{U} = \hat{U}^H\,\hat{U} = \hat{I}.$$

Die Menge aller unitären bzw. orthogonalen n-reihigen Matrizen bildet wie die Menge aller unitären bzw. orthogonalen Abbildungen von V in sich eine Gruppe bezüglich der Matrixmultiplikation bzw. Zusammensetzung von Abbildungen.

Eine wichtige Klasse von orthogonalen Matrizen sind die

(2.3.17)   *Permutationsmatrizen P.*

Darunter versteht man alle n-reihigen Matrizen $P = (p_{\iota k})$, für die gilt

$$p_{ik} = 0 \quad \text{oder} \quad 1,$$

$$\sum_{k=1}^{n} p_{\iota k} = 1 = \sum_{k=1}^{n} p_{k\,i} \quad \text{für alle} \quad i = 1, 2, \ldots, n,$$

d. h. alle Matrizen, deren Elemente $p_{\iota k}$ bis auf eine 1 in jeder Zeile und Spalte verschwinden. Die Permutationsmatrizen bilden eine Gruppe bezüglich der Matrixmultiplikation, die isomorph zur Gruppe $\mathfrak{S}_n$ aller Permutationen ist.

Man sieht, wie sich die Eigenschaften von reellen oder komplexen Vektorräumen V und ihrer linearen Abbildungen A nach Einführung von Basen in entsprechenden Eigenschaften des Koordinatenraums R^n bzw. C^n aller n-tupel von reellen bzw. komplexen Zahlen und ihrer linearen Abbildungen, die durch Matrizen $\hat{A}$ vermittelt werden, widerspiegeln. Im folgenden werden wir uns daher auf das Studium des R^n bzw. C^n beschränken. Ein Vektor $x \in (R^n, C^n)$ wird jetzt immer ein n-tupel $x = (\xi_1, \ldots, \xi_n)^T$ mit $\xi_\iota \in R^n, C^n$ sein, und es ist als *natürliche* Basis des R^n bzw. C^n das System $(e_1, \ldots, e_n)$ der Achsenvektoren (Spalten der Einheitsmatrix) zu nehmen. Als *natürliches* Skalarprodukt zweier n-tupel $x = (\xi_1, \ldots, \xi_n)^T$, $y = (\eta_1, \ldots, \eta_n)^T$ wird erklärt

$$(x, y) := \xi_1 \eta_1^c + \cdots + \xi_n \eta_n^c = y^H x,$$

so daß die e_i bezüglich dieses Skalarprodukts eine Orthonormalbasis bilden.

Identifiziert man die linearen Abbildungen $A \in \mathfrak{L}(C^n, C^m)$ mit den zugehörigen Koeffizientenmatrizen bezüglich der natürlichen Basis, so fallen adjungierte Abbildungen und hermitisch konjugierte Matrizen zusammen, unitäre Abbildungen mit unitären Matrizen usw. Wir werden daher im folgenden nur noch Matrizen studieren.

2.4 Quadratische und hermitesche Formen

Zu einer (reellen) symmetrischen $n \times n$-Matrix $H = (h_{ik})$ betrachtet man im R^n folgenden Ausdruck

(2.4.1) $x^T H x = \sum_{\iota,\,k=1}^{n} h_{ik}\,\xi_i\,\xi_k \quad \text{für} \quad x = (\xi_1, \ldots, \xi_n)^T \in R^n,$

den man eine

(2.4.2)   *quadratische Form*

in den Variablen $\xi_i \in R$ nennt. Als zugehörige *Polarform* bezeichnet man den Ausdruck

$$(x, y) := y^T H x = \sum_{i, k=1}^{n} h_{ik}\, \xi_k\, \eta_i.$$

Man sieht, eine Polarform erfüllt die Bedingungen (2.3.2), 2., 3. eines Skalarprodukts, 1. jedoch nur, wenn H positiv definit ist. Führt man mit Hilfe einer nichtsingulären Matrix $T = (t_{ik})$ die Basistransformation

$$x = T \tilde{x}$$

oder

$$\xi_i = \sum_{k=1}^{n} t_{ik}\, \tilde{\xi}_k$$

durch, so transformiert sich die quadratische Form (2.4.1) in die quadratische Form

$$\tilde{x}^T \tilde{H} \tilde{x} \quad \text{mit} \quad \tilde{H} := T^T H T$$

in den neuen Variablen $\tilde{\xi}_i$. Man beachte, daß die Basistransformation einer quadratischen Form nicht zur Matrix $T^{-1} H T$ führt, sondern zu $T^T H T$, im Gegensatz zu dem Verhalten von linearen Abbildungen bei Basistransformationen. Es erhebt sich die Frage, wie man die Matrix T wählen muß, um der transformierten quadratischen Form $\tilde{x}^T \tilde{H} \tilde{x}$ eine möglichst einfache Gestalt zu geben. Es gilt hier der

(2.4.3) **Satz:** *Ist $x^T H x$ eine quadratische Form auf dem R^n, so kann man stets eine reelle nichtsinguläre $n \times n$-Matrix T finden, so daß die transformierte quadratische Form $\tilde{x}^T \tilde{H} \tilde{x} = \tilde{x}^T T^T H T \tilde{x}$ die Gestalt*

$$(2.4.4) \qquad \tilde{x}^T \tilde{H} \tilde{x} = \sum_{i=1}^{r} \gamma_i\, \tilde{\xi}_i^2, \quad \gamma_i \neq 0,$$

annimmt, in der alle „gemischten" Glieder verschwinden. Dabei ist r, der Rang der quadratischen Form, gleich dem Rang $r(H)$ der Matrix H.

Die Transformation T — und damit auch die γ_i — ist nicht eindeutig bestimmt, jedoch hängt die Anzahl der positiven und negativen γ_i in (2.4.4) nicht von T ab; die Anzahl der negativen γ_i nennt man den

(2.4.5) *Trägheitsindex*

der quadratischen Form. Dies ergibt den

(2.4.6) *Trägheitssatz von Sylvester: Der Trägheitsindex einer quadratischen Form hängt nicht von der Transformation T ab, die die quadratische Form auf die Gestalt (2.4.4) transformiert.*

Im komplexen Vektorraum C^n kann man analog mit Hilfe einer *hermiteschen* Matrix $H = (h_{ik})$ durch

$$x^H H x = \sum_{i, k=1}^{n} h_{ik}\, \xi_i^c\, \xi_k$$

eine

(2.4.7) *hermitesche Form*

definieren. Die zugehörige *Polarform* ist jetzt

$$y^H H x = \sum_{\iota, k=1}^{n} h_{\iota k}\, \eta_\iota^c\, \xi_k .$$

Bei einer Basistransformation mit Hilfe der nichtsingulären $n \times n$-Matrix $T = (t_{\iota k})$

$$x = T \tilde{x}$$

geht die hermitische Form $x^H H x$ über in

$$\tilde{x}^H \tilde{H} \tilde{x} \quad \text{mit} \quad \tilde{H} = T^H H T .$$

Wiederum gilt der

(2.4.8) **Satz:** *Zu jeder hermiteschen Form $x^H H x$ läßt sich eine nichtsinguläre $n \times n$-Matrix T finden, so daß*

$$(2.4.9) \qquad \tilde{x}^H \tilde{H} \tilde{x} = \tilde{x}^H T^H H T \tilde{x} = \sum_{\iota=1}^{r} \gamma_\iota \, |\, \tilde{\xi}_\iota |^2, \quad \gamma_\iota \neq 0 \ \ reell,$$

wobei r, der Rang der hermiteschen Form, gleich dem Rang der Matrix H ist. Die Anzahl der negativen γ_i, der Trägheitsindex der hermitischen Form, ist unabhängig von der Matrix T, die die hermitesche Form $x^H H x$ auf die Gestalt (2.4.9) transformiert.

2.5 Determinanten

Es sei $A = (a_1, \ldots, a_n) = (a_{\iota k})$ eine komplexe $n \times n$-Matrix mit den Spaltenvektoren

$$a_\iota = \begin{pmatrix} a_{1\iota} \\ \cdots \\ a_{n\iota} \end{pmatrix}, \quad i = 1, 2, \ldots, n .$$

Man kann zeigen, daß es genau eine Funktion

$$\det(A) = \det(a_1, \ldots, a_n)$$

gibt, die jeder $n \times n$-Matrix eine komplexe Zahl zuordnet, mit den folgenden Eigenschaften:

$$(2.5.1) \ \begin{cases} 1. \ \det(a_1, \ldots, a_n) = \det(a_1, \ldots, a_{i-1}, a_\iota + \lambda\, a_k, a_{i+1}, \ldots, a_n) \\ \quad \text{für beliebiges } \lambda \in C \text{ und für } i \neq k . \\[4pt] 2. \ \det(a_1, \ldots, a_{i-1}, \lambda\, a_\iota, a_{i+1}, \ldots, a_n) = \lambda \cdot \det(a_1, \ldots, a_n) . \\[4pt] 3. \ \det(I) = 1 \quad (I = \text{Einheitsmatrix}) . \end{cases}$$

Die eindeutig bestimmte Zahl $\det(A)$ heißt die

$$(2.5.2) \qquad\qquad\qquad Determinante$$

der Matrix A. Die angegebenen Regeln erlauben, $\det(A)$ in Verbindung mit dem Gaußschen Eliminationsverfahren explizit und einfach zu berechnen.

Beispiel: Es gilt für

$$A = \begin{pmatrix} 2 & 2 & 4 \\ 1 & 0 & 3 \\ 1 & 1 & 1 \end{pmatrix}$$

$$\det(A) = \det \begin{pmatrix} 2 & 0 & 4 \\ 1 & -1 & 3 \\ 1 & 0 & 1 \end{pmatrix} = \det \begin{pmatrix} 2 & 0 & 0 \\ 1 & -1 & 1 \\ 1 & 0 & -1 \end{pmatrix} = \det \begin{pmatrix} 2 & 0 & 0 \\ 0 & -1 & 1 \\ 1 & 0 & -1 \end{pmatrix}$$

$$= \det \begin{pmatrix} 2 & 0 & 0 \\ 0 & -1 & 0 \\ 1 & 0 & -1 \end{pmatrix} = \det \begin{pmatrix} 2 & 0 & 0 \\ 0 & -1 & 0 \\ 0 & 0 & -1 \end{pmatrix} = 2 \cdot \det \begin{pmatrix} 1 & 0 & 0 \\ 0 & -1 & 0 \\ 0 & 0 & -1 \end{pmatrix}$$

$$= -2 \det \begin{pmatrix} 1 & 0 & 0 \\ 0 & 1 & 0 \\ 0 & 0 & -1 \end{pmatrix} = 2 \cdot \det(I) = 2.$$

Mit Hilfe der Determinanten kann man auch das Volumen $V(A)$ des von den Vektoren $a_1, \ldots, a_n$ aufgespannten Parallelotops im R^n ausdrücken. Es ist

$$(2.5.3) \qquad V(A) = |\det(A)|.$$

Folgende Eigenschaften von Determinanten sind leicht zu bestätigen:

(2.5.4) **Satz:**

$$\det(a_1, \ldots, a_i, \ldots, a_k, \ldots, a_n) = -\det(a_1, \ldots, a_k, \ldots, a_i, \ldots, a_n)$$
$$\textit{für } i \neq k.$$

(2.5.5) **Satz:** $\det(a_1, \ldots, a_n) = 0$ *gilt genau dann, wenn die Matrix A singulär ist, d. h. genau dann, wenn die Vektoren a_i linear abhängig sind.*

Außerdem gilt das

(2.5.7) *Additionstheorem:*

$\det(a_1' + a_1'', a_2, \ldots, a_n) = \det(a_1', a_2, \ldots, a_n) + \det(a_1'', a_2, \ldots, a_n).$

Mit Hilfe dieser Eigenschaften läßt sich leicht ein expliziter Ausdruck für $\det(A)$ herleiten:

$$(2.5.8) \quad \det(A) = \sum_{\substack{i_1, \ldots, i_n \\ i_j \neq i_k \text{ für } j \neq k}} \operatorname{sign}(i_1, \ldots, i_n)\, a_{1, i_1} a_{2, i_2}, \ldots, a_{n, i_n},$$

wo

$$\operatorname{sign}(i_1, \ldots, i_n) = \begin{cases} 1 & \text{falls } \begin{pmatrix} 1, & \ldots, & n \\ i_1, & \ldots, & i_n \end{pmatrix} \text{ gerade Permutation ist,} \\ -1 & \text{sonst.} \end{cases}$$

Dabei heißt $\begin{pmatrix} 1, & \ldots, & n \\ i_1, & \ldots, & i_n \end{pmatrix}$ eine gerade Permutation, wenn $(i_1, \ldots, i_n)$ durch eine gerade Anzahl von Vertauschungen in die natürliche Reihenfolge $(1, 2, \ldots, n)$ überführt werden kann.

Ebenso zeigt man

$$\det(A) = \det(A^T),$$

d. h., eine Matrix A und ihre Transponierte A^T haben dieselbe Determinante.

Besonders wichtig in den Anwendungen ist der

(2.5.9) *Multiplikationssatz: Sind A und B zwei $n \times n$-Matrizen, so gilt*

$$\det(AB) = \det(A)\det(B).$$

Daraus folgt für nichtsinguläre Matrizen A

$$\det(A^{-1}) = 1/\det(A).$$

Für Matrizen von Dreiecksgestalt, wie z. B.

$$A = \begin{pmatrix} a_{11}, 0, \ldots, 0 \\ \cdots\cdots\cdots \\ a_{n1}, \quad \ldots, a_{nn} \end{pmatrix}, \quad a_{ik} = 0 \quad \text{für} \quad k > i,$$

ergibt sich

$$\det(A) = a_{11} a_{22}, \ldots, a_{nn}.$$

Wichtig sind auch die sog. *Entwicklungssätze*. Bezeichnet man mit A_{ik} den Ausdruck

$$A_{ik} = (-1)^{i+k} \cdot \det \begin{pmatrix} a_{1,1}, & \ldots, a_{1,k-1}, & a_{1,k+1}, & \ldots, a_{1n} \\ \cdots\cdots\cdots\cdots\cdots\cdots\cdots\cdots \\ a_{i-1,1}, & \ldots, a_{i-1,k-1}, & a_{i-1,k+1}, & \ldots, a_{i-1,n} \\ a_{i+1,1}, & \ldots, a_{i+1,k-1}, & a_{i+1,k+1}, & \ldots, a_{i+1,n} \\ \cdots\cdots\cdots\cdots\cdots\cdots\cdots\cdots \\ a_{n,1}, & \ldots, a_{n,k-1}, & a_{n,k+1}, & \ldots, a_{n,n} \end{pmatrix}$$

(*algebraisches Komplement* von a_{ik}), so lautet der

(2.5.10) *Laplacesche Entwicklungssatz (einfache Form):*

$$\det(A) = \sum_{k=1}^{n} a_{ik} A_{ik} = \sum_{i=1}^{n} a_{ik} A_{ik},$$

$$\sum_{k=1}^{n} a_{ik} A_{jk} = \sum_{k=1}^{n} a_{ki} A_{kj} = 0 \quad \text{für} \quad i \neq j.$$

Ein andrer Ausdruck für denselben Sachverhalt ist die Formel

$$(A_{ik})^T (a_{ik}) = \det(A) \cdot I.$$

Ist also $\det(A) \neq 0$, so ist die Matrix (c_{ik}) mit

$$c_{ik} := A_{ki}/\det(A)$$

die zu A inverse Matrix $A^{-1} = (c_{ik})$.

Die allgemeine Form des Laplaceschen Entwicklungssatzes lautet:

(2.5.11) Satz: *Ist $(\alpha_1, \ldots, \alpha_n)$ eine Permutation der Zahlen $(1, 2, \ldots, n)$* mit

$$\alpha_1 < \alpha_2 < \cdots < \alpha_k, \qquad \alpha_{k+1} < \alpha_{k+2} < \cdots < \alpha_n,$$

so gilt

$$\det(A) = \sum_{\substack{i_1 < i_2 < \cdots < i_k \\ i_{k+1} < \cdots < i_n \\ i_j \neq i_l \text{ für } j \neq l}} (-1)^{\alpha_1 + \cdots + \alpha_k + i_1 + \cdots + i_k} \times$$

$$\times \det \begin{pmatrix} a_{\alpha_1 i_1}, a_{\alpha_1 i_2}, \ldots, a_{\alpha_1 i_k} \\ \cdots\cdots\cdots\cdots\cdots \\ a_{\alpha_k i_1}, a_{\alpha_k i_2}, \ldots, a_{\alpha_k i_k} \end{pmatrix} \det \begin{pmatrix} a_{\alpha_{k+1} i_{k+1}}, \ldots, a_{\alpha_{k+1} i_n} \\ \cdots\cdots\cdots\cdots\cdots \\ a_{\alpha_n i_{k+1}}, \ldots, a_{\alpha_n i_n} \end{pmatrix}.$$

Man bezeichnet übrigens alle speziellen Untermatrizen einer Matrix A mit symmetrischer Auswahl der Zeilen- und Spaltenindizes, d. h. von der Gestalt

$$B := \begin{pmatrix} a_{i_1 i_1}, \ldots, a_{i_1 i_k} \\ \cdots\cdots\cdots\cdots \\ a_{i_k i_1}, \ldots, a_{i_k i_k} \end{pmatrix}, \qquad i_j \neq i_l \quad \text{für} \quad j \neq l,$$

als *Hauptuntermatrizen* von A, ihre Determinanten $\det(B)$ als *Hauptminoren* von A. Gilt außerdem $i_1 = 1, \ldots, i_k = k$, so heißt B eine *Hauptabschnittsmatrix von A*, $\det(B)$ *Hauptabschnittsdeterminante von A*.

Schließlich ist in diesem Zusammenhang die Formel von CAUCHY und BINET zu erwähnen, die es gestattet, die Determinante des Produkts einer $k \times n$-Matrix B und einer $n \times k$-Matrix C mit $n \geqq k$ anzugeben:

$$(2.5.12) \quad \det(B\,C) = \sum_{1 \leqq i_1 < i_2 < \cdots < i_k \leqq n} \det \begin{pmatrix} b_{1, i_1}, \ldots, b_{1, i_k} \\ \cdots\cdots\cdots\cdots \\ b_{k, i_1}, \ldots, b_{k, i_k} \end{pmatrix} \times$$

$$\times \det \begin{pmatrix} c_{i_1, 1}, \ldots, c_{i_1, k} \\ \cdots\cdots\cdots\cdots \\ c_{i_k, 1}, \ldots, c_{i_k, k} \end{pmatrix}.$$

Diese Formel enthält für $k = n$ Satz (2.5.9) als Spezialfall. Besitzt B die Zeilen $b_1, \ldots, b_k$ und C die Spalten $c_1, \ldots, c_k$, so läßt sich für $\det(B\,C)$ auch schreiben

$$\det(B\,C) = \det \begin{pmatrix} (b_1, c_1), \ldots, (b_1, c_k) \\ \cdots\cdots\cdots\cdots\cdots \\ (b_k, c_1), \ldots, (b_k, c_k) \end{pmatrix}.$$

Im Falle $c_i = b_i^T$, d. h., $C = B^T$, erhält man die *Gramsche Determinante*

$$\det((b_i, b_k)).$$

Diese Determinante liefert gerade das Quadrat des Flächeninhalts des von den Vektoren $b_1, \ldots, b_k$ im R^n aufgespannten Parallelogramms (Spats).

2.6 Das Vektorprodukt im $\mathbf{R^3}$

Das Skalarprodukt ordnet jedem Paar von Vektoren eine reelle oder komplexe Zahl zu, dagegen wird beim Vektorprodukt je zwei Vektoren wieder ein Vektor i. allg. anderer Dimension zugeordnet. Zufällig ist im R^3 dies wieder ein Vektor des R^3. Im R^3 versteht man unter dem

(2.6.1) $\qquad\qquad\qquad Vektorprodukt\ [x, y]$

zweier Vektoren $x, y \in R^3$ denjenigen Vektor $z = [x, y] \in R^3$, der folgende Bedingungen erfüllt:

$$(2.6.2) \quad \begin{cases} 1.\ [x, y]\ \text{steht senkrecht auf } x \text{ und } y: \\[4pt] (x, [x, y]) = (y, [x, y]) = 0. \\[8pt] 2.\ \|[x, y]\|^2 = \det \begin{pmatrix} (x, x),\ (x, y) \\ (x, y),\ (y, y) \end{pmatrix} \\[8pt] \quad = \|x\|^2 \cdot \|y\|^2 - (x, y)^2 = \|x\|^2 \cdot \|y\|^2 \cdot \sin^2\alpha, \\[8pt] \text{wobei } \cos\alpha := \dfrac{(x, y)}{\|x\| \cdot \|y\|}. \\[8pt] 3.\ \det(x, y, [x, y]) \geqq 0. \end{cases}$$

Bedingung 2. bedeutet, daß die Länge von $[x, y]$ gleich der Fläche des von den Vektoren $x, y \in R^3$ im R^3 aufgespannten Parallelogramms ist. Die letzte Forderung setzt die Richtung von $[x, y]$ so fest, daß die Vektoren $x, y, [x, y]$ in dieser Reihenfolge ein sog. *rechtshändiges Koordinatensystem* bilden.

Für das Vektorprodukt gelten folgende elementaren Rechengesetze, die man leicht nachprüft:

$$[x, y] = -[y, x],$$
$$[\lambda x, y] = \lambda \cdot [x, y],$$
$$[x + y, z] = [x, z] + [y, z].$$

Aus der ersten dieser Regeln folgt

$$[x, x] = 0 \quad \text{für alle} \quad x \in R^3.$$

Berücksichtigt man, daß für die 3 Achsenvektoren

$$e_1 = \begin{pmatrix} 1 \\ 0 \\ 0 \end{pmatrix}, \quad e_2 = \begin{pmatrix} 0 \\ 1 \\ 0 \end{pmatrix}, \quad e_3 = \begin{pmatrix} 0 \\ 0 \\ 1 \end{pmatrix}$$

des R^3 gilt

$$[e_1, e_2] = e_3, \quad [e_2, e_3] = e_1, \quad [e_3, e_1] = e_2,$$

so erhält man für das Vektorprodukt $[x, y]$ von

$$x = (\xi_1, \xi_2, \xi_3)^T = \xi_1 e_1 + \xi_2 e_2 + \xi_3 e_3,$$
$$y = (\eta_1, \eta_2, \eta_3)^T = \eta_1 e_1 + \eta_2 e_2 + \eta_3 e_3$$

die explizite Formel

$$[x, y] = \begin{pmatrix} \xi_2\,\eta_3 - \xi_3\,\eta_2 \\ \xi_3\,\eta_1 - \xi_1\,\eta_3 \\ \xi_1\,\eta_2 - \xi_2\,\eta_1 \end{pmatrix}.$$

Weitere wichtige Rechenregeln betreffen das gemischte Produkt

$$([x, y], z),$$

das man häufig auch als

(2.6.3) $\qquad\qquad Spatprodukt \;\langle x, y, z \rangle$

der drei Vektoren $x, y, z \in R^3$ bezeichnet. Es gilt hier die Regel:

$$\langle x, y, z \rangle = ([x, y], z) = ([y, z], x) = ([z, x], y) = \det(x, y, z).$$

Zusammen mit der weiteren Regel

$$\big[[x_1, x_2], y\big] = (x_1, y) \cdot x_2 - (x_2, y) \cdot x_1$$

kann man kompliziertere Formeln herleiten, so z. B.

$$\begin{aligned}
\big([[x_1, x_2], y_1], y_2\big) &= ([x_1, x_2], [y_1, y_2]) \\
&= (x_1, y_1)\,(x_2, y_2) - (x_1, y_2)\,(x_2, y_1) \\
&= \det\begin{pmatrix} (x_1, y_1), & (x_1, y_2) \\ (x_2, y_1), & (x_2, y_2) \end{pmatrix}.
\end{aligned}$$

2.7 Eigenwerte und Eigenvektoren

Im folgenden sei A eine lineare Abbildung des C^n auf sich, d. h. eine n-reihige quadratische Matrix. Ein Vektor $x \in C^n$ heißt

(2.7.1) $\qquad\qquad\qquad Eigenvektor$

zum

(2.7.2) $\qquad\qquad\qquad Eigenwert\; \lambda,$

wenn $x \neq 0$ und $A\,x = \lambda\,x$ gilt. x gibt eine Richtung an, die für $\lambda \neq 0$ unter der Abbildung A unverändert bleibt. Mit x ist auch jedes $\mu\,x$ für $\mu \neq 0$ Eigenvektor von A zum selben Eigenwert λ. Allgemeiner gilt der

(2.7.3) **Satz:** *Sind $x_1, \ldots, x_k$ Eigenvektoren von A zum selben Eigenwert λ, so ist auch jede Linearkombination*

$$\mu_1\,x_1 + \cdots + \mu_k\,x_k \neq 0$$

Eigenvektor von A zum Eigenwert λ.

Dementsprechend definiert man

(2.7.4) **Definition:** *Besitzt A genau k linear unabhängige Eigenvektoren zum selben Eigenwert λ, so heißt λ ein k-facher Eigenwert von A.*

Ist x Eigenvektor zum Eigenwert λ, so ist $x \neq 0$ eine nichttriviale Lösung der homogenen Gleichung

(2.7.5) $$(A - \lambda I)\, x = 0, \quad (I = \text{Einheitsmatrix})$$

d. h., nach Satz (2.1.5) muß der Rang $r(A - \lambda I)$ kleiner als n sein. Also muß für einen Eigenwert λ gelten

(2.7.6) $$\varphi(\lambda) := \det(A - \lambda I) = 0.$$

$\varphi(\lambda)$ heißt das

(2.7.7)   *charakteristische Polynom*

der Matrix A. Die Eigenwerte von A sind also Nullstellen von $\varphi(\lambda)$. Ist umgekehrt λ Nullstelle des charakteristischen Polynoms, so ist λ Eigenwert, denn in diesem Fall besitzt (2.7.5) mindestens eine nichttriviale Lösung $x \neq 0$, die Eigenvektor zum Eigenwert λ ist. Der Rangabfall (2.1.4) von $A - \lambda I$

$$\sigma(\lambda) := n - r(A - \lambda I) = s(A - \lambda I)$$

gibt nach Satz (2.1.5) also die Vielfachheit des Eigenwerts λ an. Man beachte, daß die Vielfachheit $\varrho(\lambda)$ der Nullstelle λ des charakteristischen Polynoms nicht notwendig mit der Vielfachheit $\sigma(\lambda)$ des Eigenwerts λ zusammenfällt:

(2.7.8) **Satz:** *Ist λ eine ϱ-fache Nullstelle des charakteristischen Polynoms von A, so ist λ ein höchstens ϱ-facher Eigenwert von A. Es gilt*

$$1 \leqq \sigma(\lambda) \leqq \varrho(\lambda).$$

    Beispiel: Die Matrix

$$A = \begin{pmatrix} 3 & 0 & 4 \\ -1 & -1 & 0 \\ -2 & 0 & -3 \end{pmatrix}$$

besitzt das charakteristische Polynom

$$\varphi(\lambda) = \det(A - \lambda I) = -\lambda^3 - \lambda^2 + \lambda + 1 = (1 - \lambda)(1 + \lambda)^2.$$

Eigenwerte sind $\lambda_1 = 1$, $\lambda_2 = -1$, und es ist $\varrho(\lambda_1) = \sigma(\lambda_1) = 1$, $\varrho(\lambda_2) = 2$, $\sigma(\lambda_2) = 1$. Dieses Beispiel wird in (2.8) weiter ausgeführt.

    Neben dem durch die Gleichung $A\,x = \lambda\,x$ gestellten (speziellen) Eigenwertproblem betrachtet man häufig auch das sog.

(2.7.9)   *allgemeine Eigenwertproblem,*

das darin besteht, zu zwei gegebenen n-reihigen Matrizen A und B einen Vektor $x \neq 0$ und eine Zahl λ so zu bestimmen, daß gilt

$$A\,x = \lambda \cdot B\,x.$$

Wieder heißt λ der zum Eigenvektor x gehörige Eigenwert. Die Eigenwerte sind jetzt die Nullstellen des Polynoms

$$\det(A - \lambda B).$$

Ist $\det(B) \neq 0$ [Ähnliches gilt auch, wenn $\det(A) \neq 0$], so läßt sich theoretisch das allgemeine Eigenwertproblem auf das spezielle reduzieren, weil aus $A\,x = \lambda\,B\,x$ folgt

$$B^{-1}\,A\,x = \lambda\,x$$

und umgekehrt. Durch diese Umtransformation gehen jedoch i. allg. spezielle Eigenschaften des ursprünglichen Problems, wie z. B. die Symmetrie der Matrizen A und B, verloren. Im folgenden betrachten wir nur das spezielle Eigenwertproblem.

Bei einer Basistransformation (s. 2.2) wird die lineare Abbildung des C^n auf sich, die bezüglich der ursprünglichen Basis durch die Matrix A beschrieben wurde, jetzt durch eine Matrix $T^{-1}\,A\,T$ beschrieben, wobei T eine nichtsinguläre Matrix ist. Das charakteristische Polynom wird von solchen Basisänderungen nicht berührt, denn

(2.7.10) *A und $T^{-1}\,A\,T$ besitzen dasselbe charakteristische Polynom.*

Nach Satz (2.5.9) gilt nämlich

$$\det(T^{-1}\,A\,T - \lambda I) = \det\!\big(T^{-1}(A - \lambda I)\,T\big) = \det(T^{-1})\,\det(A - \lambda I)\,\det(T)$$
$$= \det(A - \lambda I).$$

Dagegen ändern sich die Eigenvektoren: Ist x Eigenvektor von A, so ist $T^{-1}\,x$ Eigenvektor von $T^{-1}\,A\,T$ zum selben Eigenwert.

Folgende einfache Eigenschaften von Eigenwerten und Eigenvektoren lassen sich sofort an Hand der Definitionen bestätigen:

(2.7.11) **Satz:** *λ sei Eigenwert der $n \times n$-Matrix A, der zu dem Eigenvektor x gehört. Dann besitzt die Matrix $A + \varkappa I$ den Eigenwert $\lambda + \varkappa$. Ist A nichtsingulär, so ist λ^{-1} Eigenwert von A^{-1}. Die Matrix $p(A) := a_0 I + a_1 A + \cdots + a_m A^m$, wobei $p(\xi) = a_0 + a_1 \xi + \cdots + a_m \xi^m$ ein beliebiges komplexes Polynom ist, hat die Zahl $p(\lambda)$ als Eigenwert. In allen Fällen bleibt x Eigenvektor, der zu den jeweiligen Eigenwerten gehört.*

Eine weitere Bemerkung verdient der Fall vertauschbarer Matrizen:

$$A B = B A.$$

Ist $A\,x = \lambda\,x$, so folgt sofort $A\,(B\,x) = \lambda\,B\,x$, d. h., entweder ist $B\,x = 0$ oder $B\,x$ ist ebenfalls Eigenvektor von A. Man kann darüber hinaus schließen

(2.7.12) **Satz:** *Hat A einen einfachen Eigenwert λ zum Eigenvektor x und ist $A\,B = B\,A$, so ist x auch Eigenvektor von B.*

2.8 Die Jordansche Normalform

Betrachtet man Eigenvektoren, die zu verschiedenen Eigenwerten gehören, so kann leicht gezeigt werden:

(2.8.1) **Satz:** *Eigenvektoren zu verschiedenen Eigenwerten sind linear unabhängig.*

Es erhebt sich also die Frage, ob die Eigenvektoren einer $n \times n$-Matrix A eine (n-dimensionale) Basis bilden. Der folgende Satz liefert zur Beantwortung dieser Frage die Hilfsmittel, er gibt auch vollständige Auskunft über den Fall $\sigma(\lambda) < \varrho(\lambda)$ [vgl. Satz (2.7.8)]:

(2.8.2) **Satz:** *Es sei A eine $n \times n$-Matrix und λ eine Nullstelle des charakteristischen Polynoms $\varphi(\lambda)$ von A, und zwar sollen zu λ die $\sigma(\lambda)$ linear unabhängigen Eigenvektoren $x_i^{(0)}$, $i = 1, 2, \ldots, \sigma = \sigma(\lambda)$ gehören. Dann gilt:*

1. Zu jedem der Eigenvektoren $x_i^{(0)}$ gibt es endlich viele sog. Hauptvektoren $x_i^{(1)}, \ldots, x_i^{(p_i)} \neq 0$ mit

$$(2.8.3) \qquad (A - \lambda I) x_i^{(k)} = x_i^{(k-1)}, \qquad k = p_\iota, p_\iota - 1, \ldots, 1.$$

Dabei gilt für die Zahlen $p_i = p_\iota(\lambda)$:

$$p_1 + p_2 + \cdots + p_\sigma = \varrho(\lambda) - \sigma(\lambda).$$

Die Vektoren $x_i^{(k)}$, $i = 1, \ldots, \sigma$, $k = 0, 1, \ldots, p_\iota$ können linear unabhängig voneinander gewählt werden.

2. Haupt- und Eigenvektoren, die zu verschiedenen Eigenwerten gehören, sind stets linear unabhängig.

3. Zu jedem Eigenwert λ sind außer $\varrho(\lambda)$, $\sigma(\lambda)$ auch die Zahlen $p_1, \ldots, p_{\sigma(\lambda)}$ (bis auf die Reihenfolge) eindeutig bestimmt.

Da $\varrho(\lambda_1) + \cdots + \varrho(\lambda_j) = n$ ist, wenn das charakteristische Polynom j verschiedene Wurzeln λ_ι besitzt, besagt der letzte Satz unter anderem, daß man stets ein System von n linear unabhängigen *Eigen- und Hauptvektoren* in C^n finden kann, also eine Basis von C^n. Von besonderem Interesse ist der Fall, daß keine Hauptvektoren auftreten, d. h. wenn A bereits n linear unabhängige Eigenvektoren besitzt und damit bereits die Eigenvektoren eine Basis bilden. Nach dem letzten Satz ist das genau dann der Fall, wenn $\varrho(\lambda_\iota) = \sigma(\lambda_\iota)$ für alle Eigenwerte λ_ι von A gilt. Hinreichend dafür ist nach Satz (2.7.8) die Bedingung $\varrho(\lambda_\iota) = 1$, $i = 1, \ldots, n$, d. h., das charakteristische Polynom besitzt n verschiedene (also *einfache*) Nullstellen.

Beispiel: Bei der oben gegebenen Matrix (s. 2.7) gehört zu λ_1 der Eigenvektor

$$x_1^{(0)} = \begin{pmatrix} 2 \\ -1 \\ -1 \end{pmatrix}.$$

Hauptvektoren zu λ_1 sind wegen $\varrho(\lambda_1) = \sigma(\lambda_1)$ nicht vorhanden. Zu λ_2 gehört $1 \,(= \sigma(\lambda_2))$ Eigenvektor

$$x_2^{(0)} = \begin{pmatrix} 0 \\ 1 \\ 0 \end{pmatrix}$$

und $1 = \varrho(\lambda_2) - \sigma(\lambda_2)$ Hauptvektor

$$x_2^{(1)} = \begin{pmatrix} -1 \\ 0 \\ 1 \end{pmatrix}.$$

Man kann nun den letzten Satz benutzen, um durch passende Basiswahl die durch die Matrix A gegebene lineare Abbildung durch eine möglichst einfache Matrix darzustellen. Wählt man nämlich das System der Haupt- und Eigenvektoren von A als Basis des C^n, so geht die Matrix A wegen (2.8.3) über in $J = T^{-1} A T$ (s. 2.2):

$$(2.8.4) \qquad J = \begin{pmatrix} J_1^{(1)} & 0 & \cdots & \cdots & \cdots & \cdots & 0 \\ 0 & J_1^{(2)} & & & & & \\ & & J_1^{(\sigma_1)} & & & & \\ & & & J_j^{(1)} & & & \\ 0 & \cdots & \cdots & \cdots & \cdots & 0 & J_j^{(\sigma_j)} \end{pmatrix}$$

wobei $\sigma_\tau = \sigma(\lambda_\tau)$, $\tau = 1, \ldots, j$ ($\lambda_1, \ldots, \lambda_j =$ verschiedene Eigenwerte von A), $J_\tau^{(i)}$ eine $(p_\iota(\lambda_\tau) + 1)$-reihige quadratische Matrix der Form

$$J_\tau^{(\iota)} = \begin{pmatrix} \lambda_\tau, 1, 0, \ldots, 0 \\ 0, \lambda_\tau, 1, \ldots, 0 \\ \ddots \ddots \\ \cdots\cdots\cdots\cdots\cdots \\ \ddots \cdot 1 \\ 0, \ldots\ldots, 0, \lambda_\tau \end{pmatrix}$$

ist und die Spalten von T die Haupt- und Eigenvektoren von A in entsprechender Reihenfolge sind. Nach Satz (2.8.2), 3. ist die Matrix J eindeutig (bis auf die Reihenfolge der $J_\tau^{(i)}$) durch die Matrix A bestimmt. Man nennt J die

(2.8.5) *Jordansche Normalform*

von A.

Beispiel: Bei dem oben betrachteten Beispiel leistet

$$T := \begin{pmatrix} 2 & 0 & -1 \\ -1 & 1 & 0 \\ -1 & 0 & 1 \end{pmatrix}, \qquad T^{-1} = \begin{pmatrix} 1 & 0 & 1 \\ 1 & 1 & 1 \\ 1 & 0 & 2 \end{pmatrix}$$

das Verlangte. Es ist

$$J = T^{-1}\,A\,T = \begin{pmatrix} 1 & 0 & 0 \\ \hline 0 & -1 & 1 \\ 0 & 0 & -1 \end{pmatrix}.$$

Mit Hilfe der Jordanschen Normalform kann man den folgenden Satz beweisen:

(2.8.6) **Satz** *(Cayley, Hamilton): Ist* $\varphi(\lambda) = a_0\,\lambda^n + a_1\,\lambda + \cdots + a_n$, $a_0 = (-1)^n$ *das charakteristische Polynom der Matrix* A, *so gilt*

$$\varphi(A) = a_0\,I + a_1\,A + \cdots + a_n\,A^n = 0.$$

Das charakteristische Polynom $\varphi(\lambda)$ *annulliert* also A. Man kann nun nach dem Polynom $\chi(\lambda) = (-1)^k\,\lambda^k + b_1\,\lambda^{k-1} + \cdots + b_k$ kleinsten Grades fragen, für das gilt $\chi(A) = 0$. Man nennt dieses Polynom das

(2.8.7)   *Minimalpolynom*

von A. $\chi(\lambda)$ ist eindeutig bestimmt und kann mit Hilfe der Jordanschen Normalform sofort angegeben werden:

(2.8.8) **Satz:** *Jede Matrix* A *besitzt ein eindeutig bestimmtes Minimalpolynom* $\chi(\lambda)$. *Es ist das Polynom*

$$\chi(\lambda) = (-1)^j\,(\lambda - \lambda_1)^{\nu_1},\,\ldots,\,(\lambda - \lambda_j)^{\nu_j},$$

wobei $\lambda_1,\,\ldots,\,\lambda_j$ *die verschiedenen Eigenwerte von* A *sind und*

$$\nu_\tau = \nu_\tau(\lambda_\tau) = \max_{1 \leq i \leq \sigma(\lambda_\tau)} p_i(\lambda_\tau) + 1$$

[*s. Satz* (2.8.2)] *ist.*

Der Faktor $(\lambda - \lambda_\tau)^{\nu_\tau}$ heißt der

(2.8.9)   *Elementarteiler*

zum Eigenwert λ_τ von A. Die Matrix A besitzt genau dann nur lineare Elementarteiler ($\nu_\tau = 1$, $\tau = 1, 2, \ldots, j$), wenn die Jordansche Normalform J von A eine Diagonalmatrix ist. Man nennt dann A

(2.8.10)   *diagonalisierbar,*
bzw.
(2.8.11)   *normalisierbar*

[vgl. (2.9.4)]. Andernfalls treten „höhere" Elementarteiler auf. Ein anderer Extremfall liegt vor, wenn $\nu_\tau = \varrho(\lambda_\tau)$ für alle τ, d. h. das Minimalpolynom mit dem charakteristischen Polynom übereinstimmt. In diesem Fall besitzt A nur einfache Eigenwerte, und man nennt A dann

(2.8.12)   *nicht derogatorisch,* sonst *derogatorisch.*

Eine wichtige Klasse nicht derogatorischer Matrizen wird im nächsten Abschnitt behandelt. Für nicht derogatorische Matrizen kann man zeigen:

(2.8.13) **Satz:** *Ist A nicht derogatorisch, so ist A genau dann mit einer Matrix B vertauschbar, $A B = B A$, wenn es ein Polynom $p(\xi)$ gibt mit $B = p(A)$.*

2.9 Spezielle Klassen von Matrizen

Besitzt eine Matrix A spezielle Eigenschaften, so können über das Eigen- und Hauptvektorsystem von A präzisere Aussagen gemacht werden. Im besonderen diskutieren wir Klassen von nichtderogatorischen Matrizen und Klassen von diagonalisierbaren Matrizen.

Die Klasse der

(2.9.1) *Frobenius-Matrizen*

umfaßt Matrizen der Gestalt

$$
(2.9.2) \qquad A = \begin{pmatrix} 0, & 1, & 0, & \ldots, & 0 \\ 0, & 0, & 1, & \ldots, & 0 \\ \multicolumn{5}{c}{\cdots\cdots\cdots\cdots\cdots\cdots\cdots\cdots} \\ 0, & 0, & 0, & \ldots, & 1 \\ -a_n, & -a_{n-1}, & -a_{n-2}, & \ldots, & -a_1 \end{pmatrix}.
$$

Frobenius-Matrizen gehören zur Klasse der nicht derogatorischen Matrizen:

(2.9.3) **Satz:**

1. *Zur Frobenius-Matrix A (2.9.2) gehört das charakteristische Polynom*

$$
\varphi(\lambda) = (-1)^n (\lambda^n + a_1 \lambda^{n-1} + \cdots + a_n).
$$

2. *Das Minimalpolynom $\chi(\lambda)$ von A stimmt mit $\varphi(\lambda)$ überein: A ist nicht derogatorisch.*

3. *Ist $\varphi(\lambda) = (-1)^n (\lambda - \lambda_1)^{\varrho_1}, \ldots, (\lambda - \lambda_j)^{\varrho_j}$ mit $\varrho_i = \varrho(\lambda_i)$, $\lambda_i \neq \lambda_j$ für $i \neq j$, so lautet die zu A gehörige Jordansche Normalform*

$$
J = \begin{pmatrix} J_1 & 0 & \text{------} & 0 \\ 0 & J_2 & & \\ & & \ddots & \\ 0 & \text{--------} & & J_j \end{pmatrix},
$$

wobei J_i die ϱ_i-reihige Matrix

$$J_i = \begin{pmatrix} \lambda_i & 1 & 0 & \ldots\ldots & 0 \\ 0 & \lambda_i & 1 & \ldots\ldots & 0 \\ & & \ddots & \ddots & \\ & \ldots\ldots\ldots\ldots & & & \\ & & & \ddots & \ddots \\ 0 & 0 & 0 & \ldots & \lambda_i & 1 \\ 0 & 0 & 0 & \ldots\ldots & & \lambda_i \end{pmatrix}$$

ist.

4. *Bezeichnet man mit $p(\lambda)$ den Vektor*

$$p(\lambda) := (1, \lambda, \lambda^2, \ldots, \lambda^{n-1})^T,$$

so gehört zu λ_i $(i = 1, 2, \ldots, j)$ der Eigenvektor

$$x_i^{(0)} = p(\lambda_i)$$

sowie das System der Hauptvektoren

$$x_i^{(\tau)} := p^{(\tau)}(\lambda_i) = \frac{1}{\tau!} \frac{d^\tau}{d\lambda^\tau} p(\lambda)\Big|_{\lambda = \lambda_i}, \quad \tau = 1, 2, \ldots, \varrho_i - 1.$$

Die Klasse der
$$(2.9.4) \qquad\qquad\qquad \textit{normalen}$$

Matrizen umfaßt solche Matrizen, die ein System von n orthogonalen Eigenvektoren besitzen, also für die es eine unitäre (für reelle A: eine orthogonale) Matrix U gibt mit

$$U^{-1} A U = U^H A U = \begin{pmatrix} \lambda_1 & 0 & \ldots & 0 \\ 0 & \ddots & & \vdots \\ \vdots & & \ddots & 0 \\ 0 & \ldots & 0 & \lambda_n \end{pmatrix}.$$

Übrigens gilt der

(2.9.5) **Satz** *(Schur): Zu jeder $n \times n$-Matrix A gibt es eine unitäre Matrix U, so daß*

$$U^H A U = \begin{pmatrix} \lambda_1, & c_{12}, & \ldots\ldots, & c_{1n} \\ 0, & \lambda_2, & \ldots\ldots, & c_{2n} \\ \vdots & & \ddots & \\ \vdots & & \ldots\ldots\ldots & \\ \vdots & & & \ddots \\ 0, & \ldots\ldots, & 0, & \lambda_n \end{pmatrix}$$

eine obere Dreiecksmatrix wird, in deren Diagonale die Eigenwerte von A stehen.

Jede normale Matrix ist diagonalisierbar, aber nicht jede diagonalisierbare Matrix ist normal. Jedoch gilt selbstverständlich, daß jede diagonalisierbare Matrix sich durch eine Ähnlichkeitstransformation zu einer normalen Matrix machen läßt. Deshalb nennt man diagonalisierbare Matrizen auch normalisierbar.

Normale Matrizen lassen sich auch unabhängig von den Eigenvektoren definieren. Es gilt nämlich der

(2.9.6) **Satz** (*Toeplitz*): *Die Matrix A ist genau dann normal, wenn A mit A^H vertauschbar ist: $A\,A^H = A^H\,A$.*

Ferner [vgl. Satz (2.8.13)]

(2.9.7) **Satz:** *Die Matrix A ist genau dann normal, wenn es ein Polynom $p(\lambda)$ gibt mit $A^H = p(A)$. Speziell liegen die Eigenwerte der normalen Matrix A alle auf einer Geraden genau dann, wenn*

$$A^H = \alpha\,I + \beta\,A\,;$$

sie liegen alle auf einem Kreis oder einer Geraden genau dann, wenn

$$A^H = \frac{\alpha\,I + \beta\,A}{\gamma\,I + \delta A} := (\gamma\,I + \delta A)^{-1}\,(\alpha\,I + \beta\,A)\,.$$

Mit Hilfe dieser Sätze zeigt man sofort den

(2.9.8) **Satz:**

1. *Alle hermiteschen Matrizen H sind normal. Die Eigenwerte solcher Matrizen sind reell. Ist H sogar (reell) symmetrisch, so besitzt H ein reelles System von orthogonalen Eigenvektoren.*

2. *Alle schiefhermiteschen Matrizen A (d. h. Matrizen A mit $A^H = -A$, also Matrizen der Form $A = i\,H$, H hermitesch) sind normal. Die Eigenwerte solcher Matrizen sind rein imaginär. Ist A auch noch reell (schiefsymmetrisch), so besitzt A ein System von reellen orthogonalen Eigenvektoren.*

3. *Alle unitären Matrizen sind normal. Ihre Eigenwerte haben den Betrag 1.*

Dieser Satz läßt sich auch umkehren:

(2.9.9) **Satz:** *Ist A eine normale Matrix, deren Eigenwerte*
    a) *auf der reellen Achse,*
    b) *auf der imaginären Achse,*
    c) *auf dem Einheitskreis*
liegen, so ist A im Falle
    a) *hermitesch,*
    b) *schiefhermitesch*
    c) *unitär.*

Für positiv (semi-) definite Matrizen gilt zusätzlich

(2.9.10) **Satz:** *Eine hermitesche Matrix A ist positiv definit bzw. positiv semidefinit genau dann, wenn A lauter positive bzw. nichtnegative Eigenwerte besitzt.*

Da für beliebige Matrizen A die Matrix $A^H A$ (und $A A^H$) hermitesch ist und wegen

$$(x, A^H A x) = (A x, A x) \geqq 0 \quad \text{für alle} \quad x \in C^n$$

zumindest positiv semidefinit ist, besitzt $A^H A$ nur reelle nichtnegative Eigenwerte $\mu_1, \ldots, \mu_n$. Die n Zahlen

$$\sigma_i := {}_+\sqrt{\mu_i}, \quad i = 1, 2, \ldots, n$$

bezeichnet man als die
(2.9.11)   *singulären Werte*

der Matrix A. Mit Hilfe der letzten Sätze läßt sich nun leicht ein nützlicher Satz über die sog.

(2.9.12)   *polare Zerlegung*

einer Matrix A beweisen:

(2.9.13) **Satz:** *Jede $n \times n$-Matrix A läßt sich in der Form*

$$A = U \Omega V$$

schreiben, wobei U und V unitäre Matrizen sind mit

$$V^H A^H A V^H = \Omega^2 = U^H A A^H U$$

und Ω die Diagonalmatrix

$$\Omega = \begin{pmatrix} \sigma_1, & 0, & \ldots, & 0 \\ & \ddots & & \\ \cdots & \cdots & \cdots & \cdots \\ & & \ddots & \\ 0, & 0, & \ldots, & \sigma_n \end{pmatrix}$$

ist ($\sigma_i = $ singuläre Werte von A).

Aus praktischen Gründen betrachtet man ferner Matrizen folgender Gestalt:

1. die Klasse der *Tridiagonalmatrizen*:

$$(2.9.14) \qquad K = \begin{pmatrix} a_1, & 1, & 0, & \ldots\ldots\ldots, & 0 \\ b_1, & a_2, & 1, & \ldots\ldots\ldots, & 0 \\ & \ddots & \ddots & \ddots & \\ \cdots & \cdots & \cdots & \cdots & \cdots \\ & & \ddots & \ddots & \ddots \\ 0, & \ldots\ldots, & b_{n-2}, & a_{n-1}, & 1 \\ 0, & \ldots\ldots, & 0, & b_{n-1}, & a_n \end{pmatrix}$$

$$b_i \neq 0, \quad i = 1, 2, \ldots, n-1.$$

2. die Klasse der *Hessenberg-Matrizen*

$$(2.9.15) \qquad H = \begin{pmatrix} c_{11}, & 1, & 0, & \ldots, & 0 \\ c_{21}, & c_{22}, & 1, & \ldots, & 0 \\ & & & & \\ \ldots & \ldots & \ldots & \ldots & \ldots \\ & & & & \\ c_{n-1,1}, & \ldots & \ldots & \ldots, & 1 \\ c_{n1}, & & \ldots & \ldots, & c_{nn} \end{pmatrix},$$

Sie umfaßt als Spezialfall die Klasse der Frobenius-Matrizen.

Tridiagonalmatrizen K der obigen Form besitzen n verschiedene Eigenwerte. Hessenberg-Matrizen sind nicht derogatorisch.

Diese Klassen sind deshalb von Bedeutung, weil sich ihre charakteristischen Polynome und nach Kenntnis eines Eigenwerts die zugehörigen Eigenvektoren leicht rekursiv berechnen lassen. Man bekommt das charakteristische Polynom $\varphi^K(\lambda)$ von K (2.9.14) aus der Rekursionsformel

$$(2.9.16) \qquad \begin{cases} p_0(\lambda) = 1, \\ p_1(\lambda) = (a_1 - \lambda), \\ p_i(\lambda) = (a_i - \lambda)\, p_{i-1}(\lambda) - b_{i-1}\, p_{i-2}(\lambda), & i = 2, \ldots, n, \\ \varphi^K(\lambda) := p_n(\lambda). \end{cases}$$

Für H erhält man analog

$$p_0(\lambda) = 1,$$
$$p_1(\lambda) = c_{11} - \lambda,$$
$$p_i(\lambda) = (c_{ii} - \lambda)\, p_{i-1}(\lambda) - c_{i,i-1}\, p_{i-2}(\lambda) + c_{i,i-2}\, p_{i-3}(\lambda) - \cdots \pm c_{i,1}\, p_0(\lambda)$$
$$\text{für} \quad i = 2, \ldots, n,$$
$$\varphi^H(\lambda) := p_n(\lambda).$$

Man beachte jedoch, daß diese Rekursionsformeln gewöhnlich nicht dazu benutzt werden, um $\varphi(\lambda)$ explizit, d. h. seine Koeffizienten zu bestimmen, sondern nur um $\varphi(\lambda)$ für ein bestimmtes λ auszurechnen. Zur Bestimmung der Nullstellen von $\varphi(\lambda)$ benutzt man Methoden, bei denen lediglich die Werte von $\varphi(\lambda)$ für eine Folge von Näherungen $\lambda^{(1)}, \lambda^{(2)}, \ldots$ zu berechnen sind. Falls z. B. in K (2.9.14) alle b_i positiv sind, bilden die Polynome (2.9.16) eine Sturmsche Kette (s. 3.1), so daß man Satz (3.1.10) direkt auf die Sequenz der $p_i(\lambda)$ (2.9.16) anwenden kann, um Aussagen über die Eigenwerte zu bekommen.

Soweit nicht von vornherein Tridiagonal- bzw. Hessenberg-Gestalt vorliegt, benutzt man zur Berechnung von Eigenwerten und Eigenvektoren von A gerne eine vorbereitende (die Eigenwerte erhaltende)

Ähnlichkeitstransformation $\tilde{A} = T^{-1} A T$. Für hermitesche (symmetrische) Matrizen A mit lauter verschiedenen Eigenwerten läßt sich die Transformation auf Tridiagonalgestalt mit $b_i > 0$ bewirken durch eine Transformationsmatrix T mit orthogonalen Spalten. Bei allgemeinen Matrizen läßt sich die Hessenberg-Gestalt durch eine Transformationsmatrix T mit orthogonalen Spalten oder durch eine Folge von Transformationen mit Matrizen T_i bewirken, wobei die T_i Frobenius-Matrizen sind.

2.10 Normierte Vektorräume

Einige der Eigenschaften der (euklidischen) Länge eines Vektors, wie sie in Satz (2.3.4) aufgezählt wurden, nimmt man, um allgemeiner den Begriff der Norm in einem reellen oder komplexen Vektorraum V zu erklären. Eine reelle Funktion $p\colon V \to R$ heißt eine

(2.10.1)   *Norm,*

wenn p die folgenden Eigenschaften besitzt:

1. $p(x) > 0$ für alle $x \neq 0$ (Definitheit)
2. $p(\alpha x) = \alpha p(x)$ für alle reellen $\alpha \geq 0$ (schwache Homogenität)
3. $p(x + y) \leq p(x) + p(y)$.   (Dreiecksungleichung)

Statt $p(x)$ schreibt man auch häufig $\|x\|$.

Eine Norm p heißt
(2.10.2)   *streng homogen,*

wenn sie statt N 2) die schärfere Bedingung

N 2') $p(\alpha x) = |\alpha| \cdot p(x)$ für alle α

erfüllt. Ein normierter Vektorraum (V, p) ist ein Vektorraum V, in dem eine Norm p erklärt ist.

Obwohl der Begriff der Norm auch für nicht endlich dimensionale Vektorräume V sinnvoll ist, betrachten wir im folgenden nur Normen in den n-dimensionalen Koordinatenräumen R^n und C^n. Obendrein werden wir uns hauptsächlich mit streng homogenen Normen beschäftigen.

In einem mit einer streng homogenen Norm versehenen Vektorraum V ist durch

$$d(x, y) := p(x - y)$$

eine *Metrik* mit den üblichen Eigenschaften des

(2.10.3)   *Abstands d,*

$$d(x, y) > 0 \quad \text{für} \quad x \neq y,$$
$$d(x, y) = d(y, x),$$
$$d(x, z) \leq d(x, y) + d(y, z)$$

erklärt, die V zu einem *metrischen* Raum macht, in dem die topologischen Begriffe offene, abgeschlossene Menge, Konvergenz, Stetigkeit usw. mit Hilfe der auf die Metrik gestützten ε-Umgebungen erklärt sind. In endlich dimensionalen Räumen (R^n, C^n) kommt es dabei nicht darauf an, welchen Abstand bzw. welche Norm man benutzt.

Bezeichnet man mit $|x| \in C^n$ den Vektor

$$|x| := \begin{pmatrix} |\xi_1| \\ \ldots \\ |\xi_n| \end{pmatrix}, \quad \text{falls} \quad x = \begin{pmatrix} \xi_1 \\ \ldots \\ \xi_n \end{pmatrix},$$

so nennt man eine Norm p eine

(2.10.4) *absolute Norm,*

wenn $p(x) = p(|x|)$ für alle $x \in C^n$, d. h. wenn p nur von den Absolutbeträgen der Komponenten abhängt. Weiter nennt man eine Norm p

(2.10.5) *monoton,*

wenn aus $|x| \leq |y|$ folgt $p(x) \leq p(y)$ für alle $x, y \in C^n$. Dabei bedeutet $|x| \leq |y|$ nichts anderes als $|\xi_\iota| \leq |\eta_\iota|$ für $i = 1, \ldots, n$, wenn die ξ_ι, η_ι die Komponenten von x bzw. y sind. Man kann zeigen

(2.10.6) **Satz:** *Jede absolute Norm ist monoton, und umgekehrt.*

Beispiel: a) Die sog. *Hölder-Normen*

$$\|x\|_p := \left(\sum_{i=1}^{n} |\xi_\iota|^p \right)^{1/p}$$

zum Index p mit $1 \leq p < \infty$ gehören zu den wichtigsten streng homogenen Normen. Spezial- und Grenzfälle sind die Hölder-Normen für $p = 1, 2, \infty$:

$$\|x\|_1 = \sum_{i=1}^{n} |\xi_i| \qquad \text{(Summennorm)}$$

$$\|x\|_2 = \sqrt{\sum_{i=1}^{n} |\xi_\iota|^2} \qquad \text{(euklidische Norm, s. 2.3.)}$$

$$\|x\|_\infty = \max_{1 \leq \iota \leq n} |\xi_\iota| \qquad \text{(Maximumnorm, Tschebyscheffnorm)}.$$

Alle Hölder-Normen sind absolut.

Jeder Norm p im C^n kann man im dazu dualen Vektorraum $(C^n)^*$ aller Linearformen φ auf C^n eine

(2.10.7) *duale Norm p^D*
zuordnen*:

$$p^D(\varphi) := \max_{x \neq 0} \frac{\operatorname{Re} \varphi(x)}{p(x)}.$$

(In endlich dimensionalen Räumen wird das Maximum stets angenommen). Im C^n ist die natürliche Basis der Achsenvektoren e_ι erklärt;

---

* *Re* α bezeichnet den Realteil der komplexen Zahl α.

führt man im $(C^n)^*$ die dazu duale Basis e^ι ein [s. (1.8.18)], so läßt sich die Linearform φ in der Form

$$\varphi = \sum_{\iota=1}^{n} \eta_i^c\, e^\iota$$

schreiben. Also ist

$$\varphi(x) = \sum_{\iota=1}^{n} \eta_i^c\, \xi_i = y^H\, x,$$

wobei y^H der Zeilenvektor $y^H = (\eta_1^c, \ldots, \eta_n^c)$ ist[*].

Wir werden daher im folgenden den dualen Raum $(C^n)^*$ mit dem Raum aller Zeilenvektoren y^H, $y \in C^n$ identifizieren und dementsprechend in diesem Raum die duale Norm erklären durch

$$(2.10.8) \qquad\qquad p^D(y^H) = \max_{x \neq 0} \frac{Re\, y^H x}{p(x)}.$$

Es gilt nun folgender bemerkenswerte

(2.10.9) **Satz:** *Ist p eine Norm im C^n, so gilt*

$$p^{DD}(x) := \max_{y \neq 0} \frac{Re\, y^H x}{p^D(y^H)} = p(x)$$

sowie die sog. Hölder-Ungleichung

$$(2.10.10) \qquad Re\, y^H x \leqq p^D(y^H) \cdot p(x) \quad \text{für alle} \quad x, y \in C^n.$$

Diese Ungleichung ist scharf in folgendem Sinne: Zu jedem x_1 gibt es ein $y_1 \neq 0$, und zu jedem y_2 gibt es ein $x_2 \neq 0$, so daß in (2.10.10) das Gleichheitszeichen gilt.

Gilt für ein Paar von Vektoren x, y^H in (2.10.10) das Gleichheitszeichen und ist $p(x) \cdot p^D(y^H) = 1$, so sagt man, daß x und y^H

(2.10.11)   *dual*

zueinander sind und schreibt

$$y^H \,\|_p\, x.$$

Geometrisch läßt sich der letzte Satz auf folgende Weise interpretieren: Bedeutet

$$K_p := \{x \mid p(x) \leqq 1\}$$

die Menge aller x, deren Abstand vom Nullpunkt höchstens gleich 1 ist, und ist analog

$$K_{p^D} = \{y^H \mid p^D(y^H) \leqq 1\},$$

so sind K_p und K_{p^D} *polar* zueinander, d. h., es gilt

$$K_{p^D} = \{y^H \mid Re\, y^H x \leqq 1 \quad \text{für alle} \quad x \in K_p\},$$

$$K_p = \{x \mid Re\, y^H x \leqq 1 \quad \text{für alle} \quad y^H \in K_{p^D}\}.$$

---

[*] Daß nunmehr $y^H x$ und nicht $y^T x$ wie in Abschn. (1.8) benutzt wird, hat Bequemlichkeitsgründe. Daß die Komponenten von y^H zu denen von y^T konjugiert sind, schließt nicht aus, daß auch $y^H x$ eine Linearform (in x) ist.

Weiter kann man leicht zeigen

(2.10.12) **Satz:** *Die duale Norm einer streng homogenen Norm p ist wieder streng homogen, und es gilt:*

$$p^D(y^H) = \max_{x \neq 0} \frac{|y^H x|}{p(x)}.$$

Die duale Norm einer absoluten Norm p ist wieder absolut, und es gilt

$$p^D(y^H) = \max_{x \neq 0} \frac{|y|^H|x|}{p(x)}.$$

Beispiel: b) Die duale Norm $\|y^H\|_p^D$ der Hölder-Norm $\|x\|_p$ zum Index p ist

$$\|y^H\|_p^D = \|y\|_q = \left(\sum_{i=1}^{n} |\eta_i|^q \right)^{1/q},$$

wobei $1/p + 1/q = 1$. Insbesondere ist die Summennorm ($p = 1$) dual zur Maximumnorm ($p = \infty$), die euklidische Norm ($p = 2$) ist dual zu sich selbst.

Da die Menge $\mathfrak{L}(V_1, V_2)$ aller linearen Abbildungen eines Vektorraums V_1 in einen Vektorraum V_2 wieder einen Vektorraum bilden, sind auch für Abbildungen $A \in \mathfrak{L}(V_1, V_2)$ durch die Forderungen (2.10.1), N 1) bis N 3) Normen $\|A\|$ definiert. Neue Gesichtspunkte ergeben sich in dem Spezialfall $V_1 = V_2 = V$. In diesem Fall ist $\mathfrak{L}(V_1, V_2)$ ein Ring, und das Produkt zweier Abbildungen $A \cdot B$ ist erklärt. Wir betrachten nur den speziellen Fall $V_1 = V_2 = C^n$, in dem $\mathfrak{L}(C^n, C^n)$ der Ring aller n-reihigen quadratischen Matrizen ist. Man sagt, daß die Matrixnorm $\|A\|$

(2.10.13)   *submultiplikativ*

ist, wenn

$$\|A\,B\| \leqq \|A\| \cdot \|B\|$$

für alle $n \times n$-Matrizen A, B gilt. Für eine submultiplikative Matrixnorm gilt stets

$$\|I\| \geqq 1.$$

Beispiel: c) Die Matrixnormen

1. $\|A\| := \max_k \sum_{i=1}^{n} |a_{ik}|$,

2. $\|A\| := \max_i \sigma_i(A)$ [= größter singulärer Wert von A s. (2.9 11)],

3. $\|A\| := \max_i \sum_{k=1}^{n} |a_{ik}|$,

4. $\|A\| := \left(\sum_{i,k=1}^{n} |a_{ik}|^2 \right)^{1/2}$ („Schur-Norm")

sind alle submultiplikativ. Die Matrixnorm

5. $\|A\| := \max_{i,k} |a_{.k}|$

ist nicht submultiplikativ.

Von besonderem Interesse ist der Fall, daß auch V_1 und V_2 wieder endlich dimensionale normierte Vektorräume sind: (V_1, p_1) bzw. (V_2, p_2). Man sagt dann, daß die Matrixnorm $\|A\|$

(2.10.14)   *konsistent*

mit den Vektornormen p_1, p_2 ist, wenn

$$p_2(A\,x) \leqq \|A\| \cdot p_1(x)$$

für alle $A \in \mathfrak{L}(V_1, V_2)$ und $x \in V_1$. In diesem Fall kann man durch*

$$(2.10.15) \qquad \mathrm{lub}_{12}(A) := \max_{x \neq 0} \frac{p_2(A\,x)}{p_1(x)}$$

eine spezielle Matrixnorm $\mathrm{lub}_{12}(A)$ definieren, die die zu p_1, p_2 gehörige

(2.10.16)   *Grenzennorm*

heißt und die kleinste mit p_1, p_2 konsistente Matrixnorm ist. Wir betrachten im folgenden nur den Fall $V_1 = V_2 = C^n$, $p_1 = p_2 = p$. Dann ist

$$(2.10.17) \qquad \mathrm{lub}(A) := \max_{x \neq 0} \frac{p(A\,x)}{p(x)}$$

sogar submultiplikativ:

$$\mathrm{lub}(A\,B) \leqq \mathrm{lub}(A) \cdot \mathrm{lub}(B),$$

und es gilt $\mathrm{lub}(I) = 1$.

Beispiel: d) Die Matrixnormen 1, 2, 3 des letzten Beispiels c) sind die Grenzennormen $\mathrm{lub}(A)$, die zu den Hölder-Normen $\|x\|_p$, $p = \infty, 2, 1$ gehören.

Eine andere Kennzeichnung von $\mathrm{lub}(A)$ liefert der

(2.10.18) **Satz:** *Ist p eine Vektornorm, so gilt für die zugehörige Grenzennorm lub:*

$$1. \quad \max_{x \neq 0} \frac{p(A\,x)}{p(x)} = \mathrm{lub}(A) = \max_{y \neq 0} \frac{p^D(y^H A)}{p^D(y^H)},$$

$$2. \quad \mathrm{lub}(A) = \max_{x, y \neq 0} \frac{\mathrm{Re}\, y^H A\, x}{p^D(y^H) \cdot p(x)} \quad (\text{,,}bilineare\text{``} \ Kennzeichnung \ der \ \mathrm{lub}).$$

Die lub, die zu einer absoluten Norm p gehört, besitzt eine bemerkenswerte Eigenschaft:

(2.10.19) **Satz:** *Die Vektornorm p ist genau dann absolut, wenn für die zugehörige Grenzennorm lub gilt:*

$$\mathrm{lub}(D) = \max_i |d_{ii}|$$

für alle Diagonalmatrizen $D = (d_{ik})$.

---

* lub ist eine Abkürzung für englisch "*least upper bound*", sowie glb [s. (2.10.20)] für "*greatest lower bound*".

Die Definition (2.10.17) der lub kann als Definition der größten Abbildungsdehnung bei der Abbildung A verstanden werden. Es liegt nahe, eine Mindestdehnung analog zu definieren durch:

$$(2.10.20) \qquad \text{glb}(A) := \min_{x \neq 0} \frac{p(A\,x)}{p(x)}.$$

Für glb(A) gilt dann

$$(2.10.21) \qquad \text{glb}(A) = \begin{cases} \dfrac{1}{\text{lub}(A^{-1})} & \text{falls } A \text{ nichtsingulär} \\ 0 & \text{sonst,} \end{cases}$$

sowie

$$\text{glb}(A) \geqq 0$$

und glb$(A) = 0$ genau dann, wenn A singulär ist.

Folgende Ungleichungen sind für lub und glb oft sehr nützlich:

$$(2.10.22) \quad \begin{cases} 1. \ \text{lub}(A) - \text{lub}(-B) \leqq \text{lub}(A+B) \leqq \text{lub}(A) + \text{lub}(B), \\ 2. \ \text{glb}(A) - \text{lub}(-B) \leqq \text{glb}(A+B) \leqq \text{glb}(A) + \text{lub}(B), \\ 3. \ \text{glb}(A\,B) \geqq \text{glb}(A)\,\text{glb}(B), \end{cases}$$

bzw. wenn die zugrunde liegende Vektornorm p streng homogen ist:

$$\big|\text{lub}(A+B) - \text{lub}(A)\big| \leqq \text{lub}(B),$$
$$\big|\text{glb}(A+B) - \text{glb}(A)\big| \leqq \text{lub}(B).$$

Ein Analogon dieser Ungleichungen gilt übrigens für beliebige submultiplikative Matrixnormen $\|A\|$:

$$-\|-B\| \leqq -\frac{\|-B(A+B)^{-1}\|}{\|(A+B)^{-1}\|} \leqq \frac{1}{\|(A+B)^{-1}\|} - \frac{1}{\|A^{-1}\|} \leqq \frac{\|B A^{-1}\|}{\|A^{-1}\|} \leqq \|B\|,$$

falls A^{-1} und $(A+B)^{-1}$ existieren. $1/(\|A^{-1}\|)$ tritt für glb(A) ein. Diese Ungleichung zeigt man mit Hilfe der Identität

$$A^{-1} = (A+B)^{-1}(I + B A^{-1}).$$

Aus den Ungleichungen (2.10.22) ergeben sich einige praktisch wichtige Formeln. Setzt man in b) für A die Einheitsmatrix I und für B die Matrix $B^{-1} A - I$ ein, so folgt:

$$(2.10.23) \qquad \text{glb}(B^{-1} A) \geqq 1 - \text{lub}(I - B^{-1} A)$$

für beliebige $n \times n$-Matrizen A, B, sofern B^{-1} existiert. Daraus folgt der

(2.10.24) Satz: *Ist* $\text{lub}(I - B^{-1} A) < 1$, *so ist* $B^{-1} A$ *und damit auch* A *nichtsingulär.*

Dieser Satz ist im Grunde ein Vergleichssatz: Gibt es zu einer Matrix A eine nichtsinguläre Matrix B, so daß $B^{-1} A$ genügend nahe $(\text{lub}(I - B^{-1} A) < 1)$ bei der Einheitsmatrix I liegt, so ist A selbst nichtsingulär. B^{-1} ist gewissermaßen eine Näherung für A^{-1}. Speziell folgt aus (2.10.23), falls $\operatorname{lub}(I - B^{-1} A) < 1$, aus der trivialen Ungleichung

$$\operatorname{lub}(A^{-1}) \leqq \operatorname{lub}(B^{-1}) \operatorname{lub}(A^{-1} B)$$

und (2.10.21) die Abschätzung

$$(2.10.25) \qquad \operatorname{lub}(A^{-1}) \leqq \frac{\operatorname{lub}(B^{-1})}{1 - \operatorname{lub}(I - B^{-1} A)} \,.$$

Diese Formel verwendet man vorteilhaft, um den Einfluß von Abänderungen der Matrix A eines linearen Gleichungssystems $A\, x = b$ abzuschätzen. Ist B die abgeänderte Matrix A, so folgt aus der Identität

$$A^{-1} b - B^{-1} b = A^{-1} (B - A)\, B^{-1} b$$

und (2.10.25) die Abschätzung

$$(2.10.26) \qquad \frac{p(A^{-1} b - B^{-1} b)}{p(B^{-1} b)} \leqq \frac{\operatorname{lub}(B^{-1})}{1 - \operatorname{lub}(I - B^{-1} A)} \operatorname{lub}(B - A),$$

falls $\operatorname{lub}(I - B^{-1} A) < 1$, für den relativen Fehler der Lösung $A^{-1} b$.

Ist $B = A(I + F)$, wobei F eine Fehlermatrix ist, so folgt ferner aus denselben Formeln:

$$(2.10.27) \qquad \frac{p(A^{-1} b - B^{-1} b)}{p(A^{-1} b)} \leqq \frac{\operatorname{cond}(A)}{1 - \operatorname{lub}(-F)} \operatorname{lub}(F),$$

sobald $\operatorname{lub}(-F) < 1$ ist. Dabei bedeutet

$$\operatorname{cond}(A) := \operatorname{lub}(A) \operatorname{lub}(A^{-1})$$

die sog.

$$(2.10.28) \qquad\qquad \textit{Kondition}$$

der Matrix A. Für kleines $\operatorname{lub}(F)$ ist also der Fehler annähernd proportional der lub der Störung F. Der Proportionalitätsfaktor, der die Störungsempfindlichkeit mißt, ist $\operatorname{cond}(A)$. Man beachte, daß wegen $A^{-1} A = I$ stets

$$\operatorname{cond}(A) = \operatorname{lub}(A) \operatorname{lub}(A^{-1}) \geqq \operatorname{lub}(I) = 1$$

gilt.

Ist ferner x_i eine Näherungslösung des Gleichungssystems $A\, x = b$ und bedeutet $r_i := b - A\, x_i$ das zugehörige Residuum und $f_i := x - x_i$ den Fehler, so folgt für eine beliebige nichtsinguläre Matrix B aus

$$f_i = A^{-1} r_i = A^{-1} B\, B^{-1} r_i$$

wegen (2.10.25)

$$(2.10.29) \qquad p(f_i) \leqq \frac{\operatorname{lub}(B^{-1})}{1 - \operatorname{lub}(I - B^{-1} A)}\, p(r_i),$$

bzw. wegen (2.10.23) die i. allg. bessere Abschätzung von COLLATZ

$$(2.10.30) \qquad p(f_i) \leqq \frac{1}{1 - \operatorname{lub}(I - B^{-1} A)}\, p(B^{-1} r_i),$$

sofern nur $\operatorname{lub}(I - B^{-1} A) < 1$, d. h. B^{-1} genügend nahe bei A^{-1} liegt.

Für Iterationsverfahren mit Residuenkorrektur:

$$(2.10.31) \qquad x_{i+1} = x_i + B^{-1}(b - A\,x_i) = x_i + B^{-1}\,r_i$$

gilt: $A\,x = b$ besitzt eine eindeutige Lösung x, und es ist $\lim_{i \to \infty} x_i = x$, falls $\operatorname{lub}(I - B^{-1}A) < 1$.

In der Tat, aus

$$f_{i+1} = f_i - B^{-1}(A\,x - A\,x_i) = (I - B^{-1}A)\,f_i$$

folgt

$$p\,(f_{i+1}) \leqq \operatorname{lub}(I - B^{-1}A) \cdot p\,(f_i)$$

und damit

$$p\,(f_i) \leqq [\eta\,(B)]^i\,p\,(f_0),$$

wobei $\eta\,(B) := \operatorname{lub}(I - B^{-1}A)$. Ist also $\eta\,(B) < 1$, so konvergiert das Iterationsverfahren (2.10.31) gegen die Lösung von $A\,x = b$.

Die Bedingung $\eta\,(B) < 1$ ist jedoch nur hinreichend für die Konvergenz des Iterationsverfahrens. Eine notwendige und hinreichende Bedingung liefert der folgende

(2.10.32) **Satz:** *Das Iterationsverfahren (2.10.31) konvergiert für jede Wahl des Startvektors x_0 genau dann, wenn*

$$\varrho(I - B^{-1}A) < 1.$$

Dabei bezeichnet man

$$\varrho\,(C) := \max_i |\lambda_i\,(C)|$$

als den

(2.10.33) $\qquad\qquad$ *Spektralradius*

der Matrix C. Über den Spektralradius besagt der

(2.10.34) **Satz:** *Für jede $n \times n$-Matrix C gilt*

$$\varrho\,(C) \leqq \operatorname{lub}\,(C),$$

sowie $\lim_{i \to \infty} \operatorname{lub}\,(C^i) = 0$ *genau dann, wenn* $\varrho\,(C) < 1$.

§ 3. Die Lage von Nullstellen und Eigenwerten in der komplexen Ebene

3.1 Nullstellen von Polynomen

In diesem Abschnitt sollen einige spezielle Resultate über die Lage von Nullstellen reeller oder komplexer Polynome

$$(3.1.1) \qquad p\,(x) = a_0\,x^n + a_1\,x^{n-1} + \cdots + a_n, \qquad a_0 \neq 0$$

gebracht werden. Nach dem Fundamentalsatz der Algebra besitzt jedes solche Polynom genau n Nullstellen $\xi_1, \ldots, \xi_n$ in der komplexen

Ebene, die jedoch nicht notwendig voneinander verschieden sind, und $p(x)$ läßt sich schreiben

$$p(x) = a_0(x - \xi_1) \ldots (x - \xi_n)$$

bzw.

$$p(x) = a_0(x - \varrho_1)^{\nu_1} \ldots (x - \varrho_k)^{\nu_k}, \qquad \varrho_i \neq \varrho_k \quad \text{für} \quad i \neq k,$$

wenn die ϱ_ι die verschiedenen Nullstellen von den ξ_j sind. ϱ_ι ist eine ν_i-fache Nullstelle, und man kann leicht zeigen, daß

(3.1.2)   *ϱ_ι eine ν_ι-fache Nullstelle von $p(x)$ genau dann ist, wenn*

$$p^{(j)}(\varrho_\iota) = \frac{d^j}{dx^j}\, p(x)\Big|_{x = \varrho_i} = 0$$

für $j = 0, 1, \ldots, \nu_\iota - 1$.

Ist $g(x) := (p, p')$ der größte gemeinsame Teiler von $p(x)$ und seiner ersten Ableitung $p'(x)$, der mit Hilfe des euklidischen Algorithmus (1.6.4) berechnet werden kann, so besitzt das Polynom $p(x)/g(x)$ nur einfache Nullstellen.

Ein reelles Polynom besitzt zwar immer Nullstellen, aber nicht notwendig reelle Nullstellen. Jedoch gilt der

(3.1.3) **Satz:** *Ist $p(x)$ ein reelles Polynom und ist die komplexe nichtreelle Zahl $\alpha + i\beta$, α, β reell, $\beta \neq 0$, Nullstelle von $p(x)$, dann ist die konjugiert komplexe Zahl $\alpha - i\beta$ eine weitere Nullstelle.*

Einfachste Abschätzungen für die Nullstellen ξ_ι von $p(x)$ (3.1.1) findet man mit Hilfe der Sätze aus (3.2):

(3.1.4) **Satz:** *Für alle Nullstellen ξ_ι von $p(x)$ (3.1.1) gilt:*

$$|\xi_\iota| \leq \max\left\{\left|\frac{a_n}{a_0}\right|,\ 1 + \left|\frac{a_{n-1}}{a_0}\right|,\ \ldots,\ 1 + \left|\frac{a_1}{a_0}\right|\right\},$$

$$|\xi_i| \leq \max\left\{1,\ \sum_{\iota=1}^{n}\left|\frac{a_i}{a_0}\right|\right\},$$

$$|\xi_i| \leq \max\left\{\left|\frac{a_n}{a_{n-1}}\right|,\ 2\left|\frac{a_{n-1}}{a_{n-2}}\right|,\ \ldots,\ 2\left|\frac{a_1}{a_0}\right|\right\},$$

$$|\xi_\iota| \leq \sum_{\iota=0}^{n-1}\left|\frac{a_{i+1}}{a_i}\right|.$$

Eine weitere Abschätzung ist

(3.1.5) $$|\xi_i| \leq 2 \cdot \max\left\{\left|\frac{a_1}{a_0}\right|,\ \sqrt{\left|\frac{a_2}{a_0}\right|},\ \sqrt[3]{\left|\frac{a_3}{a_0}\right|},\ \ldots,\ \sqrt[n]{\left|\frac{a_n}{a_0}\right|}\right\}.$$

Über die Anzahl und die Lage der reellen Nullstellen eines reellen Polynoms gibt es einige nützliche Sätze, die alle mit der Anzahl $w(a)$ der Vorzeichenwechsel einer mit $f_0(x) := p(x)$ beginnenden Kette von

Polynomen absteigenden Grades

$$f_0(x),\, f_1(x),\, \ldots,\, f_m(x)$$

[aus der man alle f_i mit $f_i(a) = 0$ zu streichen hat] an der Stelle $x = a$ zu tun haben.

Der einfachste Satz dieser Art benutzt die Sequenz

$$(3.1.6) \qquad f_0(x) := p(x), \quad f_1(x) := p'(x), \ldots, f_n(x) := p^{(n)}(x)$$

der Ableitungen des Polynoms $p(x)$ (3.1.1). Es gilt der

(3.1.7) **Satz** (*Budan*): *Die Anzahl der reellen Nullstellen ξ (entsprechend ihrer Vielfachheit gezählt) des reellen Polynoms $p(x)$ (3.1.1) im Intervall $(a, b]$ mit $a < \xi \leq b$ ist gleich $w(a) - w(b)$ oder übertrifft $w(a) - w(b)$ um eine positive gerade Zahl. Dabei ist $w(a)$ die Anzahl der Vorzeichenwechsel der Kette (3.1.6).*

Speziell für $a = 0$, $b = \infty$ erhält man den

(3.1.8) **Satz** (*Descartes*): *Die Anzahl der positiven Nullstellen (ihrer Vielfachheit entsprechend gezählt) des reellen Polynoms $p(x)$ (3.1.1) ist gleich der Anzahl V der Vorzeichenwechsel der Sequenz*

$$a_0,\, a_1,\, \ldots,\, a_n$$

der Koeffizienten von $p(x)$, oder um eine gerade Zahl größer.

Wesentlich genauere Aussagen dieser Art erhält man mit Hilfe einer Sturmschen Kette. Man nennt eine endliche Folge von reellen Polynomen

$$p_0(x),\, p_1(x),\, \ldots,\, p_n(x)$$

eine

(3.1.9)   *Sturmsche Kette,*
wenn:

1. $p_0(x)$ nur einfache Nullstellen besitzt,

2. $p_1(x)$ an allen reellen Nullstellen ξ von $p_0(x)$ dasselbe Vorzeichen besitzt wie $p_0'(x)$,

3. für $i = 1, 2, \ldots, n - 1$ gilt

$$p_{i+1}(\xi)\, p_{i-1}(\xi) < 0,$$

wenn ξ reelle Nullstelle von $p_i(x)$ ist,

4. das letzte Polynom $p_n(x)$ sein Vorzeichen nicht ändert.

Dann gilt der

(3.1.10) **Satz:** *Die Anzahl der reellen Nullstellen von $p_0(x)$ im Intervall $a < x \leq b$ ist gleich $w(a) - w(b)$, wobei $w(x)$ die Anzahl der Vorzeichenwechsel der Kette*

$$p_0(x),\, p_1(x),\, \ldots,\, p_n(x)$$

an der Stelle x ist, vorausgesetzt, daß diese Kette eine Sturmsche Kette ist.

Mit Hilfe des euklidischen Algorithmus (1.6.4) kann man eine Sturmsche Kette erzielen, ausgehend von zwei Polynomen $p_0(x)$ und $p_1(x)$, die die Eigenschaften (3.1.9), 1. und 2. besitzen. Man setze dazu:

$$p_{i-1}(x) = q_i(x)\, p_i(x) - c_i\, p_{i+1}(x), \qquad i = 1, 2, \ldots, n,$$

wobei Grad $p_{i+1}(x) <$ Grad $p_i(x)$ und $c_i > 0$ sein soll. Insbesondere ist für die Wahl $p_1(x) := p_0'(x)$ die Bedingung 2. trivial erfüllt.

Die bisherigen Sätze gaben im wesentlichen nur über die Lage reeller Nullstellen reeller Polynome Auskunft. Für die Praxis besonders wichtig sind jedoch Sätze über die Anzahl der Nullstellen ξ_i in der linken komplexen Halbebene ($Re\,\xi_i < 0$) oder für die Anzahl der Nullstellen ξ_i im Einheitskreis ($|\xi_i| < 1$). Das erste dieser Probleme, Kriterien dafür zu finden, daß $Re\,\xi_i < 0$ für alle ξ_i gilt, tritt bei Stabilitätsuntersuchungen auf. Da man die linke komplexe Halbebene konform durch eine gebrochen lineare Abbildung auf den Einheitskreis abbilden kann, hängen beide Probleme auf das engste miteinander zusammen. Im nächsten Satz sind daher beide Fälle gemeinsam formuliert. Dabei bedeuten M_1, M, M_2 jeweils im ersteren Fall (A) die linke offene Halbebene, die imaginäre Achse und die rechte offene Halbebene

$$M_1 := \{\xi \mid Re\,\xi < 0\}, \qquad M := \{\xi \mid Re\,\xi = 0\}, \qquad M_2 := \{\xi \mid Re\,\xi > 0\},$$

im letzteren Fall (B) das Innere, den Rand und das Äußere des Einheitskreises:

$$M_1 := \{\xi \mid |\xi| < 1\}, \qquad M := \{\xi \mid |\xi| = 1\}, \qquad M_2 := \{\xi \mid |\xi| > 1\}.$$

Ferner bedeutet $p^*(x)$ das an der imaginären Achse bzw. am Einheitskreis „*gespiegelte*" Polynom

$$p^*(x) := \begin{cases} p^c(-x) = a_n^c - a_{n-1}^c\, x + - \cdots \pm a_0^c\, x^n & \text{im Fall } A, \\[2mm] x^n p^c\left(\dfrac{1}{x}\right) = a_n^c\, x^n + \cdots + a_0^c & \text{im Fall } B. \end{cases}$$

Ferner bezeichnen wir mit $s_1(p)$, $s(p)$, $s_2(p)$ die Anzahl der Nullstellen von $p(x)$ in M_1, M, M_2. Dann besagt der

(3.1.11) Satz (*Cohn*)**:** *Ist* $p(x) := a_0\,x^n + \cdots + a_n$ *ein beliebiges komplexes Polynom mit* $a_0 \neq 0$, *so liegt mindestens einer der folgenden Fälle vor:*

    1. *es gibt ein* $x_0 \in M_1$, *so daß* $|p(x_0)| < |p^*(x_0)|$,

    2. *es gibt ein* $x_0 \in M_1$, *so daß* $|p(x_0)| > |p^*(x_0)|$,

    3. *für alle* x_0 *gilt* $|p(x_0)| = |p^*(x_0)|$.

Dann gilt für das Polynom

$$(3.1.12) \qquad\qquad \hat{p}(x) := \frac{p(x)\, p^*(x_0) - p(x_0)\, p^*(x)}{x - x_0}$$

mit Grad $\bar{p}(x) \leqq n - 1$ im Falle

   1. $s_1(\bar{p}) = s_1(p) + 1$, $s(\bar{p}) = s(p)$, $s_2(\bar{p}) = n - s_1(p) - s(p)$,

   2. $s_1(\bar{p}) = n - s_2(p) - s(p)$, $s(\bar{p}) = s(p)$, $s_2(\bar{p}) = s_1(p) + 1$,

   *3. es ist $p(x) = \varepsilon \cdot p^*(x)$ mit $|\varepsilon| = 1$; d. h. mit ξ ist im Falle A
auch $-\xi^c$, im Falle B auch $1/\xi^c$ Nullstelle von $p(x)$.*

Man kann also eine Sequenz von Polynomen $p(x)$, $\bar{p}(x)$, $\hat{p}(x)$, ...
fallenden Grades konstruieren und, sofern Fall 3. nie auftritt, für diese
Polynome die Zahlen s_1, s, s_2 rekursiv berechnen. Auch Fall 3. macht
keine wesentlichen Schwierigkeiten: Im Fall A z. B. liegen dann die
Nullstellen von $p(x)$ spiegelbildlich zur imaginären Achse, d. h.,
$q(x) := p(i\,x)$ ist ein reelles Polynom; die Anzahl seiner reellen Nullstellen und damit $s(p)$ kann man mit Hilfe einer Sturmschen Kette
bestimmen. Ähnlich kann man auch im Fall B vorgehen.

    Eine einfache aber praktisch wichtige Folgerung von Satz (3.1.11)
ist der (vgl. A II 2.2)

(3.1.13) **Satz** (*Schur*): *Das komplexe Polynom $p(x)$ hat genau dann
alle Nullstellen in der Menge M_1, wenn $|p^*(x_0)| > |p(x_0)|$ und auch die
Nullstellen von $\hat{p}(x)$ (3.1.12) alle in M_1 liegen. Dabei ist $x_0 = -1$ im
Fall A, $x_0 = 0$ im Fall B.*

Den Satz von CohN (und damit auch den Satz von Schur) beweist man am
einfachsten mit funktionentheoretischen Hilfsmitteln: Er ist eine Konsequenz
des Satzes von RouchÉ (s. A I 7), der besagt:

*Sind die Funktionen $f(z)$, $g(z)$ auf dem abgeschlossenen Einheitskreis holomorph
(s. A I 6.1) und gilt auf dem Rande*

$$|g(z)| < |f(z)| \quad \text{für} \quad |z| = 1,$$

*so haben die Funktionen $f(z)$ und $f(z) + g(z)$ die gleiche Anzahl Nullstellen im
Einheitskreis.*

Ist nämlich $|p(z)| > 0$ für $|z| = 1$ und z. B. $|p(x_0)| < |p^*(x_0)|$ für ein $|x_0| < 1$,
so folgt wegen $|p(x)| = |p^*(x)| \neq 0$ für $|x| = 1$ der Cohnsche Satz, wenn man
im Satz von RouchÉ setzt

$$f(z) := p(z) \cdot p^*(x_0), \quad g(z) := -p^*(z)\, p(x_0).$$

Für den Fall A („Stabilitätsuntersuchungen"), auf den wir uns
jetzt beschränken, sollen noch einige weitere Kriterien gegeben werden.
Ist $p(x) = a_0 x^n + \cdots + a_n$ ein *reelles* Polynom und bezeichnet man
mit H_r die r-te Hauptabschnittsdeterminante („Hurwitz-Determinan-
ten") der Matrix

$$\begin{pmatrix}
a_1 & a_3 & a_5 & \cdots & & \\
a_0 & a_2 & a_4 & \cdots & & \\
0 & a_1 & a_3 & a_5 & \cdots & \\
0 & a_0 & a_2 & a_4 & \cdots & \\
0 & 0 & a_1 & a_3 & a_5 & \cdots \\
0 & 0 & a_0 & a_2 & a_4 & \cdots
\end{pmatrix},$$

so gilt der (vgl. L § 3)

(3.1.14) **Satz** (*Hurwitz*): *$p(x) = a_0 x^n + \cdots + a_n$ sei ein reelles Polynom mit $a_0 > 0$. Dann gilt $\mathrm{Re}\,\xi_\iota < 0$ für alle Nullstellen ξ_ι von $p(x)$ genau dann, wenn $H_r > 0$ für $r = 1, 2, \ldots, n$.*

Eng damit zusammen hängen die folgenden Vorzeichenkriterien, die jedoch allgemeinere Resultate liefern: Es sei jetzt $p(x) = a_0 x^n + \cdots + a_n$ ein beliebiges komplexes Polynom mit *reellem* $a_0 \neq 0$. Man bilde ausgehend von den reellen Polynomen

$$F_0(x) := \mathrm{Re}\,(-i)^n\, p(i\,x),$$
$$F_1(x) := -\,\mathrm{Im}\,(-i)^n\, p(i\,x)$$

die Kette

$$F_{j-1}(x) = (R_j\, x + S_j)\, F_j(x) - F_{j+1}(x), \qquad j = 1, 2, \ldots, n$$

von Polynomen $F_j(x)$ fallenden Grades. Es gilt dann der

(3.1.15) **Satz:** *Existiert die Kette der $F_j(x)$ mit $R_j \neq 0$ für $j = 1, 2, \ldots, n$, so ist die Anzahl der Nullstellen von $p(x)$ mit negativem (positivem) Realteil gleich der Anzahl der positiven (negativen) R_j.*

Ist wieder $p(x) = a_0 x^n + \cdots + a_n$ ein beliebiges komplexes Polynom mit *reellem* $a_0 \neq 0$, setzt man ferner

$$p_1(x) := \tfrac{1}{2}\big(p(x) - (-1)^n\, p^c(-x)\big)$$

und entwickelt man den Quotienten $p_1(x)/p(x)$ in einen Kettenbruch der Form

$$(3.1.16) \qquad \frac{p_1(x)}{p(x)} = \frac{c_1}{\,|\,c_1 + b_1 - x\,} + \frac{c_2}{\,|\,b_2 - x\,} + \cdots + \frac{c_n}{\,|\,b_n - x\,}.$$

so kann man mit Hilfe des letzten Satzes zeigen:

(3.1.17) **Satz** (*Frank, Wall*): *Existiert die Entwicklung (3.1.16) mit $c_j \neq 0$ für alle $j = 1, 2, \ldots, n$, so sind alle c_j reell, während die b_j entweder rein imaginär sind oder verschwinden. Die Anzahl der positiven (negativen) Glieder der Folge von Produkten*

$$c_1,\ c_1\, c_2, \ldots,\ c_1\, c_2 \ldots c_n$$

ist gleich der Anzahl der Nullstellen von $p(x)$ mit positivem (negativem) Realteil.

Man kann diesen Satz auch für Tridiagonalmatrizen formulieren. Ist

$$A = \begin{pmatrix} b_n & -1 & 0 & \cdots\cdots\cdots & 0 \\ c_n & b_{n-1} & -1 & & \cdot \\ 0 & c_{n-1} & \ddots & \ddots & \cdot \\ \cdot & & \ddots & \ddots & \cdot \\ \cdot & & & \ddots & \cdot \\ \cdot & & & \ddots & 0 \\ \cdot & & & \ddots\ b_2 & -1 \\ 0 & \cdots\cdots & 0 & c_2 & b_1 + c_1 \end{pmatrix}$$

eine Tridiagonalmatrix mit reellem $c_i \neq 0$, $i = 1, \ldots, n$ und sind die b_i entweder rein imaginär oder gleich 0, so ist die Anzahl der Eigenwerte von A in der linken (rechten) Halbebene gleich der Anzahl der negativen (positiven) Glieder der Folge

$$c_1, \, c_1\, c_2, \, \ldots, \, c_1\, c_2 \ldots c_{n-1}\, c_n.$$

3.2 Eigenwertabschätzungen

Mit den Hilfsmitteln von Abschn. (2.10) können leicht Gebiete in der komplexen Zahlenebene angegeben werden, in denen alle Eigenwerte einer Matrix liegen. Da das Komplement solcher Gebiete keinen Eigenwert enthält, nennt man diesbezügliche Sätze

(3.2.1) *Ausschließungssätze.*

Ist $\lambda = \lambda(A)$ ein Eigenwert der Matrix A und $x \neq 0$ ein zugehöriger Eigenvektor, so folgen aus der Gleichung

$$A\, x = \lambda\, x$$

sofort die groben Abschätzungen

(3.2.2)
$$|\lambda| \leqq \mathrm{lub}\,(A),$$
$$|\lambda| \geqq \mathrm{glb}\,(A).$$

Der Kreisring

$$\{\mu \mid \mathrm{glb}\,(A) \leqq |\mu| \leqq \mathrm{lub}\,(A)\}$$

enthält also alle Eigenwerte λ von A.

Beispiel: a) Für die Matrix (2.9.2) gilt bezüglich der Summennorm
$$\mathrm{lub}\,(A) = \max\{|a_n|,\, 1 + |a_{n-1}|,\, \ldots,\, 1 + |a_1|\},$$
bezüglich der Maximumnorm
$$\mathrm{lub}\,(A) = \max\left\{1,\, \sum_{i=1}^{n} |a_i|\right\}.$$

Daraus ergeben sich die Abschätzungen von Satz (3.1.4). Zum Beispiel folgt für alle Nullstellen von $p(\lambda) = \lambda^4 + 3\lambda^3 + \lambda - 2$
$$|\lambda_i| \leqq \max(2,\, 2,\, 1,\, 4) = 4,$$
$$|\lambda_i| \leqq \max(1,\, 6) = 6.$$

Bessere Abschätzungen für $\lambda = \lambda(A)$ erhält man mit Hilfe geeigneter Vergleichsmatrizen B aus der Identität

$$(\lambda I - B)\, x = (A - B)\, x$$

oder

$$x = (\lambda I - B)^{-1}\, (A - B)\, x,$$

sofern λ kein Eigenwert von B ist. Man erhält den

(3.2.3) **Satz:** *Für jede Vergleichsmatrix B gilt für alle Eigenwerte $\lambda = \lambda(A)$: Entweder ist λ Eigenwert von B oder es bestehen die beiden*

Ungleichungen

$$1 \leqq \mathrm{lub}((\lambda I - B)^{-1} (A - B)),$$

$$1 \geqq \mathrm{glb}((\lambda I - B)^{-1} (A - B)).$$

Durch diese Ungleichungen werden wieder Gebiete in der komplexen Ebene beschrieben, die alle Eigenwerte $\lambda = \lambda(A)$ enthalten. Wählt man in Satz (3.2.3) $B = A_D = \mathrm{diag}\,(a_{11}, a_{22}, \ldots, a_{nn})$ gleich der Diagonalen von A und betrachtet man als zugrunde liegende Norm $p(x) := \max_i |\xi_i|$ die Maximumnorm, so erhält man den

(3.2.4) **Satz** *(Gerschgorin): Für jeden Eigenwert $\lambda = \lambda(A)$ der Matrix $A = (a_{ik})$ gilt: Es gibt ein i, so daß*

$$|\lambda - a_{ii}| \leqq \sum_{\substack{j=1 \\ j \neq i}}^{n} |a_{ij}| =: \varrho_i,$$

d. h., λ liegt sicher in der Vereinigung $\bigcup_{i=1}^{n} K_i$ aller Kreise

$$K_i := \{\mu \,|\, |\mu - a_{ii}| \leqq \varrho_i\}.$$

Folgende Verschärfungen dieses Satzes sind praktisch wichtig:

(3.2.5) **Satz:**

1. *Wenn die Vereinigungsmenge M von gewissen ν Kreisen K_i des letzten Satzes mit der Vereinigung N der restlichen $n - \nu$ Kreise K_i keinen Punkt gemeinsam hat, so liegen in M genau ν Nullstellen des charakteristischen Polynoms von A (entsprechend ihrer Vielfachheit als Nullstellen gezählt), in N dagegen $n - \nu$ Nullstellen.*

2. *(Taussky). Ist die Matrix $A - A_D$ irreduzibel, so liegt der Eigenwert $\lambda = \lambda(A)$ der Matrix A nur dann auf dem Rand von $M := K_1 \cup \cup K_2 \cup \cdots \cup K_n$, wenn λ auf dem Rand jedes Kreises K_i, $i = 1, 2, \ldots, n$, liegt.*

Der wichtige Begriff der Irreduzibilität ist in (3.3), Definition (3.3.5) erklärt.

Beispiel: b) Die Matrix

$$A := \begin{pmatrix} 2 & -1 & 0 & 0 \\ -1 & 2 & -1 & 0 \\ 0 & -1 & 2 & -1 \\ 0 & 0 & -1 & 2 \end{pmatrix}$$

ist symmetrisch; nach Satz (2.9.8) besitzt sie nur reelle Eigenwerte. Nach dem Satz von GERSCHGORIN (3.2.4) gilt weiter $0 \leqq \lambda(A) \leqq 4$. $A - A_D$ ist irreduzibel, also gilt nach Satz (3.2.5), 2. sogar $0 < \lambda(A) < 4$, d. h., A ist eine positiv definite Matrix. Aus der ersten der Abschätzungen (3.2.2) ergäbe sich nur die schwächere Aussage $|\lambda(A)| \leqq 4$.

Nicht Kreise, sondern Ovale liefert ein Satz von BRAUER und OSTROWSKI:

(3.2.6) **Satz:** *Für alle Eigenwerte* $\lambda = \lambda(A)$ *der Matrix* A *gilt*

$$\lambda \in \bigcup_{i \neq j} C_{ij},$$

wobei

$$C_{ij} := \{\mu \mid |\mu - a_{ii}| \cdot |\mu - a_{jj}| \leq \varrho_i \cdot \varrho_j\}, \qquad \varrho_i := \sum_{\substack{j=1 \\ j \neq i}}^{n} |a_{ij}|$$

für $i, j = 1, 2, \ldots, n$ *ist.*

Der Gerschgorinsche Satz kann als Störungssatz aufgefaßt werden: Sieht man die Matrix A als eine Störung von A_D an, so gibt der Satz an, wie weit sich die Eigenwerte $\lambda(A)$ der gestörten Matrix von den Eigenwerten a_{ii} der ungestörten Matrix A_D entfernen können. Allgemeiner erhält man aus Satz (3.2.3), wenn man A als gestörte Matrix, B als ungestörte Matrix auffaßt, weitere Störungssätze. Ist insbesondere B diagonalisierbar (2.8.10), $B = P_B \Lambda_B P_B^{-1}$, wobei Λ_B die Diagonalmatrix der Eigenwerte von B ist und P_B die Matrix der Eigenvektoren von B ist, so erhält man den

(3.2.7) **Satz:** *Ist* B *diagonalisierbar,* $B = P_B \Lambda_B P_B^{-1}$, *so gilt für Grenzennormen, die zu absoluten Vektornormen* p *gehören, die Abschätzung*

$$\min_i |\lambda(A) - \lambda_i(B)| \leq \text{lub}(P_B^{-1}(A - B) P_B) \leq \text{cond}(P_B) \, \text{lub}(A - B)$$

für alle Eigenwerte $\lambda(A)$ *der Matrix* A.

Hier ist $\text{cond}(P_B) := \text{lub}(P_B) \, \text{lub}(P_B^{-1})$, die Kondition der Matrix P_B [vgl. (2.10.28)], ein Maß dafür, wie empfindlich sich eine Abänderung der Matrix B auf die Eigenwerte von B auswirkt. Da für eine nichtsinguläre Diagonalmatrix D mit P_B auch $P_B D$ Eigenvektormatrix von B ist, kann der letzte Satz noch insoweit verschärft werden, als man $\text{cond}(P_B)$ durch die sog. *Minimalkondition* des Eigenvektorsystems

$$\min_D \text{cond}(P_B D)$$

ersetzen kann. Obere und untere Schranken für die Minimalkondition werden, wenn lub zu einer absoluten Norm gehört, gegeben durch

$$\max_i \frac{1}{c_i} \leq \min_D \text{cond}(P_B D) \leq \sum_{i=1}^{n} \frac{1}{c_i},$$

wobei für $i = 1, 2, \ldots, n$

$$c_i := \frac{|y_i^H x_i|}{p^D(y_i^H) \, p(x_i)} = \frac{1}{p^D(y_i^H) \, p(x_i)}$$

und x_i die i-te Spalte von P_B, y_i^H die i-te Zeile von P_B^{-1} ist. c_i läßt sich als reziproker verallgemeinerter Kosinus des Winkels zwischen x_i und

y_i bezüglich der Norm p deuten. Je „orthogonaler" also x_i und y_i sind, desto störungsempfindlicher werden die Eigenwerte von B.

Für normale Matrizen (2.9.4) kann $P_B = U$ unitär gewählt werden. Da bezüglich der euklidischen Norm $p(x) = \sqrt{x^H x}$, $\operatorname{lub}(U) = \operatorname{lub}(U^{-1}) = 1$ gilt, kann der letzte Satz verschärft werden:

$$\min_i |\lambda(A) - \lambda_i(B)| \leqq \operatorname{lub}(A - B).$$

Ist die Vergleichsmatrix B sogar hermitesch, so liegen also alle Eigenwerte von A im Streifen

$$|\operatorname{Im}\lambda(A)| \leqq \operatorname{lub}(A - B).$$

Ist auch noch $A - B$ normal, so folgt für alle $\lambda(A)$:

$$(3.2.8) \qquad \min_i |\lambda(A) - \lambda_i(B)| \leqq \max_k |\lambda_k(A - B)|.$$

Für die Anwendung der besprochenen Sätze wählt man häufig mehrere Vergleichsmatrizen und bestimmt den Durchschnitt der zugehörigen Einschließungsgebiete oder eine Schar von Vergleichsmatrizen $B_\mu = B_0 + \mu I$ und sucht durch geeignete Wahl von μ die Abschätzungen bestmöglich zu machen. Für beliebiges A wählt man als B_0 häufig eine hermitesche oder schiefhermitesche Matrix, z. B. $B_0 = (A + A^H)/2$ oder $B_0 = (A - A^H)/2$, und erhält dann für die Störung $A - B$ ebenfalls eine schiefhermitesche bzw. eine hermitesche Matrix, mit dem Vorteil, einfachere Aussagen über die Eigenwerte zu erhalten. Durch Kombination dieser Maßnahmen ergibt sich beispielsweise der

(3.2.9) **Satz** (*Bendixson*): *Zerlegt man die beliebige Matrix A in die Summe einer hermiteschen Matrix $C := (A + A^H)/2$ und einer schiefhermiteschen Matrix $B := (A - A^H)/2$ und gelten für die Eigenwerte von B und C die Ungleichungen:*

$$\sigma_1 \leqq \lambda(C) \leqq \sigma_2,$$
$$\tau_1 \leqq \frac{\lambda(B)}{i} \leqq \tau_2,$$

so liegen die Eigenwerte $\lambda(A)$ von A in dem Rechteck

$$\{\mu \mid \sigma_1 \leqq \operatorname{Re}\mu \leqq \sigma_2, \ \tau_1 \leqq \operatorname{Im}\mu \leqq \tau_2\}.$$

In den bisherigen Aussagen über die Lage der Eigenwerte einer Matrix A wurden Gebiete angegeben, in denen alle Eigenwerte von A liegen. Jetzt sollen Gebiete angegeben werden, in denen mindestens ein Eigenwert von A liegt. Diesbezügliche Sätze heißen

(3.2.10)   *Einschließungssätze.*

Man geht wieder aus von einer diagonalisierbaren Matrix $A = P_A \Lambda_A P_A^{-1}$, $\Lambda_A = \operatorname{diag}(\lambda_1(A), \ldots, \lambda_n(A))$ und beachtet, daß dann für ein beliebiges

Polynom oder eine rationale Funktion $f(\mu)$ gilt

$$f(A) = P_A\, f(\Lambda_A)\, P_A^{-1},$$

wobei $f(\Lambda_A) = \operatorname{diag}(f(\lambda_1), \ldots, f(\lambda_n))$, $\lambda_i = \lambda_i(A)$ wieder eine Diagonalmatrix ist. Für absolute Normen folgt dann wieder wegen Satz (2.10.19) für beliebiges $x \in C^n$

$$\operatorname{glb}(f(\Lambda_A)) = \min_i |f(\lambda_i)| \leqq \operatorname{cond}(P_A)\, \operatorname{glb}(f(A)) \leqq \operatorname{cond}(P_A)\, \frac{p(f(A)x)}{p(x)},$$

$$\operatorname{lub}(f(\Lambda_A)) = \max_i |f(\lambda_i)| \geqq \frac{1}{\operatorname{cond}(P_A)}\, \operatorname{lub}(f(A)) \geqq \frac{1}{\operatorname{cond}(P_A)}\, \frac{p(f(A)x)}{p(x)}.$$

Das bedeutet:

(3.2.11) Satz: *Ist A diagonalisierbar, $f(\mu)$ eine beliebige rationale Funktion, $x \in C^n$, $x \neq 0$ ein beliebiger Vektor und p eine absolute Norm, so enthält jedes der Gebiete*

$$\left\{ \mu \;\middle|\; |f(\mu)| \leqq \operatorname{cond}(P_A)\, \frac{p(f(A)x)}{p(x)} \right\}$$

$$\left\{ \mu \;\middle|\; |f(\mu)| \geqq \frac{1}{\operatorname{cond}(P_A)}\, \frac{p(f(A)x)}{p(x)} \right\}$$

mindestens einen Eigenwert von A.

Ist insbesondere A normal und p die euklidische Norm, so weiß man, daß $\operatorname{cond}(P_A) = 1$ ist. Die beiden Gebiete haben dann nur den Rand gemeinsam, und es gilt

(3.2.12) Satz: *Ist $p(x) := \sqrt{x^H x}$ die euklidische Norm, A eine normale Matrix und $f(\mu)$ eine beliebige rationale Funktion, so gibt es zu jedem $x \in C^n$, $x \neq 0$ einen Eigenwert $\lambda_i(A)$ und ein $\lambda_j(A)$, so daß*

$$|f(\lambda_i)| \leqq \frac{p(f(A)x)}{p(x)} \leqq |f(\lambda_j)|.$$

Durch einfache Wahl von f, nämlich als lineare oder gebrochen lineare Funktion, ergeben sich Kreisgebiete. Wählt man $f(\mu) := \mu - \gamma$, so folgt:

$$|\lambda_i - \gamma| \leqq \frac{p((A - \gamma I)x)}{p(x)},$$

wobei z. B. γ einen Näherungswert für einen Eigenwert $\lambda_i(A)$, und x einen Näherungswert für den entsprechenden Eigenvektor bedeutet. Bildet man weiter mit Vektor x für eine normale Matrix A die Größen

$$\mu_{00} := x^H x,$$

$$\mu_{10} := x^H A^H x,$$

$$\mu_{01} := x^H A x,$$

$$\mu_{11} := x^H A^H A x,$$

so ergibt sich mit $\gamma := \dfrac{\mu_{01}}{\mu_{00}}$, daß in dem Kreis

$$K := \left\{ \mu \,\middle|\, \left|\mu - \frac{\mu_{01}}{\mu_{00}}\right| \le \frac{1}{\sqrt{\mu_{00}}} \sqrt{\mu_{11} - \frac{\mu_{01}\,\mu_{10}}{\mu_{00}}} \right\}$$

mindestens ein Eigenwert von A liegt. $\dfrac{\mu_{01}}{\mu_{00}}$ ist der

(3.2.13)   *Rayleigh-Quotient*

zum Vektor x.

Gebiete, die alle Eigenwerte einer Matrix A enthalten, werden auch durch die sog.

(3.2.14)   *Wertevorräte*

geliefert. Ist p eine absolute Norm, so definiert man die Mengen

(3.2.15)
$$P[A] := \{y^H A x \mid p^D(y^H)\, p(x) = 1\} \quad \text{(bilinearer Wertevorrat)}$$
$$\dot{G}[A] := \{y^H A x \mid p^D(y^H)\, p(x) = |y|^H |x| = 1\} \quad (G\text{-Wertevorrat})$$

(Bei $G[A]$ werden nur die dualen Paare y^H, x zur Bildung von $y^H A x$ zugelassen.) Es gilt der

(3.2.16) **Satz:** *Für die Eigenwerte* $\lambda = \lambda(A)$ *gilt*

$$\lambda(A) \in G[A] \subsetneqq P[A].$$

Aus Satz (2.10.18), 2. folgt leicht, daß $P[A] = \{\mu \mid |\mu| \le \mathrm{lub}(A)\}$ ein Kreis mit dem Radius $\mathrm{lub}(A)$ ist, wonach $P[A]$ über die Eigenwerte $\lambda(A)$ dieselben Informationen liefert wie (3.2.2). Die Menge $G[A]$ ist i. allg. nicht gut zu übersehen. Etwas überschaubarere Verhältnisse bekommt man, wenn man $G[A]$ in einen Streifen minimaler Breite mit dem Richtungswinkel $\alpha + \dfrac{\pi}{2}$,

$$S(\alpha) := \{\mu \mid m_1 \le \mathrm{Re}(e^{-i\alpha}\mu) \le m_2\}$$

einschließt, wobei $m_1 = -m(-e^{-i\alpha} A)$, $m_2 = m(e^{-i\alpha} A)$ mit

$$m(A) := \max_{\mu \in G[A]} \mathrm{Re}\,\mu.$$

Man kann zeigen:

(3.2.17) **Satz:** *Es gilt*

$$m(A) = \lim_{h \downarrow 0} \frac{\mathrm{lub}(I + h A) - 1}{h}.$$

$m(A)$ *ist also das rechtseitige Gâteaux-Differential der konvexen Funktion* lub *an der Stelle I in Richtung* A.

Für beliebige absolute Normen ist auch $m(A)$ nicht leicht zu berechnen. Für die euklidische Norm $p(x) = \sqrt{x^H x}$ findet man jedoch einfachere Verhältnisse vor. Hier gilt $y^H \,||_p\, x$ genau dann, wenn $y = x/(x^H x)$; also ist

$$G[A] := \left\{ \frac{x^H A x}{x^H x} \,\middle|\, x \neq 0 \right\}$$

die Menge aller Rayleigh-Quotienten (3.2.13). Man kann jetzt zeigen:

(3.2.18) **Satz:** *Bezüglich der euklidischen Norm ist $G[A]$ für jede Matrix A eine konvexe Menge: Mit zwei Punkten μ_1, μ_2 gehört auch die gesamte Verbindungsstrecke*

$$[\mu_1, \mu_2] = \{\mu = \tau\,\mu_1 + (1 - \tau)\,\mu_2 \mid 0 \leq \tau \leq 1\}$$

zu $G[A]$.

Ferner findet man sofort

(3.2.19) **Satz:** *Für normale Matrizen A ist $G[A]$ bezüglich der euklidischen Norm die konvexe Hülle der Eigenwerte $\lambda_\iota(A)$:*

$$G[A] = \left\{\mu \mid \mu = \sum_{\iota=1}^{n} \tau_i\,\lambda_\iota(A),\ \tau_i \geq 0,\ \sum_{\iota=1}^{n} \tau_\iota = 1\right\}.$$

Für $m(A)$ bekommt man jetzt

$$m(A) = \max_\iota \lambda_i\left(\frac{A + A^H}{2}\right).$$

Berücksichtigt man dies, so gibt die Formel

$$G[A] \leq S(0) \cap S\left(\frac{\pi}{2}\right)$$

den Inhalt des Satzes von BENDIXSON (3.2.9) wieder.

Ordnet man die Eigenwerte $\lambda_\iota(H)$ einer hermiteschen Matrix H der Größe nach

$$\lambda_1(H) \geq \lambda_2(H) \geq \cdots \geq \lambda_n(H),$$

so folgt aus (3.2.19):

$$\lambda_1(H) \geq \frac{x^H H x}{x^H x} \geq \lambda_n(H)$$

für alle $x \neq 0$, $x \in C^n$. Speziell gilt:

$$\lambda_1(H) = \max_{x \neq 0} \frac{x^H H x}{x^H x}, \quad \lambda_n(H) = \min_{x \neq 0} \frac{x^H H x}{x^H x}.$$

Allgemeiner gilt sogar das folgende Minimaxtheorem für die Eigenwerte einer hermiteschen Matrix:

(3.2.20) **Satz:** *Ist H eine n-reihige hermitesche Matrix und ist*

$$\lambda_1(H) \geq \lambda_2(H) \geq \cdots \geq \lambda_n(H),$$

so gilt für $m = 1, 2, \ldots, n$

$$\lambda_m(H) = \max_{E_m}\ \min_{\substack{x \in E_m \\ x \neq 0}} \frac{x^H H x}{x^H x},$$

$$\lambda_{n-m+1}(H) = \min_{E_m}\ \max_{\substack{x \in E_m \\ x \neq 0}} \frac{x^H H x}{x^H x},$$

wobei E_m m-dimensionale Teilräume des C^n bedeuten.

Speziell folgt aus diesem Satz für $m = n - 1$, wenn U_{n-1} eine $n \times (n-1)$-Matrix ist mit orthogonalen Spalten

$$U_{n-1}^H U_{n-1} = I_{n-1} \quad (= (n-1)\text{-reihige Einheitsmatrix}),$$

daß die Eigenwerte $\lambda_\iota(B)$ der Matrix $B := U_{n-1}^H H U_{n-1}$ die Eigenwerte $\lambda_\iota(H)$ trennen:

$$(3.2.21) \qquad \lambda_1(H) \geq \lambda_1(B) \geq \lambda_2(H) \geq \lambda_2(B) \geq \cdots \geq \lambda_{n-1}(B) \geq \lambda_n(H).$$

Man beachte, daß man durch passende Wahl von U_{n-1} (z. B. irgendwelche $n - 1$ verschiedene Spalten der Einheitsmatrix) für B beliebige $(n-1)$-reihige Hauptuntermatrizen von $H := H_0$ bekommt, darunter auch die $(n-1)$-reihigen Hauptabschnittsmatrix H_1. Die Eigenwerte der Folge $H_0 = H, H_1, H_2, \ldots$ von sukzessiven Hauptabschnittsmatrizen trennen sich also gegenseitig. Es folgt leicht, daß die Sequenz

$$\det(\lambda I - H_\iota) = (-1)^{n-\iota} \det(H_\iota - \lambda I), \quad i = 0, 1, \ldots, n$$

der passend umnormierten charakteristischen Polynome von sukzessiven Hauptabschnittsmatrizen eine Sturmsche Kette (3.1.9) bilden, wenn sich die Eigenwerte *strikt* trennen.

Für die Eigenwerte einer hermiteschen Matrix $C = A + B$, die Summe von zwei hermiteschen Matrizen A und B ist, gelten ebenfalls einfache Ungleichungsbeziehungen, die man aus komplizierteren Minimaxtheoremen herleiten kann:

(3.2.22) **Satz** (*Wielandt*): *Sind A, B und C hermitesche $n \times n$-Matrizen mit $C = A + B$. Besitzen A, B und C die Eigenwerte*

$$\alpha_1 \geq \alpha_2 \geq \cdots \geq \alpha_n,$$
$$\beta_1 \geq \beta_2 \geq \cdots \geq \beta_n$$

bzw.
$$\gamma_1 \geq \gamma_2 \geq \cdots \geq \gamma_n,$$

und sind die Zahlen i_j, $j = 1, 2, \ldots, k$ beliebige ganze Zahlen mit $1 \leq i_1 < i_2 < \cdots < i_k \leq n$, so gilt

$$\gamma_{\iota_1} + \gamma_{\iota_2} + \cdots + \gamma_{\iota_k} \leq \alpha_{\iota_1} + \alpha_{\iota_2} + \cdots + \alpha_{\iota_k} + \beta_1 + \beta_2 + \cdots + \beta_k.$$

Man kann zeigen, daß der letzte Satz mit dem folgenden Satz äquivalent ist:

(3.2.23) **Satz** (*Lidskiï*): *Unter den Voraussetzungen von Satz (3.2.22) gibt es eine $n \times n$-Matrix $M = (m_{ik})$ mit*

$$m_{ik} \geq 0, \quad \sum_{i=1}^{n} m_{ik} = 1 = \sum_{\iota=1}^{n} m_{ki}$$

für alle k, so daß gilt:

$$\gamma_i = \alpha_i + \sum_{k=1}^{n} m_{ik} \beta_k, \quad i = 1, 2, \ldots, n.$$

(M ist eine doppeltstochastische Matrix [s. (3.3.21)]).

3.3 Nichtnegative Matrizen

Die nichtnegativen $n \times n$-Matrizen besitzen eine Reihe eigentümlicher Eigenschaften, die von Bedeutung für die verschiedensten Anwendungen sind. Man nennt eine n-reihige Matrix $A = (a_{ik})$

$$(3.3.1) \qquad\qquad \textit{nichtnegativ,} \quad A \geqq 0,$$

wenn für alle $i, k = 1, 2, \ldots, n$ gilt $a_{ik} \geqq 0$; A heißt

$$(3.3.2) \qquad\qquad \textit{positiv,} \quad A > 0,$$

wenn sogar $a_{ik} > 0$ für alle i, k. Für eine beliebige Matrix $A = (a_{ik})$ bezeichnen wir mit $|A|$ die Matrix $|A| := (|a_{ik}|)$. Die Schreibweise $A \leqq B$ bedeutet $a_{ik} \leqq b_{ik}$ für alle i, k. Besonders für nichtnegative Matrizen ist der bereits früher in Satz (3.2.5) erwähnte Begriff der Irreduzibilität einer Matrix A wichtig. Eine n-reihige Matrix A heißt

$$(3.3.3) \qquad\qquad \textit{reduzibel} \quad \text{oder} \quad \textit{zerlegbar,}$$

wenn es eine n-reihige Permutationsmatrix P (2.3.17) gibt mit

$$(3.3.4) \qquad P^{-1} A P = P^T A P = \begin{pmatrix} B_{11}, & B_{12} \\ 0, & B_{22} \end{pmatrix},$$

wobei B_{11} eine $k \times k$-Matrix ($k \neq 0, n$), B_{12} eine $k \times (n-k)$-Matrix und B_{22} eine $(n-k) \times (n-k)$-Matrix ist. Gibt es keine Permutationsmatrix P, die A auf die Gestalt (3.3.4) transformiert, so heißt A

$$(3.3.5) \qquad\qquad \textit{irreduzibel} \quad \text{oder} \quad \textit{unzerlegbar.}$$

Ein wichtiges Kriterium, um die Zerlegbarkeit einer n-reihigen Matrix $A = (a_{ik})$ zu prüfen, liefert die Theorie der *Graphen*: Man ordnet der Matrix A n Punkte $P_1, \ldots, P_n$ der Zeichenebene zu und verbindet P_i mit P_k genau dann durch eine gerichtete Strecke von P_i nach P_k, wenn $a_{ik} \neq 0$ ist. Die entstehende Figur heißt der Graph $G(A)$ der Matrix A.

Beispiel: Zur Matrix

$$A = \begin{pmatrix} 0 & -1 & 0 & 0 \\ -1 & 0 & -1 & 0 \\ 0 & -1 & 0 & -1 \\ 0 & 0 & -1 & 0 \end{pmatrix}$$

gehört der Graph $G(A)$,

Abb. 3 3 6

zur Matrix

$$B = \begin{pmatrix} 1 & 1 \\ 0 & 3 \end{pmatrix}$$

der Graph $G(B)$.

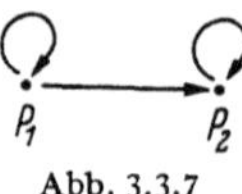

Abb. 3.3.7

Es gilt der

(3.3.8) **Satz:** *Die* $n \times n$-*Matrix* A *ist genau dann irreduzibel, wenn der Graph* $G(A)$ *in folgendem Sinne stark zusammenhängend ist: Zu jedem geordneten Paar* P_i, P_k *gibt es in* $G(A)$ *einen gerichteten Weg*

$$\overrightarrow{P_i P_{j_1}}, \; \overrightarrow{P_{j_1} P_{j_2}}, \; \ldots, \; \overrightarrow{P_{j_{r-1}} P_{j_r}}, \quad j_r = k,$$

von P_i *nach* P_k.

Der Hauptsatz der Theorie der nichtnegativen Matrizen lautet nun

(3.3.9) **Satz** (*Perron, Frobenius*): *Für eine nichtnegative irreduzible* $n \times n$-*Matrix* A *gilt:*

    1. *Es gibt einen einfachen Eigenwert* $\pi(A)$, *der positiv und gleich dem Spektralradius* $\varrho(A)$ *ist.*

    2. *Zum Eigenwert* $\pi(A)$ *gibt es einen Eigenvektor* $x > 0$ *mit lauter positiven Komponenten.*

    3. $\pi(A)$ *ist sogar einfache Nullstelle des charakteristischen Polynoms von* A.

Man beachte, daß eine positive Matrix $A > 0$ (Perronscher Fall) stets irreduzibel ist. In diesem Fall gilt schärfer

(3.3.10) **Satz:** *Ist* $A > 0$, *so ist* $|\lambda| < \pi(A)$ *für alle Eigenwerte* $\lambda \neq \pi(A)$ *von* A. *Es gilt*

$$|\lambda| \leqq \frac{\sqrt{k} - 1}{\sqrt{k} + 1} \pi(A)$$

mit $k := \max\limits_{i,\,j,\,k,\,l} \dfrac{a_{ik}}{a_{jk}} \cdot \dfrac{a_{jl}}{a_{il}}$.

Für reduzible Matrizen gilt nur der schwächere

(3.3.11) **Satz:** *Ist die* $n \times n$-*Matrix* $A \geqq 0$ *nichtnegativ, so gilt*

    1. *Es gibt einen nichtnegativen reellen Eigenwert* $\pi(A)$, *der gleich dem Spektralradius* $\varrho(A)$ *von* A *ist.*

    2. *Zum Eigenwert* $\pi(A)$ *gehört ein nichtnegativer Eigenvektor* $x \geqq 0$.

Für den Eigenwert $\pi(A)$ einer irreduziblen Matrix $A \geqq 0$ lassen sich leicht berechenbare obere und untere Schranken angeben. Es gilt nämlich der

(3.3.12) *Einschließungssatz* (*Collatz*): *Ist die Matrix* $A \geqq 0$ *irreduzibel und* $x \geqq 0$, $x \neq 0$ *ein beliebiger Vektor und sind die Konstanten* α, β *mit*

$$\alpha \, x \leqq A \, x \leqq \beta \, x$$

optimal gewählt (d. h. α maximal, β minimal), so gilt entweder

$$\alpha < \pi(A) < \beta$$

oder

$$\alpha = \pi(A) = \beta.$$

Nach Satz (3.3.9) muß zwar für eine irreduzible Matrix $A \geqq 0$ der Spektralradius $\varrho(A) = \pi(A)$ ein einfacher Eigenwert sein, es kann jedoch, falls nicht $A > 0$, noch andere Eigenwerte $\lambda_i(A) \neq \pi(A)$ mit $|\lambda_i(A)| = \pi(A)$ geben. Ist k die Zahl der Eigenwerte der irreduziblen Matrix $A \geqq 0$ vom Betrag $\pi(A)$, so nennt man A

(3.3.13)   *primitiv,*

falls $k = 1$, sonst

(3.3.14)   *zyklisch vom Index $k(> 1)$.*

(3.3.15) **Satz:** *Ist A zyklisch vom Index k, so sind mit λ auch $\vartheta\,\lambda,\ \vartheta^2\,\lambda,\ \ldots,\ \vartheta^{k-1}\,\lambda$ Eigenwerte von A. Hier bedeutet $\vartheta = e^{\frac{2\pi i}{k}}$.*

Der folgende Satz gibt Aufschluß über die äußere Gestalt von zyklischen Matrizen A:

(3.3.16) **Satz:** *Ist die n-reihige irreduzible Matrix $A \geqq 0$ zyklisch vom Index $k > 1$, so gibt es eine Permutationsmatrix P, so daß*

$$P^T A P = \begin{pmatrix}
0 & B_{12} & 0 & \cdots & \cdots & 0 \\
 & \ddots & B_{23} & & & \vdots \\
 & & \ddots & \ddots & & \vdots \\
 & & & \ddots & \ddots & \vdots \\
 & & & & \ddots & 0 \\
0 & & & & \ddots & B_{p-1,\,p} \\
B_{p1} & 0 & \cdots & \cdots & \cdots & 0
\end{pmatrix},$$

wobei die (Block-) 0-Matrizen in der Diagonale von $P^T A P$ quadratisch sind.

Für primitive Matrizen gilt folgender interessante

(3.3.17) **Satz:** *Die $n \times n$-Matrix $A \geqq 0$ ist primitiv genau dann, wenn es eine Zahl $m \leqq n^2 - 2n + 2$ gibt, so daß $A^m > 0$. Insbesondere ist also jede positive Matrix $A > 0$ primitiv.*

Die kleinste Zahl $m = \gamma(A)$, für die $A^m > 0$, wenn A primitiv ist, heißt der

(3.3.18)   *Primitivitätsindex*

von A. Für spezielle Klassen von Matrizen gibt es bessere Abschätzungen als die von Satz (3.3.17): $\gamma(A) \leqq n^2 - 2n + 2$.

Die Sätze über nichtnegative Matrizen werden hauptsächlich bei der Theorie der iterativen Methoden (2.10.31) zur Lösung von linearen Gleichungssystemen angewandt, bei denen es für die Konvergenz solcher Verfahren auf den Spektralradius $\varrho(A)$ der Iterationsmatrix A ankommt. In diesem Zusammenhang sind gewisse Vergleichssätze wichtig, in denen das Verhalten von $\varrho(A)$ bei Abänderungen von A studiert wird. Das wichtigste Ergebnis dieser Art liefert der folgende

(3.3.19) **Satz:** *Gilt für die* $n \times n$-*Matrizen* A, B *die Ungleichung*

$$0 \leq |A| \leq B,$$

so ist $\varrho(A) \leq \varrho(B)$. *Ist* B *auch noch irreduzibel, so gilt jedoch* $\varrho(A) = \varrho(B)$ *(dann und) nur dann, wenn* $|A| = B$ *und* A *die Gestalt* $A = e^{i\varphi} \cdot DBD^{-1}$ *besitzt, wobei* D *eine Diagonalmatrix ist mit* $|D| = I$.

Weitere Sätze dieser Art finden sich im Hinblick auf Iterationsverfahren in (3.4).

Eine in der Wahrscheinlichkeitsrechnung wichtige Klasse von nichtnegativen Matrizen sind die sog. stochastischen und die doppeltstochastischen Matrizen. Man nennt eine Matrix $A \geq 0$ eine

(3.3.20)   *stochastische* Matrix,

wenn alle Zeilensummen von A gleich 1 sind:

$$A\,e = e, \quad \text{mit} \quad e := (1, 1, \ldots, 1)^T.$$

Die Matrix $A \geq 0$ heißt

(3.3.21)   *doppeltstochastisch,*

wenn auch noch die Spaltensummen gleich 1 sind:

$$e^T A = e^T, \quad A\,e = e.$$

Für die doppeltstochastischen Matrizen gilt der

(3.3.22) **Satz** (*Birkhoff*)**:** *Jede doppeltstochastische Matrix* $A \geq 0$ *läßt sich als* „*konvexe Linearkombination*"

$$A = \sum_{\iota=1}^{k} \tau_\iota P_\iota, \quad \tau_i \geq 0, \quad \sum_{\iota=1}^{k} \tau_\iota = 1$$

von Permutationsmatrizen P_ι *schreiben.*

Ferner,

(3.3.23) **Satz:** *Ist* $B \geq 0$ *eine stochastische Matrix, so gilt:*

1. $\pi(A) = 1$ *und* $x := e = (1, 1, \ldots, 1)^T$ *ist Eigenvektor zum Eigenwert* $\pi(A)$.

2. *Zum Eigenwert* $\pi(A) = 1$ *gehören nur lineare Elementarteiler.*

3.4 *M*-Matrizen und Iterationsverfahren zur Gleichungsauflösung

Eine Zerlegung $A = B - C$ einer $n \times n$-Matrix A gibt Anlaß zu einem Iterationsverfahren

$$B\,x_{i+1} = C\,x_i + b$$

vom Typ (2.10.31) zur Lösung des linearen Gleichungssystems $A\,x = b$, das nach Satz (2.10.32) genau dann konvergiert, wenn $\varrho(B^{-1}C) = \eta < 1$ ist. Wichtig sind Matrizen A und Zerlegungen $A = B - C$ derart, daß auf $B^{-1}C$ die Theorie der nichtnegativen Matrizen anwendbar ist.

Nennt man eine Zerlegung $A = B - C$

(3.4.1)   *regulär*,

wenn B^{-1} existiert, $B^{-1} \geqq 0$ und $C \geqq 0$ ist, so erhält man mit Hilfe der Identität

$$B^{-1}C = (I + A^{-1}C)^{-1}A^{-1}C$$

und unter Berücksichtigung einiger Sätze über nichtnegative Matrizen:

(3.4.2) **Satz:** *Ist die Zerlegung $A = B - C$ regulär und ist $A^{-1} \geqq 0$, dann gilt*

$$\varrho(B^{-1}C) = \frac{\varrho(A^{-1}C)}{1 + \varrho(A^{-1}C)} < 1.$$

Mit Hilfe des Vergleichssatzes (3.3.19) zeigt man weiter den

(3.4.3) **Satz:** *Ist $A^{-1} > 0$ und sind $A = B_1 - C_1 = B_2 - C_2$ zwei reguläre Zerlegungen mit $C_1 \geqq C_2 \geqq 0$, $C_1 \neq C_2 \neq 0$, so gilt*

$$0 < \varrho(B_2^{-1}C_2) < \varrho(B_1^{-1}C_1) < 1.$$

Mit anderen Worten, je „kleiner" C ist, desto besser ist die Konvergenz des Iterationsverfahrens.

So wird man zur Definition von

(3.4.4)   *M-Matrizen*

geführt: Die Matrix $A = B - C$, mit $B := A_D = \text{diag}(a_{11}, \ldots, a_{nn})$ heißt eine *M*-Matrix, wenn

1. $C \geqq 0$,
2. A^{-1} existiert und $A^{-1} \geqq 0$ gilt.

Der folgende Satz gibt eine Reihe äquivalenter Definitionen:

(3.4.5) **Satz:** *Ist $A = B - C$ eine Matrix mit $C \geqq 0$, $B := A_D$, so sind folgende Aussagen äquivalent:*

1. *A ist eine M-Matrix.*
2. *Re $\lambda_i(A) > 0$ gilt für alle Eigenwerte von A.*
3. *Es gibt ein $x > 0$, so daß $A\,x > 0$.*
4. *Alle Hauptminoren von A sind positiv.*
5. *Alle Hauptabschnittsminoren von A sind positiv.*

Speziell folgt, daß die Diagonalelemente $a_{\iota\iota}$ einer M-Matrix A positiv sind: $B^{-1} \geqq 0$.

Das wichtigste (hinreichende) Kriterium für M-Matrizen gewinnt man aus dem Gerschgorinschen Satz (3.2.4) und (3.2.5):

(3.4.6) **Satz:** *Sei A eine n-reihige Matrix mit $a_{\iota\iota} > 0$, $a_{\iota j} \leqq 0$ für $i \neq j$. Dann gilt*

1. Ist $\varrho_\iota := \sum\limits_{\substack{j=1 \\ j \neq \iota}}^{n} |a_{\iota j}| < |a_{\iota\iota}|$ für alle i, so ist A eine M-Matrix.

2. Ist A irreduzibel, $\varrho_\iota \leqq |a_{\iota\iota}|$ und $\varrho_{\iota_0} < |a_{\iota_0 \iota_0}|$ für wenigstens ein i_0, so ist A eine M-Matrix, und es gilt sogar $A^{-1} > 0$.

Aus einer M-Matrix A lassen sich leicht neue M-Matrizen erzeugen. Dies ist der Inhalt des nächsten Satzes, der aus dem Vergleichssatz (3.3.19) folgt:

(3.4.7) **Satz:** *Ist $A = B - C$, $B := A_D$ eine M-Matrix und entsteht die Matrix $\tilde{A}$ aus A, indem man gewisse a_{ij}, $i \neq j$ durch 0 ersetzt, so ist $\tilde{A}$ ebenfalls eine M-Matrix. Gilt allgemeiner $|F| \geqq B$, $|K| \leqq C$ für zwei Matrizen F und K, so existiert $(F - K)^{-1}$, und es ist $|(F - K)^{-1}| \leqq A^{-1}$.*

Manchmal nennt man eine positiv definite Matrix A mit $a_{\iota j} \leqq 0$ für $i \neq j$ eine
(3.4.8)   *Stieltjes-Matrix.*
Für sie gilt der

(3.4.9) **Satz:**

1. Jede Stieltjes-Matrix ist eine M-Matrix.
2. Für jede irreduzible Stieltjes-Matrix A gilt $A^{-1} > 0$.

Nach der Definition einer regulären Zerlegung einer Matrix $A = B - C$ und Satz (3.4.2) ist es klar, daß M-Matrizen A Anlaß zu einer regulären Zerlegung $A = B - C$, $B = A_D$ geben, die wegen $A^{-1} \geqq 0$ zu einem konvergenten Iterationsverfahren führen. Dieser Sachverhalt läßt sich auch umkehren:

(3.4.10) **Satz:** *Sei $A = B - C$, $B := A_D$, $C \geqq 0$. Dann gilt*

1. A ist genau dann eine M-Matrix, wenn B^{-1} existiert, $B^{-1} C \geqq 0$ und $\varrho(B^{-1} C) < 1$ gilt.

2. A ist genau dann eine M-Matrix mit $A^{-1} > 0$, wenn B^{-1} existiert, die Matrix $B^{-1} C \geqq 0$ nichtnegativ und irreduzibel ist und $\varrho(B^{-1} C) < 1$ gilt.

Beispiel: Die Matrix A aus (3.2), Beispiel b), ist irreduzibel und nach Satz (3.4.6), 2. eine M-Matrix (sogar Stieltjes-Matrix) mit $A^{-1} > 0$. Die Zerlegung $A = B - C$, $B = A_D = 2I$ führt zu einem konvergenten Iterationsverfahren.

Literatur

Dem Charakter dieses Buches entsprechend wurde auf Beweise verzichtet, obwohl sie eigentlich zum tieferen Verständnis der Materie notig sind. Außerdem wurde das umfangreiche Gebiet der allgemeinen und der linearen Algebra in den beiden ersten Paragraphen mehr gestreift als dargestellt. Für den interessierten Leser seien daher einige Standardwerke angegeben, in denen er sich grundlicher informieren kann. Es sei jedoch darauf hingewiesen, daß es sich bei den zitierten Büchern nur um eine kleine Auswahl aus einer Fülle gleich guter Werke handelt.

Den Stoff der beiden ersten Paragraphen findet man z. B. in VAN DER WAERDEN [14], BIRKHOFF und MACLANE [2], PERRON [11] sowie in HASSE [7] dargestellt. Zur Ziffer 1.10 (Verbände) seien BIRKHOFF [1] sowie GERICKE [4] und SZASZ [12] empfohlen. Speziell zur linearen Algebra seien die Bücher von HALMOS [6] und GREUB [5] sowie GANTMACHER [3] zitiert. Die Theorie der Matrizen findet man im Zusammenhang mit numerischen Problemen in HOUSEHOLDER [8] dargestellt; numerische Methoden zur Lösung von algebraischen Problemen werden u. a. in zwei Buchern von WILKINSON [15, 16] im Detail beschrieben. In HOUSEHOLDER [8] findet man weitere Einzelheiten zu § 3. Speziellere Resultate zu den Ziffern 3.1 und 3.2 werden in PARODI [10] und MARDEN [9] gebracht. Schließlich sei zu den Ziffern 3.3 und 3.4 das Buch von VARGA [13] empfohlen.

[1] BIRKHOFF, G.: Lattice theory. Amer. Math. Soc. Coll. Publications, Vol. XXV, 1948.

[2] BIRKHOFF, G., and S. MACLANE: A Survey of Modern Algebra. New York: MacMillan 1965.

[3] GANTMACHER, F. R.. Matrizenrechnung, Band 1, 2. Berlin: Deutscher Verlag der Wissenschaften 1958.

[4] GERICKE, H.: Theorie der Verbände. Mannheim: Bibliographisches Institut 1963.

[5] GREUB, W.: Lineare Algebra. Berlin/Göttingen/Heidelberg: Springer 1956.

[6] HALMOS, P. R.: Finite dimensional vector spaces. Princeton: Van Nostrand 1958.

[7] HASSE, H.: Höhere Algebra, Band 1, 2. Berlin: De Gruyter 1951.

[8] HOUSEHOLDER, A. S.: The theory of matrices in numerical analysis. New York: Blaisdell Publishing Company 1964.

[9] MARDEN, M.: The geometry of the zeros of a polynomial in a complex variable. New York: Amer. Math. Soc. 1949.

[10] PARODI, M.: La localisation des valeurs caractéristiques des matrices et ses applications. Paris: Gauthier-Villars 1959.

[11] PERRON, O.: Algebra, Band 1, 2. Berlin/Leipzig 1951.

[12] SZASZ, G.: Einfuhrung in die Verbandstheorie. Budapest 1962.

[13] VARGA, R. S.: Matrix iterative analysis. Prentice Hall 1962.

[14] VAN DER WAERDEN, B. L.: Algebra, Band 1, 2. Berlin/Göttingen/Heidelberg: Springer 1955.

[15] WILKINSON, J. H.: Rounding errors in algebraic processes. London 1963.

[16] WILKINSON, J. H.: The algebraic eigenvalue problem. Oxford 1965.

G. Geometrie und Tensorkalkül

Im ersten von R. Sauer verfaßten Kapitel werden grundlegende Begriffe und Sätze aus verschiedenen geometrischen Disziplinen (affine und projektive Geometrie einschließlich Nomographie und sphärischer Trigonometrie, Vektoralgebra und Vektoranalysis, Differentialgeometrie der Kurven und Flächen) zusammengestellt, soweit sie auch im Ingenieurwesen von Interesse sind. Der mit dem Gegenstand dieses Kapitels in engem Zusammenhang stehende Tensorkalkül wird nebst Anwendungen im darauffolgenden von T. Angelitch geschriebenen Kapitel behandelt. Diese Disziplin erweist sich beispielsweise in der modernen Kontinuumsmechanik als besonders fruchtbar. Eine Reihe der Formeln des Kap. II finden sich schon in Kap. I. Dies wurde bewußt in Kauf genommen, um dem mit der symbolischen Methode mindestens schon teilweise vertrauten Leser den Zugang zum Stoff des Kap. II zu erleichtern.

I. Geometrie

Von **Robert Sauer,** München

§ 1. Affine Geometrie

1.1 Lineare Transformationen

Unter einem ebenen oder räumlichen *affinen Koordinatensystem* verstehen wir ein recht- oder schiefwinkeliges Cartesisches Koordinatensystem mit beliebigen, voneinander unabhängigen Längenmaßstäben auf den Koordinatenachsen. Wir bezeichnen die Koordinaten mit x_i mit $i = 1, 2$ in der Ebene und $i = 1, 2, 3$ im Raum. Wir führen die Betrachtung zunächst im n-dimensionalen Raum und lassen daher die Indizes von 1 bis n laufen.

Eine *lineare Transformation*

$$(1.1) \qquad x_i = \sum_k a_{ik} y_k$$

oder in Matrizenschreibweise

$$(1.2) \quad x = A\,y \quad \text{mit} \quad x = \begin{pmatrix} x_1 \\ \vdots \\ x_n \end{pmatrix}, \quad y = \begin{pmatrix} y_1 \\ \vdots \\ y_n \end{pmatrix}, \quad A = \begin{pmatrix} a_{11} \ldots a_{1n} \\ \vdots \\ a_{n1} \ldots a_{nn} \end{pmatrix}$$

heißt *singulär*, wenn $\det A = 0$, also der Rang der Matrix A kleiner als n ist. Eine *nichtsinguläre lineare Transformation*, bei der mithin

$$(1.3) \qquad\qquad \det A \neq 0$$

ist, läßt sich umkehren. Bei $\det A > 0$ nennt man die Affinität *gleichsinnig*, bei $\det A < 0$ *gegensinnig*. Mit Hilfe der zu A inversen Matrix A^{-1} erhält man

$$(1.4) \qquad y = A^{-1} x, \quad \det(A^{-1}) = \frac{1}{\det A} \neq 0.$$

Eine nichtsinguläre lineare Transformation läßt sich in doppelter Weise deuten, nämlich entweder (a) als *nichtsinguläre lineare Abbildung* (auch *nichtsinguläre affine Abbildung* oder *Affinität* genannt) oder (b) als *Koordinatentransformation*.

(a) Bei der Deutung als lineare Abbildung sind die x_i und y_k auf dasselbe Koordinatensystem bezogen und legen in diesem zwei Punkte x und y fest. Durch eine nichtsinguläre lineare Abbildung wird also jedem Punkt x genau ein Punkt y zugeordnet und umgekehrt. Der Nullpunkt entspricht sich selbst.

(b) Bei der Deutung als Koordinatentransformation sind die x_i und y_k Koordinaten desselben Punktes, bezogen auf zwei verschiedene Koordinatensysteme mit demselben Nullpunkt. Diese beiden Koordinatensysteme stehen dabei in folgender Beziehung: Die Einheitspunkte $e^{(j)}$ auf den Achsen des y-Systems haben in diesem System die Koordinaten

$$y_k^{(j)} = e_k^{(j)} = \begin{cases} 1 & \text{für} \quad k = j, \\ 0 & \text{für} \quad k \neq j \end{cases}$$

und demnach gemäß (1.1) im x-System die Koordinaten

$$x_i^{(j)} = a_{ij}.$$

In Matrizenschreibweise ist

$$e^{(1)} = \begin{pmatrix} 1 \\ 0 \\ \cdot \\ \cdot \\ 0 \end{pmatrix}, \quad \ldots, \quad e^{(n)} = \begin{pmatrix} 0 \\ \cdot \\ \cdot \\ 0 \\ 1 \end{pmatrix}, \quad x^{(j)} = A\, e^{(j)} = \begin{pmatrix} a_{1j} \\ \cdot \\ \cdot \\ \cdot \\ a_{nj} \end{pmatrix}.$$

1.2 Eigenschaften der affinen Abbildungen

Die Menge der nichtsingulären affinen Abbildungen des n-dimensionalen Raumes bildet eine *Gruppe* (vgl. F 1.4); denn sie erfüllt die folgenden Eigenschaften:

a) Aus

$$x = A\, y \quad \text{und} \quad y = B\, z \quad \text{mit} \quad \det A \neq 0 \quad \text{und} \quad \det B \neq 0$$

folgt

$$x = C\, z \quad \text{mit} \quad C = A\, B \quad \text{und} \quad \det C = \det A \cdot \det B \neq 0,$$

d. h., zwei nacheinander ausgeführte nichtsinguläre affine Abbildungen haben als Ergebnis wiederum eine nichtsinguläre affine Abbildung.

b) Die identische Abbildung $x = I\,y = y$ ($I =$ Einheitsmatrix) gehört zur Menge der nichtsingulären affinen Abbildungen.

c) Zu jeder nichtsingulären affinen Abbildung $x = A\,y$ ($\det A \neq 0$) existiert eine inverse Abbildung $y = A^{-1}\,x$, und diese ist wiederum eine nichtsinguläre affine Abbildung.

Außerdem haben die nichtsingulären affinen Abbildungen folgende Eigenschaften:

a) Lineare Unterräume der Dimension $m < n$ werden wieder in lineare Unterräume derselben Dimension m abgebildet, insbesondere also Gerade in Gerade und Ebenen in Ebenen ($m = 1$ bzw. 2).

b) Parallele Gerade bzw. Ebenen bilden sich wieder in parallele Gerade bzw. Ebenen ab. Dies folgt unmittelbar aus der umkehrbar eindeutigen Zuordnung der Punkte.

c) Das Längenverhältnis paralleler Strecken, insbesondere also das Teilverhältnis von 3 Punkten einer Geraden bleibt ungeändert.

d) Alle Rauminhalte (bzw. Flächeninhalte bei ebenen affinen Abbildungen, $n = 2$) ändern sich bei einer nichtsingulären affinen Abbildung mit demselben Faktor $f = \det A \neq 0$ (Raum- bzw. Flächenverzerrung). Er ist positiv bei gleichsinnig affinen und negativ bei gegensinnig affinen Abbildungen.

Eine nichtsinguläre affine Abbildung ist in der Ebene eindeutig bestimmt, wenn drei nicht auf einer Geraden liegende Punkte x^{I}, x^{II}, x^{III} und drei ebensolche Punkte y^{I}, y^{II}, y^{III} als Bildpunkte vorgegeben sind. Um eine nichtsinguläre Abbildung im dreidimensionalen Raum festzulegen, müssen vier nicht in einer Ebene liegende Punkte $x^{\mathrm{I}}, \ldots, x^{\mathrm{IV}}$ und vier ebensolche Punkte $y^{\mathrm{I}}, \ldots, y^{\mathrm{IV}}$ als Bildpunkte vorgegeben werden. Mit Hilfe der Invarianz des Teilverhältnisses läßt sich dann zu jedem weiteren Punkt x eindeutig der Bildpunkt y ermitteln.

Nichtsinguläre ebene affine Abbildungen ergeben sich bei Parallelprojektion einer Ebene auf eine zweite Ebene. Wenn die beiden Ebenen zueinander parallel sind, spezialisiert sich die affine Abbildung zu einer Kongruenzabbildung.

Bei *singulären affinen Abbildungen*

$$(1.5) \qquad\qquad x = A\,y \quad \text{mit} \quad \det A = 0$$

wird der n-dimensionale Raum der Punkte y auf einen linearen Unterraum von Punkten x abgebildet. Solche singuläre lineare Abbildungen bilden den Inhalt der *darstellenden Geometrie* bei der Parallelprojektion der Punkte y des dreidimensionalen Raumes auf die Punkte x einer Ebene (*Parallelriß*). Die Abbildung ist hier nicht mehr umkehrbar eindeutig. Einem Punkt x des Parallelrisses sind unendlich viele Punkte y

des Raumes zugeordnet, nämlich alle Punkte der Projektionsgeraden durch den Punkt x.

1.3 Orthogonale Transformationen

Eine wichtige Untergruppe der linearen Transformationen sind die *orthogonalen Transformationen*

$$(1.6) \qquad x = A\, y \quad \text{mit} \quad A^T = A^{-1}.$$

Bei diesen ist also die transponierte Matrix A^T, die aus der nichtsingulären quadratischen Matrix A durch Vertauschung der Zeilen und Spalten entsteht $(a_{ik}^T = a_{ki})$, identisch mit der inversen Matrix A^{-1},

$$(1.7) \qquad a_{ik}^{(-1)} = a_{ik}^T = a_{ki}.$$

Aus $A^T = A^{-1}$, also $A A^T = E$ folgt sofort

$$(1.8) \qquad \sum_k a_{ik}\, a_{jk} = \delta_{ij} = \begin{cases} 1 & \text{für} \quad i = j, \\ 0 & \text{für} \quad i \neq j, \end{cases}$$

ebenso aus $A^T A = E$

$$(1.9) \qquad \sum_k a_{ki}\, a_{kj} = \delta_{ij} = \begin{cases} 1 & \text{für} \quad i = j, \\ 0 & \text{für} \quad i \neq j \end{cases}$$

sowie

$$(1.10) \qquad 1 = \det(A A^T) = \det A \cdot \det A^T = \det A \cdot \det A,$$

also

$$\det A = \pm 1.$$

Die orthogonalen Transformationen mit $\det A = 1$ bezeichnen wir als *gleichsinnige*, diejenigen mit $\det A = -1$ als *gegensinnige* orthogonale Transformationen.

Bei Zugrundelegung rechtwinkliger Cartesischer Koordinatensysteme mit gleichen Längenmaßstäben auf den Koordinatenachsen und gemeinsamem Nullpunkt lassen sich die orthogonalen Transformationen ebenso wie die allgemeinen nichtsingulären linearen Transformationen auf zweifache Weise deuten:

(a) Deutung als *orthogonale Abbildung* (x_i und y_k auf dasselbe Koordinatensystem bezogen), nämlich im Fall $\det A = +1$ als Bewegungen ($n = 2$: Drehungen bzw. Parallelverschiebungen; $n = 3$: Schraubungen bzw. Drehungen oder Parallelverschiebungen) und im Fall $\det A = -1$ als Bewegungen mit einer vorangehenden oder nachfolgenden Spiegelung. Im ersten Fall gehen Konfigurationen in kongruente, im zweiten Fall in spiegelbildliche Konfigurationen über.

(b) Deutung als *Koordinatentransformation* (x_i und y_k Koordinaten desselben Punktes in zwei verschiedenen Koordinatensystemen) zwischen zwei rechtwinkligen Cartesischen Koordinatensystemen mit gleichen Längenmaßstäben auf den Achsen beider Systeme und gemeinsamem Nullpunkt. Im Fall $\det A = +1$ lassen sich die beiden Koordinatensysteme durch eine Drehung miteinander zur Deckung bringen, im Fall $\det A = -1$ durch eine Drehung und eine vorangehende oder nachfolgende Spiegelung.

Bei den orthogonalen Abbildungen bleiben nicht nur die Längenverhältnisse paralleler Strecken, sondern die Längen selbst und alle Winkel erhalten.

Die gleichsinnigen und gegensinnigen Ähnlichkeitsabbildungen ergeben sich aus den orthogonalen Abbildungen dadurch, daß man in Gl. (1.6) y durch $\varrho\, y$ mit $\varrho \neq 0$ ersetzt. Dann werden alle Längen mit dem Faktor ϱ vergrößert bzw. verkleinert; die Winkel bleiben wie bei den orthogonalen Abbildungen erhalten.

1.4 Affine Klassifikation der Kegelschnitte in der Ebene ($n = 2$)

Wir machen die affinen Koordinaten x_1, x_2 durch den Ansatz

$$(1.11) \qquad x_1 = \frac{x_1'}{x_0'}, \qquad x_2 = \frac{x_2'}{x_0'} \qquad (x_0' \neq 0)$$

homogen und betrachten die durch die Gleichung

$$(1.12) \qquad \sum_{i,k=0}^{2} c_{ik}\, x_i'\, x_k' = 0 \quad \text{mit} \quad c_{ik} = c_{ki} \quad (C = C^T),$$

$$r = \text{Rang der Matrix } C,$$

definierten geometrischen Örter. Wir bezeichnen diese als *Kegelschnitte*, und zwar als *nichtsinguläre* im Fall $\det C \neq 0$ und als *singuläre* im Fall $\det C = 0$. Gl. (1.12) läßt sich durch nichtsinguläre affine Koordinatentransformationen auf folgende Normalformen bringen:

(a) $\det C \neq 0$, also $r = 3$: *nichtsinguläre Kegelschnitte*

$$r = 3: \begin{cases} x_1'^2 + x_2'^2 - x_0'^2 = 0 & \textit{Ellipsen} \text{ (Spezialfall: } \textit{Kreise}) \\ x_1'^2 - x_2'^2 + x_0'^2 = 0 & \textit{Hyperbeln} \\ x_1'^2 + x_0'\, x_2' = 0 & \textit{Parabeln} \\ x_1'^2 + x_2'^2 + x_0'^2 = 0 & \textit{nullteilige Kegelschnitte} \text{ (kein Punkt!)} \end{cases}$$

(b) $\det C = 0$, also $r < 3$: *singuläre Kegelschnitte*

$$r = 2: \begin{cases} x_1'^2 + x_2'^2 = 0 & \textit{1 Punkt } x_1' = x_2' = 0 \\ x_1'^2 - x_2'^2 = 0 & \textit{2 sich schneidende Gerade } (x_1' \pm x_2' = 0) \\ x_1'^2 + x_0'^2 = 0 & \textit{nullteilige Kegelschnitte} \text{ (kein Punkt!)} \\ x_1'^2 - x_0'^2 = 0 & \textit{2 parallele Gerade } (x_1' \pm x_0' = 0) \end{cases}$$

$$r = 1: \quad x_1'^2 = 0 \qquad \textit{1 Gerade} \text{ (doppelt zählend)}.$$

Aus dieser Zusammenstellung ergibt sich, daß alle Ellipsen (einschließlich der Kreise) durch affine Abbildungen auseinander hervorgehen, ebenso alle Hyperbeln und ebenso alle Parabeln; die Parabeln gehen sogar schon durch Ähnlichkeitsabbildungen auseinander hervor.

1.5 Affine Klassifikation der Flächen zweiter Ordnung im dreidimensionalen Raum ($n = 3$)

Ähnlich wie in Ziffer 1.4 verwenden wir homogene affine Koordinaten

$$(1.13) \qquad x_1 = \frac{x_1'}{x_0'}, \quad x_2 = \frac{x_2'}{x_0'}, \quad x_3 = \frac{x_3'}{x_0'} \qquad (x_0' \neq 0)$$

und betrachten die durch die Gleichung

$$(1.14) \quad \sum_{i,k=0}^{3} c_{ik}\, x_i'\, x_k' = 0, \quad c_{ik} = c_{ki} \quad (C = C^T), \quad r = \text{Rang der Matrix } C,$$

definierten geometrischen Örter. Sie heißen *Flächen zweiter Ordnung*, und zwar *nichtsinguläre* im Fall $\det C \neq 0$ und *singuläre* im Fall $\det C = 0$. Gl. (1.14) läßt sich durch nichtsinguläre affine Koordinatentransformationen auf folgende Normalformen bringen:

(a) $\det C \neq 0$, also $r = 4$: *nichtsinguläre Flächen zweiter Ordnung*

$$r = 4: \begin{cases} x_1'^2 + x_2'^2 + x_3'^2 - x_0'^2 = 0 & \textit{Ellipsoide} \text{ (Spezialfall: } \textit{Kugeln}) \\[4pt] x_1'^2 + x_2'^2 - x_3'^2 - x_0'^2 = 0 & \textit{einschalige Hyperboloide} \\[4pt] x_1'^2 + x_2'^2 - x_3'^2 + x_0'^2 = 0 & \textit{zweischalige Hyperboloide} \\[4pt] x_1'^2 + x_2'^2 + x_3'^2 + x_0'^2 = 0 & \textit{nullteilige Flächen zweiter Ord-} \\ & \textit{nung} \text{ (kein Punkt!)} \\[4pt] x_1'^2 + x_2'^2 + x_0'\, x_3' = 0 & \textit{elliptische Paraboloide} \\[4pt] x_1'^2 - x_2'^2 + x_0'\, x_3' = 0 & \textit{hyperbolische Paraboloide} \end{cases}$$

(b) $\det C = 0$, also $r < 4$: *singuläre Flächen zweiter Ordnung*

$$r = 3: \begin{cases} x_1'^2 + x_2'^2 - x_3'^2 = 0 & \textit{Kegel zweiter Ordnung} \text{ (= senkrechte} \\ & \text{und schiefe Kreiskegel; sie entstehen} \\ & \text{bei Zentralprojektion von Ellipsen,} \\ & \text{Hyperbeln und Parabeln)} \\[4pt] x_1'^2 + x_2'^2 + x_3'^2 = 0 & \textit{1 Punkt } (x_1' = x_2' = x_3' = 0) \\[4pt] x_1'^2 + x_2'^2 + x_0'^2 = 0 & \textit{nullteilige Flächen zweiter Ordnung} \\ & \text{(kein Punkt!)} \\[4pt] x_1'^2 \pm x_2'^2 - x_0'^2 = 0 & \textit{elliptische und hyperbolische Zylinder} \\[4pt] x_1'^2 + x_0'\, x_2' = 0 & \textit{parabolische Zylinder} \end{cases}$$

$$r = 2: \begin{cases} x_1'^2 + x_2'^2 = 0 & \textit{1 Gerade } (x_1' = x_2' = 0,\ x_3' \text{ beliebig}) \\[4pt] x_1'^2 - x_2'^2 = 0 & \textit{2 sich schneidende Ebenen } (x_1' \pm x_2' = 0) \\[4pt] x_1'^2 + x_0'^2 = 0 & \textit{nullteilige Flächen zweiter Ordnung} \\ & \text{(kein Punkt!)} \\[4pt] x_1'^2 - x_0'^2 = 0 & \textit{2 parallele Ebenen } (x_1' \pm x_0' = 0) \end{cases}$$

$$r = 1: \qquad x_1'^2 = 0 \qquad \textit{1 Ebene} \text{ (doppelt zählend).}$$

Die Ellipsoide, die Hyperboloide und die elliptischen Paraboloide
(Abb. 1.1), ebenso sämtliche Kegel zweiter Ordnung und die elliptischen
Zylinder lassen sich durch affine Abbildungen in *Drehflächen* (Drehellipsoide, Drehhyperboloide, Drehparaboloide, Drehkegel und Drehzylinder) überführen, desgleichen in trivialer Weise die in zwei parallele

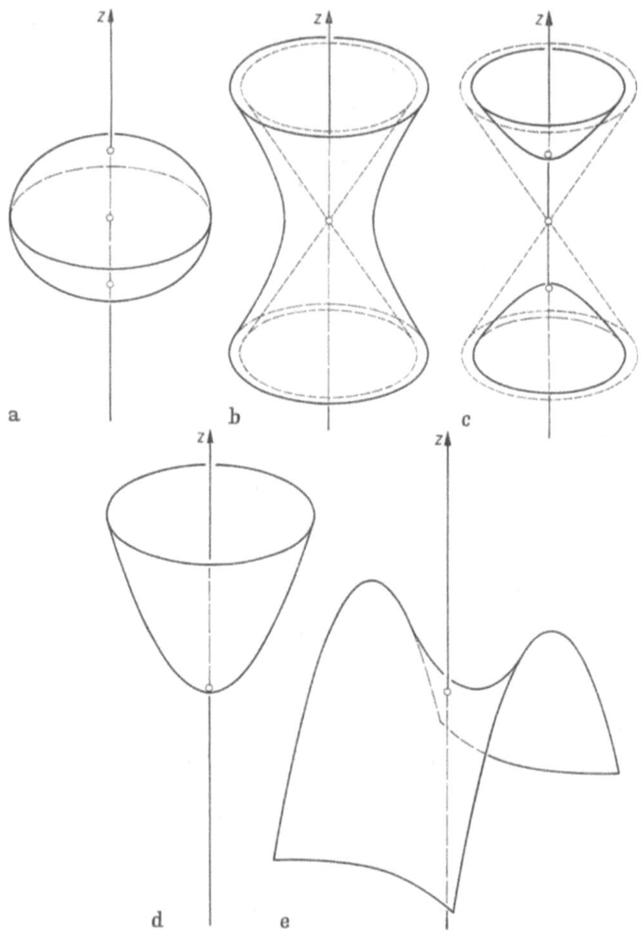

Abb. 1.1 a—e. Ellipsoide, Hyperboloide und Paraboloide
a) Ellipsoid,   b) einschaliges Hyperboloid,   c) zweischaliges Hyperboloid,   d) elliptisches Paraboloid,
e) hyperbolisches Paraboloid

Ebenen oder in doppelt zählende Ebene entarteten Flächen, die übrigen
Flächen zweiter Ordnung dagegen nicht.

Die einschaligen Hyperboloide und die hyperbolischen Paraboloide
enthalten 2 Scharen gerader Linien (Abb. 1.2); die Geraden derselben
Schar sind untereinander windschief, die Geraden verschiedener Scharen

schneiden sich. In jedem Punkt P eines einschaligen Hyperboloids oder eines hyperbolischen Paraboloids schneiden sich also 2 Gerade der Fläche. Die Ebene dieser Geraden ist Tangentenebene der Fläche in P. In den 4 Bereichen, in welche die Tangentenebene von den beiden Geraden zerlegt wird, liegt die Fläche abwechselnd auf der einen und auf der anderen Seite der Tangentenebene: Die Fläche hat in der Umgebung eines jeden ihrer Punkte P eine sattelartige Gestalt, wie dies in Abb. 1.2 rechts (hyperbolisches Paraboloid) besonders deutlich erkennbar ist.

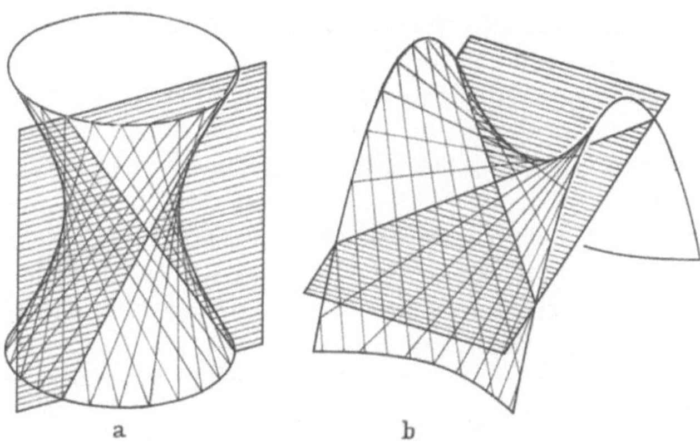

Abb. 1.2a u. b. Einschalige Hyperboloide und hyperbolische Paraboloide

Die elliptischen und hyperbolischen Paraboloide können als Rückungsflächen erzeugt werden, indem man eine Parabelschablone mit ihrem

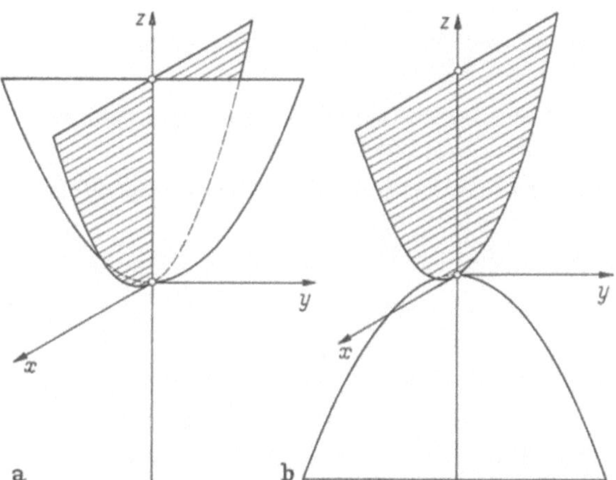

Abb. 1.3a u. b. Erzeugung von Paraboloiden als Rückungsflachen

Scheitel längs einer zweiten (etwa in einer senkrechten Ebene liegenden) Parabelschablone parallel verschiebt (Abb. 1.3).

§ 2. Projektive Geometrie

2.1 Homogene projektive Koordinaten und uneigentliche Elemente

Wir benützen in diesem Paragraphen die in Ziff. 1.4 und Ziff. 1.5 eingeführten homogenen Koordinaten x_i', lassen aber jetzt die Striche weg und schreiben also x_1, x_2, x_0 im ebenen Fall ($n = 2$) bzw. x_1, x_2, x_3, x_0 im dreidimensionalen räumlichen Fall ($n = 3$). Da es nur auf die Verhältnisse der Koordinaten ankommt, können wir statt x_i ($i = 0, 1, 2$ bzw. $0, 1, 2, 3$) auch $\varrho\, x_i$ schreiben mit einem beliebigen, nicht verschwindenden Proportionalitätsfaktor $\varrho \neq 0$. Wir beschränken uns im folgenden durchwegs auf die Fälle $n = 2$ und $n = 3$.

Bei den homogenen affinen Koordinaten wurde $x_0 \neq 0$ gefordert. Wir lassen jetzt diese Beschränkung fallen und verlangen lediglich, daß nicht sämtliche 3 bzw. 4 Koordinaten verschwinden. Man bezeichnet die $\varrho\, x_i$ dann als *homogene projektive Koordinaten.*

Dadurch, daß man $x_0 = 0$ zuläßt, wird die affine Ebene bzw. der affine Raum zur *projektiven Ebene* bzw. zum *projektiven Raum* erweitert: Den eigentlichen Punkten mit $x_0 \neq 0$ werden die *uneigentlichen* („*unendlich fernen*") *Punkte* mit $x_0 = 0$ hinzugefügt. Diese uneigentlichen Punkte erfüllen die *uneigentliche Gerade* $x_0 = 0$ bzw. die *uneigentliche Ebene* $x_0 = 0$.

Bei Einführung dieser uneigentlichen Elemente haben parallele Gerade einen uneigentlichen Punkt gemeinsam; dasselbe gilt für eine Gerade und eine zu ihr parallele Ebene. Parallele Ebenen haben eine uneigentliche Gerade gemeinsam. Infolgedessen gelten folgende Sätze in voller Allgemeinheit, ohne daß man Ausnahmen für parallele Gerade und Ebenen machen müßte:

a) Zwei nicht zusammenfallende Gerade derselben Ebene haben stets genau 1 Punkt („Schnittpunkt") gemeinsam.

b) Eine Ebene und eine nicht in ihr liegende Gerade haben stets genau 1 Punkt („Schnittpunkt") gemeinsam.

c) Zwei nicht zusammenfallende Ebenen haben stets genau 1 Gerade („Schnittgerade") gemeinsam.

2.2 Lineare Transformationen

An Stelle der linearen Transformationen (1.1) affiner Koordinaten betrachten wir jetzt *lineare Transformationen projektiver Koordinaten*

$$(2.1) \qquad \varrho\, x_i = \sum_k a_{ik}\, y_k \quad \text{oder kurz} \quad \varrho\, x = A\, y$$

mit i und k von 0 bis 2 ($n = 2$: projektive Ebene) bzw. von 0 bis 3 ($n = 3$: projektiver dreidimensionaler Raum). Durch (2.1) wird jeder Satz projektiver Koordinaten y_k (nicht alle $y_k = 0$) in einen Satz projektiver Koordinaten x_i (nicht alle $x_i = 0$) übergeführt, wenn wir fortan

$$(2.2) \qquad \det A \neq 0$$

voraussetzen. Die Transformation (2.1) ist dann umkehrbar, nämlich

$$(2.3) \qquad \sigma y = A^{-1} x.$$

ϱ und σ sind beliebige, nicht verschwindende Proportionalitätsfaktoren.

Die linearen Transformationen (2.1) projektiver Koordinaten nehmen in (nichthomogenen) affinen Koordinaten folgende Form an:

$$
x_1 = \frac{a_{11} y_1 + a_{12} y_2 + a_{10}}{a_{01} y_1 + a_{02} y_2 + a_{00}}
$$
$$
x_2 = \frac{a_{21} y_1 + a_{22} y_2 + a_{20}}{a_{01} y_1 + a_{02} y_3 + a_{00}}
$$

bzw.

$$
x_1 = \frac{a_{11} y_1 + a_{12} y_2 + a_{13} y_3 + a_{10}}{a_{01} y_1 + a_{02} y_2 + a_{03} y_3 + a_{00}}
$$
$$
x_2 = \frac{a_{21} y_1 + a_{22} y_2 + a_{23} y_3 + a_{20}}{a_{01} y_1 + a_{02} y_\iota + a_{03} y_3 + a_{00}}
$$
$$
x_3 = \frac{a_{31} y_1 + a_{32} y_2 + a_{33} y_3 + a_{30}}{a_{01} y_1 + a_{02} y_2 + a_{03} y_3 + a_{00}}.
$$

Sie spezialisieren sich zu den linearen Transformationen (1.1) affiner Koordinaten, wenn

$$a_{01} = a_{02} = 0, \quad a_{00} \neq 0 \quad \text{bzw.} \quad a_{01} = a_{02} = a_{03} = 0, \quad a_{00} \neq 0.$$

In diesem Spezialfall und nur in diesem wird die uneigentliche Gerade bzw. Ebene $y_0 = 0$ wieder in die uneigentliche Gerade bzw. Ebene $x_0 = 0$ transformiert.

Wie in § 1 kann man die linearen Transformationen in doppelter Weise deuten, nämlich als Abbildungen und als Koordinatentransformationen. Wir gehen auf die zweite Deutung, bei der wir den Begriff der projektiven Koordinaten vertiefen müßten, nicht ein und beschränken uns darauf, die Gl. (2.1) als Abbildung (*projektive Abbildung*) zu deuten. Die ϱx_ι und σy_k sind dann als homogene projektive Koordinaten in demselben Koordinatensystem für 2 Punkte x und y aufzufassen.

2.3 Eigenschaften der projektiven Abbildungen

Die Menge der nichtsingulären projektiven Abbildungen ($\det A \neq 0$) bildet eine *Gruppe*. Sie enthält die Gruppe der nichtsingulären affinen Abbildungen als *Untergruppe*.

Außerdem haben die nichtsingulären projektiven Abbildungen noch folgende Eigenschaften:

a) Die Punkte einer Geraden bzw. einer Ebene bilden sich umkehrbar eindeutig wiederum in die Punkte einer Geraden bzw. einer Ebene ab. Kurz: Gerade bzw. Ebenen werden umkehrbar eindeutig in Gerade bzw. Ebenen abgebildet. Dabei sind jetzt aber die uneigentlichen Elemente mit einbezogen.

b) Das *Doppelverhältnis von 4 Punkten einer Geraden* und ebenso das *Doppelverhältnis von 4 Geraden bzw. Ebenen eines Büschels* bleibt ungeändert.

Unter dem Doppelverhältnis DV von 4 Punkten A, B, P, Q einer Geraden (in dieser Reihenfolge) versteht man den Ausdruck

$$(2.4) \quad DV(ABPQ) = \frac{AP}{BP} : \frac{AQ}{BQ} = \frac{AP \cdot BQ}{BP \cdot AQ} \quad (= \text{Quotient zweier Teilverhältnisse}).$$

Dabei ist auf der Geraden eine positive Richtung für die Messung der Längen festgelegt. Das Doppelverhältnis ist unabhängig von der Wahl dieser Richtung. Es ist negativ oder positiv, je nachdem sich die Punktepaare AB und PQ trennen oder nicht trennen. Bei Hinzufügung des uneigentlichen Punktes ist die Gerade eine „geschlossene" Linie, so daß die Begriffe „trennen" und „nicht trennen" ebenso wie auf einem Kreis wohldefiniert sind; ein Punktepaar AB zerlegt die Gerade in 2 Teilstücke derart, daß der uneigentliche Punkt entweder dem einen der beiden Teilstücke als Innenpunkt angehört oder mit A oder B zusammenfällt. Ist Q der uneigentliche Punkt der Geraden, dann reduziert sich das Doppelverhältnis auf ein einfaches Teilverhältnis, nämlich

$$(2.5) \qquad DV(ABP\infty) = \frac{AP}{BP} .$$

Das Doppelverhältnis $DV(ABPQ) = -1$ (*harmonisches Doppelverhältnis*) liegt vor, wenn die Strecke AB durch P und Q im (bis auf das Vorzeichen) gleichen Teilverhältnis innen und außen geteilt wird. Es tritt in der Konfiguration des vollständigen Vierecks (Abb. 2.1) auf jeder der 6 Verbindungslinien der 4 Ecken A, B, C, D und auf jeder der 3 Verbindungslinien der 3 Diagonalpunkte U, V, W auf. Man kann die in Gl. (2.4) gegebene, den metrischen (d. h. gegen projektive Abbildungen nicht invarianten) Begriff der Längen von Strecken benützende Definition des Doppelverhältnisses ersetzen durch eine Definition, bei der kein metrischer Begriff, sondern lediglich der Begriff des harmonischen Doppelverhältnisses, also die Konfiguration des vollständigen Vierecks verwendet wird. Hierzu benötigt man eine axiomatische Grundlegung der projektiven Geometrie und einen Grenzprozeß, worauf wir hier nicht eingehen.

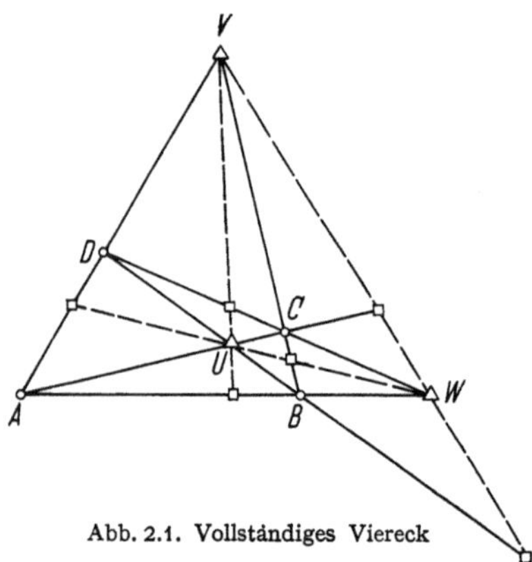

Abb. 2.1. Vollständiges Viereck

Schneidet man 4 Geraden bzw. 4 Ebenen eines Büschels mit einer Geraden g, die nicht durch den Scheitel des Geradenbüschels geht bzw. zur Achse des Ebenenbüschels nicht parallel ist, so ergeben sich 4 Schnittpunkte. Das Doppelverhältnis dieser 4 Schnittpunkte ist für alle Schnittgeraden g das gleiche. Man bezeichnet daher dieses Doppelverhältnis als das Doppelverhältnis der 4 Geraden bzw. der 4 Ebenen des Büschels.

Eine nichtsinguläre projektive Abbildung in der Ebene ist festgelegt durch 4 Punkte x, von denen nicht drei in einer Geraden liegen, und vier ebensolche Punkte y als Bildpunkte. Im dreidimensionalen Raum müssen zur Festlegung einer nichtsingulären projektiven Abbildung 5 Punkte $x^{\mathrm{I}}, \ldots, x^{\mathrm{V}}$, von denen nicht vier in einer Ebene liegen, und fünf ebensolcher Punkte $y^{\mathrm{I}}, \ldots, y^{\mathrm{V}}$ als Bildpunkte vorgegeben werden. Mit Hilfe der Invarianz des Doppelverhältnisses läßt sich dann zu jedem weiteren Punkt x eindeutig der Bildpunkt y ermitteln.

Singuläre projektive Abbildungen

$$(2.6) \qquad \varrho\, x = A\, y \quad \text{mit} \quad \det A = 0$$

ergeben sich, wenn man den dreidimensionalen Raum durch Zentralprojektion auf eine Ebene abbildet; der Rang r von A ist dann gleich 2. Das ebene Bild nennt man *Zentralriß*. Dem Projektionszentrum y entspricht im Zentralriß kein bestimmter Punkt x. Die Zentralrisse bilden den Gegenstand der *Perspektive*. Da diese Abbildungen nicht umkehrbar eindeutig sind, läßt sich aus einem Zentralriß das räumliche Objekt nicht rekonstruieren. Die *Photogrammetrie* lehrt, wie man aus 2 Zentralrissen und gewissen zusätzlichen Daten oder Annahmen das räumliche Objekt rekonstruieren kann.

2.4 Projektive Erzeugung und Klassifikation der Kurven zweiter Ordnung

Wir gehen aus von 2 in derselben Ebene liegenden Geradenbüscheln mit verschiedenen Scheiteln O_1 und O_2 und bilden diese Geradenbüschel projektiv aufeinander ab. Dabei können wir 3 Geraden a_1, b_1, c_1 des ersten Büschels und drei beliebige Gerade a_2, b_2, c_2 des zweiten Büschels einander zuordnen. Wegen der Invarianz des Doppelverhältnisses ist dann für jede weitere Gerade p_1 des ersten Büschels eindeutig die Bildgerade p_2 im zweiten Büschel festgelegt. Das Erzeugnis eines solchen Paares projektiver Geradenbüschel, d. h. die Menge der Schnittpunkte einander zugeordneter Geraden, bezeichnet man als *Kurve zweiter Ordnung*. Dabei ergibt sich folgende Klassifikation:

a) Die beiden Geradenbüschel sind *perspektiv*, d. h., die Verbindungslinie $O_1 O_2$ der Büschelscheitel entspricht sich bei der projektiven Zuordnung selbst,

$$a_1 = O_1 O_2 = a_2\,.$$

Das Erzeugnis ist in diesem Fall eine *zerfallende Kurve zweiter Ordnung*. Sie besteht aus 2 Geraden, nämlich der Verbindungsgeraden $O_1 O_2$ der Scheitel und einer weiteren Geraden (Abb. 2.2).

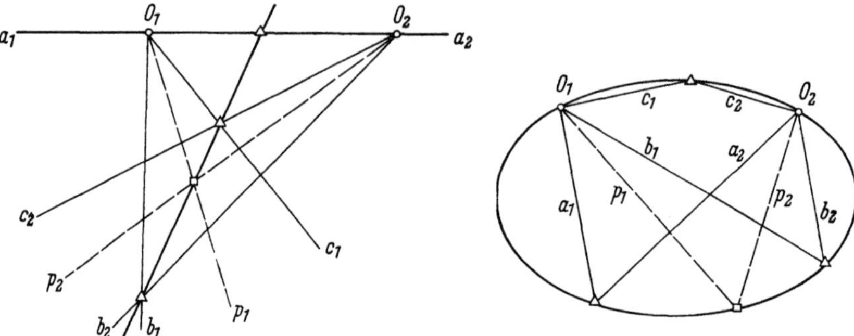

Abb. 2.2. Erzeugung einer zerfallenden Kurve zweiter Ordnung durch perspektive Geradenbuschel

Abb. 2.3. Erzeugung einer nichtzerfallenden Kurve zweiter Ordnung durch nichtperspektive projektive Geradenbuschel

b) Die beiden Geradenbüschel sind *nichtperspektiv* (Abb. 2.3). Das Erzeugnis ist eine nichtzerfallende Kurve zweiter Ordnung (Ellipse, Hyperbel, Parabel). Sie enthält die beiden Büschelscheitel O_1, O_2. Man kann jede Ellipse, Hyperbel oder Parabel auf diese Weise erzeugen, wobei irgend 2 Kurvenpunkte als Büschelscheitel gewählt werden können. Ist der Kegelschnitt ein Kreis, dann sind die Geradenbüschel mit den Scheiteln O_1 und O_2 kongruent (Satz vom Peripheriewinkel!).

Aus dem Vorangehenden ergibt sich, daß alle Ellipsen, Hyperbeln und Parabeln aus einer dieser Kurven, z. B. aus einem Kreis, durch projektive Abbildung hergeleitet werden können. Ellipsen, Parabeln und Hyperbeln sind also im Rahmen der projektiven Geometrie nicht unterscheidbar.

Eine weitere wichtige Folgerung der vorangehenden Überlegung ist die Tatsache, daß eine nichtzerfallende Kurve zweiter Ordnung durch 5 Punkte, von denen nicht drei auf einer Geraden liegen, eindeutig bestimmt ist.

2.5 Projektive Erzeugung und Klassifikation der Flächen zweiter Ordnung

Wir gehen jetzt von zwei projektiven Ebenenbüscheln mit den verschiedenen Achsen a_1, a_2 aus. Das Erzeugnis dieser projektiven Büschel, d. h. die Menge der Schnittgeraden einander zugeordneter Ebenen, bezeichnet man als *geradlinige Flächen zweiter Ordnung*. Dabei ergibt sich folgende Klassifikation:

a) Die beiden Achsen a_1, a_2 schneiden sich im Sinne der projektiven Geometrie, und die Ebene der beiden Achsen entspricht sich bei der projektiven Zuordnung selbst. Das Erzeugnis ist in diesem Fall eine *zer-*

fallende Fläche zweiter Ordnung. Sie besteht aus 2 Geradenbüscheln (Ebenen) mit dem Schnittpunkt von a_1 und a_2 als Scheitel; die eine dieser Ebenen ist die Ebene (a_1, a_2).

b) Die beiden Achsen a_1, a_2 schneiden sich im Sinne der projektiven Geometrie, aber die Ebene der beiden Achsen entspricht sich bei der projektiven Zuordnung nicht. Das Erzeugnis ist im Sinne der projektiven Geometrie ein *Kegel zweiter Ordnung* mit dem Schnittpunkt von a_1 und a_2 als Scheitel (senkrechter oder schiefer Kreiskegel oder Zylinder); je zwei einander entsprechende Ebenen schneiden sich in einer Mantellinie des Kegels.

c) Die beiden Achsen a_1, a_2 schneiden sich nicht. Das Erzeugnis ist eine Schar windschiefer Geraden, die ein *einschaliges Hyperboloid* oder ein *hyperbolisches Paraboloid* aufspannen. Jede dieser Flächen kann auf diese Weise projektiv erzeugt werden, und alle diese Flächen können aus einer von ihnen, z. B. einem Drehhyperboloid, durch projektive Abbildung hergeleitet werden, sind also im Rahmen der projektiven Geometrie nicht unterscheidbar.

Man beachte, daß bei allen diesen Überlegungen der projektive Raum zugrunde gelegt ist, also die uneigentlichen Elemente mit einbezogen sind und keine bevorzugte Rolle spielen. Infolgedessen sind die Zylinder als Kegel aufzufassen, deren Scheitel ein uneigentlicher Punkt ist, oder zwei parallele Gerade oder Ebenen als sich in der uneigentlichen Ebene schneidende Gerade oder Ebenen.

Auch die nichtgeradlinigen Flächen zweiter Ordnung (Ellipsoide, zweischalige Hyperboloide und elliptische Paraboloide) lassen sich durch projektive Abbildung ineinander überführen und aus einer dieser Flächen, z. B. einer Kugel, durch projektive Abbildung herleiten. Sie sind also im Rahmen der projektiven Geometrie ebenfalls nicht unterscheidbar. Auf die projektive Erzeugung dieser Flächen gehen wir nicht ein.

2.6 Linien- und Ebenenkoordinaten; Dualität

In der Gleichung einer Geraden in der Ebene

$$(2.7) \qquad u_1 x_1 + u_2 x_2 + u_0 x_0 = 0$$

sind die x_i homogene projektive Punktkoordinaten. Die Koeffizienten u_i, die nicht alle drei verschwinden dürfen, legen die Gerade fest. Auch bei den u_i kommt es nur auf die Verhältnisse an, wir können sie daher als die homogenen Koordinaten der Geraden (*homogene projektive Linienkoordinaten*) betrachten. Durch jedes nicht verschwindende Wertetripel $\varrho\, x_i$ ist genau 1 Punkt, durch jedes nicht verschwindende Wertetripel $\sigma\, u_i$ genau 1 Gerade festgelegt. Die uneigentliche Gerade hat die Linienkoordinaten $u_1 = u_2 = 0$, $u_0 \neq 0$; denn $x_0 = 0$ ist die Gleichung der uneigentlichen Geraden.

7*

Gl. (2.7) ist die Bedingung dafür, daß der Punkt x mit den Koordinaten $\varrho\, x_i$ auf der Geraden u mit den Koordinaten $\sigma\, u_i$ liegt (*Inzidenzbedingung*). Wenn wir also die $\sigma\, u_i$ festhalten, dann genügen der Gl. (2.7) die Punktkoordinaten $\varrho\, x_i$ aller auf der Geraden u mit den Koordinaten σu_i liegenden Punkte x; Gl. (2.7) ist dann die Gleichung der Geraden u in den Punktkoordinaten $\varrho\, x_i$. Wenn wir umgekehrt die $\varrho\, x_i$ festhalten, dann genügen der Gl. (2.7) die Linienkoordinaten $\sigma\, u_i$ aller durch den Punkt x mit den Koordinaten $\varrho\, x_i$ gehenden Geraden u; Gl. (2.7) ist dann die Gleichung des Punktes x in den Linienkoordinaten $\sigma\, u_i$. So hat z. B. der Nullpunkt des Koordinatensystems $x_1 = x_2 = 0$, $x_0 \neq 0$ die Gleichung $u_0 = 0$. Der uneigentliche Punkt der x_1-Achse ($x_1 \neq 0$, $x_2 = x_0 = 0$) hat die Gleichung $u_1 = 0$, der uneigentliche Punkt der x_2-Achse ($x_1 = x_0 = 0$, $x_2 \neq 0$) hat die Gleichung $u_2 = 0$.

Dieselben Überlegungen gelten im dreidimensionalen Raum: Die Gleichung

$$(2.8) \qquad u_1\, x_1 + u_2\, x_2 + u_3\, x_3 + u_0\, x_0 = 0$$

ist die Inzidenzbedingung für den Punkt x mit den homogenen projektiven Punktkoordinaten $\varrho\, x_i$ und die Ebene u mit den homogenen projektiven Ebenenkoordinaten $\sigma\, u_i$. Die uneigentliche Ebene hat die Gleichung $x_0 = 0$, also die Ebenenkoordinaten $u_1 = u_2 = u_3 = 0$, $u_0 \neq 0$. Der Nullpunkt hat die Punktkoordinaten $x_1 = x_2 = x_3 = 0$, $x_0 \neq 0$, also die Gleichung $u_0 = 0$.

Bei den projektiven Abbildungen (2.1) werden Punkte, Gerade und Ebenen wieder in Punkte, Gerade und Ebenen abgebildet und die Inzidenzbeziehungen (Punkt R liegt auf der Geraden g; Punkt P liegt auf der Ebene ω; 2 Gerade g, h schneiden sich, bestimmen also einen gemeinsamen Punkt P und eine gemeinsame Ebene ω) bleiben erhalten.

Ersetzt man in Gl. (2.1) auf der einen Seite (etwa links vom Gleichheitszeichen) die Punktkoordinaten x_i durch Linien- bzw. Ebenenkoordinaten u_i, also

$$(2.9) \qquad \sigma\, u_i = \sum_k a_{i\,k}\, y_k \quad \text{mit} \quad \det A \neq 0,$$

so ergeben sich *dual-projektive* Abbildungen. Sie bilden, unter Erhaltung der Inzidenzbeziehungen, die Punkte y umkehrbar eindeutig auf die Geraden bzw. Ebenen u ab. Jede ebene Konfiguration von Punkten und Geraden bzw. jede räumliche Konfiguration von Punkten, Ebenen und Geraden (= Verbindungslinien von Punkten oder = Schnittlinien von Ebenen) geht dabei in eine duale ebene Konfiguration von Geraden und Punkten über bzw. in eine duale räumliche Konfiguration von Ebenen, Punkten und Geraden (= Schnittlinien von Ebenen oder = Verbindungslinien von Punkten).

Hierauf beruhen die folgenden *Dualitätsgesetze* für die Sätze der *projektiven Geometrie*, d. h. die Sätze, welche nur Aussagen über Inzidenzbeziehungen enthalten:

a) *Ebenes Dualitätsgesetz*

Jeder Satz der projektiven Geometrie in der Ebene liefert einen dualen Satz, wenn man die Begriffe

$$\text{Punkt} \longleftrightarrow \text{Gerade}$$

miteinander vertauscht und die Inzidenzbedingungen zwischen Punkten und Geraden erhält.

b) *Räumliches Dualitätsgesetz*

Jeder Satz der projektiven Geometrie im Raum liefert einen dualen Satz, wenn man die Begriffe

$$\text{Punkt} \longleftrightarrow \text{Ebene}$$

miteinander vertauscht und die Inzidenzbedingungen zwischen Punkten und Ebenen erhält. Gerade entsprechen, ebenfalls mit Erhaltung der Inzidenz, wieder Geraden:

$$\text{Gerade} \longleftrightarrow \text{Gerade};$$

dabei ist die Gerade einmal aufgefaßt als Trägergerade einer Punktreihe, das andere Mal als Schnittgerade eines Ebenenbüschels.

2.7 Beispiele zum Dualitätsgesetz

a) *Ebenes Dualitätsgesetz.* Es entsprechen sich dual geradlinige Punktreihen (= Menge der Punkte einer Geraden) und Geradenbüschel (= Menge der Geraden durch einen Punkt), insbesondere projektive geradlinige Punktreihen und projektive Geradenbüschel.

Nach Ziff. 2.4 ist das Erzeugnis zweier projektiver Geradenbüschel (= Menge der Schnittpunkte einander zugeordneter Geraden) eine *Kurve zweiter Ordnung*; sie zerfällt in 2 Gerade (= zwei geradlinige Punktreihen), wenn die Verbindungsgerade der Scheitel der beiden Büschel sich selbst entspricht. Der duale Satz lautet: Das Erzeugnis zweier projektiver geradliniger Punktreihen (= Menge der Verbindungsgeraden einander zugeordneter Punkte) ist eine *Kurve zweiter Klasse*; sie zerfällt in 2 Punkte (= 2 Geradenbüschel), wenn der Schnittpunkt der beiden Punktreihen sich selbst entspricht.

Man kann zeigen, daß die nichtzerfallenden Kurven zweiter Klasse identisch sind mit den Mengen der Tangenten der nichtzerfallenden Kurven zweiter Ordnung (Ellipsen, Hyperbeln, Parabeln).

b) *Räumliches Dualitätsgesetz.* Es entsprechen sich geradlinige Punktreihen und Ebenenbüschel, ferner Geradenbüschel (= Menge der Geraden in einer festen Ebene durch einen festen Punkt) und Geradenbüschel (= Menge der Geraden durch einen festen Punkt in einer festen Ebene) und schließlich die *ebene Geometrie* (= Geometrie der Punkte und Geraden in einer festen Ebene) und die *Bündelgeometrie* (= Geometrie der Ebenen und Geraden durch einen festen Punkt).

Nach Ziff. 2.5 ist das Erzeugnis zweier projektiven Ebenenbüschel (= Menge der Schnittgeraden einander zugeordneter Ebenen) mit verschiedenen Achsen eine *geradlinige Fläche zweiter Ordnung*. Wenn sich die Achsen schneiden, zerfällt die Fläche in ein *Ebenenpaar* (= 2 Geradenbüschel) oder ergibt einen *Kegel zweiter Ordnung*. Wenn sich die Achsen nicht schneiden, sind die Schnittgeraden windschief. Sie erzeugen ein einschaliges Hyperboloid oder ein hyperbolisches Paraboloid. Der duale Satz lautet: Das Erzeugnis zweier projektiver Punktreihen mit verschiedenen Trägergeraden (= Menge der Verbindungsgeraden einander zugeordneter Punkte) ist eine *geradlinige Fläche zweiter Klasse*. Wenn sich die Trägergeraden schneiden, zerfällt die Fläche in ein *Punktepaar* (= 2 Geradenbüschel) oder ist ein *Kegel zweiter Klasse* (= nichtzerfallende Kurve zweiter Klasse). Wenn sich die Trägergeraden nicht schneiden, sind die Verbindungsgeraden windschief. Man kann zeigen, daß sie in diesem Fall wiederum ein einschaliges Hyperboloid oder ein hyperbolisches Paraboloid erzeugen.

Das ebene Dualitätsgesetz, bei dem sich die Punkte und Geraden einer festen Ebene entsprechen, geht bei Anwendung des räumlichen Dualitätsgesetzes in das *Bündel-Dualitätsgesetz* über, bei dem die Ebenen und Geraden durch einen festen Punkt (= Ebenen und Geraden eines Bündels) sich entsprechen.

§ 3. Nomographie

Die *Nomographie* lehrt, Funktionen von n Veränderlichen ($n = 1, 2$ und > 2) graphisch darzustellen, und zwar Funktionen von 1 Veränderlichen durch *Doppelskalen*, Funktionen von 2 Veränderlichen durch *Netztafeln* oder *Skalentafeln* und Funktionen von mehr als 2 Veränderlichen durch Zusammensetzung von Netz- und Skalentafeln. Alle diese graphischen Darstellungen faßt man unter der Bezeichnung *Nomogramme* zusammen.

3.1 Skalen und Doppelskalen

Durch $x = x(\alpha)$, $y = y(\alpha)$ ($\alpha_1 \leq \alpha \leq \alpha_2$) ist eine α-*Skala* auf einer Trägerkurve festgelegt, wobei die α-Werte der Skalenpunkte in einer festen Schrittweite aufeinanderfolgen. Wir setzen voraus, daß die Trägerkurve im gleichbleibenden Sinn durchlaufen wird, wenn α von α_1 bis α_2 läuft (Abb. 3.1).

Einfache Beispiele:

a) *Regelmäßige (lineare)* Skala: $x = a_1 \alpha + a_2$, $y = 0$.

b) *Logarithmische* Skala: $x = h \ln \alpha$, $y = 0$, $h = $ Maßstabfaktor $\neq 0$.

c) *Projektive* Skala: $x = \dfrac{a_1 \alpha + a_2}{b_1 \alpha + b_2}$, $a_1 b_2 \neq a_2 b_1$, $y = 0$. Sie entsteht aus der regelmäßigen Skala durch Zentralprojektion.

Zwei Skalen (α-Skala und β-Skala) auf derselben Trägerkurve bilden eine *Doppelskala* (Abb. 3.1). Indem man die α- und β-Werte mit jeweils demselben Trägerpunkt einander zuordnet, liefert die Doppelskala die Darstellung einer Funktion $\beta = f(\alpha)$ sowie der Umkehrfunktion $\alpha = g(\beta)$; Funktion und Umkehrfunktion fassen wir zusammen in der impliziten Darstellung $F(\alpha, \beta) = 0$. Jede Funktion $\beta = f(\alpha)$ läßt sich auf jeder

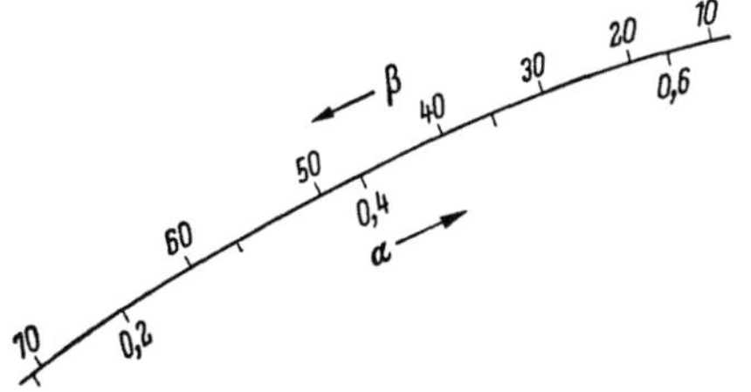

Abb. 3.1. Doppelskala $F(\alpha, \beta) = 0$

beliebigen Trägerkurve durch eine Doppelskala darstellen, wobei die eine der beiden Skalen noch beliebig gewählt werden kann.

Beispiel: Die Potenzfunktionen $\beta = c\,\alpha^m$ lassen sich auf einer geradlinigen Trägerkurve (neben unendlich vielen anderen Möglichkeiten) durch eine logarithmische Doppelskala $x = \ln\beta$, $x = m \ln\alpha + \ln c$ ($y = 0$) darstellen.

Die nächstliegende Darstellung einer Funktion einer Veränderlichen $\beta = \beta(\alpha)$ ist natürlich die Darstellung als Kurve in einem α, β-Koordinatensystem. Diese Darstellung wird in den Netztafeln (Ziff. 3.2 und 3.3) Verwendung finden, während die Funktionsskalen die Bauelemente der Skalentafeln (Ziff. 3.4) sind.

3.2 Netztafeln für Funktionen von 2 Veränderlichen

Funktionen $\gamma = \gamma(\alpha, \beta)$ von 2 Veränderlichen lassen sich stets durch *Netztafeln* darstellen, indem man in einem beliebigen α, β-Koordinatensystem ($\alpha_1 \leq \alpha \leq \alpha_2$, $\beta_1 \leq \beta \leq \beta_2$) Kurven $\gamma(\alpha, \beta) = $ const einträgt. Die α-, β- und γ-Linien folgen jeweils in einer

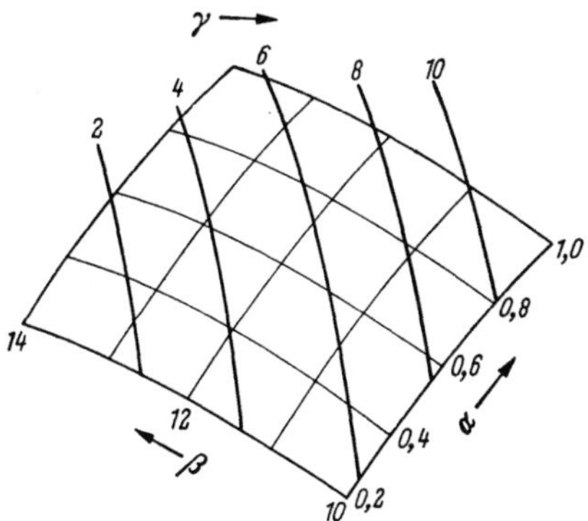

Abb. 3.2. Netztafel für $F(\alpha, \beta, \gamma) = 0$

festen Schrittweite aufeinander (Abb. 3.2). Wir setzen voraus, daß die 3 Kurvenscharen ein *Netz* bilden, d. h., in jedem Punkt des Bereichs schneiden sich je eine α-, β- und γ-Kurve. Dann sind durch diese

Netztafel auch die Umkehrfunktionen $\alpha = \alpha(\beta, \gamma)$ und $\beta = \beta(\gamma, \alpha)$ gegeben, und wir fassen die 3 Funktionen in impliziter Form durch die Gleichung $F(\alpha, \beta, \gamma) = 0$ zusammen.

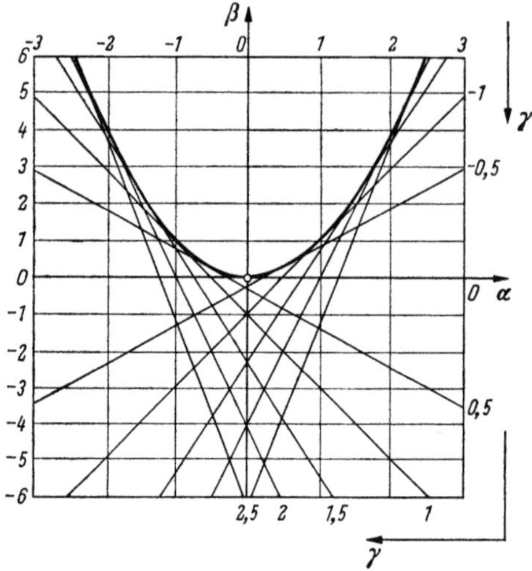

Abb. 3.3. Geradlinige Netztafel für $\gamma^2 + 2\alpha\gamma + \beta = 0$
(quadratische Gleichung)

Wenn man γ als Höhe über der α, β-Ebene deutet, stellt die Gleichung $\gamma = \gamma(\alpha, \beta)$ eine Fläche dar, und die γ-Kurven in der α, β-Ebene sind die Grundrisse von Höhenlinien der Fläche (*kotierte Projektion*).

Beispiel: Netztafel für die *quadratische Gleichung*

$$(3.1) \qquad \begin{aligned} \gamma^2 + 2\alpha\gamma + \beta &= 0, \\ \gamma &= -\alpha \pm \sqrt{\alpha^2 - \beta}. \end{aligned}$$

Die Netztafel in Abb. 3.3 ist auf einem Cartesischen α, β-Koordinatensystem aufgebaut

$(x = h_1\,\alpha,\ y = h_2\,\beta)$. Die γ-Kurven $(h_1 h_2 \gamma^2 + 2 h_2 \gamma x + h_1 y = 0)$ sind gerade Linien und umhüllen die Parabel [Diskriminante der quadratischen Gleichung] $h_1^2 h_2 \cdot (\alpha^2 - \beta) = h_2 x^2 - h_1^2 y = 0$.

3.3 Geradlinige Netztafeln für Funktionen von 2 Veränderlichen

Das eben erörterte Beispiel lieferte eine *geradlinige Netztafel*, d. h., eine Netztafel, bei der alle 3 Kurvenscharen $\alpha, \beta, \gamma = $ const aus geraden Linien bestehen. Zwei der 3 Kurvenscharen, etwa die Kurven $\alpha = $ const und $\beta = $ const kann man stets beliebig, also insbesondere geradlinig, vorgeben. Es leuchtet aber ein, daß man nur bei speziellen Funktionen $\gamma = \gamma(\alpha, \beta)$ erreichen kann, daß auch die Kurven $\gamma = $ const geradlinig sind. In der Tat ergibt sich aus

$$(3.2) \qquad \begin{cases} a_1(\alpha)\,x + a_2(\alpha)\,y + a_3(\alpha) = 0, \\ b_1(\beta)\,x + b_2(\beta)\,y + b_3(\beta) = 0, \\ c_1(\gamma)\,x + c_2(\gamma)\,y + c_3(\gamma) = 0 \end{cases}$$

durch Elimination von x und y die Bedingung

$$(3.3) \qquad F(\alpha, \beta, \gamma) := \begin{vmatrix} a_1(\alpha) & a_2(\alpha) & a_3(\alpha) \\ b_1(\beta) & b_2(\beta) & b_3(\beta) \\ c_1(\gamma) & c_2(\gamma) & c_3(\gamma) \end{vmatrix} = 0.$$

Infolgedessen können Funktionen $\gamma(\alpha,\beta)$ dann und nur dann durch geradlinige Netztafeln dargestellt werden, wenn sich $\gamma = \gamma(\alpha,\beta)$ in die Form der Gl. (3.3) bringen läßt.

Natürlich kann man jede Funktion $\gamma(\alpha,\beta)$ in einem gewissen α,β-Bereich durch Funktionen, die sich durch geradlinige Netztafeln darstellen lassen, approximieren. Auf dieses *Approximationsproblem* soll hier nicht eingegangen werden; in Abschnitt I wird die Approximation von Funktionen unter allgemeinen Gesichtspunkten erörtert.

3.4 Skalentafeln für Funktionen von 2 Veränderlichen

Eine dual-projektive Abbildung (vgl. Ziff. 2.6) führt eine Geradenschar in eine Punktreihe über, wobei der Hüllkurve der Geradenschar die Trägerkurve der Punktreihe entspricht. Eine beliebige bezifferte Geradenschar geht also in eine bezifferte Punktreihe, d. h. in eine Skala auf einer beliebigen Trägerkurve, über.

Daraus folgt: Das duale Bild einer geradlinigen Netztafel besteht aus 3 Skalen, die nach α bzw. β bzw. γ beziffert sind. Wir bezeichnen das so entstehende, aus 3 Skalen aufgebaute Nomogramm als *Skalentafel* (Abb. 3.4). Die Ablesevorschrift der geradlinigen Netztafeln: „Die

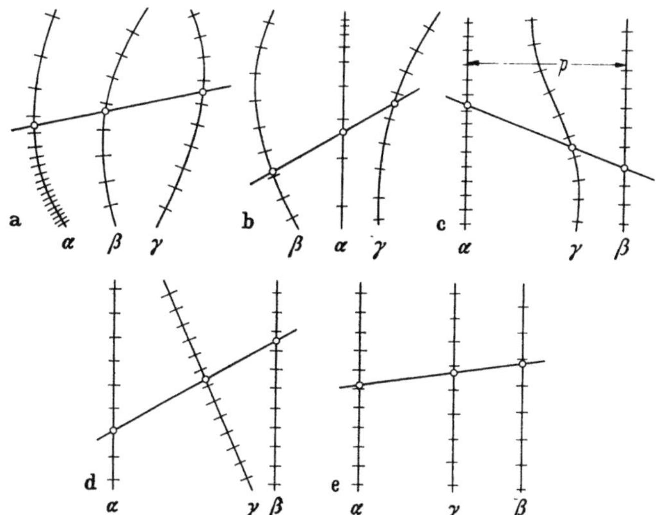

Abb. 3.4 a—e. Projektive Klassifikation der Skalentafeln

3 Netzgeraden für zusammengehörige Werte α,β,γ schneiden sich in einem Punkt (*Ablesepunkt*)", führt zu folgender Ablesevorschrift für die Skalentafeln: „Die 3 Skalenpunkte für zusammengehörige Werte α,β,γ liegen in einer Geraden (*Ablesegerade*)". Zur Ablesung in einer Skalentafel benötigt man also einen Ablesestreifen aus durchsichtigem Material mit eingeritzter Ablesegeraden.

Eine Netztafel stellt auch nach beliebigen stetigen Verzerrungen immer noch dieselbe Funktion $\gamma(\alpha, \beta)$ dar; denn drei sich in einem Punkt schneidende Kurven behalten diese Eigenschaft bei jeder stetigen Verzerrung der Ebene. Skalentafeln dagegen dürfen nur so verzerrt werden, daß drei in gerader Linie liegende Punkte der 3 Skalen diese Eigenschaft behalten. Bei projektiven Abbildungen ist dies der Fall, zueinander projektive Skalentafeln stellen also dieselbe Funktion $\gamma(\alpha, \beta)$ dar. Infolgedessen kann man die Skalentafeln durch projektive Abbildungen auf gewisse Normalformen bringen und kommt dabei zu der in Abb. 3.4 skizzierten Fallunterscheidung:

a) Drei nichtgeradlinige Skalen,

b) zwei nichtgeradlinige Skalen und eine geradlinige Skala,

c) eine nichtgeradlinige Skala und zwei geradlinige Skalen (projektiv normiert: eine nichtgeradlinige Skala und zwei parallele geradlinige Skalen),

d) drei geradlinige Skalen ohne gemeinsamen Schnittpunkt (projektiv normiert: zwei parallele geradlinige Skalen und eine hierzu nicht parallele geradlinige Skala),

e) drei sich in einem Punkt schneidende geradlinige Skalen (projektiv normiert: drei parallele geradlinige Skalen).

Bei einer beliebigen Skalentafel

$$(3.4) \quad \begin{cases} x = h_1\, a_1(\alpha)/a_3(\alpha), & y = h_2\, a_2(\alpha)/a_3(\alpha), & (\alpha\text{-Skala}) \\ x = h_1\, b_1(\beta)/b_3(\beta), & y = h_2\, b_2(\beta)/b_3(\beta), & (\beta\text{-Skala}) \\ x = h_1\, c_1(\gamma)/c_3(\gamma), & y = h_2\, c_2(\gamma)/c_3(\gamma), & (\gamma\text{-Skala}) \end{cases}$$

liefert die Bedingung, daß je drei zusammengehörige Skalenpunkte auf einer Geraden liegen müssen, dieselbe Gleichung

$$(3.5) \quad F(\alpha, \beta, \gamma) := \begin{vmatrix} a_1(\alpha) & a_2(\alpha) & a_3(\alpha) \\ b_1(\beta) & b_2(\beta) & b_3(\beta) \\ c_1(\gamma) & c_2(\gamma) & c_3(\gamma) \end{vmatrix} = 0,$$

die sich in Ziff. 3.3 für die geradlinigen Netztafeln ergeben hatte. Daraus folgt: Wenn eine Funktion $\gamma(\alpha, \beta)$ durch eine geradlinige Netztafel darstellbar ist, dann ist sie auch durch eine Skalentafel darstellbar und umgekehrt. Dieses Ergebnis ist wegen der bereits erörterten dualprojektiven Beziehung der geradlinigen Netztafeln und der Skalentafeln von vornherein selbstverständlich.

Wir diskutieren nun die Spezialfälle b) bis e) der vorher angegebenen Fallunterscheidung, wobei wir die Bezeichnungen etwas abändern:

Fall b): Mit dem Ansatz

$$(3.6) \quad \begin{cases} x = 0, & y = h_1\, a(\alpha), & (\alpha\text{-Skala}) \\ x = h_2/b_2(\beta), & y = h_1\, b_1(\beta)/b_2(\beta), & (\beta\text{-Skala}) \\ x = -h_2/c_2(\gamma), & y = h_1\, c_1(\gamma)/c_2(\gamma) & (\gamma\text{-Skala}) \end{cases}$$

ergibt sich aus der Ablesebedingung nach kurzer Rechnung

$$(3.7) \qquad a(\alpha) = \frac{b_1(\beta) + c_1(\gamma)}{b_2(\beta) + c_2(\gamma)}.$$

Fall c): Mit dem Ansatz

$$(3.8) \quad \begin{cases} x = 0, & y = h_1 a(\alpha), & (\alpha\text{-Skala}) \\ x = p, & y = h_2 b(\beta), & (\beta\text{-Skala}) \\ x = p\,\dfrac{h_1 c_2(\gamma)}{h_2 c_1(\gamma) + h_1 c_2(\gamma)}, & y = -\dfrac{h_1 h_2 c_3(\gamma)}{h_2 c_1(\gamma) + h_1 c_2(\gamma)}, & (\gamma\text{-Skala}) \end{cases}$$

wobei p der Abstand der beiden parallelen α- und β-Skalen ist, ergibt sich

$$(3.9) \qquad a(\alpha)\, c_1(\gamma) + b(\beta)\, c_2(\gamma) + c_3(\gamma) = 0.$$

Fall d): Mit den in Abb. 3.5 eingeführten Bezeichnungen u, v, w und p ergibt sich aus dem Ansatz:

$$(3.10) \quad \begin{cases} u = h_1 a(\alpha), & (\alpha\text{-Skala}) \\ v = 1/h_2\, b(\beta), & (\beta\text{-Skala}) \\ w = \dfrac{p\, h_1 h_2}{c(\gamma) + h_1 h_2} & (\gamma\text{-Skala}) \end{cases}$$

mit Hilfe der geometrischen Relation $u : w = v : (p - w)$ die Gleichung

$$(3.12) \qquad a(\alpha)\, b(\beta)\, c(\gamma) = 1 \quad \text{bzw.} \quad \ln a(\alpha) + \ln b(\beta) + \ln c(\gamma) = 0.$$

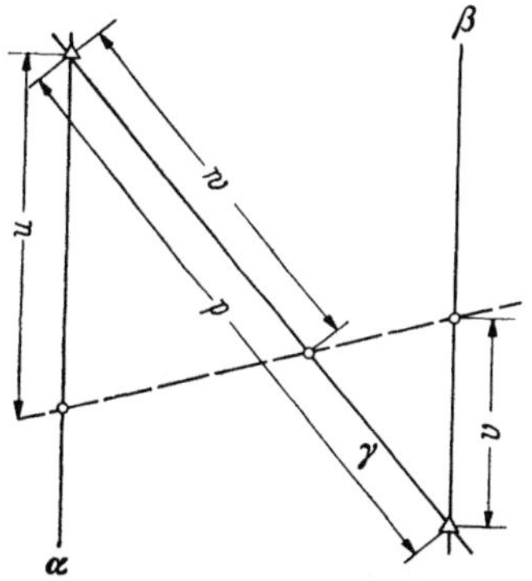

Abb. 3.5. Erläuterung der Skalentafeln (d)

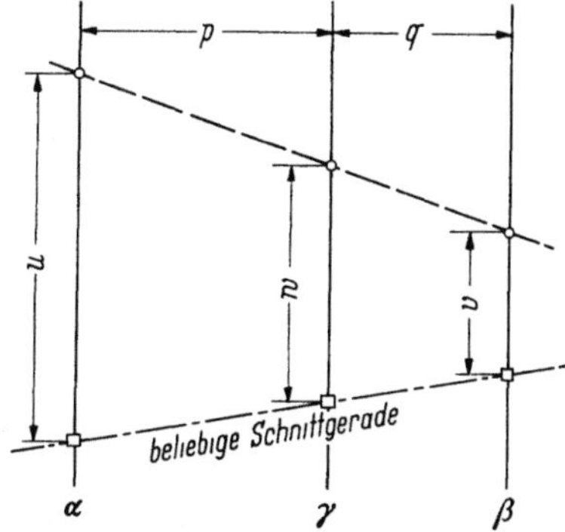

Abb. 3.6. Erläuterung der Skalentafeln (e)

Fall e): Mit den in Abb. 3.6 eingeführten Bezeichnungen u, v, w und p, q ergibt sich aus dem Ansatz:

$$(3.13) \quad \begin{cases} u = \dfrac{h}{q}\, a(\alpha), & (\alpha\text{-Skala}) \\ v = \dfrac{h}{p}\, b(\beta), & (\beta\text{-Skala}) \\ w = \dfrac{h}{p + q}\, c(\gamma), & (\gamma\text{-Skala}) \end{cases}$$

mit Hilfe der geometrischen Relation $(p + q)\, w = q\, u + p\, v$ die Gleichung

$$(3.14) \qquad a(\alpha) + b(\beta) + c(\gamma) = 0 \quad \text{bzw.} \quad e^{a(\alpha)}\, e^{b(\beta)}\, e^{c(\gamma)} = 1 \,.$$

Es ist bemerkenswert, daß man mit den Skalentafeln der Fälle d) und e), obwohl sie nicht zueinander projektiv sind, dieselben Funktionen $\gamma(\alpha, \beta)$ darstellen kann. Man nennt diese Skalentafeln *Additionstafeln* [im Hinblick auf die erste der Gln. (3.14) und die zweite der Gln. (3.12)] oder *Multiplikationstafeln* [im Hinblick auf die erste der Gln. (3.12) und die zweite der Gln. (3.14)].

3.5 Erläuterung an einem Beispiel

Für die quadratische Gleichung $\gamma^2 + 2\alpha\gamma + \beta = 0$, s. Gl. (3.1), hatten wir in Abb. 3.3 eine geradlinige Netztafel entworfen mit 2 Scharen paralleler Geraden für α und β und einer Geradenschar für γ, die aus Tangenten eines Kegelschnitts (Parabel) bestand. Durch dualprojektive Abbildung muß sich eine Skalentafel vom Typ c) ergeben

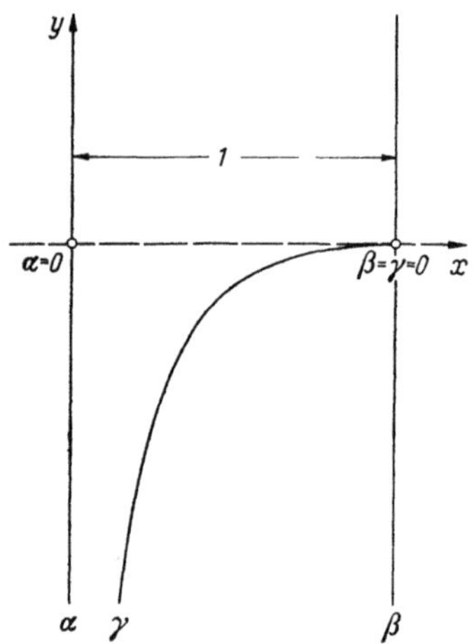

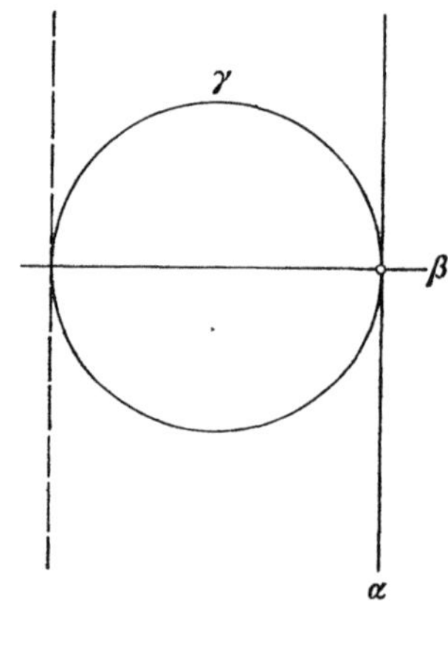

Abb. 3.7. Skalentafel vom Typ (c) für $\gamma^2 + 2\alpha\gamma + \beta$ (quadratische Gleichung)

Abb. 3.8. Projektive Verzerrung der in Abb. 3.7 dargestellten Skalentafel

mit zwei geradlinigen Skalen für α und β und einer γ-Skala auf einem Kegelschnitt als Träger. In der Tat ist Gl. (3.1) ein Spezialfall der Gl. (3.9) mit

$$a = 2\alpha, \quad b = \beta, \quad c_1 = \gamma, \quad c_2 = 1, \quad c_3 = \gamma^2.$$

Wenn wir der Kürze halber $h_1 = h_2 = p = 1$ setzen, liefern die Gln. (3.8) die Skalentafel

$$
\begin{aligned}
x &= 0, & y &= 2\alpha, & &(\alpha\text{-Skala}) \\
x &= 1, & y &= \beta, & &(\beta\text{-Skala}) \\
x &= \frac{1}{1+\gamma}, & y &= -\frac{\gamma^2}{1+\gamma} & &(\gamma\text{-Skala}).
\end{aligned}
$$

Hiernach liegt die γ-Skala auf einer Hyperbel, und die Gerade $x = 0$, welche die α-Skala enthält, ist eine der beiden Asymptoten der Hyperbel (Abb. 3.7). Die Skalenpunkte mit $\gamma \geqq 0$ liegen auf dem Hyperbelbogen zwischen der α-Skala und β-Skala.

Durch eine projektive Verzerrung, bei der die Hyperbel in einen Kreis übergeht, ergibt sich ein noch einfacheres Nomogramm (Abb. 3.8): Die α-Skala liegt dann auf einer Tangente des Kreises, die β-Skala auf einer durch den Berührpunkt der Tangente gehenden weiteren Geraden. Dem gemeinsamen Punkt der 3 Skalen in Abb. 3.8, in dem der Kreis (γ-Skala) die α-Skala berührt, entspricht in Abb. 3.7 der uneigentliche Schnittpunkt der α-Skala und β-Skala; die Hyperbel (γ-Skala) berührt dort die α-Skala (Asymptote der Hyperbel).

3.6 Nomogramme für Funktionen von mehr als 2 Veränderlichen

Für Funktionen von mehr als 2 Veränderlichen kann man Nomogramme durch Verkoppelung von Netztafeln oder von Skalentafeln oder von Netz- und Skalentafeln herstellen, wenn sich die Funktionen durch Trennung der Veränderlichen und durch Einführung von Hilfsvariablen auf Systeme von Funktionen von je 2 Veränderlichen zurückführen lassen. Wir erläutern dies am Beispiel einer Funktion $\zeta = \zeta(\alpha, \beta, \gamma)$ von 3 Veränderlichen bzw. in impliziter Darstellung $F(\alpha, \beta, \gamma, \zeta) = 0$.

a) Wenn $F(\alpha, \beta, \gamma, \zeta) = 0$ hinsichtlich α, β einerseits und γ, ζ andererseits separierbar ist, also $f(\alpha, \beta) = g(\gamma, \zeta)$ gesetzt werden kann, führen wir die Hilfsvariable t ein und bekommen dann für

$$(3.15) \qquad f(\alpha, \beta) = t = g(\gamma, \zeta)$$

2 Netztafeln. Wenn wir die t-Kurvenschar gemeinsam für beide Tafeln wählen, ergibt sich ein aus 2 Netztafeln zusammengesetztes Nomogramm vom Typus (a) der Abb. 3.9.

b) Wenn wir außerdem voraussetzen, daß die eine der beiden Gln. (3.15), etwa $t = g(\gamma, \zeta)$, durch eine Skalentafel dargestellt werden kann, fügen wir dieser Skalentafel eine Netztafel für $f(\alpha, \beta) = t$ hinzu, deren t-Linien durch die entsprechenden Punkte der t-Skala gehen. Dadurch entsteht ein aus einer Netztafel und einer Skalentafel zusammengesetztes Nomogramm vom Typus (b) der Abb. 3.9.

c) Bei der noch weitergehenden Voraussetzung, daß die beiden Gln. (3.15), also sowohl $t = g(\gamma, \zeta)$ als auch $t = f(\alpha, \beta)$ durch Skalentafeln, und zwar mit gemeinsamer t-Skala dargestellt werden können, ergibt sich ein aus 2 Skalentafeln zusammengesetztes Nomogramm vom Typus (c) der Abb. 3.9.

Die t-Kurven beim Typus (a) und (b) und die t-Skala beim Typus (b) und (c) brauchen natürlich nicht beziffert zu werden.

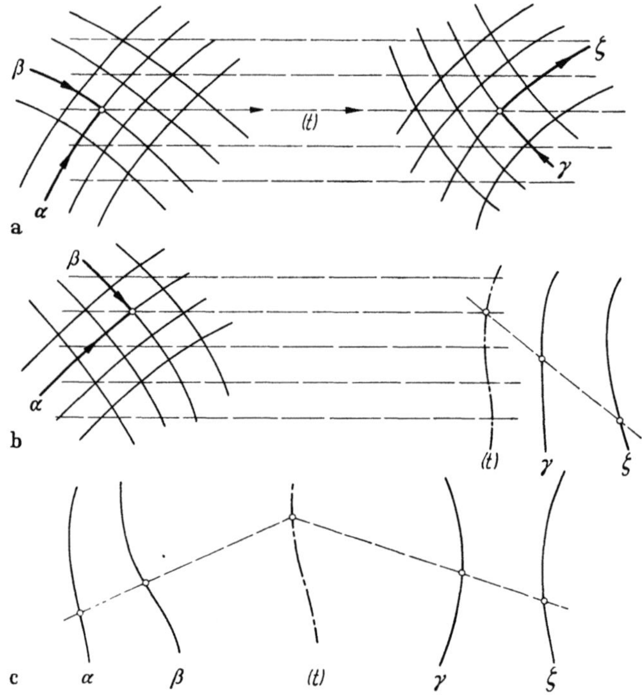

Abb. 3.9 a—c. Zusammensetzung von Netztafeln und Skalentafeln fur $f(\alpha,\beta) = g(\gamma,\zeta)$

Beispiel: Multiplikationstafeln (= Additionstafeln)

$$F(\alpha,\beta,\gamma,\zeta) := \alpha^m \beta^n \gamma^p \zeta^q = c,$$

oder umgeformt

$$m \ln\alpha + n \ln\beta + p \ln\gamma + q \ln\zeta = \ln c$$

wird zerlegt in

$$m \ln\alpha + n \ln\beta - \ln c = t = -p \ln\gamma - q \ln\zeta.$$

Daraus ergeben sich Nomogramme aller 3 Typen, und zwar (a) mit zwei geradlinigen Netztafeln, (b) mit einer geradlinigen Netztafel und einer Skalentafel mit drei parallelen geradlinigen Skalen, (c) mit 2 Skalentafeln mit lauter parallelen geradlinigen Skalen.

§ 4. Sphärische Trigonometrie

4.1 Dreikant und Polardreikant; sphärisches Dreieck

Ein *Dreikant* wird gebildet von drei von einem festen Punkt O (Scheitel) ausgehenden Halbgeraden (Kanten), die paarweise in drei voneinander verschiedenen Ebenen (Seitenebenen) liegen. Die von je 2 Kanten gebildeten Winkel a, b, c, für die wir $a, b, c < \pi$ voraussetzen, heißen die *Seiten* des Dreikants, die Winkel $\alpha, \beta, \gamma < \pi$ der drei von den Kanten gebildeten Ebenen heißen die *Winkel* des Dreikants. Den von den 3 Seitenebenen eingeschlossenen Raumbereich nennt man das *Innere* des Dreikants.

Fällt man von einem Punkt im Innern des Dreikants die Lote auf die 3 Seitenebenen, so ergibt sich ein zweites Dreikant. Wir verschieben dieses Dreikant parallel so, daß sein Scheitel mit dem des ersten Dreikants zusammenfällt. Dann stehen die beiden Dreikante D, D' in einer wechselseitigen Orthogonalbeziehung (*Polarbeziehung*) derart, daß die Winkel des einen und die Seiten des anderen Dreikants Supplementwinkel sind, d. h., es gilt bei entsprechender Bezeichnung der Seiten und Winkel

$$(4.1) \qquad a + \alpha' = b + \beta' = c + \gamma' = a' + \alpha = b' + \beta = c' + \gamma = \pi.$$

Man nennt D das *Polardreikant* von D' und umgekehrt.

Wenn man die Polarbeziehung dahin modifiziert, daß man an Stelle der Halbgeraden die ganzen Geraden treten läßt und jeweils zueinander senkrechte Gerade und Ebenen einander zuordnet, ist sie ein Spezialfall der in Ziff. 2.7 erwähnten Dualitätsbeziehung im Bündel.

Schneidet man ein Dreikant mit einer Kugel um den Scheitel O, dann entsteht auf der Kugel ein *sphärisches Dreieck ABC*, das von 3 Größtkreis-Bögen AB, BC, CA begrenzt wird (Abb. 4.1). $a, b, c < \pi$ sind die Zentriwinkel dieser Größtkreis-Bögen und heißen die *Seiten* des sphärischen Dreiecks; die Seitenlängen sind $R\,a$, $R\,b$, $R\,c$, wobei R der Kugelradius ist. $\alpha, \beta, \gamma < \pi$ sind die

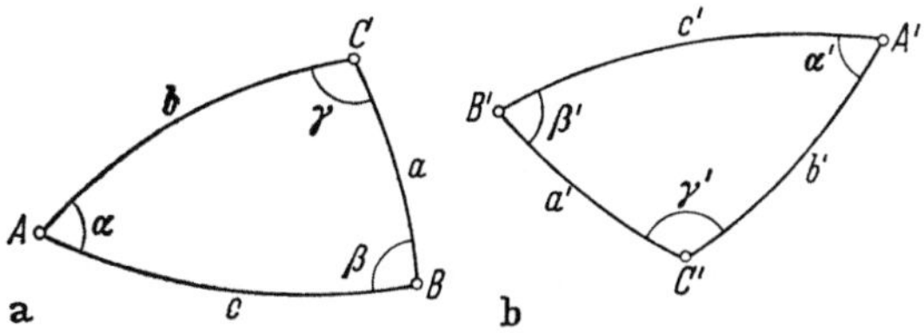

Abb. 4.1a u. b. Sphärische Polardreiecke

Winkel des sphärischen Dreiecks. 2 Polardreikante schneiden auf der Kugel zwei sphärische *Polardreiecke* aus, deren Seiten und Winkel der Gl. (4.1) genügen.

Die Winkelsumme eines sphärischen Dreiecks ist nicht gleich π wie die eines ebenen Dreiecks, sondern $> \pi$. Der Überschuß der Winkelsumme über π (*sphärischer Exzeß*)

$$(4.2) \qquad\qquad \varepsilon = \alpha + \beta + \gamma - \pi$$

ist ein Maß für den Flächeninhalt F des sphärischen Dreiecks; denn es gilt

$$(4.3) \qquad\qquad F = R^2\,\varepsilon.$$

4.2 Grundformen für die Seiten und Winkel
eines sphärischen Dreiecks

a) *Sinus-Satz*

$$(4.4) \qquad\qquad \sin\alpha : \sin\beta : \sin\gamma = \sin a : \sin b : \sin c,$$

b) *Cosinus-Satz*

$$(4.5) \qquad \cos a = \cos b \cos c + \sin b \sin c \cos\alpha$$

und zwei weitere Gleichungen durch zyklische Vertauschung.

c) *Sinus-Cosinus-Satz*

$$(4.6) \qquad \sin a \cos\beta = \cos b \sin c - \sin b \cos c \cos\alpha$$

und zwei weitere Gleichungen durch zyklische Vertauschung.

Wendet man diese Sätze auf das Polardreieck mit den Seiten a', b', c' und den Winkeln α', β', γ' an, so erhält man mit Hilfe der Gln. (4.1) aus dem Sinus-Satz wieder den Sinus-Satz, aus dem Cosinus-Satz und dem Sinus-Cosinus-Satz dagegen die folgenden weiteren Sätze:

$$(4.7) \qquad \cos\alpha = -\cos\beta \cos\gamma + \sin\beta \sin\gamma \cos a$$

und zwei weitere Gleichungen durch zyklische Vertauschung,

$$(4.8) \qquad \sin\alpha \cos b = \cos\beta \sin\gamma + \sin\beta \cos\gamma \cos a$$

und zwei weitere Gleichungen durch zyklische Vertauschung.

4.3 Folgerungen aus den Grundgleichungen

Aus den Grundgleichungen lassen sich zahlreiche, für die Berechnung sphärischer Dreiecke nützliche weitere Beziehungen herleiten. Wir beschränken uns darauf, einige dieser Beziehungen anzugeben, wobei aus jeder der angegebenen Beziehungen zwei weitere durch zyklische Vertauschung abgeleitet werden können.

a) Gleichungen von DELAMBRE und GAUSS

$$(4.9) \qquad
\begin{cases}
\sin\dfrac{\alpha}{2}\sin\dfrac{b+c}{2} = \sin\dfrac{a}{2}\cos\dfrac{\beta-\gamma}{2}\,, \\[2ex]
\sin\dfrac{\alpha}{2}\cos\dfrac{b+c}{2} = \cos\dfrac{a}{2}\cos\dfrac{\beta+\gamma}{2}\,, \\[2ex]
\cos\dfrac{\alpha}{2}\sin\dfrac{b-c}{2} = \sin\dfrac{a}{2}\sin\dfrac{\beta-\gamma}{2}\,, \\[2ex]
\cos\dfrac{\alpha}{2}\cos\dfrac{b-c}{2} = \cos\dfrac{a}{2}\sin\dfrac{\beta+\gamma}{2}\,.
\end{cases}$$

b) Gleichungen von NEPER

$$(4.10) \qquad
\begin{cases}
\tan\dfrac{b+c}{2}\cos\dfrac{\beta+\gamma}{2} = \tan\dfrac{a}{2}\cos\dfrac{\beta-\gamma}{2}\,, \\[2ex]
\tan\dfrac{\beta+\gamma}{2}\cos\dfrac{b+c}{2} = \cot\dfrac{\alpha}{2}\cos\dfrac{b-c}{2}\,, \\[2ex]
\tan\dfrac{b-c}{2}\sin\dfrac{\beta+\gamma}{2} = \tan\dfrac{a}{2}\sin\dfrac{\beta-\gamma}{2}\,, \\[2ex]
\tan\dfrac{\beta-\gamma}{2}\sin\dfrac{b+c}{2} = \cot\dfrac{\alpha}{2}\sin\dfrac{b-c}{2}\,.
\end{cases}$$

Die zweite und vierte der Gln. (4.10) folgen aus der ersten und dritten mit Hilfe der Relationen (4.1) für das polare sphärische Dreieck.

c) Gleichungen zur Berechnung der Winkel aus den Seiten

$$(4.11) \qquad \sin \frac{\alpha}{2} = \sqrt{\frac{\sin(s-b)\sin(s-c)}{\sin b \sin c}} \,,$$

$$\cos \frac{\alpha}{2} = \sqrt{\frac{\sin s \sin(s-a)}{\sin b \sin c}} \,.$$

Dabei ist $s = \dfrac{a+b+c}{2}$ die halbe Seitensumme.

d) Gleichungen zur Berechnung der Seiten aus den Winkeln

$$(4.12) \qquad \cos \frac{a}{2} = \sqrt{\frac{\cos(\sigma-\beta)\cos(\sigma-\gamma)}{\sin \beta \sin \gamma}} \,,$$

$$\sin \frac{a}{2} = \sqrt{\frac{-\cos\sigma \cos(\sigma-\alpha)}{\sin \beta \sin \gamma}} \,.$$

Dabei ist $\sigma = \dfrac{\alpha+\beta+\gamma}{2}$ die halbe Winkelsumme. Die Gln. (4.12) ergeben sich aus den Gln. (4.11) mit Hilfe der Relationen (4.1) für das polare sphärische Dreieck.

e) Gleichungen von L'Huilier für den sphärischen Exzeß

$$(4.13) \quad \tan\left(\frac{\alpha}{2} - \frac{\varepsilon}{4}\right) = \sqrt{\tan\frac{s-b}{2}\tan\frac{s-c}{2}\cot\frac{s}{2}\cot\frac{s-a}{2}} \,.$$

Dabei ist $\varepsilon = \alpha + \beta + \gamma - \pi$ der sphärische Exzeß.

$$(4.14) \qquad \tan\frac{\varepsilon}{4} = \sqrt{\tan\frac{s}{2}\tan\frac{s-a}{2}\tan\frac{s-b}{2}\tan\frac{s-c}{2}} \,.$$

4.4 Spezialisierung der Grundformeln für das rechtwinklige sphärische Dreieck

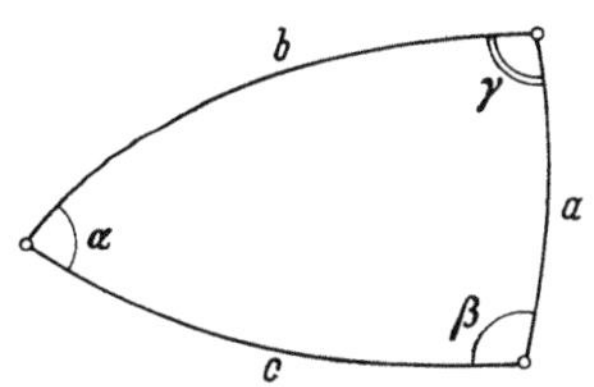

Abb. 4.2
Rechtwinkliges sphärisches Dreieck

Für das rechtwinklige Dreieck mit $\gamma = \pi/2$ (Hypotenuse c, Katheten a, b mit den gegenüberliegenden Winkeln α, β; Abb. 4.2) ergeben sich aus den Grundformeln folgende Gleichungen:

$$(4.15) \quad \cos c = \cos a \cos b,$$

$$(4.16) \quad \cos c = \cot\alpha \cot\beta \quad \text{mit} \quad \frac{\pi}{2} < \alpha+\beta < \frac{3\pi}{2},$$

$$(4.17) \quad \cos\alpha = \cos a \sin\beta, \quad \cos\beta = \cos b \sin\alpha \quad \text{mit} \quad -\frac{\pi}{2} < \alpha-\beta < +\frac{\pi}{2},$$

$$(4.18) \quad
\left.
\begin{aligned}
\sin\alpha &= \frac{\sin a}{\sin c}, & \sin\beta &= \frac{\sin b}{\sin c} \\[4pt]
\cos\alpha &= \frac{\tan b}{\tan c}, & \cos\beta &= \frac{\tan a}{\tan c}
\end{aligned}
\right\}
\text{mit}
\quad
\begin{aligned}
\sin a &\lessgtr \sin c, \\[4pt]
\sin b &\lessgtr \sin c,
\end{aligned}
$$

$$(4.19) \quad \tan\alpha = \frac{\tan a}{\sin b}, \quad \tan\beta = \frac{\tan b}{\sin a} \,.$$

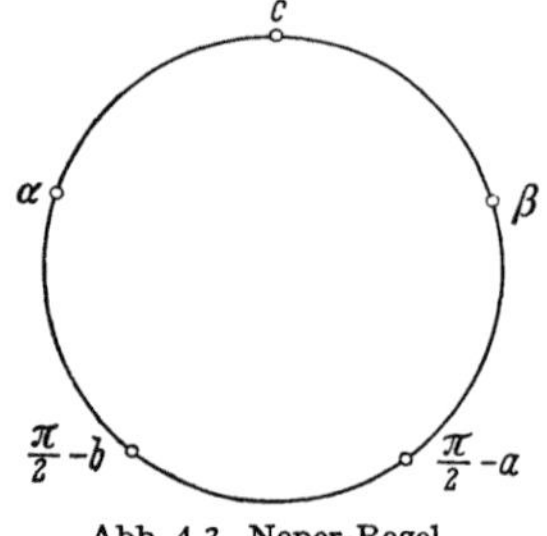

Abb. 4.3. Neper-Regel

Diese Formeln lassen sich mit Hilfe folgender *Gedächtnisregel von* NEPER unmittelbar aus Abb. 4.3 entnehmen: Der cos irgendeines der in Abb. 4.3 eingetragenen Winkel ist gleich dem Produkt der cot der anliegenden Winkel und gleich dem Produkt der sin der nicht-anliegenden Winkel.

§ 5. Vektoralgebra

5.1 Linearkombination von Vektoren

Unter *Vektoren* im dreidimensionalen Raum verstehen wir gerichtete Strecken $p = \vec{AB}$ und setzen fest, daß parallele gerichtete Strecken von gleicher Länge denselben Vektor darstellen (z. B. $p = \vec{OP} = \vec{AB}$ in Abb. 5.1). Für die Komponenten des Vektors p (= Projektionen von p auf die Koordinatenachsen) gilt

$$p = (p_1, p_2, p_3) \quad \text{mit} \quad \left. \begin{cases} p_1 = x_B - x_A \\ p_2 = y_B - y_A \\ p_3 = z_B - z_A \end{cases} \right\} = |p| \cdot \begin{cases} \cos\alpha, \\ \cos\beta, \\ \cos\gamma. \end{cases}$$

Dabei ist $|p| = \sqrt{p_1^2 + p_2^2 + p_3^2} \geqq 0$ der *Betrag* (= die *Länge*) des Vektors. Für den *Nullvektor* $p = 0$ ist $p_1 = p_2 = p_3 = |p| = 0$.

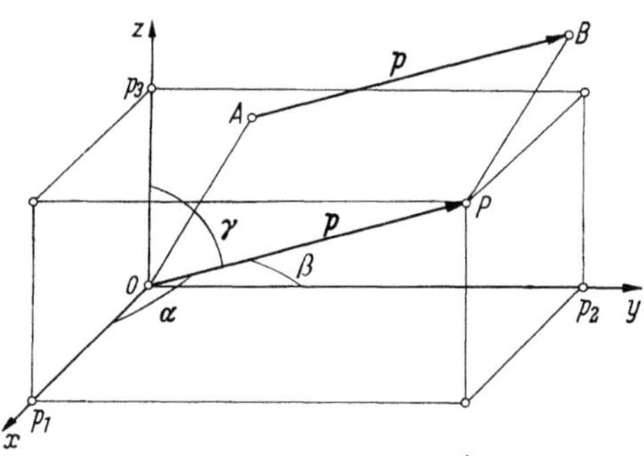

Abb. 5.1. Vektor $p = \vec{AB}$

Die *Einheitsvektoren* e (Vektoren von der Länge $|e| = 1$) haben die *Richtungscosinus* als Komponenten:

$$e = (e_1, e_2, e_3)$$
$$= (\cos\alpha, \cos\beta, \cos\gamma),$$

woraus nach dem Pythagoreischen Lehrsatz sofort

$$\cos^2\alpha + \cos^2\beta + \cos^2\gamma = 1$$

folgt. Die Einheitsvektoren in den positiven Achsenrichtungen bezeichnen wir mit $i = (1, 0, 0)$, $j = (0, 1, 0)$, $k = (0, 0, 1)$.

Eine Gleichung zwischen Vektoren faßt jeweils drei entsprechende Gleichungen in den Komponenten zusammen, nämlich[1]

$$p = q \Leftrightarrow p_1 = q_1, \quad p_2 = q_2, \quad p_3 = q_3.$$

---

[1] Das Zeichen $\Leftrightarrow$ bedeutet, daß aus der linken Seite die rechte Seite folgt und umgekehrt, daß also beide Seiten aquivalent sind.

Die *Multiplikation eines Vektors mit einer (reellen) Zahl a* wird definiert durch

$$(5.1) \qquad \boldsymbol{q} = a\,\boldsymbol{p} = (a\,p_1, a\,p_2, a\,p_3).$$

$\boldsymbol{p}$ und $\boldsymbol{q}$ haben bei $a > 0$ dieselbe, bei $a < 0$ entgegengesetzte Richtung. Für die Längen gilt $|\boldsymbol{q}| = |a| \cdot |\boldsymbol{p}|$. Die Vektoren $\boldsymbol{p}$ und $-\boldsymbol{p}$ werden hiernach durch gleich lange, aber entgegengesetzt gerichtete Strecken repräsentiert.

Die *Vektoraddition* und *Vektorsubtraktion* (Abb. 5.2)

$$(5.2) \quad \boldsymbol{s} = \boldsymbol{p} \pm \boldsymbol{q}$$
$$= (p_1 \pm q_1, p_2 \pm q_2, p_3 \pm q_3)$$

wird durch Aneinanderfügen der gerichteten Strecken $\boldsymbol{p}$ und $\pm\boldsymbol{q}$ (also wie beim „Kräfteparallelogramm") bewerkstelligt. Aus elementargeometrischen Relationen am Dreieck (vgl. die beiden schraffierten Dreiecke in Abb. 5.2) erhält man die wichtigen Ungleichungen

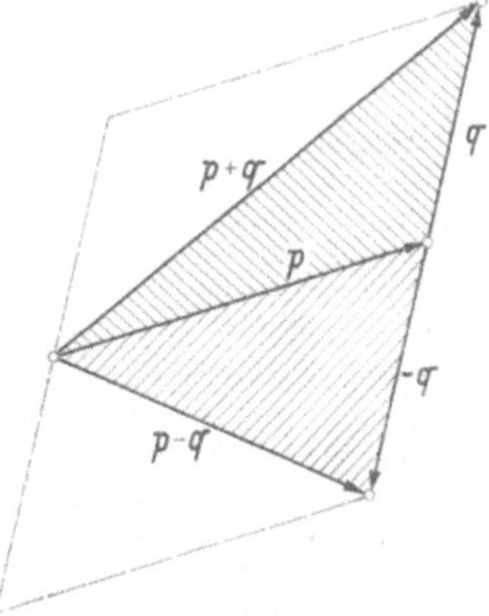

Abb. 5.2. Vektoraddition

$$(5.3) \qquad \big||\boldsymbol{p}| - |\boldsymbol{q}|\big| \leqq |\boldsymbol{p} \pm \boldsymbol{q}| \leqq |\boldsymbol{p}| + |\boldsymbol{q}|.$$

Aus den Definitionen (5.1) und (5.2) ergibt sich die Definition für die *Linearkombination* endlich vieler Vektoren:

$$(5.4) \quad \boldsymbol{v} = a\,\boldsymbol{p} + b\,\boldsymbol{q} + \cdots + c\,\boldsymbol{s} \quad \text{mit} \quad v_k = a\,p_k + b\,q_k + \cdots + c\,s_k,$$
$$(k = 1, 2, 3).$$

Insbesondere kann jeder Vektor $\boldsymbol{p}$ (und zwar in eindeutiger Weise) mittels
$$\boldsymbol{p} = p_1\,\boldsymbol{i} + p_2\,\boldsymbol{j} + p_3\,\boldsymbol{k}$$
aus den Einheitsvektoren $\boldsymbol{i}, \boldsymbol{j}, \boldsymbol{k}$ linear kombiniert werden.

5.2 Innenprodukt zweier Vektoren

Unter dem *Innenprodukt* (physikalische Bedeutung: Arbeitsprodukt) der Vektoren $\boldsymbol{p}, \boldsymbol{q}$ versteht man eine Zahl[1]

$$(5.5) \qquad \boldsymbol{p}\,\boldsymbol{q} = |\boldsymbol{p}|\,|\boldsymbol{q}|\cos\vartheta \gtreqless 0;$$

dabei ist ϑ der von $\boldsymbol{p}$ und $\boldsymbol{q}$ gebildete nicht überstumpfe Winkel $(0 \leqq \vartheta \leqq \pi)$.

Hiernach ist (Abb. 5.3)

$$\boldsymbol{p}\,\boldsymbol{q} \begin{cases} > 0 \ \text{für} \ 0 \leqq \vartheta < \dfrac{\pi}{2}\,, \ \text{falls} \ \boldsymbol{p} \neq 0 \ \text{und} \ \boldsymbol{q} \neq 0, \\[2mm] = 0 \ \text{für} \ \vartheta = \dfrac{\pi}{2}\,, \ \text{auch wenn weder} \ \boldsymbol{p} = 0 \ \text{noch} \ \boldsymbol{q} = 0, \\[2mm] < 0 \ \text{für} \ \dfrac{\pi}{2} < \vartheta \leqq \pi, \ \text{falls} \ \boldsymbol{p} \neq 0 \ \text{und} \ \boldsymbol{q} \neq 0. \end{cases}$$

---

[1] In Abschnitt F (2.3.1) ist statt $\boldsymbol{p}\,\boldsymbol{q}$ die Notation (p, q) gewählt.

Das Innenprodukt kann also Null werden, ohne daß einer der beiden Faktoren Null ist. Insbesondere ist

$$(5.6) \qquad p\,p = p^2 = |p|^2, \qquad i^2 = j^2 = k^2 = 1, \qquad i\,j = j\,k = k\,i = 0.$$

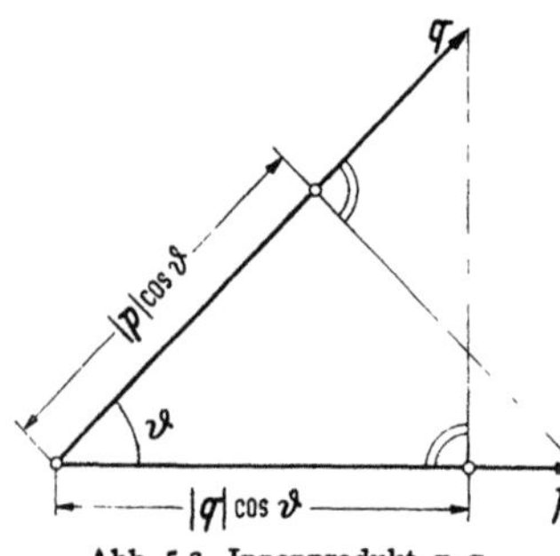

Abb. 5.3. Innenprodukt $p\,q$

Die Komponenten eines Vektors sind die Innenprodukte mit i, j, k, nämlich

$$p = (p\,i)\,i + (p\,j)\,j + (p\,k)\,k,$$

also $p_1 = p\,i$, $p_2 = p\,j$, $p_3 = p\,k$.

Für die Linearkombination und das Innenprodukt gelten ebenso wie bei reellen oder komplexen Zahlen

(a) das *kommutative Gesetz*:

$$p + q = q + p, \qquad p\,q = q\,p,$$

(b) das *assoziative Gesetz*:

$$p + q + s := (p + q) + s = p + (q + s),$$
$$a\,(p\,q) = (a\,p)\,q = p\,(a\,q),$$

(c) das *distributive Gesetz*:

$$a\,(p + q) = a\,p + a\,q,$$
$$s\,(p + q) = s\,p + s\,p.$$

Mit Hilfe dieser Gesetze und mit Berücksichtigung der Gln. (5.6) kann man das Innenprodukt

$$p\,q = (p_1\,i + p_2\,j + p_3\,k)\,(q_1\,i + q_2\,j + q_3\,k)$$

durch Ausmultiplizieren berechnen und erhält dabei

$$(5.7) \qquad p\,q = p_1\,q_1 + p_2\,q_2 + p_3\,q_3.$$

Insbesondere ergibt sich für zwei Einheitsvektoren $e = (\cos\alpha, \cos\beta, \cos\gamma)$ und $e' = (\cos\alpha', \cos\beta', \cos\gamma')$ die Beziehung

$$e\,e' = \cos\vartheta = \cos\alpha\,\cos\alpha' + \cos\beta\,\cos\beta' + \cos\gamma\,\cos\gamma'$$

für den von e und e' eingeschlossenen Winkel ϑ $(0 \leqq \vartheta \leqq \pi)$.

5.3 Außenprodukt zweier Vektoren

Unter dem *Außenprodukt* (physikalische Bedeutung: Momentenprodukt) der Vektoren p, q versteht man einen Vektor. Er ist folgendermaßen definiert (Abb. 5.4):

$$(5.8) \quad s = p \times q \quad \text{mit}^1 \begin{cases} |s| = \text{Maßzahl der Fläche des von } p \text{ und } q \\ \qquad \text{aufgespannten Parallelogramms} \\ \quad = |p| \cdot |q| \cdot \sin\vartheta, \quad 0 \leqq \vartheta \leqq \pi, \\ \text{Richtung von } s \text{ senkrecht auf der Ebene } p, q \\ \text{derart, daß } p, q, s \text{ ein Rechtssystem bilden.} \end{cases}$$

---

[1] In Abschnitt F (2.6 1) ist statt $p \times q$ die Notation $[p, q]$ gewählt.

Demnach ist

$$p \times q = 0 \quad \text{für} \quad p \parallel (\pm q),$$

d. h. $\vartheta = 0$ oder π, auch wenn weder $p = 0$ noch $q = 0$.

Auch das Außenprodukt kann also Null werden, ohne daß einer der beiden Faktoren Null ist. Insbesondere ist

$$(5.9) \qquad p \times p = 0, \quad i \times i = j \times j = k \times k = 0,$$
$$i \times j = k, \quad j \times k = i, \quad k \times i = j.$$

Für Außenprodukte gilt ebenso wie für Innenprodukte

$$a(p \times q) = (a\,p) \times q = p \times (a\,q), \quad \text{(\textit{assoziatives Gesetz})}$$
$$s \times (p + q) = s \times p + s \times q, \qquad \text{(\textit{distributives Gesetz})}$$

nicht aber das *kommutative Gesetz*. Statt dessen gilt die unmittelbar aus der Definition (5.8) folgende Beziehung

$$(5.10) \quad p \times q = -(q \times p).$$

Mit Hilfe der Gln. (5.9) und (5.10) kann man das Außenprodukt

$$p \times q = (p_1\,i + p_2\,j + p_3\,k) \times$$
$$\times (q_1\,i + q_2\,j + q_3\,k)$$

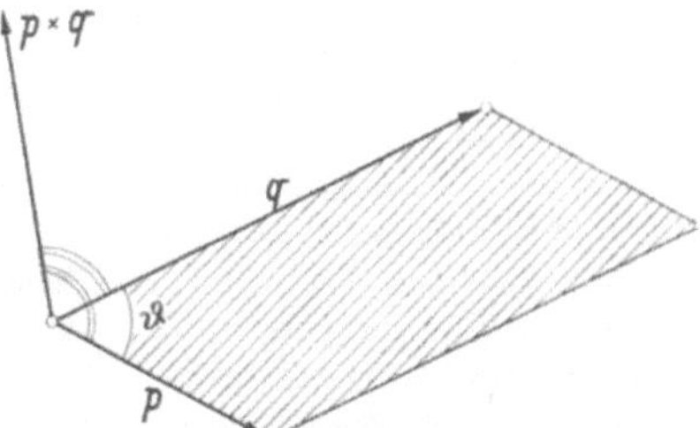

Abb. 5.4. Außenprodukt $p \times q$

durch Ausmultiplizieren berechnen und erhält dabei

$$(5.11) \quad s = p \times q = \begin{vmatrix} i & j & k \\ p_1 & p_2 & p_3 \\ q_1 & q_2 & q_3 \end{vmatrix} = s_1\,i + s_2\,j + s_3\,k \text{ mit} \begin{cases} s_1 = p_2\,q_3 - p_3\,q_2, \\ s_2 = p_3\,q_1 - p_1\,q_3, \\ s_3 = p_1\,q_2 - p_2\,q_1. \end{cases}$$

Aus $s_1 = |s| \cdot \cos\alpha$, $s_2 = |s| \cdot \cos\beta$, $s_3 = |s| \cdot \cos\gamma$ ergibt sich folgende geometrische Bedeutung der Komponenten des Vektors s:

s_1, s_2, s_3 sind die Maßzahlen der Flächeninhalte der Projektionen des von p und q aufgespannten Parallelogramms in den 3 Koordinatenebenen senkrecht zur x- bzw. y- bzw. z-Achse. Die Flächeninhalte sind hierbei je nach den Vorzeichen von $\cos\alpha$, $\cos\beta$, $\cos\gamma$ positiv oder negativ zu rechnen.

5.4 Spatprodukt dreier Vektoren

Das aus 3 Vektoren gebildete *Spatprodukt*

$$(5.12) \qquad \langle p, q, s \rangle := (p \times q)\,s = (q \times s)\,p = (s \times p)\,q$$
$$= p(q \times s) = q(s \times p) = s(p \times q)$$

ist als Innenprodukt zweier Vektoren (z. B. der Vektoren $p \times q$ und s) eine *Zahl*, nämlich die Maßzahl des Volumens des von p, q und s aufgespannten Spats (= Parallelflachs). Es ist positiv, wenn p, q, s ein

Rechtssystem bilden, und negativ für ein Linkssystem. Demnach ist

$$\langle p, q, s \rangle = 0,$$

wenn p, q, s zu einer Ebene parallel sind, auch wenn weder p noch q noch s Null ist. Auch das Spatprodukt kann demnach Null werden, ohne daß einer der 3 Faktoren Null ist.

Für Spatprodukte gilt wieder das *assoziative* und *distributive* Gesetz, **nicht** aber das *kommutative* Gesetz. Statt dessen gilt der Satz:

Das Spatprodukt ändert bei zyklischen Vertauschungen der Faktoren seinen Wert nicht, bei nichtzyklischen Vertauschungen bleibt der Betrag erhalten, aber das Vorzeichen ändert sich.

Durch Ausmultiplizieren ergibt sich aus Gl. (5.12)

$$(5.13) \qquad \langle p, q, s \rangle = \begin{vmatrix} p_1 & p_2 & p_3 \\ q_1 & q_2 & q_3 \\ s_1 & s_2 & s_3 \end{vmatrix}, \quad \text{insbesondere } \langle i, j, k \rangle = 1.$$

Vektoren p, q, ..., v heißen *linear abhängig*, wenn sie sich mittels Zahlenfaktoren ϱ, σ, ..., τ, die nicht alle verschwinden, zum Nullvektor

$$0 = \varrho\, p + \sigma\, q + \cdots + \tau\, v$$

linear kombinieren lassen. Es gilt:

(a) 4 Vektoren p, q, s, v sind stets linear abhängig.

(b) 3 Vektoren p, q, s sind dann und nur dann linear abhängig, wenn $\langle p, q, s \rangle = 0$.

(c) 2 Vektoren p, q sind dann und nur dann linear abhängig, wenn $p \times q = 0$.

5.5 Weitere Sätze der Vektorrechnung

a) *Multiplikationssatz der Spatprodukte*

$$(5.14) \qquad \langle p, q, s \rangle \cdot \langle u, v, w \rangle = \begin{vmatrix} p\,u & p\,v & p\,w \\ q\,u & q\,v & q\,w \\ s\,u & s\,v & s\,w \end{vmatrix}.$$

b) *Dreifaches Außenprodukt*

$$(5.15) \qquad p \times (q \times s) = (p\,s)\,q - (p\,q)\,s.$$

c) *Innenprodukt zweier Außenprodukte*

$$(5.16) \qquad (p \times q)(u \times v) = (p\,u) \cdot (q\,v) - (p\,v) \cdot (q\,u).$$

Mit $p = u$, $q = v$ spezialisiert sich diese Gleichung zu der viel verwendeten Identität.

$$(5.17) \qquad (p \times q)^2 = p^2 \cdot q^2 - (p\,q)^2,$$

in Komponenten

$$(p_2 q_3 - p_3 q_2)^2 + (p_3 q_1 - p_1 q_3)^2 + (p_1 q_2 - p_2 q_1)^2$$
$$= (p_1^2 + p_2^2 + p_3^2)(q_1^2 + q_2^2 + q_3^2) - (p_1 q_1 + p_2 q_2 + p_3 q_3)^2.$$

Hieraus folgt die *Schwarzsche Ungleichung*

$$(5.18) \qquad (p_1^2 + p_2^2 + p_3^2)\,(q_1^2 + q_2^2 + q_3^2) \geqq (p_1\,q_1 + p_2\,q_2 + p_3\,q_3)^2.$$

Das Gleichheitszeichen steht dann und nur dann, wenn p und q linear abhängig sind.

Die Schwarzsche Ungleichung gilt auch in n Dimensionen, nämlich

$$(5.19) \qquad \left(\sum_{k=1}^{n} p_k^2\right)\left(\sum_{k=1}^{n} q_k^2\right) \geqq \left(\sum_{k=1}^{n} p_k\,q_k\right)^2;$$

das Gleichheitszeichen steht dann und nur dann, wenn $p_k = \lambda\,q_k$ $(k = 1, 2, \ldots, n)$ mit festem λ gilt.

§ 6. Vektoranalysis

In § 5 haben wir *algebraische* Verknüpfungen von Vektoren behandelt. Jetzt wenden wir uns zur *Analysis* der Vektorrechnung (*Differentialoperatoren* und *Integralsätze*).

6.1 Differentialoperator grad F in einem skalaren Feld

In einem Bereich (B) des Raumes sei eine Funktion $F(x, y, z)$ mit stetigen ersten Ableitungen gegeben (*skalares Feld; Skalar* $=$ Zahl im Gegensatz zu Vektor). Die Flächen $F(x, y, z) = $ const sind die Niveauflächen von F, z. B. die Flächen konstanten Druckes, wenn F die Druckverteilung in einem Strömungsfeld bedeutet.

Durch den Operator grad (*Gradient*) wird aus dem *skalaren Feld F* das *Vektorfeld*

$$(6.1) \qquad v := \operatorname{grad} F(x, y, z)$$
$$= (F_x, F_y, F_z)$$

hergeleitet. v steht senkrecht auf den Niveauflächen $F = $ const und weist in die Richtung wachsender F, wenn $\operatorname{grad} F \neq 0$ ist (Abb. 6.1). Aus dieser

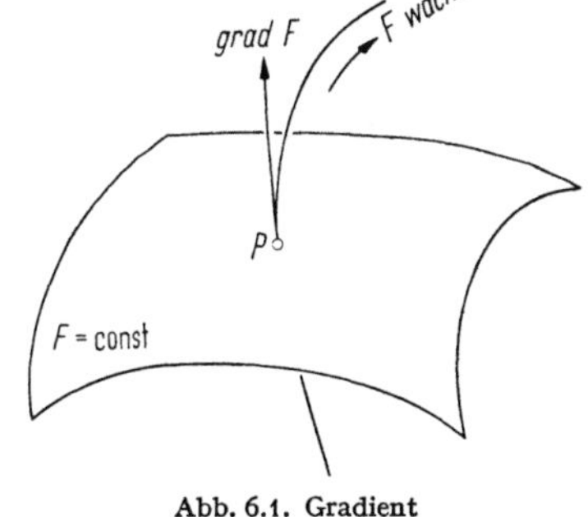

Abb. 6.1. Gradient

geometrischen Deutung folgt, daß $\operatorname{grad} F$ zwar zunächst unter Bezugnahme auf ein Koordinatensystem erklärt, aber unabhängig von der Wahl des Koordinatensystems ist.

Die Ableitung von F in einer beliebigen, durch den Einheitsvektor t bestimmten Richtung ($ds = $ Bogenelement) ist gegeben durch

$$(6.2) \qquad \left(\frac{dF}{ds}\right) = F_x \frac{dx}{ds} + F_y \frac{dy}{ds} + F_z \frac{dz}{ds} = t \operatorname{grad} F \gtrless 0.$$

Ist t speziell der in Richtung wachsender F weisende Normaleneinheitsvektor n der Niveauflächen, dann wird

$$(6.3) \qquad \left(\frac{dF}{ds}\right)_n = n \operatorname{grad} F = |\operatorname{grad} F|, \quad \text{also} \quad \left(\frac{dF}{ds}\right)_t = \left(\frac{dF}{ds}\right)_n \cos \vartheta,$$

wobei ϑ der Winkel zwischen t und n ist.

6.2 Differentialoperatoren in einem Vektorfeld

In einem Bereich (B) des Raumes sei jetzt eine Vektorfunktion q mit stetigen ersten partiellen Ableitungen ihrer Komponenten q_1, q_2, q_3 nach x, y und z gegeben (*Vektorfeld*).

Durch den Operator div (*Divergenz*) wird aus dem Vektorfeld q das skalare Feld

$$(6.4) \qquad \operatorname{div} q := q_{1x} + q_{2y} + q_{3z}$$

und durch den Operator rot (*Rotation*) wird aus dem Vektorfeld q ein weiteres Vektorfeld, nämlich

$$(6.5) \qquad v = \operatorname{rot} q := \begin{vmatrix} i & j & k \\ \dfrac{\partial}{\partial x} & \dfrac{\partial}{\partial y} & \dfrac{\partial}{\partial z} \\ q_1 & q_2 & q_3 \end{vmatrix}$$

hergeleitet.

Daß auch $\operatorname{div} q$ und $\operatorname{rot} q$ eine von der zufälligen Wahl des Koordinatensystems unabhängige Bedeutung haben, folgt aus den Integralsätzen von GAUSS und STOKES, die in Ziff. 6.3 besprochen werden.

Durch Anwendung des Operators div auf den Operator grad erhält man den Δ-Operator (auch *Laplace-Operator* genannt), der aus einem Skalarfeld $F(x, y, z)$ ein weiteres Skalarfeld herleitet, nämlich

$$(6.6) \qquad \Delta F(x, y, z) := \operatorname{div} \operatorname{grad} F(x, y, z) = F_{xx} + F_{yy} + F_{zz}.$$

Hierbei setzen wir voraus, daß die Funktion $F(x, y, z)$ auch noch stetige zweite Ableitungen besitzt.

Sind Φ und Ψ Funktionen mit stetigen zweiten Ableitungen und setzt man

$$(6.7) \qquad q = \Phi \operatorname{grad} \Psi, \quad p = \Phi \operatorname{grad} \Psi - \Psi \operatorname{grad} \Phi,$$

dann folgt

$$(6.8) \qquad \begin{aligned} \operatorname{div} q &= \Phi \Delta \Psi + \operatorname{grad} \Phi \operatorname{grad} \Psi, \\ \operatorname{div} p &= \Phi \Delta \Psi - \Psi \Delta \Phi. \end{aligned}$$

6.3 Integralsätze

Für das Skalarfeld $\operatorname{div} q$ gilt der *Integralsatz von* GAUSS (Abb. 6.2)

$$(6.9) \qquad \iiint\limits_{(B)} \operatorname{div} q \, d\tau = \oiint\limits_{(H)} q \, n \, d\sigma.$$

Dabei ist angenommen, daß der Bereich (B) von einer geschlossenen Fläche (H) begrenzt ist und daß diese Fläche bis auf endlich viele Kanten eindeutig bestimmte Tangentialebenen besitzt. $\boldsymbol{n}$ ist der nach außen weisende Normaleneinheitsvektor der Fläche (H), $d\tau$ ist das Volumenelement in (B), $d\sigma$ das Flächenelement auf (H).

Wenn wir $\boldsymbol{q}$ als Geschwindigkeitsvektor in einem stationären Strömungsfeld eines Mediums mit der konstanten Dichte 1 deuten, stellt die rechte Seite in Gl. (6.9) die Masse dar, die in der Zeit-

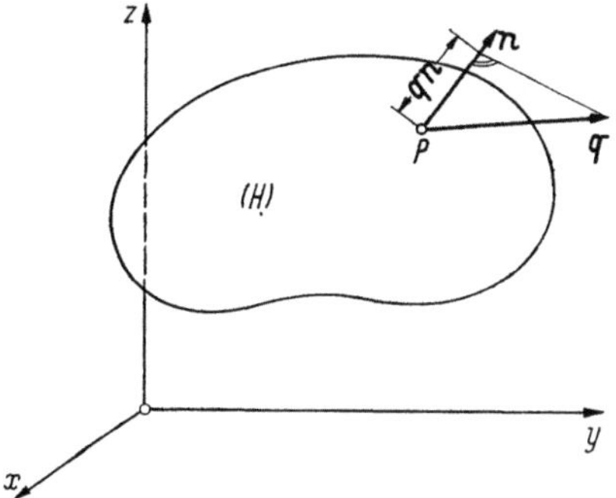

Abb. 6.2. Integralsatz von GAUSS

einheit aus dem Bereich (B) durch die Oberfläche (H) nach außen tritt, vermindert um die nach innen einströmende Masse. Ist die rechte Seite positiv bzw. negativ, dann muß in (B) fortwährend Masse zugeführt bzw. abgesaugt werden; die linke Seite der Gl. (6.9) stellt den Überschuß dieser in der Zeiteinheit zugeführten gegen die abgesaugte Masse dar.

Der Gaußsche Integralsatz, angewandt auf die Vektoren $\boldsymbol{p}$ und $\boldsymbol{q}$ der Gl. (6.7), liefert mit Hilfe der Gln. (6.8) die *Integralsätze von* GREEN

$$
\text{(6.10)}\quad
\begin{aligned}
\iiint\limits_{(B)} (\Phi\,\Delta\Psi + \operatorname{grad}\Phi\,\operatorname{grad}\Psi)\,d\tau &= \oiint\limits_{(H)} \Phi\,\frac{d\Psi}{dn}\,d\sigma, \\
\iiint\limits_{(B)} (\Phi\,\Delta\Psi - \Psi\,\Delta\Phi)\,d\tau &= \oiint\limits_{(H)} \left(\Phi\,\frac{d\Psi}{dn} - \Psi\,\frac{d\Phi}{dn}\right) d\sigma.
\end{aligned}
$$

Für das Vektorfeld $\operatorname{rot}\boldsymbol{q}$ gilt der *Integralsatz von* STOKES (Abbildung 6.3)

$$
\text{(6.11)}\quad \iint\limits_{(F)} \boldsymbol{n}\,\operatorname{rot}\boldsymbol{q}\,d\sigma = \oint\limits_{k} \boldsymbol{q}\,\boldsymbol{t}\,ds.
$$

Dabei ist (F) eine Fläche, die von einer geschlossenen, stückweise glatten Randkurve k begrenzt ist und bis auf endlich viele Kanten eindeutig bestimmte Tangentialebenen besitzt. $d\sigma$ ist

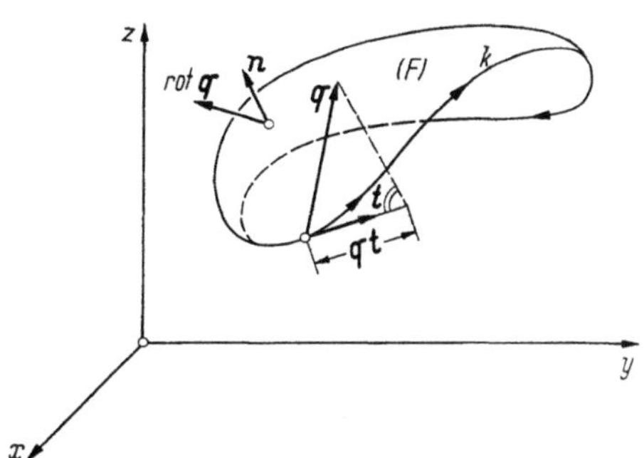

Abb. 6.3. Integralsatz von STOKES

das Flächenelement auf (F), ds die Bogenlänge von k. Auf k wird ein Umlaufsinn und damit die positive Zählung der Bogenlänge und dadurch auch die Richtung des Tangenteneinheitsvektors $\boldsymbol{t}$ festgelegt. Die Einheitsvektoren $\boldsymbol{n}$ der Flächennormalen auf (F) werden daraufhin so gerichtet, daß der Umlaufsinn von k und die Richtung von $\boldsymbol{n}$ ein Rechtssystem ergeben.

Läßt man in Gl. (6.9) den Bereich (B) auf einen Punkt P und in Gl. (6.11) die Fläche (F) auf ein Flächenelement (Punkt P, Normale $\boldsymbol{n}$) einschrumpfen, so ergeben sich die Grenzwerte

$$(6.12) \qquad (\operatorname{div}\boldsymbol{q})_P = \lim_{(B)\to P}\left\{\frac{1}{B}\iint\limits_{(H)}\boldsymbol{q}\,\boldsymbol{n}\,d\sigma\right\}, \quad B = \text{Volumen von } (B),$$

und

$$(6.13) \quad (\boldsymbol{n}\operatorname{rot}\boldsymbol{q})_{P,\,\boldsymbol{n}} = \lim_{(F)\to(P,\,\boldsymbol{n})}\left\{\frac{1}{F}\oint\limits_{k}\boldsymbol{q}\,\boldsymbol{t}\,ds\right\}, \quad F = \text{Flächeninhalt von } (F).$$

Dadurch ist $\operatorname{div}\boldsymbol{q}$ und $\operatorname{rot}\boldsymbol{q}$ unabhängig vom Koordinatensystem erklärt; Gl. (6.13) liefert mit $\boldsymbol{n} = \boldsymbol{i},\,\boldsymbol{j},\,\boldsymbol{k}$ die Komponenten des Vektors $\operatorname{rot}\boldsymbol{q}$ in einem Koordinatensystem mit den Einheitsvektoren $\boldsymbol{i},\,\boldsymbol{j},\,\boldsymbol{k}$.

Mit Hilfe der Gln. (6.12) und (6.13) kann man $\operatorname{div}\boldsymbol{q}$ und $\operatorname{rot}\boldsymbol{q}$ auch in beliebigen krummlinigen Koordinatensystemen berechnen (vgl. § 10).

6.4 Wirbelfreie Vektorfelder und quellenfreie Vektorfelder

Ein Vektorfeld $\boldsymbol{q}$ heißt in einem Bereich (B) *wirbelfrei*, wenn in jedem Punkt von (B) $\operatorname{rot}\boldsymbol{q} = 0$ ist. Wir setzen voraus, daß in (B) jede aus einem Kreis durch stetige Abänderung entstehende geschlossene Kurve k sich stetig auf einen Punkt in (B) zusammenziehen läßt. Dann folgt aus dem Integralsatz von STOKES: Das Vektorfeld $\boldsymbol{q}$ ist dann und nur dann wirbelfrei, wenn jedes über eine geschlossene Kurve k in (B) erstreckte Integral $\oint\limits_{k}\boldsymbol{q}\,\boldsymbol{t}\,ds$ verschwindet, also

$$(6.14) \qquad \operatorname{rot}\boldsymbol{q} = 0 \Leftrightarrow \oint\limits_{\boldsymbol{k}}\boldsymbol{q}\,\boldsymbol{t}\,ds = 0 \quad \text{für jedes } k \text{ in } (B).$$

Hiermit gleichwertig ist folgende Aussage (Abb. 6.4): Dann und nur dann sind alle in (B) von einem Punkt A bis zu einem Punkt $P(x,y,z)$ erstreckten Integrale $\int\limits_{A}^{P}\boldsymbol{q}\,\boldsymbol{t}\,ds$ einander gleich (d. h. vom Integrationsweg unabhängig), wenn das Vektorfeld wirbelfrei ist, also

$$(6.15) \qquad \operatorname{rot}\boldsymbol{q} = 0 \Leftrightarrow \int\limits_{A}^{P(x,y,z)}\boldsymbol{q}\,\boldsymbol{t}\,ds \ \text{(wegunabhängig)} = F(x,y,z).$$

Auf diese Weise ist durch das vorgegebene wirbelfreie Vektorfeld $\boldsymbol{q}$ eine Funktion $F(x,y,z)$ bis auf eine additive Konstante festgelegt. Diese Funktion $F(x,y,z)$ heißt das *skalare Potential* des wirbelfreien Vektorfeldes $\boldsymbol{q}$, und es ist

$$(6.16) \qquad \boldsymbol{q} = \operatorname{grad} F(x,y,z).$$

Hieraus folgt: Jedes wirbelfreie Vektorfeld q besitzt ein skalares Potential F und ist das Gradientenfeld dieses Potentials F. Offenbar gilt auch die Umkehrung: Jedes Gradientenfeld ist ein wirbelfreies Vektorfeld.

Ein Vektorfeld q heißt in einem Bereich (B) *quellenfrei*, wenn in jedem Punkt von (B) $\operatorname{div} q = 0$ ist. Wir setzen voraus, daß in (B) jede aus einer Kugel durch stetige Abänderung entstehende geschlossene Fläche (H) sich stetig auf einen Punkt in (B) zusammenziehen läßt.

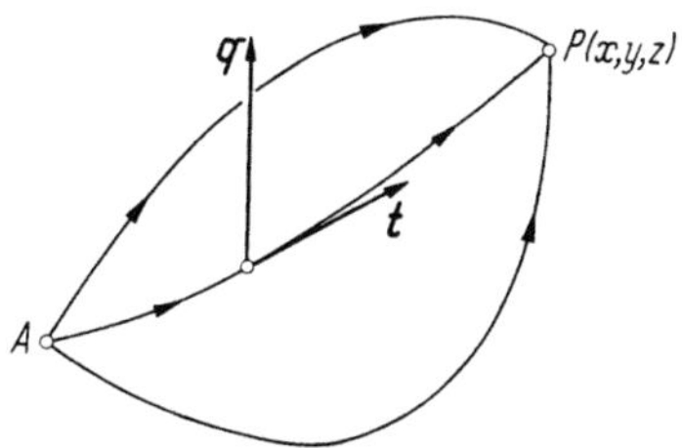

Abb. 6.4. Skalares Potential

Dann folgt aus dem Integralsatz von Gauss: Das Vektorfeld q ist dann und nur dann quellenfrei, wenn jedes über eine geschlossene Fläche (H) erstreckte Integral $\oiint\limits_{(H)} q\,n\,d\sigma$ gleich Null ist, also

$$(6.17) \qquad \operatorname{div} q = 0 \Leftrightarrow \iint\limits_{(H)} q\,n\,d\sigma = 0 \quad \text{für jedes } (H) \text{ in } (B).$$

Hiermit gleichwertig ist folgende Aussage: Dann und nur dann sind alle Integrale $\oiint\limits_{(F)} q\,n\,d\sigma$, die in (B) über beliebige Flächen (F) mit der festen Randkurve k mit vorgegebenem Umlaufsinn erstreckt werden, einander gleich, wenn das Vektorfeld quellenfrei ist.

Es existiert dann ein *Vektorpotential* $p(x, y, z)$ derart, daß

$$(6.18) \qquad q = \operatorname{rot} p(x, y, z).$$

Hieraus folgt: Jedes quellenfreie Vektorfeld q besitzt ein Vektorpotential p und ist das Rotationsfeld dieses Potentials p. Offenbar gilt auch die Umkehrung: Jedes Rotationsfeld ist ein quellenfreies Vektorfeld.

Während das skalare Potential eines wirbelfreien Vektorfeldes bis auf eine additive konstante skalare Größe definiert ist, kann dem Vektorpotential eines quellenfreien Vektorfeldes eine beliebige wirbelfreie Vektorfunktion $\operatorname{grad} F(x, y, z)$ hinzugefügt werden.

Ermittlung des Vektorpotentials $p = (a(x, y, z), b(x, y, z), c(x, y, z))$ eines vorgegebenen quellenfreien Vektorfeldes $q = (u(x, y, z), v(x, y, z), w(x, y, z))$: Man verifiziert leicht, daß der Ansatz

$$a = \int_{z_0}^{z} v(x, y, \zeta)\, d\zeta - \int_{y_0}^{y} w(x, \eta, z_0)\, d\eta, \quad b = -\int_{z_0}^{z} u(x, y, \zeta)\, d\zeta, \quad c \equiv 0$$

unter der Voraussetzung $\operatorname{div} q = 0$ die Forderung $q = \operatorname{rot} p$ erfüllt.

Bei einem ebenen Vektorfeld

$$q(x, y) = (u(x, y), v(x, y), 0)$$

ist $\operatorname{div} \boldsymbol{q} = u_x + v_y$, $\operatorname{rot} \boldsymbol{q} = \boldsymbol{k}(v_x - u_y)$ mit $\boldsymbol{k} =$ Einheitsvektor in Richtung der positiven z-Achse. Ist das Feld wirbelfrei ($v_x = u_y$), dann ist $u\,dx + v\,dy$ ein vollständiges Differential, also

$$u\,dx + v\,dy = d\varphi(x, y).$$

Ist das Feld quellenfrei ($u_x = -v_y$), dann ist

$$-v\,dx + u\,dy = d\psi(x, y)$$

ein vollständiges Differential. Im ersten Fall ist

$$\boldsymbol{q} = (u, v) = \operatorname{grad}\varphi, \quad \varphi = \text{skalares Potential,}$$

im zweiten Fall ist

$$(-v, u) = \operatorname{grad}\psi \quad \text{oder} \quad \boldsymbol{q} = (u, v, 0) = \operatorname{rot}\boldsymbol{p} \quad \text{mit} \quad \boldsymbol{p} = \boldsymbol{k}\,\psi = \text{Vektor-}$$
$$\text{potential.}$$

Erläuterung an der ebenen stationären Strömung: Ist $\boldsymbol{q} = (u, v)$ der Geschwindigkeitsvektor einer wirbel- und quellenfreien ebenen Strömung, dann ist $\varphi(x, y)$ das Geschwindigkeitspotential und $\psi(x, y)$ die Stromfunktion. Wegen $\operatorname{grad}\varphi \operatorname{grad}\psi = \varphi_x\,\psi_x + \varphi_y\,\psi_y = 0$ stehen die Potentiallinien $\varphi =$ const und die Stromlinien $\psi =$ const aufeinander senkrecht.

6.5 Anwendungen auf die Strömungslehre und Beziehungen zur Funktionentheorie

Wir erläutern die Ausführungen über Vektoranalysis durch Anwendung auf die Strömungslehre. Dabei vernachlässigen wir die Viskosität und die Wärmeleitung des strömenden Mediums (Flüssigkeiten oder Gase) sowie den Einfluß der Schwerkraft und sonstiger äußerer Kräfte. Außerdem beschränken wir uns auf *stationäre* Vorgänge: der Geschwindigkeitsvektor $\boldsymbol{q} = (u, v, w)$, der Druck p und die Dichte ϱ sind zeitunabhängig, also Funktionen nur von x, y, z. Um ein konkretes Beispiel vor Augen zu haben, denken wir etwa an die Umströmung eines Körpers, die aus einem ungestörten Parallelstrom (Grundströmung) nach einer gewissen Anlaufzeit entsteht, wenn man diesen Körper in die Grundströmung bringt.

Wie in Ziff. 6.3 sei (B) ein von einer geschlossenen Fläche (H) begrenzter Bereich. Er soll nur Punkte des Strömungsfeldes, nicht aber Punkte des umströmten Körpers enthalten. Aus den Erhaltungssätzen der Masse und des Impulses folgt.

$$(6.19_{1,2}) \quad \oiint\limits_{(H)} \varrho\,\boldsymbol{q}\,\boldsymbol{n}\,d\sigma = 0, \quad \oiint\limits_{(H)} \varrho\,\boldsymbol{q}\,(\boldsymbol{q}\,\boldsymbol{n})\,d\sigma = -\oiint\limits_{(H)} p\,\boldsymbol{n}\,d\sigma;$$

$\boldsymbol{n}$, $d\sigma$ und das alsbald benützte $d\tau$ haben dieselbe Bedeutung wie in Gl. (6.9).

Mit Hilfe des Gaußschen Integralsatzes, Gl. (6.9), ergibt sich aus
Gl. (6.19$_1$)

$$\iiint\limits_{(B)} \operatorname{div}(\varrho\, \boldsymbol{q})\, d\tau = 0$$

und aus der Vektorgleichung (6.19$_2$) für die Komponenten u, v, w von $\boldsymbol{q}$

$$\iiint\limits_{(B)} \operatorname{div}(\varrho\, u\, \boldsymbol{q})\, d\tau = -\iiint\limits_{(B)} \operatorname{div}(p\, \boldsymbol{i})\, d\tau,$$

$$\iiint\limits_{(B)} \operatorname{div}(\varrho\, v\, \boldsymbol{q})\, d\tau = -\iiint\limits_{(B)} \operatorname{div}(p\, \boldsymbol{j})\, d\tau,$$

$$\iiint\limits_{(B)} \operatorname{div}(\varrho\, w\, \boldsymbol{q})\, d\tau = -\iiint\limits_{(B)} \operatorname{div}(p\, \boldsymbol{k})\, d\tau.$$

Der Grenzübergang gemäß Gl. (6.12) liefert dann die *Kontinuitätsgleichung*

$$(6.20) \qquad \operatorname{div}\varrho\, \boldsymbol{q} = 0$$

und die *Eulerschen Bewegungsgleichungen*

$$(6.21) \quad \operatorname{div}(\varrho\, u\, \boldsymbol{q}) = -p_x, \quad \operatorname{div}(\varrho\, v\, \boldsymbol{q}) = -p_y, \quad \operatorname{div}(\varrho\, w\, \boldsymbol{q}) = -p_z.$$

Durch einfache Umformungen lassen sich die Gln. (6.20) und (6.21) ersetzen durch

$$(6.20^*) \qquad \varrho\, \operatorname{div}\boldsymbol{q} + \boldsymbol{q}\, \operatorname{grad}\varrho = 0,$$

$$(6.21^*) \quad \boldsymbol{q}\,\operatorname{grad}u = -\frac{1}{\varrho}\,p_x, \quad \boldsymbol{q}\,\operatorname{grad}v = -\frac{1}{\varrho}\,p_y, \quad \boldsymbol{q}\,\operatorname{grad}w = -\frac{1}{\varrho}\,p_z.$$

Erläuterung der Umformung der Gln. (6.21):

$$\begin{aligned}
\operatorname{div}(\varrho\, u\, \boldsymbol{q}) &= \varrho\,[u\,\operatorname{div}\boldsymbol{q} + \boldsymbol{q}\,\operatorname{grad}u] + u\,\boldsymbol{q}\,\operatorname{grad}\varrho \\
&= u\,(\varrho\,\operatorname{div}\boldsymbol{q} + \boldsymbol{q}\,\operatorname{grad}\varrho) + \varrho\,\boldsymbol{q}\,\operatorname{grad}u \\
&= \varrho\,\boldsymbol{q}\,\operatorname{grad}u \quad \text{wegen Gl. } (6.20^*).
\end{aligned}$$

Mit Benützung des sog. *Nabla-Operators*,

$$\nabla = \left(\frac{\partial}{\partial x},\ \frac{\partial}{\partial y},\ \frac{\partial}{\partial z}\right) = \boldsymbol{i}\,\frac{\partial}{\partial x} + \boldsymbol{j}\,\frac{\partial}{\partial y} + \boldsymbol{k}\,\frac{\partial}{\partial z},$$

lassen sich die 3 Gln. (6.21*) zur Vektorgleichung

$$(6.21^{**}) \qquad (\nabla\,\boldsymbol{q})\,\boldsymbol{q} = -\frac{1}{\varrho}\,\operatorname{grad}p$$

zusammenfassen. Dabei wird ∇ formal als Vektor betrachtet, und der als formales Vektorprodukt gebildete Operator

$$\nabla\,\boldsymbol{q} = u\,\frac{\partial}{\partial x} + v\,\frac{\partial}{\partial y} + w\,\frac{\partial}{\partial z} = \frac{dx}{dt}\,\frac{\partial}{\partial x} + \frac{dy}{dt}\,\frac{\partial}{\partial y} + \frac{dz}{dt}\,\frac{\partial}{\partial z}$$

ist die *substantielle Ableitung*, welche die Änderungen an einem festen Massenelement auf seinem Weg in der Strömung angibt.

Mit Hilfe der durch Ausrechnen der Komponenten leicht zu bestätigenden Identität

$$(6.22) \qquad (\nabla q)\, q \equiv \tfrac{1}{2}\operatorname{grad}|q|^2 - q \times \operatorname{rot} q$$

ist Gl. (6.21**) gleichbedeutend mit

$$(6.21{*}{*}{*}) \qquad \frac{1}{2}\operatorname{grad}|q|^2 - q \times \operatorname{rot} q = -\frac{1}{\varrho}\operatorname{grad} p.$$

Wegen Gl. (6.20) ist das Vektorfeld $\varrho\, q$ *quellenfrei*. Es existiert daher nach Ziff. 6.4 ein *Vektorpotential* ψ, aus dem nach Gl. (6.18) die Strömungsgeschwindigkeit

$$(6.23) \qquad q = \frac{1}{\varrho}\operatorname{rot}\psi$$

hergeleitet werden kann.

In vielen Fällen hat man es mit *wirbelfreien* Strömungen zu tun, also mit Strömungen, bei denen neben Gl. (6.20) auch

$$(6.24) \qquad \operatorname{rot} q = 0$$

gilt. Nach dem Satz von STOKES, Gl. (6.11), ist dann die sog. *Zirkulation*

$$\oint q\, t\, ds = 0$$

für jede geschlossene Kurve k, in die sich eine Fläche (F) einspannen läßt, welche nur Punkte des Strömungsfeldes, nicht aber Punkte des umströmten Körpers enthält. Neben dem Vektorpotential existiert dann auch ein skalares Potential, das sog. *Geschwindigkeitspotential* φ, und zwar ist nach Ziff. 6.4

$$(6.25) \qquad \varphi(P) = \varphi(A) + \int_{A}^{P} q\, t\, ds;$$

dabei ist A ein fester und P ein beliebiger Punkt des Strömungsfeldes und der Integrationsweg irgendeine die Punkte A und P verbindende Kurve, die nur Punkte des Strömungsfeldes, nicht aber Punkte des umströmten Körpers enthält. Nach Gl. (6.16) ergibt sich aus dem Geschwindigkeitspotential φ die Strömungsgeschwindigkeit

$$(6.26) \qquad q = \operatorname{grad}\varphi.$$

Infolgedessen nennt man die wirbelfreien Strömungen auch *Potentialströmungen*. Bei den wirbelfreien Strömungen reduziert sich die Eulersche Bewegungsgleichung (6.21***) auf

$$\frac{1}{2}\operatorname{grad}|q|^2 = -\frac{1}{\varrho}\operatorname{grad} p,$$

woraus durch Integration sogleich der Integralsatz (*Energiesatz, Bernoullische Gleichung*)

$$\frac{1}{2}|q|^2 + \int_{p_0}^{p}\frac{dp}{\varrho} = 0$$

folgt; dabei ist angenommen, daß ϱ eine Funktion von p ist. p_0 ist der *Staudruck*, der an *Staupunkten* ($q = 0$) des Strömungsfeldes herrscht.

Bei *ebenen Strömungen* (z. B. *Strömungen um Profile* als Querschnitte „unendlich langer" Tragflügel) hat man nur die beiden Ortskoordinaten x, y. Dann ist nach dem Schlußabsatz von Ziff. 6.4

$$\boldsymbol{\psi} = \boldsymbol{k}\,\psi_3 \quad \text{mit} \quad d\psi_3 = -\varrho\,v\,dx + \varrho\,u\,dy,$$

also

$$(6.27) \qquad \varrho\,u = \frac{\partial \psi_3}{\partial y}, \qquad \varrho\,v = -\frac{\partial \psi_3}{\partial x}.$$

Bei *wirbelfreien ebenen Strömungen* ist außerdem

$$d\varphi = u\,dx + v\,dy,$$

also

$$(6.28) \qquad u = \frac{\partial \varphi}{\partial x}, \qquad v = \frac{\partial \varphi}{\partial y}.$$

Wie man aus den Gln. (6.27) und (6.28) sieht, bilden die Kurven $\psi_3 = $ const (*Stromlinien*) und die Kurven $\varphi = $ const (*Potentiallinien*) bei Ausschluß der Staupunkte ($u = v = 0$) ein Orthogonalnetz. Man bezeichnet die Funktion ψ_3 als *Stromfunktion*. Diese Bezeichnung sowie die Bezeichnung der Kurven $\psi_3 = $ const als Stromlinien ist durch folgenden sich aus den Gln. (6.27) ergebenden Tatbestand gerechtfertigt: (a) Die Kurven $\psi_3 = $ const haben die Geschwindigkeitsvektoren $\boldsymbol{q} = (u, v)$ als Tangenten. (b) Das zwischen zwei Stromlinien $\psi_3 = (\psi_3)^{(1)}$ und $\psi_3 = (\psi_3)^{(2)}$ strömende Medium hat die Masse

$$m = \int_{A_1}^{A_2} \varrho\,\boldsymbol{q}\,\boldsymbol{n}\,ds = \int_{A_1}^{A_2} \varrho\,(u\,dy - v\,dx) = \int_{A_1}^{A_2} d\psi_3 = (\psi_3)^{(2)} - (\psi_3)^{(1)}.$$

A_1 und A_2 sind irgendwelche Punkte auf den beiden Stromlinien $\psi_3 = (\psi_3)^{(1)}$ und $\psi_3 = (\psi_3)^{(2)}$; der Integrationsweg ist irgendeine von A_1 nach A_2 führende Kurve, $\boldsymbol{n}$ ist Normalenvektor dieser Kurve.

Die bisherigen Ausführungen gelten nicht nur für *inkompressible Medien*, bei denen $\varrho = $ const ist (*Hydrodynamik* und *klassische Aerodynamik*), sondern auch für den allgemeinen Fall der *kompressiblen Medien*, bei denen die Dichte eine Funktion $\varrho(x, y, z)$ des Ortes ist (*Gasdynamik = Hochgeschwindigkeits-Aerodynamik*).

Im Spezialfall der *inkompressiblen Medien* vereinfachen sich viele Beziehungen erheblich. Wir setzen $\varrho = $ const $= 1$, was keine Beschränkung bedeutet. Die Gln. (6.20) und (6.24), nämlich

$$u_x = (-v)_y, \qquad u_y = -(-v)_x,$$

sind dann die Cauchy-Riemannschen Differentialgleichungen einer analytischen Funktion

$$f(z) = u(x, y) - i\,v(x, y)$$

der komplexen Veränderlichen $z = x + i\,y$. Aus den Gln. (6.27) und (6.28) folgt ferner, daß auch

$$F(z) = \varphi(x, y) + i\,\psi_3(x, y)$$

eine analytische Funktion von z ist, und daß

$$f(z) = \frac{d}{dz}\,F(z)$$

gilt. Man nennt $f(z)$ die *komplexe Geschwindigkeit* und $F(z)$ das *komplexe Potential* der Strömung.

Durch diesen Übergang ins Komplexe wird die *Funktionentheorie* ein wichtiges Hilfsmittel der klassischen Aerodynamik. Die z-Ebene, in der die Strömung verläuft, und die F-Ebene des komplexen Potentials entsprechen sich (allerdings keineswegs umkehrbar eindeutig) durch *konforme Abbildung*. Die Potentiallinien $\varphi =$ const und die Stromlinien $\psi_3 =$ const bilden in der F-Ebene ein rechtwinkeliges Geradennetz und infolgedessen in der z-Ebene nicht nur ein Orthogonalnetz wie im allgemeineren Fall der kompressiblen Strömungen, sondern sogar ein „*infinitesimales Quadratnetz*". Die Funktionen $\varphi(x, y)$ und $\psi_3(x, y)$ genügen als Real- und Imaginärteil einer analytischen Funktion der *Potentialgleichung*

$$\Delta\varphi := \operatorname{div}\operatorname{grad}\varphi = \varphi_{xx} + \varphi_{yy} = 0 \quad \text{bzw.} \quad \Delta\psi_3 = 0.$$

§ 7. Differentialgeometrie der Kurven

7.1 Ebene Kurven

Wir sprechen zunächst von *ebenen Kurven* und bezeichnen mit x, y (= rechtwinklige Cartesische Koordinaten mit gleichen Längenmaßstäben) die Koordinaten ihrer Punkte. Dann kann eine ebene Kurve dargestellt werden durch eine Gleichung $F(x, y) = 0$ als geometrischer Ort der Punkte, deren Koordinaten x, y der Gleichung $F = 0$ genügen. Auf diese Weise hatten wir in Ziff. 1.4 (dort allerdings in affinen Koordinaten) die Kegelschnitte dargestellt. Hier werden wir eine andere, für die Untersuchung

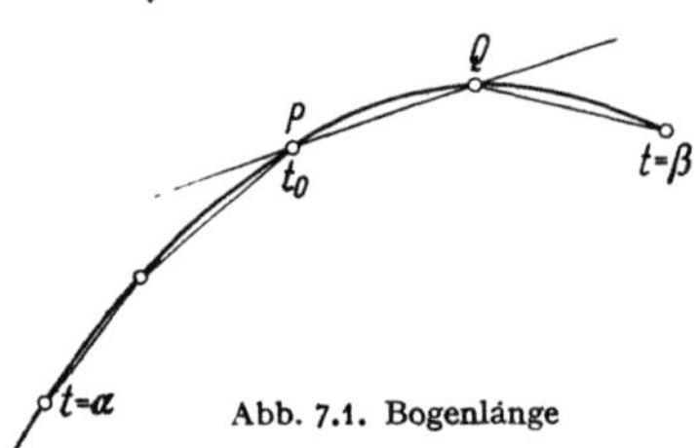
Abb. 7.1. Bogenlänge

der differentialgeometrischen Eigenschaften geeignetere Darstellung benützen, nämlich die *Parameterdarstellung* (Abb. 7.1)

$$(7.1) \qquad x = x(t), \quad y = y(t), \quad \alpha \leq t \leq \beta.$$

Dabei sollen die Funktionen $x(t)$ und $y(t)$ in dem Definitionsbereich $\alpha \leq t \leq \beta$ stetige Ableitungen bis zu der für die jeweilige Betrachtung erforderlichen Ordnung besitzen. Außerdem verlangen wir $\dot{x}^2 + \dot{y}^2 > 0$; dabei ist $\dot{x} = \dfrac{dx}{dt}$, $\dot{y} = \dfrac{dy}{dt}$. Deutet man t als Zeit, dann ist $\sqrt{\dot{x}^2 + \dot{y}^2}$ die Durchlaufungsgeschwindigkeit der Kurve. Die Bedingung $\dot{x}^2 + \dot{y}^2 > 0$ bedeutet also, daß die Kurve mit wachsendem t von $t = \alpha$ bis $t = \beta$ „monoton" durchlaufen wird, d. h. ohne Umkehr des Durchlaufungssinns und mit nirgends verschwindender Geschwindigkeit.

Die *Tangente* in einem Kurvenpunkt $P(t = t_0)$ ist definiert als Grenzlage der Sekanten PQ für $Q \to P$, d. h. für jede Folge von Kurvenpunkten Q, die gegen P konvergiert, und hat die Gleichung

$$(7.2) \qquad (x - x_0)\,\dot{y}_0 - (y - y_0)\,\dot{x}_0 = 0$$

mit $x_0 = x(t_0)$, $\dot{x}_0 = \dot{x}(t_0)$ usf. Für die *Normale*, d. h. die zur Tangente senkrechte Gerade, folgt hieraus die Gleichung

$$(x - x_0)\,\dot{x}_0 + (y - y_0)\,\dot{y}_0 = 0.$$

Die *Bogenlänge* s der Kurve im Intervall $\alpha \leq \tau \leq t$ $(t \leq \beta)$ ist definiert als Grenzwert der Längen der Sehnenpolygone, wenn die Längen aller Sehnen gegen Null streben. Daraus ergibt sich

$$(7.3) \qquad s(t) = \int\limits_{\tau=\alpha}^{t} \sqrt{\dot{x}^2(\tau) + \dot{y}^2(\tau)}\, d\tau \geq 0.$$

Nimmt man die Bogenlänge s als Kurvenparameter $(s = t)$, dann ist

$$(7.4) \qquad \left(\frac{dx}{ds}\right)^2 + \left(\frac{dy}{ds}\right)^2 = 1, \qquad \frac{dx}{ds} = \cos\alpha, \qquad \frac{dy}{ds} = \sin\alpha.$$

Dabei ist α der Winkel der im Sinne wachsender s genommenen Richtung der Kurventangente gegen die positive Richtung der x-Achse.

Die *Krümmung* in einem Kurvenpunkt P ist definiert (Abb. 7.2) durch

$$(7.5) \qquad k = \lim_{\Delta s \to 0} \left|\frac{\Delta\alpha}{\Delta s}\right| = \left|\frac{\dot{\alpha}}{\dot{s}}\right| \geq 0.$$

Wenn man t als Zeit auffaßt, ist die Krümmung das Verhältnis der Drehgeschwindigkeit $\dot{\alpha}$ der Tangente zur Fortbewegungsgeschwindigkeit $\dot{s}$ des Punktes P auf der Kurve (Veranschaulichung durch das Einschlagen des Lenkrades eines Kraftwagens bei der Fahrt auf einer nicht geraden Fahrbahn). Mit $\tan\alpha = \dot{y}/\dot{x}$ erhält man aus Gl. (7.5) die Formel

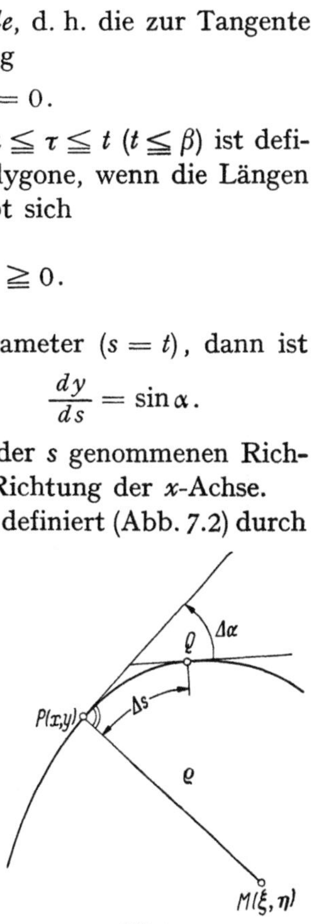

$$(7.6) \qquad k = \frac{|\dot{x}\ddot{y} - \ddot{x}\dot{y}|}{(\dot{x}^2 + \dot{y}^2)^{3/2}} \geq 0.$$

Abb. 7.2
Krümmung einer ebenen Kurve

Diese Gleichung spezialisiert sich für $t = s$ wegen Gl. (7.4) zu

$$(7.7) \qquad k = \left|\frac{dx}{ds}\frac{d^2y}{ds^2} - \frac{d^2x}{ds^2}\frac{dy}{ds}\right| \geq 0$$

und für $t = x$ $(y = y(t) = y(x))$ zu

$$(7.8) \qquad k = \frac{|y''|}{(1 + y'^2)^{3/2}} \geqq 0 \quad \text{mit} \quad y' = \frac{dy}{dx}, \qquad y'' = \frac{d^2y}{dx^2}.$$

Der Kehrwert $\varrho = 1/k \geqq 0$ heißt *Krümmungsradius*. Ist die gegebene Kurve ein Kreis, dann ist der Krümmungsradius gleich dem Kreisradius. In Punkten mit der Krümmung $k = 0$ (= *Wendepunkte*, falls die Tangente die Kurve durchsetzt, bzw. = *Flachpunkte*, wenn die Tangente die Kurve nicht durchsetzt) ist $\varrho = \infty$.

Schließt man die Wendepunkte aus, dann hat die Kurve in der Umgebung eines Punktes P eine konvexe und eine konkave Seite. Trägt man auf der Kurvennormalen auf der konkaven Seite der Kurve den Krümmungsradius ϱ von P aus ab, so ergibt sich der *Krümmungsmittelpunkt* M (vgl. Abb. 7.2). Die Koordinaten ξ, η des Krümmungsmittelpunktes zum Kurvenpunkt $P(x, y)$ sind

$$(7.9) \qquad \left. \begin{aligned} \xi &= x \mp \varrho \sin\alpha = x \mp \varrho \, \frac{dy}{ds} \\[2mm] \eta &= y \pm \varrho \cos\alpha = y \pm \varrho \, \frac{dx}{ds} \end{aligned} \right\} \quad \text{für} \quad \frac{d^2y}{dx^2} \gtrless 0.$$

Der Kreis um den Krümmungsmittelpunkt M mit dem Radius ϱ heißt *Krümmungskreis*. Er ist derjenige Kreis, der sich der gegebenen Kurve in P „am besten anschmiegt", d. h.: Er ergibt sich aus den Kreisen, die durch P und zwei weitere Kurvenpunkte Q, R hindurchgehen, mittels des Grenzprozesses $Q \to P$ und $R \to P$ bei festgehaltenem P. Ist die gegebene Kurve ein Kreis, so fallen alle ihre Krümmungskreise mit ihr zusammen.

Der geometrische Ort der Krümmungsmittelpunkte M heißt *Evolute*, die vorgegebene Kurve der Punkte P heißt *Evolvente* der Evolute (Abb. 7.3). Zwischen Evolute und Evolvente bestehen die folgenden einfachen geometrischen Beziehungen:

Die Normalen der Evolvente sind Tangenten der Evolute. Die Evolventen sind also Orthogonaltrajektorien der Tangentenschar der Evolute. Zu jeder Evolvente gibt es genau eine Evolute, zu einer Evolute dagegen unendlich viele Evolventen. Wenn eine Evolvente bis zu einem Punkt R der Evolute und darüber hinaus fortgesetzt wird, hat sie in R einen Rückkehrpunkt. Die Bezeichnungen Evolute und Evolvente rühren von folgendem mechanischem Erzeugungsprozeß her: Die Evolventen können aus der Evolute dadurch

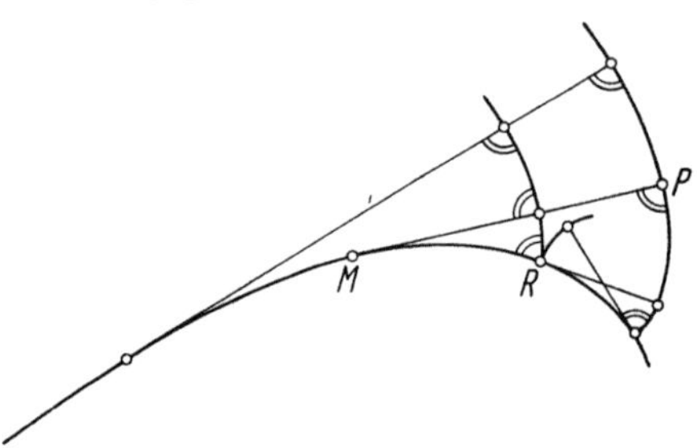

Abb. 7.3. Evolute und Evolventen

hergeleitet werden, daß man einen gespannten, undehnbaren Faden auf der Evolute auf- bzw. abwickelt. Jeder Punkt des gespannten Fadens beschreibt dabei eine Evolvente der vorgegebenen Evolute.

Die in der Technik (*Theorie der Zahnräder*) wichtigsten Kurven sind die *Kreisevolventen* (Evolute = Kreis) und die *Zykloiden,* d. h. die Bahnkurven, die beim Abrollen eines Kreises an einer Geraden oder an einem zweiten Kreis entstehen. Ein wichtiger Spezialfall ergibt sich beim inneren Abrollen eines Kreises vom Radius a an einem Kreis vom Radius $2a$ (Abb. 7.4). Jeder Punkt R des abrollenden Kreises durchläuft dabei eine Gerade, nämlich einen Durchmesser des größeren Kreises, die

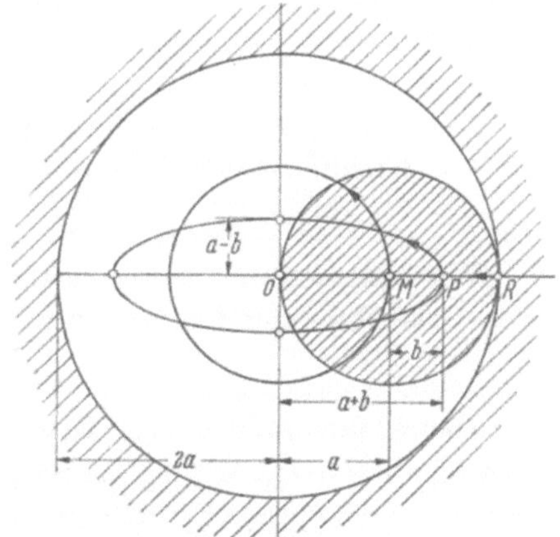

Abb. 7.4. Inneres Abrollen eines Kreises an einem Kreis doppelter Größe

Bahnkurven der übrigen Punkte P des abrollenden Kreises sind Ellipsen mit den Halbachsen $a \pm b$; dabei ist b die Entfernung des Punktes P vom Mittelpunkt des abrollenden Kreises.

Das Studium der Abrollbewegung zweier Kurven (insbesondere Kreise) aufeinander bildet die Grundlage der ebenen *Getriebelehre* (vgl. § 9).

7.2 Raumkurven

Eine *Raumkurve* kann als Schnitt zweier Flächen durch 2 Gleichungen $F(x, y) = G(x, y) = 0$ dargestellt werden. Wir benützen aber wie in Ziff. 7.1 statt dessen eine *Parameterdarstellung*, nämlich

$$(7.10) \qquad x = x(t), \quad y = y(t), \quad z = z(t), \quad \alpha \leqq t \leqq \beta$$

und verlangen $\dot{x}^2 + \dot{y}^2 + \dot{z}^2 > 0$. Wie die ebenen Kurven Gl. (7.1) sollen also auch die Raumkurven (7.10) von $t = \alpha$ bis $t = \beta$ mit wachsendem t „monoton" durchlaufen werden.

Für die Bogenlänge s, die ebenso wie im Fall der ebenen Kurven definiert wird, ergibt sich

$$(7.11) \qquad s(t) = \int\limits_{\tau = \alpha}^{t} \sqrt{\dot{x}^2(\tau) + \dot{y}^2(\tau) + \dot{z}^2(\tau)}\, d\tau \geqq 0.$$

Für $s = t$ (Bogenlänge = Kurvenparameter) ist

$$(7.12) \qquad \left(\frac{dx}{ds}\right)^2 + \left(\frac{dy}{ds}\right)^2 + \left(\frac{dz}{ds}\right)^2 = 1.$$

Die *Tangente* in einem Kurvenpunkt P wird wie bei den ebenen Kurven als Grenzlage der Sekanten PQ für $Q \to P$ definiert. Der Einheitsvektor $\boldsymbol{u}$ in Richtung der Tangente im Sinn wachsender s ist gegeben durch

$$(7.13) \qquad \boldsymbol{u} = \left(\frac{dx}{ds}, \frac{dy}{ds}, \frac{dz}{ds} \right).$$

Die zur Tangente senkrechte Ebene durch den Kurvenpunkt $P(t = t_0)$ heißt *Normalebene* und hat die Gleichung

$$(7.14) \qquad (x - x_0)\, \dot{x}_0 + (y - y_0)\, \dot{y}_0 + (z - z_0)\, \dot{z}_0 = 0.$$

Wir bedienen uns weiterhin der Vektorschreibweise und bezeichnen den Ortsvektor der Kurvenpunkte mit

$$\boldsymbol{x}(t) = \big(x(t), y(t), z(t) \big).$$

Dann kann man Gl. (7.14) in der Form

$$(7.14) \qquad (\boldsymbol{x} - \boldsymbol{x}_0)\, \dot{\boldsymbol{x}}_0 = 0 \quad \text{oder} \quad (\boldsymbol{x} - \boldsymbol{x}_0)\, \boldsymbol{u}_0 = 0$$

und Gl. (7.11) in der Form

$$(7.11^*) \qquad s(t) = \int\limits_{\tau = \alpha}^{t} |\dot{\boldsymbol{x}}|\, d\tau = \int\limits_{\tau = \alpha}^{t} \sqrt{\dot{\boldsymbol{x}}^2}\, d\tau$$

schreiben.

Unter den *Tangentenebenen* (= Ebenen durch die Tangente) sind, falls $\dot{\boldsymbol{x}} \times \ddot{\boldsymbol{x}} \neq 0$ ist, zwei besondere Ebenen ausgezeichnet, nämlich die *Schmiegebene*

$$(7.15) \qquad \langle \boldsymbol{x} - \boldsymbol{x}_0, \dot{\boldsymbol{x}}_0, \ddot{\boldsymbol{x}}_0 \rangle = 0$$

und die zur Schmiegebene senkrechte Tangentenebene, die man als *rektifizierende Ebene* bezeichnet. Die Schmiegebene kann auch als Grenzlage der Ebenen durch die Tangente in P und einen weiteren Kurvenpunkt Q für $Q \to P$ definiert werden.

Unter der Voraussetzung $\dfrac{d\boldsymbol{u}}{ds} = \dfrac{d^2\boldsymbol{x}}{ds^2} \neq 0$ ist wegen $\boldsymbol{u}^2 = 1$, also $\boldsymbol{u}\, \dfrac{d\boldsymbol{u}}{ds} = 0$, durch

$$(7.16) \qquad \frac{d\boldsymbol{u}}{ds} = k\,\boldsymbol{v} \quad \text{mit} \quad k > 0$$

ein zur Kurventangente senkrechter Einheitsvektor und eine positive Zahl

$$k = \left| \frac{d\boldsymbol{u}}{ds} \right| = \left| \frac{d^2\boldsymbol{x}}{ds^2} \right| = \sqrt{ \left(\frac{d^2x}{ds^2} \right)^2 + \left(\frac{d^2y}{ds^2} \right)^2 + \left(\frac{d^2z}{ds^2} \right)^2 } > 0$$

definiert. Die Gerade durch den Kurvenpunkt P in Richtung $\boldsymbol{v}$ heißt *Hauptnormale* und ist die Schnittgerade der Normalebene mit der Schmiegebene. k heißt die *Krümmung* der Kurve. Durch

$$(7.17) \qquad \boldsymbol{w} = \boldsymbol{u} \times \boldsymbol{v} = \frac{1}{k} \left(\frac{d\boldsymbol{x}}{ds} \times \frac{d^2\boldsymbol{x}}{ds^2} \right)$$

ist ein weiterer zur Kurventangente u senkrechter Einheitsvektor definiert. Die Gerade durch den Kurvenpunkt P in Richtung w heißt
Binormale und ist die Schnittlinie der Normalebene mit der rektifizierenden Ebene.

Durch u, v und w (Abb. 7.5) ist jedem Kurvenpunkt P mit
$\frac{dx}{ds} \times \frac{d^2x}{ds^2} \neq 0$ ein rechtsorientiertes orthogonales Dreibein (*begleitendes*

Dreibein) zugeordnet. Da 4 Vektoren stets linear abhängig sind
(vgl. Ziff. 5.4), muß sich jeder
Vektor als Linearkombination
der drei linear unabhängigen Einheitsvektoren u, v, w darstellen

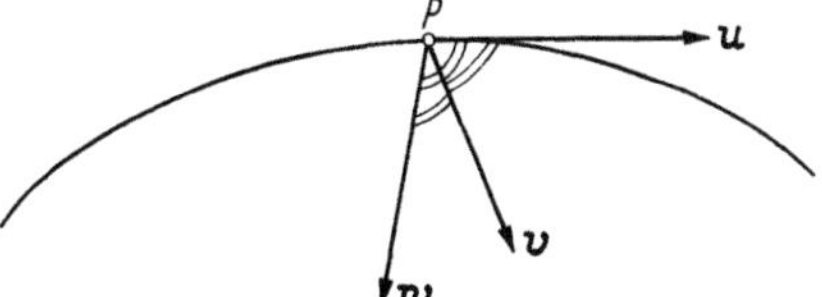
Abb. 7.5. Begleitendes Dreibein einer Raumkurve

lassen. Bildet man diese Linearkombinationen für die Vektoren du/ds, dv/ds, dw/ds, so erhält man
die *Ableitungsgleichungen* (*Formeln von* FRENET)

$$(7.18) \qquad \begin{cases} \dfrac{du}{ds} = k\,v, \\[2mm] \dfrac{dv}{ds} = -k\,u + \omega\,w, \\[2mm] \dfrac{dw}{ds} = -\omega\,v. \end{cases}$$

Durch diese Ableitungsgleichungen ist, wie bereits erwähnt, die Krümmung $k > 0$ definiert, außerdem eine weitere Zahl $\omega \lessgtr 0$, die sog.
Windung der Kurve.

Krümmung und Windung lassen sich anschaulich deuten mit Hilfe
des *sphärischen Tangentenbildes* bzw. *Binormalenbildes* der Kurve: Das
sphärische Tangenten- bzw. Binormalenbild entsteht dadurch, daß man
jedem Punkt x der Kurve den Punkt mit dem Ortsvektor u bzw. w,
also jeweils einen Punkt auf der Einheitskugel um den Nullpunkt zuordnet. Beide sphärischen Bilder sind demnach Kurven auf der Einheitskugel. Bezeichnet man mit σ_1 bzw. σ_2 die Bogenlängen des sphärischen Tangenten- bzw. Binormalenbildes, so ist

$$(7.19) \qquad k = \left| \frac{d\sigma_1}{ds} \right|, \qquad |\omega| = \left| \frac{d\sigma_2}{ds} \right|.$$

Die Projektionen der Kurve auf die 3 Ebenen des begleitenden Dreibeins (Schmiegebene durch u und v, rektifizierende Ebene durch u
und w, Normalebene durch v und w) haben unter der Annahme *positiver*
Windung ($\omega > 0$) in der Umgebung des Kurvenpunktes P das in Abb. 7.6
skizzierte Verhalten; die gestrichelten Teile der Kurve liegen jeweils
hinter der Zeichenebene.

Bei *negativ gewundenen* Kurven ($\omega < 0$) sind die hier gestrichelten Kurventeile durch ausgezogene und die hier ausgezogenen Kurventeile durch gestrichelte zu ersetzen.

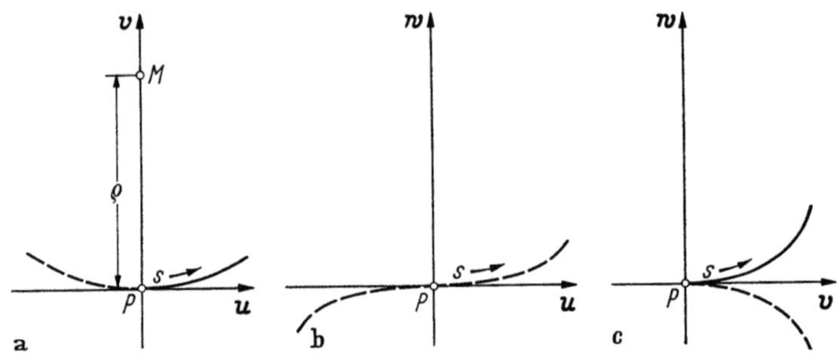

Abb. 7.6a—c. Projektionen einer Raumkurve in den Ebenen des begleitenden Dreibeins

Durch den Kehrwert $\varrho = 1/k$ der Krümmung ist wie bei den ebenen Kurven (vgl. Ziff. 7.1) der *Krümmungsradius* ϱ definiert. Trägt man ϱ vom Kurvenpunkt P aus auf der positiven Seite der Hauptnormale v ab, so erhält man den *Krümmungsmittelpunkt M*. Der Kreis um M mit dem Radius ϱ in der Schmiegebene heißt *Krümmungskreis*.

Die ebenen Kurven ergeben sich als Spezialfall $\omega = \text{const} = 0$. Die Schmiegebenen fallen mit der Kurvenebene zusammen, die Hauptnormalen sind die Kurvennormalen in der Kurvenebene, die Binormalen die Lote zur Kurvenebene. Die Definitionen für Krümmung, Krümmungsmittelpunkt und Krümmungskreis der Raumkurven spezialisieren sich zu den entsprechenden Definitionen bei ebenen Kurven.

Durch $k = \text{const}$ und $\omega = \text{const}$ sind die *Schraubenlinien auf den Drehzylindern* gekennzeichnet. Allgemein gilt: Durch die *natürlichen Gleichungen* (d. h. vom Koordinatensystem unabhängige Gleichungen)

$$(7.20) \qquad k = k(s) \gtreqqless 0, \qquad \omega = \omega(s)$$

ist eine Kurve bis auf ihre Lage im Raum, d. h. bis auf beliebige Bewegungen, eindeutig festgelegt.

§ 8. Differentialgeometrie der Flächen

8.1 Darstellung einer Fläche

Auch hier sind x, y, z rechtwinklige Cartesische Koordinaten mit gleichen Längenmaßstäben. Eine Fläche kann dargestellt werden durch eine Gleichung $F(x, y, z) = 0$ als geometrischer Ort der Punkte, deren Koordinaten x, y, z der Gleichung $F = 0$ genügen. Auf diese Weise hatten wir in Ziff. 1.5 (dort allerdings in affinen Koordinaten) die Flächen zweiter Ordnung dargestellt. Hier bedienen wir uns einer anderen Darstellung, nämlich der *Parameterdarstellung*

(8.1) $x = x(u, v)$, $y = y(u, v)$, $z = z(u, v)$, vektoriell: $\boldsymbol{x} = \boldsymbol{x}(u, v)$,

für einen Bereich $\alpha_1 \leq u \leq \beta_1$, $\alpha_2 \leq v \leq \beta_2$. Dabei sollen die Funktionen $x(u, v)$, $y(u, v)$, $z(u, v)$ stetige partielle Ableitungen bis zu der jeweils erforderlichen Ordnung besitzen. Außerdem verlangen wir

(8.2a) $|\boldsymbol{x}_u| = \sqrt{x_u^2 + y_u^2 + z_u^2} > 0$, $|\boldsymbol{x}_v| = \sqrt{x_v^2 + y_v^2 + z_v^2} > 0$,

$$\boldsymbol{x}_u \times \boldsymbol{x}_v \neq 0.$$

Aus der letzten Gleichung ergibt sich mit Hilfe der Identität (5.17)

(8.2b) $|\boldsymbol{x}_u \times \boldsymbol{x}_v|^2 = \boldsymbol{x}_u^2\,\boldsymbol{x}_v^2 - (\boldsymbol{x}_u\,\boldsymbol{x}_v)^2 = E\,G - F^2 > 0;$

dabei sind die Bezeichnungen

(8.3) $E = \boldsymbol{x}_u^2 = x_u^2 + y_u^2 + z_u^2 > 0$, $G = \boldsymbol{x}_v^2 = x_v^2 + y_v^2 + z_v^2 > 0$,

$$F = \boldsymbol{x}_u\,\boldsymbol{x}_v = x_u\,x_v + y_u\,y_v + z_u\,z_v \gtreqless 0$$

benützt. Man nennt E, F, G die *Fundamentalgrößen erster Ordnung* für die betreffende Parameterdarstellung der Fläche.

Bei Festhalten von u liefern die Gln. (8.1) die Parameterdarstellung einer auf der Fläche liegenden Kurvenschar $u = $ const, bei Festhalten von v die Parameterdarstellung einer auf der Fläche liegenden Kurvenschar $v = $ const. Beide Kurvenscharen (*Parameterkurven*) bilden auf der Fläche ein *Kurvennetz* (Abb. 8.1): Durch jeden Punkt P geht genau eine Kurve $u = $ const $= u_0$ und eine Kurve $v = $ const $= v_0$. Durch $u = u_0$ und $v = v_0$ ist der Punkt P auf der Fläche festgelegt, die u, v sind also (i. allg. krummlinige) *Koordinaten auf der Fläche*. Je 2 Parameterkurven derselben Schar schneiden sich nicht, je 2 Parameterkurven verschiedener Scharen schneiden sich in genau einem Punkt P.

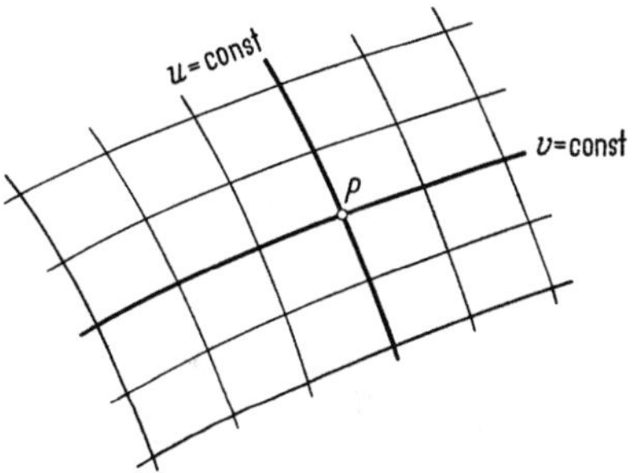

Abb. 8.1. u, v-Parameterkurvennetz

Eine beliebige Kurve auf der Fläche ist durch

(8.4) $u = u(t)$, $v = v(t)$, also $\boldsymbol{x} = \boldsymbol{x}\big(u(t), v(t)\big)$

mit dem Kurvenparameter t gegeben.

8.2 Spezielle Flächenklassen

a) *Ebenen*

(8.5) $\boldsymbol{x} = \boldsymbol{a}\,u + \boldsymbol{b}\,v + \boldsymbol{c}$, in Koordinaten: $\begin{cases} x = a_1\,u + b_1\,v + c_1, \\ y = a_2\,u + b_2\,v + c_2, \\ z = a_3\,u + b_3\,v + c_3. \end{cases}$

Die Parameterkurven sind hier 2 Scharen paralleler gerader Linien in Richtung der Vektoren $\boldsymbol{b}$ ($u = $ const) bzw. $\boldsymbol{a}$ ($v = $ const).

b) *Zylinder* (parallel zur z-Achse)

$$(8.6) \quad x = U_1(u)\,\boldsymbol{i} + U_2(u)\,\boldsymbol{j} + V(v)\,\boldsymbol{k}, \quad \text{in Koordinaten:} \quad \begin{cases} x = U_1(u), \\ y = U_2(u), \\ z = V(v). \end{cases}$$

Die Kurven $v = $ const sind kongruente Kurven in den Ebenen $z = $ const und gehen durch Parallelverschiebung in Richtung der z-Achse auseinander hervor. Die Kurven $u = $ const sind Gerade parallel zur z-Achse.

c) *Kegel* (durch den Nullpunkt)

$$(8.7) \quad \boldsymbol{x} = \boldsymbol{V}(v) \cdot u, \quad \text{in Koordinaten:} \quad \begin{cases} x = V_1(v) \cdot u, \\ y = V_2(v) \cdot u, \\ z = V_3(v) \cdot u. \end{cases}$$

Die Kurven $u = $ const sind ähnliche und in bezug auf den Nullpunkt ähnlich gelegene Kurven. Die Kurven $v = $ const sind Gerade durch den Nullpunkt in Richtung der Vektoren $\boldsymbol{V}(v)$.

d) *Tangentenflächen* (*Torsen*). Sie werden erzeugt von den Tangenten einer Raumkurve (*Leitlinie*) und lassen sich daher darstellen durch

$$(8.8) \quad \boldsymbol{x} = \boldsymbol{V}(v) + u\,\boldsymbol{V}'(v), \quad \text{in Koordinaten:} \quad \begin{cases} x = V_1(v) + u\,V_1'(v), \\ y = V_2(v) + u\,V_2'(v), \\ z = V_3(v) + u\,V_3'(v). \end{cases}$$

Die Kurve $u = 0$ ist die Leitlinie, die Kurven $v = $ const sind die Tangenten der Leitlinie; denn die Vektoren $\boldsymbol{V}'(v)$ haben die Richtung der Tangenten der Leitlinie. Die Kurven $u = $ const schneiden die Tangenten der Leitlinie jeweils im Abstand $|u|\,|\boldsymbol{V}'(v)| = |u|\,\sqrt{V_1'^2 + V_2'^2 + V_3'^2}$ vom Berührpunkt.

Wenn die Leitlinie eine ebene Kurve ist, entartet die Tangentenfläche zu einer Ebene.

e) *Regelflächen* (Abb. 8.2). Die Regelflächen sind eine Verallgemeinerung der Tangentenflächen: Durch die Punkte einer Leitlinie werden Gerade in beliebigen Richtungen gelegt, an Stelle des Vektors $\boldsymbol{V}'(v)$ treten also beliebige Vektoren $\boldsymbol{W}(v)$. Daraus ergibt sich die Parameterdarstellung

$$(8.9) \quad \boldsymbol{x} = \boldsymbol{V}(v) + u\,\boldsymbol{W}(v), \quad \text{in Koordinaten:} \quad \begin{cases} x = V_1(v) + u\,W_1(v), \\ y = V_2(v) + u\,W_2(v), \\ z = V_3(v) + u\,W_3(v). \end{cases}$$

Während bei den Tangentenflächen die Leitlinie eine geometrisch ausgezeichnete Rolle (*Rückkehrkante*) spielt, kann in der Darstellung Gl. (8.9) der Regelflächen jede beliebige die Geraden schneidende Kurve als Leitlinie zugrunde gelegt werden.

f) *Drehflächen* (mit der z-Achse als Drehachse).

$$(8.10) \qquad x = \begin{cases} U_1(u)\,\cos v, \\ U_1(u)\,\sin v, \quad (U_1(u) \geqq 0) \\ U_2(u). \end{cases}$$

Die Kurven $u = $ const sind die *Parallelkreise* der Drehfläche: Sie liegen in den Ebenen $z = U_2(u) = $ const, ihre Mittelpunkte liegen auf der z-Achse, ihre Radien haben die Länge $U_1(u)$. Die Kurven $v = $ const sind die *Meridiane* (*Profilkurven*) der Drehfläche und gehen durch Drehung (Drehwinkel $= v$) auseinander hervor.

Mit $U_1(u) = R\cos u$, $U_2(u) = R\sin u$, also

$$(8.11) \quad x = \begin{cases} R\cos u\,\cos v, \\ R\cos u\,\sin v, \\ R\sin u \end{cases}$$

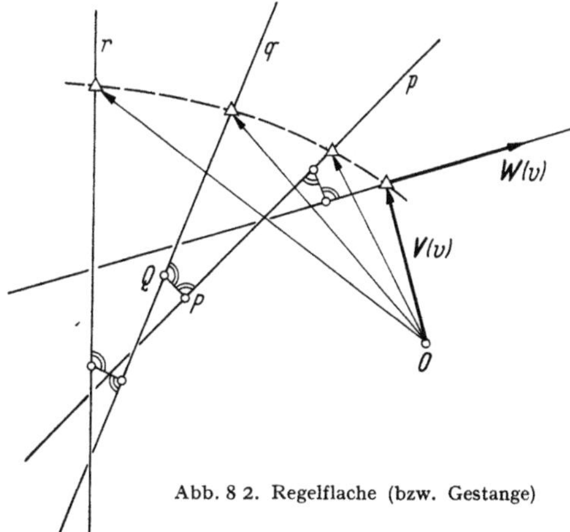

Abb. 8 2. Regelflache (bzw. Gestange)

ergibt sich die Kugel um den Nullpunkt mit dem Radius R. Die Parameter u und v sind hier die geographische Breite und die geographische Länge.

g) *Schraubenflächen* (mit der z-Achse als Schraubenachse). Die Schraubenflächen sind eine Verallgemeinerung der Drehflächen: Die Drehflächen entstehen durch Drehung einer Profilkurve $v = $ const um die z-Achse, die Schraubenflächen durch Schraubung einer Profilkurve. Daraus folgt

$$(8.12) \qquad x = \begin{cases} U_1(u)\,\cos v, \\ U_1(u)\,\sin v, \quad (U_1(u) \geqq 0,\; h = \text{const}) \\ U_2(u) + h\,v. \end{cases}$$

Die Kurven $u = $ const sind *Schraubenlinien* von der *Ganghöhe* $2\pi\,h$ auf Drehzylindern um die z-Achse mit dem Basiskreisradius $U_1(u)$. Die Kurven $v = $ const sind die *Meridiane* (*Profilkurven*) der Schraubenfläche und gehen durch Schraubung (Drehwinkel $= v$, Verschiebung parallel zur z-Achse $= h\,v$) auseinander hervor. Für $h \gtrless 0$ sind die Schraubenflächen und ihre Schraubenlinien rechts- bzw. linksgewunden (Windung der Schraubenlinien $\omega > 0$ bzw. < 0, vgl. Ziff. 7.2), für $h = 0$ spezialisiert sich die Schraubenfläche zur Drehfläche.

h) *Rückungsflächen*

$$(8.13) \quad \boldsymbol{x} = \boldsymbol{U}(u) + \boldsymbol{V}(v), \quad \text{in Koordinaten:} \quad \begin{cases} x = U_1(u) + V_1(v), \\ y = U_2(u) + V_2(v), \\ z = U_3(u) + V_3(v). \end{cases}$$

Die Kurven $u = $ const und die Kurven $v = $ const sind jeweils kongruente und zueinander parallele Kurven. Eine Rückungsfläche ist festgelegt durch eine Kurve $u = $ const $= u_0$ und eine Kurve $v = $ const $= v_0$. Sie entsteht durch Parallelverschiebung der Kurve $u = u_0$, wobei ein Punkt der Kurve $u = u_0$ sich längs der Kurve $v = v_0$ bewegt, und ebenso durch Parallelverschiebung der Kurve $v = v_0$ längs der Kurve $u = u_0$. Die elliptischen und hyperbolischen Paraboloide (vgl. Ziff. 1.5 und Abb. 1.3) sind Beispiele von Rückungsflächen; die Kurven $u = $ const und $v = $ const sind in diesem Fall Parabeln.

8.3 Geometrie auf der Fläche (1. Fundamentalform); Tangentenebene und Normale

Durch die in den Gln. (8.3) eingeführten Fundamentalgrößen 1. Ordnung E, F, G und die mit ihnen gebildete *1. Fundamentalform*

$$(8.14) \quad ds^2 = E(u, v)\, du^2 + 2F(u, v)\, du\, dv + G(u, v)\, dv^2$$

ist die *Metrik* der Fläche, d. h. die *Geometrie auf der Fläche* unabhängig von der Einbettung der Fläche in den dreidimensionalen Raum (Bogenlängen der Flächenkurven, Schnittwinkel zweier Flächenkurven, Flächeninhalte) vollständig festgelegt. Nach den Ungleichungen (8.3) und (8.2b) ist die quadratische Form auf der rechten Seite der Gl. (8.14) positiv definit, d. h., es ist stets $ds^2 > 0$, wenn nicht du und dv gleichzeitig Null sind.

Die Bogenlänge einer Flächenkurve $u = u(t)$, $v = v(t)$, also

$$\boldsymbol{x} = \boldsymbol{x}\big(u(t), v(t)\big) = \boldsymbol{x}(t),$$

ist wegen

$$(8.15) \quad d\boldsymbol{x} = (\boldsymbol{x}_u\, \dot{u} + \boldsymbol{x}_v\, \dot{v})\, dt, \quad \left(\cdot \text{ bedeutet } \frac{d}{dt}\right)$$

nach Gl. (7.11*) in Ziff. 7.2 gegeben durch

$$(8.16) \quad s(t) = \int\limits_{\tau=\alpha}^{t} \sqrt{\dot{\boldsymbol{x}}^2}\, d\tau = \int\limits_{\tau=\alpha}^{t} \sqrt{E\, \dot{u}^2 + 2F\, \dot{u}\, \dot{v} + G\, \dot{v}^2}\, d\tau.$$

Das durch die 1. Fundamentalform, Gl. (8.14), definierte Differential ds ist also das *Linienelement* der Flächenkurven.

Der Vektor $d\boldsymbol{x}$ in Gl. (8.15) hat die Richtung der *Tangente* der Flächenkurve $u(t)$, $v(t)$. Infolgedessen ergibt sich für den Winkel ω zweier

Flächenkurven 1 und 2

$$(8.17) \quad \cos\omega = \frac{d\,x^{(1)}\,d\,x^{(2)}}{|d\,x^{(1)}|\,|d\,x^{(2)}|}$$

$$= \frac{E\,\dot{u}^{(1)}\,\dot{u}^{(2)} + F\,(\dot{u}^{(1)}\,\dot{v}^{(2)} + \dot{u}^{(2)}\,\dot{v}^{(1)}) + G\,\dot{v}^{(1)}\,\dot{v}^{(2)}}{\sqrt{E\,\dot{u}^{(1)^2} + 2\,F\,\dot{u}^{(1)}\,\dot{v}^{(1)} + G\,\dot{v}^{(1)^2}}\;\sqrt{E\,\dot{u}^{(2)^2} + 2\,F\,\dot{u}^{(2)}\,\dot{v}^{(2)} + G\,\dot{v}^{(2)^2}}}.$$

Aus den Gln. (8.15) bis (8.17) folgt insbesondere für die Tangenten und Bogenlängen der Parameterkurven und ihren Schnittwinkel

$$(8.18) \qquad (d\,\boldsymbol{x})_{u\,=\,\text{const}} = \boldsymbol{x}_v\,d\,v, \quad (d\,\boldsymbol{x})_{v\,=\,\text{const}} = \boldsymbol{x}_u\,d\,u,$$

$$(d\,s)_{u\,=\,\text{const}} = \sqrt{G}\,d\,v, \quad (d\,s)_{v\,=\,\text{const}} = \sqrt{E}\,d\,u, \quad \cos\omega = \frac{F}{\sqrt{E\,G}}.$$

Hiernach ist $F = 0$ kennzeichnend dafür, daß die Parameterkurven ein orthogonales Kurvennetz bilden.

Der Flächeninhalt f eines Bereiches (B) der gegebenen Fläche ist

$$(8.19) \qquad f = \iint\limits_{(B)} |\boldsymbol{x}_u\,d\,u \times \boldsymbol{x}_v\,d\,v| = \left| \iint\limits_{(B)} \sqrt{E\,G - F^2}\,d\,u\,d\,v \right|.$$

$df = \left| \boldsymbol{x}_u\,d\,u \times \boldsymbol{x}_v\,d\,v \right| = \sqrt{E\,G - F^2} \left| d\,u\,d\,v \right|$ [vgl. hierzu Gl. (8.2b)] wird als *Flächenelement* bezeichnet; es ist der Flächeninhalt des von den Tangentenvektoren $\boldsymbol{x}_u\,d\,u$ und $\boldsymbol{x}_v\,d\,v$ aufgespannten Parallelogramms.

Die Tangentenvektoren $d\,\boldsymbol{x}$ sämtlicher sich in einem Flächenpunkt u, v schneidenden Flächenkurven stehen nach Gl. (8.15) senkrecht auf dem Vektor $\boldsymbol{x}_u \times \boldsymbol{x}_v$. Nach der in Gl. (8.2a) getroffenen Voraussetzung verschwindet dieser Vektor nicht. Daraus folgt: Alle Tangenten der sich in einem Flächenpunkt u, v schneidenden Flächenkurven liegen in einer Ebene (*Tangentialebene* der Fläche im Punkt u, v). Der Einheitsvektor

$$(8.20) \qquad \boldsymbol{n} = \frac{\boldsymbol{x}_u \times \boldsymbol{x}_v}{|\boldsymbol{x}_u \times \boldsymbol{x}_v|} = \frac{\boldsymbol{x}_u \times \boldsymbol{x}_v}{\sqrt{E\,G - F^2}}$$

steht senkrecht auf der Tangentenebene und heißt *Normalenvektor* der Fläche im Punkt u, v. Die Vektoren $\boldsymbol{x}_u$, $\boldsymbol{x}_v$ und $\boldsymbol{n}$ bilden ein Rechtssystem; die Seite der Fläche, nach der hin $\boldsymbol{n}$ weist, ist nicht durch die Geometrie der Fläche bestimmt, sondern hängt von der Wahl der Parameter u, v ab.

Mit diesen Begriffsbildungen (Tangentialebenen, Normalenvektoren) sind wir bereits aus dem Bereich der Geometrie auf der Fläche herausgetreten und haben Fragen der Einbettung der Fläche in dem Raum angeschnitten. In Ziff. 8.5 werden wir weitere Fragen der Einbettung, insbesondere Krümmungseigenschaften der Fläche erörtern.

8.4 Verbiegung der Flächen

Stetige Deformationen von Flächen, bei denen ihre Metrik (Bogenlängen der Flächenkurven, Winkel und Flächeninhalte) und demnach die 1. Fundamentalform erhalten bleibt, heißen *Verbiegungen*, und Flächen, die durch Verbiegungen aus einer Fläche F hervorgehen, *Biegungsflächen* zu F. Die Theorie der Verbiegungen ist ein wichtiger und schwieriger Problemkreis der Differentialgeometrie. Wir beschränken uns hier auf die Erörterung einfacher Beispiele:

a) *Abwickelbare (d. h. auf die Ebene verbiegbare) Flächen.* Kegel und Zylinder können, wenn man sie längs einer Geraden aufschneidet, in die Ebene verbogen werden. Dasselbe gilt für die in Ziff. 8.2, Absatz d, eingeführten Torsen (Tangentenflächen).

Man kann sich dies durch „finite Modelle" anschaulich plausibel machen (Abb. 8.3): An Stelle der Leitkurve tritt ein Leitpolygon und an Stelle der Tangentenfläche der Leitkurve ein finites Modell, das aus ebenen Streifen besteht, die von den Geraden begrenzt werden, die je zwei aufeinanderfolgende Polygonseiten enthalten. Deformiert man das Polygon so, daß die Streifenwinkel, d. h. die Winkel aufeinanderfolgender Polygonseiten, erhalten bleiben, so ergeben sich Deformationen des Streifenmodells, die beim Grenzübergang vom Leitpolygon zur Leitkurve in Verbiegungen einer Tangentenfläche in andere Tangentenflächen übergehen. Deformiert man das Leitpolygon so, daß es ein ebenes Polygon wird,

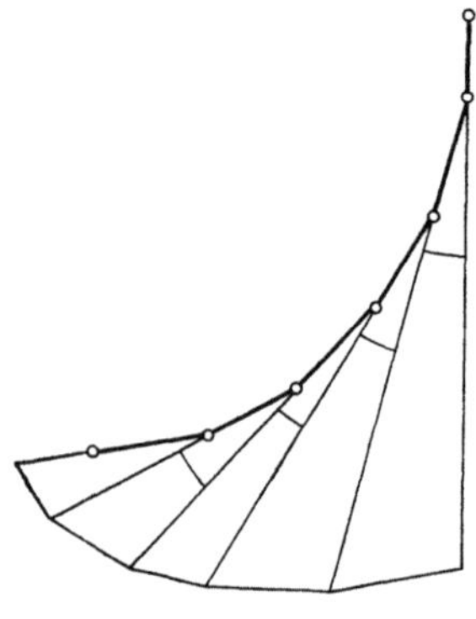

Abb. 8.3. Finites Modell einer Tangentenfläche

dann wird dabei das Streifenmodell in eine Ebene ausgebreitet, was beim Grenzübergang vom Leitpolygon zur Leitkurve der Verbiegung der Tangentenfläche in eine Ebene entspricht. Analoge Betrachtungen lassen sich für Kegel und Zylinder durchführen.

Man kann zeigen, daß die Tangentenflächen und ihre Entartungen, nämlich die Zylinder und Kegel, die einzigen *abwickelbaren* (= in die Ebene verbiegbare) *Flächen* sind.

Das finite Modell macht auch folgenden Satz plausibel: Die abwickelbaren Flächen sind die Einhüllenden einer 1-parametrigen Schar von Ebenen (= Tangentenebenen der Kegel bzw. Zylinder bzw. = Schmiegebenen der Leitkurve).

b) *Drehflächen.* Für das Linienelement einer Drehfläche, Gl. (8.10), erhält man aus

$$\boldsymbol{x}_u = \begin{cases} U_1' \cos v, \\ U_1' \sin v, \\ U_2', \end{cases} \qquad \boldsymbol{x}_v = \begin{cases} -U_1 \sin v \\ +U_1 \cos v \\ 0 \end{cases}$$

sogleich

$$d s^2 = (U_1'^2 + U_2'^2)\, d u^2 + U_1^2\, d v^2.$$

Dasselbe Linienelement ergibt sich für die Drehflächen

$$(8.21) \quad x = \begin{cases} \lambda\, U_1 \cos v/\lambda, \\ \lambda\, U_1 \sin v/\lambda, \\ U_3(u, \lambda), \end{cases} \quad x_u = \begin{cases} \lambda\, U_1' \cos v/\lambda, \\ \lambda\, U_1' \sin v/\lambda, \\ U_3'(u, \lambda), \end{cases} \quad x_v = \begin{cases} -\,U_1 \sin v/\lambda, \\ +\,U_1 \cos v/\lambda, \\ 0, \end{cases}$$

wenn

$$\lambda^2\, U_1'^2 + U_3'^2 = U_1'^2 + U_2'^2,$$

also

$$(8.22) \quad U_3'^2 = (1 - \lambda^2)\, U_1'^2 + U_2'^2, \quad U_3 = \int \sqrt{(1 - \lambda^2)\, U_1'^2 + U_2'^2}\, du$$

gesetzt wird. Der Parameter λ ist dabei eine in einem gewissen Intervall beliebige positive Konstante.

Hiernach läßt sich jede Drehfläche in eine 1-parametrige Menge (Parameter λ) weiterer Drehflächen verbiegen. Die Parallelkreise $u = $ const und die Meridiane $v = $ const gehen dabei wiederum in ebensolche Kurven über. Die Winkel v der Meridianebenen werden mit dem Faktor $\frac{1}{\lambda}$ multipliziert. Für $\lambda < 1$ werden die Winkel der Meridianebenen vergrößert, die Drehfläche wird „eingerollt", für $\lambda > 1$ werden die Winkel verkleinert, die Drehfläche wird „auseinandergerollt". Natürlich hat man sich vorzustellen, daß die Drehfläche längs eines Meridians aufgeschnitten ist. Beim Einrollen wird die Drehfläche mehrfach überdeckt $\left(v \text{ läuft von } 0 \text{ bis } \dfrac{2\pi}{\lambda} > 2\pi\right)$, das Auseinanderrollen kann jeweils nur im Bereich derjenigen Parallelkreise vollzogen werden, für welche

$$(1 - \lambda^2)\, U_1'^2 + U_2'^2 \geqq 0$$

ist.

Ähnliche Betrachtungen lassen sich auch für Schraubenflächen durchführen.

c) *Regelflächen* lassen sich wieder in Regelflächen verbiegen. Diese speziellen Verbiegungen der Regelflächen, bei denen die erzeugenden Geraden geradlinig bleiben, lassen sich durch Abb. 8.2 folgendermaßen veranschaulichen:

Wir deuten Abb. 8.2 als *finites Modell* einer Regelfläche, nämlich als *Stangenmodell*, in dem je zwei aufeinanderfolgende Stangen durch ein senkrechtes Querstück PQ im kürzesten Abstand beider Stangen miteinander starr verbunden sind. Aufeinanderfolgende Stangenpaare, z.B. $(p\,q)$ und $(q\,r)$ sind dagegen nicht starr verbunden, sondern um die gemeinsame Stange q gegeneinander verdrehbar. Die durch solche Verdrehungen der starren Stangenpaare eines Stangenmodells entstehenden Deformationen bezeichnen wir als *Verbiegungen eines Stangenmodells*. Beim Grenzübergang eines aus Erzeugenden einer Regelfläche bestehenden Stangenmodells zur Regelfläche selbst, bei dem die Längen l der kürzesten Abstände PQ und die Winkel η der Stangen p, q gegen Null gehen, konvergieren die Verbiegungen der Stangenmodelle gegen die *Verbiegungen von Regelflächen mit geradlinig bleibenden Erzeugenden.* Regelflächen, die durch Verbiegung auseinander hervorgehen, können jeweils längs einer ganzen Erzeugenden miteinander zur Berührung gebracht werden.

Bei dem Grenzübergang von Stangenmodellen zu Regelflächen wird der Grenzwert

$$S = \lim_{\substack{\eta \to 0 \\ l \to 0}} \left(\frac{\eta}{l} \right)$$

als *Schränkung* der Regelfläche an der betreffenden Erzeugenden bezeichnet. Er bleibt bei den hier behandelten Verbiegungen der Regelflächen erhalten.

Fügt man zu den Verdrehungen der Stangenpaare eines Stangenmodells um die gemeinsame Gerade q noch beliebige Verschiebungen längs q hinzu, so bezeichnet man diese allgemeineren Deformationen der Stangenmodelle bzw. (nach Durchführung des oben erläuterten Grenzprozesses) der Regelflächen als *Abschrotungen.* Auch bei den Abschrotungen bleibt die Schränkung ungeändert. In der *räumlichen Kinematik* (Theorie der *Hyperboloidräder*, vgl. Ziff. 9.3) spielt die Abschrotung von Regelflächen eine wichtige Rolle.

8.5 Einbettung der Fläche in den Raum (2. Fundamentalform)

Wir wenden uns jetzt zu den Krümmungseigenschaften der Fläche. Sie sind durch die ersten und zweiten partiellen Ableitungen von $\boldsymbol{x}(u, v)$ bestimmt.

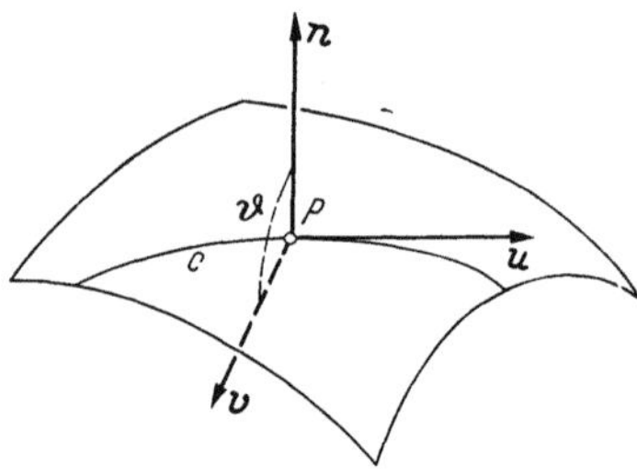

Abb. 8.4. Hauptnormale $\boldsymbol{v}$ einer Flachenkurve und Flächennormale $\boldsymbol{n}$

Durch $\boldsymbol{x} = \boldsymbol{x}(s)$ sei eine Flächenkurve $c\big(u = u(s),\ v = v(s)\big)$ vorgegeben. s ist die Bogenlänge dieser Kurve, $\boldsymbol{n}$ der Flächennormalenvektor in einem Punkt P der Kurve, $\boldsymbol{v}$ der Hauptnormalenvektor und $\boldsymbol{u}$ der Tangentenvektor der Kurve im gleichen Punkt und ϑ der Winkel zwischen $\boldsymbol{v}$ und $\boldsymbol{n}$ (Fig. 8. 4). Dann ist

$$\cos \vartheta = \boldsymbol{n}\, \boldsymbol{v}$$

und durch Ableitung von $0 = \boldsymbol{n}\, \boldsymbol{u} = \boldsymbol{n}\, \dfrac{d\boldsymbol{x}}{ds}$ nach s ergibt sich unter Berücksichtigung der ersten FRENETschen Formel (7.18)

$$(8.23) \quad 0 = \boldsymbol{n}\, \frac{d\boldsymbol{u}}{ds} + \frac{d\boldsymbol{n}}{ds}\, \boldsymbol{u} = \boldsymbol{n}\, k\, \boldsymbol{v} + \frac{d\boldsymbol{n}}{ds}\, \frac{d\boldsymbol{x}}{ds} = k \cos \vartheta + \frac{d\boldsymbol{n}}{ds}\, \frac{d\boldsymbol{x}}{ds}.$$

Hierbei ist k die Krümmung der Flächenkurve.

Wir führen nun die *2. Fundamentalform* ein:

$$(8.24) \quad -d\boldsymbol{n}\, d\boldsymbol{x} = -(\boldsymbol{n}_u\, du + \boldsymbol{n}_v\, dv)\,(\boldsymbol{x}_u\, du + \boldsymbol{x}_v\, dv)$$
$$= L\, du^2 + 2M\, du\, dv + N\, dv^2$$

mit den *Fundamentalgrößen 2. Ordnung*

$$(8.25) \quad L = -\boldsymbol{n}_u\, \boldsymbol{x}_u, \quad 2M = -(\boldsymbol{n}_u\, \boldsymbol{x}_v + \boldsymbol{n}_v\, \boldsymbol{x}_u), \quad N = -\boldsymbol{n}_v\, \boldsymbol{x}_v.$$

Mittels

$$\boldsymbol{n}\, \boldsymbol{x}_u = 0, \quad \text{also} \quad \boldsymbol{n}_u\, \boldsymbol{x}_u = -\boldsymbol{n}\, \boldsymbol{x}_{uu}, \quad \boldsymbol{n}_v\, \boldsymbol{x}_u = -\boldsymbol{n}\, \boldsymbol{x}_{uv},$$
$$\boldsymbol{n}\, \boldsymbol{x}_v = 0, \quad \text{also} \quad \boldsymbol{n}_u\, \boldsymbol{x}_v = -\boldsymbol{n}\, \boldsymbol{x}_{uv}, \quad \boldsymbol{n}_v\, \boldsymbol{x}_v = -\boldsymbol{n}\, \boldsymbol{x}_{vv}$$

und Gl. (8.20) lassen sich L, M, N auch in folgender Form schreiben:

$$(8.26) \quad L = \frac{\langle \boldsymbol{x}_u, \boldsymbol{x}_v, \boldsymbol{x}_{uu} \rangle}{\sqrt{E\,G - F^2}}, \quad M = \frac{\langle \boldsymbol{x}_u, \boldsymbol{x}_v, \boldsymbol{x}_{uv} \rangle}{\sqrt{E\,G - F^2}}, \quad N = \frac{\langle \boldsymbol{x}_u, \boldsymbol{x}_v, \boldsymbol{x}_{vv} \rangle}{\sqrt{E\,G - F^2}}.$$

8.6 Krümmungseigenschaften der Flächenkurven

Aus den Gln. (8.23) und (8.24) folgt die Krümmungsformel

$$(8.27) \quad k \cos \vartheta = \frac{1}{\varrho} \cos \vartheta = L\left(\frac{du}{ds}\right)^2 + 2M \frac{du}{ds}\frac{dv}{ds} + N\left(\frac{dv}{ds}\right)^2$$
$$= \frac{L\,\dot{u}^2 + 2M\,\dot{u}\,\dot{v} + N\,\dot{v}^2}{E\,\dot{u}^2 + 2F\,\dot{u}\,\dot{v} + G\,\dot{v}^2}.$$

Dabei ist, wie bereits bemerkt, k die Krümmung der Flächenkurve $u = u(t)$, $v = v(t)$, also $\varrho = 1/k$ der Krümmungsradius.

a) *Flächenkurven mit derselben Tangente.* Wir betrachten zunächst Flächenkurven durch einen festen Punkt u, v und mit derselben Tangente in u, v. Dann ist $\dot{u}:\dot{v} = \text{const}$, also

$$(8.28) \quad \frac{1}{\varrho} \cos \vartheta = \text{const} = \frac{1}{R}.$$

Aus dieser Gleichung (*Satz von* MEUSNIER) folgt:

Alle Flächenkurven durch einen festen Punkt und mit derselben Tangente haben dieselbe Krümmung $1/\varrho$, wenn sie im Winkel ϑ übereinstimmen, d. h. wenn sie dieselbe Schmiegebene haben. Man kann also die weitere Betrachtung auf die ebenen Schnitte der Fläche (Schnitte mit den Schmiegebenen der Flächenkurven) beschränken. $1/R$ ist dann die Krümmung des Normalschnittes durch die betreffende Flächentangente und $\dfrac{1}{\varrho} = \dfrac{1}{\cos \vartheta}\dfrac{1}{R} \geqq \dfrac{1}{R}$ die Krümmung der schiefen Schnitte unter dem Winkel ϑ zwischen Normalebene der Fläche und der Ebene des schiefen Schnittes. Da die Krümmungen $1/\varrho$ und $1/R$ als nichtnegative Größen definiert sind, müssen wir $0 \leqq \vartheta \leqq \pi/2$ voraussetzen, d. h., der Normalenvektor $\boldsymbol{n}$ der Fläche und der Hauptnormalenvektor $\boldsymbol{v}$ der Flächenkurve sollen nicht nach verschiedenen Seiten der Fläche weisen; durch geeignete Wahl der Flächenparameter läßt sich dies stets erreichen.

Man kann den Satz von MEUSNIER leicht an der Kugel verifizieren (Abb. 8.5): Legt man durch einen Punkt N der Kugel und eine Tangente der Kugel in N (in Abb. 8. senkrecht zur Zeichenebene) einen Normal-

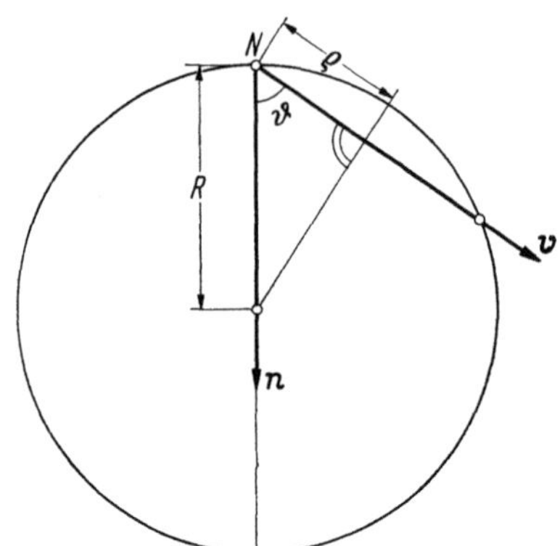

schnitt (Größtkreis, Radius R) und einen schiefen Schnitt (Kleinkreis, Radius ϱ) unter dem Winkel ϑ, dann ist $\varrho = R\cos\vartheta$ in Übereinstimmung mit Gl. (8.28).

b) *Normalschnitte durch dieselbe Flächennormale.* Jetzt betrachten wir die Krümmungen aller Normalschnitte durch einen festen Flächenpunkt P, also die Schnitte aller Ebenen durch die Flächennormale. Hier muß der Normalenvektor $\boldsymbol{n}$ ein für allemal festgelegt werden, wir können also nicht mehr voraussetzen, daß für alle zu betrachtenden

Abb. 8.5. Erlauterung des Satzes von MEUSNIER an der Kugel

Normalschnitte $\vartheta \leqq \pi/2$ sei. Infolgedessen kann in Gl. (8.28) die Konstante auch negativ werden. Man muß also für $1/R$ jetzt auch negative Werte zulassen. Aus Gl. (8.27) folgt dann

$$(8.29) \qquad \frac{1}{R} = \frac{L\,\dot u^2 + 2M\,\dot u\,\dot v + N\,\dot v^2}{E\,\dot u^2 + 2F\,\dot u\,\dot v + G\,\dot v^2} \gtreqless 0 \quad \text{für} \quad L\,\dot u^2 + 2M\,\dot u\,\dot v + N\,\dot v^2 \gtreqless 0.$$

Wir wählen nun die spezielle Parameterdarstellung

$$(8.30) \qquad x = u, \quad y = v, \quad z = \tfrac{1}{2}(a\,u^2 + 2b\,u\,v + c\,v^2) + \cdots$$

für die Umgebung des Punktes $u = v = 0$. Das Koordinatensystem ist also so gewählt, daß der Nullpunkt im Flächenpunkt $u = v = 0$ liegt, die x, y-Ebene Tangentenebene und die z-Achse Flächennormale in diesem Punkt ist. Dann ist im Nullpunkt

$$(8.31) \qquad E = G = 1, \quad F = 0 \quad \text{und} \quad L = a, \; M = b, \; N = c.$$

Bricht man in Gl. (8.30) die Entwicklung von z nach Potenzen von u und v mit den Gliedern 2. Ordnung ab, dann stellt Gl. (8.30) ein Paraboloid dar (*Schmiegparaboloid*). Da E, F, G, L, M, N für den Punkt $u = v = 0$ bereits durch das Schmiegparaboloid festgelegt sind, kann man sich bei der Untersuchung der Krümmungseigenschaften der Flächenkurven auf das Schmiegparaboloid beschränken.

Setzt man $\dot u : \dot v = \cos\varphi : \sin\varphi$ (Abb. 8.6), so ist

$$(8.32) \qquad \frac{1}{R} = L\cos^2\varphi + 2M\cos\varphi\sin\varphi + N\sin^2\varphi.$$

Dabei sind 3 Fälle zu unterscheiden, je nachdem

$$(8.33) \qquad LN - M^2 \gtreqless 0$$

ist, d. h. je nachdem die 2. Fundamentalform definit, semidefinit oder indefinit ist. Im ersten Fall (*elliptischer Flächenpunkt*) hat die rechte Seite der Gl. (8.32) für alle Richtungen φ dasselbe Vorzeichen, das Schmiegparaboloid ist ein elliptisches Paraboloid. Durch geeignete Wahl des Richtungssinnes von $\boldsymbol{n}$ kann man hier erreichen, daß die rechte Seite der Gl. (8.32) stets positiv, die 2. Fundamentalform also positiv definit ist. Im zweiten Fall (*parabolischer Flächenpunkt*) hat die rechte Seite der Gl. (8.32) für eine ausgezeichnete Richtung den Wert Null und, wiederum bei geeigneter Wahl des Richtungs-

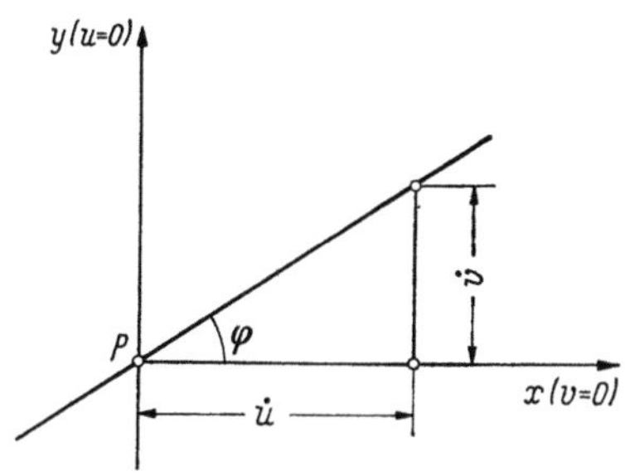

Abb. 8.6. Erlauterung der Bezeichnungen

sinnes von $\boldsymbol{n}$, für alle anderen Richtungen positives Vorzeichen; das Schmiegparaboloid entartet zu einem parabolischen Zylinder. Im dritten Fall (*hyperbolischer Flächenpunkt*) wechselt die rechte Seite der Gl. (8.32) das Vorzeichen und wird Null in zwei ausgezeichneten Richtungen, das Schmiegparaboloid ist ein hyperbolisches Paraboloid.

Durch Drehung des in Gl. (8.30) zugrunde gelegten Koordinatensystems um die z-Achse (Flächennormale) läßt sich erreichen, daß das Glied mit $\cos\varphi\,\sin\varphi$ verschwindet. Gl. (8.32) nimmt dann eine einfachere Form an (*Formel von* EULER):

$$(8.34) \begin{cases} \dfrac{1}{R} = \dfrac{\cos^2\varphi}{R_1} + \dfrac{\sin^2\varphi}{R_2} & \text{in elliptischen Punkten} \\ & \qquad (R_1, R_2 > 0; R > 0), \\[2mm] \dfrac{1}{R} = \dfrac{\cos^2\varphi}{R_1} & \text{in parabolischen Punkten} \\ & \qquad (R_1 > 0, R \gtreqqless 0), \\[2mm] \dfrac{1}{R} = \dfrac{\cos^2\varphi}{R_1} - \dfrac{\sin^2\varphi}{(-R_2)} & \text{in hyperbolischen Punkten} \\ & \qquad (R_1 > 0, R_2 < 0; R \gtreqqless 0). \end{cases}$$

Hierbei ist angenommen, daß die positive Richtung der Flächennormale $\boldsymbol{n}$ so gewählt ist, daß sich für $\varphi = 0$ ein positives R ergibt. $1/R_1$ und $1/R_2$ sind die *Hauptkrümmungen*, d. h. die Normalkrümmungen in den zueinander senkrechten Richtungen $\varphi = 0$ und $\varphi = \pi/2$ (*Hauptkrümmungsrichtungen*). Im parabolischen Fall gibt es nur eine Hauptkrümmung $1/R_1$ und eine Hauptkrümmungsrichtung ($\varphi = 0$). Die Formel von EULER zeigt, daß die Normalkrümmungen $1/R$ für alle Richtungen φ durch die Hauptkrümmungen $1/R_1$ und $1/R_2$ festgelegt sind.

Setzt man $\sqrt{|R|} \cdot \cos\varphi = \xi$, $\sqrt{|R|} \cdot \sin\varphi = \eta$, so ergibt sich als graphische Darstellung der Formel von EULER die *Dupinsche Indi-*

katrix (Abb. 8.7)

$$(8.35) \quad \begin{cases} \dfrac{\xi^2}{R_1} + \dfrac{\eta^2}{R_2} = 1 & \text{(Ellipse; } R_1, R_2 > 0) \\[2mm] \dfrac{\xi^2}{R_1} = 1 & \text{(2 parallele Gerade; } R_1 > 0) \\[2mm] \dfrac{\xi^2}{R_1} - \dfrac{\eta^2}{(-R_2)} = \pm 1 & \text{(2 konjungierte Hyperbeln;} \\ & \qquad R_1 > 0, \quad R_2 < 0). \end{cases}$$

Die Entfernungen eines Indikatrixpunktes vom Nullpunkt ist gleich der Quadratwurzel des Betrages des Normalkrümmungsradius für die betreffende Richtung φ.

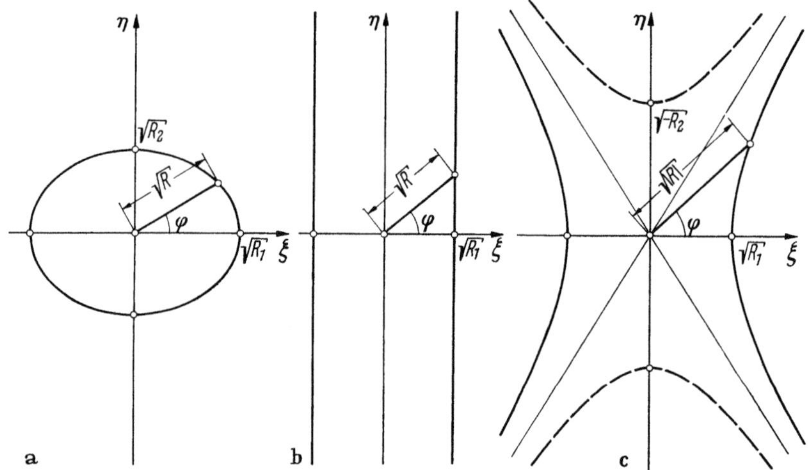

Abb. 8.7 a—c. Dupinsche Indikatrix für elliptische $\left(\dfrac{1}{R} > 0\right)$, parabolische $\left(\dfrac{1}{R} \gtreqless 0\right)$ und hyperbolische $\left(\dfrac{1}{R} \gtrless 0\right)$ Flächenpunkte

Man kann die Indikatrix auch deuten als Schnittkurve des Schmiegparaboloids mit der zur Tangentenebene parallelen Ebene $z = \tfrac{1}{2}$; im hyperbolischen Fall hat man die beiden parallelen Ebenen $z = \pm \tfrac{1}{2}$ als Schnittebenen zu nehmen.

8.7 Krümmungslinien und Asymptotenlinien

a) *Krümmungslinien.* Die Hauptachsenrichtungen der Indikatrix liefern in jedem Flächenpunkt 2 zueinander senkrechte Richtungen, die bereits vorher definierten sog. Hauptkrümmungsrichtungen. Ausgenommen sind hierbei die elliptischen Flächenpunkte, bei denen die Indikatrix-Ellipse ein Kreis ist (*Nabelpunkte* oder *Kreispunkte*). In diesen Punkten sind die Hauptkrümmungen in allen Richtungen gleich $(1/R = 1/R_1 = 1/R_2)$, alle Richtungen sind Hauptkrümmungsrichtungen. Auf der Kugel sind alle Punkte Nabelpunkte.

Bei Ausschluß der Nabelpunkte liefern die Hauptkrümmungsrichtungen zwei zueinander orthogonale Richtungsfelder auf der Fläche. Die Integralkurven dieser Richtungsfelder, d. h. die Kurven, deren Tangenten in den Hauptkrümmungsrichtungen verlaufen, heißen *Krümmungslinien*. Sie bilden ein orthogonales Kurvennetz.

Aus den Fundamentalgrößen 1. und 2. Ordnung erhält man die Differentialgleichung der Krümmungslinien

$$(8.36) \qquad \begin{vmatrix} dv^2 & -du\,dv & du^2 \\ E & F & G \\ L & M & N \end{vmatrix} = 0.$$

Nimmt man die Krümmungslinien als Parameterkurven, so ist

$$(8.37) \qquad F = 0 \quad \text{und} \quad M = 0.$$

Auch die Hauptkrümmungen sind natürlich durch die Fundamentalgrößen 1. und 2. Ordnung bestimmt. Es ist

$$(8.38) \qquad 2H = \frac{1}{R_1} + \frac{1}{R_2} = \frac{E\,N - 2F\,M + G\,L}{E\,G - F^2},$$

$$(8.39) \qquad K = \frac{1}{R_1}\,\frac{1}{R_2} = \frac{L\,N - M^2}{E\,G - F^2}.$$

Die *mittlere Krümmung* H ist das arithmetische Mittel der Hauptkrümmungen. Die durch $H = 0$ gekennzeichneten *Minimalflächen* spielen eine wichtige Rolle in der Mechanik: Eine in einen vorgegebenen Rahmen eingespannte Seifenhaut nimmt bei Abwesenheit äußerer Kräfte die Gestalt einer Minimalfläche an. Das *Gaußsche Krümmungsmaß* K ist das Produkt der Hauptkrümmungen. Die in Ziff. 8.6 eingeführte Fallunterscheidung in elliptische, parabolische und hyperbolische Flächenpunkte kann man durch

$$K \gtreqless 0$$

kennzeichnen, d. h. in elliptischen, parabolischen und hyperbolischen Flächenpunkten ist das Krümmungsmaß positiv bzw. Null bzw. negativ. Das Krümmungsmaß K ist einer der fundamentalsten Begriffe der Differentialgeometrie der Flächen. Wir werden in Ziff. 8.9 darauf zurückkommen.

Ist die vorgegebene Fläche eine Kugel vom Radius R, so ist die mittlere Krümmung $H = 1/R$ und das Krümmungsmaß $K = 1/R^2$.

b) *Asymptotenlinien auf einer Fläche negativen Krümmungsmaßes* $(K < 0)$. Hier sind die Flächenpunkte hyperbolisch und die Dupinsche Indikatrix ist eine Hyperbel. Die Richtungen ihrer Asymptoten bestim-

men ebenso wie die Hauptkrümmungsrichtungen 2 Richtungsfelder auf
der Fläche, die allerdings i. allg. nicht orthogonal sind. Die Integralkurven dieser beiden Richtungsfelder heißen *Asymptotenlinien* (oder auch
Schmieglinien oder *Haupttangentenkurven*). Die Normalkrümmungen in
den Asymptotenrichtungen sind Null. Daraus folgt aus der Eulerschen
Gleichung (8.28) für die Asymptotenlinien

$$\frac{1}{\varrho}\cos\vartheta = 0.$$

Wenn also die Asymptotenlinien eine nicht verschwindende Krümmung
$1/\varrho$ haben, ist $\vartheta = \pi/2$, d. h.: Die *Schmiegebenen der Asymptotenlinien
fallen mit den Tangentenebenen der Fläche zusammen.*

In einem elliptischen Flächenpunkt $P\,(K > 0)$ liegt in der Umgebung
eines Flächenpunktes P die Fläche auf einer der beiden Seiten der
Tangentenebene. Die Schnittkurve der Fläche mit der Tangentenebene
hat den Berührpunkt P als *isolierten Punkt* (Abb. 8.8). In einem

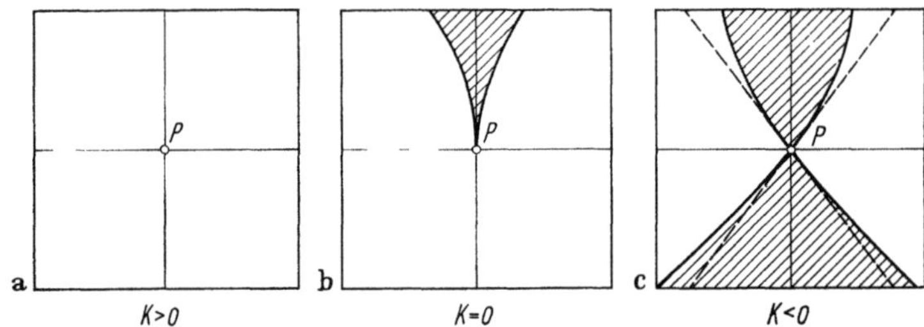

Abb. 8.8a—c. Schnitt der Fläche mit der Tangentenebene in einem elliptischen $(K > 0)$,
parabolischen $(K = 0)$ oder hyperbolischen $(K < 0)$ Punkt

hyperbolischen Flächenpunkt $P\,(K < 0)$ liegt in der Umgebung eines
Flächenpunktes P die Fläche auf beiden Seiten der Tangentenebene.
Die Schnittkurve der Fläche mit der Tangentenebene hat den Berührpunkt P als *Doppelpunkt*. Die Fläche hat in der Umgebung von P sattelartige Gestalt: In den in Abb. 8.8 schraffierten Bereichen liegt die Fläche
auf der einen Seite der Tangentenebene, in den nichtschraffierten Bereichen auf der anderen Seite. Das Schmiegparaboloid der Fläche schneidet die Tangentenebene in den in Abb. 8.8 gestrichelten Doppelpunkts-
tangenten; vgl. hierzu Abb. 1.2 rechts.

Aus der Tatsache, daß die Schmiegebenen der Asymptotenlinien mit
nicht verschwindender Krümmung $\dfrac{1}{\varrho}$ Tangentenebenen der Fläche sind,
ergibt sich nach S. FINSTERWALDER folgende *mechanische Erzeugung* der
Asymptotenlinien: Legt man einen ebenen, geradlinig begrenzten verbiegbaren Streifen auf die Fläche hochkant (d. h. senkrecht zu den Tangentenebenen) auf, so fällt der Rand des Streifens mit einer Asymptotenlinie zusammen. Mit anderen Worten: Die Normalebenen der Fläche

längs einer Asymptotenlinie (= rektifizierende Ebenen der Asymptotenlinie) haben als Einhüllende eine abwickelbare Fläche (vgl. Ziff. 8.4, Abs. a), welche die gegebene Fläche längs der Asymptotenlinie senkrecht durchsetzt.

c) *Parabolische Flächenpunkte* $(K = 0)$. In einem parabolischen Flächenpunkt $P(K = 0)$ fallen die beiden Asymptotenrichtungen miteinander zusammen. Aussagen über den Schnitt der Fläche mit der Tangentenebene lassen sich erst durch weitergehende Untersuchungen machen. Als Beispiel ist in Abb. 8.8 ein parabolischer Punkt dargestellt, der *Rückkehrpunkt* (*Spitze*) der Schnittkurve der Tangentenebene mit der Fläche ist. Die Flächen mit Krümmungsmaß Null $(K = 0)$ sind die in Ziff. 8.4 besprochenen abwickelbaren Flächen. Sie enthalten lauter parabolische Flächenpunkte und besitzen nur eine Schar von Asymptotenlinien, nämlich die auf der Fläche liegenden Geraden.

In Abb. 8.9 ist eine Drehfläche dargestellt, deren Meridian 2 Wendepunkte A, B hat. Die Punkte der Parallelkreise durch A und B sind parabolische Punkte $(K = 0)$. Zwischen diesen Parallelkreisen sind die Flächenpunkte hyperbolisch $(K < 0)$, oberhalb und unterhalb dieser Zone sind die Flächenpunkte elliptisch $(K > 0)$.

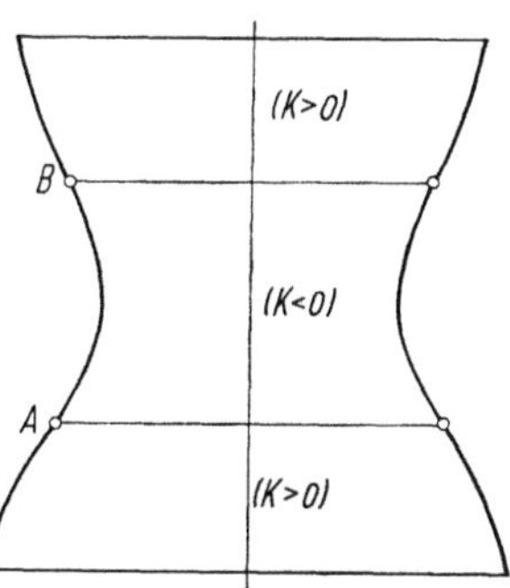

Abb. 8.9
Drehfläche mit Zonen positiven und negativen Krummungsmaßes K

Aus der 2. Fundamentalform erhält man die Differentialgleichung der Asymptotenlinien

$$(8.40) \qquad L\,du^2 + 2M\,du\,dv + N\,dv^2 = 0.$$

Nimmt man die Asymptotenlinien als Parameterkurven, so ist

$$(8.41) \qquad L = 0 \quad \text{und} \quad N = 0.$$

d) *Konjugierte Kurvenscharen.* Zwei in bezug auf die Dupinsche Indikatrix konjugierte Richtungen bezeichnet man als *konjugierte Richtungen* in dem betreffenden Flächenpunkt. Die Asymptotenrichtungen in hyperbolischen Flächenpunkten sind zu sich selbst konjugiert. In parabolischen Flächenpunkten ist jede Richtung zur Asymptotenrichtung konjugiert. Die Hauptkrümmungsrichtungen sind zueinander konjugierte senkrechte Richtungen.

Ist eine Kurvenschar 1 vorgegeben, so bestimmen die zu den Tangenten dieser Kurvenschar konjugierten Richtungen eine Kurvenschar 2. Die Beziehung zwischen den Kurvenscharen 1 und 2 ist eine wechselseitige. Wir bezeichnen die Kurvenscharen 1, 2 als *konjugierte Kurvenscharen.*

Aus den Fundamentalgrößen 2. Ordnung erhält man die Differentialgleichung konjugierter Kurvenscharen

$$(8.42) \quad L\,d\boldsymbol{u}^{(1)}\,d\boldsymbol{u}^{(2)} + M\,(d\boldsymbol{u}^{(1)}\,d\boldsymbol{v}^{(2)} + d\boldsymbol{u}^{(2)}\,d\boldsymbol{v}^{(1)}) + N\,d\boldsymbol{v}^{(1)}\,d\boldsymbol{v}^{(2)} = 0.$$

Die linke Seite der Gl. (8.42) ist die Bilinearform zu der auf der linken
Seite der Gl. (8.40) stehenden quadratischen Form. Sind die Parameterkurven zueinander konjugiert, dann ist

$$(8.43) \qquad\qquad\qquad M = 0.$$

Auch für die konjugierten Kurvenscharen läßt sich eine einfache
geometrische Erzeugung angeben: Die Tangentenebenen längs einer
vorgegebenen Flächenkurve haben als Einhüllende eine abwickelbare
Fläche (vgl. Ziff. 8.4, Abs. a). Die Geraden dieser abwickelbaren Fläche
verlaufen in den zu den Tangenten der vorgegebenen Flächenkurve
konjugierten Richtungen.

8.8 Geodätische Linien

Die in Ziff. 8.7 eingeführten Kurven (Krümmungslinien, Asymptotenlinien, konjugierte Kurvenscharen) sind nicht durch die Metrik der Fläche
allein bestimmt, sondern hängen von der Einbettung der Fläche im
Raum ab, behalten also bei Verbiegungen i. allg. ihre Eigenschaft nicht.
Demgemäß treten in den Differentialgleichungen (8.36), (8.40) und (8.42)
die Fundamentalgrößen 2. Ordnung auf.

Hingegen sind die *geodätischen Linien,* von denen jetzt die Rede sein
soll, durch die Metrik der Fläche, also durch die Fundamentalgrößen
1. Ordnung, allein festgelegt und bleiben daher geodätische Linien bei
beliebigen Verbiegungen der Fläche.

Wir geben zunächst eine Definition, die von den Krümmungseigenschaften der Fläche ausgeht, also den Anschein erweckt, als wären
die geodätischen Linien nicht durch die Metrik allein bestimmt: Die
geodätischen Linien sind diejenigen Flächenkurven, bei denen die
Schmiegebenen Normalebenen der Fläche sind, bei denen also die Hauptnormalen mit den Flächennormalen zusammenfallen.

Daraus folgt: Die Projektionen der geodätischen Linien auf die
Tangentenebenen der Fläche haben im Berührpunkt der Tangenten-
ebenen die Krümmung Null. Diese Eigenschaft liefert nach S. Finster-
walder wiederum eine einfache *mechanische Erzeugung* der geodätischen
Linien: Legt man einen ebenen, verbiegbaren Streifen mit geradliniger
Achse auf die Fläche längs der Streifenachse tangential auf, dann fällt
die Streifenachse mit einer geodätischen Linie zusammen. Mit anderen
Worten: Die Tangentialebenen der Fläche längs einer geodätischen
Linie (= rektifizierende Ebenen der geodätischen Linie) haben als Einhüllende eine abwickelbare Fläche (vgl. Ziff. 8.4, Abs. a) und bei der Ver-

biegung dieser Fläche in die Ebene geht die geodätische Linie in eine Gerade über.

Die geodätischen Linien $u = u(t)$, $v = v(t)$ genügen der Differentialgleichung 2. Ordnung

$$(8.44) \quad (E\,G - F^2)\,(\dot u\,\ddot v - \ddot u\,\dot v) + (E\,\dot u + F\,\dot v)\,[(F_u - \tfrac{1}{2}E_v)\,\dot u^2 +$$
$$+ G_u\,\dot u\,\dot v + \tfrac{1}{2}G_v\,\dot v^2] - (G\,\dot v + F\,\dot u)\,[(F_v - \tfrac{1}{2}G_u)\,\dot v^2 +$$
$$+ E_v\,\dot u\,\dot v + \tfrac{1}{2}E_u\,\dot u^2] = 0.$$

Dabei kann etwa $u(t)$ beliebig vorgeschrieben werden. Setzt man speziell $u = t$, $v = v(t) = v(u)$, dann ist $\dot u = 1$, $\ddot u = 0$, $\dot v = \dfrac{dv}{du} = v'$, $\ddot v = \dfrac{d^2v}{du^2} = v''$ und Gl. (8.43) spezialisiert sich zu

$$(8.44^*) \quad (E\,G - F^2)\,v'' + (E + F\,v')\,[(F_u - \tfrac{1}{2}E_v) + G_u\,v' + \tfrac{1}{2}G_v\,v'^2] -$$
$$- (G\,v' + F)\,[(F_v - \tfrac{1}{2}G_u)\,v'^2 + E_v\,v' + \tfrac{1}{2}E_u] = 0.$$

Die Differentialgleichung (8.44) bzw. (8.44*) enthält nur die Fundamentalgrößen 1. Ordnung, die geodätischen Linien hängen also in der Tat nur von der Metrik der Fläche ab.

Durch jeden Punkt P der Fläche verläuft in jeder Richtung genau eine geodätische Linie (Abb. 8.10). Beschränkt man sich auf eine Umgebung des Punktes P, in der durch jeden von P verschiedenen Punkt Q genau eine von P ausgehende geodätische Linie hindurchgeht, dann ist die geodätische Linie die *kürzeste auf der Fläche verlaufende Verbindungslinie* der Punkte P, Q. Diese zweite Definition der geodätischen Linien macht evident, daß die geodätischen Linien durch die Metrik der Fläche allein bestimmt sind. Außerdem führt die Definition zu einer weiteren *mechanischen Erzeugung* der geodätischen

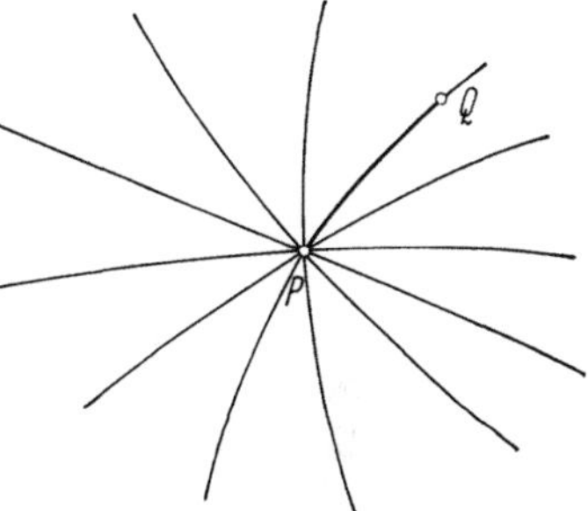

Abb. 8.10. Geodätische Linien durch einen Flächenpunkt P

Linien: Ein auf eine Fläche aufgelegter gespannter undehnbarer Faden verläuft längs einer geodätischen Linie.

Die geodätischen Linien der Ebene sind die Geraden. Sie sind die kürzesten Verbindungslinien irgend zweier Punkte P und Q. Die geodätischen Linien der Kugel sind die Größtkreise. Sie sind kürzeste Verbindungslinien, sofern die Verbindungslinie PQ kürzer als die Hälfte eines Größtkreises ist. Die Umgebung des Punktes P, in dem die geodätischen Linien kürzeste Linien sind, ist also die im Gegenpunkt von P gelochte Kugel.

Ist eine beliebige Flächenkurve vorgegeben, so nennt man die Krümmung ihrer Projektion auf die Tangentenebene in deren Berührpunkt

Tangentialkrümmung oder *geodätische Krümmung* der Flächenkurve in dem betreffenden Punkt. Auch die geodätische Krümmung ist durch die Metrik der Fläche bestimmt, bleibt also bei Verbiegungen der Fläche erhalten. Die geodätischen Linien sind diejenigen Flächenkurven, die in jedem ihrer Punkte die geodätische Krümmung Null haben.

8.9 Gaußsches Krümmungsmaß

In Ziff. 8.7 haben wir die Begriffe mittlere Krümmung H und GAUSSsches Krümmungsmaß K durch die Ausdrücke (8.38) und (8.39) eingeführt. In beiden Ausdrücken treten neben den Fundamentalgrößen 1. Ordnung E, F, G auch die Fundamentalgrößen 2. Ordnung L, M, N auf. Es hat also den Anschein, daß H und K nicht nur von der Metrik der Fläche, sondern auch von ihrer Einbettung im Raum abhängen. Für die mittlere Krümmung H trifft dies in der Tat zu, nicht dagegen für das Krümmungsmaß K. Dieses ist allein durch die Metrik festgelegt, bleibt also bei beliebiger Verbiegung ungeändert; denn man kann die rechte Seite der Gl. (8.39) allein durch die Fundamentalgrößen 1. Ordnung und deren erste und zweite Ableitungen ausdrücken, nämlich

$$(8.45) \qquad K = \frac{1}{R_1 R_2} = \frac{LN - M^2}{EG - F^2} = \frac{1}{4(EG - F^2)^2} \begin{vmatrix} E & E_u & E_v \\ F & F_u & F_v \\ G & G_u & G_v \end{vmatrix} -$$

$$- \frac{1}{2\sqrt{EG - F^2}} \left[\frac{\partial}{\partial v} \frac{E_v - F_u}{\sqrt{EG - F^2}} + \frac{\partial}{\partial u} \frac{G_u - F_v}{\sqrt{EG - F^2}} \right].$$

Diese fundamentale Beziehung wird als *Theorema egregium* von GAUSS bezeichnet. Es ist hier in der auf G. FROBENIUS zurückgehenden Form angegeben. Die Irrationalität tritt nur scheinbar auf, sie verschwindet nach Ausführung der Differentiationen im zweiten Glied.

Wir geben jetzt noch zwei weitere Definitionen des Krümmungsmaßes K:

a) Die erste dieser Definitionen ist analog den Definitionen der Krümmung und Windung der Raumkurven durch gewisse sphärische Abbildungen (vgl. Ziff. 7.2): Man bildet einen Bereich (B) der vorgegebenen Fläche punktweise auf einen Bereich (B_1) der Einheitskugel durch parallele Normalen ab, indem man jedem Punkt $\boldsymbol{x}$ den Punkt der Einheitskugel mit dem Ortsvektor $\boldsymbol{n}$ zuordnet (*sphärisches Normalenbild der Fläche*). Ist f bzw. f_1 der Flächeninhalt des Bereichs (B) bzw. (B_1) und läßt man den Bereich (B) auf einen Flächenpunkt P einschrumpfen, dann ist das Krümmungsmaß der Fläche im Punkt P gleich dem Grenzwert

$$(8.46) \qquad K = \lim_{(B) \to P} (f_1/f).$$

Dabei wird das Verhältnis f_1/f positiv genommen, wenn die Bereiche (B) und (B_1) bei der sphärischen Abbildung im gleichen Sinn umlaufen werden (jeweils auf der Seite der gegebenen Fläche, nach der die Normalenvektoren n weisen, und auf der Außenfläche der Einheitskugel), andernfalls negativ.

b) Die zweite Definition macht die Biegungsinvarianz des Krümmungsmaßes, d. h. seine Erhaltung bei beliebigen Verbiegungen der Fläche, plausibel (Abb. 8.11): Wir greifen aus dem Netz der Parameterkurven

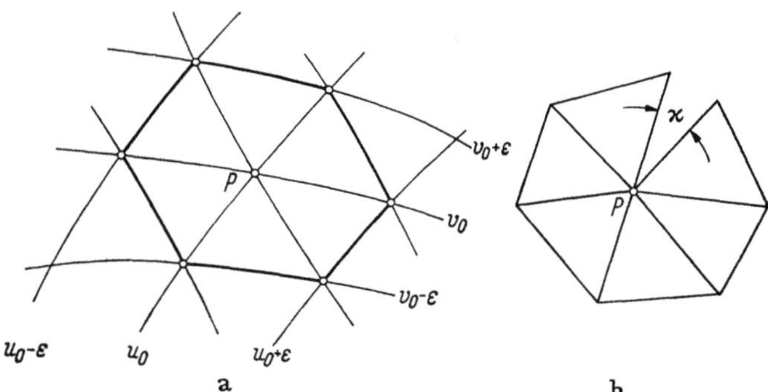

Abb. 8.11a u. b. Differenzengeometrische Definition des Gaußschen Krümmungsmaßes

$u = $ const und $v = $ const die durch einen festen Flächenpunkt P hindurchgehenden Kurven $u = u_0$, $v = v_0$ sowie die „benachbarten" Kurven $u = u_0 \pm \varepsilon$, $v = v_0 \pm \varepsilon\,(\varepsilon > 0)$ heraus sowie die Diagonalkurven $u + v = u_0 + v_0$, $u + v = u_0 + v_0 \pm \varepsilon$. Dann entsteht ein Sechseck, das aus 6 von Kurvenbögen begrenzten Dreiecken mit der gemeinsamen Ecke P zusammengesetzt ist. Wir ersetzen die Kurvenbögen durch ihre Sehnen und erhalten dabei 6 geradlinig begrenzte Dreiecke. Schneiden wir das so erzeugte Sechskant an einer der Kanten auf und breiten es in die Ebene aus, dann entsteht ein „Spaltwinkel" $\varkappa \gtrless 0$. Er wird positiv gezählt, wenn wie in Abb. 8.11 tatsächlich eine Spaltlücke bleibt, negativ dagegen, wenn sich das in die Ebene ausgebreitete Sechskant überlappt. Sei nun $3f^*$ der Flächeninhalt der 6 ebenen Dreiecke, dann ist das Krümmungsmaß K der Grenzwert

$$(8.47) \qquad\qquad K = \lim_{\varepsilon \to 0} (\varkappa/f^*).$$

Auch diese Definition geht im Grundgedanken auf den bereits mehrfach genannten Geometer S. FINSTERWALDER zurück.

Von besonderem Interesse sind die *Flächen konstanten Krümmungsmaßes* $K = $ const:

Die Flächen konstanten positiven Krümmungsmaßes sind die Kugeln und ihre Biegungsflächen. Die Flächen mit Krümmungsmaß Null sind die Biegungsflächen der Ebene, nämlich die bereits in Ziff. 8.4, Abs. a, erwähnten abwickelbaren Flächen, also die Zylinder, Kegel und Tangentenflächen. Die Flächen konstanten negativen Krümmungsmaßes sind die

Pseudosphären und ihre Biegungsflächen. Die Pseudosphären entstehen durch Drehung einer *Traktrix* um ihre Asymptote (Abb. 8.12). Eine Traktrix ist dadurch gekennzeichnet, daß die Tangentenabschnitte vom Berührungspunkt bis zur Asymptote (z-Achse) konstant sind. Hat diese Konstante den Wert R, dann ist $K = -\dfrac{1}{R^2}$ das Krümmungsmaß der Pseudosphäre.

Wenn hier von Biegungsflächen der Kugel oder der Pseudosphäre die Rede ist, wird immer nur an Verbiegungen von geeigneten Ausschnitten dieser Flächen gedacht, ebenso wie dies in Ziff. 8.4, Abs. b, bei den Verbiegungen der Drehflächen der Fall war. Eine Kugel als Ganzes läßt sich nicht verbiegen.

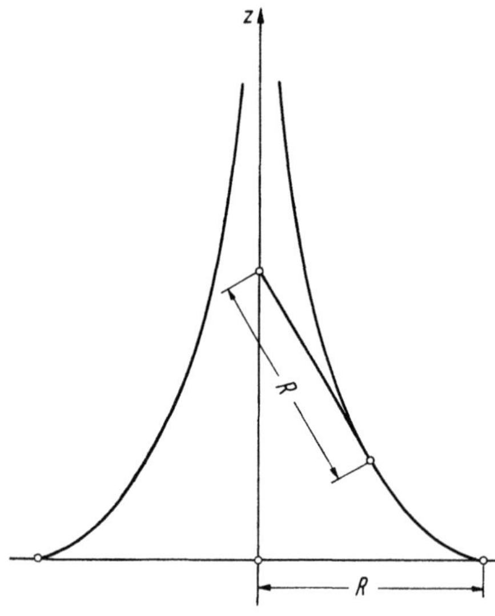

Abb. 8.12. Pseudosphäre ($K = -1/R^2$) als Drehfläche der Traktrix

§ 9. Anwendungen der Differentialgeometrie auf die Getriebelehre

9.1 Beziehungen zur ebenen und sphärischen Kinematik

Wenn man von Parallelverschiebungen absieht, läßt sich jeder Bewegungsvorgang in einer Ebene durch das *Abrollen zweier Kurven* aneinander erzeugen. Wir veranschaulichen uns dies durch ein *finites Modell*, nämlich das *Abrollen zweier Polygone* mit paarweise gleich langen korrespondierenden Seiten (Abb. 9.1):

In Abb. 9.1 soll das Polygon (1) in Ruhe bleiben und das Polygon (2) an ihm abrollen. Die Seiten $B_1 C_1 = B_2 C_2$ sind gerade miteinander

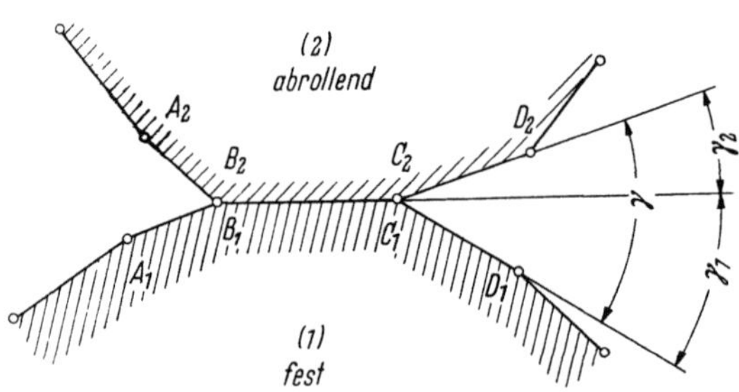

Abb. 9.1. Erzeugung einer ebenen Bewegung durch Abrollen

in Deckung. Um die Seite $C_2 D_2$ mit der gleich langen Seite $C_1 D_1$ zur Deckung zu bringen, muß das Polygon (2) um $C_1 = C_2$ gedreht werden.

Der Drehwinkel ist $\gamma = \gamma_1 + \gamma_2$. Die Abrollbewegung des Polygons (2) am Polygon (1) besteht also aus einer Folge von Drehungen: Die Ecken des Polygons (1) sind die Drehzentren in der ruhenden Ebene, die Ecken des Polygons (2) sind die Drehzentren in der abrollenden Ebene.

Beim Grenzübergang von Polygonen zu Kurven ergibt sich (mit Ausschluß von Parallelverschiebungen) die Abrollbewegung einer Kurve (2) an einer Kurve (1). Beide Kurven sind punktweise durch gleiche Bogenlängen aufeinander bezogen und „wickeln sich aneinander" ab ohne zu gleiten. In jedem Zeitpunkt berühren sich die Kurven und die Ebene der Kurve (2) führt eine „infinitesimale Drehung" um den Berührungspunkt als *momentanes Drehzentrum* aus.

Alle diese Betrachtungen lassen sich sinngemäß von der *ebenen* auf die *sphärische Geometrie* übertragen. Ein Analogon zu Parallelverschiebungen in der ebenen Geometrie gibt es in der sphärischen Geometrie jedoch nicht. An Stelle der abrollenden Polygone bzw. Kurven hat man in der sphärischen Geometrie abrollende Pyramiden bzw. Kegel mit gemeinsamem Scheitel O, an Stelle der ebenen Drehungen um Punkte A_1, B_1 usf. (= Drehungen um parallele Achsen) treten Drehungen um sich schneidende Achsen mit dem gemeinsamen Punkt O.

9.2 Verzahnungen der Stirnräder und konischen Räder

Sind die beiden Kurven (1) und (2) Kreise, welche (außen oder auch innen) aneinander abrollen, so kann man den Abrollvorgang umdeuten, indem man ihn nicht mehr von der Ebene der Kurve (1) als ruhender Ebene aus betrachtet, sondern die beiden Kreise sich um ihre Mittelpunkte M_1 und M_2 als ruhende Punkte drehen läßt (Abb. 9.2), wobei die Drehgeschwindigkeiten im umgekehrten Verhältnis der Kreisradien r_1, r_2 stehen (*Übersetzungsverhältnis* $z = r_1 : r_2$). Die Kreise rollen dann ebenso wie bei der Deutung in Ziff. 9.1 ohne Gleiten aneinander ab. Der Berührpunkt A (momentanes Drehzentrum) bleibt jetzt aber immer an derselben Stelle.

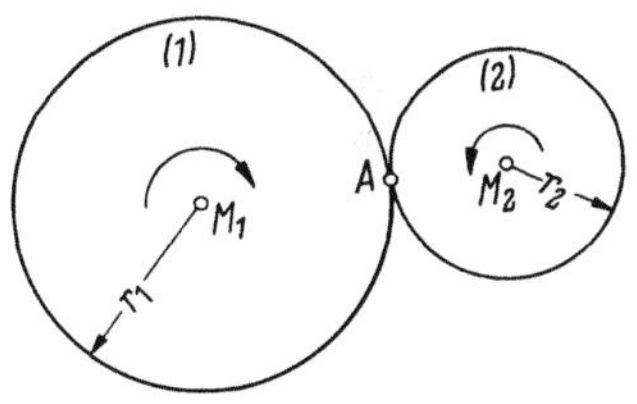

Abb. 9.2. Übertragung von Drehungen um parallele Achsen

Die aneinander abrollenden Kreise erzeugen die Übertragung einer Drehung von einer auf der Kreisebene in M_1 senkrechten Achse a_1 auf eine zu ihr parallele Achse a_2 durch M_2. Um diese Verkoppelung der Drehungen technisch herbeizuführen, muß man die beiden als zylindrische Scheiben ausgebildeten Kreise mit *Verzahnungen* versehen (*Stirnräder*). Dabei müssen die korrespondierenden *Zahnflanken* sich ständig berühren und aneinander abgleiten (nicht abrollen!), während die beiden Kreise (1) und (2) (*Teilkreise*) aneinander abrollen.

Die Konstruktion korrespondierender Zahnflanken ist (abgesehen
von technologischen Fragen) ein differentialgeometrisches Problem:
Korrespondierende Zahnflanken sind *Rollkurven*, die beim äußeren
bzw. inneren Abrollen einer Kurve w (*Wälzkurve*) an
den Teilkreisen als Bahnkurven eines mit der Wälzkurve w starr verbundenen Punktes W entstehen
(Abb. 9.3).

Läßt man dieselbe Wälzkurve an einem ganzen
Satz von Teilkreisen abrollen, so ergibt sich ein Satz
von korrespondierenden Zahnflanken für diese Wälz-
kurven.

Aus dieser Konstruktion ergibt sich folgende
weitere Eigenschaft korrespondierender Zahnflanken
(Abb. 9.4):

Man geht von Punkten $P_1, Q_1, \ldots$ der Zahnflanke
des einen Rades auf den Normalen zur Zahnflanke bis
zu den Schnittpunkten $A_1, B_1, \ldots$ auf Teilkreis (1);
die Normalen schneiden die Kurve (1) unter den Winkeln $\alpha, \beta, \ldots$, die schon in Abb. 9.3 an der Wälzkurve auftraten. Man überträgt dann die Bogen-
längen $A_1 B_1$ usf. auf den Teilkreis (2) des anderen

Abb. 9.3. Erzeugung
eines Satzes korrespon-
dierender Zahnflanken
als Rollkurven mittels
einer Walzkurve

Rades und erhält so die korrespondierenden Punkte $A_2, B_2, \ldots$ Dann
trägt man die Winkel $\alpha, \beta, \ldots$ am Teilkreis (2) ab und überträgt
unter diesen Winkeln die Längen $A_1 P_1 = A_2 P_2$, $B_1 Q_1 = B_2 Q_2, \ldots$

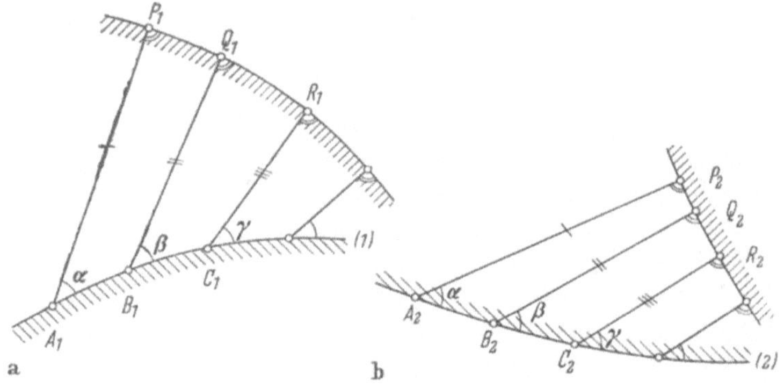

Abb. 9.4a u. b. Konstruktion korrespondierender Zahnflanken zu einer vorgegebenen Zahnflanke

Die Punkte $P_2, Q_2, \ldots$ sind dann Punkte der korrespondierenden Zahnflanke. Man kann nämlich leicht zeigen, daß diese Kurve der Punkte
$P_2, Q_2, \ldots$ die Geraden $A_2 P_2, B_2 Q_2, \ldots$ zu Normalen hat. Daraus folgt
dann unmittelbar, daß die so konstruierten Zahnflanken aneinander
abgleiten, wenn die Teilkreise (1) und (2) aneinander abrollen. Die Über-

legungen gelten auch für „unrunde" Räder, bei denen anstelle der abrollenden Teilkreise abrollende nicht kreisförmige Teilkurven treten.

Wir erläutern die Beziehungen wiederum durch ein *finites Modell* (Abb. 9.5): Es besteht aus starren Dreiecken ABP, BCQ, ..., die paarweise gleich lange Seiten $BP = BQ$, $CQ = CR$, ... haben und

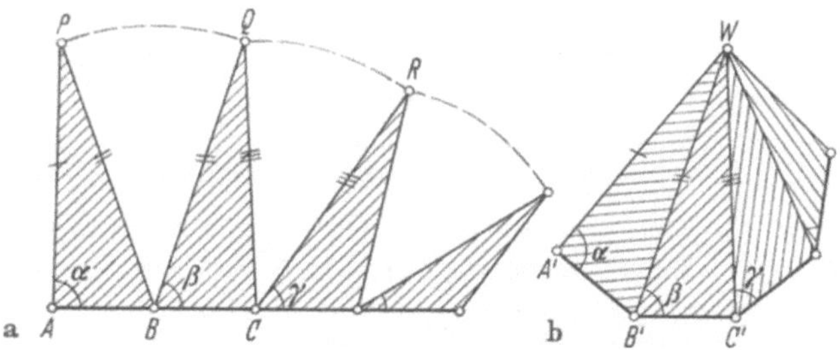

Abb. 9.5a u. b. Finites Modell zur Zahnflankenkonstruktion

um die Basispunkte A, B, ... gegeneinander verdrehbar sind. Ersetzt man die Teilkurven (1), (2) durch Polygone, deren Seiten jeweils dieselbe Länge haben wie die Dreiecksseiten AB, BC, ..., dann bilden beim Auflegen des Modells auf die Teilkurvenpolygone (1), (2) die Punkte P, Q, ... des Modells Polygone, die das finite Analogon der korrespondierenden Zahnflanken in Abb. 9.4 sind. Klappt man das Modell zusammen derart, daß die Punkte P, Q, ... in einen Punkt W zusammenfallen, so geht das Polygon AB ... in ein Polygon $A'B'$ ... über und dieses ist das finite Analogon der Wälzkurve w in Abb. 9.3.

Beispiele spezieller Verzahnungen runder Stirnräder: a) Ist die Wälzkurve ein Kreis, dann sind die Zahnflanken Zykloiden (*Zykloidenverzahnung*). b) Ist die Wälzkurve eine logarithmische Spirale, dann sind alle Winkel α, β, ... (vgl. Abb. 9.4) einander gleich und die Normalen $A_1 P_1$, $B_1 Q_1$, ... umhüllen daher einen zum Teilkreis (1) konzentrischen Kreis. Infolgedessen sind die Zahnflanken Kreisevolventen (*Evolventenverzahnung*). Wenn der Teilkreis zu einer Geraden entartet (*Zahnstange* statt Zahnrad), ist die Zahnflanke geradlinig.

Alle diese Untersuchungen lassen sich ähnlich wie in Ziff. 9.1 von der ebenen auf die sphärische Geometrie übertragen. An Stelle der zylindrischen Stirnräder ergeben sich dann *konische Räder*, welche Drehungen um sich schneidende Achsen übertragen. Statt der Teilkreise der Stirnräder hat man hier aneinander abrollende Drehkegel mit gemeinsamem Scheitel und statt der zylindrischen Zahnflanken *konische Zahnflanken*.

9.3 Beziehungen zur räumlichen Kinematik (Hyperboloidräder)

Wenn wir von reinen Parallelverschiebungen absehen, läßt sich jeder Bewegungsvorgang im Raum durch das Abschroten zweier Regelflächen aneinander erzeugen (vgl. Ziff. 8.4, Beispiel c). An Stelle der aneinander abrollenden Kurven in der ebenen Kinematik (vgl. Ziff. 9.1) treten jetzt aneinander abschrotende Regelflächen. Die aneinander · abrollenden Kurven müssen durch gleiche Bogenlängen, die aneinander abschrotenden Regelflächen durch *gleiche Schränkung an den korrespondierenden Erzeugenden* aufeinander bezogen werden.

Wir erläutern den Vorgang wieder durch ein *finites Modell* und nehmen dabei Bezug auf Abb. 8.2: Wir deuten die Abb. 8.2 wie in Ziff. 8.4, Beispiel c, als *Stangenmodell* und denken uns zwei Stangenmodelle vorgegeben, welche aus paarweise kongruenten starren Stangenpaaren $(p\,q)_1 = (p\,q)_2$, $(q\,r)_1 = (q\,r)_2, \ldots$ zusammengesetzt sind. Zunächst seien die Stangenpaare $(p\,q)_1$ und $(p\,q)_2$ miteinander in Deckung. Um dann das Stangenpaar $(q\,r)_2$ mit dem Stangenpaar $(q\,r)_1$ zur Deckung zu bringen, ist erstens eine Drehung um die Stange q und zweitens eine Parallelverschiebung längs q, insgesamt also eine Schraubung mit der Stange q als Achse erforderlich. Wenn die Parallelverschiebungen entfallen, entartet die Abschrotung zur Verbiegung und die Schraubungen spezialisieren sich zu Drehungen. Wenn an einer der Stangen die Drehung entfällt, spezialisiert sich dort die Schraubung zu einer Parallelverschiebung.

Beim Grenzübergang von den Stangenmodellen zu Regelflächen ergibt sich, daß die Abschrotung (bei Ausschluß von Parallelverschiebungen) in jedem Zeitpunkt eine „infinitesimale Schraubung" ist. Die Erzeugende, längs der sich die beiden Regelflächen in dem betreffenden Zeitpunkt berühren, ist die *momentane Schraubenachse*.

Die wichtigste Anwendung dieser Betrachtungen sind die *Hyperboloidräder*. Sie übertragen Drehungen um windschiefe Achsen (1), (2) dadurch aufeinander, daß zwei einschalige Drehhyperboloide derselben Schränkung mit den Drehachsen (1), (2) bei Drehungen um die Achsen aneinander abschroten (Abb. 9.6).

Sind die Achsen (1), (2) $[\sphericalangle(1,2) = \gamma]$ gegeben und ist das Übersetzungsverhältnis z vorgeschrieben, so lassen sich die Halbachsen a_1, b_1 und a_2, b_2 der Hyperboloide sowie die Gerade e, längs deren sie sich ständig berühren (momentane Schraubenachse), folgendermaßen konstruieren: Die Drehachsen (1), (2) und die Gerade e haben eine gemeinsame Normale (die in Abb. 9.6 senkrecht auf der Zeichenebene steht). Auf dieser Normalen liegen die Halbachsen a_1, a_2 der Hyperboloide $\left(\dfrac{r^2}{a_{1,2}^2} - \dfrac{y^2}{b_{1,2}^2} = 1, \right.$ y-Achse = Drehachse (1) bzw. (2), r = Abstand von der Drehachse$\Big)$, und es ist

$$a_1 + a_2 = h, \qquad a_2 : a_1 = \text{Übertragungsverhältnis } z,$$

also

$$a_1 = \frac{h}{1+z}, \qquad a_2 = \frac{z\,h}{1+z}.$$

h ist der kürzeste Abstand der vorgegebenen Achsen (1), (2). Die Schränkung eines einschaligen Drehhyperboloids ist, wie eine kurze Rechnung zeigt, gleich dem Reziprokwert der Halbachse b. Da beide Hyperboloide aneinander abschroten sollen, also dieselbe Schränkung haben, ist demnach

$$b_1 = b_2.$$

Für die Winkel γ_1 und γ_2, welche die Erzeugende e mit den Achsen (1), (2) bildet, hat man die beiden weiteren Bedingungen

$$\gamma_1 + \gamma_2 = \gamma, \qquad b_1 = b_2 = a_1 \cot\gamma_1 = a_2 \cot\gamma_2.$$

Die graphische Ermittlung der gesuchten Größen γ_1, γ_2, a_1, a_2 und $b_1 = b_2$ mit Hilfe des Peripheriewinkelsatzes bei Vorgabe der Achsen (1), (2) (also der Größen h und γ) sowie des Übersetzungsverhältnisses z zeigt der rechte Teil der Abb. 9.6.

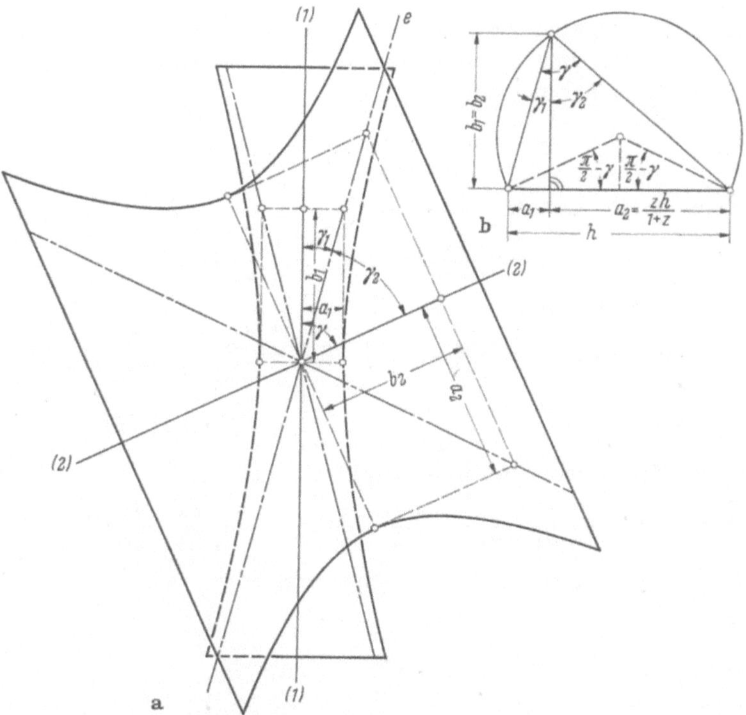

Abb. 9.6a u. b. Abschrotende Hyperboloidräder zur Übertragung von Drehungen um windschiefe Achsen (*1*), (*2*)

Die Konstruktion der Verzahnung von Hyperboloidrädern ist naturgemäß erheblich mühsamer als die Zahnflankenkonstruktion der Stirnräder. Sie kann im Rahmen dieses Buches nicht behandelt werden.

§ 10. Allgemeine Koordinatensysteme im Raum

10.1 Linienelement im Euklidischen E_n

Wie in § 7 und § 8 sind x, y, z rechtwinklige Cartesische Koordinaten mit gleichen Längenmaßstäben im dreidimensionalen Raum. Wir gehen jetzt aber zunächst zum n-dimensionalen Euklidischen E_n über und bezeichnen die Koordinaten mit $x_1, \ldots, x_n$. Wir fassen die Koordinaten im Ortsverktor $\boldsymbol{x} = (x_1, \ldots, x_n)$ zusammen und gehen mit

$$(10.1) \qquad \boldsymbol{x} = \boldsymbol{x}(u_1, \ldots, u_n),$$

in Koordinaten

$$x_k = x_k(u_1, \ldots, u_n), \qquad k = 1, \ldots, n,$$

zu *allgemeinen Koordinaten* $u_1, \ldots, u_n$ über.

Damit in dem betrachteten Raumbereich $\alpha_k \leqq u_k \leqq \beta_k$ die u_k tatsächlich Koordinaten sind, durch die ein Raumpunkt P eindeutig festgelegt wird, setzen wir voraus, daß die Funktionaldeterminante der x_i nach den u_k nicht verschwindet, also

$$(10.2) \qquad \frac{\partial(x_1, \ldots, x_n)}{\partial(u_1, \ldots, u_n)} \neq 0.$$

Dann ergibt sich wie in § 8 aus

$$d\boldsymbol{x} = \frac{\partial \boldsymbol{x}}{\partial u} du_1 + \cdots + \frac{\partial \boldsymbol{x}}{\partial u_n} du_n$$

die *1. Fundamentalform*

$$(10.3) \quad ds^2 = d\boldsymbol{x}\, d\boldsymbol{x} = dx_1^2 + \cdots + dx_n^2 = \sum_{i,j=1}^{n} \frac{\partial \boldsymbol{x}}{\partial u_i} \frac{\partial \boldsymbol{x}}{\partial u_j} du_i\, du_j$$

$$= \sum_{i,j=1}^{n} g_{ij}\, du_i\, du_j$$

mit den *Fundamentalgrößen 1. Ordnung*

$$(10.4) \qquad g_{ij} = \frac{\partial \boldsymbol{x}}{\partial u_i} \frac{\partial \boldsymbol{x}}{\partial u_j} = \frac{\partial x_1}{\partial u_i} \frac{\partial x_1}{\partial u_j} + \cdots + \frac{\partial x_n}{\partial u_i} \frac{\partial x_n}{\partial u_j}.$$

Offenbar ist die Matrix der g_{ij} symmetrisch:

$$(10.5) \qquad g_{ij} = g_{ji}.$$

Während in § 8 ds das Linienelement auf einer vorgegebenen Fläche war, ist hier ds das Linienelement im E_n. Natürlich ist die auf der rechten Seite der Gl. (10.3) stehende quadratische Form wie in § 8 positiv definit, d. h., es ist stets

$$ds^2 > 0,$$

vorausgesetzt, daß nicht alle du_i verschwinden. Insbesondere müssen daher die g_{ii} positiv sein. Die g_{ij} haben aber noch weitere Bedingungen zu erfüllen, damit eine Vektorfunktion $\boldsymbol{x}(u_1, \ldots, u_n)$ existiert, derart, daß die Innenprodukte $\dfrac{\partial x}{\partial u_i}\dfrac{\partial x}{\partial u_j}$ gleich den Funktionen g_{ij} sind. Es ist hier nicht möglich, auf diese Frage näher einzugehen. Im folgenden Kapitel wird sie im Rahmen der *Tensorrechnung* in weiterem Rahmen erörtert werden.

Folgendes ist aber evident: Wenn die Fundamentalgrößen 1. Ordnung g_{ij} des Euklidischen E_n gegeben sind, ist die Metrik des E_n damit festgelegt, d. h., alle Längen, Winkel, Flächen- und Rauminhalte lassen sich aus den g_{ij} berechnen, wie wir dies in § 8 bei den Flächen im R_3 durchgeführt haben.

10.2 Erläuterung an Beispielen im E_3

Wir kehren jetzt zum dreidimensionalen Euklidischen Raum E_3 zurück und setzen für x_1, x_2, x_3 wieder x, y, z und u, v, w für u_1, u_2, u_3. Durch eine Gleichung $\Phi(u, v, w) = 0$ ist dann eine Fläche im E_3 festgelegt, insbesondere sind durch

$$(10.6) \qquad u = \text{const} \quad \text{bzw.} \quad v = \text{const} \quad \text{bzw.} \quad w = \text{const}$$

die *Parameterflächen* gegeben. Die Schnittkurven der Parameterflächen (*Parameterlinien*) sind festgelegt durch

$$(10.7) \qquad \begin{cases} \quad\; v = \text{const}, \quad w = \text{const} \\ \text{bzw.} \quad w = \text{const}, \quad u = \text{const} \\ \text{bzw.} \quad u = \text{const}, \quad v = \text{const.} \end{cases}$$

Die *Längen der Parameterlinien* sind bestimmt durch die *Linienelemente*

$$(10.8) \qquad (ds)_{v,\,w=\text{const}} = \sqrt{g_{11}}\,du \quad \text{bzw.} \quad (ds)_{w,\,u=\text{const}} = \sqrt{g_{22}}\,dv$$
$$\text{bzw.} \quad (ds)_{u,\,v=\text{const}} = \sqrt{g_{33}}\,dw.$$

Wir beschränken uns fortan auf *orthogonale Koordinatensysteme*, bei denen sich die Parameterlinien und demnach auch die Parameterflächen senkrecht schneiden. Dann müssen die Tangentenvektoren der Parameterlinien $\dfrac{\partial x}{\partial u}$, $\dfrac{\partial x}{\partial v}$, $\dfrac{\partial x}{\partial w}$ zueinander senkrecht sein, ihre Innenprodukte also verschwinden:

$$(10.9) \qquad\qquad g_{23} = g_{31} = g_{12} = 0.$$

Unter dieser Annahme ergibt sich für die *Flächenelemente auf den Parameterflächen*

$$(10.10) \quad (df)_{u=\text{const}} = \sqrt{g_{22}g_{33}}\,dv\,dw, \quad (df)_{v=\text{const}} = \sqrt{g_{33}g_{11}}\,dw\,du,$$
$$(df)_{w=\text{const}} = \sqrt{g_{11}g_{22}}\,du\,dv$$

und für das *Volumenelement* des R_3

$$(10.11) \qquad\qquad dV = \sqrt{g_{11}g_{22}g_{33}}\,du\,dv\,dw.$$

Zur Erläuterung geben wir einige einfache Beispiele:

a) *Zylinderkoordinaten*

$$(10.12) \qquad \boldsymbol{x} = (u \cos w,\, u \sin w,\, v).$$

Die Flächen $u = $ const sind Drehzylinder um die z-Achse, die Flächen $w = $ const Halbebenen durch die z-Achse, die Flächen $v = $ const Ebenen senkrecht zur z-Achse. Eine kurze Rechnung liefert

$$(10.13) \qquad ds^2 = du^2 + dv^2 + u^2\,dw^2, \quad \text{also} \quad g_{11} = g_{22} = 1,\; g_{33} = u^2.$$

b) *Sphärische Koordinaten*

$$(10.14) \qquad \boldsymbol{x} = (u \cos v \cos w,\, u \cos v \sin w,\, u \sin v).$$

Die Flächen $u = $ const sind konzentrische Kugeln um den Nullpunkt, die Flächen $w = $ const Halbebenen durch die z-Achse, die Flächen $v = $ const Drehkegel um die z-Achse. Hier ergibt sich

$$(10.15) \qquad ds^2 = du^2 + u^2\,dv^2 + u^2 \cos^2 v\,dw^2,$$

$$\text{also} \quad g_{11} = 1, \qquad g_{22} = u^2, \qquad g_{33} = u^2 \cos^2 v.$$

c) *Drehsymmetrische elliptische Koordinaten* (Abb. 10.1)

$$(10.16) \quad \boldsymbol{x} = (e \cosh u \cos v \cos w,\, e \cosh u \cos v \sin w,\, e \sinh u \sin v),\; e > 0.$$

Die Flächen $u = $ const:

$$\frac{x^2 + y^2}{e^2 \cosh^2 u} + \frac{z^2}{e^2 \sinh^2 u} = 1$$

sind Drehellipsoide mit der z-Achse als Drehachse. Die Meridiane sind Ellipsen, deren Brennpunkte auf dem Kreis $x^2 + y^2 = e^2$ in der Ebene $z = 0$ liegen. Die Flächen $w = $ const:

$$x \sin w - y \cos w = 0$$

sind Halbebenen durch die z-Achse. Die Flächen $v = $ const:

$$\frac{x^2 + y^2}{e^2 \cos^2 v} - \frac{z^2}{e^2 \sin^2 v} = 1$$

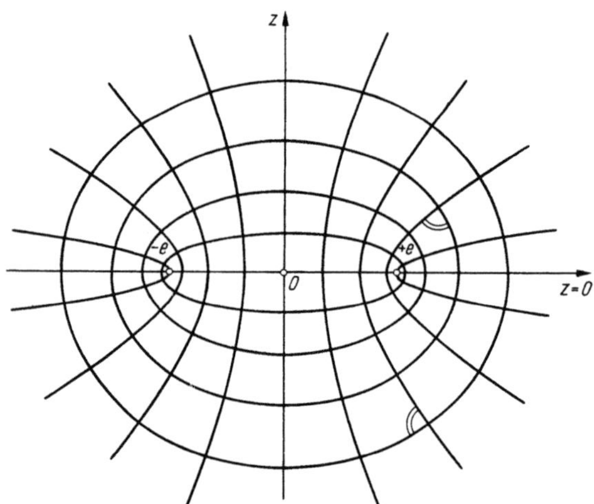

Abb. 10.1. Drehsymmetrische elliptische Koordinaten

sind 1-schalige Drehhyperboloide mit der z-Achse als Drehachse. Die Meridiane sind Hyperbeln, deren Brennpunkte auf demselben Kreis $x^2 + y^2 = e^2$ in der Ebene $z = 0$ liegen. In jeder Ebene durch die z-Achse bilden die Schnittkurven mit den Ellipsoiden $u = $ const und den Hyperboloiden $v = $ const ein konfokales Ellipsen-Hyperbel-System (Abb. 10.1).

Für die Fundamentalgrößen 1. Ordnung g_{11}, g_{22}, g_{33} ergibt sich

$$(10.17) \quad \begin{cases} g_{11} = e^2 \left(\sinh^2 u \cos^2 v + \cosh^2 u \sin^2 v \right) = e^2 \left(\cosh^2 u - \cos^2 v \right), \\ g_{22} = e^2 \left(\cosh^2 u \sin^2 v + \sinh^2 u \cos^2 v \right) = e^2 \left(\sinh^2 u + \sin^2 v \right), \\ g_{33} = e^2 \cosh^2 u \cos^2 v. \end{cases}$$

d) *Drehsymmetrische parabolische Koordinaten* (Abb. 10.2)

$$(10.18) \quad \boldsymbol{x} = \left(u \, v \cos w, u \, v \sin w, \frac{u^2 - v^2}{2} \right).$$

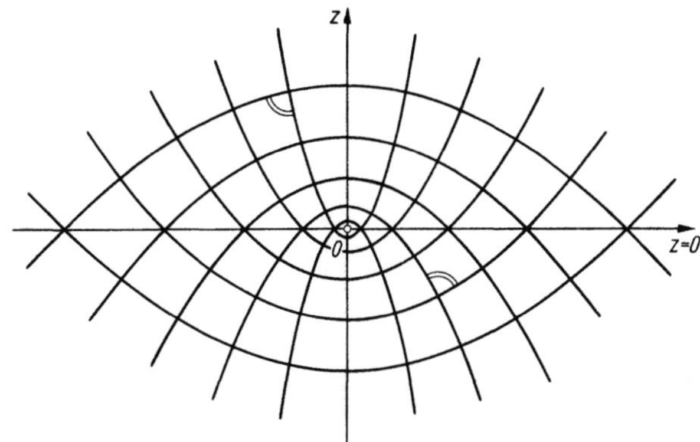

Abb. 10.2. Drehsymmetrische parabolische Koordinaten

Die Flächen $u = \text{const}$:

$$2z = u^2 - \frac{x^2 + y^2}{u^2}$$

und die Flächen $v = \text{const}$:

$$2z = \frac{x^2 + y^2}{v^2} - v^2$$

sind Drehparaboloide mit der z-Achse als Drehachse. Die Flächen $w = \text{const}$:

$$x \sin w - y \cos w = 0$$

sind Halbebenen durch die z-Achse. In jeder Ebene durch die z-Achse schneiden die Drehparaboloide ein System konfokaler Parabeln aus (Abb. 10.2).

Für die Fundamentalgrößen 1. Ordnung ergibt sich

$$(10.19) \quad g_{11} = g_{22} = u^2 + v^2, \quad g_{33} = u^2 v^2.$$

e) *Nichtdrehsymmetrische elliptische Koordinaten* (Abb. 10.3)

$$(10.20) \quad \boldsymbol{x} = \begin{cases} \sqrt{\dfrac{(u^2 - a^2)(v^2 - a^2)(w^2 - a^2)}{(b^2 - a^2)(c^2 - a^2)}} \\[2mm] \sqrt{\dfrac{(u^2 - b^2)(v^2 - b^2)(w^2 - b^2)}{(c^2 - b^2)(a^2 - b^2)}} \\[2mm] \sqrt{\dfrac{(u^2 - c^2)(v^2 - c^2)(w^2 - c^2)}{(a^2 - c^2)(b^2 - c^2)}} \end{cases}, \quad u^2 > c^2 > v^2 > b^2 > w^2 > a^2.$$

Ohne Beschränkung der Allgemeinheit kann $a^2 = 0$ gesetzt werden.

Die Flächen $u = \text{const}$:

$$\frac{x^2}{u^2 - a^2} + \frac{y^2}{u^2 - b^2} + \frac{z^2}{u^2 - c^2} = 1$$

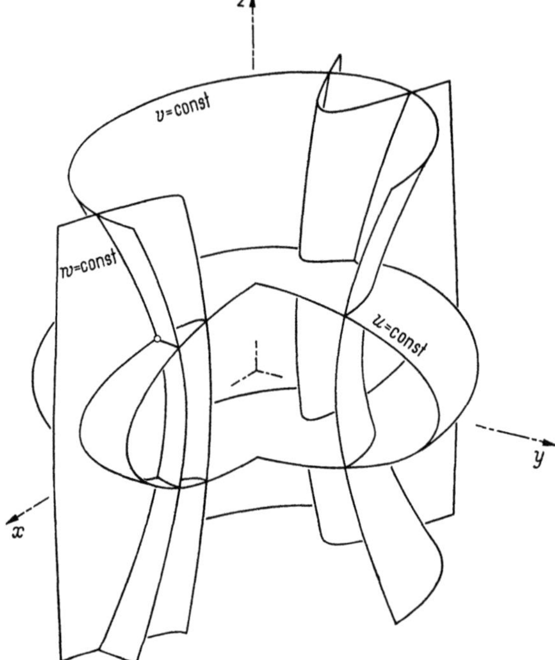

Abb. 10.3. Nichtdrehsymmetrische elliptische Koordinaten

sind Ellipsoide, die Flächen $w = \text{const}$:

$$\frac{x^2}{w^2 - a^2} + \frac{y^2}{w^2 - b^2} + \frac{z^2}{w^2 - c^2} \equiv \frac{x^2}{w^2 - a^2} - \frac{y^2}{b^2 - w^2} - \frac{z^2}{c^2 - w^2} = 1$$

sind jeweils eine Schale 2-schaliger Hyperboloide und die Flächen $v = \text{const}$

$$\frac{x^2}{v^2 - a^2} + \frac{y^2}{v^2 - b^2} + \frac{z^2}{v^2 - c^2} \equiv \frac{x^2}{v^2 - a^2} + \frac{y^2}{v^2 - b^2} - \frac{z^2}{c^2 - v^2} = 1$$

sind 1-schalige Hyperboloide.

An Stelle der Drehellipsoide $u = \text{const}$ und der Drehhyperboloide $v = \text{const}$ der drehsymmetrischen elliptischen Koordinaten treten hier nichtdrehsymmetrische Ellipsoide und nichtdrehsymmetrische 1-schalige Hyperboloide, an Stelle der Halbebenen $w = \text{const}$ treten Schalen von nichtdrehsymmetrischen 2-schaligen Hyperboloiden. Auf die Brennpunktseigenschaften (*Fokaltheorie*) des Systems der Parameterflächen gehen wir hier nicht ein.

Für die Fundamentalgrößen 1. Ordnung ergibt sich

$$(10.21) \quad \begin{cases} g_{11} = \dfrac{u^2\,(u^2 - w^2)\,(u^2 - v^2)}{(u^2 - a^2)\,(u^2 - b^2)\,(u^2 - c^2)}, \\[2mm] g_{22} = \dfrac{v^2\,(u^2 - v^2)\,(v^2 - w^2)}{(v^2 - a^2)\,(v^2 - b^2)\,(c^2 - v^2)}, \\[2mm] g_{33} = \dfrac{w^2\,(v^2 - w^2)\,(u^2 - w^2)}{(w^2 - a^2)\,(b^2 - w^2)\,(c^2 - w^2)}. \end{cases}$$

An Stelle von u, v, w benützt man mit Vorteil folgende Funktionen von u bzw. v bzw. w als Parameter

$$(10.22) \quad \alpha = \int_c^u \frac{c\,du'}{\sqrt{(u'^2 - b^2)\,(u'^2 - c^2)}}, \qquad \beta = \int_b^v \frac{c\,dv'}{\sqrt{(v'^2 - b^2)\,(c^2 - v'^2)}},$$

$$\gamma = \int_0^w \frac{c\,dw'}{\sqrt{(b^2 - w'^2)\,(c^2 - w'^2)}};$$

dabei ist $a^2 = 0$ angenommen, was, wie bereits erwähnt, keine Beschränkung der Allgemeinheit bedeutet. Man erhält dann für die Fundamentalgrößen 1. Ordnung

$$(10.23) \quad g_{11} = \frac{1}{c^2}\,(u^2 - w^2)\,(u^2 - v^2), \qquad g_{22} = \frac{1}{c^2}\,(u^2 - v^2)\,(v^2 - w^2),$$

$$g_{33} = \frac{1}{c^2}\,(v^2 - w^2)\,(u^2 - w^2).$$

α, β und γ lassen sich als elliptische Integrale berechnen. Mit

$$(10.24) \quad u = \frac{c}{\cos\psi}, \qquad v = \sqrt{c^2\sin^2\varphi + b^2\cos^2\varphi}, \qquad w = b\sin\vartheta,$$

$$k = \frac{b}{c}, \qquad k' = \sqrt{1 - k^2}$$

kommt

$$(10.25) \quad \begin{cases} \alpha = \displaystyle\int_0^\psi \frac{d\psi'}{\sqrt{1 - k^2\cos^2\psi'}} = F\left(\frac{\pi}{2}, k\right) - F\left(\frac{\pi}{2} - \psi, k\right), \\[3mm] \beta = \displaystyle\int_0^\varphi \frac{d\varphi'}{\sqrt{1 - k'^2\cos^2\varphi'}} = F\left(\frac{\pi}{2}, k'\right) - F\left(\frac{\pi}{2} - \varphi, k'\right), \\[3mm] \gamma = \displaystyle\int_0^\vartheta \frac{d\vartheta'}{\sqrt{1 - k^2\sin^2\vartheta'}} = F(\vartheta, k). \end{cases}$$

Dabei ist

$$F(k, \omega) = \int_0^\omega \frac{d\omega'}{\sqrt{1 - k^2\sin^2\omega'}}$$

eines der elliptischen Normalintegrale (vgl. I A, 57).

In den Parametern α, β, γ nimmt der *Laplace-Operator Δ* (vgl. Ziff. 6.2) eine besonders einfache Form an:

$$(10.26) \quad \Delta\Phi = \frac{c^2}{(u^2 - w^2)(u^2 - v^2)}\,\Phi_{\alpha\alpha} + \frac{c^2}{(u^2 - v^2)(v^2 - w^2)}\,\Phi_{\beta\beta} +$$

$$+ \frac{c^2}{(v^2 - w^2)(u^2 - w^2)}\,\Phi_{\gamma\gamma}.$$

10.3 Differentialoperatoren der Vektoranalysis

Aus den in § 6 gegebenen geometrischen Definitionen von $\mathrm{grad}\,\Phi$, $\mathrm{div}\,\boldsymbol{q}$ und $\mathrm{rot}\,\boldsymbol{q}$ erhält man für diese Ausdrücke in einem allgemeinen orthogonalen räumlichen u, v, w-Koordinatensystem

$$(10.27) \quad \mathrm{grad}\,\Phi = \left(\frac{1}{\sqrt{g_{11}}}\,\Phi_u, \frac{1}{\sqrt{g_{22}}}\,\Phi_v, \frac{1}{\sqrt{g_{33}}}\,\Phi_w\right),$$

$$(10.28) \quad \left\{ \begin{aligned} \mathrm{div}\,\boldsymbol{q} &= \frac{1}{\sqrt{g_{11}g_{22}g_{33}}}\left[\frac{\partial}{\partial u}\left(q_1\sqrt{g_{22}g_{33}}\right) + \frac{\partial}{\partial v}\left(q_2\sqrt{g_{33}g_{11}}\right) + \right. \\ &\quad \left. + \frac{\partial}{\partial w}\left(q_3\sqrt{g_{11}g_{22}}\right)\right], \end{aligned} \right.$$

$$(10.29) \quad \left\{ \begin{aligned} \mathrm{rot}\,\boldsymbol{q} &= (p_1, p_2, p_3) \quad \text{mit} \\ p_1 &= \frac{1}{\sqrt{g_{22}g_{33}}}\left[\frac{\partial}{\partial v}\left(q_3\sqrt{g_{33}}\right) - \frac{\partial}{\partial w}\left(q_2\sqrt{g_{22}}\right)\right], \\ p_2 &= \frac{1}{\sqrt{g_{33}g_{11}}}\left[\frac{\partial}{\partial w}\left(q_1\sqrt{g_{11}}\right) - \frac{\partial}{\partial u}\left(q_3\sqrt{g_{33}}\right)\right], \\ p_3 &= \frac{1}{\sqrt{g_{11}g_{22}}}\left[\frac{\partial}{\partial u}\left(q_2\sqrt{g_{22}}\right) - \frac{\partial}{\partial v}\left(q_1\sqrt{g_{11}}\right)\right]. \end{aligned} \right.$$

Eine Vertiefung der in diesem Paragraphen kurz erörterten Fragen, wird, wie bereits erwähnt, der nachfolgende Teil über Tensorrechnung bringen.

Literatur

[1] KELLER, H.: Analytische Geometrie und lineare Algebra. Berlin: VEB Verlag Technik 1957.

[2] MEYER ZUR CAPELLEN, W.: Leitfaden der Nomographie. Berlin/Göttingen/Heidelberg: Springer 1953.

[3] HESSENBERG, G.: Ebene und sphärische Trigonometrie. Sammlung Göschen Bd. 99, Berlin: de Gruyter 1957.

[4] SAUER, R.: Ingenieur-Mathematik, Bd. II, 3. Aufl., Berlin/Heidelberg/New York: Springer 1968.

[5] STRUBECKER, K.: Differentialgeometrie I, II, III. Sammlung Göschen, Bände 1113, 1113a, 1179, 1179a, 1180, 1180a, Berlin: de Gruyter 1955, 1958, 1959.

[6] SAUER, R.: Elementargeometrische Modelle zur Differentialgeometrie. „Elemente der Mathematik" IX/6, 1954 und X/1 und X/2, 1955. Basel: Birkhäuser.

II. Tensorkalkül nebst Anwendungen

Von **Tatomir P. Angelitch**, Beograd

Tensoralgebra

§ 1. Punkt. Raum. Koordinatensystem. Koordinatentransformation

Ein Wertesystem $(a^1, a^2, \ldots, a^N)$ der N Veränderlichen $x^1, x^2, \ldots, x^N$ läßt sich als *ein Punkt* im N-dimensionalen Raum V_N deuten. Man nennt das N-tupel von Zahlen $a^1, a^2, \ldots, a^N$ die *Koordinaten* dieses Punktes bezogen auf das *Koordinatensystem* $x^1, x^2, \ldots, x^N$. Durchlaufen diese Veränderlichen alle möglichen reellen Werte, so bildet die auf diese Weise definierte Menge von Punkten einen Raum V_N, der daher auch *reeller Punktraum* genannt wird.

Natürlicherweise nimmt unter den Räumen V_N der gewöhnliche dreidimensionale Raum E_3 eine ausgezeichnete Stellung ein. Wie bekannt, werden seine einzelnen Punkte aus unterschiedlichen Beweggründen mittels verschiedener Koordinatensysteme bestimmt: Man verwendet dabei rechtwinklige oder schiefwinklige, geradlinige oder krummlinige Koordinaten, wie z. B. das kartesische oder eins der polaren (zylindrisches bzw. sphärisches) Systeme. In vielen Fällen jedoch erweisen sich bei der theoretischen Behandlung technischer und physikalischer Probleme Vorstellungen eines N-dimensionalen Raumes als sehr bequem, so daß wir hier auf die Entwicklung der entsprechenden Begriffe und die Möglichkeit der geometrischen Deutung in allgemeinen Räumen nicht verzichten wollen.

Aussagen über gewisse quantitativ bestimmbare Erscheinungen in Natur und Technik werden fast immer als Aussagen über eine Menge von (mathematischen, mechanischen, physikalischen) i. allg. veränderlichen Größen

$$(1.1) \qquad (x^i) = (x^1, x^2, \ldots, x^N)$$

formuliert. In vielen Fällen zeigt sich, daß die Einführung eines anderen Satzes von Veränderlichen $\bar{x}^i$ statt der x^i Vorteile (meist für die rechnerische Behandlung) bietet. Hängen im Spezialfalle die $\bar{x}^i$ von den x^i homogen linear ab:

$$(1.2) \qquad \bar{x}^i = \alpha_j^i \, x^j \qquad (i, j = 1, 2, \ldots, N),$$

so nennen wir eine solche Transformation *affin*. Definitionsgemäß sind die α_j^i unabhängig von den Veränderlichen x^i bzw. $\bar{x}^i$, jedoch können sie noch von anderen Parametern, z. B. der Zeit t, abhängen.

Zur Vereinfachung der Schreibweise wird in (1.2) und im folgenden die *Einsteinsche Summationskonvention* benutzt, nach der stets über *zwei* gleiche Indizes in entgegengesetzter Lage (einmal Fuß- und einmal Kopfzeiger) summiert wird. Es ist selbstverständlich, daß die *Summationsindizes* gegen ein beliebiges anderes Buchstabenpaar ausgetauscht werden können, da sie nach außen nicht in Erscheinung treten. Man nennt sie daher auch *gebundene Indizes* oder *Scheinindizes*. Im Gegensatz dazu werden die eigentlichen Zeiger *freie Indizes* genannt.

Wir treffen des weiteren folgende, nicht allgemein übliche Verabredungen: In den Fällen, in denen in einem allgemeinen Glied zwei Zeiger in entgegengesetzter Lage gleich sind, ohne daß über diese Indizes summiert werden soll, sollen für solche Zeiger große lateinische Buchstaben verwendet werden. Wenn aber über einen Index, der zweimal in der gleichen Lage (oben oder unten) vorkommt, summiert werden soll, so wird das Summationszeichen geschrieben.

Allgemeiner als in (1.2) können neue Veränderliche $\bar{x}^i$ mittels genügend oft stetig differenzierbarer Funktionen

$$\bar{x}^i = \bar{x}^i(x^1, x^2, \ldots, x^N) \qquad (i = 1, 2, \ldots, N)$$

eingeführt werden, wofür man kürzer auch

$$(1.3) \qquad \bar{x}^i = \bar{x}^i(x^j)$$

schreibt. Dabei darf i. allg. die Funktionaldeterminante

$$(1.4) \qquad \left| \frac{\partial \bar{x}^i}{\partial x^j} \right| = J$$

nicht verschwinden. Ist $J \neq 0$, so lassen sich die Transformationen umkehren, d. h. die alten Veränderlichen x^i durch die neuen $\bar{x}^i$ ausdrücken

$$(1.5) \qquad x^i = x^i(\bar{x}^j),$$

und für die entsprechende Funktionaldeterminante gilt einfach

$$\left| \frac{\partial x^i}{\partial \bar{x}^j} \right| = J^{-1}.$$

Im Spezialfalle (1.2) der affinen Transformation entspricht der Bedingung $J \neq 0$ die spezielle $\det(\alpha_j^i) \neq 0$, und die Koeffizienten β_j^i der inversen Transformation

$$(1.6) \qquad x^i = \beta_j^i \bar{x}^j$$

lassen sich auf bekannte Weise durch die α_j^i ausdrücken.

§ 2. Skalare. Vektoren

Eine Größe, die durch Angabe einer einzigen Zahl oder einer Funktion $\varphi(x^i)$ der Koordinaten bestimmt ist und deren Werte sich bei einer Transformation $x^i \to \bar{x}^i$ nicht ändern

$$(2.1) \qquad \bar{\varphi}(\bar{x}^i) = \varphi(x^i),$$

wird *skalare Invariante* oder kurz *Invariante* oder *Skalar* genannt. In (2.1) soll die Verwendung des Überstrichs über φ nur andeuten, daß die Transformation die Gestalt der funktionellen Abhängigkeit zumeist ändert; der Wert der Funktion an einer Stelle x^i bzw. $\bar{x}^i$ ist definitionsgemäß davon nicht berührt.

Ist jedem Punkt eines gewissen (begrenzten oder unbegrenzten) Raumes ein Wert des betrachteten Skalars zugeordnet, so redet man von einem *Skalarfeld*. Außer vom Ort kann ein Skalar selbstverständlich auch von anderen (physikalischen) Parametern, z. B. von der Zeit t, abhängen. Diese bestimmen dann das *lokale Verhalten* des betrachteten Skalars.

Beispiele für Skalare sind Zeit, Temperatur, Masse, Potential usw. Die Dichteverteilung eines nichthomogenen Körpers beispielsweise erzeugt ein Skalarfeld.

Die Rechenoperationen mit skalaren Größen sind identisch den bekannten mit Zahlen und Funktionen, so daß an dieser Stelle darüber nichts gesagt zu werden braucht.

Transformiert sich im Raum von N-Dimensionen ein N-tupel von Größen in nachfolgend näher geschilderter Weise beim Übergang auf neue Koordinaten $\bar{x}^i \leftarrow x^i$, so spricht man von *Vektoren* und nennt das N-tupel von *Bestimmungselementen* seine *N-Komponenten*. Je nach den Eigenschaften bei der Transformation unterscheidet man Vektoren zweierlei Art (*Varianz*):

Transformieren sich bei Einführen der neuen Veränderlichen $\bar{x}^i \leftarrow x^i$ die Komponenten u^i eines Vektors in $\bar{u}^i$ wie die vollständigen Differentiale der Veränderlichen selbst

$$(2.2) \qquad d\bar{x}^i = \frac{\partial \bar{x}^i}{\partial x^j} \, dx^j,$$

d. h. wie

$$(2.3) \qquad \bar{u}^i = \frac{\partial \bar{x}^i}{\partial x^j} \, u^j,$$

so sprechen wir von einem *kontravarianten* Vektor. Seine Komponenten werden mit einem oberen Index ausgezeichnet.

Gehorcht dagegen die Transformation der Vektorkomponenten $v_i \to \bar{v}_i$ dem Gesetz, denen das System der N partiellen Ableitungen eines Skalars $\varphi(x^i) \to \bar{\varphi}(\bar{x}^i)$ unterliegt

$$(2.4) \qquad \frac{\partial \bar{\varphi}}{\partial \bar{x}^i} = \frac{\partial \varphi}{\partial x^j} \frac{\partial x^j}{\partial \bar{x}^i},$$

d. h. geht sie wie

$$(2.5) \qquad \bar{v}_i = \frac{\partial x^j}{\partial \bar{x}^i} v_j$$

vor sich, so nennt man diesen einen *kovarianten* Vektor. Seine Komponenten werden mit unteren Indizes bezeichnet.

Aus (2.3) und (2.5) erhält man, da ja das gestrichene und ungestrichene Koordinatensystem gegeneinander vertauschbar sind, sofort

$$(2.6) \qquad u^i = \frac{\partial x^i}{\partial \bar{x}^j} \bar{u}^j, \qquad v_i = \frac{\partial \bar{x}^j}{\partial x^i} \bar{v}_j.$$

Im allgemeinen sind die Vektoren Funktionen des Ortes, sie definieren dann *Vektorfelder*

$$(2.7) \qquad u^i = u^i(x^j) \quad \text{bzw.} \quad v_i = v_i(x^j).$$

Wie die Skalarfelder können auch die Vektorfelder von weiteren Größen, z. B. der Zeit, der Temperatur oder von anderen physikalischen Parametern abhängen. Nach dem oben Gezeigten ist klar, daß die Komponenten eines Vektors punktgebunden sind.

Folgendes sollte beachtet werden:

1. Wenn die Komponenten eines Vektors in bezug auf ein Koordinatensystem konstant sind, brauchen sie das in bezug auf ein anderes Koordinatensystem nicht zu sein.

2. Ist ein Vektorfeld durch seine Komponenten in bezug auf ein beliebiges Koordinatensystem gegeben, dann sind seine Komponenten auch in bezug auf jedes andere gegebene Koordinatensystem bestimmt.

3. Wenn die Komponenten eines Vektors in bezug auf ein beliebiges Koordinatensystem alle gleich Null sind, bleiben sie gleich Null in allen Koordinatensystemen, d. h., der Vektor ist ein *Nullvektor*. Dies ist eine Folge der linear homogenen Transformationsbeziehungen der Vektorkomponenten, z. B. (2.6).

Als Beispiele für Vektorfelder nennen wir die Kraftfelder der Mechanik und Elektrostatik, das Geschwindigkeitsfeld einer Strömung, die Felder der elektrischen und magnetischen Stärke usw.

§ 3. Operationen mit Vektoren. Tensoren

Die *Addition* von Vektoren (*nur gleicher Varianz und am gleichen Ort*) ist durch die Beziehung

$$(3.1) \qquad w^i = u^i + v^i \quad \text{bzw.} \quad w_i = u_i + v_i$$

definiert; sie gilt entsprechend auch für mehrere Vektoren.

Das Produkt eines Skalars φ und eines Vektors u^i bzw. v_i ist als ein Vektor U^i bzw. V_i von gleicher Varianz durch die Beziehung

$$(3.2) \qquad U^i = \varphi\, u^i \quad \text{bzw.} \quad V_i = \varphi\, v_i$$

definiert.

Das *allgemeine (tensorielle), in einer bestimmten Reihenfolge genommene Produkt zweier Vektoren N-ter Ordnung* (manchmal auch *Dyade* genannt) bildet man durch Ausmultiplizieren jeder Komponente des einen mit jeder Komponente des anderen Vektors. Dadurch erhält man ein System von N^2 Komponenten:

$$(3.3) \qquad w^{ij} = u^i v^j; \quad w^i_j = u^i v_j; \quad w_{ij} = u_i v_j.$$

Bei Einführung von neuen Veränderlichen transformieren sich diese Produkte auf folgende Weise:

$$\bar{w}^{ij} = \bar{u}^i\, \bar{v}^j = u^k v^l \frac{\partial \bar{x}^i}{\partial x^k} \frac{\partial \bar{x}^j}{\partial x^l};$$

$$(3.4) \qquad \bar{w}^i_j = \bar{u}^i\, \bar{v}_j = u^k v_l \frac{\partial \bar{x}^i}{\partial x^k} \frac{\partial x^l}{\partial \bar{x}^j};$$

$$\bar{w}_{ij} = \bar{u}_i\, \bar{v}_j = u_k v_l \frac{\partial x^k}{\partial \bar{x}^i} \frac{\partial x^l}{\partial \bar{x}^j}.$$

Jede Größe, die bzw. jedes Objekt, das im Raum von N Dimensionen durch N^2 Komponenten bestimmt ist, welche sich nach den Gesetzen (3.4) bei Einführung von neuen Veränderlichen transformieren, wird ein *Tensor zweiter Stufe* genannt. Es gibt drei verschiedene Varianzen dieser Tensoren: Doppeltkontravariante (mit zwei oberen Indizes), gemischte (mit einem oberen und einem unteren Index) und doppeltkovariante (mit zwei unteren Indizes).

Vektoren sind *Tensoren erster Stufe*, während Skalare als *Tensoren nullter Stufe* betrachtet werden können. Die Komponenten eines Vektors lassen sich in der Gestalt einer einreihigen Matrix und die Komponenten eines Tensors zweiter Stufe als eine quadratische Matrix schreiben.

Die Tensoren u^{ij} und v_{ij}, deren Komponenten den Bedingungen

$$(3.5) \qquad u^{ij} = u^{ji} \quad \text{bzw.} \quad v_{ij} = v_{ji}$$

genügen, sind *symmetrische* zweimal kontravariante bzw. kovariante Tensoren. Diese Eigenschaft bleibt bei der Transformation erhalten.

Der gemischte Tensor u^i_j, dessen Komponenten der Bedingung $u^i_j = u^j_i$ genügen, wird nicht als symmetrisch betrachtet, weil diese Eigenschaft bei einer Transformation meist verlorengeht.

Die Tensoren u^{ij} und v_{ij}, deren Komponenten die Bedingung

$$(3.6) \qquad u^{ij} = -u^{ji} \quad \text{bzw.} \quad v_{ij} = -v_{ji}$$

erfüllen, werden *schiefsymmetrisch (antisymmetrisch, antimetrisch, alternierend)* genannt. Diese Eigenschaft bleibt bei einer Transformation erhalten.

Jeder beliebige Tensor zweiter Stufe, u^{ij} bzw. v_{ij}, läßt sich als Summe eines symmetrischen und eines schiefsymmetrischen Tensors darstellen. Es ist immer

$$(3.7) \qquad u^{ij} = \tfrac{1}{2}(u^{ij} + u^{ji}) + \tfrac{1}{2}(u^{ij} - u^{ji})$$

und entsprechend für v_{ij}. Der symmetrische Teil $u^{(ij)}$ des Tensors u^{ij} ist also

$$(3.8) \qquad u^{(ij)} = \tfrac{1}{2}(u^{ij} + u^{ji})$$

und der schiefsymmetrische

$$(3.9) \qquad u^{[ij]} = \tfrac{1}{2}(u^{ij} - u^{ji}).$$

Die Bezeichnungen $u^{(ij)}$ und $u^{[ij]}$ für den symmetrischen bzw. schiefsymmetrischen Teil des Tensors u^{ij} stammen von R. BACH. EINSTEIN hat dafür $u^{i\underline{j}}$ und $u^{i\overset{\smile}{j}}$ vorgeschlagen.

Ferner gilt für einen schiefsymmetrischen Tensor $p^{ij} = -p^{ji}$ und den beliebigen Vektor v_i

$$(3.10) \qquad p^{ij} v_i v_j = 0.$$

Ein symmetrischer Tensor $q^{ij} = q^{ji}$ ist ein Nulltensor, wenn für jeden beliebigen Vektor v_i die Beziehung

$$(3.11) \qquad q^{ij} v_i v_j = 0$$

besteht.

Die Definition des allgemeinen Produkts läßt sich von zwei auf beliebig viele Vektoren verallgemeinern, indem man sog. *Triaden, Tetraden* usw. bildet. In diesem Sinne bestimmt das allgemeine Produkt der $(m + n)$ Vektoren $u^i_{(1)}, u^i_{(2)}, \ldots, u^{im}_{(m)}; v_{(1)j_1}, v_{(2)j_2}, \ldots, v_{(n)j_n}$ ein System von N^{m+n} Komponenten:

$$(3.12) \qquad t^{i_1 i_2 \ldots i_m}_{j_1 j_2 \ldots j_n} = u^i_{(1)} \ldots u^{im}_{(m)} v_{(1)j_1} \ldots v_{(n)j_n}.$$

Diese Komponenten transformieren sich bei Einführung von neuen Veränderlichen nach dem Gesetz

$$(3.13) \qquad \bar{t}^{i_1 i_2 \ldots i_m}_{j_1 j_2 \ldots j_n} = t^{l_1 l_2 \ldots l_m}_{k_1 k_2 \ldots k_n} \frac{\partial \bar{x}^{i_1}}{\partial x^{l_1}} \frac{\partial \bar{x}^{i_2}}{\partial x^{l_2}} \cdots \frac{\partial \bar{x}^{im}}{\partial x^{lm}} \frac{\partial x^{k_1}}{\partial \bar{x}^{j_1}} \frac{\partial x^{k_2}}{\partial \bar{x}^{j_2}} \cdots \frac{\partial x^{k_n}}{\partial \bar{x}^{jn}}.$$

Im allgemeinen wird jede Größe aus der Geometrie oder Physik, die im Raum von N Dimensionen durch N^{m+n} Komponenten bestimmt ist, wenn sich diese nach dem Gesetz (3.13) transformieren, *Tensor $(m + n)$-ter Stufe* genannt, und zwar *m-mal kontravarianter* und *n-mal kovarianter* Tensor.

Man muß allerdings beachten, daß ein allgemeiner Tensor $(m + n)$-ter Stufe nicht immer als das Produkt von Vektoren aufgefaßt werden kann. Speziell heißt das, daß ein Tensor zweiter Stufe nicht immer eine Dyade zu sein braucht.

Jene Tensoren, deren Komponenten sich bei Vertauschung von zwei gleichgestellten Indizes nicht ändern, werden *symmetrisch in bezug auf diese Indizes* genannt. Wenn die Komponenten eines rein kontra- oder rein kovarianten Tensors ihre Werte bei beliebiger Permutation der Indizes behalten, so ist der Tensor *vollständig symmetrisch*. Ähnlich wird die *Schiefsymmetrie* der Tensoren erklärt (in bezug auf einige oder auf alle Indizes).

Tensoren mit gleichen freien oberen oder unteren, aber in geänderter Reihenfolge auftretenden Indizes, wie z. B. u^{ij} und u^{ji}, werden manchmal nach SCHOUTEN *Isomere* genannt. Offenbar sind alle Isomere eines vollständig symmetrischen Tensors untereinander gleich. Bei Tensoren zweiter Stufe gibt es nur zwei Isomere, denen transponierte Matrizen entsprechen.

Den symmetrischen Teil $p_{(i_1 i_2 \ldots i_N)}$ eines beliebigen Tensors $p_{i_1 i_2 \ldots i_N}$ N-ter Stufe bestimmt die Summe aller Isomere, die durch Permutation der Indizes entstehen, geteilt durch $N!$:

$$(3.14) \qquad p_{(i_1 i_2 \ldots i_N)} = \frac{1}{N!} \left(p_{i_1 i_2 \ldots i_N} + p_{i_2 i_1 \ldots i_N} + \cdots + p_{i_N i_{N-1} \ldots i_1} \right).$$

Der schiefsymmetrische Teil wird auf gleiche Art gebildet, mit dem einzigen Unterschied, daß alle Isomere, die den ungeraden Permutationen der Indizes entsprechen, ein Minuszeichen erhalten.

Die drei am Ende von § 2 aufgeführten Eigenschaften der Vektoren bleiben auch für beliebige Tensoren in entsprechender Weise gültig. Zum Beispiel heißt ein Tensor *Nulltensor*, wenn seine Komponenten in bezug auf irgendein Koordinatensystem alle gleich Null sind.

Addieren lassen sich nur Tensoren gleicher Stufe und gleicher Varianz am gleichen Ort.

Das *allgemeine (tensorielle) Produkt* von Tensoren beliebiger Stufe wird in der Regel unter Beachtung der Reihenfolge, ähnlich wie bei Vektoren, durch Ausmultiplizieren aller Komponenten untereinander gebildet. Die Stufe des Produkttensors ist dann gleich der Summe der Stufen der einzelnen Faktoren, während die Varianz durch die Varianz der Faktoren bestimmt wird und der Charakter der Indizes erhalten bleibt. Beispielsweise wird als das allgemeine Produkt der Tensoren u^{ijk} und v_m^l der Tensor

$$(3.15) \qquad\qquad w_m^{ijkl} = u^{ijk} v_m^l$$

definiert.

Ebenso wie man z. B. zwischen u^{ij} und u^{ji} unterscheidet, kann, wenn notwendig, auch bei gemischten Tensoren zweiter Stufe hervorgehoben werden, welcher von den beiden Indizes als erster betrachtet werden soll: So läßt sich z. B. zwischen $u^i{}_j$ und $u_j{}^i$ unterscheiden. Auch bei gemischten Tensoren beliebiger Stufe kann nötigenfalls auf ähnliche Weise die Stellung der oberen und unteren Indizes präzisiert werden, z. B. indem man $t^i{}_k{}^j$, $t^{ij}{}_k$ oder $t_k{}^{ij}$ schreibt.

§ 4. Äußeres Produkt von Vektoren (Multivektoren)

Unter dem *äußeren* (oder *alternierenden*) *Produkt* von M gleichartigen Vektoren im Raum von N ($N \geq M$) Dimensionen versteht man den Tensor

$$(4.1) \qquad t^{i_1 i_2 \cdots i_M} = \begin{vmatrix} u^{i_1}_{(1)} & u^{i_2}_{(1)} & \cdots & u^{i_M}_{(1)} \\ u^{i_1}_{(2)} & u^{i_2}_{(2)} & \cdots & u^{i_M}_{(2)} \\ \cdot & & & \\ & \cdot \cdot \cdot \cdot \cdot & & \\ \cdot & & & \\ u^{i_1}_{(M)} & u^{i_2}_{(M)} & \cdots & u^{i_M}_{(M)} \end{vmatrix} = [u^{i_1}_{(1)} u^{i_2}_{(2)} \cdots u^{i_M}_{(M)}],$$

wo $i_1, i_2, \ldots, i_M = 1, 2, \ldots, N$ und die Indizes in Klammern nur zur Numerierung von Vektoren dienen. Solche Produkte von Vektoren werden auch *Multivektoren* oder *Polyvektoren* genannt, und zwar nach der Anzahl der beteiligten Vektoren: *Bivektor, Trivektor, Tetravektor, M-Vektor* usw.

Ihre Eigenschaften folgen sofort aus der Definition in Gestalt der Determinante: Die Multivektoren sind

a) gleich Null, wenn einer der Vektorfaktoren gleich Null ist;

b) gleich Null, wenn zwei der Vektoren gleich oder voneinander linear abhängig sind;

c) schiefsymmetrisch (alternierend).

Die eckigen Klammern zur Bezeichnung des äußeren Produktes von Vektoren stammen von E. CARTAN. In der Schoutenschen Bezeichnungsweise läßt sich das äußere Produkt (4.1) wie folgt ausdrücken:

$$(4.2) \qquad t^{i_1 i_2 \cdots i_M} = M! \, u^{[i_1}_{(1)} u^{i_2}_{(2)} \cdots u^{i_M]}_{(M)}.$$

Die Multivektoren sind immer rein kontra- oder kovariant. Beispielsweise hat der doppeltkovariante Bivektor, gebildet von u_i und v_j, die Gestalt

$$(4.3) \qquad \begin{vmatrix} u_i & u_j \\ v_i & v_j \end{vmatrix} = u_i v_j - u_j v_i = [u_i v_j] = 2 u_{[i} v_{j]}.$$

Jeder vollständig schiefsymmetrische Tensor läßt sich als äußeres Produkt von gleichartigen Vektoren deuten, und daher werden manchmal alle derartigen Tensoren Multivektoren genannt.

§ 5. Verjüngung. Überschiebung.
Skalarprodukt von Vektoren. Kronecker-Symbol

Eine besondere Operation mit Tensoren ist die *Verjüngung* (*Faltung, Kontraktion*). Sie besteht aus einem Gleichsetzen von zwei Indizes entgegengesetzter Lage (wenn es solche gibt) und anschließender Summierung über diesen Index. Wenn z. B. im Tensor $T^{i \, j}_{k}$ ($i = k$) gesetzt wird

(Verjüngung nach den Indizes i und k), erhält man den kontravarianten Vektor

$$(5.1) \qquad t^j = T_i^{ij},$$

also einen Tensor, dessen Stufe um zwei kleiner ist (genau um einen kontravarianten und einen kovarianten Index). Die Verjüngung nach den Indizes j und k ergibt

$$(5.2) \qquad \tau^i = T_j^{ij}.$$

Im allgemeinen ist

$$(5.3) \qquad T_i^{ij} \neq T_j^{ij}.$$

Das Gleichheitszeichen gilt nur, wenn der Tensor T_k^{ij} symmetrisch in bezug auf die Indizes i und j ist.

Wenn in einem Produkt von Tensoren die Verjüngung so durchgeführt wird, daß einer der Verjüngungsindizes zu einem der Tensorfaktoren und der zweite entgegengesetzter Varianz zu einem anderen Faktor gehört, so spricht man von einer *Überschiebung* der Tensoren. Zum Beispiel ist

$$(5.4) \qquad u^{ijk} v_i^l = w_i^{ijkl}$$

eine Überschiebung des Produktes (3.15). Selbstverständlich erhält man i. allg. je nach der Stellung der verjüngten Indizes verschiedene Überschiebungen.

Durch Überschiebung des Produktes $u^i v_j$ eines kontravarianten und eines kovarianten Vektors wird diesem Produkt der Skalar

$$(5.5) \qquad S = u^i v_i$$

zugeordnet. Dieser Skalar wird das *Skalarprodukt* (*inneres Produkt*) der Vektoren u^i und v_j genannt und in diesem Sinne nur für Vektoren entgegengesetzter Varianz definiert.

Durch wiederholte Überschiebungen eines Tensors beliebiger Stufe mit einer entsprechenden Anzahl von kontra- und kovarianten Vektoren oder mit anderen Tensoren läßt sich immer ein Skalar konstruieren. Es ist z. B. für den Tensor p_k^{ij} die Größe

$$p_k^{ij} u_i v_j w^k = S$$

ein solcher Skalar. Diese Tatsache läßt sich als ein Kriterium zur Bestimmung des Charakters eines beliebigen Systems von Zahlen und Funktionen verwenden. Wenn z. B. ein durch drei Indizes bestimmtes System $\sigma(i, j, k)$ gegeben ist, und die Lage seiner Indizes (oben oder unten) nicht bekannt ist, so folgt aus einem Nachweis beispielsweise der Beziehung

$$\sigma(i, j, k) u^i v^j w_k \equiv S$$

unter allen Transformationen $\bar{x}^i = \bar{x}^i(x^j)$, daß die Größe

$$\sigma(i, j, k) = \sigma_{ij}^k,$$

also ein einfach kontravarianter und zweifach kovarianter Tensor ist.

Das Kronecker-Symbol

$$(5.6) \qquad \delta_j^i = \begin{cases} 1 & \text{für} \quad i = j \\ 0 & \text{für} \quad i \neq j \end{cases}$$

definiert einen besonderen gemischten Tensor zweiter Stufe. Er erfüllt die an gemischte zweistufige Tensoren gestellten Transformationsbedingungen. Dabei bleiben seine Werte (Komponenten) in bezug auf alle Koordinatensysteme gleich und lassen sich in Form der Einheitsmatrix angeben:

$$(5.7) \qquad (\delta_j^i) = \begin{pmatrix} 1 & 0 & \ldots & 0 \\ 0 & 1 & \ldots & 0 \\ \cdot & \cdot & \ldots & \cdot \\ 0 & 0 & \ldots & 1 \end{pmatrix}.$$

Die ausgezeichnete Stellung dieses Tensors erkennt man aus folgender Betrachtung: Die Überschiebung von δ_j^i und eines sonst beliebigen Tensors, wie z. B. U_n^{lm}, ergibt

$$(5.8) \qquad \delta_j^n U_n^{lm} = U_j^{lm} \qquad \text{bzw.} \qquad \delta_l^i U_n^{lm} = U_n^{im}.$$

Das heißt aber, die Stufe und die Varianz des multiplizierten Tensors sowie der Wert seiner Komponenten bleiben erhalten, nur ein freier Index wird ersetzt: Hier im ersten Fall n durch j, im zweiten l durch i. In bezug auf Indizes ist also die Funktion von δ_j^i die eines *Substitutionsoperators*, in bezug auf die Komponentenwerte multiplizierter Tensoren die eines Eins- oder Neutralelementes. Aus diesem Grund wird das Kronecker-Symbol auch *Einheitstensor* genannt.

Es ist noch zu beachten, daß wegen der Einsteinschen Konvention

$$(5.9) \qquad \delta_i^i = N$$

gilt, wenn die Indizes die Werte von 1 bis N annehmen können, daß aber nach unserer Vereinbarung

$$(5.10) \qquad \delta_M^M = 1.$$

§ 6. Relative Tensoren (Pseudotensoren). e-Tensoren. Vektorprodukt von Vektoren

In etwas allgemeinerem Sinne versteht man unter einem Tensor $(m + n)$-ter Stufe eine Größe, deren N^{m+n} Komponenten sich im Raum V_N bei Einführung von neuen Koordinaten auf folgende Weise transformieren:

$$(6.1) \qquad \bar{u}_{j_1 j_2 \ldots j_n}^{i_1 i_2 \ldots i_m} = \left| \frac{\partial x^r}{\partial \bar{x}^s} \right|^M u_{k_1 k_2 \ldots k_n}^{l_1 l_2 \ldots l_m} \frac{\partial \bar{x}^{i_1}}{\partial x^{l_1}} \cdots \frac{\partial \bar{x}^{i_m}}{\partial x^{l_m}} \frac{\partial x^{k_1}}{\partial \bar{x}^{j_1}} \cdots \frac{\partial x^{k_n}}{\partial \bar{x}^{j_n}}.$$

Solche Tensoren werden *relative Tensoren* oder *Pseudotensoren* genannt. M ist ihr *Gewicht*, und für $M = 0$ haben wir gewöhnliche (*absolute*)

Tensoren. Relative Tensoren (auch relative Skalare und relative Vektoren) mit dem Gewicht $+1$ werden *Tensordichten* genannt, und solche, deren Gewicht gleich -1 sind, *Tensorkapazitäten*.

Als *e-Tensoren dritter Stufe* e^{ijk} und e_{ijk} sind (nur in Räumen der Dimension 3) Zahlensysteme definiert, deren Elemente für $i, j, k = 1, 2, 3$ folgende Werte annehmen:

$$(6.2) \qquad e^{ijk} \ (\text{bzw. } e_{ijk}) = \begin{cases} 1, & \text{für jede gerade Permutation} \\ & \text{ungleicher Indizes;} \\ -1, & \text{für jede ungerade Permutation} \\ & \text{ungleicher Indizes;} \\ 0, & \text{für zwei beliebige gleiche Indizes.} \end{cases}$$

Dieses ist gleichwertig mit folgenden Forderungen:

$$(6.3) \qquad \begin{aligned} & e^{ijk} \ (\text{bzw. } e_{ijk}) \quad \text{ist vollständig schiefsymmetrisch;} \\ & e^{123} \ (\text{bzw. } e_{123}) = 1. \end{aligned}$$

Wenn diese Zahlensysteme ihre Werte unabhängig von der Wahl der Veränderlichen (des Koordinatensystems) beibehalten sollen, müssen sie sich wie folgt transformieren:

$$(6.4) \qquad \bar{e}^{ijk} = \left| \frac{\partial x^n}{\partial \bar{x}^m} \right| e^{rst} \frac{\partial \bar{x}^i}{\partial x^r} \frac{\partial \bar{x}^j}{\partial x^s} \frac{\partial \bar{x}^k}{\partial x^t}$$

bzw.

$$(6.5) \qquad \bar{e}_{ijk} = \left| \frac{\partial x^n}{\partial \bar{x}^m} \right|^{-1} e_{rst} \frac{\partial x^r}{\partial \bar{x}^i} \frac{\partial x^s}{\partial \bar{x}^j} \frac{\partial x^t}{\partial \bar{x}^k}.$$

Das heißt, der kontravariante e-Tensor e^{ijk} ist eine Tensordichte, während e_{ijk} eine Tensorkapazität ist.

Die e-Tensoren lassen sich stets auch in folgender Gestalt darstellen

$$(6.6) \qquad e^{ijk} = \begin{vmatrix} \delta_1^i & \delta_2^i & \delta_3^i \\ \delta_1^j & \delta_2^j & \delta_3^j \\ \delta_1^k & \delta_2^k & \delta_3^k \end{vmatrix}$$

bzw.

$$(6.7) \qquad e_{ijk} = \begin{vmatrix} \delta_i^1 & \delta_j^1 & \delta_k^1 \\ \delta_i^2 & \delta_j^2 & \delta_k^2 \\ \delta_i^3 & \delta_j^3 & \delta_k^3 \end{vmatrix},$$

wo δ_j^i das Kronecker-Symbol ist.

Ferner, wenn α_j^i die Richtungskosinus der Achsen zweier gleichorientierter kartesischer rechtwinkliger Koordinatensysteme darstellen, dann läßt sich e^{ijk} bzw. e_{ijk} auch durch Determinanten dieser Kosinus ausdrücken, z. B. ist

$$(6.8) \qquad e^{ijk} = \begin{vmatrix} \alpha_1^i & \alpha_2^i & \alpha_3^i \\ \alpha_1^j & \alpha_2^j & \alpha_3^j \\ \alpha_1^k & \alpha_2^k & \alpha_3^k \end{vmatrix} \quad \text{bzw.} \quad e_{ijk} = \begin{vmatrix} \alpha_i^1 & \alpha_j^1 & \alpha_k^1 \\ \alpha_i^2 & \alpha_j^2 & \alpha_k^2 \\ \alpha_i^3 & \alpha_j^3 & \alpha_k^3 \end{vmatrix}.$$

Mit Hilfe von e^{ijk} und e_{ijk} läßt sich, jedoch nur im dreidimensionalen Raum, zwei gegebenen kovarianten Vektoren u_i und v_j immer ein dritter kontravarianter Vektor

$$(6.9)_1 \qquad w^i = e^{ijk}\, u_j\, v_k$$

zuordnen. Ausführlich geschrieben, lautet dieser

$$(6.9)_2 \qquad \begin{aligned} w^1 &= u_2\, v_3 - u_3\, v_2, \\ w^2 &= u_3\, v_1 - u_1\, v_3, \\ w^3 &= u_1\, v_2 - u_2\, v_1. \end{aligned}$$

Eine entsprechende Zuordnung im Falle zweier kontravarianter Vektoren u^i und v^j liefert den kovarianten Vektor

$$(6.10) \qquad w_i = e_{ijk}\, u^j\, v^k.$$

Wegen der Schiefsymmetrie des Systems e^{ijk} kann (6.9) auch in folgender Gestalt geschrieben werden

$$(6.11) \qquad w^i = \tfrac{1}{2} e^{ijk}(u_j\, v_k - u_k\, v_j) = \tfrac{1}{2} e^{ijk}[u_j\, v_k],$$

d. h., der Vektor w^i wird als zum Bivektor $[u_j\, v_k]$ zugeordnet betrachtet. Eine ähnliche Deutung gibt es auch für den Vektor w_i.

Eine analoge Zuordnung läßt sich auch zwischen Tensoren und Vektoren durchführen. Man definiert z. B.

$$(6.12) \qquad w^k = e^{kij}\, w_{ij}$$

und deutet die Zuordnung zwischen den beiden Größen verstärkt durch die Verwendung des gleichen Kernbuchstabens an. Definitionsgemäß hat der symmetrische Anteil von w_{ij} keinen Einfluß auf w^k.

Die Vektoren w^i und w_i sind wegen der Anwesenheit von e-Tensoren relativ, und zwar vom Gewicht $+1$ bzw. -1. Das Produkt w^i bzw. w_i der Formeln (6.9) bzw. (6.10) wird als Vektorprodukt der gegebenen Vektoren im dreidimensionalen Raum bezeichnet. Vektoren dieser Art werden auch als axiale Vektoren im Gegensatz zu polaren Vektoren bezeichnet.

Zu drei z. B. kovarianten Vektoren u_i, v_j, w_k läßt sich im dreidimensionalen Raum *ein* Skalar G durch dreimalige Überschiebung mit e^{ijk} bilden

$$(6.13) \qquad G = e^{ijk}\, u_i\, v_j\, w_k = \begin{vmatrix} u_1 & u_2 & u_3 \\ v_1 & v_2 & v_3 \\ w_1 & w_2 & w_3 \end{vmatrix} = \frac{1}{3!}\, e^{ijk}[u_i\, v_j\, w_k],$$

wobei bei Einführung von neuen Veränderlichen

$$(6.14) \qquad \bar{G} = \left| \frac{\partial x^n}{\partial \bar{x}^m} \right| G$$

gilt. G ist also eine Skalardichte.

Ein durch die Vektoren $d_{(1)}x^i$, $d_{(2)}x^j$ und $d_{(3)}x^k$ bestimmtes räumliches Ausdehnungselement (das Raumelement) ist durch

$$(6.15) \qquad d\tau = e_{ijk}\, d_{(1)}x^i\, d_{(2)}x^j\, d_{(3)}x^k$$

definiert und stellt eine skalare Kapazität dar. Bei Einführung von neuen Veränderlichen erhalten wir nämlich

$$(6.16) \qquad d\bar{\tau} = \left|\frac{\partial x^n}{\partial \bar{x}^m}\right|^{-1} d\tau.$$

Das dreidimensionale Ausdehnungselement läßt sich auch mittels eines vollständig schiefsymmetrischen Tensors dritter Stufe (eines Trivektors) durch folgende Beziehung ausdrücken:

$$(6.17) \qquad d\tau^{ijk} = [d_{(1)}x^i\, d_{(2)}x^j\, d_{(3)}x^k] = e^{ijk}\, d\tau.$$

Dabei ist

$$(6.18) \qquad d\tau = d\tau^{123} = [d_{(1)}x^1\, d_{(2)}x^2\, d_{(3)}x^3] = \frac{1}{3!}\, e_{ijk}\, d\tau^{ijk},$$

wie man leicht einsieht, da $e^{ijk}\, e_{ijk} = 3!$ gilt. Ein zweidimensionales Ausdehnungselement (das Flächenelement) läßt sich auf ähnliche Weise durch einen Bivektor bestimmen, und zwar durch

$$(6.19) \qquad d\sigma^{ij} = [d_{(1)}x^i\, d_{(2)}x^j] = e^{ijk}\, d\sigma_k,$$

mit

$$(6.20) \qquad d\sigma_k = \frac{1}{2!}\, e_{ijk}\, d\sigma^{ij} = \frac{1}{2!}\, e_{ijk}[d_{(1)}x^i\, d_{(2)}x^j].$$

Die angeführten e-Tensoren lassen sich verallgemeinern. So wird

$$(6.21) \qquad e^{i_1 i_2 \cdots i_N} \quad \text{bzw.} \quad e_{i_1 i_2 \cdots i_N}$$

als relativer Tensor (N-mal kontravariant mit dem Gewicht $+1$ bzw. N-mal kovariant mit dem Gewicht -1) bezeichnet, wenn die Indizes jetzt die Werte $1, 2, \ldots, N$ annehmen,

$$e^{12 \cdots N} = 1 \quad \text{bzw.} \quad e_{12 \ldots N} = 1$$

gilt und das System vollständig schiefsymmetrisch ist.

Diese Erweiterung ermöglicht die Verwendung von e-Tensoren bei verschiedenen Operationen in Räumen mit mehr als drei Dimensionen. So wird z. B. durch

$$(6.22) \qquad Q^i = e^{ijkl}\, U_j V_k W_l = \frac{1}{3!}\, e^{ijkl}[U_j V_k W_l]$$

den kovarianten Vierervektoren U_j, V_k und W_l ein kontravarianter Vierervektor Q^i (aber nur im vierdimensionalen Raum) zugeordnet. Analog verfährt man in weiteren Fällen dieser Art.

Jetzt lassen sich auch die Begriffe der Ausdehnung auf mehrdimensionale Räume übertragen. In einem N-dimensionalen Raum V_N wird das N-dimensionale Ausdehnungselement folgendermaßen definiert:

$$(6.23) \qquad d\tau_{(N)}^{i_1 i_2 \cdots i_N} = \left[d_{(1)} x^{i_1} d_{(2)} x^{i_2} \ldots d_{(N)} x^{i_N} \right] = e^{i_1 i_2 \cdots i_N} d\tau_{(N)}$$

bzw.

$$(6.24)$$
$$d\tau_{(N)} = d\tau^{12 \cdots N} = \left[d_{(1)} x^1 d_{(2)} x^2 \ldots d_{(N)} x^N \right] = \frac{1}{N!} e_{i_1 i_2 \cdots i_N} d\tau^{i_1 i_2 \cdots i_N}.$$

Für das M-dimensionale Ausdehnungselement eines M-dimensionalen Unterraums des Raumes V_N mit $M < N$ erhält man in Tensorform

$$(6.25) \qquad d\tau_{(M)}^{i_1 i_2 \cdots i_M} = \left[d_{(1)} x^{i_1} d_{(2)} x^{i_2} \ldots d_{(M)} x^{i_M} \right] =$$

$$= \frac{1}{(N-M)!} e^{i_1 i_2 \cdots i_N} d\tau_{(M) i_{M+1} i_{M+2} \cdots i_N},$$

wobei jetzt

$$(6.26) \quad d\tau_{(M) i_{M+1} i_{M+2} \cdots i_N} = \frac{1}{M!} e_{i_1 i_2 \cdots i_N} d\tau_{(M)}^{i_1 i_2 \cdots i_M} =$$

$$= \frac{1}{M!} e_{i_1 i_2 \cdots i_N} \left[d_{(1)} x^{i_1} d_{(2)} x^{i_2} \ldots d_{(M)} x^{i_M} \right]$$

ist (s. auch: SYNGE-SCHILD [22] S. 252).

§ 7. Affine Tensoren. Orthogonale Tensoren

Solche Größen, die den Gesetzen der Tensortransformation *nur* in bezug auf affine Transformationen der Veränderlichen genügen, nennt man *affine Tensoren* oder *Affinore*. Dagegen werden Größen, die sich *nur* in bezug auf orthogonale Transformation als Tensoren verhalten, *kartesische* oder *orthogonale Tensoren* genannt.

Dementsprechend hat bei affinen Transformationen (1.2) bzw. (1.6) für Vektoren

$$(7.1) \qquad \bar{u}^i = \alpha_j^i u^j \quad \text{bzw.} \quad v_i = \beta_i^j v_j$$

zu gelten. Ein weiteres Beispiel ist das System der N partiellen Ableitungen $\frac{\partial u^i}{\partial x^j}$ der Komponenten eines Vektors u^i nach den Veränderlichen x^i. Diese Größe bildet einen Affinor, d. h., es gilt

$$(7.2) \qquad \frac{\partial \bar{u}^i}{\partial \bar{x}^j} = \alpha_l^i \beta_j^k \frac{\partial u^l}{\partial x^k}.$$

Daß es sich hierbei nur um einen affinen und nicht um einen allgemeineren Tensor handelt, sieht man leicht, wenn man entsprechende partielle Ableitungen von (2.3) bildet:

$$\frac{\partial \bar{u}^i}{\partial \bar{x}^j} = \frac{\partial^2 \bar{x}^i}{\partial x^k \partial x^l} \frac{\partial x^k}{\partial \bar{x}^j} u^l + \frac{\partial \bar{x}^i}{\partial x^l} \frac{\partial x^k}{\partial \bar{x}^j} \frac{\partial u^l}{\partial x^k}.$$

Wegen des ersten Gliedes auf der rechten Seite ist das offensichtlich *kein* Tensor.

Bisweilen wird bei Operationen mit Affinoren eine besondere *symbolische Schreibweise* benutzt. Setzt man

$$(x^i) = \boldsymbol{x}, \quad (\bar{x}^i) = \bar{\boldsymbol{x}};$$
$$(7.3) \qquad (u^i) = \boldsymbol{u}, \quad (\bar{u}^i) = \bar{\boldsymbol{u}};$$
$$(\alpha_j^i) = \boldsymbol{T},$$

dann läßt sich die Transformation (1.2) in der Form

$$(7.4) \qquad \bar{\boldsymbol{x}} = \boldsymbol{T}\boldsymbol{x},$$

und die erste Beziehung aus (7.1) als

$$(7.5) \qquad \bar{\boldsymbol{u}} = \boldsymbol{T}\boldsymbol{u}$$

angeben.

Die Zuordnung (7.5) ist eine sog. *lineare Vektorfunktion* und wird in klassischen Vektorbezeichnungen (LAGALLY) in allgemeiner Form wie

$$\bar{\boldsymbol{u}} = \boldsymbol{a}_1(\boldsymbol{a}_2\,\boldsymbol{u}) + \boldsymbol{b}_1(\boldsymbol{b}_2\,\boldsymbol{u}) + \boldsymbol{c}_1(\boldsymbol{c}_2\,\boldsymbol{u})$$

geschrieben, wobei $\boldsymbol{a}_1, \boldsymbol{a}_2;\ \boldsymbol{b}_1, \boldsymbol{b}_2$ und $\boldsymbol{c}_1, \boldsymbol{c}_2$ von der Lage unabhängige Vektoren sind und die skalar zu multiplizierenden Faktoren zwecks eindeutiger Kennzeichnung in Klammern gefaßt wurden. Diese Vektoren bestimmen den linearen Operator $\boldsymbol{T}$.

Die Überschiebung von zwei Affinoren zweiter Stufe

$$(7.6) \qquad \boldsymbol{T} = (\tau_j^i), \quad \boldsymbol{S} = (\sigma_j^i)$$

(auch ihr Skalarprodukt genannt) liefert wieder Affinoren, und zwar auf zwei Weisen:

$$(7.7) \qquad \boldsymbol{P} = \boldsymbol{S}\boldsymbol{T} = (\sigma_k^i\tau_j^k),$$
$$(7.8) \qquad \boldsymbol{R} = \boldsymbol{T}\boldsymbol{S} = (\tau_k^i\,\sigma_j^k).$$

Im allgemeinen ist $\boldsymbol{P} \neq \boldsymbol{R}$, d. h., das kommutative Gesetz gilt hier nicht. Alle Operationen mit Affinoren zweiter Stufe lassen sich auf die Matrizenrechnung zurückführen.

§ 8. Maßtensor. Maßbestimmung. Riccis alternierender Tensor

Das Quadrat des Linienelementes in kartesischen rechtwinkligen Koordinaten y^i ($i = 1, 2, 3$) im Raum E_3 lautet

$$(8.1) \qquad ds^2 = \sum_i (dy^i)^2.$$

In beliebigen allgemeinen Koordinaten $y^i = y^i(x^j)$ hat es die Gestalt

$$(8.2) \qquad ds^2 = g_{ij}\,dx^i\,dx^j,$$

wenn

$$(8.3) \qquad \sum_k \frac{\partial y^k}{\partial x^i}\frac{\partial y^k}{\partial x^j} = g_{ij}$$

gesetzt wird.

Da ds^2 eine skalare Invariante ist, folgt aus (8.2) und (8.3), daß

$$(8.4) \qquad g_{ij} = g_{ji}$$

ein symmetrischer doppeltkovarianter Tensor sein muß. Die Größe g_{ij} ist der *fundamentale Maßtensor* (der *metrische Tensor*) des Raumes E_3 in allgemeinen Koordinaten x^i, während (8.2) die dazugehörende *Maßbestimmung* (*Metrik*) festlegt.

Die Determinante der Matrix des Maßtensors g_{ij}, d. h.

$$(8.5) \qquad g = |g_{ij}| = \begin{vmatrix} g_{11} & g_{12} & g_{13} \\ g_{12} & g_{22} & g_{23} \\ g_{13} & g_{23} & g_{33} \end{vmatrix}$$

$$= \left| \sum_k \frac{\partial y^k}{\partial x^i} \frac{\partial y^k}{\partial x^j} \right| = \left| \frac{\partial y^i}{\partial x^j} \right|^2 = J^2 > 0,$$

bei $J \neq 0$, ist ein Pseudoskalar vom Gewicht 2; d. h., es gilt

$$(8.6) \qquad \bar{g} = \left| \frac{\partial x^m}{\partial \bar{x}^n} \right|^2 g.$$

Bezeichnet man mit G^{ij} den Kofaktor der Determinante g, der dem Element g_{ij} entspricht, so bestehen folgende Beziehungen

$$(8.7) \qquad g_{kj} G^{ki} = g_{jk} G^{ik} = \delta^i_j g,$$

die aus dem Satz über die Entwicklung von Determinanten nach den Elementen einer Zeile oder Spalte folgen. Wenn noch

$$(8.8) \qquad g^{ij} = \frac{G^{ji}}{g}$$

gesetzt wird, so haben wir

$$(8.9) \qquad g_{jk} g^{ki} = g^{ik} g_{kj} = \delta^i_j.$$

Dementsprechend ist g^{ij} zu g_{ij} reziprok und ein doppelt kontravarianter symmetrischer Tensor ($g^{ij} = g^{ji}$), der auch zur Maßbestimmung des Raumes dienen kann, und daher der *kontravariante Maßtensor* genannt wird.

Es ist weiterhin

$$(8.10) \qquad |g^{ij}| = \frac{1}{g},$$

und somit hat der Pseudoskalar $|g^{ij}|$ das Gewicht -2.

Das System von Kofaktoren G^{ij} selbst ist symmetrisch ($G^{ij} = G^{ji}$) und verhält sich wie ein relativer, rein kontravarianter Tensor vom Gewicht 2.

Die obigen Aussagen über die Maßbestimmung des euklidischen dreidimensionalen Raumes E_3 lassen sich zunächst einfach auf N-dimensionale euklidische Räume E_N übertragen. Solche Räume können immer auf rechtwinklige, nicht notwendigerweise geradlinige Koordinatensysteme bezogen werden. Ihre Maßbestimmung läßt sich dann in Koordinaten y^i und x^i in gleicher Gestalt wie früher

$$(8.11) \qquad ds^2 = \sum_i (dy^i)^2 = g_{ij}\, dx^i\, dx^j$$

ausdrücken, wo jedoch nun $i, j = 1, 2, \ldots, N$. Dabei bleiben auch die anderen Formeln gültig, wenn nur die Indizes die Werte von 1 bis N durchlaufen können.

Durch Umkehrung der Fragestellung kommen wir zu einer weiteren Verallgemeinerung der Maßbestimmung, die nicht nur die Anzahl der Dimensionen betrifft.

Wenn nämlich die Maßbestimmung eines Raumes V_N von vornherein durch eine beliebige quadratische Form

$$(8.12) \qquad ds^2 = g_{ij}\, dx^i\, dx^j$$

in allgemeinen Koordinaten x^i gegeben ist, dann sind zwei Fälle möglich:

1. Zu diesen Koordinaten x^i lassen sich *euklidische* Koordinaten y^i bestimmen (die im Gegensatz zu den kartesischen nicht geradlinig zu sein brauchen), so daß

$$ds^2 = \sum_i (dy^i)^2$$

wird. Die Maßbestimmung ist also euklidisch, es handelt sich dementsprechend um einen *euklidischen Raum.*

2. Es gibt (im Reellen natürlich) keine Möglichkeit, dies zu erreichen. Man sagt dann, daß der Raum eine allgemeine Riemannsche *Maßbestimmung* besitzt und nennt ihn einen *Riemannschen Raum R_N.*

Offenbar kommt die Euklidizität des Raumes nur in Frage, wenn die Maßbestimmung (8.12) positiv definit ist, aber auch dann nicht immer. Wenn z. B. Flächen als zweidimensionale Räume aufgefaßt werden, läßt sich zeigen, daß es beispielsweise auf der Kugelfläche keine euklidischen Koordinaten gibt.

Wir gehen noch einmal auf die e-Tensoren (6.2) ein: Aus der Tatsache, daß e^{ijk} und e_{ijk} relative Tensoren vom Gewicht $+1$ bzw. -1 sind, folgt, daß die Systeme dritter Stufe

$$(8.13)] \qquad \varepsilon^{ijk} = \frac{1}{\sqrt{g}}\, e^{ijk}, \qquad \varepsilon_{ijk} = \sqrt{g}\, e_{ijk}$$

absolute Tensoren entsprechender Varianz sind. Sie werden *ε-Tensoren* oder Riccis *alternierende Tensoren* genannt. Die Erweiterung des Begriffes der ε-Tensoren auf Systeme mit mehr als drei Indizes erfolgt einfach unter Berücksichtigung von (6.21).

§ 9. Kurvenbogen. Vektorbetrag.
Winkel zwischen zwei Richtungen

Längs einer Kurve $x^i = x^i(t)$ in allgemeinen Räumen V_N haben wir

$$(9.1) \qquad ds^2 = g_{ij}\, dx^i\, dx^j = g_{ij}\, \frac{dx^i}{dt}\, \frac{dx^j}{dt}\, (dt)^2,$$

und für den Kurvenbogen zwischen t_0 und t_1 ist

$$(9.2) \qquad s = \int_{t_0}^{t_1} \sqrt{g_{ij}\, \frac{dx^i}{dt}\, \frac{dx^j}{dt}}\, dt.$$

Aus (9.1) folgt weiter

$$(9.3) \qquad g_{ij}\, \frac{dx^i}{ds}\, \frac{dx^i}{ds} = 1,$$

und wenn

$$(9.4) \qquad \frac{dx^i}{ds} = \lambda^i$$

gesetzt wird, läßt sich (9.3) als Bestimmung für das Quadrat der Länge (des Betrags) $|\lambda^i|$ des Einheitsvektors λ^i deuten.

Der Betrag u eines kontravarianten Vektors u^i wird jetzt allgemein durch

$$(9.5) \qquad (u)^2 = g_{ij}\, u^i\, u^j,$$

und der Betrag v eines kovarianten Vektors v_i durch

$$(9.6) \qquad (v)^2 = g^{ij}\, v_i\, v_j$$

definiert. Die Beträge u und v sind Skalargrößen, und die obige Bezeichnung ihrer Quadrate wurde gewählt, um Verwechslungen des potenzierten Betrags mit indizierten (Vektor-) Größen zu vermeiden. Einheitsvektoren haben den Betrag 1. Infolgedessen sind

$$\frac{u^i}{u} \quad \text{und} \quad \frac{v_i}{v}$$

Einheitsvektoren entsprechender Varianz.

Jeder kontravariante Vektor und in metrischen Räumen auch jeder kovariante Vektor bestimmt eine *Richtung*. Der Winkel ϑ, der durch zwei Richtungen (von z. B. kontravarianten Vektoren) u^i und v^i bestimmt wird, ist durch

$$(9.7) \qquad \cos\vartheta = g_{ij}\, \frac{u^i v^j}{u\, v}$$

gegeben. Zwei Vektoren u^i und v^i stehen aufeinander senkrecht, wenn

$$(9.8) \qquad g_{ij}\, u^i\, v^j = 0$$

ist. Ebenso, wie nur in Räumen mit gegebener Maßbestimmung von der Länge eines Vektors gesprochen werden kann (was i. allg. von der Verschiebung zu unterscheiden ist), darf erst in solchen Räumen eine räumliche Ausdehnung als Volumen bzw. Flächeninhalt betrachtet werden.

§ 10. Verschiebung der Indizes. Zugeordnete Tensoren. Physikalische Komponenten von Tensoren

In Räumen *mit gegebener Maßbestimmung* läßt sich jedem kontravarianten Vektor u^i ein kovarianter u_i (gekennzeichnet durch den gleichen Buchstaben, jedoch mit unterem Index) durch die Beziehung

$$(10.1) \qquad u_i = g_{ij}\, u^j$$

zuordnen. Entsprechend läßt sich jedem kovarianten Vektor v_i ein kontravarianter

$$(10.2) \qquad v^i = g^{ij}\, v_j$$

zuordnen. Eine solche Zuordnung ist in Räumen ohne Maßbestimmung nicht möglich.

Die Operation dieser Zuordnung kann auch als Verschiebung der Indizes (herunter- und heraufziehen, senken und heben) aufgefaßt werden. Es gilt dabei:

1. Die Beziehung zwischen zwei zugeordneten Vektoren ist umkehrbar.

2. Das Quadrat des Betrags eines kontravarianten (bzw. eines kovarianten) Vektors ist das Skalarprodukt des gegebenen Vektors und des ihm zugeordneten:

$$(10.3) \qquad u^i\, u_i = g_{ij}\, u^i\, u^j = g^{ij}\, u_i\, u_j = (u)^2.$$

3. Die Beträge von zugeordneten Vektoren sind gleich.

Diese Feststellungen erlauben uns, u^i und u_i als Komponenten *einer* Vektorgröße (*eines* Vektors) **u** schlechthin zu betrachten, die nur auf zweierlei Art dargestellt ist — nämlich durch kontravariante und durch kovariante Komponenten.

Die u^i bzw. u_i werden dann oft an anderer Stelle präzisierend die kontra- bzw. kovarianten *Koordinaten* oder *Maßzahlen* der Vektorgröße **u** genannt, während man den Begriff *Komponente* für den entsprechenden Vektoranteil reserviert.

Das Skalarprodukt von zwei Vektorgrößen **u** und **v** (mit der üblichen Definition für die Vektoren als gerichtete Strecken) fällt dann mit der Definition (5.5) des Skalarproduktes der Vektoren zusammen, d. h., es ist

$$(10.4) \qquad \boldsymbol{u}\,\boldsymbol{v} = u\, v \cos\vartheta = u^i\, v_i.$$

Ist weiter eine Richtung durch den Einheitsvektor $\boldsymbol{e} = (\lambda^i)$ gegeben, dann definiert

$$(10.5) \qquad \boldsymbol{u}\,\boldsymbol{e} = u_i\, \lambda^i = u^i\, \lambda_i$$

die sog. (*orthogonale*) *Projektion* des Vektors **u** auf die Richtung **e**.

Die Verschiebungsregel von Indizes läßt sich auf beliebige Tensoren übertragen, womit eine Zuordnung der Tensoren gleicher Stufe, aber verschiedener Varianz erreicht wird. Die Überschiebung eines beliebigen Tensors mit fundamentalen Maßtensoren g_{ij} und g^{ij} zieht tatsächlich einen oberen Index herunter bzw. einen unteren herauf. Es gilt z. B.

$$(10.6) \qquad g^{ik} u_{jk} = u_{j}{}^{.i} \qquad g^{ik} u_{kj} = u^{i}{}_{.j};$$

wobei der Punkt die Platzordnung (Reihenfolge) der Indizes unterstreicht. Außerdem sind $u^{i}{}_{.j}$ und $u_{j}{}^{.i}$ i. allg. nicht gleich, sondern nur wenn u_{ij} ein symmetrischer Tensor ist, und nur dann kann man hier u_j^i schlechthin schreiben.

Durch wiederholte Überschiebung mit Hilfe von Maßtensoren lassen sich beliebig viele Indizes verschieben. So ist z. B.

$$(10.7) \qquad g^{im} g^{jn} u_{mn} = u^{ij}.$$

In Räumen mit gegebener Maßbestimmung können dann die rein kovarianten Komponenten u_{ij} eines Tensors zweiter Stufe, seine gemischten (10.6) und schließlich die rein kontravarianten (10.7) als die Bestimmungselemente (Komponenten) *einer* bestimmten Tensorgröße (*eines* Tensorobjektes) zweiter Stufe schlechthin betrachtet werden. Diese Größen könnten dann auch symbolisch bezeichnet werden.

Das in diesem Zusammenhang über die Begriffe Koordinaten, Maßzahlen, Komponenten Gesagte gilt hier entsprechend. Wir wollen, da wir diese Bezeichnungen nicht in dem aufgezeigten Sinne verwenden, nicht weiter darauf eingehen.

Entsprechend dem Gesagten ist wegen (8.9) das Kronecker-Symbol (der Einheitstensor) als der fundamentale gemischte Maßtensor zu betrachten.

Ein besonderes Verhalten zeigen die kontravarianten und kovarianten Komponenten eines Vektors oder eines Tensors, wenn sie auf ein kartesisches rechtwinkliges Koordinatensystem bezogen werden. Da dann die kovarianten g_{ij}, die kontravarianten g^{ij} und die gemischten Komponenten $g_j^i = \delta_j^i$ des Maßtensors alle gleich sind und durch die Einheitsmatrix gegeben sind, haben wir

$$(10.8) \qquad U^i = U_i; \qquad U_{ij} = U_j^i = U^{ij} \qquad \text{usw.,}$$

wenn hier die Komponenten des Vektors bzw. des Tensors mit großen Buchstaben bezeichnet werden. Das heißt, in bezug auf kartesische rechtwinklige Koordinatensysteme ist die Unterscheidung durch die Varianz nicht notwendig, und daher *die Stellung der Indizes* (*oben* oder *unten*) *irrelevant.* Diese einheitlichen Komponenten eines Vektors und eines Tensors sind seine *physikalischen Komponenten*, die manchmal auch seine *natürlichen Komponenten* genannt werden. Sie haben alle gleiche physikalische Dimension, und im Falle eines Vektors sind sie den orthogonalen Projektionen des Vektors auf die Achsen gleich.

In bezug auf ein beliebiges Bezugssystem x^i besitzt eine solche Größe (Vektor oder Tensor) i. allg. *verschiedene* kontravariante, kovariante und physikalische Komponenten. Die physikalische Komponente $u_{(k)}$ eines Vektors wird *in Beziehung zu einer gegebenen Richtung* $\lambda^i_{(k)}$ definiert als die orthogonale Projektion

$$(10.9) \qquad u_{(k)} = u_j\,\lambda^j_{(k)} = g_{ij}\,u^i\,\lambda^j_{(k)}.$$

In vielen Anwendungen ist der Fall besonders wichtig, in dem der euklidische dreidimensionale Raum E_3 auf ein rechtwinkliges System x^i von krummlinigen Koordinaten bezogen wird. Dann hat man

$$(10.10) \qquad d s^2 = (h_1\,d x^1)^2 + (h_2\,d x^2)^2 + (h_3\,d x^3)^2,$$

mit

$$(10.11) \qquad g_{11} = (h_1)^2, \qquad g_{22} = (h_2)^2, \qquad g_{33} = (h_3)^2,$$
$$g_{23} = g_{31} = g_{12} = 0.$$

Die Einheitsvektoren $\lambda^i_{(j)}$ $(i, j = 1, 2, 3)$ in den Richtungen der einzelnen krummlinigen Achsen sind wie folgt gegeben:

$$(10.12) \qquad \begin{aligned} \lambda^i_{(1)} &= \left(\frac{1}{h_1},\, 0,\, 0\right), \\ \lambda^i_{(2)} &= \left(0,\, \frac{1}{h_2},\, 0\right), \\ \lambda^i_{(3)} &= \left(0,\, 0,\, \frac{1}{h_3}\right). \end{aligned}$$

Systeme von solchen *orthogonalen krummlinigen* Koordinaten sind z. B. Zylinderkoordinaten und Kugelkoordinaten. Für die *Zylinderkoordinaten* $(\varrho = x^1,\ \varphi = x^2,\ z = x^3)$ ist

$$(10.13) \qquad (h_1)^2 = 1, \qquad (h_2)^2 = (x^1)^2, \qquad (h_3)^2 = 1;$$

und für die *Kugelkoordinaten* $(r = x^1,\ \vartheta = x^2,\ \varphi = x^3)$

$$(10.14) \qquad (h_1)^2 = 1, \qquad (h_2)^2 = (x^1)^2, \qquad (h_3)^2 = (x^1\cos x^2)^2.$$

Betrachten wir z. B. die *Bahnkurve*

$$(10.15) \qquad x^i = x^i(t) \qquad (i = 1, 2, 3)$$

eines Punktes in E_3, wobei x^i ganz beliebige Koordinaten sind und t die Zeit bezeichnet. Die kontravarianten Komponenten des *Geschwindigkeitsvektors* dieses Punktes sind dann

$$(10.16) \qquad v^i = \frac{d x^i}{d t},$$

während die entsprechenden kovarianten

$$(10.17) \qquad v_i = g_{ij}\,v^j = g_{ij}\,\frac{d x^j}{d t}$$

lauten, wenn g_{ij} den Maßtensor von E_3 in den gegebenen Koordinaten bezeichnet.

Demnach haben wir für den Geschwindigkeitsvektor:

in *Zylinderkoordinaten* die

  1. kontravarianten Komponenten

$$(10.18) \qquad v^1 = \frac{d\varrho}{dt} = \dot\varrho, \qquad v^2 = \frac{d\varphi}{dt} = \dot\varphi, \qquad v^3 = \frac{dz}{dt} = \dot z;$$

  2. kovarianten Komponenten

$$10.19) \qquad v_1 = \dot\varrho, \qquad v_2 = \varrho^2\,\dot\varphi, \qquad v_3 = \dot z;$$

  3. physikalischen Komponenten

$$(10.20) \qquad v_{(1)} = \dot\varrho, \qquad v_{(2)} = \varrho\,\dot\varphi, \qquad v_{(3)} = \dot z;$$

in *Kugelkoordinaten* die

  1. kontravarianten Komponenten

$$(10.21) \qquad v^1 = \frac{dr}{dt} = \dot r, \qquad v^2 = \frac{d\vartheta}{dt} = \dot\vartheta, \qquad v^3 = \frac{d\varphi}{dt} = \dot\varphi;$$

  2. kovarianten Komponenten

$$(10.22) \qquad v_1 = \dot r, \qquad v_2 = r^2\,\dot\vartheta, \qquad v_3 = r^2\cos^2\vartheta\,\dot\varphi;$$

  3. physikalischen Komponenten

$$(10.23) \qquad v_{(1)} = \dot r, \qquad v_{(2)} = r\,\dot\vartheta, \qquad v_3 = r\cos\vartheta\,\dot\varphi.$$

Wie man sieht, können sich diese verschiedenartigen Bestimmungselemente des Geschwindigkeitsvektors nicht nur äußerlich unterscheiden, sondern auch verschiedene physikalische Dimensionen besitzen. Zum Beispiel sind zwei von den kontravarianten Komponenten des Geschwindigkeitsvektors in Kugelkoordinaten Winkelgeschwindigkeiten, während zwei von den kovarianten Komponenten des gleichen Vektors in den gleichen Koordinaten die Dimension des Geschwindigkeitsmomentes besitzen. Nur die physikalischen Komponenten haben einheitlich die gleiche Dimension Länge/Zeit.

Auch für beliebige Tensoren lassen sich physikalische Komponenten bestimmen. Sie werden z. B. für Tensoren zweiter Stufe gewöhnlich in Verbindung mit zwei orthogonalen Richtungen $\lambda^i_{(k)}$ und $\lambda^i_{(l)}$ definiert. Es ist

$$(10.24) \qquad u_{(kl)} = g_{ir}\,g_{js}\,u^{rs}\,\lambda^i_{(k)}\,\lambda^j_{(l)} = u_{ij}\,\lambda^i_{(k)}\,\lambda^j_{(l)}.$$

Die physikalischen Komponenten eines Tensors zweiter Stufe in bezug auf ein rechtwinkliges krummliniges Koordinatensystem im dreidimensionalen Raum sind dann

$$(10.25) \qquad \begin{aligned} u_{(11)} &= (h_1)^2\,u^{11}, & u_{(12)} &= h_1\,h_2\,u^{12}, & u_{(13)} &= h_1\,h_3\,u^{13}, \\ u_{(21)} &= h_2\,h_1\,u^{21}, & u_{(22)} &= (h_2)^2\,u^{22}, & u_{(23)} &= h_2\,h_3\,u^{23}, \\ u_{(31)} &= h_3\,h_1\,u^{31}, & u_{(32)} &= h_3\,h_2\,u^{32}, & u_{(33)} &= (h_3)^2\,u^{33}. \end{aligned}$$

Es ist nicht schwer, die Definition der physikalischen Komponenten auf Tensoren beliebiger Stufe zu erweitern, jedoch ist das, wie schon oben, nur in bezug auf orthogonale Richtungen sinnvoll.

§ 11. Hauptrichtungen eines Tensors zweiter Stufe. Tensorflächen

Durch die Überschiebung

$$(11.1) \qquad u_{ij}\, v^j = w_i$$

wird einem Vektor v^i ein anderer w_i zugeordnet. Hier spielt der Tensor u_{ij} die Rolle eines linearen Operators, denn es ist (mit dem Skalar k) immer

$$(11.2) \qquad \begin{aligned} u_{ij}(v^j + w^j) &= u_{ij}\, v^j + u_{ij}\, w^j, \\ u_{ij}(k\, v^j) &= k\, u_{ij}\, v^j. \end{aligned}$$

Ist $u_{ij} = u_{ji}$ ein symmetrischer Tensor zweiter Stufe und definiert v^i eine Richtung in E_3, dann wird durch die Überschiebung (11.1) dieser Richtung eine i. allg. andere Richtung w^i zugeordnet. Diejenigen Richtungen t^i, die dabei erhalten bleiben, d. h. die die Beziehung

$$(11.3) \qquad u_{ij}\, t^j = \lambda\, t_i$$

befriedigen, wo λ eine skalare Größe ist, werden *Hauptrichtungen* des symmetrischen Tensors u_{ij} genannt. Die Bedingungsgleichung (11.3) läßt sich auch in der Gestalt

$$(11.4) \qquad (u_{ij} - \lambda\, g_{ij})\, t^j = 0 \qquad (i, j = 1, 2, 3)$$

oder in der gemischtvarianten Form

$$(11.5) \qquad (u_j^i - \lambda\, \delta_j^i)\, t^j = 0$$

schreiben.

Aus (11.5) ergibt sich sofort, daß solche Hauptrichtungen t^i nur existieren, wenn

$$(11.6) \qquad |u_j^i - \lambda\, \delta_j^i| = 0$$

erfüllt ist. Die drei stets reellen Lösungen λ_1, λ_2, λ_3 dieser algebraischen Gleichung (Säkulargleichung) nennt man die *Eigenwerte* des symmetrischen Tensors u_{ij}. Mit diesen Eigenwerten lassen sich dann i. allg. auch drei *Eigenrichtungen* genannte Hauptrichtungen bestimmen. Die Hauptrichtungen sind offenbar punktgebunden und stehen paarweise senkrecht aufeinander.

In bezug auf ein System von kartesischen rechtwinkligen Koordinaten y^i des Raumes in E_3 gibt es eine geometrische Veranschaulichung eines symmetrischen Tensors u_{ij} zweiter Stufe. In E_3 kann y^i bekanntlich als Ortsvektor aufgefaßt und dann folgende skalare Invariante des symmetrischen Tensors u_{ij} gebildet werden

$$(11.7) \qquad u_{ij}\, y^i y^j = S.$$

Nimmt man die kartesischen Komponenten u_{ij} des Tensorfeldes in einem bestimmten Punkt und setzt dann S konstant, so stellt die

Gl. (11.7) in kartesischen rechtwinkligen Koordinaten eine Schar von ähnlichen und ähnlich gelegenen Mittelpunktsflächen zweiten Grades dar, die *Tensorflächen* genannt werden. Gewöhnlich wird aus dieser Schar diejenige Fläche herausgegriffen, die auf $S = 1$ normiert ist, also die Tensorfläche

$$(11.8) \qquad u_{ij}\, y^i\, y^j = 1 .$$

Diese Tensorfläche veranschaulicht das Tensorfeld in der Umgebung des ins Auge gefaßten Punktes. Die Hauptrichtungen im betrachteten Punkt fallen dann mit den Hauptachsen der Mittelpunktsfläche zusammen.

Alles eben Gesagte läßt sich leicht auf N Dimensionen erweitern.

Tensoranalysis

§ 12. Christoffel-Symbole

Als *Christoffel-Symbol (Dreiindizessymbol) erster Art* bezeichnet man folgende Zusammenstellung

$$(12.1) \qquad \Gamma_{ij,k} = [i\,j,\,k] = \frac{1}{2}\left(\frac{\partial g_{jk}}{\partial x^i} + \frac{\partial g_{ki}}{\partial x^j} - \frac{\partial g_{ij}}{\partial x^k}\right)$$

von partiellen Ableitungen des Maßtensors g_{ij} nach x^i. *Christoffel-Symbole zweiter Art* werden dementsprechend durch die Ausdrücke

$$(12.2) \qquad \Gamma_{jk}^{\,i} = \left\{{i \atop j\,k}\right\} = g^{il}[j\,k,\,l]$$

erklärt.

Christoffel-Symbole haben folgende Eigenschaften:

1. Sie sind symmetrisch in bezug auf zwei erste Indizes (Symbole erster Art) bzw. auf zwei untere Indizes (Symbole zweiter Art), d. h., es ist

$$(12.3) \qquad [i\,j,\,k] = [j\,i,\,k]; \quad \left\{{i \atop j\,k}\right\} = \left\{{i \atop k\,j}\right\}.$$

2. Sie sind an die gewählten Koordinaten und an die Maßbestimmung des Raumes gebunden.

3. Die Christoffel-Symbole verschwinden in E_3 in bezug auf rechtwinklige und schiefwinklige kartesische Koordinaten, und somit auch in allgemeinen Räumen bezüglich solcher Koordinaten, deren Maßtensorkomponenten sämtlich Konstanten sind.

4. Die Christoffel-Symbole sind zwar als Systeme dritter Stufe durch drei freie Indizes bestimmt, jedoch sind es *keine Tensoren* dritter Stufe. Die Verwendung von unteren und oberen Indizes dient hier lediglich zur Übertragung der Operationen der Verjüngung und der Überschiebung auch auf diese Systeme. So erhält man die Christoffel-Symbole zweiter Art durch die oben in (12.2) angegebene Überschiebung der Christoffel Symbole erster Art mit dem kontravarianten Maßtensor g^{ij}.

In E_3 $(i, j, k = 1, 2, 3)$ gibt es auf den ersten Blick 27 Christoffel-Symbole, jedoch sind davon wegen der oben erwähnten Symmetriebedingung i. allg. nur 18 linear unabhängig. Bei orthogonalen krummlinigen Koordinaten bleiben sogar nur 9 linear unabhängige Christoffel-Symbole übrig:

$$(12.4) \quad \begin{cases} [i\,j, k] = 0, & \text{für } i \neq j \neq k; \\[2mm] -[i\,j, k] = [i\,k, j] = [k\,i, j] = \dfrac{1}{2}\dfrac{\partial g_{ii}}{\partial x^k}, & \text{für } i = j \neq k; \\[2mm] [i\,j, k] = \dfrac{1}{2}\dfrac{\partial g_{ii}}{\partial x^i}, & \text{für } i = j = k. \end{cases}$$

Daher haben die aus dem Maßtensor (10.11)

$$g_{11} = (h_1)^2, \quad g_{22} = (h_2)^2, \quad g_{33} = (h_3)^2, \quad g_{12} = g_{23} = g_{31} = 0$$

der orthogonal-krummlinigen Koordinaten berechneten Christoffel-Symbole erster Art folgende Werte:

$$(12.5)_1 \begin{cases} [1\,2, 3] = [1\,3, 2] = [2\,3, 1] = [2\,1, 3] = [3\,1, 2] = [3\,2, 1] = 0; \\[2mm] -[1\,1, 2] = [1\,2, 1] = [2\,1, 1] = \dfrac{1}{2}\dfrac{\partial (h_1)^2}{\partial x^2}; \\[2mm] -[1\,1, 3] = [1\,3, 1] = [3\,1, 1] = \dfrac{1}{2}\dfrac{\partial (h_1)^2}{\partial x^3}; \\[2mm] -[2\,2, 1] = [2\,1, 2] = [1\,2, 2] = \dfrac{1}{2}\dfrac{\partial (h_2)^2}{\partial x^1}; \\[2mm] -[2\,2, 3] = [2\,3, 2] = [3\,2, 2] = \dfrac{1}{2}\dfrac{\partial (h_2)^2}{\partial x^3}; \\[2mm] -[3\,3, 1] = [3\,1, 3] = [1\,3, 3] = \dfrac{1}{2}\dfrac{\partial (h_3)^2}{\partial x^1}; \\[2mm] -[3\,3, 2] = [3\,2, 3] = [2\,3, 3] = \dfrac{1}{2}\dfrac{\partial (h_3)^2}{\partial x^2}; \\[2mm] [1\,1, 1] = \dfrac{1}{2}\dfrac{\partial (h_1)^2}{\partial x^1}; \quad [2\,2, 2] = \dfrac{1}{2}\dfrac{\partial (h_2)^2}{\partial x^2}; \quad [3\,3, 3] = \dfrac{1}{2}\dfrac{\partial (h_3)^2}{\partial x^3}, \end{cases}$$

die sich in Matrizenform in folgender Weise zusammenstellen lassen:

$$(12.5)_2 \begin{cases} ([i\,j, 1]) = \begin{pmatrix} \dfrac{1}{2}\dfrac{\partial (h_1)^2}{\partial x^1} & \dfrac{1}{2}\dfrac{\partial (h_1)^2}{\partial x^2} & \dfrac{1}{2}\dfrac{\partial (h_1)^2}{\partial x^3} \\[3mm] \dfrac{1}{2}\dfrac{\partial (h_1)^2}{\partial x^2} & -\dfrac{1}{2}\dfrac{\partial (h_2)^2}{\partial x^1} & 0 \\[3mm] \dfrac{1}{2}\dfrac{\partial (h_1)^2}{\partial x^3} & 0 & -\dfrac{1}{2}\dfrac{\partial (h_3)^2}{\partial x^1} \end{pmatrix}, \\[14mm] ([i\,j, 2]) = \begin{pmatrix} -\dfrac{1}{2}\dfrac{\partial (h_1)^2}{\partial x^2} & \dfrac{1}{2}\dfrac{\partial (h_2)^2}{\partial x^1} & 0 \\[3mm] \dfrac{1}{2}\dfrac{\partial (h_2)^2}{\partial x^1} & \dfrac{1}{2}\dfrac{\partial (h_2)^2}{\partial x^2} & \dfrac{1}{2}\dfrac{\partial (h_2)^2}{\partial x^3} \\[3mm] 0 & \dfrac{1}{2}\dfrac{\partial (h_2)^2}{\partial x^3} & -\dfrac{1}{2}\dfrac{\partial (h_3)^2}{\partial x^2} \end{pmatrix}, \end{cases}$$

$$([i\,j,\,3]) = \begin{pmatrix} -\dfrac{1}{2}\dfrac{\partial(h_1)^2}{\partial x^3} & 0 & \dfrac{1}{2}\dfrac{\partial(h_3)^2}{\partial x^1} \\[2mm] 0 & -\dfrac{1}{2}\dfrac{\partial(h_2)^2}{\partial x^3} & \dfrac{1}{2}\dfrac{\partial(h_3)^2}{\partial x^2} \\[2mm] \dfrac{1}{2}\dfrac{\partial(h_3)^2}{\partial x^1} & \dfrac{1}{2}\dfrac{\partial(h_3)^2}{\partial x^2} & \dfrac{1}{2}\dfrac{\partial(h_3)^2}{\partial x^3} \end{pmatrix}.$$

Entsprechend haben wir in diesem Falle für die Christoffel-Symbole zweiter Art

$$(12.6)_1 \begin{cases} \left\{\!\begin{array}{c}1\\2\,3\end{array}\!\right\} = \left\{\!\begin{array}{c}1\\3\,2\end{array}\!\right\} = \left\{\!\begin{array}{c}2\\3\,1\end{array}\!\right\} = \left\{\!\begin{array}{c}2\\1\,3\end{array}\!\right\} = \left\{\!\begin{array}{c}3\\2\,1\end{array}\!\right\} = \left\{\!\begin{array}{c}3\\1\,2\end{array}\!\right\} = 0; \\[3mm]
\left\{\!\begin{array}{c}1\\1\,1\end{array}\!\right\} = \dfrac{1}{2(h_1)^2}\dfrac{\partial(h_1)^2}{\partial x^1}; \quad \left\{\!\begin{array}{c}1\\2\,2\end{array}\!\right\} = -\dfrac{1}{2(h_1)^2}\dfrac{\partial(h_2)^2}{\partial x^1}; \quad \left\{\!\begin{array}{c}1\\3\,3\end{array}\!\right\} = -\dfrac{1}{2(h_1)^2}\dfrac{\partial(h_3)^2}{\partial x^1}; \\[3mm]
\left\{\!\begin{array}{c}2\\1\,1\end{array}\!\right\} = -\dfrac{1}{2(h_2)^2}\dfrac{\partial(h_1)^2}{\partial x^2}; \quad \left\{\!\begin{array}{c}2\\2\,2\end{array}\!\right\} = \dfrac{1}{2(h_2)^2}\dfrac{\partial(h_2)^2}{\partial x^2}; \quad \left\{\!\begin{array}{c}2\\3\,3\end{array}\!\right\} = -\dfrac{1}{2(h_2)^2}\dfrac{\partial(h_3)^2}{\partial x^2}; \\[3mm]
\left\{\!\begin{array}{c}3\\1\,1\end{array}\!\right\} = -\dfrac{1}{2(h_3)^2}\dfrac{\partial(h_1)^2}{\partial x^3}; \quad \left\{\!\begin{array}{c}3\\2\,2\end{array}\!\right\} = -\dfrac{1}{2(h_3)^2}\dfrac{\partial(h_2)^2}{\partial x^3}; \quad \left\{\!\begin{array}{c}3\\3\,3\end{array}\!\right\} = \dfrac{1}{2(h_3)^2}\dfrac{\partial(h_3)^2}{\partial x^3}; \\[3mm]
\left\{\!\begin{array}{c}1\\1\,2\end{array}\!\right\} = \left\{\!\begin{array}{c}1\\2\,1\end{array}\!\right\} = \dfrac{1}{2(h_1)^2}\dfrac{\partial(h_1)^2}{\partial x^2}; \quad \left\{\!\begin{array}{c}1\\1\,3\end{array}\!\right\} = \left\{\!\begin{array}{c}1\\3\,1\end{array}\!\right\} = \dfrac{1}{2(h_1)^2}\dfrac{\partial(h_1)^2}{\partial x^3}; \\[3mm]
\left\{\!\begin{array}{c}2\\2\,1\end{array}\!\right\} = \left\{\!\begin{array}{c}2\\1\,2\end{array}\!\right\} = \dfrac{1}{2(h_2)^2}\dfrac{\partial(h_2)^2}{\partial x^1}; \quad \left\{\!\begin{array}{c}2\\2\,3\end{array}\!\right\} = \left\{\!\begin{array}{c}2\\3\,2\end{array}\!\right\} = \dfrac{1}{2(h_2)^2}\dfrac{\partial(h_2)^2}{\partial x^3}; \\[3mm]
\left\{\!\begin{array}{c}3\\3\,1\end{array}\!\right\} = \left\{\!\begin{array}{c}3\\1\,3\end{array}\!\right\} = \dfrac{1}{2(h_3)^2}\dfrac{\partial(h_3)^2}{\partial x^1}; \quad \left\{\!\begin{array}{c}3\\3\,2\end{array}\!\right\} = \left\{\!\begin{array}{c}3\\2\,3\end{array}\!\right\} = \dfrac{1}{2(h_3)^2}\dfrac{\partial(h_3)^2}{\partial x^2};
\end{cases}$$

oder in Matrizenform

$$(12.6)_2 \begin{cases}
\left(\left\{\!\begin{array}{c}1\\i\,j\end{array}\!\right\}\right) = \begin{pmatrix} \dfrac{1}{2(h_1)^2}\dfrac{\partial(h_1)^2}{\partial x^1} & \dfrac{1}{2(h_1)^2}\dfrac{\partial(h_1)^2}{\partial x^2} & \dfrac{1}{2(h_1)^2}\dfrac{\partial(h_1)^2}{\partial x^3} \\[2mm] \dfrac{1}{2(h_1)^2}\dfrac{\partial(h_1)^2}{\partial x^2} & -\dfrac{1}{2(h_1)^2}\dfrac{\partial(h_2)^2}{\partial x^1} & 0 \\[2mm] \dfrac{1}{2(h_1)^2}\dfrac{\partial(h_1)^2}{\partial x^3} & 0 & -\dfrac{1}{2(h_1)^2}\dfrac{\partial(h_3)^2}{\partial x^1} \end{pmatrix}, \\[10mm]
\left(\left\{\!\begin{array}{c}2\\i\,j\end{array}\!\right\}\right) = \begin{pmatrix} -\dfrac{1}{2(h_2)^2}\dfrac{\partial(h_1)^2}{\partial x^2} & \dfrac{1}{2(h_2)^2}\dfrac{\partial(h_2)^2}{\partial x^1} & 0 \\[2mm] \dfrac{1}{2(h_2)^2}\dfrac{\partial(h_2)^2}{\partial x^1} & \dfrac{1}{2(h_2)^2}\dfrac{\partial(h_2)^2}{\partial x^2} & \dfrac{1}{2(h_2)^2}\dfrac{\partial(h_2)^2}{\partial x^3} \\[2mm] 0 & \dfrac{1}{2(h_2)^2}\dfrac{\partial(h_2)^2}{\partial x^3} & -\dfrac{1}{2(h_2)^2}\dfrac{\partial(h_3)^2}{\partial x^2} \end{pmatrix}, \\[10mm]
\left(\left\{\!\begin{array}{c}3\\i\,j\end{array}\!\right\}\right) = \begin{pmatrix} -\dfrac{1}{2(h_3)^2}\dfrac{\partial(h_1)^2}{\partial x^3} & 0 & \dfrac{1}{2(h_3)^2}\dfrac{\partial(h_3)^2}{\partial x^1} \\[2mm] 0 & -\dfrac{1}{2(h_3)^2}\dfrac{\partial(h_2)^2}{\partial x^3} & \dfrac{1}{2(h_3)^2}\dfrac{\partial(h_3)^2}{\partial x^2} \\[2mm] \dfrac{1}{2(h_3)^2}\dfrac{\partial(h_3)^2}{\partial x^1} & \dfrac{1}{2(h_3)^2}\dfrac{\partial(h_3)^2}{\partial x^2} & \dfrac{1}{2(h_3)^2}\dfrac{\partial(h_3)^2}{\partial x^3} \end{pmatrix}.
\end{cases}$$

Speziell folgt aus dem schon in (10.13) angegebenen Maßtensor der Zylinderkoordinaten ϱ, φ, z $((h_1)^2 = 1$, $(h_2)^2 = \varrho^2$, $(h_3)^2 = 1)$, daß alle Christoffel-Symbole erster Art gleich Null sind mit Ausnahme von

$$(12.7) \qquad [1\,2, 2] = [2\,1, 2] = -[2\,2, 1] = \varrho.$$

Ebenso sind alle Symbole zweiter Art gleich Null mit Ausnahme von

$$(12.8) \qquad \begin{Bmatrix} 2 \\ 1\,2 \end{Bmatrix} = \begin{Bmatrix} 2 \\ 2\,1 \end{Bmatrix} = \frac{1}{\varrho} \quad \text{und} \quad \begin{Bmatrix} 1 \\ 2\,2 \end{Bmatrix} = -\varrho.$$

Das entsprechende Ergebnis lautet für Kugelkoordinaten r, ϑ, φ $[(h_1)^2 = 1$, $(h_2)^2 = r^2$, $(h_3)^2 = r^2 \cos^2 \vartheta$; s. (10.14)]: Von Null verschieden sind nur folgende Christoffel-Symbole erster Art

$$(12.9) \qquad \begin{cases} [1\,2, 2] = [2\,1, 2] = -[2\,2, 1] = r; \\ [1\,3, 3] = [3\,1, 3] = -[3\,3, 1] = r \cos^2 \vartheta; \\ [2\,3, 3] = [3\,2, 3] = -[3\,3, 2] = -r^2 \cos \vartheta \sin \vartheta; \end{cases}$$

und nur folgende zweiter Art

$$(12.10) \quad \begin{cases} \begin{Bmatrix} 1 \\ 2\,2 \end{Bmatrix} = -r; \quad \begin{Bmatrix} 1 \\ 3\,3 \end{Bmatrix} = -r \cos^2 \vartheta; \quad \begin{Bmatrix} 2 \\ 3\,3 \end{Bmatrix} = \cos \vartheta \sin \vartheta; \\[2mm] \begin{Bmatrix} 2 \\ 1\,2 \end{Bmatrix} = \begin{Bmatrix} 2 \\ 2\,1 \end{Bmatrix} = \begin{Bmatrix} 3 \\ 1\,3 \end{Bmatrix} = \begin{Bmatrix} 3 \\ 3\,1 \end{Bmatrix} = \frac{1}{r}; \quad \begin{Bmatrix} 3 \\ 2\,3 \end{Bmatrix} = \begin{Bmatrix} 3 \\ 3\,2 \end{Bmatrix} = -\tan \vartheta. \end{cases}$$

§ 13. Kovariante Ableitung von Tensoren

Betrachten wir einen kovarianten Vektor v_i und bilden nach Umformung auf $\bar{v}_i$ die partiellen Ableitungen seiner neuen Komponenten $\bar{v}_i$ in bezug auf die neuen Veränderlichen $\bar{x}^k$, so erhalten wir mit Rücksicht auf (2.5)

$$(13.1) \qquad \frac{\partial \bar{v}_i}{\partial \bar{x}^k} = \frac{\partial v_j}{\partial x^l} \frac{\partial x^l}{\partial \bar{x}^k} \frac{\partial x^j}{\partial \bar{x}^i} + v_j \frac{\partial^2 x^j}{\partial \bar{x}^i \partial \bar{x}^k}.$$

Demnach bildet das System zweiter Stufe von partiellen Ableitungen der kovarianten Komponenten eines Vektors i. allg. keinen Tensor. Das ist nur der Fall, wenn alle

$$(13.2) \qquad \frac{\partial^2 x^j}{\partial \bar{x}^i \partial \bar{x}^k} = 0$$

sind, d. h. für lineare Transformationen. Dies kann, wie schon angeführt wurde, nur einen Affinor bestimmen.

Ausgehend vom Transformationsgesetz

$$\bar{g}_{ij} = g_{rs} \frac{\partial x^r}{\partial \bar{x}^i} \frac{\partial x^s}{\partial \bar{x}^j}$$

des Maßtensors bei Einführung von neuen Koordinaten läßt sich durch Bildung von partiellen Ableitungen nach $\bar{x}^k$ und nach einigen Umformungen die Beziehung

$$(13.3) \qquad \frac{\partial^2 x^j}{\partial \bar{x}^i \partial \bar{x}^k} = \frac{\partial x^j}{\partial \bar{x}^p} \overline{\begin{Bmatrix} p \\ i\,k \end{Bmatrix}} - \begin{Bmatrix} j \\ r\,s \end{Bmatrix} \frac{\partial x^r}{\partial \bar{x}^i} \frac{\partial x^s}{\partial \bar{x}^k}$$

ableiten, wo $\overline{\begin{Bmatrix} p \\ i\,k \end{Bmatrix}}$ in bezug auf die Veränderlichen $\bar{x}^i$, dagegen $\begin{Bmatrix} j \\ r\,s \end{Bmatrix}$ in bezug auf die Veränderlichen x^i zu bilden ist. Nach einer elementaren Umstellung läßt sich (13.3) das Transformationsgesetz der Christoffel-Symbole zweiter Art entnehmen. Daß es sich um keinen Tensor handelt, erkennt man aus dieser Beziehung deutlich.

Kehren wir zu unserer oben gestellten Aufgabe zurück. Nach Einsetzen von (13.3) in (13.1) bekommt man

$$(13.4) \qquad \frac{\partial \bar{v}_i}{\partial \bar{x}^k} - \bar{v}_j \overline{\begin{Bmatrix} j \\ i\,k \end{Bmatrix}} = \left[\frac{\partial v_r}{\partial x^s} - v_l \begin{Bmatrix} l \\ r\,s \end{Bmatrix} \right] \frac{\partial x^r}{\partial \bar{x}^i} \frac{\partial x^s}{\partial \bar{x}^k},$$

so daß sich bei Einführung von neuen Veränderlichen das System zweiter Stufe

$$\frac{\partial v_i}{\partial x^k} - v_j \begin{Bmatrix} j \\ i\,k \end{Bmatrix}$$

als ein zweimal kovarianter Tensor transformiert. Dieser Ausdruck wird dann als die *kovariante Ableitung* des kovarianten Vektors v_i nach der Veränderlichen x^k erklärt.

Die kovariante Ableitung wird auf verschiedene Weisen bezeichnet, unter anderen durch

$$(13.5) \qquad v_{i,k} = v_{i|k} = v_{i;k} = \nabla_k v_i = \frac{\partial v_i}{\partial x^k} - v_j \begin{Bmatrix} j \\ i\,k \end{Bmatrix}.$$

Im folgenden wird die erste Bezeichnung bevorzugt.

Die kovariante Ableitung eines kontravarianten Vektors u^i lautet entsprechend

$$(13.6) \qquad u^i{}_{,j} = \frac{\partial u^i}{\partial x^j} + u^k \begin{Bmatrix} j \\ i\,k \end{Bmatrix}$$

und bildet einen gemischten Tensor zweiter Stufe.

Auch im Falle eines beliebigen Tensors erweitert die Operation einer jeden kovarianten Ableitung die Stufe des Tensors um jeweils eins, und zwar immer um je einen kovarianten Index. Es ist allgemein

$$(13.7) \quad u^{i_1 i_2 \ldots i_m}_{j_1 j_2 \ldots j_n, k} = \frac{\partial u^{i_1 i_2 \ldots i_m}_{j_1 j_2 \ldots j_n}}{\partial x^k} + u^{\alpha\, i_2 \ldots i_m}_{j_1 j_2 \ldots j_n} \begin{Bmatrix} i_1 \\ \alpha\,k \end{Bmatrix} + u^{i_1 \alpha \ldots i_m}_{j_1 j_2 \ldots j_n} \begin{Bmatrix} i_2 \\ \alpha\,k \end{Bmatrix} + \cdots +$$

$$+ u^{i_1 i_2 \ldots \alpha}_{j_1 j_2 \ldots j_n} \begin{Bmatrix} i_m \\ \alpha\,k \end{Bmatrix} - u^{i_1 i_2 \ldots i_m}_{\alpha\, j_2 \ldots j_n} \begin{Bmatrix} \alpha \\ j_1\,k \end{Bmatrix} -$$

$$- u^{i_1 i_2 \ldots i_m}_{j_1 \alpha \ldots j_n} \begin{Bmatrix} \alpha \\ j_2\,k \end{Bmatrix} - \cdots - u^{i_1 i_2 \ldots i_m}_{j_1 j_2 \ldots \alpha} \begin{Bmatrix} \alpha \\ j_n\,k \end{Bmatrix}.$$

Das Bildungsgesetz der kovarianten Ableitung eines beliebigen Tensors ist aus der obigen Formel ersichtlich. Die kovariante Ableitung nach x^k enthält:

1. die partielle Ableitung des Tensors nach x^k, wobei oft $\frac{\partial}{\partial x^i} \equiv \partial_i$ geschrieben wird;

2. m (d. h. die Anzahl der kontravarianten Indizes) Zusatzglieder mit dem Pluszeichen; und

3. n (d. h. die Anzahl der kovarianten Indizes) Zusatzglieder mit dem Minuszeichen.

Jedes Zusatzglied entsteht durch Überschiebung des Tensors und eines Christoffel-Symbols zweiter Art. Dabei kommen die freien Indizes des Tensors der Reihe nach an entsprechende Stellen der Christoffel-Symbole, während ihre Stellen durch Summationsindizes besetzt werden, die dann auch in Christoffel-Symbolen erscheinen. Der Index k der Veränderlichen, nach der erweitert wird, befindet sich als unterer Index in allen Christoffel-Symbolen.

Die Bildung der kovarianten Ableitung ist, über den Einfluß der Christoffel-Symbole, wesentlich an den Raum und an das gewählte Koordinatensystem gebunden.

Folgende Regeln und Sätze gelten:

1. Die kovariante Ableitung der Summe von Tensoren ist gleich der Summe der kovarianten Ableitungen; z. B. ist

$$(13.8) \qquad (u^i_{jk} + v^i_{jk})_{,l} = u^i_{jk,l} + v^i_{jk,l}.$$

2. Für die kovariante Ableitung des allgemeinen Produkts von Tensoren gilt eine ähnliche Regel wie für die gewöhnliche Ableitung des Produkts von Funktionen; z. B. ist

$$(13.9) \qquad (u^{ij} v_{mn})_{,p} = u^{ij}{}_{,p} v_{mn} + u^{ij} v_{mn,p}.$$

3. Kovariante Ableitungen des Maßtensors nach den Veränderlichen, in denen der Maßtensor gebildet ist, sind gleich Null, d. h.

$$(13.10) \qquad g_{ij,k} = 0$$

(*Lemma von Ricci*).

4. Die Operation der Verjüngung ist mit der Operation der kovarianten Ableitung vertauschbar. Es ist z. B.

$$t^i_{ik} = \delta^j_i t^i_{jk}$$

und dann, wegen $\delta^j_{i,l} = 0$,

$$(13.11) \qquad t^i_{ik,l} = \delta^j_i t^i_{jk,l}.$$

5. Die Operation der Verschiebung von Indizes ist mit der kovarianten Ableitung vertauschbar; z. B. ist

$$(13.12) \qquad g^{ij} u_{j,k} = (g^{ij} u_j)_{,k} = u^i{}_{,k}.$$

6. Der Index der kovarianten Ableitung läßt sich genau wie andere untere Indizes hinaufziehen, d. h., es ist

$$(13.13) \qquad g^{kl}\, u_{ij,l} = u_{ij}{}'^{k}.$$

7. Von einem Tensor, dessen Stufe mittels einer kovarianten Ableitung erhöht wurde, lassen sich weitere kovariante Ableitungen bilden; z. B. ist

$$(13.14) \qquad (u^{ij}{}_{,k})_{,l} = u^{ij}{}_{,kl}.$$

8. Die in bezug auf kartesische rechtwinklige Koordinatensysteme gebildeten kovarianten Ableitungen fallen mit den partiellen Ableitungen zusammen, weil dann alle Christoffel-Symbole verschwinden. Das heißt, wenn y^i kartesische rechtwinklige Koordinaten sind und U^{ij} beispielsweise die entsprechenden kartesischen Komponenten eines Tensors zweiter Stufe, dann ist

$$(13.15) \qquad U^{ij}{}_{,k} = \frac{\partial U^{ij}}{\partial x^k} = \partial_k U^{ij},$$

usw.

Für eine skalare Invariante φ gilt unabhängig von der Wahl der Koordinaten immer

$$(13.16) \qquad \varphi_{,\iota} = \frac{\partial \varphi}{\partial x^\iota} = \partial_\iota \varphi.$$

§ 14. Absolutes Differential und absolute Ableitung von Tensoren

Bilden wir beispielsweise das Differential von (2.5), unter der Voraussetzung der alleinigen Abhängigkeit von den Koordinaten, so werden wir auf folgende Transformationsformel geführt

$$d\bar{v}_\iota = dv_j \frac{\partial x^j}{\partial \bar{x}^\iota} + v_j\, d\,\frac{\partial x^j}{\partial \bar{x}^\iota} = dv_j\, \frac{\partial x^j}{\partial \bar{x}^\iota} + v_j\, \frac{\partial^2 x^j}{\partial \bar{x}^\iota \partial \bar{x}^k}\, d\bar{x}^k.$$

Diese kann man unter Beachtung von (13.3) und der Beziehung

$$\frac{\partial x^p}{\partial \bar{x}^k}\, d\bar{x}^k = dx^p$$

in die folgende Form umordnen:

$$(14.1) \qquad d\bar{v}_i - \bar{v}_l \overline{\left\{ {l \atop i\,k} \right\}} d\bar{x}^k = \left(dv_j - v_l \left\{ {l \atop j\,k} \right\} dx^k \right) \frac{\partial x^j}{\partial \bar{x}^\iota}.$$

Das ist aber wieder die Transformationsgleichung eines kovarianten Vektors. Demnach sind die, *absolute (Bianchische) Differentiale* genannten, Ausdrücke

$$(14.2)_1 \qquad \delta v_\iota = dv_\iota - v_j \left\{ {j \atop i\,k} \right\} dx^k,$$

bzw.

$$(14.2)_2 \qquad \delta u^\iota = du^\iota + u^j \left\{ {i \atop j\,k} \right\} dx^k,$$

von gleicher, d. h. ungeänderter Stufe und Varianz wie die Ausgangsgröße (was für die gewöhnlichen Differentiale nicht gilt).

Zur Bezeichnung der absoluten Differentiale sind verschiedene Schreibweisen gebräuchlich, beispielsweise

$$\delta v_i = D v_i = \mathfrak{d} v_i,$$

von denen wir die erste vorziehen.

Unter entsprechenden Voraussetzungen und Anwendung ähnlicher Umformungen lautet das absolute Differential eines beliebigen Tensors

$$(14.3) \qquad \delta u_{j_1 j_2 \ldots j_n}^{i_1 i_2 \ldots i_m} = d u_{j_1 j_2 \ldots j_n}^{i_1 i_2 \ldots i_m} + \left(u_{j_1 j_2 \ldots j_n}^{k\, i_2 \ldots i_m} \begin{Bmatrix} i_1 \\ k\, l \end{Bmatrix} + \cdots + \right.$$

$$+ u_{j_1 j_2 \ldots j_n}^{i_1 i_2 \ldots k} \begin{Bmatrix} i_n \\ k\, l \end{Bmatrix} - u_{k j_2 \ldots j_n}^{i_1 i_2 \ldots i_m} \begin{Bmatrix} k \\ j_1\, l \end{Bmatrix} -$$

$$\left. - \cdots - u_{j_1 j_2 \ldots k}^{i_1 i_2 \ldots i_m} \begin{Bmatrix} k \\ j_n\, l \end{Bmatrix} \right) d x^l.$$

Hängen also die Tensoren nicht explizit von irgendwelchen Parametern, sondern nur von den Koordinaten ab, so gilt

$$(14.4) \quad d v_i = \frac{\partial v_i}{\partial x^k} d x^k, \qquad d u^i = \frac{\partial u^i}{\partial x^k} d x^k, \qquad d u_{j_1 j_2 \ldots j_n}^{i_1 i_2 \ldots i_m} = \frac{\partial u_{j_1 j_2 \ldots j_n}^{i_1 i_2 \ldots i_m}}{\partial x^k} d x^k,$$

und die als Beispiele gewählten Differentiale (14.2) und (14.3) lassen sich vermöge (13.5), (13.6) bzw. (13.7) wie

$$(14.5) \qquad \delta v_i = v_{i, j}\, d x^j, \qquad \delta u^i = u^i{}_{,j}\, d x^j,$$

bzw.

$$(14.6) \qquad \delta u_{j_1 j_2 \ldots j_n}^{i_1 i_2 \ldots i_m} = u_{j_1 j_2 \ldots j_n, k}^{i_1 i_2 \ldots i_m}\, d x^k$$

schreiben.

Das absolute Differential eines Skalars φ ist dem gewöhnlichen gleich, d. h., es ist immer

$$(14.7) \qquad \delta \varphi = d \varphi.$$

Betrachten wir jetzt ein kovariantes Vektorfeld $v_i = v_i(x^j)$ längs einer Kurve $x^i = x^i(t)$ und bilden die Ableitung der Beziehung (2.5) nach dem Parameter t, so erhalten wir

$$(14.8) \qquad \frac{d \bar v_i}{d t} = \frac{d v_j}{d t} \frac{\partial x^j}{\partial \bar x^i} + v_j \frac{\partial^2 x^j}{\partial \bar x^i \partial \bar x^k} \frac{d \bar x^k}{d t}.$$

Setzt man hierin (13.3) ein, so läßt sich schreiben

$$(14.9) \qquad \frac{d \bar v_i}{d t} - \bar v_j \begin{Bmatrix} j \\ k\, i \end{Bmatrix} \frac{d \bar x^k}{d t} = \left[\frac{d v_l}{d t} - v_j \begin{Bmatrix} j \\ k\, l \end{Bmatrix} \frac{d x^k}{d t} \right] \frac{\partial x^l}{\partial \bar x^i},$$

d. h., der Differentialausdruck

$$(14.10) \qquad \frac{d v_i}{d t} - v_j \begin{Bmatrix} j \\ k\, i \end{Bmatrix} \frac{d x^k}{d t}$$

bewahrt den Charakter eines kovarianten Vektors und wird die *absolute* (*Bianchische*) *Ableitung* des Vektors v_i nach t genannt.

Auch diese Differentialoperation wird in der Literatur verschieden notiert, beispielsweise als

$$\frac{\delta v_i}{\delta t} = \frac{D v_i}{D t} = \frac{\mathfrak{d} v_i}{\mathfrak{d} t},$$

von denen wir hier die erste vorziehen.

Entsprechend folgert die absolute Ableitung nach t eines kontravarianten Vektors $u^i = u^i(x^i)$

$$(14.11) \qquad \frac{\delta u^i}{\delta t} = \frac{d u^i}{d t} + u^j \begin{Bmatrix} i \\ j\,k \end{Bmatrix} \frac{d x^k}{d t}$$

und die eines beliebigen Tensors

$$(14.12) \qquad \frac{\delta u^{i_1 i_2 \dots i_m}_{j_1 j_2 \dots j_n}}{\delta t} = \frac{d u^{i_1 i_2 \dots i_m}_{j_1 j_2 \dots j_n}}{d t} + \left(u^{k i_2 \dots i_m}_{j_1 j_2 \dots j_n} \begin{Bmatrix} i_1 \\ k\,l \end{Bmatrix} + \dots + u^{i_1 i_2 \dots k}_{j_1 j_2 \dots j_n} \begin{Bmatrix} i_n \\ k\,l \end{Bmatrix} \right.$$
$$\left. - u^{i_1 i_2 \dots i_m}_{k j_2 \dots j_n} \begin{Bmatrix} k \\ j_1\,l \end{Bmatrix} - \dots - u^{i_1 i_2 \dots i_m}_{j_1 j_2 \dots k} \begin{Bmatrix} k \\ j_n\,l \end{Bmatrix} \right) \frac{d x^l}{d t}.$$

Wenn also die Tensoren nicht explizit von irgendwelchen Parametern abhängen, lassen sich die absoluten Ableitungen unter der Beachtung der Beziehungen

$$(14.13)_1 \qquad \frac{d v_i}{d t} = \frac{\partial v_i}{\partial x^k} \frac{d x^k}{d t}, \qquad \frac{d u^i}{d t} = \frac{\partial u^i}{\partial x^k} \frac{d x^k}{d t},$$

bzw.

$$(14.13)_2 \qquad \frac{d u^{i_1 i_2 \dots i_m}_{j_1 j_2 \dots j_n}}{d t} = \frac{\partial u^{i_1 i_2 \dots i_m}_{j_1 j_2 \dots j_n}}{\partial x^k} \frac{d x^k}{d t},$$

wie folgt ausdrücken

$$(14.14)_1 \qquad \frac{\delta v_i}{\delta t} = v_{i,j} \frac{d x^j}{d t}, \qquad \frac{\delta u^i}{\delta t} = u^i{}_{,j} \frac{d x^j}{d t},$$

bzw.

$$(14.14)_2 \qquad \frac{\delta u^{i_1 i_2 \dots i_m}_{j_1 j_2 \dots j_n}}{\delta t} = u^{i_1 i_2 \dots i_m}_{j_1 j_2 \dots j_n, k} \frac{d x^k}{d t}.$$

Bei der Bildung der absoluten Ableitung eines Tensors bleibt also die Stufe und die Varianz erhalten. Ihre Handhabungsgesetze sind ähnlich den Bildungsgesetzen von zusammengesetzten Ableitungen der Funktionen, wenn nur an Stelle der partiellen Ableitungen die kovarianten treten. Das folgende Beispiel der Anwendung dieser Operation auf einen Produktausdruck kann das illustrieren. Wie aus $(14.14)_2$ ersichtlich, gilt

$$(14.15) \qquad \frac{\delta(u^{ij} v_{kl})}{\delta t} = (u^{ij} v_{kl})_{,m} \frac{d x^m}{d t} = (u^{ij}{}_{,m} v_{kl} + u^{ij} v_{kl,m}) \frac{d x^m}{d t}.$$

Die absolute Ableitung eines Skalars φ nach t ist der gewöhnlichen Ableitung gleich, d. h., es ist immer

$$(14.16) \qquad \frac{\delta \varphi}{\delta t} = \frac{d \varphi}{d t}.$$

Sind die Tensoren zusätzlich noch explizit von dem Parameter t abhängig, so tritt zu den oben entwickelten rechten Seiten der absoluten Ableitungen noch die entsprechende partielle Ableitung nach dem Parameter hinzu. Für einen beliebigen Tensor erhalten wir z. B., an Stelle von $(14.14)_2$,

$$(14.17) \qquad \frac{\delta u^{i_1 i_2 \cdots i_m}_{j_1 j_2 \cdots j_n}}{\delta t} = \frac{\partial u^{i_1 i_2 \cdots i_m}_{j_1 j_2 \cdots j_n}}{\partial t} + u^{i_1 i_2 \cdots i_m}_{j_1 j_2 \cdots j_n, k} \frac{d x^k}{d t}.$$

Der Fall explizit parameterabhängiger, beispielsweise zeitabhängiger Koordinatensysteme ist hier nicht berücksichtigt. Es soll noch bemerkt werden, daß man die absoluten Ableitungen (14.10), (14.11) und (14.12) unter Beachtung der Gleichheit $\delta t = d t$ sofort aus $(14.2)_1$, $(14.2)_2$ und (14.3) erhalten kann.

§ 15. Beschleunigung. Bewegungsgleichungen des Massenpunktes und des Systems von Massenpunkten

Faßt man $x^i(t)$ wie in § 10 als die Bewegung eines Punktes auf einer Kurve in Abhängigkeit von der Zeit t auf, so wird die Beschleunigung des Punktes durch die absolute Ableitung der Geschwindigkeit bestimmt und ist mit $v^i = \dfrac{d x^i}{d t}$ nach (10.16) in kontravarianter Gestalt

$$(15.1) \qquad w^i = \frac{\delta v^i}{\delta t} = \frac{d v^i}{d t} + v^j \begin{Bmatrix} i \\ j\,k \end{Bmatrix} \frac{d x^k}{d t} =$$
$$= v^i{}_{,k} \frac{d x^k}{d t} = \frac{d^2 x^i}{d t^2} + \begin{Bmatrix} i \\ j\,k \end{Bmatrix} \frac{d x^j}{d t} \frac{d x^k}{d t}.$$

Kovariante Komponenten der Beschleunigung sind dann

$$(15.2) \qquad w_i = g_{ij}\, w^j.$$

Wird der Einheitsvektor der Bahntangente

$$\frac{d x^i}{d s} = t^i$$

eingeführt (s bezeichnet den Bogen der Bahnkurve), so kann man

$$(15.3) \qquad v^i = \frac{d x^i}{d t} = \frac{d x^i}{d s} \frac{d s}{d t} = v\, t^i$$

schreiben, wo $\dfrac{d s}{d t} = v$ den algebraischen Wert der Geschwindigkeit bezeichnet.

Es ist weiter

$$(15.4) \qquad (v)^2 = \left(\frac{d s}{d t}\right)^2 = g_{ij} \frac{d x^i}{d t} \frac{d x^j}{d t} = g_{ij}\, v^i\, v^j,$$

und für die Beschleunigung des Punktes gilt folgende Zerlegung

$$(15.5) \quad w^i = \frac{\delta v^i}{\delta t} = \frac{\delta (v\, t^i)}{\delta t} = \frac{d v}{d t}\, t^i + v\, \frac{\delta t^i}{\delta s} \frac{d s}{d t} = \frac{d v}{d t}\, t^i + \varkappa_1\, (v)^2\, t^i_{(1)},$$

da nach der bekannten Frenetschen Formel

$$(15.6) \qquad \frac{\delta t^i}{\delta s} = \varkappa_1\, t^i_{(1)}$$

ist, in der $\varkappa_1$ die *Krümmung* der Bahnkurve und $t^i_{(1)}$ den *Hauptnormalvektor* bedeuten. Dabei nennt man dv/dt die *Tangentialbeschleunigung* und $\varkappa_1(v)^2$ die *Zentripetal-* oder *Normalbeschleunigung*.

Es sei jetzt m die Masse eines (von Bindungen) freien Massenpunktes, w^i die kontravarianten Komponenten seiner Beschleunigung und X^i die kontravarianten Komponenten der eingeprägten Kraft, dann sind

$$(15.7) \qquad m\,w^i = X^i \qquad\qquad (i = 1,\, 2,\, 3)$$

die *Newtonschen Bewegungsgleichungen des Massenpunktes* in kontravarianter Gestalt. Wenn man (15.1) berücksichtigt, ergibt sich

$$(15.8) \qquad m\left[\frac{d^2 x^i}{dt^2} + \begin{Bmatrix} i \\ j\,k \end{Bmatrix}\frac{dx^j}{dt}\,\frac{dx^k}{dt}\right] = X^i$$

oder in kovarianter Gestalt

$$(15.9) \qquad m\left[g_{i\,l}\frac{d^2 x^l}{dt^2} + [j\,k,\,i]\frac{dx^j}{dt}\,\frac{dx^k}{dt}\right] = X_i,$$

was sich auch in der Form

$$(15.10) \qquad m\left[\frac{dv_i}{dt} - \begin{Bmatrix} j \\ i\,k \end{Bmatrix}v_j\,v^k\right] = X_i$$

schreiben läßt.

Die Gln. (15.8), (15.9) und (15.10) sind die *Bewegungsgleichungen eines Massenpunktes* in allgemeinsten Koordinaten. Die Arbeit der eingeprägten Kraft bei der elementaren Verschiebung dx^i ist durch

$$(15.11) \qquad dQ = X_i\,dx^i$$

gegeben. Ist diese Pfaffsche Form ein vollständiges Differential, d. h., ist die Bedingung

$$(15.12) \qquad X_i = -\frac{\partial V}{\partial x^i}$$

erfüllt, dann läßt sich schreiben

$$(15.13) \qquad m\,w_i = -\frac{\partial V}{\partial x^i},$$

wo die Funktion V von der Lage und evtl. explizit von der Zeit abhängen kann und *Potential* genannt wird. Kräfte, die ein Potential haben, das von der Zeit nicht explizit abhängt, nennt man *konservativ*. Wird noch die *kinetische Energie* T des betrachteten Massenpunktes mit der Definition

$$(15.14) \qquad T = \tfrac{1}{2}\,m\,v^2 = \tfrac{1}{2}\,m\left(\frac{ds}{dt}\right)^2 = \tfrac{1}{2}\,m\,g_{ij}\,\dot{x}^i\,\dot{x}^j$$

eingeführt, dann läßt sich (15.9) nach einigen einfachen Umformungen in der Lagrangeschen Gestalt

$$(15.15) \qquad \frac{d}{dt}\left(\frac{\partial T}{\partial \dot{x}^i}\right) - \frac{\partial T}{\partial x^i} = X_i$$

schreiben. Wenn schließlich die eingeprägte Kraft das *Potential* V $\left(X_i = -\dfrac{\partial V}{\partial x^i}\right)$ besitzt und noch $L = T - V$ gesetzt wird, entsteht die Form

$$(15.16) \qquad \frac{d}{dt}\left(\frac{\partial L}{\partial \dot{x}^i}\right) - \frac{\partial L}{\partial x^i} = 0.$$

Durch Einführung der neuen Veränderlichen

$$(15.17) \qquad q^i = \sqrt{m}\, x^i \quad \text{und} \quad Q^i = \frac{X^i}{\sqrt{m}}$$

läßt sich Gl. (15.8) wie

$$(15.18) \qquad \ddot{q}^i + \left\{ {i \atop j\,k} \right\}_a \dot{q}^j \dot{q}^k = Q^i$$

ausdrücken und die kinetische Energie in der Gestalt

$$(15.19) \qquad T = \tfrac{1}{2} a_{ij}\, \dot{q}^i \dot{q}^j$$

schreiben, wo jetzt der Maßtensor und das Christoffel-Symbol in den neuen Koordinaten bestimmt sind.

Ein System von n Massenpunkten sei in bezug auf ein kartesisches rechtwinkliges Koordinatensystem gegeben. Wenn dann für die Lagekoordinaten aller Punkte und für die eingeprägten Kräfte auf bekannte Weise die durchlaufende Bezeichnung $y^\varkappa$ bzw. Y^α eingeführt wird, haben wir für ein freies System von n Massenpunkten folgende Bewegungsgleichungen

$$(15.20) \qquad m^\alpha \ddot{y}^\alpha = Y^\alpha \qquad (\alpha = 1, 2, \ldots, 3n),$$

wobei für die Masse des k-ten Punktes

$$m^{3k-2} = m^{3k-1} = m^{3k}$$

zu setzen ist.

Ist das betrachtete System nur den *holonomen* Bindungen

$$(15.21) \qquad f_l(y^\alpha, t) = 0 \qquad (l = 1, 2, \ldots, k < 3n)$$

unterworfen, so bekommt man folgende Bewegungsgleichungen:

$$(15.22) \qquad m^\alpha \ddot{y}^\alpha = Y^\alpha + R^\alpha,$$

wobei mit R^α die entsprechenden aus den Bindungen herrührenden Reaktionskräfte bezeichnet sind.

Von den $3n$ unbekannten Lagekoordinaten lassen sich immer k aus den untereinander unabhängig vorausgesetzten Bedingungsgleichungen (15.21) mit Hilfe der anderen $3n - k = N$ berechnen. Daher genügt es, die Bewegungsgleichungen (15.22) nur im Hinblick auf N unabhängige Koordinaten auszuwerten. Die Zahl N nennt man die *Anzahl der Freiheitsgrade* des Systems.

Vorteilhafter zieht man deshalb von vornherein nur solche N unabhängige Parameter in Betracht und führt entsprechend neue unabhängige Koordinaten (Lagrangesche Parameter) durch die Gleichungen

$$(15.23) \qquad y^\alpha = y^\alpha(q^1, q^2, \ldots, q^N) = y^\alpha(q^i) \qquad (\alpha = 1, 2, \ldots, 3n)$$

ein. Diese N Koordinaten bestimmen in jedem Augenblick die *Lage*, d. h. die *Gestalt* (die Konfiguration) des Systems von Massenpunkten. Sie können aber auch als die Koordinaten *eines* auf einer Kurve laufenden Punktes in einem allgemeinen Riemannschen Raum V_N gedeutet werden, der dann der *Konfigurationsraum* genannt wird.

Wenn die holonomen Bindungen (15.21) auch *skleronom* sind (d. h. nicht explizit von der Zeit abhängen), beträgt die kinetische Energie des Systems in diesen Koordinaten

$$(15.24) \qquad T = \tfrac{1}{2} \sum_{\alpha=1}^{3n} m^\alpha (\dot{y}^\alpha)^2 = \tfrac{1}{2} a_{ij}\, \dot{q}^i\, \dot{q}^j \qquad (i, j = 1, 2, \ldots, N),$$

wo

$$(15.25) \qquad a_{ij} = \sum_{\alpha=1}^{3n} m^\alpha \frac{\partial y^\alpha}{\partial q^i} \frac{\partial y^\alpha}{\partial q^j} = a_{ji}$$

ist.

Aus (15.24) erhält man

$$2T\, dt^2 = a_{ij}\, dq^i\, dq^j,$$

so daß als die metrische Form eines solchen Konfigurationsraums

$$(15.26) \qquad ds^2 = 2T\, dt^2 = a_{ij}\, dq^i\, dq^j$$

genommen werden kann. Ein solches Linienelement wird *kinematisches Linienelement* genannt.

Multipliziert man jetzt die Gln. (15.22) der Reihe nach mit $\dfrac{\partial y^\alpha}{\partial q^i}$ und addiert über α, dann erhält man nach einfachen Umformungen auf der linken Seite

$$(15.27) \qquad w_i = a_{ij}\, \ddot{q}^j + [j\,k, i]_a\, \dot{q}^j\, \dot{q}^k,$$

wo $[j\,k, i]_a$ das in bezug auf den Maßtensor a_{ij} berechnete Christoffel-Symbol erster Art bezeichnet.

Auf der rechten Seite nennt man

$$(15.28) \qquad \sum_{\alpha=1}^{3n} Y^\alpha \frac{\partial y^\alpha}{\partial q^i} = Q_i$$

die *verallgemeinerte Kraft*, und wenn die Bindungen *ideal* sind, was definitionsgemäß bedeutet, daß die entsprechenden Bindungskräfte bei (mit den Freiheitsgraden verträglichen) virtuellen Verrückungen δq^i

keine virtuellen Arbeiten leisten, so haben wir

$$(15.29) \qquad \sum_{\alpha=1}^{3n} R^\alpha \frac{\partial y^\alpha}{\partial q^i} = 0.$$

Die Gln. (15.22) reduzieren sich auf N Gleichungen

$$(15.30) \qquad w_i = Q_i \quad \text{bzw.} \quad w^i = Q^i.$$

Dabei lautet die kontravariante Form ausführlich geschrieben

$$(15.31) \qquad \ddot{q}^i + \left\{ {i \atop j\,k} \right\}_a \dot{q}^j\,\dot{q}^k = Q^i \qquad (i, j, k = 1, 2, \ldots, N),$$

wo das Christoffel-Symbol ebenfalls in bezug auf a_{ij} bestimmt wird.

Diese Gleichungen haben die gleiche Gestalt wie die entsprechenden Bewegungsgleichungen (15.18) eines Massenpunktes im dreidimensionalen Raum, und sie unterscheiden sich von den letzteren nur durch die Anzahl der Dimensionen des Konfigurationsraums und durch die Maßbestimmung.

§ 16. Differentialoperatoren

Gradient: Unter dem Gradienten eines Skalars φ, der in E_3 in bezug auf ein System von kartesischen rechtwinkligen Koordinaten y^i $(i = 1, 2, 3)$ gegeben ist, versteht man das System $\frac{\partial \varphi}{\partial y^i}$ der Koeffizienten im vollständigen Differential

$$d\varphi = \frac{\partial \varphi}{\partial y^i}\,dy^i.$$

Eine erste Verallgemeinerung erhält man durch die Erklärung, daß man unter dem Gradienten eines Skalars φ, abgekürzt grad φ, in beliebigen Räumen V_N (die nicht einmal eine Maßbestimmung zu haben brauchen) in bezug auf beliebige Koordinaten x^i wieder das System von Koeffizienten $\frac{\partial \varphi}{\partial x^i}$ (die partiellen Ableitungen nach den N Veränderlichen x^i) versteht, die in

$$(16.1) \qquad d\varphi = \frac{\partial \varphi}{\partial x^i}\,dx^i = \varphi_{,i}\,dx^i \qquad (i = 1, 2, \ldots, N)$$

erscheinen und als typisches Beispiel eines kovarianten Vektors dienen. Es ist also

$$(16.2) \qquad \mathrm{grad}\,\varphi = (V_i \varphi) = \left(\frac{\partial \varphi}{\partial x^i} \right).$$

Wenn durch den Gradienten eine bestimmte geometrische, mechanische oder sonstige physikalische Größe festgelegt wird, so entsprechen diesen kovarianten Komponenten in Räumen mit Maßbestimmung die kontravarianten Komponenten

$$(16.3) \qquad g^{ij}\,\varphi_{,j} = \varphi^{,i}.$$

Es ist aber üblich, besonders bei Verwendung von orthogonalen krummlinigen Koordinaten x^i ($i = 1, 2, 3$) in E_3, den Gradienten eines Skalars immer durch seine physikalischen Koordinaten zu bestimmen. Dann haben wir im Falle der Maßbestimmung (10.10) folgende physikalische Komponenten des Gradienten:

$$(16.4) \qquad \operatorname{grad} \varphi = \left(\frac{1}{h_1} \frac{\partial \varphi}{\partial x^1}, \quad \frac{1}{h_2} \frac{\partial \varphi}{\partial x^2}, \quad \frac{1}{h_3} \frac{\partial \varphi}{\partial x^3} \right)$$

[vergleichsweise s. a. I (10.27)]. Eine weitere Verallgemeinerung des Begriffes Gradient besteht in seiner Identifizierung mit dem Begriff der kovarianten Ableitung. Dann läßt sich auch vom Gradienten von Vektoren und Tensoren beliebiger Stufe sprechen, z. B. ist in diesem Sinne

$$\operatorname{grad} u^i = (u^i{}_{,j}); \qquad \operatorname{grad} u^i_{jk} = (u^i_{jk,l}) \quad \text{usw.}$$

Divergenz: Die Divergenz eines kontravarianten Vektors u^i wird als

$$(16.5) \qquad u^i{}_{,i} = V_i u^i = \frac{\partial u^i}{\partial x^i} + u^k \begin{Bmatrix} i \\ i\,k \end{Bmatrix} = \frac{1}{\sqrt{g}} \frac{\partial}{\partial x^i} (u^i \sqrt{g})$$

erklärt, weil immer

$$(16.6) \qquad \begin{Bmatrix} i \\ i\,k \end{Bmatrix} = \frac{\partial}{\partial x^k} (\log \sqrt{g})$$

ist.

Ist ein Vektor durch seine kovarianten Koordinaten u_i gegeben, dann haben wir

$$(16.7) \qquad (g^{ij} u_j)_{,i} = g^{ij} u_{j,i}$$

als seine Divergenz.

Diese Operation läßt sich ebenfalls auf Tensoren beliebiger Stufe in dem Sinne anwenden, daß in einem kovariant abgeleiteten Tensor nach einem oberen und nach dem Index der kovarianten Differentiation verjüngt wird. Vom Tensor u^{ij} lassen sich beispielsweise zwei i. allg. verschiedene Divergenzen bilden, und zwar

$$(16.8) \qquad u^{ij}{}_{,i} \quad \text{und} \quad u^{ij}{}_{,j},$$

die einander nur für symmetrische Tensoren gleich sind. Ähnlich wird bei der Bildung der Divergenz anderer Tensoren verfahren.

Es gilt dabei:

1. Die Operation der Divergenzbildung kann nur auf kontravariante Komponenten des Vektors und nur auf solche Tensoren, die kontravariante Indizes besitzen, unmittelbar angewandt werden, sonst muß man zuerst solche durch Heraufziehen eines entsprechenden Index erzeugen, was in metrischen Räumen immer möglich ist.

2. Die Divergenzbildung ordnet dem gegebenen Tensor einen anderen von um eins niedrigerer Stufe in den kontravarianten Indizes zu.

3. Von Skalaren läßt sich keine Divergenz bilden.

4. In bezug auf ein System von orthogonalen krummlinigen Koordinaten x^i in E_3 mit der Maßbestimmung (10.10) hat man für die

Divergenz einer Vektorgröße $\boldsymbol{u}$ folgenden Ausdruck [vergleichsweise s. a. I (10.28)]

$$(16.9)\ \operatorname{div}\boldsymbol{u}=\frac{1}{h_1 h_2 h_3}\left\{\frac{\partial}{\partial x^1}[h_2 h_3 u_{(1)}]+\frac{\partial}{\partial x^2}[h_3 h_1 u_{(2)}]+\frac{\partial}{\partial x^3}[h_1 h_2 u_{(3)}]\right\},$$

wobei $u_{(i)}$ die physikalischen Komponenten des Vektors $\boldsymbol{u}$ in bezug auf dieses Koordinatensystem sind.

Ein Vektorfeld, dessen Divergenz überall verschwindet, heißt *quellenfrei*.

Rotor: In beliebigen Räumen mit gegebener Maßbestimmung wird einem kovarianten Vektor v_i durch

$$(16.10)\qquad v_{j,\iota}-v_{i,j}=\frac{\partial v_j}{\partial x^\iota}-\frac{\partial v_i}{\partial x^j}=-2v_{[i,j]}$$

ein schiefsymmetrischer doppeltkovarianter Tensor zugeordnet.

Im dreidimensionalen Raum läßt sich diesem Tensor mit Hilfe von e^{ijk} ein relativer Vektor

$$(16.11)\qquad r^i=\tfrac{1}{2}e^{ijk}(v_{k,j}-v_{j,k})=e^{ijk}v_{k,j}$$

zuordnen. Ausführlich lauten seine Komponenten

$$(16.12)\quad r^1=\frac{\partial v_3}{\partial x^2}-\frac{\partial v_2}{\partial x^3};\quad r^2=\frac{\partial v_1}{\partial x^3}-\frac{\partial v_3}{\partial x^1};\quad r^3=\frac{\partial v_2}{\partial x^1}-\frac{\partial v_1}{\partial x^2}.$$

Dieser Vektor, der *Rotor* von v_i genannt und auch $\operatorname{rot}v_i$ geschrieben wird, ist eine Vektordichte (ein axialer Vektor).

Mit Hilfe von ε^{ijk} läßt sich dem schiefsymmetrischen Tensor (16.10) im dreidimensionalen Raum auch ein absoluter Vektor zuordnen:

$$(16.13)\qquad \varrho^i=\varepsilon^{ijk}v_{k,j}=\frac{1}{\sqrt{g}}e^{ijk}v_{k,j}=\frac{1}{\sqrt{g}}r^i.$$

Die physikalischen Komponenten des Rotors in bezug auf das System von orthogonalen krummlinigen Koordinaten (10.10) haben die Werte [vergleichsweise s. a. I (10.29)]

$$(16.14)\qquad\begin{aligned}\varrho_{(1)}&=\frac{1}{h_2 h_3}\left\{\frac{\partial[h_3 v_{(3)}]}{\partial x^2}-\frac{\partial[h_2 v_{(2)}]}{\partial x^3}\right\},\\[4pt]\varrho_{(2)}&=\frac{1}{h_3 h_1}\left\{\frac{\partial[h_1 v_{(1)}]}{\partial x^3}-\frac{\partial[h_3 v_{(3)}]}{\partial x^1}\right\},\\[4pt]\varrho_{(3)}&=\frac{1}{h_1 h_2}\left\{\frac{\partial[h_2 v_{(2)}]}{\partial x^1}-\frac{\partial[h_1 v_{(1)}]}{\partial x^2}\right\},\end{aligned}$$

wobei $v_{(i)}$ die physikalischen Komponenten der Vektorgröße sind.

Ein Vektorfeld, dessen Rotor überall verschwindet, heißt *wirbelfrei*.

Die in (16.10) auf v_i angewandte Operation wird *Rotoroperation* im verallgemeinerten Sinne genannt und dann durch Rot bezeichnet:

$$(16.15)\qquad \operatorname{Rot}v_\iota=-2v_{[\iota,j]}.$$

Sie läßt sich noch weiter verallgemeinern und auf kovariante Multivektoren (vollständig antisymmetrische Tensoren) beliebiger Ordnung $t_{i_1 i_2 \dots \iota_M} = [u_{(1) i_1} u_{(2) i_2} \dots u_{(M) i_M}]$ übertragen, so daß wir haben

$$(16.16) \qquad \operatorname{Rot} t_{i_1 i_2 \dots i_M} = (-1)^M (M+1)\, t_{[i_1 i_2 \dots \iota_M, k]}.$$

Die rechte Seite enthält alle Glieder, die unter der Voraussetzung der vollständigen Schiefsymmetrie aller Indizes (einschließlich des Indexes der kovarianten Differentiation) durch deren Permutation entstehen. Zum Beispiel haben wir für $t_{ij} = [u_{(1) i} u_{(2) j}]$:

$$\operatorname{Rot} t_{ij} = 3 t_{[ij,k]} = \tfrac{1}{2}\left(t_{ij,k} - t_{ik,j} + t_{jk,i} - t_{j\iota,k} + t_{ki,j} - t_{kj,i}\right) =$$
$$= \frac{\partial t_{jk}}{\partial x^i} + \frac{\partial t_{ki}}{\partial x^j} + \frac{\partial t_{ij}}{\partial x^k}.$$

Offenbar ist diese Operation nur auf kovariante Vektoren und Multivektoren unmittelbar anwendbar.

Laplace-Operator: Der Laplace-Operator ist ein Differentialoperator zweiter Ordnung und wie folgt definiert:

$$(16.17) \qquad \Delta \equiv \operatorname{div} \operatorname{grad}.$$

Dieser Operator ordnet auf Skalare angewandt diesen wiederum Skalare zu. Mit Rücksicht auf (16.3) und (16.5) haben wir

$$(16.18) \qquad \Delta \varphi = \frac{1}{\sqrt{g}} \frac{\partial}{\partial x^i}\left(\sqrt{g}\, g^{ij}\, \varphi_{,j}\right).$$

Wegen

$$(g^{ij}\, \varphi_{,j})_{,k} = g^{ij}\, \varphi_{,jk}$$

folgt andererseits

$$(16.19) \qquad \Delta \varphi = g^{ij}\, \varphi_{,\iota j} = g^{ij}\left(\frac{\partial^2 \varphi}{\partial x^i \partial x^j} - \frac{\partial \varphi}{\partial x^k}\begin{Bmatrix} k \\ i\, j \end{Bmatrix}\right).$$

Ausgehend von (16.18) bekommt man in E_3 in bezug auf ein System von rechtwinkligen krummlinigen Koordinaten (10.10) den Ausdruck

(16.20)
$$\Delta \varphi = \frac{1}{h_1 h_2 h_3}\left\{\frac{\partial}{\partial x^1}\left[\frac{h_2 h_3}{h_1}\frac{\partial \varphi}{\partial x^1}\right] + \frac{\partial}{\partial x^2}\left[\frac{h_3 h_1}{h_2}\frac{\partial \varphi}{\partial x^2}\right] + \frac{\partial}{\partial x^3}\left[\frac{h_1 h_2}{h_3}\frac{\partial \varphi}{\partial x_3}\right]\right\}.$$

Wenn die Operationen des Gradienten und der nachfolgenden Divergenz beide verallgemeinert aufgefaßt werden, läßt sich auch der Laplace-Operator verallgemeinern. In dem Sinne ergibt die Anwendung dieses Operators auf den kovarianten Vektor u_i

$$(16.21)_1 \qquad \Delta u_i = u_i{}^{,j}{}_{,j} = u_{i,j}{}^{,j} = g^{jk}\, u_{i,jk}$$

und dem des kontravarianten Vektors u^i

$$(16.21)_2 \qquad \Delta u^i = u^i{}_{,j}{}^{,j} = u^{i,j}{}_{,j} = g^{jk}\, u^i{}_{,jk}.$$

§ 17. Veranschaulichung von Skalar- und Vektorfeldern

Im dreidimensionalen Raum läßt sich ein Skalarfeld durch die sog. *Niveauflächen* (*Äquiskalarflächen*) und auf Flächen durch Niveaulinien verbildlichen. Dabei versteht man unter einer Niveaufläche den geometrischen Ort all jener Punkte des Feldes, in denen die betrachtete Skalargröße den gleichen Wert C besitzt, d. h., es handelt sich um Flächen

$$(17.1) \qquad \varphi(x^1, x^2, x^3) = C,$$

wenn x^i ($i = 1, 2, 3$) beliebige allgemeine Koordinaten sind.

Wenn man solche Flächen für gleich große Wertunterschiede von C konstruiert, bekommt man ein anschauliches Bild von der Verteilung des Skalars. Beispielsweise ist dort, wo diese Flächen dichter verlaufen, die Änderung des Skalars in der zur Niveaufläche normalen Richtung stärker, usw.

Niveauflächen sind auch in allgemeinen mehrdimensionalen Räumen denkbar, natürlich ohne Anschaulichkeit beanspruchen zu können.

Zur Illustration von Vektorfeldern dienen die Vektorlinien (*Feldlinien*, insbesondere *Kraftlinien* in *Kraftfeldern*, *Stromlinien* im *Strömungsfeld* usw.). Sie sind im Feld der Vektorgröße v, deren kontravariante Komponenten die v^i sind, durch das System von Differentialgleichungen

$$(17.2) \qquad \varepsilon_{ijk}\, v^j\, dx^k = 0$$

definiert. Diese Gleichung drückt die Bedingung aus, daß dx^i (das *gerichtete Element der Feldlinie*) an jeder Stelle des Feldes zu v^i parallel ist, d. h., die Feldvektoren sind die Tangentenvektoren dieser Linien.

Auch diese Konstruktion hilft auf Grund von Analogieschlüssen bei der Untersuchung mehrdimensionaler Vektorfelder.

§ 18. Integralsätze für Vektor- und Tensorfelder

Für gewöhnliche dreidimensionale Vektorfelder gelten die Sätze von STOKES und GAUSS (GREEN, OSTROGRADSKI).

Der *Stokessche Satz* dient zur Umwandlung eines Linienintegrals über eine einfache geschlossene Kurve L in das entsprechende Flächenintegral erstreckt über die Fläche σ, die von L berandet wird. In klassischen symbolischen Bezeichnungen lautet dieser Satz

$$\oint_L v\, dr = \int_\sigma \mathrm{rot}\, v\, d\sigma,$$

wo dr das *gerichtete Linienelement* und $d\sigma$ das *gerichtete Flächenelement* bezeichnet. In der Schreibweise mit Hilfe von Indizes lautet der Stokessche Satz

$$(18.1) \qquad \oint_L v_i\, dx^i = -2 \int_\sigma v_{[j,k]}\, d\sigma^{jk};$$

denn, ausgehend von der Erklärung des Rotors (16.11) und von den Beziehungen (6.19), (6.20) haben wir

$$e^{ijk}\,v_{k,j}\,d\sigma_i = 2e^{ijk}\,v_{[k,j]}\,d\sigma_i = -2v_{[j,k]}\,d\sigma^{jk}.$$

Das Randintegral

$$(18.2) \qquad\qquad \oint_L v_i\,dx^i$$

wird die *Zirkulation* des Vektors v_i längs der geschlossenen Kurve L genannt, während das Flächenintegral

$$(18.3) \qquad\qquad -2\int_\sigma v_{[j,k]}\,d\sigma^{jk} = \int_\sigma r^i\,d\sigma_i$$

als der *Fluß* des Rotors r^i durch die Fläche σ bezeichnet wird.

Der Gaußsche Satz dient zur Umwandlung eines Flächenintegrals über eine einfach zusammenhängende, geschlossene Fläche σ in ein entsprechendes Raumintegral, erstreckt über das Volumen τ, das von σ umschlossen wird. Er lautet in der symbolischen Bezeichnung

$$\oint_\sigma \boldsymbol{v}\,d\boldsymbol{\sigma} = \int_\tau \operatorname{div}\boldsymbol{v}\,d\tau.$$

In Indizesschreibweise lautet der Gaußsche Satz

$$(18.4) \qquad\qquad \oint_\sigma v^i\,d\sigma_i = \int_\tau v^i{}_{,i}\,d\tau,$$

wobei links der Fluß des Vektors v^i durch die geschlossene Fläche σ und rechts das Raumintegral über die Divergenz des Vektors v^i steht.

Der Stokessche Satz (18.1) läßt sich auch auf vollständig antisymmetrische Tensorfelder verallgemeinern. Es ist unschwer einzusehen, daß, wenn nur v_{ij} antisymmetrisch ist, sich im dreidimensionalen Raum an Stelle von (18.1)

$$(18.5) \qquad\qquad \oint_\sigma v_{ij}\,d\sigma^{ij} = 3!\int_\tau v_{[ij,k]}\,d\tau^{ijk}$$

schreiben läßt, wo σ die den Raumteil τ umfassende einfach zusammenhängende, geschlossene Fläche ist. Von den Forderungen an den Integranden und von der Wahl der Berandung wird weiter unten die Rede sein. Bei (18.5) handelt es sich aber eigentlich um den Gaußschen Satz; denn mit Rücksicht auf (6.12), (6.17), (6.19) ist

$$v_{ij}\,d\sigma^{ij} = e^{ijk}\,v_{ij}\,d\sigma_k = v^k\,d\sigma_k$$

und

$$3!\,v_{[ij,k]}\,d\tau^{ijk} = 3!\,e^{ijk}\,v_{[ij,k]}\,d\tau = e^{ijk}\,v_{ij,k}\,d\tau =$$
$$= (e^{ijk}\,v_{ij})_{,k}\,d\tau = v^k{}_{,k}\,d\tau.$$

In allgemeinen N-dimensionalen, metrischen Räumen V_N lautet entsprechend der verallgemeinerte Stokessche bzw. Gaußsche Satz (s. z. B.: J. A. SCHOUTEN [19] S. 95) wie folgt:

$$(18.6) \qquad \oint_{\tau_{N-1}} v_{i_1 i_2 \ldots i_{N-1}}\, d\tau^{i_1 i_2 \ldots i_{N-1}}$$
$$= (-1)^{N-1} N! \int_{\tau_N} v_{[i_1 i_2 \ldots i_{N-1},j]}\, d\tau^{i_1 i_2 \ldots i_{N-1} j},$$

wenn τ_{N-1} die den N-dimensionalen Raumteil τ_N umfassende $(N-1)$-dimensionale Unterraumgröße bezeichnet und wenn $v_{i_1 i_2 \ldots i_{N-1}}$ vollständig antisymmetrisch ist. Dabei müssen allgemein folgende Bedingungen erfüllt sein:

1. Alle $v_{i_1 i_2 \ldots i_{N-1}}$ sind stetig in τ_N und auf τ_{N-1};

2. partielle Ableitungen, die in $v_{[i_1 i_2 \ldots i_{N-1},j]}$ erscheinen, existieren in allen Punkten von τ_N;

3. diese Ableitungen sind in allen Punkten von τ_N mit Ausnahme von endlich vielen Stellen von τ_{N-1} stetig.

Der auf diese Weise verallgemeinerte Stokessche bzw. Gaußsche Satz läßt sich als ein einheitlicher Integralsatz betrachten, der für Vektor- und Tensorfelder gilt. Zahlreiche andere übliche Formen der Integralsätze lassen sich aus diesem Satz ableiten. Überdies ist, wie man sich leicht überzeugt, noch eine weitere Ausdeutung dieses Satzes in der Integralrechnung möglich, die für den Integranden und die Umformung des Integrals keinerlei In- bzw. Kovarianz verlangt (s. z. B.: SYNGE-SCHILD [22] S. 267).

§ 19. Wärmefeld

In einem beliebigen Wärmefeld ist die Temperatur ϑ eine kennzeichnende Größe; sie ist i. allg. eine Funktion des Ortes (x^i) und der Zeit t, d. h., es ist

$$(19.1) \qquad \vartheta = \vartheta(x^1, x^2, x^3, t) = \vartheta(x^i, t).$$

Ein solches Temperaturfeld ist ein Skalarfeld, und zwar ein *stationäres*, wenn es nur vom Orte, und ein *nichtstationäres*, wenn es explizit auch von der Zeit abhängt und somit lokale Änderungen aufweist.

Einem solchen Temperaturfeld ist das i. allg. ebenfalls zeitabhängige Vektorfeld des *Temperaturgradienten* $\dfrac{\partial \vartheta}{\partial x^i} = \vartheta,_i$ zugeordnet, das nur dann Null ist, wenn im Temperaturfeld eine konstante Temperatur herrscht. In einem Feld mit $\vartheta,_i \neq 0$ entsteht eine Wärmeströmung (auch ohne Substanzübertragung) in Richtung des Temperaturgefälles, die durch den negativen Temperaturgradienten bestimmt wird. Wenn mit Q_i der Vektor der *Wärmestromdichte* bezeichnet wird, setzt man üblicherweise

$$(19.2) \qquad Q_i = -\lambda\, \vartheta,_i,$$

wobei λ die *Wärmeleitfähigkeit* bezeichnet, eine für jede Substanz charakteristische Zustandsfunktion, die auch ortsabhängig sein kann.

Das stationäre Feld des Temperaturgradienten kann durch die Angabe der Verteilung von Quellen des Vektors Q_i, d. h. durch die Angabe der sog. *Quelldichte*

$$(19.3) \qquad Q^i{}_{,i} = \alpha$$

und durch Rand- und Anfangsbedingungen festgelegt werden. Mit Rücksicht auf (19.2) läßt sich (19.3) wie folgt ausdrücken

$$(19.4) \qquad (\lambda\, g^{ij}\, \vartheta_{,j})_{,i} = -\alpha,$$

oder wenn λ konstant ist:

$$(19.4\mathrm{a}) \qquad \lambda\, g^{ij}\, \vartheta_{,ij} = \lambda\, \triangle\, \vartheta = -\alpha;$$

dies ist die *Differentialgleichung der stationären Wärmeleitung*.

Im nichtstationären Feld betrachten wir den räumlichen Bereich τ, dessen Oberfläche gleich σ ist. Dann gilt für die Energiebilanz, daß die im Zeitraum von 0 bis t erzeugte Wärme in diesem Bereich gleich sein muß der in dieser Zeit in τ aufgespeicherten Wärme, vermindert um die durch die Oberfläche σ infolge der Leitfähigkeit abfließenden Wärme:

$$\int\limits_0^t \left(\int\limits_\tau \alpha\, d\tau\right) dt = \int\limits_0^t \left(\int\limits_\tau c\, \varrho\, \frac{\partial\vartheta}{\partial t}\, d\tau\right) dt - \int\limits_0^t \left(\oint\limits_\sigma \lambda\, \frac{\partial\vartheta}{\partial x^i}\, d\sigma^i\right) dt.$$

Dabei ist c die auf die Massendichte bezogene *spezifische Wärme* und ϱ die *Substanzdichte*. Wenn man hier das Flächenintegral mittels des Gaußschen Satzes in ein Raumintegral umwandelt, erhält man, da ja t und τ ganz beliebig sind, die *Fouriersche Gleichung der Wärmeleitung*

$$(19.5) \qquad c\, \varrho\, \frac{\partial\vartheta}{\partial t} = (\lambda\, g^{ij}\, \vartheta_{,i})_{,j} + \alpha,$$

woraus dann sofort für das stationäre Temperaturfeld $\left(\dfrac{\partial\vartheta}{\partial t} = 0\right)$ die Beziehung (19.4) bzw. für konstantes λ die Beziehung (19.4a) folgt.

Führt man noch die *(massen)spezifische Wärmeenergieerzeugung* q durch $\alpha = \varrho\, q$ ein, so läßt sich die Wärmeleitungsgleichung (19.5) auch in der Gestalt

$$(19.6) \qquad c\, \frac{\partial\vartheta}{\partial t} = \frac{1}{\varrho}\, (\lambda\, g^{ij}\, \vartheta_{,i})_{,j} + q$$

schreiben. Schließlich erhält man für $\lambda =$ const und ein quellenfreies Wärmefeld $\alpha = 0$ die übliche Form der Wärmeleitungsgleichung

$$(19.7) \qquad \frac{\partial\vartheta}{\partial t} = a^2\, \triangle\, \vartheta,$$

wo

$$a^2 = \frac{\lambda}{c\, \varrho}$$

die als *Temperaturleitfähigkeit* bezeichnete Größe ist, und, wie schon in (19.4a), $g^{ij}\, \vartheta_{,ij} = \triangle\, \vartheta$ auf Grund von (16.19) gesetzt wurde.

§ 20. Lorentz-invariante Darstellung der Grundgleichungen der Elektrodynamik

In der üblichen Vektorform lauten die Maxwellschen Gleichungen

$$\text{a)} \quad \text{rot}\,\boldsymbol{H} - \frac{1}{c}\,\frac{\partial \boldsymbol{E}}{\partial t} = \boldsymbol{s}, \qquad \text{b)} \quad \text{div}\,\boldsymbol{E} = \varrho;$$

$$\text{c)} \quad \text{rot}\,\boldsymbol{E} + \frac{1}{c}\,\frac{\partial \boldsymbol{H}}{\partial t} = \boldsymbol{0}, \qquad \text{d)} \quad \text{div}\,\boldsymbol{H} = 0.$$

(20.1)

Dabei ist $\boldsymbol{E}$ die *elektrische* und $\boldsymbol{H}$ die *magnetische Feldstärke*. Des weiteren bedeutet $\boldsymbol{s}$ den *Stromdichtevektor*, mittels dessen man den Strom J durch einen Querschnitt q mit orientiertem Flächenelement $d\boldsymbol{q}$ nach

$$J = \int_q \boldsymbol{s}\,d\boldsymbol{q} \tag{20.2}$$

errechnet. Die Größe

$$\varrho = \frac{de}{d\tau} \tag{20.3}$$

bezeichnet die *Ladungsdichte* (e ist die elektrische Ladung, τ das Volumen des Leiters) und c die *Lichtgeschwindigkeit*. Im freien Raum ohne elektrische Ladungen und ohne Ströme ist $\varrho = 0$ und $\boldsymbol{s} = \boldsymbol{0}$.

Die Gl. (20.1 d) erlaubt, auf die Existenz eines Vektorpotentials $\boldsymbol{A}$ von $\boldsymbol{H}$ zu schließen und

$$\boldsymbol{H} = \text{rot}\,\boldsymbol{A} \tag{20.4}$$

zu schreiben, wodurch bekanntlich das Vektorpotential $\boldsymbol{A}$ nur bis auf den Gradienten eines Skalars bestimmt ist und daher eingeschränkt werden könnte.

Wenn der Wert für $\boldsymbol{H}$ aus (20.4) in Gl. (20.1 c) eingesetzt wird, bekommt man

$$\text{rot}\left(\boldsymbol{E} + \frac{1}{c}\,\frac{\partial \boldsymbol{A}}{\partial t}\right) = 0$$

bzw.

$$\boldsymbol{E} + \frac{1}{c}\,\frac{\partial \boldsymbol{A}}{\partial t} = -\,\text{grad}\,\varphi$$

und schließlich

$$\boldsymbol{E} = -\left(\text{grad}\,\varphi + \frac{1}{c}\,\frac{\partial \boldsymbol{A}}{\partial t}\right), \tag{20.5}$$

wobei φ das Skalarpotential des elektromagnetischen Feldes ist.

Mit Hilfe von $\boldsymbol{A} = (A_1, A_2, A_3)$ und φ lassen sich die Gln. (20.1 a) und (20.1 b) wie folgt ausdrücken

$$\triangle\boldsymbol{A} - \frac{1}{c^2}\,\frac{\partial^2 \boldsymbol{A}}{\partial t^2} - \text{grad}\left(\text{div}\,\boldsymbol{A} + \frac{1}{c}\,\frac{\partial \varphi}{\partial t}\right) = -\,\boldsymbol{s},$$

(20.6)

$$\triangle\varphi - \frac{1}{c^2}\,\frac{\partial^2 \varphi}{\partial t^2} + \frac{1}{c}\,\frac{\partial}{\partial t}\left(\text{div}\,\boldsymbol{A} + \frac{1}{c}\,\frac{\partial \varphi}{\partial t}\right) = -\,\varrho.$$

Führt man jetzt die Vierervektoren

$$(\boldsymbol{A}, i\,\varphi) = (A_1, A_2, A_3, i\,\varphi) = (A_\lambda)$$

(20.7)

$$(\boldsymbol{s}, i\,\varrho) = (s_1, s_2, s_3, i\,\varrho) \quad = (S_\lambda)$$

$$(\lambda = 1, 2, 3, 4)$$

und die Bezeichnungen

$$(20.8) \qquad x = x^1, \quad y = x^2, \quad z = x^3, \quad ict = x^4 \quad (i = \sqrt{-1})$$

ein, dann lassen sich die Gln. (20.6) auf folgende Weise zusammengefaßt schreiben

$$\sum_\mu \frac{\partial}{\partial x^\mu}\left(\frac{\partial A_\lambda}{\partial x^\mu}\right) - \frac{\partial}{\partial x^\lambda}\sum_\mu \frac{\partial A_\mu}{\partial x^\mu} = -S_\lambda,$$

bzw.

$$(20.9) \qquad \sum_\mu \frac{\partial}{\partial x^\mu}\left(\frac{\partial A_\mu}{\partial x^\lambda} - \frac{\partial A_\lambda}{\partial x^\mu}\right) = S_\lambda.$$

Auf Grund der Tatsache, daß A_λ durch seine kovarianten Komponenten
eingeführt wird, bildet

$$(20.10) \qquad \frac{\partial A_\mu}{\partial x^\lambda} - \frac{\partial A_\lambda}{\partial x^\mu} = A_{\mu,\lambda} - A_{\lambda,\mu} = F_{\lambda\mu}$$

einen schiefsymmetrischen Tensor, den sog. *elektromagnetischen Feldtensor*. Dabei sind die sechs voneinander unabhängigen Komponenten
des Tensors $F_{\lambda\mu}$ im vierdimensionalen Raum gerade durch die sechs
Komponenten des elektrischen $\boldsymbol{E} = (E_1, E_2, E_3)$ und des magnetischen
Feldvektors $\boldsymbol{H} = (H_1, H_2, H_3)$ bestimmt. Es ist leicht zu zeigen, daß
unter den angeführten Voraussetzungen

$$(20.11) \qquad (F_{\lambda\mu}) = \begin{pmatrix} 0 & H_3 & -H_2 & -iE_1 \\ -H_3 & 0 & H_1 & -iE_2 \\ H_2 & -H_1 & 0 & -iE_3 \\ iE_1 & iE_2 & iE_3 & 0 \end{pmatrix}$$

ist.

Mit Hilfe des Tensors $F_{\lambda\mu}$ läßt sich die Beziehung (20.9) in der
Gestalt

$$(20.12) \qquad \sum_\mu \frac{\partial F_{\lambda\mu}}{\partial x^\mu} = S_\lambda$$

schreiben.

Betrachten wir jetzt diese Vorgänge in der vierdimensionalen Welt,
deren eine der Koordinaten (20.8) imaginär ist, so daß man von einer
durch

$$(20.13) \qquad ds^2 = \delta_{\lambda\mu}\, dx^\lambda\, dx^\mu = (dx^1)^2 + (dx^2)^2 + (dx^3)^2 + (dx^4)^2$$
$$= (dx^1)^2 + (dx^2)^2 + (dx^3)^2 - c^2(dt)^2$$

festgelegten pseudoeuklidischen Metrik spricht. Dabei bezeichnet
$\delta_{\lambda\mu} = \delta^{\lambda\mu} = \delta^\lambda_\mu$ das Kronecker-Symbol ($\lambda, \mu = 1, 2, 3, 4$).

Die Gln. (20.12) lassen sich somit auch wie folgt ausdrücken:

$$(20.14) \qquad \delta^{\mu\nu} F_{\lambda\mu,\nu} = S_\lambda.$$

Diese Gleichungen sind die gesuchte Lorentz-invariante Darstellung der
ersten Gruppe der Maxwellschen Gleichungen, d. h. die von (20.1 a)

und (20.1b). Es ist nicht schwer zu zeigen, daß sie in bezug auf die Lorentz-Transformation forminvariant bleiben.

Auch in der Gestalt (20.12) sind diese Gleichungen wegen

$$\frac{\partial F_{\lambda\mu}}{\partial x^\nu} = F_{\lambda\mu,\nu}$$

Lorentz-invariant, weil alle Christoffel-Symbole gleich Null sind.

Der aus dem Tensor $F_{\lambda\mu}$ gebildete Tensor dritter Stufe

$$(20.15) \qquad B_{\lambda\mu\nu} = F_{\lambda\mu,\nu} + F_{\nu\lambda,\mu} + F_{\mu\nu,\lambda} = \frac{\partial F_{\lambda\mu}}{\partial x^\nu} + \frac{\partial F_{\nu\lambda}}{\partial x^\mu} + \frac{\partial F_{\mu\nu}}{\partial x^\lambda}$$

$$(\lambda, \mu, \nu = 1, 2, 3, 4)$$

ist ein vollständig schiefsymmetrischer Tensor, was nicht schwer zu beweisen ist. Er hat *nur vier* voneinander unabhängige Komponenten — genau so viel, wie ein Vierervektor. Daher kann ihm in der vierdimensionalen Welt ein Vierervektor b^α durch die Beziehung

$$(20.16) \qquad b^\alpha = \frac{1}{3!} e^{\alpha\beta\gamma\delta} B_{\beta\gamma\delta} \qquad (\alpha, \beta, \gamma, \delta = 1, 2, 3, 4)$$

zugeordnet werden.

Die Gleichungen

$$(20.17) \qquad b^\alpha = 0 \quad \text{bzw.} \quad B_{\beta\gamma\delta} = 0$$

sind dann die Lorentz-invariante Darstellung der zweiten Gruppe der Maxwellschen Gleichungen, d. h. die von (20.1c) und (20.1d).

Die Gln. (20.1c) und (20.1d) lassen sich ähnlich wie (20.14) auch in der folgenden Lorentz-invarianten Gestalt

$$(20.18) \qquad G^{\lambda\mu}{}_{,\mu} = 0$$

ausdrücken. Dabei ist $G^{\lambda\mu}$ der durch

$$(20.19) \qquad G^{\lambda\mu} = \tfrac{1}{2} e^{\lambda\mu\varrho\sigma} F_{\varrho\sigma}$$

definierte, zu $F_{\lambda\mu}$ duale Tensor. Nach (20.11) gilt

$$(20.20) \qquad (G^{\lambda\mu}) = \begin{pmatrix} 0 & -iE_3 & iE_2 & H_1 \\ iE_3 & 0 & -iE_1 & H_2 \\ -iE_2 & iE_1 & 0 & H_3 \\ -H_1 & -H_2 & -H_3 & 0 \end{pmatrix},$$

wobei unter Berücksichtigung der Reihenfolge der Indizes folgende Beziehung besteht

$$(20.21) \quad G^{\varkappa\lambda} = F_{\mu\nu} \quad (\varkappa, \lambda, \mu, \nu) \text{ gerade Permutation von } (1, 2, 3, 4).$$

Hieraus ist ersichtlich, daß die Lorentz-invariante Tensorform der Maxwellschen Grundgleichungen einheitlich und übersichtlich aus dem schiefsymmetrischen elektrodynamischen Feldtensor $F_{\lambda\mu}$ abgeleitet werden kann.

§ 21. Riemann-Christoffel-Tensor. Bianchi-Identität. Ricci-Tensor. Einstein-Tensor

Die Differenz zwischen den zweiten kovarianten Ableitungen eines kovarianten Vektors u_i bei Vertauschung der Reihenfolge des Differenzierens kann in der Gestalt

$$(21.1) \qquad u_{i,jk} - u_{i,kj} = u_l\, R^l_{.ijk}$$

dargestellt werden, wobei

$$(21.2) \qquad R^l_{.ijk} = \frac{\partial}{\partial x^j}\left\{{l \atop i\,k}\right\} - \frac{\partial}{\partial x^k}\left\{{l \atop i\,j}\right\} + \left\{{l \atop r\,j}\right\}\left\{{r \atop i\,k}\right\} - \left\{{l \atop r\,k}\right\}\left\{{r \atop i\,j}\right\}$$

ist.

Dieser Tensor wird der *gemischte Riemann-Christoffel-Tensor* oder auch nur der *gemischte Riemann-Tensor* genannt. Der gleiche Tensor liefert auch die Differenz der zweiten kovarianten Ableitungen eines kontravarianten Vektors u^i. Es ist dann

$$(21.3) \qquad u^i{}_{,jk} - u^i{}_{,kj} = -u^l\, R^i_{.ljk}.$$

Der gemischte Riemann-Tensor:

1. ist schiefsymmetrisch in bezug auf zwei letzte Indizes

$$(21.4) \qquad R^l_{.ijk} = -R^l_{.ikj};$$

2. besitzt zyklische Eigenschaft in bezug auf drei untere Indizes, d. h., es gilt

$$(21.5)_1 \qquad R^l_{.ijk} + R^l_{.jki} + R^l_{.kij} = 0$$

und damit auch

$$(21.5)_2 \qquad R^l_{.[ijk]} = 0.$$

Der Tensor

$$(21.6) \quad R_{lijk} = g_{ml}\, R^m_{.ijk}$$
$$= \frac{\partial}{\partial x^j}[i\,k,l] - \frac{\partial}{\partial x^k}[i\,j,l] + \left\{{m \atop i\,j}\right\}[k\,l,m] - \left\{{m \atop i\,k}\right\}[j\,l,m]$$
$$= \frac{1}{2}\left(\frac{\partial^2 g_{kl}}{\partial x^i\,\partial x^j} + \frac{\partial^2 g_{ij}}{\partial x^k\,\partial x^l} - \frac{\partial^2 g_{ik}}{\partial x^j\,\partial x^l} - \frac{\partial^2 g_{jl}}{\partial x^k\,\partial x^i}\right) +$$
$$+ g^{mn}\left([i\,j,n][k\,l,m] - [i\,k,n][j\,l,m]\right)$$

wird *kovarianter Riemann-Christoffel-Tensor*, oder einfacher, *Riemann-Tensor* oder auch *Krümmungstensor* genannt. Er:

1. ist schiefsymmetrisch in bezug auf zwei erste und zwei letzte Indizes

$$(21.7) \qquad R_{lijk} = -R_{iljk}, \qquad R_{lijk} = -R_{likj};$$

2. ist symmetrisch in bezug auf die Paare der ersten zwei und der letzten zwei Indizes, d. h., es gilt

$$(21.8) \qquad R_{lijk} = R_{jkli};$$

und

3. besitzt zyklische Eigenschaft in bezug auf drei letzte Indizes:

$$(21.9)_1 \qquad R_{lijk} + R_{ljki} + R_{lkij} = 0,$$

was auch zu

$$(21.9)_2 \qquad\qquad R_{l\,[ijk]} = 0$$

führt.

Die Anzahl n der linear unabhängigen Komponenten des Tensors R_{lijk} beträgt wegen der obigen Beziehungen im N-dimensionalen Raum

$$(21.10) \qquad\qquad n = \frac{N^2(N^2-1)}{12},$$

d. h., im dreidimensionalen Raum existieren 6 Komponenten, in der zweidimensionalen Fläche *nur eine* unabhängige Komponente, und zwar R_{1212}. In bezug auf ein System von orthogonalen krummlinigen Koordinaten in E_3 sind nur folgende sechs Komponenten des doppelt kovarianten Riemann-Christoffel-Tensors voneinander unabhängig:

$$
(21.11)
\begin{cases}
\begin{aligned}
R_{1212} ={}& -\frac{1}{2}\frac{\partial^2 (h_2)^2}{\partial (x^1)^2} - \frac{1}{2}\frac{\partial^2 (h_1)^2}{\partial (x^2)^2} + \frac{1}{4(h_1)^2}\left[\frac{\partial (h_1)^2}{\partial x^2}\right]^2 + \\
&+ \frac{1}{4(h_2)^2}\left[\frac{\partial (h_2)^2}{\partial x^1}\right]^2 + \frac{1}{4(h_1)^2}\frac{\partial (h_1)^2}{\partial x^1}\frac{\partial (h_2)^2}{\partial x^1} + \\
&+ \frac{1}{4(h_2)^2}\frac{\partial (h_1)^2}{\partial x^2}\frac{\partial (h_2)^2}{\partial x^2} - \frac{1}{4(h_3)^2}\frac{\partial (h_1)^2}{\partial x^3}\frac{\partial (h_2)^2}{\partial x^3} ; \\[4pt]
R_{1313} ={}& -\frac{1}{2}\frac{\partial^2 (h_3)^2}{(\partial x^1)^2} - \frac{1}{2}\frac{\partial^2 (h_1)^2}{\partial (x^3)^2} + \frac{1}{4(h_1)^2}\left[\frac{\partial (h_1)^2}{\partial x^3}\right]^2 + \\
&+ \frac{1}{4(h_3)^2}\left[\frac{\partial (h_3)^2}{\partial x^1}\right]^2 + \frac{1}{4(h_1)^2}\frac{\partial (h_1)^2}{\partial x^1}\frac{\partial (h_3)^2}{\partial x^1} - \\
&- \frac{1}{4(h_2)^2}\frac{\partial (h_1)^2}{\partial x^2}\frac{\partial (h_3)^2}{\partial x^2} + \frac{1}{4(h_3)^2}\frac{\partial (h_1)^2}{\partial x^3}\frac{\partial (h_3)^2}{\partial x^3} ; \\[4pt]
R_{2323} ={}& -\frac{1}{2}\frac{\partial^2 (h_3)^2}{\partial (x^2)^2} - \frac{1}{2}\frac{\partial^2 (h_2)^2}{\partial (x^3)^2} + \frac{1}{4(h_2)^2}\left[\frac{\partial (h_2)^2}{\partial x^3}\right]^2 + \\
&+ \frac{1}{4(h_3)^2}\left[\frac{\partial (h_3)^2}{\partial x^2}\right]^2 - \frac{1}{4(h_1)^2}\frac{\partial (h_2)^2}{\partial x^1}\frac{\partial (h_3)^2}{\partial x^1} + \\
&+ \frac{1}{4(h_2)^2}\frac{\partial (h_2)^2}{\partial x^2}\frac{\partial (h_3)^2}{\partial x^2} + \frac{1}{4(h_3)^2}\frac{\partial (h_2)^2}{\partial x^3}\frac{\partial (h_3)^2}{\partial x^3} ; \\[4pt]
R_{1213} ={}& -\frac{1}{2}\frac{\partial^2 (h_1)^2}{\partial x^2\,\partial x^3} + \frac{1}{4(h_1)^2}\frac{\partial (h_1)^2}{\partial x^2}\frac{\partial (h_1)^2}{\partial x^3} + \\
&+ \frac{1}{4(h_2)^2}\frac{\partial (h_1)^2}{\partial x^2}\frac{\partial (h_2)^2}{\partial x^3} + \frac{1}{4(h_3)^2}\frac{\partial (h_3)^2}{\partial x^2}\frac{\partial (h_1)^2}{\partial x^3} ; \\[4pt]
R_{2321} ={}& -\frac{1}{2}\frac{\partial^2 (h_2)^2}{\partial x^3\,\partial x^1} + \frac{1}{4(h_1)^2}\frac{\partial (h_1)^2}{\partial x^3}\frac{\partial (h_2)^2}{\partial x^1} + \\
&+ \frac{1}{4(h_2)^2}\frac{\partial (h_2)^2}{\partial x^3}\frac{\partial (h_2)^2}{\partial x^1} + \frac{1}{4(h_3)^2}\frac{\partial (h_2)^2}{\partial x^3}\frac{\partial (h_3)^2}{\partial x^1} ; \\[4pt]
R_{3132} ={}& -\frac{1}{2}\frac{\partial^2 (h_3)^2}{\partial x^1\,\partial x^2} + \frac{1}{4(h_1)^2}\frac{\partial (h_3)^2}{\partial x^1}\frac{\partial (h_1)^2}{\partial x^2} + \\
&+ \frac{1}{4(h_2)^2}\frac{\partial (h_2)^2}{\partial x^1}\frac{\partial (h_3)^2}{\partial x^2} + \frac{1}{4(h_3)^2}\frac{\partial (h_3)^2}{\partial x^1}\frac{\partial (h_3)^2}{\partial x^2} .
\end{aligned}
\end{cases}
$$

In euklidischen Räumen ist (unabhängig von der Anzahl der Dimensionen)

$$(21.12) \qquad u_{i,jk} - u_{i,kj} = \frac{\partial^2 u_i}{\partial x^j \partial x^k} - \frac{\partial^2 u_i}{\partial x^k \partial x^j} = 0,$$

wobei die zweiten Ableitungen als stetig vorausgesetzt werden. Daher gilt in diesen Räumen immer

$$(21.13) \qquad R^l_{.ijk} = 0 \quad \text{bzw.} \quad R_{lijk} = 0,$$

und das ist ein Kennzeichen der euklidischen, aber auch der pseudo-euklidischen Räume.

Der Tensor $R^l_{.ijk}$ befriedigt die Beziehung

$$(21.14) \qquad R^l_{.ijk,m} + R^l_{.ikm,j} + R^l_{.imj,k} = 0,$$

während der Tensor R_{lijk} die entsprechende Beziehung

$$(21.15) \qquad R_{lijk,m} + R_{likm,j} + R_{limj,k} = 0$$

erfüllt, d. h. der Tensor fünfter Stufe, der aus dem Riemann-Tensor durch kovariante Differentiation abgeleitet ist, besitzt zyklische Eigenschaft in bezug auf drei letzte Indizes. Diese Beziehung ist unter dem Namen *Bianchi-Identität* bekannt.

Die Verjüngung des Tensors $R^l_{.ijk}$ nach l und i ergibt identisch Null, d. h., es ist

$$(21.16) \qquad R^i_{.ijk} = 0.$$

Dagegen liefert die Verjüngung nach l und k mit (16.6)

$$(21.17)$$

$$R^k_{.ijk} = R_{ij} = \frac{\partial^2 (\log \sqrt{g})}{\partial x^i \partial x^j} - \frac{\partial}{\partial x^k} \begin{Bmatrix} k \\ i\,j \end{Bmatrix} + \begin{Bmatrix} r \\ i\,k \end{Bmatrix} \begin{Bmatrix} k \\ r\,j \end{Bmatrix} - \begin{Bmatrix} r \\ i\,j \end{Bmatrix} \frac{\partial (\log \sqrt{g})}{\partial x^r},$$

und dieser Ausdruck wird *Ricci-Tensor*, *Riccischer Krümmungstensor*, oder wegen

$$(21.18) \qquad R_{ij} = R_{ji}$$

Riccischer symmetrischer Tensor zum Unterschied von den Riccischen alternierenden Tensoren ε^{ijk} und ε_{ijk} genannt.

Die Verjüngung nach l und j ergibt

$$(21.19) \qquad R^j_{.ijk} = -R_{ik}.$$

Auf Flächen gilt die Beziehung

$$(21.20) \qquad \frac{R_{11}}{g_{11}} = \frac{R_{12}}{g_{12}} = \frac{R_{22}}{g_{22}} = -\frac{R_{1212}}{g},$$

und diese Eigenschaft der Proportionalität der unabhängigen Komponenten des Ricci-Tensors und des Maßtensors ist (nur) für zweidimensionale Räume charakteristisch.

Wird die Bianchi-Identität (21.15) mit $g^{lk} g^{ij}$ überschoben, bekommt man

$$(21.21)_1 \qquad (R^j_{.m} - \tfrac{1}{2}\delta^j_m R)_{,j} = 0$$

bzw.

$$(21.21)_2 \qquad R_{,m} = 2R^j_{.m,j},$$

wenn man

$$(21.22) \qquad g^{ij} R_{ij} = R^j_{.j} = R$$

als die sog. *Krümmungsinvariante* einführt.

Der gemischte Tensor zweiter Stufe

$$(21.23) \qquad G^j_{.m} = R^j_{.m} - \tfrac{1}{2}\delta^j_m R,$$

bzw. der doppelt kovariante Tensor

$$(21.24) \qquad G_{jm} = R_{jm} - \tfrac{1}{2}g_{jm} R$$

wird *Einstein-Tensor* genannt.

§ 22. Parallelverschiebung. Geodätische Linien

Wenn ein Vektor in E_N in bezug auf ein rechtwinkliges kartesisches Koordinatensystem betrachtet und um dy^i parallel verschoben (übertragen) wird, bleiben seine Komponenten U^i ungeändert, d. h.

$$(22.1) \qquad d U^i = 0.$$

Wenn aber der gleiche Vektor in bezug auf ein allgemeines Koordinatensystem betrachtet wird, dann ändern sich bei einer Parallelverschiebung um dx^i seine kontravarianten Komponenten u^i, und die Bedingung (22.1) geht in die Bedingung

$$(22.2) \qquad \delta u^i = du^i + u^j \left\{ {i \atop j\,k} \right\} dx^k = 0$$

über, d. h.

$$(22.3) \qquad du^i = -u^j \left\{ {i \atop j\,k} \right\} dx^k;$$

δu^i bezeichnet, wie schon in § 14, das *absolute Differential* von u^i. Wir gelangen hier mittels der Vorstellung einer Parallelverschiebung zu einer neuen Interpretation jener Größe.

Entsprechend beträgt die Änderung der kovarianten Komponenten u_ι bei einer Parallelverschiebung um dx^i

$$(22.4) \qquad du_\iota = u_j \left\{ {j \atop i\,k} \right\} dx^k.$$

Die Parallelverschiebung um dx^i in beliebigen Riemannschen Räumen R_N wird durch die Bedingungen (22.3) und (22.4) definiert; d. h., die jetzt auf ein Koordinatensystem in R_N bezogenen kontravarianten Komponenten u^i des Vektors ändern sich nach (22.3), während sich seine kovarianten Komponenten u_i nach (22.4) ändern.

Diese Bestimmung der *infinitesimalen* Parallelverschiebung erfüllt folgende Forderung:

Das Skalarprodukt von zwei Vektoren bleibt bei einer solchen Parallelverschiebung ungeändert (d. h., der Betrag des Vektors und der Winkel zweier Richtungen bleiben erhalten).

Die Definition der Parallelverschiebung läßt sich noch weiter auf ganz allgemeine Räume erweitern, ohne dabei von vornherein die Maßbestimmung des Raumes zu verlangen.

Man kann nämlich einfach verlangen, daß das absolute Differential δu^i bzw. δu_i sich vom gewöhnlichen nur durch Zusatzglieder unterscheidet, die wie in (22.2) *linear* in den Vektorkomponenten u^i (bzw. u_i) und in dx^i sind, d. h., es soll

$$(22.5) \qquad \delta u^i = du^i + \Lambda^i_{jk}\, u^j \, dx^k$$

bzw.

$$(22.6) \qquad \delta u_i = du_i - \Lambda^j_{ik}\, u_j \, dx^k$$

gelten. Die Koeffizienten Λ^i_{jk}, die ortsabhängig sind und sich i. allg. von den Christoffel-Symbolen Γ^i_{jk} unterscheiden, werden die *Koeffizienten des linearen Zusammenhangs (der Konnexion)* genannt. Jeden Raum, in dem diese Koeffizienten definiert sind, nennt man *linear zusammenhängend* oder auch *affin zusammenhängend*.

In E_N bleiben die rechtwinkligen kartesischen Komponenten U^i eines Vektors auch bei beliebiger endlicher Verschiebung konstant, und die Bedingung (22.1) behält ihre Gültigkeit.

Dagegen sind die Beziehungen (22.3) und (22.4) bzw. (22.5) und (22.6) i. allg. nicht unabhängig vom Wege integrierbar; vielmehr hängt die Änderung der Komponenten bei endlicher Verschiebung wesentlich von der Kurve $x^i(t)$ ab, längs welcher die Verschiebung stattfindet. Es läßt sich zeigen, daß die Integrabilitätsbedingung, wie man die Bedingung für die Unabhängigkeit des Integrals vom Wege nennt,

$$(22.7) \qquad R^l_{.ijk} = 0$$

lautet. Das heißt aber, daß dann der Raum nicht gekrümmt sein darf, er also euklidisch oder pseudoeuklidisch sein muß.

Die obigen Darlegungen über Parallelverschiebung beziehen sich zwar auf allgemeine Räume, aber die Beziehung einer solchen Parallelverschiebung zu Parallelverschiebungen in Unterräumen des gegebenen Raumes wurde nicht erörtert. Wir wollen daher hier noch ganz kurz auf diese Frage eingehen. Die Punkte eines Riemannschen Raumes V_N von N Dimensionen, deren Koordinaten z^i ($i = 1, 2, \ldots, N$) die Funktionen von M ($M < N$) anderen Veränderlichen sind,

$$(22.8) \qquad z^i = z^i(x^1, x^2, \ldots, x^M) = z^i(x^\alpha) \qquad (\alpha = 1, 2, \ldots, M)$$

bestimmen einen Unterraum V_M von M Dimensionen des gegebenen Raumes. Man betrachtet dann einen beliebigen Vektor $t^\varkappa$ ($\alpha = 1, 2, \ldots, M$) längs einer Kurve $x^\alpha = x^\alpha(s)$ im Unterraum V_M, wobei s die Bogenlänge der Kurve ist. Sind die Komponenten dieses Vektors in bezug auf den einhüllenden Raum durch T^i gegeben, so bestimmen die Beziehungen

$$(22.9) \qquad p^\alpha = t^\alpha{}_{,\beta}\, \lambda^\beta$$

bzw.

$$(22.10) \qquad q^\iota = T^\iota{}_{,j}\, \Lambda^j$$

die Ableitungen des gegebenen Vektors in der Richtung der Kurve in V_M bzw. in V_N, wobei

$$(22.11) \qquad \Lambda^i = \frac{dz^i}{ds} = \frac{\partial z^i}{\partial x^\alpha}\frac{dx^\alpha}{ds} = \lambda^\alpha \frac{\partial z^\iota}{\partial x^\alpha}$$

die Beziehung zwischen den Komponenten Λ^ι des Einheitsvektors der Tangente der Kurve in bezug auf den Raum V_N und seiner Komponenten $\lambda^\varkappa$ in bezug auf den Unterraum V_M darstellt. Die lateinischen Indizes weisen dabei auf den Raum V_N und seine Metrik hin, während sich die griechischen Indizes auf den Unterraum beziehen.

Aus (22.9) und (22.10) läßt sich nach einfachen Umformungen (s. z. B.: L. P. EISENHART [6] S. 72) folgende Beziehung zwischen p^α und q^i herleiten

$$(22.12) \qquad q_i\, \frac{\partial z^\iota}{\partial x^\alpha} = p_\alpha.$$

Aus dieser Gleichung ist sofort ersichtlich, daß, wenn sich der betrachtete Vektor in bezug auf den Raum V_N parallel verschiebt ($q_i = 0$), er sich auch in bezug auf den Unterraum V_M parallel verschiebt, weil dann immer $p_\alpha = 0$ ist. Umgekehrt braucht aber, wenn der Vektor in bezug auf den Unterraum parallel übertragen wird, d. h. wenn $p_\lambda = 0$ erfüllt ist, natürlich q_i nicht Null zu sein. Aus der Beziehung (22.12) folgt jedenfalls, daß sich ein Vektor im Unterraum immer dann parallel einer Kurve verschiebt, wenn seine Bianchische Ableitung q^i in der Richtung der Kurve, gebildet in bezug auf die Metrik des einhüllenden Raumes V_N, auf dem Unterraum senkrecht steht.

Eine Kurve

$$x^\iota = x^i(s) \qquad (i = 1, 2, \ldots, N)$$

wird in allgemeinen Räumen *geodätische Linie* genannt, wenn die Bedingung

$$(22.13) \qquad \frac{\delta}{\delta s}\left(\frac{dx^i}{ds}\right) = \frac{d^2 x^i}{ds^2} + \left\{ {i \atop j\,k} \right\}\frac{dx^j}{ds}\frac{dx^k}{ds} = \left(\frac{dx^i}{ds}\right)_{,k}\frac{dx^k}{ds} = 0$$

erfüllt ist, wobei s der Bogen der Kurve ist.

Dieser Ausdruck ist die Differentialgleichung der geodätischen Linien und stellt die Bedingung für die Parallelverschiebung des Tangenteneinheitsvektors der Kurve längs der Kurve selbst dar.

Die geodätischen Linien sind *stationäre* Kurven. In kartesischen Räumen (d. h. in den Räumen, die auf kartesische rechtwinklige Koordinaten beziehbar sind) sind sie Geraden.

§ 23. Besondere Koordinatensysteme in Riemannschen Räumen

In Riemannschen Räumen gibt es spezielle Koordinatensysteme, die für lokale Untersuchungen besonders geeignet sind und gewisse Erleichterungen bieten.

1. *Lokale euklidische Koordinaten* lassen sich in jedem Raum R_N bestimmen. Zum Beispiel haben wir im Falle der positiv definiten Maßbestimmung

$$(23.1) \qquad ds^2 = g_{ij}\, dx^i\, dx^j = \sum_i (b_{ij}\, dx^j)^2,$$

wobei die $b_{ij}\, dx^j$ *lineare Differentialformen (Pfaffsche Formen)* sind. Diese Formen brauchen bekanntlich nicht integrierbar zu sein. Wenn sie integrierbar sind, kann ein euklidisches Koordinatensystem

$$(23.2) \qquad dy^i = b_{ij}\, dx^j$$

bestimmt werden, und der Raum ist euklidisch. Die Integrabilitätsbedingung ist die schon erwähnte (22.7).

Ist das nicht der Fall, also der Raum von eigentlich Riemannschem Charakter, so kann man im Punkt $P_0(x_0^i)$ die Werte $(b_{ij})_0$ der Funktionen b_{ij} bestimmen. Die Gleichungen

$$(23.3) \qquad dy^i = (b_{ij})_0\, dx^j$$

bestimmen dann ein System von Koordinaten y^i, das im Punkt P_0 und in seiner unmittelbaren Umgebung [wo $(b_{ij})_0$ als unveränderlich betrachtet werden darf] als *lokal euklidisches Koordinatensystem* zu nehmen ist.

In bezug auf ein solches System sind die Komponenten des Maßtensors im Punkt P_0 und in seiner Umgebung als konstant zu betrachten, entsprechend sind die Dreiindizessymbole also gleich Null, usw.

2. *Lokale geodätische Koordinaten* z^i im allgemeinen sind dadurch bestimmt, daß in bezug auf sie die Christoffel-Symbole lokal alle verschwinden, d. h., die kovarianten Ableitungen reduzieren sich an der betreffenden Stelle auf die partiellen und die Bianchischen Ableitungen auf die gewöhnlichen. Dafür ist es nicht notwendig, daß die Komponenten des Maßtensors in der Umgebung des Punktes $P_0(x_0^i)$ konstant sind, sondern daß nur folgende Bedingung erfüllt wird:

$$(23.4) \qquad \left(\frac{\partial g_{ij}}{\partial z^k}\right)_0 = 0, \qquad (i, j, k = 1, 2, \ldots, N).$$

Dabei zeigt der Index 0 jeweils den Wert im Punkt P_0 an, und die g_{ij} sind die Komponenten des Maßtensors in den neuen Koordinaten z^i, die im übrigen so gewählt werden, daß dem Punkt P_0 die Koordinaten $z^i = z_0^i = 0$ entsprechen.

Es ist dann nicht schwer abzuleiten, daß die Bedingung (23.4) der Bedingung

$$(23.5) \qquad \left(\left\{ \begin{matrix} k \\ i\,j \end{matrix} \right\}_z \right)_0 = 0$$

gleichwertig ist, in der der Index z die Werte in bezug auf die neuen Koordinaten anzeigt. Mit Rücksicht auf (13.3) und die Umkehrbarkeit der verlangten Koordinatentransformation ist damit die Bedingung

$$(23.6) \qquad \left[\left(\frac{\partial z^i}{\partial x^j} \right)_{,\,k} \right]_0 = 0$$

äquivalent.

Es läßt sich zeigen, daß die so konstruierten Koordinatenlinien von z^i in der Umgebung von P_0 mit den geodätischen Linien zusammenfallen.

Es läßt sich weiter nachweisen, daß solche lokal geodätischen Koordinatensysteme in jedem Riemannschen Raum existieren. Für den Punkt P_0 ist beispielsweise ein solches System durch die Beziehung

$$(23.7) \qquad z^i = a_k^i (x^k - x_0^k) + \frac{1}{2} a_h^i \left\{ \begin{matrix} h \\ j\,k \end{matrix} \right\}_0 (x^j - x_0^j)(x^k - x_0^k)$$

gegeben, wo die a_k^i konstant und nicht alle gleich Null sind, während die Terme $\left\{ \begin{matrix} h \\ j\,k \end{matrix} \right\}_0$ die für die Koordinaten $x^i = x_0^i$ im Punkt P_0 berechneten Werte der Christoffel-Symbole haben. Solche Koordinaten bestimmen einen Maßtensor, dessen Komponenten nicht konstant zu sein brauchen, aber deren partielle Ableitungen nach z^i im Punkt P_0 verschwinden. Die Koordinatenlinien von solchen z^i fallen in der Umgebung von P_0 mit den geodätischen Linien zusammen.

3. *Riemannsche Koordinaten* sind auch von lokal geodätischem Charakter. Wenn wieder der Index 0 die Werte im Punkt P_0 bezeichnet, dann sind

$$(23.8) \qquad z^i = \left(\frac{dx^i}{ds} \right)_0 s = p^i\, s \quad \text{mit} \quad \left(\frac{dx^i}{ds} \right)_0 = p^i$$

die *Riemannschen Koordinaten* im Punkt P_0. Dabei bezeichnet s den Kurvenbogen einer geodätischen Linie durch P_0, der gleichzeitig Ursprung dieser Koordinaten ist. Allgemeine Koordinaten x^i eines Punktes P auf der geodätischen Linie in der Bogenentfernung s von P_0 können in Form der Reihe

$$(23.9) \qquad x^i = x_0^i + z^i - \frac{1}{2} \left\{ \begin{matrix} i \\ j\,k \end{matrix} \right\}_0 p^j\, p^k\, s^2 + \cdots$$

ausgedrückt werden, was mittels einer Taylor-Entwicklung unter Berücksichtigung des geodätischen Charakters der Linie abzuleiten ist. Es ist dann offenbar

$$(23.10) \qquad \left(\frac{\partial x^i}{\partial z^j}\right)_0 = \delta^i_j, \quad \text{und umgekehrt} \quad \left(\frac{\partial z^i}{\partial x^j}\right)_0 = \delta^i_j,$$

d. h., die Koordinaten z^i bilden ein lokal geodätisches Koordinatensystem, dessen Tangentenrichtungen mit denen der allgemeinen Koordinaten x^i in P_0 übereinstimmen.

§ 24. Krümmung von Flächen. Riemannsche Krümmung von allgemeinen Räumen

Auf den Flächen
$$(24.1) \qquad y^i = y^i(x^1, x^2) = y^i(x^\alpha),$$

die auf die Koordinaten x^1, x^2 in der Fläche bezogen sind, läßt sich aus dem Riemann-Tensor $R_{\lambda\alpha\beta\gamma}$ (griechische Indizes nehmen hier nur die Werte 1 und 2 an) eine skalare Invariante K durch wiederholte Überschiebung mit dem Riccischen alternierenden Tensor $\varepsilon^{\lambda\mu}$ bilden:

$$(24.2) \qquad K = \frac{1}{4}\, \varepsilon^{\lambda\alpha}\, \varepsilon^{\beta\gamma}\, R_{\lambda\alpha\beta\gamma} = \frac{1}{4a}\, e^{\lambda\alpha}\, e^{\beta\gamma}\, R_{\lambda\alpha\beta\gamma},$$

wo $a = |a_{\lambda\mu}|$ die Determinante des Maßtensors der Fläche in

$$(24.3) \qquad ds^2 = a_{\alpha\beta}\, dx^\alpha\, dx^\beta$$
ist.

Nach Durchführung der in (24.2) angedeuteten Operation erhält man

$$(24.4) \qquad K = \frac{R_{1212}}{a}\,.$$

Ferner besteht die Beziehung
$$(24.5) \qquad R = a^{\alpha\beta}\, R_{\alpha\beta} = -\,\frac{2R_{1212}}{a} = -2K.$$

Die Invariante K nach (24.3) ist mit der Gaußschen Krümmung der Fläche
$$(24.6) \qquad K' = k_1 k_2$$

im gegebenen Punkt identisch, wobei k_1 und k_2 die *Hauptkrümmungen* der Fläche sind. (Vergleiche auch I § 8.) Dieser Zusammenhang macht verständlich, warum auch allgemein der Riemann-Christoffel-Tensor der Krümmungstensor und die Invariante R die Krümmungsinvariante genannt wird.

Diese Begriffe erlauben eine Verallgemeinerung auf beliebige Räume V_N. Zu diesem Zweck wählen wir in einem Punkt P_0 zwei durch Einheitsvektoren p^i und q^i festgelegte Richtungen. Dann bestimmt

$$(24.7) \qquad t^i = \lambda\, p^i + \mu\, q^i \qquad (i = 1, 2, \ldots, N)$$

ein ebenes Büschel von Vektoren t^i, wenn λ und μ beliebige Werte annehmen können. Durch den Punkt P_0 lassen sich in allen Richtungen geodätische Linien legen, die dann ein sog. *geodätisches Flächenelement* in P_0 bilden. Die Gaußsche Krümmung K dieses Flächenelementes wird *Riemannsche Krümmung* des Raumes V_N im Punkt P_0 zu den Richtungen p^i und q^i genannt.

Für das geodätische Flächenelement in P_0 haben wir

$$(24.8) \qquad R_{1212} = R_{jksl}\, p^j\, q^k\, p^s\, q^l$$

und

$$(24.9) \qquad a = a_{11}\, a_{22} - a_{12}^2 = (g_{js}\, g_{kl} - g_{jl}\, g_{sk})\, p^j\, p^s\, q^k\, q^l,$$

so daß dann die entsprechende Riemannsche Krümmung durch

$$(24.10) \qquad K = \frac{R_{jksl}\, p^j\, q^k\, p^s\, q^l}{(g_{js}\, g_{kl} - g_{jl}\, g_{sk})\, p^j\, q^k\, p^s\, q^l}$$

gegeben ist. Dabei bezeichnet g_{ij} den Maßtensor des Raumes V_N und $a_{\alpha\beta}$ den Maßtensor des ins Auge gefaßten Flächenelementes in P_0.

Wenn $p^i \perp q^i$ gewählt wird, haben wir wegen $a = 1$ für die Bestimmung der Riemannschen Krümmung die einfachere Formel

$$(24.11) \qquad K = R_{jksl}\, p^j\, q^k\, p^s\, q^l.$$

Wenn K unabhängig sowohl von der Lage des gewählten Punktes, als auch von den Richtungen p^i und q^i ist, dann haben wir einen Raum mit *konstanter Krümmung*. In den euklidischen Räumen ist die Riemannsche Krümmung überall Null. Mit bezug auf die Verteilung der Riemannschen Krümmung sind die Räume:

1. *homogen* (dann ist Riemannsche Krümmung unabhängig von der Lage);

2. *isotrop* (dann ist in einem Punkt oder im ganzen Raum die Riemannsche Krümmung unabhängig von der Wahl der Richtungen in einem Punkt oder im ganzen Raum).

Es gilt dabei folgender Satz von F. SCHUR: Wenn ein Riemannscher Raum R_N ($N > 2$) ganz isotrop ist, dann ist seine Riemannsche Krümmung konstant.

§ 25. Grundlegendes über die Verformung von Kontinua

Ist durch

$$(25.1) \qquad u^i = u^i(x^1, x^2, x^3) = u^i(x^j)$$

in einem stetig deformierbaren Körper das Feld des Verschiebungsvektors in allgemeinen Koordinaten gegeben, dann lassen sich die Verschiebungen der Punkte in der Umgebung eines Punktes $P_0(x_0^i)$ $(i = 1, 2, 3)$ in kovarianter Gestalt durch die Beziehung

$$(25.2) \qquad u_i = u_{i0} - \omega_{ij}\, dx^j + \sigma_{ij}\, dx^j$$

ausdrücken, wobei

$$(25.3) \qquad \begin{aligned} \omega_{ij} &= \frac{1}{2}\left(u_{j,i} - u_{i,j}\right) = \frac{1}{2}\left(\frac{\partial u_j}{\partial x^i} - \frac{\partial u_i}{\partial x^j}\right) = -\omega_{ji}, \\ \sigma_{ij} &= \frac{1}{2}\left(u_{i,j} + u_{j,i}\right) = \sigma_{ji} \end{aligned}$$

ist. Dabei ist vorausgesetzt, daß der Verschiebungsgradient in dem Sinne klein ist, daß quadratische Ausdrücke in ihm neben linearen vernachlässigt werden dürfen. Wir entwickeln demnach hier nur die Theorie der sog. infinitesimalen Verformungen.

Die *Verschiebung* u_i setzt sich also (ähnlich wie die Geschwindigkeit nach dem *Satz von Helmholtz*) aus folgenden drei Komponenten zusammen:

1. u_{i0}, *die Translationsverschiebung*, ist die Verschiebung des Bezugspunktes P_0 und für alle Punkte in dessen Umgebung gleich.

2. $-\omega_{ij}\, dx^j$ ist Folge der *elementaren Drehung* des Punktes $Q_0\,(x_0^i + d x^i)$ um den Punkt P_0, also die *Drehverschiebung*.

3. $\sigma_{ij}\, dx^j$ ist die sog. reine *Verformung (Deformation)* oder die *Deformationsverschiebung* in der Umgebung von P_0.

ω_{ij} ist der schiefsymmetrische, die *infinitesimale Drehung* bestimmende Tensor in allgemeinen Koordinaten (s. z. B.: H. JEFFREYS [9] S. 29), σ_{ij} der symmetrische *Verformungstensor*.

In entwickelter Form hat der Verformungstensor die Komponenten

$$(25.4) \qquad \sigma_{ij} = \frac{1}{2}\left(\frac{\partial u_i}{\partial x^j} + \frac{\partial u_j}{\partial x^i}\right) - u_l \begin{Bmatrix} l \\ i\,j \end{Bmatrix} = \frac{1}{2}\left(u_{i,j} + u_{j,i}\right).$$

Wenn y^i die rechtwinkligen kartesischen und U^i die entsprechenden Komponenten des Verschiebungsvektors sind, dann sieht die Matrix der Komponenten des Verformungstensors wie folgt aus

$$(25.5) \quad \begin{pmatrix} \dfrac{\partial U_1}{\partial y^1} & \dfrac{1}{2}\left(\dfrac{\partial U_2}{\partial y^1} + \dfrac{\partial U_1}{\partial y^2}\right) & \dfrac{1}{2}\left(\dfrac{\partial U_1}{\partial y^3} + \dfrac{\partial U_3}{\partial y^1}\right) \\[2ex] \dfrac{1}{2}\left(\dfrac{\partial U_2}{\partial y^1} + \dfrac{\partial U_1}{\partial y^2}\right) & \dfrac{\partial U_2}{\partial y^2} & \dfrac{1}{2}\left(\dfrac{\partial U_3}{\partial y^2} + \dfrac{\partial U_2}{\partial y^3}\right) \\[2ex] \dfrac{1}{2}\left(\dfrac{\partial U_1}{\partial y^3} + \dfrac{\partial U_3}{\partial y^1}\right) & \dfrac{1}{2}\left(\dfrac{\partial U_3}{\partial y^2} + \dfrac{\partial U_2}{\partial y^3}\right) & \dfrac{\partial U_3}{\partial y^3} \end{pmatrix}.$$

In bezug auf ein System von orthogonalen, krummlinigen Koordinaten mit dem Maßtensor (10.11): $g_{11} = (h_1)^2$, $g_{ij} = 0$ für $i \neq j$ haben die untereinander unabhängigen Komponenten des Verformungstensors folgende Werte:

$$\sigma_{11} = \frac{\partial u_1}{\partial x^1} - \frac{u_1}{2(h_1)^2}\frac{\partial(h_1)^2}{\partial x^1} + \frac{u_2}{2(h_2)^2}\frac{\partial(h_1)^2}{\partial x^2} + \frac{u_3}{2(h_3)^2}\frac{\partial(h_1)^2}{\partial x^3},$$

$$\sigma_{12} = \frac{1}{2}\left(\frac{\partial u_1}{\partial x^2} + \frac{\partial u_2}{\partial x^1}\right) - \frac{u_1}{2(h_1)^2}\frac{\partial(h_1)^2}{\partial x^2} - \frac{u_2}{2(h_2)^2}\frac{\partial(h_2)^2}{\partial x^1},$$

$$\sigma_{13} = \frac{1}{2}\left(\frac{\partial u_1}{\partial x^3} + \frac{\partial u_3}{\partial x^1}\right) - \frac{u_1}{2(h_1)^2}\frac{\partial(h_1)^2}{\partial x^3} - \frac{u_3}{2(h_3)^2}\frac{\partial(h_3)^2}{\partial x^1},$$

$$(25.6)\qquad \sigma_{22} = \frac{\partial u_2}{\partial x^2} + \frac{u_1}{2(h_1)^2}\frac{\partial(h_2)^2}{\partial x^1} - \frac{u_2}{2(h_2)^2}\frac{\partial(h_2)^2}{\partial x^2} + \frac{u_3}{2(h_3)^2}\frac{\partial(h_2)^2}{\partial x^3},$$

$$\sigma_{23} = \frac{1}{2}\left(\frac{\partial u_2}{\partial x^3} + \frac{\partial u_3}{\partial x^2}\right) - \frac{u_2}{2(h_2)^2}\frac{\partial(h_2)^2}{\partial x^3} - \frac{u_3}{2(h_3)^2}\frac{\partial(h_3)^2}{\partial x^2},$$

$$\sigma_{33} = \frac{\partial u_3}{\partial x^3} + \frac{u_1}{2(h_1)^2}\frac{\partial(h_3)^2}{\partial x^1} + \frac{u_2}{2(h_2)^2}\frac{\partial(h_3)^2}{\partial x^2} - \frac{u_3}{2(h_3)^2}\frac{\partial(h_3)^2}{\partial x^3}.$$

Diese Resultate, insbesondere aber auch die Aufspaltungen (25.2) und (25.3), gründen sich auf folgende wesentliche Voraussetzungen:

1. Die *Verformung ist infinitesimal*, d. h., die relative Verschiebung der einzelnen Teile (Punkte) des Körpers gegeneinander bleibt unter einer gewissen Grenze.

2. Die Substanz ist permanent und undurchdringlich, d. h.: kein endliches Gebiet des Körpers mit positivem Volumen verformt sich in eines vom Volumen null oder unendlich, *und* benachbarte Teilchen bleiben bei allen Verformungen benachbart, sie durchdringen sich gegenseitig nicht.

3. Die Stetigkeit des Körpers bleibt bei der Verformung bewahrt, von gewissen isolierten Stellen abgesehen.

Das Verhältnis der Längenänderung bei Verformung zur ursprünglichen Länge ist eine dimensionslose Zahl, die *lineare Dehnung (Dilatation)* genannt wird:

$$(25.7)\qquad e = \frac{d\bar{s} - ds}{ds} = \frac{d\bar{s}}{ds} - 1,$$

wo e die Dilatation, ds die Länge des unverformten und $d\bar{s}$ des verformten Linienelementes bezeichnet.

Wenn man berücksichtigt, daß für

$$(25.8)\qquad ds^2 = dx^i\, dx_i \qquad \text{bzw.} \qquad d\bar{s}^2 = d\bar{x}^i\, d\bar{x}_i$$

geschrieben werden kann, wobei $d\bar{x}^i$ aus dx^i durch die Verformung entsteht, was unter den angenommenen Voraussetzungen wie

$$(25.9)\qquad d\bar{x}^i = dx^i + u^i{}_{,j}\, dx^j$$

ausgedrückt werden kann, bekommen wir in erster Näherung

$$(25.10)\qquad \left(\frac{d\bar{s}}{ds}\right)^2 = 1 + 2u_{i,j}\,\xi^i\,\xi^j,$$

wo jetzt

$$(25.11) \qquad \xi^i = \frac{dx^i}{ds}$$

den Einheitsvektor der Dehnungsrichtung bezeichnet.

Für infinitesimale Verformungen haben wir dann

$$(25.12) \qquad e = \sqrt{1 + 2u_{i,j}\,\xi^i\,\xi^j} - 1 \approx u_{i,j}\,\xi^i\,\xi^j.$$

Schließlich folgt mit Rücksicht auf (25.3)

$$(25.13) \qquad e = \sigma_{ij}\,\xi^i\,\xi^j.$$

Die Dehnungen $e_{(1)}$, $e_{(2)}$, $e_{(3)}$ in den Richtungen der Tangentenvektoren der allgemeinen krummlinigen Koordinaten betragen

$$(25.14) \qquad e_{(M)} = \frac{\sigma_{MM}}{g_{MM}} \qquad (M = 1, 2, 3)$$

bzw.

$$(25.15) \qquad \sigma_{11} = e_{(1)}\,g_{11}, \qquad \sigma_{22} = e_{(2)}\,g_{22}, \qquad \sigma_{33} = e_{(3)}\,g_{33}.$$

Auf diese Weise haben wir eine mechanische Deutung von Hauptdiagonalgliedern der Matrix des Verformungstensors gewonnen: Sie sind die Produkte von linearen Dehnungen in den Richtungen der Achsen des lokalen Koordinatensystems mit den entsprechenden Komponenten des Maßtensors. Im Falle der rechtwinkligen kartesischen Koordinaten haben wir als Dehnungen in den Richtungen der Koordinatenachsen die partiellen Ableitungen der Komponenten des Verschiebungsvektors nach den entsprechenden Veränderlichen.

Um eine mechanische Deutung von Nichtdiagonalgliedern der Matrix des Verformungstensors zu erhalten, fassen wir zwei orthogonale Richtungen im Körper ins Auge. Wir nehmen noch an, daß diese Richtungen mit den Tangenteneinheitsvektoren $\lambda^i_{(1)}$ und $\lambda^i_{(2)}$ $(\lambda^i_{(1)} \perp \lambda^i_{(2)})$ von zwei Koordinatenlinien eines orthogonalen Koordinatensystems zusammenfallen. Der i. allg. schiefe Winkel ϑ_{12}, den sie dann nach der Verformung bilden, ist durch

$$(25.16) \qquad \cos\vartheta_{12} = 2\sigma_{ij}\,\lambda^i_{(1)}\,\lambda^j_{(2)}$$

bestimmt. Wenn noch

$$(25.17) \qquad \vartheta_{12} = \frac{\pi}{2} - \gamma$$

gesetzt wird, wo γ den *Böschungswinkel* bezeichnet und (10.12) berücksichtigt wird, bekommt man

$$(25.18) \qquad \cos\vartheta_{12} = \sin\gamma = \frac{2\sigma_{12}}{\sqrt{g_{11}g_{22}}}.$$

Bei infinitesimaler Verformung ist $\sin\gamma \approx \gamma$ und daher

$$(25.19) \qquad \sigma_{12} = \frac{\gamma}{2}\sqrt{g_{11}g_{22}}.$$

Man nennt die Größe $\gamma/2$ (aber auch manchmal γ) die *Scherung* (*Schiebung*). In rechtwinkligen-kartesischen Koordinaten sind die Scherungen unmittelbar gleich den entsprechenden Komponenten des Verformungstensors mit ungleichen Indizes.

Unter der kubischen *Dilatation* σ versteht man das Verhältnis der Volumänderung eines Körpers zum ursprünglichen Volumen, d. h.

$$(25.20) \qquad \sigma = \frac{d\bar\tau - d\tau}{d\tau}\,.$$

Ist das Raumelement $d\tau$ durch drei elementare Vektoren $d_{(1)}x^i$, $d_{(2)}x^i$, $d_{(3)}x^i$ bestimmt, dann haben wir

$$(25.21) \qquad d\tau = e_{ijk}\, d_{(1)}x^i\, d_{(2)}x^j\, d_{(3)}x^k, \qquad d\bar\tau = e_{ijk}\, d_{(1)}\bar x^i\, d_{(2)}\bar x^j\, d_{(3)}\bar x^k,$$

und es ergibt sich mit Rücksicht auf (25.9)

$$(25.22) \qquad \sigma = u^i{}_{,i} = \sigma^i_i = g^{ij}\,\sigma_{ij}\,.$$

Die kubische Dilatation ist also die Divergenz des Verschiebungsvektors bzw. gleich der Summe der Hauptdiagonalglieder (1. *skalare Invariante*) des Verformungstensors vom gemischten Typus. In rechtwinkligen kartesischen Koordinaten haben wir aus (25.5) sofort

$$(25.23) \qquad \sigma = \frac{\partial U_1}{\partial y^1} + \frac{\partial U_2}{\partial y^2} + \frac{\partial U_3}{\partial y^3}\,.$$

Bei der Verformung wird i. allg. jedes rechtwinklige Dreibein ebenfalls verformt und schiefwinklig. Wenn aber drei durch Einheitsvektoren $\xi^i_{(1)}$, $\xi^i_{(2)}$, $\xi^i_{(3)}$ bestimmte Richtungen auch nach der Verformung orthogonal bleiben sollen, dann muß

$$\sigma_{ij}\,\xi^i_{(2)}\,\xi^j_{(3)} = 0, \qquad \sigma_{ij}\,\xi^i_{(3)}\,\xi^j_{(1)} = 0, \qquad \sigma_{ij}\,\xi^i_{(1)}\,\xi^j_{(2)} = 0$$

sein. Daraus ist ersichtlich, daß der Vektor $\sigma_{ij}\,\xi^j_{(1)}$ orthogonal zu $\xi^i_{(2)}$ und $\xi^i_{(3)}$ und daher mit $\xi^i_{(1)}$ kollinear sein muß. Das heißt, allgemein ist zu fordern:

$$(25.24) \qquad \sigma_{ij}\,\xi^j = \lambda\,\xi_i \qquad (= \lambda\,g_{ij}\,\xi^j)$$

bzw.

$$(25.25) \qquad (\sigma_{ij} - \lambda\,g_{ij})\,\xi^j = 0$$

oder

$$(25.26) \qquad (\sigma^i_j - \lambda\,\delta^i_j)\,\xi^j = 0\,.$$

Die aus dieser Beziehung bestimmten Richtungen nennt man Hauptrichtungen des Verformungstensors σ_{ij}. Diesen Richtungen entsprechen *nur* Dehnungen und keine Scherungen, da ja definitionsgemäß die Hauptrichtungen $\xi^i_{(j)}$ auch nach der Verformung orthogonal sind. Die gesamte Verformung des Körpers, in bezug auf diese Richtungen betrachtet, läßt sich durch drei Dehnungen in diesen Richtungen angeben.

15*

Sind alle drei aus der Gleichung

$$|\sigma_j^i - \lambda\, \delta_j^i| = 0 \qquad (i, j = 1, 2, 3)$$

bestimmten Eigenwerte $\lambda_1, \lambda_2, \lambda_3$ des Verformungstensors untereinander gleich, dann haben wir vollkommen gleiche Dehnungen (bzw. Verkürzungen) in allen Richtungen und daher infolge der Verformung lokal nur *ähnliche Vergrößerung* bzw. *Verkleinerung* des Körpers. Diese Art der Verformung (ohne jegliche Scherung) wird *reine Dehnung* des Körpers genannt. Hierbei bleibt die Form des Körpers lokal erhalten.

Im Gegensatz dazu haben wir, wenn die erste skalare Invariante des Verformungstensors gleich Null ist, eine *reine Scherung*. Dabei bleibt das Volumen des Körpers erhalten. Bei $\lambda_1 = \lambda_2 = \lambda_3$ und $\sigma = 0$ bleibt der Körper unverändert. Die allgemeinste infinitesimale Verformung läßt sich demnach als die Überlagerung von zwei Verformungen darstellen: Einer reinen Volumänderung unter Beibehaltung der Form und einer reinen Formänderung unter Beibehaltung des Volumens. Tatsächlich läßt sich immer schreiben

$$(25.27) \qquad\qquad \sigma_j^i = p\, \delta_j^i + D_j^i,$$

wobei D_j^i einen Tensor darstellen soll, der die Bedingung $D_i^i = 0$ befriedigt und der (nach SCHOUTEN) *Deviator* genannt wird. Aus

$$\sigma = \sigma_i^i = 3p; \quad p = \frac{1}{3}\,\sigma$$

folgt dann schließlich die gesuchte Darstellung

$$(25.28) \qquad \sigma_j^i = \frac{1}{3}\,\sigma\, \delta_j^i + D_j^i \quad \text{bzw.} \quad \sigma_{ij} = \frac{1}{3}\,\sigma\, g_{ij} + D_{ij}.$$

$p\, \delta_j^i$ wird der *isotrope Tensor* oder *Kugeltensor* genannt.

Es ist klar, daß der isotrope Teil die reine Dehnung bestimmt, während der Deviator die reine Scherung definiert. Der Verformungszustand in der Umgebung eines Punktes läßt sich durch die Konstruktion von Tensorflächen, die dem Verformungstensor σ_{ij} entsprechen (11.7), (11.8), veranschaulichen. Diese Tensorflächen werden *Verformungsflächen* des Tensors σ_{ij} genannt. In bezug auf ein rechtwinkliges kartesisches Koordinatensystem wird dann

$$(25.29) \qquad\qquad y^i = \frac{\xi^i}{\sqrt{|e|}}$$

gesetzt, wo $|e|$ den Absolutwert der linearen Dilatation in der Richtung ξ^i bedeutet. Man bekommt mit Rücksicht auf (25.13)

$$(25.30) \qquad\qquad \sigma_{ij}\, y^i y^j = \pm 1,$$

je nachdem $e > 0$ oder $e < 0$ ist. Dieses Paar von konjugierten Zentralflächen zweiten Grades kann z. B. zwei Hyperboloide mit asymptotischem Kegel darstellen. Dann entspricht das eine Hyperboloid den positiven $(e > 0)$, das andere den negativen Dehnungen $(e < 0)$ und der asymptotische Kegel den Nulldehnungen $(e = 0)$.

Schließlich ist die Bestimmung des Verschiebungsvektors u^i mit Hilfe des Verformungstensors σ_{ij} ohne weitere Bedingungen nicht möglich, denn aus sechs Gln. (25.3) für σ_{ij} $(i, j = 1, 2, 3)$ lassen sich die neun Ableitungen $\partial u_i/\partial x^j$ nicht bestimmen.

Diese zusätzlichen Bedingungen nennt man die *Saint-Venantschen* oder *Kompatibilitätsbedingungen*. Sie sind auch unter dem Namen *Integrabilitätsbedingungen* der Gln. (25.3) bekannt und entstehen durch die Elimination von u_i aus den Gln. (25.3). In allgemeinen Koordinaten lauten sie

$$(25.31) \qquad \varepsilon^{irp} \varepsilon^{jsq} \sigma_{ij,rs} = 0.$$

Auf der linken Seite steht hier ein symmetrischer Tensor zweiter Stufe, d. h., es handelt sich um sechs Gleichungen. Da aber

$$(25.32) \qquad \varepsilon^{irp} \varepsilon^{jsq} \sigma_{ij,rsp} = 0$$

immer erfüllt ist, gibt es *nur drei* untereinander unabhängige Bedingungen.

Folgende Überlegungen machen uns den Sinn dieser Bedingungen deutlicher. Durch die Verformung der Körper im dreidimensionalen euklidischen Raum wird dieser Raum selbst nicht gekrümmt, d. h., die Körper behalten eine euklidische Maßbestimmung auch nach der Verformung bei.

Betrachtet man daher einen Körper vor der Verformung in bezug auf ein rechtwinkliges kartesisches Koordinatensystem y^i, dann ist seine Metrik durch den Maßtensor (hier das Kronecker-Symbol) bestimmt, d. h., es ist

$$(25.33) \qquad ds^2 = \delta_{ij}\, dy^i\, dy^j.$$

Nach der Verformung wird dieses Linienelement durch die Dehnung in Richtung von dy^i/ds in

$$(25.34) \qquad d\bar{s}^2 = (\delta_{ij} + 2\sigma_{ij})\, dy^i\, dy^j$$

verwandelt. Das erlaubt uns jetzt

$$(25.35) \qquad g_{ij} = \delta_{ij} + 2\sigma_{ij}$$

als den Maßtensor des verformten Körpers zu betrachten.

Bezeichnet man die Christoffel-Symbole erster Art (für δ_{ij} sind sie gleich Null) für den Maßtensor g_{ij} mit $[ij, k]_g$ und für σ_{ij} als Maßtensor mit $\Gamma_{ij,k}$, so bekommt man aus (25.35) die Beziehung

$$(25.36) \qquad [ij, k]_g = 2\Gamma_{ij,k} = \frac{\partial \sigma_{jk}}{\partial y^i} + \frac{\partial \sigma_{ki}}{\partial y^j} - \frac{\partial \sigma_{ij}}{\partial y^k},$$

und schließlich in entwickelter Form

$$(25.37) \qquad \frac{\partial^2 u_k}{\partial y^i \partial y^j} = [ij, k]_g.$$

Aus diesen partiellen Differentialgleichungen sind dann die Komponenten u_i des Verschiebungsvektors zu berechnen, was aber erst möglich wird, wenn folgende Integrabilitätsbedingungen

$$(25.38) \qquad \frac{\partial}{\partial y^j}\,[i\,k,\,l]_g - \frac{\partial}{\partial y^k}\,[i\,j,\,l]_g = 0$$

befriedigt sind.

Das sind die gesuchten Kompatibilitätsbedingungen (sechs Gleichungen) in rechtwinkligen kartesischen Koordinaten. Sie lassen sich aber mit Rücksicht auf (21.6) (für den Maßtensor g_{ij}) auch in der Gestalt

$$(25.39) \qquad R_{lijk} = 0$$

schreiben, d. h., auch der Riemann-Christoffel-Tensor für die Maßbestimmung des verformten Körpers soll (wegen der euklidischen Einbettung) verschwinden.

Bemerkung: Wenn eine ebene Platte in zwei Dimensionen betrachtet und dann in eine sphärische Schale verwandelt wird, gelten bei einer solchen Verformung im zweidimensionalen Raum die Kompatibilitätsbedingungen nicht, denn bei der Verformung ist der Raum selbst gekrümmt und nichteuklidisch geworden.

Literatur

Eine Auswahl zur Vertiefung und zur Erweiterung der Kenntnisse über den hier besprochenen Gegenstand.

[1] BRILLOUIN, L.: Les tenseurs en mécanique et en élasticité. Paris: Masson et Cie 1949.

[2] CARTAN, E.: Les systèmes différentiels extérieurs et leurs applications géométriques. Paris: Hermann & Cie 1945.

[3] CARTAN, E.: Leçons sur la géométrie des espaces de Riemann. Paris: Gauthier-Villars 1946.

[4] CRAIG, H. V.: Vector and Tensor Analysis. New York: McGraw-Hill 1943.

[5] DUSCHEK, A., u. A. HOCHRAINER: Grundzüge der Tensorrechnung in analytischer Darstellung. Wien: Springer, Teil I (4. Aufl.) 1960, Teil II (2. Aufl.) 1961, Teil III (2. Aufl.) 1965.

[6] EISENHART, L. P.: Riemannian Geometry, 2ed. Princeton 1949.

[7] ERICKSEN, J. L.: Tensorfields. Handbuch der Physik, Bd. III/1, Appendix. Berlin/Göttingen/Heidelberg: Springer 1960.

[8] FINZI, B., u. M. PASTORI: Calcolo tensoriale e applicazioni. Bologna: Zanichelli 1949.

[9] JEFFREYS, H.: Cartesian Tensors. Cambridge: University Press 1931, Reprint 1952.

[10] KLINGBEIL, E.: Tensorrechnung für Ingenieure. Mannheim: Bibl. Institut 1966.

[11] LEVI-CIVITA, T.: Lezioni di calcolo differenziale assoluto, 1. Aufl. Roma: Stock 1925. — (Englische Übersetzung: The Absolute Differential Calculus.

London: Blackie and Son 1926. Deutsche Übersetzung: Der absolute Differentialkalkul und seine Anwendungen in Geometrie und Physik. Berlin: Springer 1928.)

[12] LICHNEROWICZ, A.. Algèbre et analyse linéaires. Paris 1947. (Deutsche Übersetzung: Lineare Algebra und lineare Analysis. Berlin: Deutscher Verlag d. Wiss. 1956.)

[13] LICHNEROWICZ, A.: Eléments de calcul tensoriel. Paris: Colin 1950. (Deutsche Übersetzung: Einführung in die Tensoranalysis. Mannheim: Bibl. Institut 1966.)

[14] McCONNELL, A. J.: Applications of the Absolute Differential Calculus. London: Blackie and Son 1946.

[15] Рашевский, П. К.: Риманова геометрия и тензорный анализ. Москва, изд. „Наука", (II изд.) 1964. (Deutsche Übersetzung: P. K. RASCHEWSKI, Riemannsche Geometrie und Tensoranalysis. Berlin: Deutscher Verlag d. Wiss. 1959.)

[16] REICHARDT, H.: Vorlesungen über Vektor- und Tensorrechnung. Berlin: Deutscher Verlag d. Wiss. 1957.

[17] ROTHE, H.: Einfuhrung in die Tensorrechnung. Wien: Seidel u. Sohn 1924.

[18] SCHOUTEN, J. A.: Tensor Analysis for Physicists. Oxford: Clarendon Press 1951.

[19] SCHOUTEN, J. A.: Ricci-Calculus. Berlin/Göttingen/Heidelberg: Springer 1954. (Die erste kürzere Auflage dieses Werkes erschien 1924 unter dem Titel „Der Ricci-Kalkül" bei Springer.)

[20] SOKOLNIKOFF, I. S.: Tensor Analysis, Theory and Applications. New York: Wiley 1951.

[21] SYNGE, J. L.: Tensorial Methods in Dynamics. Toronto: Univ. Press 1936.

[22] SYNGE, J. L., and A. SCHILD: Tensor Calculus. Toronto: Univ. Press 1949.

[23] TIETZ, H.: Geometrie. Handbuch der Physik, Bd. II. Berlin/Göttingen/ Heidelberg: Springer 1955.

[24] WEATHERBURN, C. E.: An Introduction to Riemannian Geometry and the Tensor Calculus. Cambridge: Univ. Press 1942.

[25] WEYL, H.: Raum, Zeit, Materie. Berlin: Springer 1918, 5. Aufl. 1923.

Für diejenigen, die sich besonders für die symbolische Art der Darstellung dieses Gegenstandes interessieren, kann man u. a. auch folgende Werke empfehlen:

[26] LAGALLY, M.: Vorlesungen über Vektor-Rechnung, 7. Aufl. Leipzig: Akad. Verlagsges. 1964.

[27] LOHR, E.: Vektor- und Dyadenrechnung für Physiker und Techniker, 2. Aufl. Berlin: de Gruyter 1950.

[28] LOTZE, A.: Vektor- und Affinoranalysis. München: Oldenbourg 1950.

[29] KÁSTNER, S.: Vektoren, Tensoren, Spinoren, 2. Aufl. Berlin: Akademie-Verlag 1964.

[30] TEICHMANN, H.: Physikalische Anwendung der Vektor- und Tensorrechnung, 2. Aufl. Mannheim: Bibl. Institut 1965.

Ein ausführliches Verzeichnis der Literatur über Tensorrechnung und ihre Anwendungen bis zum Jahre 1954 befindet sich im Werk von J. A. SCHOUTEN. Ricci-Calculus, s. [19].

H. Interpolation und genäherte Quadratur

Von **Roland Bulirsch**, München und La Jolla
und **Heinz Rutishauser**, Zürich

§ 1. Interpolation, Einleitung

Unter Interpolation im engeren Sinn versteht man die Rekonstruktion einer Funktion $f(x)$ aus Werten $f(x_i)$, die an diskreten Stellen $x_0, x_1, \ldots, x_n$ gegeben sind. Die Aufgabe ist nicht auf eine unabhängige Veränderliche beschränkt.

Eine eindeutige und genaue Rekonstruktion einer Funktion aus solchen Angaben ist i. allg. nicht möglich: Man muß sich mit einer „Ersatzfunktion" $\tilde{f}(x)$ begnügen, die wenigstens in einem Intervall $x_a \leqq x \leqq x_b$ angenähert mit $f(x)$ übereinstimmt. In günstigen Fällen kann man aus zusätzlichen Kenntnissen über $f(x)$ Schranken für die Abweichung $|f(x) - \tilde{f}(x)|$ angeben; aber häufig hat man nur ein auf Erfahrung beruhendes Gefühl, ob die konstruierte Ersatzfunktion $\tilde{f}(x)$ eine brauchbare Näherung für $f(x)$ ist oder nicht.

Zu welchen Ergebnissen eine unbesehene Anwendung der Interpolationsformeln führen kann, zeigt das folgende Beispiel. Gegeben sei die Werteverteilung

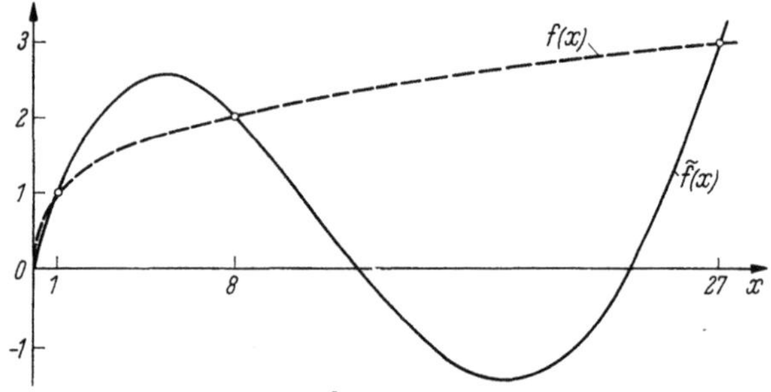

Abb. 1.1. Funktion $f(x) = \sqrt[3]{x}$ und interpolierendes Polynom $\tilde{f}(x)$

$f(0) = 0$, $f(1) = 1$, $f(8) = 2$, $f(27) = 3$, $f(64) = 4$. Als Ersatzfunktion $\tilde{f}(x)$ werde ein Polynom vom Grad 4 in x gewählt, das an den gegebenen Stellen mit $f(x)$ übereinstimmt. In Abb. 1.1 ist der Verlauf von $\tilde{f}(x)$ und $f(x) = \sqrt[3]{x}$ wiedergegeben. Offensichtlich ist $\tilde{f}(x)$ als Ersatzfunktion für $f(x)$ völlig unbrauchbar. Das Beispiel mahnt zur Vorsicht.

In der Praxis kann man sich vor krassen Fehlern etwas schützen, indem man das Interpolationsintervall $x_a \leqq x \leqq x_b$ nicht zu groß wählt und zu hohe Interpolationsgrade der Ersatzfunktion $\bar{f}(x)$ vermeidet. Die Annäherung von $\bar{f}(x)$ an $f(x)$ wird bei Steigerung des Interpolationsgrades von $\bar{f}(x)$ i. allg. nicht besser, sondern schlechter. Hohe Interpolationsgrade sind fast unvermeidlich mit einer starken Welligkeit der Ersatzfunktion $\bar{f}(x)$ verbunden, und das Resultat ist dann nicht allzuweit von den Verhältnissen in Abb. 1.1 entfernt (vgl. dazu aber Ziff. 4).

§ 2. Interpolation durch Polynome. Beliebige Stützstellen

2.1 Das Interpolationspolynom

Bei der klassischen Interpolation ersetzt man $f(x)$ durch ein Polynom $P(x)$, das an den $n + 1$ Stützstellen $x_0, x_1, \ldots, x_n$ die vorgeschriebenen Stützwerte $f(x_0), f(x_1), \ldots, f(x_n)$ annimmt. Durch die Forderung, daß das Polynom $P(x)$ von höchstens n-tem Grade sein soll, ist es eindeutig bestimmt, d. h., es gibt genau ein Polynom $P(x)$, wo

$$(2.1.1) \qquad P(x) = \sum_{\nu=0}^{n} a_\nu\, x^\nu$$

mit der Eigenschaft

$$(2.1.2) \qquad P(x_i) = f(x_i) \quad \text{für} \quad i = 0, 1, \ldots, n.$$

$P(x)$ heißt *Interpolationspolynom* der Funktion $f(x)$ für die Stützstellen $x_0, x_1, \ldots, x_n$.

Um das Interpolationspolynom $P(x)$ zu berechnen, könnte man den Ansatz (2.1.1) machen und für x nacheinander die Werte $x_0, x_1, \ldots, x_n$ einsetzen; mit $P(x_i) = f(x_i)$ erhält man gerade $n + 1$ lineare Gleichungen für die $n + 1$ unbekannten Koeffizienten $a_0, a_1, \ldots, a_n$

$$(2.1.3) \qquad \begin{aligned}
a_0 + a_1 x_0 + a_2 x_0^2 + \cdots + a_n x_0^n &= f(x_0), \\
a_0 + a_1 x_1 + a_2 x_1^2 + \cdots + a_n x_1^n &= f(x_1), \\
&\vdots \\
a_0 + a_1 x_n + a_2 x_n^2 + \cdots + a_n x_n^n &= f(x_n).
\end{aligned}$$

Das System läßt sich in Matrixform schreiben, setzt man

$$(2.1.4) \qquad X = \begin{pmatrix} 1 & x_0 & x_0^2 & \ldots & x_0^n \\ 1 & x_1 & x_1^2 & \ldots & x_1^n \\ \vdots & & \cdot & \cdot & \vdots \\ 1 & x_n & x_n^2 & \ldots & x_n^n \end{pmatrix},$$

$$a = \begin{pmatrix} a_0 \\ a_1 \\ \vdots \\ a_n \end{pmatrix}, \qquad f = \begin{pmatrix} f_0 \\ f_1 \\ \vdots \\ f_n \end{pmatrix}, \qquad f_i = f(x_i),$$

so ist

$$(2.1.5) \qquad X\,a = f.$$

Die Koeffizientenmatrix X des Systems ist eine sog. Vandermondesche Matrix. Ihre Determinante besitzt den Wert

$$(2.1.6) \qquad \det X = (x_0 - x_1)(x_0 - x_2)\ldots(x_0 - x_n)\times$$
$$\times (x_1 - x_2)\ldots(x_1 - x_n)\times$$
$$\vdots$$
$$\times (x_{n-1} - x_n).$$

Für $x_i \neq x_k$ $(i \neq k)$ ist $\det(X) \neq 0$; damit ist neben der Lösbarkeit des Systems (2.1.3) auch die Eindeutigkeit des Interpolationspolynoms (2.1.1) gezeigt, d. h., es ist

$$(2.1.7) \qquad a = X^{-1} f.$$

Die eigentliche zahlenmäßige Berechnung des Interpolationspolynoms $P(x)$ braucht jedoch keineswegs über das Gleichungssystem (2.1.3) zu erfolgen. Dafür gibt es eine Anzahl bequemer Verfahren, die den einzelnen praktischen Bedürfnissen angepaßt sind und die in den folgenden Abschnitten erläutert werden. Diese Verfahren führen jeweils zu verschieden aussehenden Darstellungen für das eindeutig bestimmte Interpolationspolynom $P(x)$ und unterscheiden sich nur hinsichtlich ihrer numerischen Eigenschaften.

Wenn die Funktion $f(x)$ hinreichend oft differenzierbar ist, läßt sich der Fehler $R(x)$ zwischen $f(x)$ und dem Interpolationspolynom $P(x)$ angeben. Man hat

$$(2.1.8) \qquad f(x) = P(x) + R(x)$$

mit

$$(2.1.9)$$
$$R(x) = \frac{1}{2}\int\limits_{-\infty}^{\infty}\left\{\frac{(x-\chi)^n}{n!}\,\mathrm{sign}\,(x-\chi) - \sum_{i=0}^{n} L_i(x)\,\frac{(x_i-\chi)^n}{n!}\,\mathrm{sign}\,(x_i-\chi)\right\}\times$$
$$\times f^{(n+1)}(\chi)\,d\chi = (x-x_0)(x-x_1)\ldots(x-x_n)\,\frac{f^{(n+1)}(\xi)}{(n+1)!}.$$

Dabei ist

$$(2.1.10) \qquad x_{\min} < \xi < x_{\max}.$$

Hier bezeichnet $x_{\min}$ die kleinste und $x_{\max}$ die größte der $n+2$ Zahlen $x, x_0, x_1, \ldots, x_n$. Die $L_i(x)$ sind die in (2.2.4) definierten Grundpolynome von LAGRANGE.

Kennt man also eine obere Schranke M_{n+1} für die $(n+1)$-te Ableitung $f^{(n+1)}(\xi)$, d. h. ist

$$\left|f^{(n+1)}(\xi)\right| \leq M_{n+1},$$

so läßt sich der Fehler zwischen $f(x)$ und $P(x)$ abschätzen

$$(2.1.11) \qquad \left|f(x) - P(x)\right| \leq |x - x_0|\ldots|x - x_n|\,\frac{M_{n+1}}{(n+1)!}.$$

Man kann der Formel (2.1.11) entnehmen, daß der Interpolationsfehler für Werte von x, die außerhalb der Stützstellen $x_0, \ldots, x_n$ liegen (d. h. bei Extrapolation), sowie in den Lücken zwischen weit auseinanderliegenden Stützstellen, groß sein kann. Hat man Einfluß auf die Wahl der Stützstellen, dann vermeide man solche Lücken. Aber auch eine gleichmäßige (äquidistante) Stützstellenverteilung ist nicht das Optimum, der Fehler ist hier am Rand größer als in der Mitte. Am günstigsten fährt man mit der Stützstellenwahl (Tschebyscheff-Abszissen)

$$(2.1.12) \qquad x_k = \frac{a+b}{2} + \frac{a-b}{2} \cos\left(\frac{2k+1}{2n+2}\pi\right), \qquad k = 0, 1, \ldots, n.$$

Bei dieser Verteilung verdichten sich die Stützstellen an den Rändern des Interpolationsintervalls $a \leqq x \leqq b$. Man vermeidet dadurch starke Oszillationen („Flattern") des Interpolationspolynoms an den Intervallenden. Mit der Verteilung (2.1.12) vereinfacht sich die Abschätzung (2.1.11) zu

$$(2.1.13) \quad |f(x) - P(x)| \leqq 2\left(\frac{b-a}{4}\right)^{n+1} \frac{M_{n+1}}{(n+1)!}, \qquad \text{tür} \quad a \leqq x \leqq b.$$

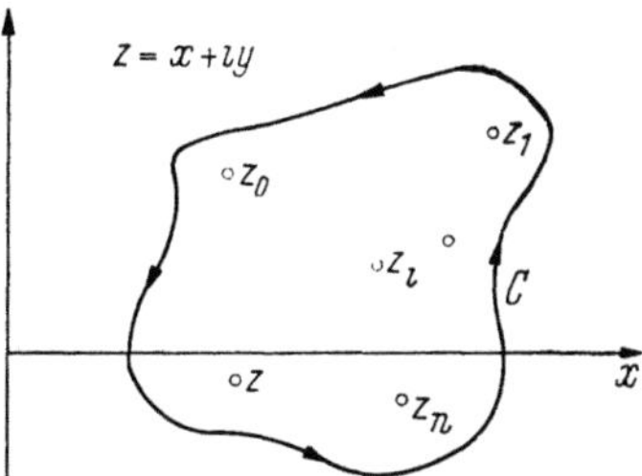

Abb. 2.1
Zur Interpolation in der komplexen Ebene

Die bisherigen Betrachtungen sind nicht auf reelle Funktionen einer reellen Variablen x beschränkt. Ist $f(z)$ eine holomorphe Funktion der komplexen Variablen $z = x + i y$ mit Werten $f(z_0)$, $f(z_1), \ldots, f(z_n)$, so läßt sich analog zu (2.1.3) ein komplexes Interpolationspolynom $P(z)$ konstruieren mit i. allg. komplexen Koeffizienten $a_0, a_1, \ldots, a_n$. Der Fehler ergibt sich aus

$$(2.1.14) \qquad f(z) = P(z) + (z - z_0) \ldots (z - z_n) \times$$

$$\times \frac{1}{2\pi i} \oint_C \frac{f(\zeta)}{(\zeta - z_0)(\zeta - z_1)\ldots(\zeta - z_n)} \frac{d\zeta}{\zeta - z}.$$

Dabei ist C eine beliebige im Holomorphiegebiet von $f(z)$ liegende geschlossene Kurve, die im Innern die Punkte $z, z_0, \ldots, z_n$ enthält, s. Abb. 2.1.

2.2 Die Interpolationsformel von Lagrange

Eine elegante Methode zur Bestimmung des Interpolationspolynoms hat LAGRANGE angegeben. Er macht den Ansatz

$$(2.2.1) \qquad P(x) = f(x_0) L_0(x) + f(x_1) L_1(x) + \cdots + f(x_n) L_n(x).$$

Die $L_i(x)$, $i = 0, 1, \ldots, n$ sind Polynome n-ten Grades und Lösungen der speziellen Interpolationsaufgabe

$$(2.2.2) \qquad L_i(x_k) = \begin{cases} 1, & i = k \\ 0, & i \neq k \end{cases} \qquad (i, k = 0, 1, \ldots, n).$$

Diese Polynome $L_i(x)$ heißen *Lagrangesche Grundpolynome* für die Stützstellen $x_0, x_1, \ldots, x_n$. Sie sind von der zu interpolierenden Funktion $f(x)$ unabhängig und lassen sich wegen der Eigenschaft (2.2.2) sofort angeben. Durch Einsetzen verifiziert man, daß

$$
\begin{aligned}
L_0(x) &= \frac{(x - x_1)(x - x_2) \ldots (x - x_n)}{(x_0 - x_1)(x_0 - x_2) \ldots (x_0 - x_n)}, \\[1ex]
(2.2.3) \qquad L_1(x) &= \frac{(x - x_0)(x - x_2) \ldots (x - x_n)}{(x_1 - x_0)(x_1 - x_2) \ldots (x_1 - x_n)}, \\[1ex]
&\;\vdots \\[1ex]
L_n(x) &= \frac{(x - x_0)(x - x_1) \ldots (x - x_{n-1})}{(x_n - x_0)(x_n - x_1) \ldots (x_n - x_{n-1})}
\end{aligned}
$$

bzw. allgemein

$$
(2.2.4) \qquad L_i(x) = \prod_{\substack{k=0 \\ k \neq i}}^{n} \frac{x - x_k}{x_i - x_k}.
$$

Mit

$$
L(x) = (x - x_0)(x - x_1) \ldots (x - x_n)
$$

läßt sich dafür auch schreiben

$$
(2.2.5) \qquad L_i(x) = \frac{L(x)}{(x - x_i)\, L'(x_i)},
$$

wo $L'(x)$ die Ableitung von $L(x)$ bezeichnet.

Setzt man die Ausdrücke (2.2.4) bzw. (2.2.5) in (2.2.1) ein, so ergibt sich ein expliziter Ausdruck für das Interpolationspolynom $P(x)$. Damit lautet die *Lagrangesche Interpolationsformel* mit Restglied

$$
(2.2.6) \qquad f(x) = \sum_{i=0}^{n} f(x_i) \prod_{\substack{k=0 \\ k \neq i}}^{n} \frac{x - x_k}{x_i - x_k} + (x - x_0) \ldots (x - x_n) \frac{f^{(n+1)}(\xi)}{(n+1)!}.
$$

Wie sich zeigen läßt, besteht zwischen den $L_i(x)$ und der inversen Koeffizientenmatrix X^{-1} von (2.1.7) der Zusammenhang

$$
(2.2.7) \qquad (L_0(x), \ldots, L_n(x)) = (1, x, \ldots, x^n)\, X^{-1}.
$$

Daraus lassen sich die Elemente $b_{\mu\nu}$ der Matrix X^{-1} berechnen. Aus (2.2.7) folgt

$$
(2.2.8) \qquad L_i(x) = b_{0i} + b_{1i}\, x + \cdots + b_{ni}\, x^n
$$

und aus (2.2.4) nach Ausmultiplizieren

(2.2.9)
$$
\begin{aligned}
L_i(x) = {}&\frac{1}{(x_i - x_1) \ldots (x_i - x_{i-1})(x_i - x_{i+1}) \ldots (x_i - x_n)} \times \\[1ex]
&\times \{ x^n - (x_1 + \cdots + x_{i-1} + x_{i+1} + \cdots + x_n)\, x^{n-1} + (x_1 x_2 + \cdots)\, x^{n-2} - \\
&\quad - \cdots + (-1)^n x_1 \ldots x_{i-1} x_{i+1} \ldots x_n \}.
\end{aligned}
$$

Durch Vergleich der Koeffizienten gleicher Potenzen von x in (2.2.8) und (2.2.9) gewinnt man Ausdrücke für die $b_{\mu\nu}$. Bestimmung der inversen Matrix X^{-1} und Aufstellung der Lagrange-Polynome $L_i(x)$ sind also äquivalente Operationen.

Beispiel: Die Lagrangeschen Grundpolynome für die Stützstellen $x_0 = 1$, $x_1 = 2$, $x_2 = 4$, $x_3 = 8$ lauten

$$L_0(x) = -\frac{(x-2)\,(x-4)\,(x-8)}{21}, \qquad L_1(x) = \frac{(x-1)\,(x-4)\,(x-8)}{12},$$

$$L_2(x) = -\frac{(x-1)\,(x-2)\,(x-8)}{24}, \qquad L_3(x) = \frac{(x-1)\,(x-2)\,(x-4)}{168},$$

s. Abb. 2.2.

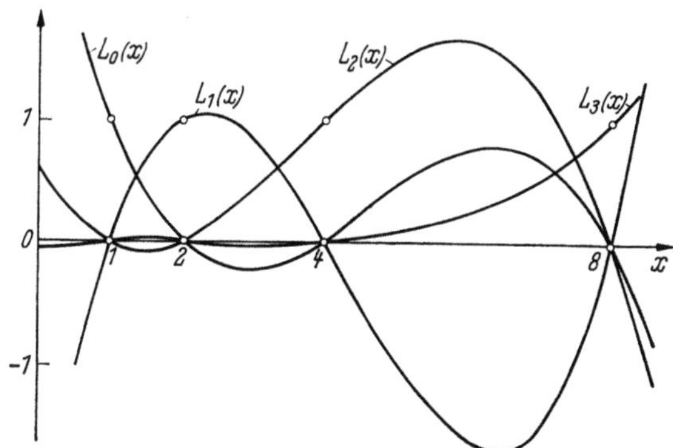

Abb. 2.2. Lagrange-Polynome für die Stützstellen $x = 1, 2, 4, 8$

Mit $f(1) = 0$, $f(2) = 1$, $f(4) = 2$, $f(8) = 3$ ergibt sich das Interpolationspolynom von $f(x)$ zu

$$P(x) = L_1 + 2L_2 + 3L_3$$

$$= \frac{(x-1)\,(x-4)\,(x-8)}{12} - \frac{(x-1)\,(x-2)\,(x-8)}{12} + \frac{(x-1)\,(x-2)\,(x-4)}{56}$$

$$= \frac{(x-1)\,(3x^2 - 46x + 248)}{168}.$$

Obwohl sie wertvolle theoretische Einsichten vermittelt, ist die Lagrangesche Formel für die praktische Auswertung des Interpolationspolynoms nicht so gut geeignet. Man vgl. dazu Ziff. 2.3.

2.3 Die baryzentrische Formel

Jede Auswertung der Lagrangeschen Interpolationsformel (2.2.6) erfordert bei gegebenem x einen zu n^2 proportionalen Rechenaufwand. Es ist aber möglich, aus (2.2.6) durch einfache Umformungen eine sparsamere Formel herzuleiten. Zunächst folgt aus (2.2.6)

$$(2.3.1) \qquad P(x) = \prod_{k=0}^{n} (x - x_k) \sum_{i=0}^{n} \left\{ \frac{f_i}{x - x_i} \prod_{\substack{k=0 \\ k \neq i}}^{n} \frac{1}{x_i - x_k} \right\}.$$

Definiert man die von f_i unabhängige Größe λ_i

$$(2.3.2) \qquad \lambda_i = \prod_{\substack{k=0 \\ k \neq i}}^{n} \frac{1}{x_i - x_k},$$

so ergibt sich die sog. *baryzentrische Formel* mit Restglied

$$(2.3.3) \quad f(x) = \frac{\sum\limits_{i=0}^{n} f(x_i) \dfrac{\lambda_i}{x - x_i}}{\sum\limits_{i=0}^{n} \dfrac{\lambda_i}{x - x_i}} + (x - x_0) \dots (x - x_n) \frac{f^{(n+1)}(\xi)}{(n+1)!} \,.$$

Bei dieser Formel wird der Funktionswert $P(x)$ an der Stelle x sozusagen als Schwerpunkt von Massen $\dfrac{\lambda_i}{x - x_i}$ berechnet, die an der Stelle f_i liegen.

Für diese Formel müssen zunächst die Produkte λ_i berechnet werden, was einen zu n^2 proportionalen Rechenaufwand erfordert, doch benötigt dann jede weitere Auswertung von $P(x)$ nur $n + 2$ Divisionen, n Multiplikationen und $2n$ Additionen.

Die baryzentrische Formel kann nur für $x \neq x_i$ verwendet werden, doch ist sie, selbst wenn x nur wenig von x_i verschieden ist, völlig stabil.

2.4 Der Algorithmus von Aitken-Neville

2.4.1 Erklärung

Interpolationsformeln, die besonders für automatische Rechnung geeignet sind, haben AITKEN bzw. NEVILLE gegeben. Diese Formeln sind mit Vorteil dort zu verwenden, wenn lediglich der Funktionswert des Interpolationspolynoms an einer Zwischenstelle benötigt wird (vgl. dazu Ziff. 5.4.2). Zur Herleitung betrachten wir neben dem Interpolationspolynom $P(x)$ für die Stützstellen $x_0, x_1, \dots, x_n$ auch die Zwischenpolynome

$$(2.4.1) \quad P(x; x_{i_0}, \dots, x_{i_\nu}) = \text{Interpolationspolynom}$$

$$\text{für die Stellen } x_{i_0}, \dots, x_{i_\nu}, \ \nu = 0, 1, \dots, n.$$

$i_0, \dots, i_\nu$ bedeuten hier irgendwelche $\nu + 1$ Zahlen der $n + 1$ Zahlen $0, 1, 2, \dots, n$. Beispielsweise ist

$$(2.4.2) \quad \begin{aligned} P(x; x_{i_0}) &= f(x_{i_0}), \\ P(x; x_{i_0}, x_{i_1}) &= \frac{(x_{i_0} - x) f(x_{i_1}) + (x - x_{i_1}) f(x_{i_0})}{x_{i_0} - x_{i_1}} \,. \end{aligned}$$

Nach (2.4.1) stimmen die beiden Polynome $P(x; x_{i_1}, \dots, x_{i_{k-1}})$ und $P(x; x_{i_1}, \dots, x_{i_k})$ an den $k - 1$ Stellen $x_{i_1}, \dots, x_{i_{k-1}}$ untereinander und mit $f(x)$ überein; folglich gilt das auch für jede Linearkombination der Form

$$(2.4.3) \quad t\, P(x; x_{i_0}, \dots, x_{i_{k-1}}) + (1 - t)\, P(x; x_{i_1}, \dots, x_{i_k}), \quad t \text{ beliebig.}$$

Haben die beiden Polynome in (2.4.3) den Grad $k - 1$ und setzt man speziell $t = \dfrac{x - x_{i_k}}{x_{i_0} - x_{i_k}}$, so ist die Summe (2.4.3) ein Polynom vom Grad k, das an den $k+1$ Stellen $x_{i_0}, \ldots, x_{i_k}$ mit $f(x)$ übereinstimmt. Nach (2.4.1) ist also gerade

(2.4.4)

$$P(x; x_{i_0}, \ldots, x_{i_k})$$
$$= \frac{(x_{i_0} - x)\, P(x; x_{i_1}, \ldots, x_{i_k}) + (x - x_{i_k})\, P(x; x_{i_0}, \ldots, x_{i_{k-1}})}{x_{i_0} - x_{i_k}}.$$

Diese Interpolationsformel gestattet bei gegebenem x die rekursive Berechnung von Funktionswerten des Interpolationspolynoms $P(x) = P(x; x_0, \ldots, x_n)$ aus den Größen $P(x; x_i) = f(x_i)$, $i = 0, 1, \ldots, n$.

2.4.2 Die Variante von Neville

Bei der Variante von NEVILLE erzeugt man sukzessive die Polynome $P(x; x_i, x_{i-1}, \ldots, x_{i-k})$, s. nachstehende Tabelle:

Tabelle 2.4.1. Interpolation nach Neville

$$
\begin{array}{llll}
x_0 \quad P(x; x_0) & & & \\
& P(x; x_1, x_0) & & \\
x_1 \quad P(x; x_1) & & P(x; x_2, x_1, x_0) & \\
& P(x; x_2, x_1) & & P(x; x_3, x_2, x_1, x_0) \\
x_2 \quad P(x; x_2) & & P(x; x_3, x_2, x_1) & \vdots \\
& P(x; x_3, x_2) & \vdots & \\
x_3 \quad P(x; x_3) & \vdots & & \\
\vdots \qquad \vdots & & &
\end{array}
$$

Soll $P(x; x_0, \ldots, x_n) \equiv P(x; x_n, \ldots, x_0)$ an der Stelle $x = \xi$ berechnet werden, so ergibt sich mit

$$(2.4.5) \qquad P_{ik} = P(\xi; x_i, x_{i-1}, \ldots, x_{i-k})$$

aus Gl. (2.4.4) der *Algorithmus von Neville*

$$(2.4.6) \qquad P_{ik} = P_{i,k-1} + \frac{P_{i,k-1} - P_{i-1,k-1}}{\dfrac{\xi - x_{i-k}}{\xi - x_i} - 1}, \qquad \begin{array}{l} i = 0, 1, \ldots, n, \\ k = 1, \ldots, i. \end{array}$$

Anfangswerte $P_{i0} = f(x_i)$,
Resultatwert $P_{nn} = P(\xi; x_n, x_{n-1}, \ldots, x_0)$.
Den Rechengang zeigt das folgende Schema:

$$
\begin{array}{llllll}
x_0 & P_{00} & & & & \\
& & P_{11} & & & \\
x_1 & P_{10} & & P_{22} & & \\
& \downarrow & P_{21} & & \searrow P_{33} & \\
x_2 & P_{20} & \searrow & \nearrow P_{32} & \nearrow & \vdots \\
& \downarrow & \searrow P_{31} & \nearrow & \vdots & \\
x_3 & P_{30} & \nearrow & \vdots & & \\
\vdots & \vdots & & & &
\end{array}
$$

Der Algorithmus läßt sich so umformulieren, daß die direkte numerische Berechnung der Differenzen $P_{i,k-1} - P_{i-1,k-1}$ (Auslöschung!) vermieden werden kann. Ein in dieser Hinsicht effektives ALGOL-Programm ist nachstehend wiedergegeben.

```
for i := 0 step 1 until n do
begin
    c := P[i, 0] := f[i]; v := g; g := c; e := x[i] − ξ;
        for k := 1 step 1 until i do
        begin
            w := c − v; c := e/(x[i − k] − x[i]);
            u := w × c; c := w × (1 + c);
            v := dP[k]; dP[k] := u;
            P[i, k] := u + P[i, k − 1];
        end
end
```

$P[n, n]$ ist der gesuchte Wert.

Die auftretenden Zwischenwerte $P[i, k]$ lassen sich nach (2.4.5) anschaulich deuten: $P[i, k]$ ist gerade der Wert des Interpolationspolynoms vom Grad k (durch die Punkte $x_i, x_{i-1}, \ldots, x_{i-k}$) an der Stelle ξ.

Beispiel: Berechnung von $\sin 62°$ aus einer sin-Tabelle

	x	$\sin x$				
	50°	0,7660444				
			8935026			
	55°	0,8191520		8830292		
			8847748		8829493	
(2.4.7)	60°	0,8660254		8829293		8829476
			8821384		8829465	
	65°	0,9063078		8829661		
			8861384			
	70°	0,9396926				

Ergebnis: $\quad\sin 62° \approx 0{,}8829476$.

Zum Vergleich: $\sin 62° = 0{,}8829475928\ldots$

Die unterstrichenen Werte in der Tabelle geben nacheinander interpolierte Werte für $\sin 62°$ an, und zwar in der Reihenfolge: lineare Interpolation Stützstellen: (60°, 65°), quadratische Interpolation (55°, 60°, 65°), kubische Interpolation (55°, 60°, 65°, 70°) und biquadratische Interpolation (50°, ..., 70°). Man sieht, daß mit zunehmender Erhöhung des Interpolationsgrades immer mehr Dezimalziffern „stehenbleiben". Die Steigerung der Genauigkeit (manchmal aber auch das Gegenteil!) läßt sich hier leicht ablesen.

Es sei noch darauf hingewiesen, daß bei der Nevilleschen Methode die Stützstellen keineswegs geordnet sein müssen. Durch eine Permutation erhält man zwar ein anderes Schema, das aber in jedem Fall in denselben Spitzenwert ausmündet.

Beispiel: Berechnung von $\sin 62°$. Die Stützstellen sind jetzt nacheinander um die Stelle 62° herumgruppiert.

x	$\sin x$				
60°	0,8660254				
		8821384			
65°	0,9063078		8829293		
		8801611		8829465	
55°	0,8191520		8830152		8829476
		8754043		8829409	
70°	0,9396926		8826437		
		8702333			
50°	0,7660444				

Man vergleiche die unterstrichenen Werte mit denen von (2.4.7).

2.5 Dividierte Differenzen

Sei $f(x)$ im Intervall $a \leqq x \leqq b$ stetig. $x_0 \neq x_1$ seien zwei beliebige Punkte im Intervall. Dann definiert man als *erste dividierte Differenz* oder Steigung erster Ordnung den Differenzenquotienten

$$(2.5.1) \qquad \frac{f(x_1) - f(x_0)}{x_1 - x_0}.$$

Man schreibt dafür $[x_0\,x_1]_f$ oder kürzer $[x_0\,x_1]$. Für $[x_0\,x_1]$ ergibt sich nach dem Mittelwertsatz $[x_0\,x_1] = f'(\xi)$, $x_0 < \xi < x_1$. Insbesondere ist $\lim_{x_1 \to x_0} [x_1\,x_0] = f'(x_0)$. Für $x_1 = x_0$ verliert (2.5.1) seinen Sinn, man definiert dann $[x_0\,x_0] := f'(x_0)$.

Als *zweite dividierte Differenz* bezeichnet man den Ausdruck

$$[x_0\,x_1\,x_2] = \frac{[x_0\,x_1] - [x_1\,x_2]}{x_0 - x_2}.$$

Allgemein gilt die folgende

Definition: *Die k-te dividierte Differenz oder Steigung k-ter Ordnung ist rekursiv erklärt durch*

$$(2.5.2) \qquad [x_i\,x_{i+1}\ldots x_{i+k}] = \frac{[x_i\,x_{i+1}\ldots x_{i+k-1}] - [x_{i+1}\,x_{i+2}\ldots x_{i+k}]}{x_i - x_{i+k}}$$

mit den Anfangswerten $[x_i] := f(x_i)$.

Sind die x_i nicht alle verschieden, so ist bei stetig differenzierbarem $f(x)$, wegen $\lim_{x_1,\ldots,x_k \to x_0} [x_0\,x_1\ldots x_k] = \frac{1}{k!} f^{(k)}(x_0)$, der Ausdruck $[x_i\ldots x_i]$ erklärt durch

$$\underbrace{[x_i\ldots x_i]}_{k+1\,\text{mal}} := \frac{1}{k!} f^{(k)}(x_i).$$

Die dividierten Differenzen ordnet man in einem Schema an:

$$
\begin{array}{lll}
x & f(x) \\
x_0 & [x_0] \\
 & & [x_0\,x_1] \\
x_1 & [x_1] & & [x_0\,x_1\,x_2] \\
 & & [x_1\,x_2] & & [x_0\,x_1\,x_2\,x_3] \\
x_2 & [x_2] & & [x_1\,x_2\,x_3] & \vdots \\
 & & [x_2\,x_3] & \vdots \\
x_3 & [x_3] & \vdots \\
\vdots & \vdots
\end{array}
$$

(2.5.3)

Setzt man

$$
d_{ik} = [x_i\,x_{i+1}\ldots x_{i+k}],
$$

so lautet die ALGOL-Formulierung von (2.5.2)

```
for i := 0 step 1 until n do
begin
      d[i, 0] := f[i];
      for k := 1 step 1 until i do
          d[i − k, k] := (d[i − k, k − 1] − d[i − k + 1, k − 1])/
          (x[i − k] − x[i]);
end
```

Beispiel: Schema der dividierten Differenzen für $f(x) = \dfrac{1}{x}$, $x_i = 2^i$

$$
\begin{array}{lll}
x & \dfrac{1}{x} \\
1 & 1 \\
 & & -1/2 \\
2 & 1/2 & & 1/8 \\
 & & -1/8 & & -1/64 \\
4 & 1/4 & & 1/64 & & 1/1024 \\
 & & -1/32 & & -1/1024 \\
8 & 1/8 & & 1/512 \\
 & & -1/128 \\
16 & 1/16
\end{array}
$$

(2.5.4)

Das Differenzenschema (2.5.3) läßt sich nach SYLVESTER [C. r. **94** (1882)] formal in geschlossener Form darstellen. Dazu definiert man die $n + 1$ reihige Matrix X

$$
(2.5.5) \qquad X = \begin{pmatrix} x_0 & 1 & & \mathbf{0} \\ & x_1 & 1 \\ & & \ddots & \ddots & 1 \\ \mathbf{0} & & & & x_n \end{pmatrix}.
$$

Ist nun $f(x)$ eine Funktion, in die man eine Matrix „formal einsetzen" darf $\Big[$z. B. $f(x) = $ Polynom in x, $f(x) = x - \dfrac{1}{3!}x^3 +$

$+ \dfrac{1}{5!} x^5 - \cdots = \sin x \Big]$, so gilt für die dividierten Differenzen von $f(x)$

$$(2.5.6) \qquad f(X) = \begin{pmatrix} [x_0] & [x_0\,x_1] & [x_0\,x_1\,x_2] \ldots [x_0\,x_1 \ldots x_n] \\ & [x_1] & [x_1\,x_2] \qquad\quad [x_1 \ldots x_n] \\ & & [x_2] \qquad\qquad\quad \vdots \\ & & & \qquad [x_{n-1}\,x_n] \\ \mathbf{0} & & & \qquad\quad \cdot\,[x_n] \end{pmatrix},$$

weitere Literatur: OPITZ [11].

Beispiel: $f(x) = 4x^2$; Stützpunkte $x_0, \ldots, x_3$

$$X = \begin{pmatrix} x_0 & 1 & 0 & 0 \\ 0 & x_1 & 1 & 0 \\ 0 & 0 & x_2 & 1 \\ 0 & 0 & 0 & x_3 \end{pmatrix},$$

$$f(X) = 4XX = 4 \begin{pmatrix} x_0^2 & x_0+x_1 & 1 & 0 \\ 0 & x_1^2 & x_1+x_2 & 1 \\ 0 & 0 & x_2^2 & x_2+x_3 \\ 0 & 0 & 0 & x_3 \end{pmatrix}.$$

Alle Steigungen von höherer als 2. Ordnung verschwinden.

Die dividierten Differenzen lassen sich direkt durch die Stützwerte ausdrücken, man hat

$(2.5.7)$

$$[x_i\,x_{i+1} \ldots x_{i+k}] = \frac{f(x_i)}{(x_i - x_{i+1})(x_i - x_{i+2}) \ldots (x_i - x_{i+k})} +$$

$$+ \frac{f(x_{i+1})}{(x_{i+1} - x_i)(x_{i+1} - x_{i+2}) \ldots (x_{i+1} - x_{i+k})} +$$

$$+ \cdots + \frac{f(x_{i+k})}{(x_{i+k} - x_i)(x_{i+k} - x_{i+1}) \ldots (x_{i+k} - x_{i+k-1})}$$

$$= \sum_{\nu=0}^{k} \frac{f(x_{i+\nu})}{\prod\limits_{\substack{\mu=0 \\ \mu \neq \nu}}^{k} (x_{i+\nu} - x_{i+\mu})}.$$

Ferner gilt:

Der Ausdruck $[x_i\,x_{i+1} \ldots x_{i+k}]$ ist eine symmetrische Funktion seiner Argumente $x_i, \ldots, x_{i+k}$; es ist also

$$(2.5.8) \qquad\qquad [x_i \ldots x_{i+k}] = [x_{i_p} \ldots x_{i_{p+k}}],$$

wobei $i_p, \ldots, i_{p+k}$ eine beliebige Permutation der $k+1$ Zahlen $i, i+1, \ldots, i+k$ ist.

Speziell ist

$$[x_0\,x_1] = [x_1\,x_0], \quad [x_0\,x_1\,x_2] = [x_0\,x_2\,x_1] = [x_1\,x_0\,x_2] = \cdots.$$

Ist $f(x)$ in $a \leqq x \leqq b$ k-mal stetig differenzierbar, so gilt für die k-te dividierte Differenz

$$(2.5.9) \qquad [x_0\, x_1 \ldots x_k] = \frac{1}{k!}\, f^{(k)}(\xi), \qquad a \leqq \xi \leqq b,$$

$$\text{falls} \quad a \leqq x_i \leqq b, \quad i = 0, 1, \ldots, k.$$

Hieraus ergibt sich:

Ist $f(x)$ ein Polynom vom Grad n, so ist die n-te dividierte Differenz eine Konstante, die $n+1$-te Differenz verschwindet.

2.6 Die Interpolationsformel von Newton

Auf dem Begriff der dividierten Differenzen basiert eine wichtige Interpolationsformel. Es sei x ein beliebiger Punkt im Interpolationsintervall. Wir bilden die dividierten Differenzen unter Einschaltung der Stelle x,

$$(2.6.1) \qquad \begin{aligned}
[x\, x_0] &= \frac{f(x) - f(x_0)}{x - x_0}, \\[4pt]
[x\, x_0\, x_1] &= \frac{[x\, x_0] - [x_0\, x_1]}{x - x_1}, \\[4pt]
[x\, x_0\, x_1\, x_2] &= \frac{[x\, x_0\, x_1] - [x_0\, x_1\, x_2]}{x - x_2}, \\
&\;\;\vdots \\
[x\, x_0 \ldots x_n] &= \frac{[x\, x_0 \ldots x_{n-1}] - [x_0\, x_1 \ldots x_n]}{x - x_n}.
\end{aligned}$$

Eliminiert man aus (2.6.1) sukzessive die Ausdrücke $[x\, x_0]$, $[x\, x_0\, x_1]$, ..., $[x\, x_0 \ldots x_{n-1}]$, so kommt bei Auflösung nach $f(x)$

$$f(x) = f(x_0) + (x - x_0)\{[x_0\, x_1] + (x - x_1)\{[x_0\, x_1\, x_2] + (x - x_2)\{\cdots + \\ + (x - x_n)\,[x\, x_0 \ldots x_n]\}\ldots\}\},$$

oder

$$(2.6.2) \qquad f(x) = \sum_{k=0}^{n} [x_0\, x_1 \ldots x_k] \prod_{\nu=0}^{k-1}(x - x_\nu) + [x\, x_0 \ldots x_n] \prod_{\nu=0}^{n}(x - x_\nu).$$

Der erste Summand der rechten Seite ist ein Polynom $P(x)$ vom Grad n in x, der zweite Summand verschwindet an den Stellen $x_0, x_1, \ldots, x_n$. Folglich ist $P(x)$ gerade das Interpolationspolynom von $f(x)$ für die Stellen $x_0, x_1, \ldots, x_n$. Der zweite Summand in (2.6.2) ist das Restglied, vgl. (2.1.9), (2.5.9). Damit erhält man die *Interpolationsformel von Newton* mit Restglied

$$(2.6.3) \qquad f(x) = f(x_0) + (x - x_0)\,[x_0\, x_1] + (x - x_0)(x - x_1)\,[x_0\, x_1\, x_2] + \cdots \\ + (x - x_0)(x - x_1) \ldots (x - x_{n-1})\,[x_0\, x_1 \ldots x_n] + \prod_{k=0}^{n}(x - x_k)\,\frac{f^{(n+1)}(\xi)}{(n+1)!}.$$

Beispiel: Für die Funktion $f(x) = \dfrac{1}{x}$ und die Stützstellen $1, 2, 4, 8, 16$ folgt aus Schema (2.5.4)

$$(2.6.4) \qquad P(x) = 1 - \frac{1}{2}(x-1) + \frac{1}{8}(x-1)(x-2) -$$

$$- \frac{1}{64}(x-1)(x-2)(x-4) + \frac{1}{1024}(x-1)(x-2)(x-4)(x-8).$$

Setzt man in dieser Formel die rechte Seite mit dem allgemeinen Glied $(-1)^k(x-1)(x-2)\ldots(x-2^{k-1})/2^{\frac{k(k+1)}{2}}$ ins unendliche fort, so erhält man eine für alle x konvergente Reihe, die nicht mit $f(x) = \dfrac{1}{x}$ übereinstimmt. Die ins unendliche fortgesetzte Interpolationsformel liefert hier sozusagen die falsche Funktion.

Die Stützstellen brauchen keineswegs der Reihe nach geordnet sein. Ist z. B. $i_0, \ldots, i_n$ eine Permutation der Zahlen $0, 1, \ldots, n$, so erhält man das Interpolationspolynom in (2.6.3) in der Gestalt

$$(2.6.5) \qquad P(x) = f(x_{i_0}) + (x - x_{i_0})[x_{i_0} x_{i_1}] + \cdots +$$

$$+ (x - x_{i_0})\ldots(x - x_{i_n})[x_{i_0} x_{i_1} \ldots x_{i_n}].$$

Selbstverständlich sind die Interpolationspolynome in den Formeln (2.6.3) und (2.6.5) identisch.

Beispiel: $f(x) = \dfrac{1}{x}$, Stützstellen $4, 8, 2, 16, 1$; die dividierten Differenzen $[4]$, $[4, 8]$, $[4, 8, 2]$, $[4, 8, 2, 16]$ und $[4, 8, 2, 16, 1]$ werden dem Schema (2.5.4) entnommen (man beachte, daß $[4, 8, 2] = [2, 4, 8], \ldots$).

$$(2.6.6) \qquad P(x) = \frac{1}{4} - \frac{1}{32}(x-4) + \frac{1}{64}(x-4)(x-8) -$$

$$- \frac{1}{1024}(x-4)(x-8)(x-2) + \frac{1}{1024}(x-4)(x-8)(x-2)(x-16).$$

Durch Ausmultiplizieren überzeugt man sich, daß (2.6.4) und (2.6.6) dasselbe Polynom darstellen.

2.7 Interpolationsformeln für konfluente Stützstellen

Interpolationsformeln für $f(x)$ können auch für den Fall paarweise gleicher (konfluenter) Stützstellen $x_0, x_1, \ldots, x_n$ aufgestellt werden. In diesem Fall müssen an einer k-fachen Stützstelle x_q neben den Funktionswerten $f(x_q)$ noch die Werte der Ableitungen $f^{(i)}(x_q)$, $i = 1, 2, \ldots, k-1$, vorgegeben werden.

2.7.1 Dividierte Differenzen

Wie das Schema der dividierten Differenzen im Fall konfluenter Stützstellen aufgebaut wird, ist in der Definition (2.5.2) festgelegt. Es ist

$$[x_i] := f(x_i), \qquad [x_i x_i] := f^{(1)}(x_i), \qquad [x_i x_i x_i] := \frac{1}{2!} f^{(2)}(x_i), \ldots .$$

Zur Erläuterung diene das folgende Beispiel mit den Stützstellen x_0, x_1, x_2; x_0 sei doppelte, x_1 dreifache und x_2 einfache Stützstelle. Vorzugeben ist also $f(x_0), f^{(1)}(x_0), f(x_1), f^{(1)}(x_1), f^{(2)}(x_1), f(x_2)$.

$$
\begin{array}{llllll}
x_0 & f(x_0) \\
 & & \underline{[x_0 x_0]} \\
x_0 & f(x_0) & & [x_0 x_0 x_1] \\
 & & [x_0 x_1] & & [x_0 x_0 x_1 x_1] \\
x_1 & f(x_1) & & [x_0 x_1 x_1] & & [x_0 x_0 x_1 x_1 x_1] \\
(2.7.1) & & \underline{[x_1 x_1]} & & [x_0 x_1 x_1 x_1] & & [x_0 x_0 x_1 x_1 x_1 x_2] \\
x_1 & f(x_1) & & \underline{[x_1 x_1 x_1]} & & [x_0 x_1 x_1 x_1 x_2] \\
 & & \underline{[x_1 x_1]} & & [x_1 x_1 x_1 x_2] \\
x_1 & f(x_1) & & [x_1 x_1 x_2] \\
 & & [x_1 x_2] \\
x_2 & f(x_2)
\end{array}
$$

Im Unterschied zur Bildung des Differenzenschemas (2.5.3) werden die unterstrichenen Werte nicht durch Differenzenbildung ermittelt, sondern an diesen Stellen werden die Werte der vorzugebenden Ableitungen eingesetzt: für $[x_0 x_0]$ der Wert $f^{(1)}(x_0)$, für $[x_1 x_1]$ der Wert $f^{(1)}(x_1)$ und für $[x_1 x_1 x_1]$ der Wert $\frac{1}{2!} f^{(2)}(x_1)$. Alle übrigen Werte werden nach der Rekursion (2.5.2) ermittelt, also

$$(2.7.2)$$
$$[x_0 x_0 x_1] = \frac{[x_0 x_0] - [x_0 x_1]}{x_0 - x_1} , \qquad [x_0 x_0 x_1 x_1] = \frac{[x_0 x_0 x_1] - [x_0 x_1 x_1]}{x_0 - x_1} \text{ usw.}$$

Beispiel: $f(0) = 1$, $f'(0) = 0{,}693147$, $f(-1) = 0{,}5$, $f(1) = 2$, $f'(1) = 1{,}386294$, $\frac{f''(1)}{2!} = 0{,}480453$.

$$
\begin{array}{llllllll}
 & x & f(x) \\
 & 0 & 1 \\
 & & & \underline{0{,}693147} \\
 & 0 & 1 & & 0{,}193147 \\
 & & & 0{,}500000 & & 0{,}056853 \\
 & -1 & 0{,}5 & & 0{,}250000 & & 0{,}011294 \\
(2.7.3) & & & 0{,}750000 & & 0{,}068147 & & 0{,}001712 \\
 & 1 & 2 & & 0{,}318147 & & 0{,}013006 \\
 & & & \underline{1{,}386294} & & 0{,}081153 \\
 & 1 & 2 & & \underline{0{,}480453} \\
 & & & \underline{1{,}386294} \\
 & 1 & 2
\end{array}
$$

Die unterstrichenen Werte sind die zu Ableitungen degenerierten Steigungen, die übrigen Werte sind nach (2.7.2) bzw. (2.5.2) ermittelt.

2.7.2 Interpolationsformel von Newton

Für konfluente Stützstellen ergibt sich die Newtonsche Formel formal aus Gl. (2.6.3), wenn man dort mehrere Stützstellen mit gleichen Index versieht: Ist x_0 eine r_0-fache, x_1 eine r_1-fache und x_q eine r_q-fache

Stützstelle, $r_0 + r_1 + \cdots + r_q = n + 1$, so folgt aus (2.6.3)

$$
\begin{aligned}
P(x) = {} & f(x_0) + (x - x_0)\,[x_0\,x_0] \\
& + (x - x_0)^2\,[x_0\,x_0\,x_0] \\
& \;\;\vdots \\
& + (x - x_0)^{r_0-1}\,[x_0 \ldots x_0] \\
& + (x - x_0)^{r_0}\,[x_0 \ldots x_0\,x_1] \\
& + (x - x_0)^{r_0}(x - x_1)\,[x_0 \ldots x_0\,x_1\,x_1] \\
& \;\;\vdots \\
& + (x - x_0)^{r_0}(x - x_1)^{r_1-1}\,[x_0 \ldots x_0\,x_1 \ldots x_1] \\
& + (x - x_0)^{r_0}(x - x_1)^{r_1}\,[x_0 \ldots x_0\,x_1 \ldots x_1\,x_2] \\
& \;\;\vdots \\
& + (x - x_0)^{r_0}(x - x_1)^{r_1} \ldots (x - x_q)^{r_q-1} \times \\
& \times [x_0 \ldots x_0\,x_1 \ldots x_1 \ldots x_q \ldots x_q].
\end{aligned}
$$
(2.7.4)

Für das Restglied $R(x) = f(x) - P(x)$ ergibt sich

$$(2.7.5) \qquad R(x) = (x - x_0)^{r_0}(x - x_1)^{r_1} \ldots (x - x_q)^{r_q} \frac{f^{(n+1)}(\xi)}{(n+1)!}\,,$$

$$\sum_{i=0}^{q} r_i = n + 1.$$

Läßt man alle Stützstellen mit der Stützstelle x_0 zusammenfallen, so stellt (2.7.4) das Taylor-Polynom von $f(x)$ im Punkt x_0 dar, $R(x)$ geht in das Restglied von LAGRANGE über.

Beispiel: Für die Stützstellenverteilung von Beispiel (2.7.3) ergibt sich das Interpolationspolynom zu

$$
\begin{aligned}
P(x) = {} & 1 + 0{,}693147\,x + 0{,}193147\,x^2 + 0{,}056853\,x^2(x + 1) + \\
& + 0{,}011294\,x^2(x + 1)(x - 1) + 0{,}001712\,x^2(x + 1)(x - 1)^2.
\end{aligned}
$$

2.7.3 Die Interpolationsformel von Neville

Auch die Formeln (2.4.6) von Neville lassen sich auf konfluente Stützstellen übertragen. Ist beispielsweise x_0 einfache, x_1 dreifache und x_2 einfache Stützstelle, so erhält man als Neville-Tableau Tab. (2.7.1):

Tabelle 2.7.1. *Interpolation nach Neville bei konfluenten Stützstellen*

$$
\begin{array}{llllll}
x_0 & f(x_0) \\
& & P(x;\,x_1,\,x_0) \\
x_1 & f(x_1) & & P(x;\,x_1,\,x_1,\,x_0) \\
& & P(x;\,x_1,\,x_1) & & P(x;\,x_1,\,x_1,\,x_1,\,x_0) \\
x_1 & f(x_1) & & P(x;\,x_1,\,x_1,\,x_1) & & P(x;\,x_2,\,x_1,\,x_1,\,x_1,\,x_0) \\
& & P(x;\,x_1,\,x_1) & & P(x;\,x_2,\,x_1,\,x_1,\,x_0) \\
x_1 & f(x_1) & & P(x;\,x_2,\,x_1,\,x_1) \\
& & P(x;\,x_2,\,x_1) \\
x_2 & f(x_2)
\end{array}
$$

248 H. Interpolation und genäherte Quadratur

Mit Ausnahme der in Tab. (2.7.1) unterstrichenen Werte lassen sich alle Größen mit Hilfe der Formeln (2.4.4) bzw. (2.4.6) berechnen. Die unterstrichenen Werte müssen gesondert ermittelt werden: Nach Definition ist $P(x; x_1, x_1)$ dasjenige Polynom vom Grad 1, für welches gilt

$$P(x_1; x_1, x_1) = f(x_1), \qquad \frac{d}{dx} P(x; x_1, x_1)\Big|_{x=x_1} = f^{(1)}(x_1).$$

Entsprechend muß bei $P(x; x_1, x_1, x_1)$ für $x = x_1$ auch noch die 2. Ableitung mit $f^{(2)}(x_1)$ übereinstimmen. Die Polynome $P(x; x_1, x_1)$ und $P(x; x_1, x_1, x_1)$ lassen sich aber leicht mit Hilfe der Newtonschen Formel (2.7.4) berechnen, es ist

$$(2.7.6) \quad \begin{aligned} P(x; x_1, x_1) \quad &= f(x_1) + (x - x_1)\,[x_1\,x_1], \\ P(x; x_1, x_1, x_1) &= f(x_1) + (x - x_1)\,[x_1\,x_1] + (x - x_1)^2\,[x_1\,x_1\,x_1]. \end{aligned}$$

Beispiel: Für die Stützstellenverteilung von Beispiel (2.7.3) soll der Wert des interpolierenden Polynoms $P(x)$ für $x = 0,5$ ermittelt werden. Mit den dort angegebenen Werten ist

$$(2.7.7) \quad \begin{aligned} P(0,5; 0, 0) \quad &= 1 + 0,5 \cdot 0,693147 = 1,346574, \\ P(0,5; 1, 1) \quad &= 2 - 0,5 \cdot 1,386294 = 1,306853, \\ P(0,5; 1, 1, 1) &= P(0,5; 1, 1) + (0,5)^2 \cdot 0,480453 = 1,426966. \end{aligned}$$

Neville-Tableau

x	$f(x)$					
0	1					
		1,346574				
0	1		1,394861			
		1,250000		1,416181		
−1	0,5		1,437500		1,414063	
		1,625000		1,411945		1,414223
1	2		1,386390		1,414383	
		1,306853		1,416822		
1	2		1,426966			
		1,306853				
1	2					

Es ist $P(0,5) = 1,414223$. Die unterstrichenen Zahlen sind die Werte der zu Taylor-Polynomen entarteten Interpolationspolynome (2.7.7), die restlichen Werte sind nach (2.4.6) berechnet.

2.7.4 Interpolationsformel von Hermite

Die Verallgemeinerung der Lagrangeschen Interpolationsformel für konfluente Stützstellen ist die Hermitesche Interpolationsformel. Es seien $n + 1$ Stützstellen $x_0, x_1, \ldots, x_n$ gegeben. Im Punkt x_i sind Funktionswert f_i und Ableitungen $f_i^{(k)}$ gegeben, die höchste vorkommende

Ableitungsordnung $(l_i - 1)$ kann von Stützstelle zu Stützstelle verschieden sein:

$$
\begin{aligned}
&x_0: f_0, f_0', \ldots, f_0^{(l_0-1)}, \\
(2.7.8) \qquad &x_1: f_1, f_1', \ldots, f_1^{(l_1-1)}, \qquad l_i \geqq 1, \\
&\quad\vdots \\
&x_n: f_n, f_n', \ldots, f_n^{(l_n-1)}.
\end{aligned}
$$

Gesucht ist ein Polynom $P(x)$, vom Grad $m = l_0 + l_1 + \cdots + l_n - 1$, das an der Stelle x_i mit f_i, und dessen Ableitungen dort mit $f_i^{(k)}$, $k = 1, \ldots, l_i - 1$, übereinstimmen. Die Lösung dieser Aufgabe liefern die verallgemeinerten Lagrangeschen Grundpolynome $L_{i0}(x), \ldots,$ $L_{i, l_i-1}(x)$ mit der Eigenschaft

$$
(2.7.9) \qquad L_{ij}^{(k)}(x_\nu) = 0, \quad \text{für } i \neq \nu, \quad L_{ij}^{(k)}(x_i) = \begin{cases} 0, & j \neq k \\ 1, & j = k. \end{cases}
$$

Mit Hilfe dieser Polynome erhält man die Lösung der Interpolationsaufgabe in der Form

$$
(2.7.10) \qquad P(x) = \sum_{i=0}^{n} \sum_{j=0}^{l_i-1} L_{ij}(x)\, f_i^{(j)};
$$

die $L_{ij}(x)$ haben die Gestalt

$$
(2.7.11) \qquad L_{ij}(x) = \frac{1}{j!}\, \frac{L(x)}{(x-x_i)^{l_i-j}} \sum_{k=0}^{l_i-j-1} \frac{1}{k!} \left[\frac{(x-x_i)^{l_i}}{L(x)} \right]_{x=x_i}^{(k)} (x-x_i)^k
$$

mit $L(x) = (x-x_0)^{l_0}(x-x_1)^{l_1} \ldots (x-x_n)^{l_n}$;

$[\ldots]^{(k)}$ bezeichnet die k-te Ableitung nach x.

Für den Interpolationsfehler erhält man den Ausdruck

$$
(2.7.12) \qquad f(x) - P(x) = L(x)\, \frac{f^{(m+1)}(\xi)}{(m+1)!}\,.
$$

Weitere Literatur: Berezin-Zhidkov [3], Kuntzmann [8].

Spezialfälle: a) Für jede Stützstelle sind f_i und f_i' vorgegeben, also $l_0 = l_1 = \cdots = l_n = 2$. Dann ist

$$
L_{i0}(x) = \prod_{\substack{\nu=0 \\ \nu \neq i}}^{n} \left(\frac{x-x_\nu}{x_i-x_\nu} \right)^2 \left\{ 1 - 2(x-x_i) \sum_{\substack{\mu=0 \\ \mu \neq i}}^{n} \frac{1}{x_i-x_\mu} \right\},
$$

$$
L_{i1}(x) = (x-x_i) \prod_{\substack{\nu=0 \\ \nu \neq i}}^{n} \left(\frac{x-x_\nu}{x_i-x_\nu} \right)^2
$$

und

$$
(2.7.13) \qquad P(x) = \sum_{i=0}^{n} \left(L_{i0}(x)\, f_i + L_{i1}(x)\, f_i' \right).
$$

Analog zu Ziff. 2.3 läßt sich auch hier eine baryzentrische Formel angeben, man erhält

$$(2.7.14) \qquad P(x) = \frac{\sum\limits_{i=0}^{n} \left\{ \left[\dfrac{\lambda_i}{(x-x_i)^2} + \dfrac{\lambda_i'}{x-x_i} \right] f_i + \dfrac{\lambda_i}{x-x_i} f_i' \right\}}{\sum\limits_{i=0}^{n} \left\{ \dfrac{\lambda_i}{(x-x_i)^2} + \dfrac{\lambda_i'}{x-x_i} \right\}}$$

mit

$$\lambda_i = \prod_{\substack{\nu=0 \\ \nu \neq i}}^{n} (x_i - x_\nu)^{-2}, \qquad \lambda_i' = -2\lambda_i \sum_{\substack{\nu=0 \\ \nu \neq i}}^{n} \frac{1}{x_i - x_\nu} \; .$$

b) f_i, f_i' und f_i'' sind vorgegeben, $l_0 = l_1 = \cdots = l_n = 3$. Für diesen Fall erhält man die baryzentrische Formel

$$(2.7.15) \quad P(x) =$$

$$= \frac{\sum\limits_{i=0}^{n} \left\{ \left[\dfrac{\lambda_i}{(x-x_i)^3} + \dfrac{\lambda_i'}{(x-x_i)^2} + \dfrac{\lambda_i''}{x-x_i} \right] f_i + \left[\dfrac{\lambda_i}{(x-x_i)^2} + \dfrac{\lambda_i'}{x-x_i} \right] f_i' + \dfrac{\lambda_i}{x-x_i} \dfrac{f_i''}{2} \right\}}{\sum\limits_{i=0}^{n} \left\{ \dfrac{\lambda_i}{(x-x_i)^3} + \dfrac{\lambda_i'}{(x-x_i)^2} + \dfrac{\lambda_i''}{x-x_i} \right\}}$$

mit

$$\lambda_i = \prod_{\substack{\nu=0 \\ \nu \neq i}}^{n} (x_i - x_\nu)^{-3}, \qquad \lambda_i' = -3\lambda_i \sum_{\substack{\nu=0 \\ \nu \neq i}}^{n} \frac{1}{x_i - x_\nu} \; ,$$

$$\lambda_i'' = \frac{\lambda_i}{2} \left[9 \left(\sum_{\substack{\nu=0 \\ \nu \neq i}}^{n} \frac{1}{x_i - x_\nu} \right)^2 + 3 \sum_{\substack{\nu=0 \\ \nu \neq i}}^{n} \frac{1}{(x_i - x_\nu)^2} \right] \; .$$

§ 3. Interpolation durch Polynome. Gleichabständige Stützstellen

Gleichabständige Stützstellen, d. h. solche für die $x_i = x_0 + i\,h$, mit einer festen Schrittweite h ($h \gtrless 0$), sind für die praktische Interpolation von besonderer Bedeutung, so daß dieser Fall speziell behandelt wird.

3.1 Binomialkoeffizienten

Für die folgenden Abschnitte werden einige Eigenschaften der Binomialkoeffizienten $\binom{t}{k}$ benötigt. Es ist

$$(3.1.1) \qquad \binom{t}{k} = \frac{t(t-1)\ldots(t-k+1)}{1 \cdot 2 \cdot \ldots \cdot k}, \qquad \binom{t}{0} = 1.$$

Daraus folgt

$$(3.1.2) \qquad \binom{t}{k} \text{ ist ein Polynom vom Grad } k \text{ in } t,$$

$$(3.1.3) \qquad \binom{t}{k} \text{ hat die Nullstellen } 0, 1, \ldots, k-1,$$

$$(3.1.4) \qquad \binom{k}{k} = 1.$$

$(3.1.5)$ \qquad Für $|t| \to \infty$ gilt asymptotisch (k fest) $\binom{t}{k} \sim \dfrac{t^k}{k!}$.

$(3.1.6)$ \qquad Für $k \to \infty$ gilt asymptotisch ($t > 0$ fest) $\binom{t}{k} \sim \dfrac{1}{k^{t+1}}$.

$(3.1.7)$ \qquad $\binom{t}{k} = (-1)^k \binom{k-1-t}{k}$.

$(3.1.8)$ \qquad $\binom{\frac{k-1}{2}+s}{k}$ ist für gerade k eine gerade Funktion von s, bei ungeradem k eine ungerade Funktion von s.

$(3.1.9)$ \qquad $\left| \binom{t}{k} \right| \leqq 1$, \quad falls \quad $-1 \leqq t \leqq k$.

$(3.1.10)$ \qquad $\binom{t}{k}$ genügt der Gleichung $\binom{t+1}{k} - \binom{t}{k} = \binom{t}{k-1}$.

$(3.1.11)$ \qquad Die $\binom{t}{k}$ haben die erzeugende Funktion

$$(1 + x)^t = \sum_{k=0}^{\infty} \binom{t}{k} x^k, \quad |x| < 1.$$

3.2 Differenzenschema

Für gleichabständige Stützstellen vereinfacht sich das Schema (2.5.3) der dividierten Differenzen zum divisionsfreien Differenzenschema. Wegen $x_{i+k} - x_i = k\,h$ sind nämlich die Divisoren der k-ten dividierten Differenzen konstant und können weggelassen werden. Somit ergibt sich folgendes Differenzenschema:

Schema der Vorwärtsdifferenzen

$$(3.2.1) \qquad
\begin{array}{ccccc}
f_0 & & & & \\
 & \Delta f_0 & & & \\
f_1 & & \Delta^2 f_0 & & \\
 & \Delta f_1 & & \ddots & \\
f_2 & & \cdot & & \Delta^n f_0 \\
 & \cdot & & \cdot & \\
\cdot & & \Delta^2 f_{n-2} & & \\
 & \Delta f_{n-1} & & & \\
f_n & & & &
\end{array}$$

wobei

$$(3.2.2) \qquad \Delta^k f_i = \Delta^{k-1} f_{i+1} - \Delta^{k-1} f_i, \qquad \Delta f_i = f_{i+1} - f_i, \qquad i = 0, 1, \ldots.$$

Zwischen den $\Delta^k f_i$ und den dividierten Differenzen für die gleichen Stützstellen besteht die Beziehung

$$(3.2.3) \qquad \Delta^k f_i = h^k\, k!\, [x_i\, x_{i+1} \ldots x_{i+k}].$$

Das Differenzenschema (3.2.1) ist mit sog. *Vorwärtsdifferenzen* angeschrieben, was nur bedeutet, daß der untere Index die nach rechts laufenden Schrägzeilen numeriert. Dasselbe Differenzenschema kann auch mit *Rückwärtsdifferenzen* oder auch *zentralen Differenzen* angeschrieben werden:

$$\text{Schema der Rückwärtsdifferenzen}$$

$$
\begin{array}{ccccccc}
f_0 & & & & & & \\
 & \nabla f_1 & & & & & \\
f_1 & & \nabla^2 f_2 & & & & \\
 & \nabla f_2 & & \ddots & & & \\
f_2 & & \ddots & & \nabla^n f_n & & \\
 & \ddots & & \ddots & & & \\
\vdots & & \nabla^2 f_n & & & & \\
 & \nabla f_n & & & & & \\
f_n & & & & & &
\end{array}
$$

(3.2.4)

mit

$$(3.2.5) \qquad \nabla^k f_i = \nabla^{k-1} f_i - \nabla^{k-1} f_{i-1}, \quad \nabla f_i = f_i - f_{i-1}, \quad i = 1, \ldots$$

Ferner hat man das

$$\text{Schema der zentralen Differenzen}$$

$$
\begin{array}{ccccccc}
f_0 & & & & & & \\
 & \delta f_{\frac{1}{2}} & & & & & \\
f_1 & & \delta^2 f_1 & & & & \\
 & \delta f_{\frac{3}{2}} & & \ddots & & & \\
f_2 & & \ddots & & \delta^n f_{\frac{n}{2}} & & \\
 & \ddots & & \ddots & & & \\
\vdots & & \delta^2 f_{n-1} & & & & \\
 & \delta f_{n-\frac{1}{2}} & & & & & \\
f_n & & & & & &
\end{array}
$$

(3.2.6)

mit

$$(3.2.7) \qquad \delta^k f_i = \delta^{k-1} f_{i+\frac{1}{2}} - \delta^{k-1} f_{i-\frac{1}{2}}, \quad \delta f_i = f_{i+\frac{1}{2}} - f_{i-\frac{1}{2}}, \quad i = \tfrac{1}{2}, \tfrac{3}{2}, \ldots,$$
$$i = 1, 2, \ldots$$

Es sei ausdrücklich betont, daß die drei Differenzenschemata 3.2.1, 3.2.4, 3.2.6 *dieselben* Zahlen enthalten, d. h., es ist für alle i und k

$$(3.2.8) \qquad \Delta^k f_i = \nabla^k f_{i+k} = \delta^k f_{i+\frac{k}{2}}.$$

Man führt die verschiedenen Bezeichnungen nur deshalb ein, weil sich gewisse Interpolationsformeln in der einen Notation bequemer schreiben lassen als in der anderen.

Es sei noch vermerkt, daß

$$\Delta^k f_i = \sum_{\mu=0}^{k} (-1)^\mu \binom{k}{\mu} f_{i+k-\mu},$$

$$(3.2.9) \qquad \nabla^k f_i = \sum_{\mu=0}^{k} (-1)^\mu \binom{k}{\mu} f_{i-\mu},$$

$$\delta^k f_i = \sum_{\mu=0}^{k} (-1)^\mu \binom{k}{\mu} f_{i+\frac{k}{2}-\mu}.$$

Analog zu (2.5.9) gilt:

Falls $f(x)$ k-mal stetig differenzierbar, dann ist

$$(3.2.10) \qquad \Delta^k f_i = h^k f^{(k)}(\xi), \quad x_i < \xi < x_{i+k} \quad \text{oder} \quad x_{i+k} < \xi < x_i.$$

3.2.1 Spezielle Anwendungen des Differenzenschemas

3.2.1.1 Kontrolle von Funktionswerten

Aus der Gl. (3.2.10) folgt, daß die höheren Differenzen für kleine Werte von h klein werden. Das kann man zur Kontrolle von Funktionstafeln benützen. Sei etwa ein isolierter Fehler vom Betrage ε an der Stelle x_0 vorhanden, dann ergibt sich folgendes Differenzenschema

$$
\begin{array}{lccc}
x_{-3} & 0 & & \\
 & & 0 & \\
x_{-2} & 0 & & 0 \\
 & & 0 & & \varepsilon \,\cdot \\
x_{-1} & 0 & & \varepsilon & & \cdot \\
 & & \varepsilon & & -3\varepsilon & & \cdot \\
(3.2.11) \quad x_0 & \varepsilon & & -2\varepsilon & & & \cdot \\
 & & -\varepsilon & & 3\varepsilon & & \cdot \\
x_1 & 0 & & \varepsilon & & \cdot \\
 & & 0 & & \varepsilon \,\cdot \\
x_2 & 0 & & 0 \\
 & & 0 \\
x_3 & 0
\end{array}
\qquad \text{allgemein} \quad \nabla^k f_i = (-1)^i \binom{k}{i} \varepsilon.
$$

Der Fehler bewirkt in seinem Einflußbereich, d. h. in einem von dem fehlerhaften f_i-Wert ausgehenden Sektor, eine Störung im Differenzenschema, die bei den höheren Differenzen größer wird und schließlich über die nach rechts abnehmenden Differenzen dominiert. An Hand der Gewichtsfaktoren $(-1)^i \binom{k}{i}$ mit denen der Fehler bei den k-ten Differenzen multipliziert ist, kann man ihn lokalisieren und seine Größe ermitteln.

Beispiel: Auszug aus einer 7stelligen log-Tafel. Aus Platzgründen sind die ersten und zweiten Differenzen weggelassen.

Tabelle 3.2.1. *Auszug aus einer fehlerhaften Logarithmentafel*

x	$f(x)$	$\nabla^3 f_i$	$\nabla^4 f_i$	$\nabla^5 f_i$
30	1477 1213			
31	1491 3617			
		277		
32	1505 1500		−22	
		255		−3
33	1518 5139		−25	
		230		8
34	1531 4789		−17	
		213		97
35	1544 0680		80	
		293		−493
36	1556 3025		−413	
		−120		997
37	1568 2117		584	
		464		−995
38	1579 7836		−411	
		53		499
39	1591 0646		88	
		141		−99
40	1602 0600		−11	
		130		4
41	1612 7839		−7	
		123		−4
42	1623 2493		−11	
		112		
43	1633 4685			
44	1643 4527			

Aus den fünften Differenzen ergibt sich, daß einer der Funktionswerte f_i falsch sein muß. Nach (3.2.11) ist nämlich der Einfluß eines isolierten Fehlers auf die fünften Differenzen bzw. ε, -5ε, 10ε, -10ε, 5ε, $-\varepsilon$, wobei der fehlerhafte Funktionswert zwischen den beiden größten Differenzen liegen muß; es muß also $f(37)$ um 99 bis 100 Einheiten fehlerhaft sein. Tatsächlich ist $\log 37 = 1{,}5682017\ldots$

Das unruhige Verhalten der übrigen fünften Differenzen ist auf Rundungsfehler zurückzuführen.

3.2.1.2 Exakte Differentiation und Integration von Ausdrücken der Form

$$\left(a_0 + a_1 \frac{x}{1!} + \cdots + a_n \frac{x^n}{n!}\right) e^x$$

Ordnet man dem Ausdruck

$$f(x) = \left(a_0 + a_1 \frac{x}{1!} + \cdots + a_n \frac{x^n}{n!}\right) e^x$$

ein Differenzenschema zu, indem man erst durch $\Delta^k y_0 := a_k$ eine Schrägzeile definiert

$$
\begin{matrix}
a_0 & & & \\
& a_1 & & \\
& & a_2 & \\
& & & \cdot \\
& & & \quad \cdot \\
& & & \qquad \cdot \\
& & & a_n
\end{matrix}
$$

und daraus das Differenzenschema nach den Formeln (3.2.2) aufbaut (alle höheren Differenzen Δ^k, $k > n$ werden 0 gesetzt), so ist

$$
f^{(p)}(x) = \left(y_p + \Delta y_p + \Delta^2 y_p \frac{x^2}{2!} + \cdots + \Delta^n y_p \frac{x^n}{n!} \right) e^x.
$$

Für negative p erhält man das unbestimmte Integral.

Das ist eine sehr bequeme Regel zur exakten Differentiation und Integration solcher Ausdrücke.

Beispiel:

$$
f(x) = (5 - 5x + 3x^2 - x^3)\, e^x.
$$

Hier ist $a_0 = 5$, $a_1 = -5$, $a_2 = 6$, $a_3 = -6$.

Von diesen Zahlen ausgehend läßt sich folgendes Schema aufbauen:

$$
\begin{matrix}
22 & & & \\
& -17 & & \\
\underline{5} & & 12 & \\
& \underline{-5} & & -6 \\
0 & & \underline{6} & & 0 \\
& 1 & & \underline{-6} & \\
1 & & 0 & & \underline{0} \\
& 1 & & -6 & \\
2 & & -6 & & \underline{0} \\
& -5 & & -6 & \\
& & -12 & & \underline{0} \\
& & & -6 & \\
& & & & \underline{0}
\end{matrix}
$$

Es ist also

$$
f^{(3)}(x) = \left(2 - 5x - 12\,\frac{x^2}{2!} - 6\,\frac{x^3}{3!} \right) e^x,
$$

$$
\int f(x)\, dx = \left(22 - 17x + 12\,\frac{x^2}{2!} - 6\,\frac{x^3}{3!} \right) e^x.
$$

Bei Ausdrücken der Form $e^{cx}(a_0 + \cdots)$ ist erst eine Variablentransformation vorzunehmen.

3.3 Interpolationsformeln für gleichabständige Stützstellen

Die allgemeinen Interpolationsformeln lassen sich erheblich vereinfachen, falls die Stützstellen $x_0, x_1, \ldots, x_n$ gleichabständig sind. Man führt dazu eine neue Variable t ein gemäß

$$
(3.3.1) \qquad x = x_0 + t\,h, \quad x_i = x_0 + i\,h, \quad i = 0, 1, \ldots
$$

und stellt das Interpolationspolynom $P(x)$ als Funktion $P^*(t) = P(x_0 + t\,h)$ der Variablen t dar. Für die neue Variable t sind die Stützstellen jetzt die ganzen Zahlen $0, 1, \ldots, n$.

3.3.1 Formel von Lagrange

Für die Lagrangeschen Grundpolynome (2.2.4) erhält man aus Gl. (3.3.1)

$$(3.3.2) \qquad L_i(x) = L_i^*(t) = \prod_{\substack{k=0 \\ k \neq i}}^{n} \frac{t-k}{i-k} = \binom{t}{i}\binom{n-t}{n-i}.$$

Damit lautet die *Lagrangesche Interpolationsformel* mit Restglied

$$(3.3.3) \quad f(x) = \sum_{i=0}^{n} \binom{t}{i}\binom{n-t}{n-i} f_i + \binom{t}{n+1} h^{n+1} f^{(n+1)}(\xi); \quad x = x_0 + t\,h.$$

Für die Koeffizienten $L_i^*(t)$ existieren Tabellen in ABRAMOWITZ-STEGUN [1], S. 878—879, S. 900—913. Dort sind tabelliert

a) für ungerade $n = 2m - 1$
die $L_i^*(m - 1 + p)$ als $A_{i-m+1}(p)$,

b) für gerade $n = 2m$
die $L_i^*(m + p)$ als $A_{i-m}(p)$.

Tafelschritt $\Delta p = 0{,}01$.

3.3.2 Baryzentrische Formel

Bei gleichabständigen Stützstellen lautet die *baryzentrische Formel* mit Restglied

$$(3.3.4) \quad f(x) = \frac{\displaystyle\sum_{i=0}^{n} \frac{(-1)^i \binom{n}{i} f_i}{t-i}}{\displaystyle\sum_{i=0}^{n} \frac{(-1)^i \binom{n}{i}}{t-i}} + \binom{t}{n+1} h^{n+1} f^{(n+1)}(\xi), \quad x = x_0 + t\,h.$$

3.3.3 Die Formeln von Newton

Für gleichabständige Stützstellen lautet die *Newtonsche Interpolationsformel* mit Restglied

$$(3.3.5) \quad f(x) = f(x_0) + \binom{t}{1} \Delta f_0 + \binom{t}{2} \Delta^2 f_0 + \cdots + \binom{t}{n} \Delta^n f_0 +$$

$$+ \binom{t}{n+1} h^{n+1} f^{(n+1)}(\xi),$$

$$x = x_0 + t\,h.$$

Schreibt man die Formel mit Rückwärtsdifferenzen, so erhält man

$$(3.3.6) \quad f(x) = f(x_n) - \binom{s}{1} \nabla f_n + \binom{s}{2} \nabla^2 f_n - \cdots + (-1)^n \binom{s}{n} \nabla^n f_n +$$

$$+ (-1)^{n+1} \binom{s}{n+1} h^{n+1} f^{(n+1)}(\xi),$$

$$x = x_n - s\,h.$$

Eine andere Form ist noch

$$(3.3.7) \quad f(x) = f(x_n) + \binom{t}{1} \nabla f_n + \binom{t+1}{2} \nabla^2 f_n + \cdots + \binom{t+n-1}{n} \nabla^n f_n +$$

$$+ \binom{t+n}{n+1} h^{n+1} f^{(n+1)}(\xi),$$

$$x = x_n + t\,h.$$

Die Formel (3.3.6) wird häufig zur Integration von Differentialgleichungen benutzt; dabei wird die Indizierung der x_i: $x_0, x_1, \ldots, x_n$ ersetzt durch die Indizierung $x_{-n}, x_{-n+1}, \ldots, x_0$. In der Formel (3.3.6) übernimmt dann x_0 die Rolle von x_n.

Beispiel: Differenzenschema für $\sin x$

	x	t	$\sin x$				
	0	0	0				
				9983342			
	0,1	1	0,09983342		$-\ 99751$		
(3.3.8a)				9883591		-98752	
	0,2	2	0,19866933		-198503		1980
				9685088		-96772	
	0,3	3	0,29552021		-295275		
				9389813			
	0,4	4	0,38941834				

Mit Formel (3.3.5) erhält man

$$(3.3.8b) \quad P(x) = 10^{-8} \cdot \left\{ 0 + 9983342\,t - 99751 \binom{t}{2} - 98752 \binom{t}{3} + 1980 \binom{t}{4} \right\},$$

wobei $t = 10x$.

3.3.4 Die Formeln von Gauß, Bessel, Everett und Stirling

Aus der allgemeinen Newtonschen Interpolationsformel (2.6.5) lassen sich für spezielle Indexfolgen $i_0, i_1, \ldots$ eine Reihe spezieller Interpolationsformeln gewinnen, die zweckmäßig mit zentralen Differenzen (Schema 3.2.6) angeschrieben werden. Für diese Differenzen ergibt sich ausgehend von einer (beliebigen) Stelle x_i das folgende Bild

$$
\begin{array}{cccccccc}
\vdots & \vdots \\
x_{i-3} & f_{i-3} \\
& & \delta f_{i-\frac{5}{2}} \\
x_{i-2} & f_{i-2} & & \delta^2 f_{i-2} \\
& & \delta f_{i-\frac{3}{2}} & & \delta^3 f_{i-\frac{3}{2}} \\
x_{i-1} & f_{i-1} & & \delta^2 f_{i-1} & & \delta^4 f_{i-1} \\
& & \delta f_{i-\frac{1}{2}} & & \delta^3 f_{i-\frac{1}{2}} & & \delta^5 f_{i-\frac{1}{2}} \\
x_i & f_i & & \delta^2 f_i & & \delta^4 f_i & & \delta^6 f_i \\
& & \delta f_{i+\frac{1}{2}} & & \delta^3 f_{i+\frac{1}{2}} & & \delta^5 f_{i+\frac{1}{2}} \\
x_{i+1} & f_{i+1} & & \delta^2 f_{i+1} & & \delta^4 f_{i+1} \\
& & \delta f_{i+\frac{3}{2}} & & \delta^3 f_{i+\frac{3}{2}} \\
x_{i+2} & f_{i+2} & & \delta^2 f_{i+2} \\
& & \delta f_{i+\frac{5}{2}} \\
x_{i+3} & f_{i+3} \\
\vdots & \vdots
\end{array}
$$

3.3.4.1 Die Formeln von Gauß

Erste Gaußsche Formel mit Restglied

$$(3.3.9) \quad f(x) = f(x_i) + \binom{t}{1}\delta f_{i+\frac{1}{2}} + \binom{t}{2}\delta^2 f_i + \binom{t+1}{3}\delta^3 f_{i+\frac{1}{2}} +$$

$$+ \binom{t+1}{4}\delta^4 f_i + \cdots + \binom{t+A_n}{n+1} h^{n+1} f^{(n+1)}(\xi)$$

$$\text{mit} \quad x = x_i + t\,h, \quad A_n = \begin{cases} \dfrac{n}{2}, & n \text{ gerade} \\[2mm] \dfrac{n-1}{2}, & n \text{ ungerade.} \end{cases}$$

Reihenfolge der Binomialkoeffizienten in (3.3.9)

$$\binom{t}{1}, \binom{t}{2}, \binom{t+1}{3}, \binom{t+1}{4}, \binom{t+2}{5}, \binom{t+2}{6}, \ldots$$

Zweite Gaußsche Formel mit Restglied

$$(3.3.10) \quad f(x) = f(x_i) + \binom{t}{1}\delta f_{i-\frac{1}{2}} + \binom{t+1}{2}\delta^2 f_i + \binom{t+1}{3}\delta^3 f_{i-\frac{1}{2}} +$$

$$+ \binom{t+2}{4}\delta^4 f_i + \cdots + \binom{t+B_n}{n+1} h^{n+1} f^{(n+1)}(\xi)$$

$$\text{mit} \quad x = x_i + t\,h, \quad B_n = \begin{cases} \dfrac{n}{2}, & n \text{ gerade} \\[2mm] \dfrac{n+1}{2}, & n \text{ ungerade.} \end{cases}$$

Reihenfolge der Binomialkoeffizienten in (3.3.10)

$$\binom{t}{1}, \binom{t+1}{2}, \binom{t+1}{3}, \binom{t+2}{4}, \binom{t+2}{5}, \binom{t+3}{6}, \ldots$$

Gaußsche Interpolation

$$
\begin{array}{ll}
\vdots & \vdots \\
x_{i-1} & f_{i-1} \\
& \qquad \delta f_{i-\frac{1}{2}} \qquad\qquad \delta^3 f_{i-\frac{1}{2}} \qquad\qquad \delta^5 f_{i-\frac{1}{2}} \qquad \text{Gauß II} \\
x_i & f_i \qquad\qquad \delta^2 f_i \qquad\qquad \delta^4 f_i \\
& \qquad \delta f_{i+\frac{1}{2}} \qquad\qquad \delta^3 f_{i+\frac{1}{2}} \qquad\qquad \delta^5 f_{i+\frac{1}{2}} \qquad \text{Gauß I} \\
x_{i+1} & f_{i+1} \\
\vdots & \vdots
\end{array}
$$

3.3.4.2 Formel von Bessel

Schreibt man die zweite Formel von GAUSS für die Stützstelle x_{i+1} an und addiert dazu die Formel (3.3.9), so ist das arithmetische Mittel die *Besselsche Formel* mit Restglied

$$
\begin{aligned}
(3.3.11) \quad f(x) = f(x_i) &+ t\,\delta f_{i+\frac{1}{2}} + \binom{t}{2}\left[\mu\,\delta^2 f_{i+\frac{1}{2}} + \frac{t-\frac{1}{2}}{3}\,\delta^3 f_{i+\frac{1}{2}}\right] + \\
&+ \binom{t+1}{4}\left[\mu\,\delta^4 f_{i+\frac{1}{2}} + \frac{t-\frac{1}{2}}{5}\,\delta^5 f_{i+\frac{1}{2}}\right] + \cdots + \\
+ \binom{t+r-1}{2r}&\left[\mu\,\delta^{2r} f_{i+\frac{1}{2}} + \frac{t-\frac{1}{2}}{2r+1}\,\delta^{2r+1} f_{i+\frac{1}{2}}\right] + \binom{t+r}{n+1}\,h^{n+1}\,f^{(n+1)}(\xi)
\end{aligned}
$$

$$
\text{mit} \quad x = x_i + t\,h \quad \text{und} \quad \mu\,\delta^k f_{i+\frac{1}{2}} = \tfrac{1}{2}[\delta^k f_i + \delta^k f_{i+1}].
$$

3.3.4.3 Formel von Everett

Durch Umformung von (3.3.11) entsteht die *Everettsche Formel* mit Restglied

$$
(3.3.12)
$$

$$
f(x) = \begin{cases}
s f_i + \binom{s+1}{3}\,\delta^2 f_i + \binom{s+2}{5}\,\delta^4 f_i + \cdots \\[2mm]
+\, t f_{i+1} + \binom{t+1}{3}\,\delta^2 f_{i+1} + \binom{t+2}{5}\,\delta^4 f_{i+1} + \cdots
\end{cases} + \binom{t+r}{n+1}\,h^{n+1}\,f^{(n+1)}(\xi)
$$

$$
\text{mit} \quad x = x_i + t\,h, \quad s = 1 - t, \quad n = 2r + 1.
$$

Wegen ihrer symmetrischen Bauart wurde die Formel gewöhnlich zur Interpolation (zwischen x_i und x_{i+1}) in Tafeln benutzt.

3.3.4.4 Formel von Stirling

Durch Mittelbildung der beiden Gaußschen Formeln ergibt sich die *Stirlingsche Formel*

$$
\begin{aligned}
(3.3.13) \quad f(x) = f(x_i) &+ \binom{t}{1}\left[\mu\,\delta f_i + \frac{t}{2}\,\delta^2 f_i\right] + \\
&+ \binom{t+1}{3}\left[\mu\,\delta^3 f_i + \frac{t}{4}\,\delta^4 f_i\right] + \cdots + \text{Restglied}
\end{aligned}
$$

$$
\text{mit} \quad x = x_i + t\,h, \quad \mu\,\delta^k f_i = \tfrac{1}{2}[\delta^k f_{i-\frac{1}{2}} + \delta^k f_{i+\frac{1}{2}}].
$$

Beispiel: Als Beispiel nehmen wir Schema (3.3.8a) und stellen das Stirlingsche Polynom für die Stelle $x_i = 0{,}2$ auf.

x	t	$f(x)$				
0	-2	.				
0,1	-1	.	.		.	
				9883591		-98752
0,2	0	0,19866933			-198503		1980
				9685088		-96772
0,3	1	.			.	
0,4	2	.	.			

Es ergibt sich

$$(3.3.14) \quad P(x) = 10^{-8} \cdot \left\{ 19866933 + \binom{t}{1} \left[9784339{,}5 - 198503\,\frac{t}{2} \right] + \right.$$
$$\left. + \binom{t+1}{3} \left[-97762 + 1980\,\frac{t}{4} \right] \right\}$$

mit $t = \dfrac{x - 0{,}2}{0{,}1}$.

(3.3.8b) und (3.3.14) stellen dasselbe Polynom hinsichtlich der Variablen x dar, aber natürlich nicht in bezug auf die Variable t.

3.5 Praktische Interpolation in einer Tafel

In der Rechenpraxis ist die zu interpolierende Funktion $f(x)$ meist durch eine sehr große Anzahl N gleichabständiger Stützstellen x_0, $x_1, \ldots, x_N$ mit Funktionswerten $f(x_i)$, $i = 0, 1, \ldots, N$, gegeben (Logarithmentafel!), so daß es schon der Rechenaufwand verbieten würde, ein Interpolationspolynom vom Grade N für diese Stützstellen zu benützen. Abgesehen davon zeigt die Polynominterpolation bei steigender Ordnung eine verhängnisvolle Neigung zu numerischer Instabilität.

Um eine Vorstellung von den durch Rundungsfehlern bewirkten Instabilitäten zu bekommen, werde folgendes Beispiel betrachtet. Es sei $x_i = i$, $i = 0, 1, \ldots, 49$. Die Stützwerte f_i seien jeweils die ersten 50 fünfstelligen Ziffergruppen von π, also $f_0 = 0{,}14159$, $f_1 = 0{,}26535$, $f_2 = 0{,}89793$, $\ldots$, $f_{49} = 0{,}19091$, die, ähnlich den Rundungsfehlern, den Charakter von Zufallszahlen haben.

Das zugehörige Interpolationspolynom $\tilde{P}(x)$ vom Grad 49 zeigt folgenden pathologischen Verlauf:

	x	$\tilde{P}(x)$	x	$\tilde{P}(x)$
(3.5.1)	0,8	$1{,}3122_{10^{10}}$	4,4	$-1{,}2361_{10^6}$
	1,4	$1{,}7407_{10^9}$	5,4	$1{,}5814_{10^5}$
	2,4	$-1{,}6313_{10^8}$	6,4	$-2{,}4622_{10^4}$
	3,4	$1{,}2132_{10^7}$	7,4	$4{,}5556_{10^3}$

Bei Rechnung mit endlicher Stellenzahl ist nun wegen der Linearität des Interpolationsprozesses jedes Interpolationspolynom durch ein derartiges oszillatorisches Störpolynom $\check{P}(x)$ überlagert, das natürlich mit einem, von der Stellenzahl der Maschine abhängenden, kleinen Faktor ε multipliziert zu denken ist.

Aber es leuchtet ein, daß selbst für kleine ε bei wachsender Interpolationsordnung das Störpolynom die eigentliche Funktion $P(x)$ völlig zudeckt.

Will man zu gegebenem x den Funktionswert $f(x)$ interpolatorisch bestimmen, so muß man $n + 1$ passende Stützstellen $x_i, x_{i+1}, \ldots, x_{i+n}$, die möglichst gleichmäßig um x gruppiert sein sollen, herausgreifen und mit diesen die Interpolation durchführen. Die Interpolationsordnung n ist dabei möglichst niedrig zu wählen; für die Stellenzahl üblicher Rechenautomaten dürfte $n = 10$ eine obere Schranke sein. Das Interpolationspolynom selbst ist bei gegebenen Stützstellen $x_i, x_{i+1}, \ldots, x_{i+n}$ von der Wahl der Interpolationsformel unabhängig. Es könnte sich höchstens der Einfluß der Rundungsfehler bei den verschiedenen Formeln verschieden stark bemerkbar machen, jedoch sind diese Unterschiede bei kleiner Interpolationsordnung nur unbedeutend. Die Auswahl kann also nach Maßgabe der Bequemlichkeit der Formeln erfolgen.

Beispiel: Es seien die Stützstellen $x_0, x_1, \ldots, x_N$ mit Funktionswerten $f(x_i)$, $i = 0, 1, \ldots, N$, gegeben.

a) Die Interpolation soll durch Polynome vom Grad 3 durchgeführt werden. Zur Interpolation im Intervall $x_i \leqq x \leqq x_{i+1}$ konstruiert man

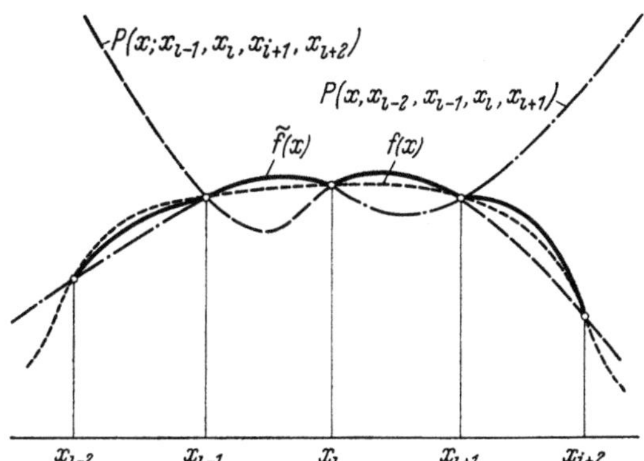

Abb. 3.1. Interpolation durch Polynomstücke, ungerade Ordnung

dann zweckmäßigerweise das Interpolationspolynom für die Stützstellen $x_{i-1}, x_i, x_{i+1}, x_{i+2}$; wir bezeichnen dieses Polynom mit $P(x; x_{i-1}, x_i, x_{i+1}, x_{i+2})$. Für $f(x)$ ergibt sich somit folgende Ersatzfunktion $\tilde{f}(x)$ im Intervall $x_1 \leqq x \leqq x_N - 1$

$$(3.5.2) \quad \tilde{f}(x) = \begin{cases} P(x; x_0, x_1, x_2, x_3), & \text{für} \quad x_1 \leqq x \leqq x_2 \\ P(x; x_1, x_2, x_3, x_4), & \text{für} \quad x_2 \leqq x \leqq x_3 \\ \quad\vdots & \quad\vdots \\ P(x; x_{i-1}, x_i, x_{i+1}, x_{i+2}), & \text{für} \quad x_i \leqq x \leqq x_{i+1} \\ \quad\vdots & \quad\vdots \\ P(x; x_{N-3}, x_{N-2}, x_{N-1}, x_N), & \text{für} \quad x_{N-2} \leqq x \leqq x_{N-1} \end{cases}$$

$\tilde{f}(x)$ setzt sich also intervallweise aus Polynomstücken zusammen. Das Verhalten von $\tilde{f}(x)$ im Bereich $x_{i-2} \leqq x \leqq x_{i+2}$ zeigt (in übertriebener Form) die Abb. 3.1: Obwohl die Ersatzfunktion $\tilde{f}(x)$ die wahre Funktion $f(x)$ gut approximieren kann, besitzt $\tilde{f}(x)$ an den Nahtstellen x_i i. allg. einen Knick.

b) Die Interpolation soll durch Polynome vom Grad 2 durchgeführt werden. Aus Symmetriegründen wird man dann das Polynom $P(x; x_{i-1}, x_i, x_{i+1})$ nur im Intervall $\frac{x_{i-1} + x_i}{2} \leqq x \leqq \frac{x_i + x_{i+1}}{2}$ zur Interpolation benützen. Man erhält so folgende Ersatzfunktion $\tilde{f}(x)$ für $f(x)$

$$
\tilde{f}(x) = \begin{cases}
P(x; x_0, x_1, x_2), & \text{für} \quad \frac{x_0 + x_1}{2} \leqq x \leqq \frac{x_1 + x_2}{2} \\[2ex]
P(x; x_1, x_2, x_3), & \text{für} \quad \frac{x_1 + x_2}{2} \leqq x \leqq \frac{x_2 + x_3}{2} \\[1ex]
\quad\vdots & \qquad\qquad\vdots \\[1ex]
P(x; x_{i-1}, x_i, x_{i+1}), & \text{für} \quad \frac{x_{i-1} + x_i}{2} \leqq x \leqq \frac{x_i + x_{i+1}}{2} \\[1ex]
\quad\vdots & \qquad\qquad\vdots \\[1ex]
P(x; x_{N-2}, x_{N-1}, x_N), & \text{für} \quad \frac{x_{N-2} + x_{N-1}}{2} \leqq x \leqq \frac{x_{N-1} + x_N}{2}
\end{cases}
$$

Den Verlauf von $\tilde{f}(x)$ im Intervall $x_{i-1} \leqq x \leqq x_{i+1}$ zeigt (in übertriebener Form) Abb. 3.2: Da die einzelnen Polynome in der Mitte des Intervalls i. allg. nicht aneinanderschließen, besitzt die Ersatzfunktion $\tilde{f}(x)$ i. allg. hier eine Sprungstelle. Der Fall geradzahliger n ist in dieser Hinsicht als noch ungünstiger als der Fall ungeradzahliger n.

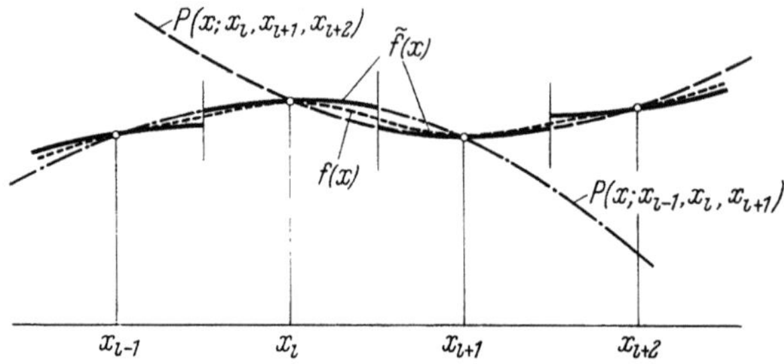

Abb. 3.2. Interpolation durch Polynomstücke, gerade Ordnung

Für praktische Zwecke, in denen es nur auf eine gute Wiedergabe von $f(x)$ durch $\tilde{f}(x)$ ankommt, spielt dieses Verhalten von $\tilde{f}(x)$ keine Rolle, da sowohl Knicke wie auch Höhe der Sprungstellen i. allg. sehr klein sind. Will man jedoch einen glatten Verlauf der Ersatzfunktion $\tilde{f}(x)$, so muß dies durch eine besondere Konstruktion der Interpolationsformel erzwungen werden, vgl. dazu den nächsten Abschnitt.

3.6 Glatte Interpolation

3.6.1 Allgemeine Formel

Bei jeder gewöhnlichen Interpolationsformel, die intervallweise angewendet wird, kann die konstruierte Ersatzfunktion $\tilde{f}(x)$ Ecken in den Anschlußpunkten besitzen. Unter glatter Interpolation versteht man nun eine Interpolationsmethode, bei der die intervallweise aus Polynomstücken zusammengesetzte Ersatzfunktion $\tilde{f}(x)$ stetig und mindestens einmal stetig differenzierbar ist.

Es bezeichne

$$P(x; x_{i-r}, \ldots, x_{i+r+1})$$

das Interpolationspolynom vom Grade $2r + 1$ für die Stützstellen $x_{i-r}, \ldots, x_{i+r+1}$, das zur Interpolation im Intervall $x_i \leqq x \leqq x_{i+1}$ vorgesehen ist.

Nach [13] definieren wir ein (neues) Polynom $Q_i(x)$ gemäß

$$(3.6.1) \quad Q_i(x) = P(x; x_{i-r}, \ldots, x_{i+r+1}) + \psi(t) \binom{t + r - s}{2r - 2s + 2} \delta^{2r+1} f_{i+\frac{1}{2}}$$
$$x = x_i + t\,h,$$

wobei die Korrekturfunktion $\psi(t)$ folgende Eigenschaft besitzt:

a) $\psi(t)$ ist ein Polynom vom Grad $2s - 1$ in t,

$(3.6.2) \quad$ b) $\psi(t) = -\psi(1 - t)$,

c) $\left. \dfrac{d^j \psi(t)}{dt^j} \right|_{t=0} =$

$$= -\frac{d^j}{dt^j} \left\{ \frac{(t + r)(t - r)(t + r - 1)(t - r + 1)\cdots(t + r - s + 1)}{(2r + 1)\,2r(2r - 1)(2r - 2)\cdots(2r - 2s + 3)} \right\}_{t=0}.$$

$\psi(t)$ ist damit eindeutig bestimmt. Mit diesem $\psi(t)$ ist dann $Q_i(t)$ ein Interpolationspolynom vom Grad $2r + 1$, das aber nur an den Stellen $x_{i-r+s}, \ldots, x_{i+r-s+1}$ mit den Stützwerten $f(x_i)$ übereinstimmt.

Dafür gilt der folgende Satz:

Führt man die Interpolation mit der Ersatzfunktion $\tilde{f}(x)$ aus, wo

$$\tilde{f}(x) = \begin{cases} \vdots \\ Q_{i-1}(x), & x_{i-1} \leqq x \leqq x_i \\ Q_i(x), & x_i \leqq x \leqq x_{i+1} \\ Q_{i+1}(x), & x_{i+1} \leqq x \leqq x_{i+2} \\ \vdots \end{cases}$$

so ist $\tilde{f}(x)$ an den Intervallgrenzen $\ldots, x_{i-1}, x_i, x_{i+1}, \ldots$ s-mal stetig differenzierbar.

3.6.2 Spezielle Formeln

a) $s = 1$, stetiger Anschluß der ersten Ableitung.
Man findet

$$\psi(t) = \frac{2r}{2r+1}\left(t - \frac{1}{2}\right).$$

Setzt man dies in (3.6.1) ein und verwendet für $P(x; x_{i-r}, \ldots, x_{i+r+1})$ die Besselsche Formel (3.3.11), so kann man den Korrekturterm mit dem letzten Glied der Besselschen Formel zusammenfassen und erhält die folgende Aussage:

Läßt man bei ungeradem Interpolationsgrad $2r + 1$ in der Besselschen Formel (3.3.11) den Nenner $2r + 1$ des letzten Gliedes

$$\frac{t-\frac{1}{2}}{2r+1}\binom{t+r-1}{\lfloor 2r}\delta^{2r+1}f_{i+\frac{1}{2}}$$

weg, so schließen die Ableitungen dQ_i/dx an den Intervallgrenzen stetig aneinander an.

Beispielsweise erhält man für $r = 2$ die Formel

$$(3.6.3) \qquad Q_i(x) = f_i + t\,\delta f_{i+\frac{1}{2}} + \binom{t}{2}\left[\mu\,\delta^2 f_{i+\frac{1}{2}} + \frac{t-\frac{1}{2}}{3}\delta^3 f_{i+\frac{1}{2}}\right] +$$

$$+ \binom{t+1}{4}\left[\mu\,\delta^4 f_{i+\frac{1}{2}} + \left(t - \frac{1}{2}\right)\delta^5 f_{i+\frac{1}{2}}\right].$$

b) $s = 2$, stetiger Anschluß der zweiten Ableitung. Man findet

$$\psi(t) = \frac{r}{2r+1}\left(t - \frac{1}{2}\right)\left(t^2 - t - \frac{r-1}{2r-1}\right).$$

Fügt man die Korrektur mit dem letzten Term der Besselschen Formel zusammen, so erhält man den Term der modifizierten Besselschen Interpolationsformel zu[1]

$$(3.6.4) \quad \left(t - \frac{1}{2}\right)\binom{t+r-2}{2r-2}\frac{(2r^2 - 2r + 1)(t^2 - t) - (r^2 - r)}{2r(2r-1)}\delta^{2r+1}f_{i+\frac{1}{2}}.$$

Beispielsweise erhält man für $r = 3$ die Formel[1]

$$(3.6.5) \quad Q_i(x) = f_i + t\,\delta f_{i+\frac{1}{2}} + \binom{t}{2}\left[\mu\,\delta^2 f_{i+\frac{1}{2}} + \frac{t-\frac{1}{2}}{3}\delta^3 f_{i+\frac{1}{2}}\right] +$$

$$+ \cdots + \binom{t+2}{6}\mu\,\delta^6 f_{i+\frac{1}{2}} +$$

$$+ \left(t - \frac{1}{2}\right)\binom{t+1}{4}\frac{13t^2 - 13t - 6}{30}\delta^7 f_{i+\frac{1}{2}}.$$

Diese Formel liefert eine an den Intervallgrenzen durchgehend zweimal stetig differenzierbare Ersatzfunktion $\tilde{f}(x)$.

Literatur: RUTISHAUSER [13].

---

[1] In [13] sind die Formeln (18) und (19) gemäß (3.6.4) und (3.6.5) zu modifizieren.

§ 4. Spline-Interpolation

4.1 Spezielle Spline-Interpolation

4.1.1 Erklärung

Legt man durch die Punkte (x_i, f_i), $i = 0, 1, \ldots, N$, einer Koordinatenebene ein dünnes, elastisches Lineal (englisch: Spline, deutsch: Straak oder Straaklatte), so ist die Biegelinie durch eine Funktion $\bar{f}(x)$ gegeben, die, solange $[\bar{f}'(x)]^2$ gegenüber der Größe 1 vernachlässigbar ist, folgende Eigenschaften besitzt:

(1) $\bar{f}(x)$ durchwegs zweimal stetig differenzierbar,

(2) $\bar{f}(x_i) = f_i$,

(3) Unter allen zweimal stetig differenzierbaren Funktionen $\Phi(x)$, für welche $\Phi(x_i) = f_i$, ist $\bar{f}(x)$ ausgezeichnet durch

$$(4.1.1) \qquad \int_{x_0}^{x_N} [\bar{f}''(x)]^2 \, dx \leqq \int_{x_0}^{x_N} [\Phi''(x)]^2 \, dx.$$

Hieraus folgt dann

(4) $\bar{f}(x)$ ist in jedem Intervall $x_i \leqq x \leqq x_{i+1}$ ein Polynom vom Grad 3,

(5) $\bar{f}'''(x)$ i. allg. unstetig für $x = x_1, x_2, \ldots, x_{N-1}$.

Äquidistanz der x_i wird nicht vorausgesetzt, aber ohne Einschränkung der Allgemeinheit sind die x_i als monoton wachsend angenommen.

Die Eigenschaft (3) besagt im wesentlichen, daß die Gesamtkrümmung der Funktion $\bar{f}(x)$ minimal ist.

Ohne weitere Bezugnahme auf die praktische Herkunft können die Eigenschaften (4.1.1) zur Definition einer Funktion $\bar{f}(x)$ erhoben werden. Die zusätzliche Forderung, daß $\bar{f}'(x)$ klein sei, wird dabei fallengelassen. Diese Funktion $\bar{f}(x)$, im folgenden *Spline-Funktion* genannt, besitzt Eigenschaften — geringe Welligkeit, hohe Glätte, Wiedergabe von Symmetrien zwischen den Stützpunkten (x_i, f_i) — die sie als Interpolationsfunktion besonders auszeichnen.

Zur Konstruktion der Spline-Funktion $\bar{f}(x)$ definieren wir

$$(4.1.2) \qquad \bar{f}(x) = \begin{cases} P_0(x), & x_0 \leqq x \leqq x_1 \\ P_1(x), & x_1 \leqq x \leqq x_2 \\ \vdots \\ P_i(x), & x_i \leqq x \leqq x_{i+1} \\ \vdots \\ P_{N-1}(x), & x_{N-1} \leqq x \leqq x_N, \end{cases}$$

wobei

$$(4.1.3) \qquad P_i(x) = a_i + b_i(x - x_i) + c_i(x - x_i)^2 + d_i(x - x_i)^3.$$

Die Koeffizienten a_i, b_i, c_i, d_i sind nach (4.1.1) so zu bestimmen, daß

$$(1) \quad P_i(x_i) = P_{i-1}(x_i), \quad P'_i(x_i) = P'_{i-1}(x_i), \quad P''_i(x_i) = P''_{i-1}(x_i),$$

(4.1.4) $\quad$ (2) $\quad P_i(x_i) = f_i,$

$$(3) \quad \int_{x_0}^{x_N} [\bar{f}''(x)]^2 \, dx = \sum_{i=0}^{N-1} \int_{x_i}^{x_{i+1}} [P''_i(x)]^2 \, dx = \text{Minimum}.$$

Diese Bedingungen liefern folgende Gleichungen für die Koeffizienten. Mit

$$h_i := x_{i+1} - x_i$$

ergibt sich

(1) $\quad a_i = f_i,$

(2) $\quad b_i = \dfrac{a_{i+1} - a_i}{h_i} - \dfrac{(2c_i + c_{i+1})}{3} h_i$

(4.1.5) $\quad$ (3) $\quad d_i = \dfrac{c_{i+1} - c_i}{3h_i}$ $\qquad \Bigg\} \; i = 0, 1, \ldots, N-1,$

(4) $\quad h_{i-1} c_{i-1} + 2(h_{i-1} + h_i) c_i + h_i c_{i+1} =$

$$= 3 \left[\frac{a_{i+1} - a_i}{h_i} - \frac{a_i - a_{i-1}}{h_{i-1}} \right], \quad i = 1, 2, \ldots, N-1,$$

(5) $\quad c_0 = c_N = 0.$

Kennt man also die Größen c_i, so sind auch die Größen b_i, d_i bestimmt.

Die Beziehungen (4), (5) stellen bei gegebenen $a_i = f_i$ ein lineares Gleichungssystem in den c_i dar. Die Koeffizientenmatrix des Systems ist positiv definit; ihre Kondition ist höchstens gleich 7. Die Auflösung nach den c_i ist also ein „gutartiger" Prozeß, s. F (2.10.27).

4.1.2 ALGOL-Programm

Einen eleganten und selbst für eine sehr große Anzahl N von Stützpunkten numerisch stabilen Algorithmus hat REINSCH angegeben; die nachstehende ALGOL-Version wurde von ihm freundlicherweise zur Verfügung gestellt. Die ALGOL-Version besteht aus zwei Prozeduren, genannt *koeffspline* und *spline interpolation*. *koeffspline* liefert zu gegebenen Stützwerten (x_i, f_i) den Koeffizientensatz (a_i, b_i, c_i, d_i) zur Spline-Interpolation, der Index i kann dabei die Zahlen $N_1, N_1 + 1,$ $N_1 + 2, \ldots, N_2$ $(N_1 < N_2)$ durchlaufen. Mit Hilfe dieser ein für allemal ermittelten Koeffizienten berechnet die Prozedur *spline interpolation* gemäß (4.1.2), (4.1.3) zu gegebenem x_s den Funktionswert $y_s = \bar{f}(x_s)$ der Spline-Funktion.

```
procedure koeffspline grenzen (n1, n2)
                stuetzwerte: (x, f)
                ergebnis
                koeffizientensatz: (a, b, c, d);
```

value $n1, n2$; **integer** $n1, n2$; **array** x, f, a, b, c, d;
comment Berechnet zu gegebenen (x_i, f_i), $i = N_1, N_1 + 1, \ldots, N_2$,
$(N_1 < N_2)$, die Koeffizienten a_i, b_i, c_i, d_i, $i = N_1, N_1 +$
$+ 1, \ldots, N_2 - 1$, zur Spline-Interpolation. Die x_i müssen
die Bedingungen erfüllen
entweder $x_i > x_{i+1}$, für alle i
oder $x_i < x_{i+1}$, für alle i.
Die auftretenden Felder sind zu deklarieren als
array $x, f, a, b, c, d\,[n1 : n2]$;
begin real r, s; **integer** $i, m1, m2$;
$m1 := n1 + 1$; $m2 := n2 - 1$; $s := 0$;
for $i := n1$ **step** 1 **until** $m2$ **do**
begin
$\qquad d[i] := x[i + 1] - x[i]$; $r := (f[i + 1] - f[i])/d[i]$;
$\qquad c[i] := r - s$; $s := r$
end;
$s := r := c[n1] := c[n2] := 0$;
for $i := m1$ **step** 1 **until** $m2$ **do**
begin
$\qquad c[i] := c[i] + r \times c[i - 1]$;
$\qquad b[i] := (x[i - 1] - x[i + 1]) \times 2 - r \times s$;
$\qquad\quad s := d[i]$; $r := s/b[i]$
end;
for $i := m2$ **step** -1 **until** $m1$ **do**
$\qquad c[i] := (d[i] \times c[i + 1] - c[i])/b[i]$;
for $i := n1$ **step** 1 **until** $m2$ **do**
begin
$\qquad\quad s := d[i]$; $r := c[i + 1] - c[i]$;
$\qquad d[i] := r/s$;
$\qquad c[i] := c[i] \times 3$;
$\qquad b[i] := (f[i + 1] - f[i])/s - (c[i] + r) \times s$;
$\qquad a[i] := f[i]$
end
end *koeffspline*;

procedure *spline interpolation grenzen* $(n1, n2)$
$\qquad\qquad\qquad\qquad$ *stuetzstellen*: (x)
$\qquad\qquad\qquad\qquad$ *koeffizientensatz*: (a, b, c, d)
$\qquad\qquad\qquad\qquad$ *interpolationsstelle*: (xs)
$\qquad\qquad\qquad\qquad$ *ergebnis*
$\qquad\qquad\qquad\qquad$ *interpolierter wert*: (ys);

value $n1, n2, xs$; **real** xs, ys; **integer** $n1, n2$; **array** x, a, b, c, d;
comment Berechnet aus den Stützstellen x_i und dem Satz von Spline-
     Koeffizienten (a_i, b_i, c_i, d_i) den Wert $y_s = \tilde{f}(x_s)$ der Spline-
     Funktion an der Stelle x_s. Bedingung:
     $x[n1] \leqq x_s \leqq x[n2]$ bzw. $x[n1] \geqq x_s \geqq x[n2]$;
begin real q; **integer** i, k;
   $q := sign\,(x[n2] - x[n1])$; $k := n1 - 1$;
   comment Sucht den Index i für welchen $x[i] \leqq xs \leqq x[i+1]$
      bzw. $x[i] \geqq xs \geqq x[i+1]$. Bei zusätzlicher Infor-
      mation über die Lage von xs läßt sich dieser Prozeß
      abkürzen;
such: $i := k$; $k := 1 + k$; **if** $q \times (xs - x[k]) \geqq 0$ **then go to** *such*;
   $q := xs - x[i]$; $ys := ((d[i] \times q + c[i]) \times q + b[i]) \times q + a[i]$
end *spline interpolation*

  Beispiel: Gegeben sind neun Stützpunkte, die mit Ausnahme eines einzigen
alle auf der x-Achse liegen. Durch diese Punkte wurde ein Interpolationspolynom
vom Grad 8 gelegt, Abb. 4.1: Man sieht, daß wegen der (durch den mittleren Punkt
verursachten[1]) starken Oszillationen das Polynom nur in der Mitte des Intervalls
als Interpolationsfunktion brauchbar ist. Hingegen zeigt die interpolierende Spline-
Funktion ein ganz anderes Verhalten, Abb. 4.2: Die durch den mittleren Punkt
verursachte „Unruhe" klingt nach außen hin rasch ab, die Spline-Funktion ist
m gesamten Intervall als Interpolationsfunktion brauchbar.

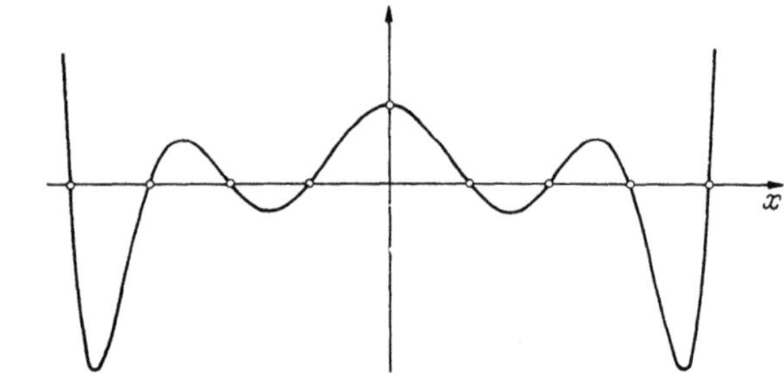

Abb. 4.1. Interpolierendes Polynom

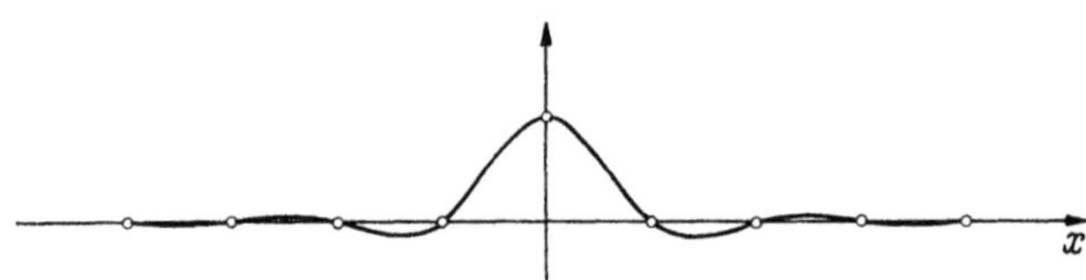

Abb. 4.2. Interpolierende Spline-Funktion

  Diese „glättende" Eigenschaft macht die Spline-Funktion hervor-
ragend geeignet zum Zeichnen von Funktions- und Kurvenbildern (vgl.
Ziff. 4.1.3).

---

[1] Das Interpolationspolynom durch die Punkte der x-Achse wäre das identisch
verschwindende Polynom $P(x) \equiv 0$, die verbindende Kurve die x-Achse selbst.

In diesem Zusammenhang sei noch der folgende, für die Anwendungen besonders wichtige Satz (AHLBERG et. al. [*19*]) erwähnt:

Sei $f(x)$ in $a \leq x \leq b$ stetig und zweimal stetig differenzierbar und $\bar{f}(x)$ die interpolierende Spline-Funktion mit $\bar{f}(x_i) = f(x_i)$, $i = 0, 1, \ldots, N$, $a = x_0 < x_1 < \cdots < x_N = b$. Ist die Unterteilung so beschaffen, daß mit zunehmender Anzahl N die Abstände $|x_{i+1} - x_i|$ zwischen zwei Stützstellen sämtlich gegen Null streben, so strebt $\bar{f}(x)$ gegen $f(x)$ und $\bar{f}'(x)$ gegen $f'(x)$, für $a \leq x \leq b$.

Bei der „gewöhnlichen" Interpolation sind analoge Aussagen nur unter höchst einschränkenden Voraussetzungen möglich.

4.1.3 Varianten zur speziellen Spline-Interpolation

Will man in einer (x, y)-Koordinatenebene Kurven zeichnen etwa der Gestalt in Abb. 4.3, so faßt man zweckmäßigerweise die Punkte (x_i, y_i) als Funktionen eines monoton wachsenden Parameters auf, z. B. der Sekantenlänge s_i, wo

$$s_{i+1} - s_i = \sqrt{(x_{i+1} - x_i)^2 + (y_{i+1} - y_i)^2}, \quad s_0 = 0,$$

und legt durch die Punkte (s_i, x_i) der (s, x)-Ebene und ebenso durch die Punkte (s_i, y_i) der (s, y)-Ebene die Spline-Kurven $x(s)$, $y(s)$. Beide Kurven beschreiben eine interpolierende Kurve in der (x, y)-Ebene in Parameterform.

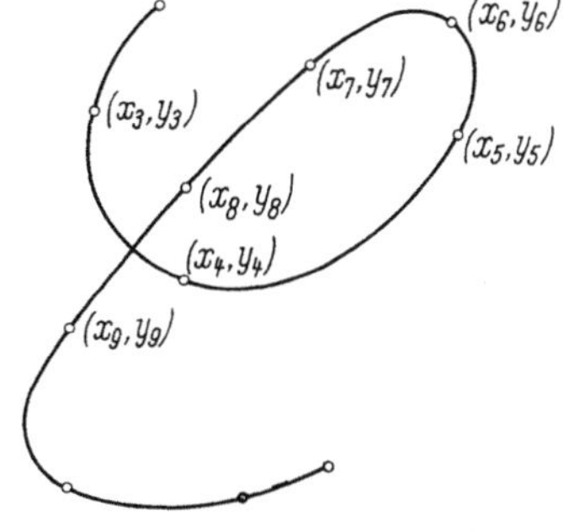

In diesem Zusammenhang (z. B. beim Zeichnen geschlossener Kurven) tritt häufig die Forderung auf, eine periodische interpolierende Spline-Funktion $\bar{f}(x)$ zu finden, für die

$$\bar{f}_0 = \bar{f}_N, \quad \bar{f}'(x_0) = \bar{f}'(x_N),$$

$$\bar{f}''(x_0) = \bar{f}''(x_N).$$

Abb. 4.3. Zeichnen von Spline-Kurven

In diesem Fall ist die Bedingung (4.1.5) (5) zu ersetzen durch

$$(4.1.5) \quad (5') \qquad b_0 = b_N, \quad c_0 = c_N.$$

Eliminiert man b_0 und b_N mit Hilfe von (4.1.5) (2), so resultiert wieder ein lineares Gleichungssystem für die c_i, die Matrix des Systems ist aber nicht mehr tridiagonal.

Die Berechnung der Koeffizienten a_i, b_i, c_i, d_i für periodische Spline-Funktionen kann mit der nachstehenden ALGOL-Prozedur *period koeffspline* durchgeführt werden.

procedure *period koeffspline grenzen* $(n1, n2)$
                              stuetzwerte: (x, f)
                              ergebnis
                              koeffizientensatz: (a, b, c, d);
value $n1, n2$; **integer** $n1, n2$; **array** x, f, a, b, c, d;
comment Berechnet für periodische Spline-Funktionen $(f[n1] = f[n2])$
         den Koeffizientensatz a_i, b_i, c_i, d_i, sonst wie *koeffspline*;
begin real r, s, t, u, v; **integer** $i, m1, m2, m3$;
      $m1 := n1 + 1$; $m2 := n2 - 1$; $m3 := n2 - 2$;
    if $m3 < n1$ **then** $c[n1] := 0$
    else
      begin
            $d[n1] := x[n2] - x[m2]$;
              $s := (f[n2] - f[m2])/d[n1]$;
            for $i := n1$ **step** 1 **until** $m2$ **do**
            begin
                 $r := (f[i + 1] - f[i])/(x[i + 1] - x[i])$;
               $c[i] := r - s$; $s := r$
            end;
            $b[n1] := -0.5/(d[n1] + x[m1] - x[n1])$;
              $r := (x[n2] - x[m3]) \times 2$; $s := c[m2]$;
            for $i := m1$ **step** 1 **until** $m3$ **do**
            begin
                 $t := x[i] - x[i - 1]$;
                 $u := b[i - 1] \times t$; $v := b[i - 1] \times d[i - 1]$;
               $c[i] := u \times c[i - 1] + c[i]$; $d[i] := u \times d[i - 1]$;
               $b[i] := 1/(2 \times (x[i - 1] - x[i + 1]) - t \times u)$;
                 $r := v \times d[i - 1] + r$; $s := v \times c[i - 1] + s$
            end;
            $v := d[m3] + x[m2] - x[m3]$; $u := b[m3] \times v$;
            $r := u \times v + r$; $c[m2] := s := (c[m3] \times u + s)/r$;
            for $i := m3$ **step** -1 **until** $n1$ **do**
              $c[i] := ((x[i + 1] - x[i]) \times c[i + 1] + d[i] \times s -$
                                      $c[i]) \times b[i]$;
      end;
      $c[n2] := c[n1]$;
      for $i := n1$ **step** 1 **until** $m2$ **do**
      begin
           $s := x[i + 1] - x[i]$; $r := c[i + 1] - c[i]$;
         $d[i] := r/s$;
         $c[i] := c[i] \times 3$;
         $b[i] := (f[i + 1] - f[i])/s - (c[i] + r) \times s$;
         $a[i] := f[i]$

end
end *period koeffspline*

4.2 Allgemeine Spline-Interpolation

Ersetzt man die Forderungen (4.1.1) an $\bar{f}(x)$ durch

(1) $\bar{f}(x)$ durchwegs $2m - 2$ mal stetig differenzierbar,

(2) $\bar{f}(x_i) = f_i$,

(4.2.1)   (3) $\displaystyle\int_{x_0}^{x_N} [\bar{f}^{(m)}(x)]^2 \, dx = \text{Minimum}$,

woraus folgt

(4) $\bar{f}(x)$ ist in jedem Intervall $x_i \leqq x \leqq x_{i+1}$ ein Polynom vom Grad $2m - 1$,

(5) $\bar{f}^{(2m-1)}(x)$ i. allg. unstetig für $x = x_1, \ldots, x_{N-1}$,

so spricht man von Spline-Interpolation vom Grad $2m - 1$.

Die naheliegende Vermutung, daß Spline-Funktionen höheren Grades „noch bessere" Interpolationsfunktionen sind, trifft aber i. allg. nicht zu. Zum Vergleich zeigt Abb. 4.4 Spline-Funktionen vom Grad 3, 5, 7,

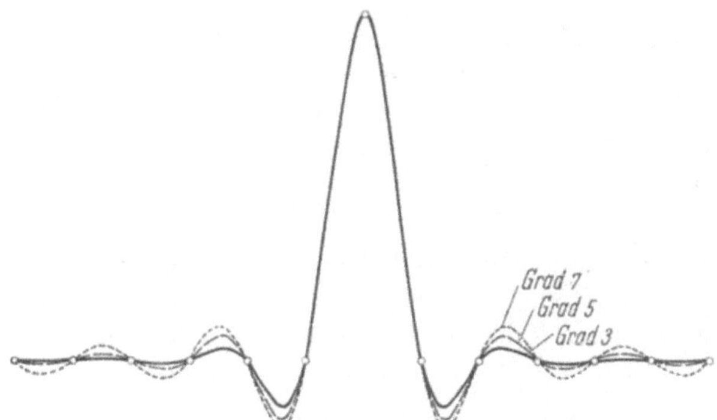

Abb. 4.4. Interpolierende Spline-Funktionen mit verschiedenen Graden

die durch gleiche Interpolationspunkte (x_i, f_i) gelegt sind. Man erkennt, daß mit zunehmender Ordnung die Oszillationen der Spline-Funktionen zunehmen. In der Tat bleibt bei der Spline-Interpolation höherer Ordnung ($m > 2$) das Ergebnis i. allg. hinter der Erwartung zurück.

Literatur: GREVILLE [5], RALSTON-WILF [17], AHLBERG et. al. [19].

4.3 Glättende Spline-Interpolation

4.3.1 Erklärung

Sind die an den Stützstellen x_i gegebenen Werte f_i empirisch (durch Messungen) gewonnen, so macht die Unregelmäßigkeit der f_i i. allg. jede vernünftige Interpolation unmöglich. In diesem Fall darf man die

Ersatzfunktion $\bar{f}(x)$ nicht durch die Stützpunkte (x_i, f_i) legen, sondern man wird $\bar{f}(x)$ „möglichst glatt" durch den Punkthaufen (x_i, f_i) verlaufen lassen.

Um die Aufgabe zu präzisieren, werde folgendes vorausgesetzt: An einer Reihe von Meßpunkten x_i, $i = 0, 1, \ldots, N$, $x_0 < x_1 < \cdots < x_N$ seien Meßwerte f_i gegeben. Diese Meßwerte f_i seien mit Fehlern der Standardabweichung df_i behaftet (vgl. Beitrag M). Als Ersatzfunktion $\bar{f}(x)$, die sich den Meßpunkten möglichst gut annähern soll, wählen wir eine Spline-Funktion mit folgenden Eigenschaften:

(1) $\bar{f}(x)$ durchwegs zweimal stetig differenzierbar,

(2) $\displaystyle\sum_{i=0}^{N} \left(\frac{\bar{f}(x_i) - f_i}{df_i} \right)^2 \leqq s, \ s > 0,$

$$(4.3.1) \qquad (3) \quad \int_{x_0}^{x_N} [\bar{f}''(x)]^2 \, dx = \text{Minimum}.$$

Hieraus folgt wieder

(4) $\bar{f}(x)$ ist in jedem Intervall $x_i \leqq x \leqq x_{i+1}$ ein Polynom vom Grad 3,

(5) $\bar{f}'''(x)$ i. allg. unstetig für $x = x_1, \ldots, x_{N-1}$.

Das sind im wesentlichen die Eigenschaften (4.1.1). Lediglich die Forderung $\bar{f}(x_i) = f_i$ ist durch die schwächere Forderung (4.3.1) (2) ersetzt worden. Die vorzugebende positive Konstante s soll die Größenordnung des Erwartungswertes E von $\displaystyle\sum_{i=0}^{N} \left(\frac{\bar{f}(x_i) - f_i}{df_i} \right)^2$ haben, wobei $E = N + 1$. Die Ersatzfunktion $\bar{f}(x)$ ist also im strengen Sinn keine Interpolationsfunktion, vielmehr gleicht $\bar{f}(x)$ zwischen den gegebenen Punkten (x_i, f_i) aus. (Die Existenz von $\bar{f}(x)$ hat SCHOENBERG [18] bewiesen).

4.3.2 Konstruktion der glättenden Spline-Funktion nach Reinsch

In Analogie zu (4.1.2) definieren wir

$$(4.3.2) \qquad \bar{f}(x) = \begin{cases} P_0(x), & x_0 \leqq x \leqq x_1 \\ \vdots \\ P_i(x), & x_i \leqq x \leqq x_{i+1} \\ \vdots \\ P_{N-1}(x), & x_{N-1} \leqq x \leqq x_N \end{cases}$$

mit
$$(4.3.3) \qquad P_i(x) = a_i + b_i(x - x_i) + c_i(x - x_i)^2 + d_i(x - x_i)^3.$$

Die Bedingung der Stetigkeit von $\bar{f}(x)$, $\bar{f}'(x)$ und $\bar{f}''(x)$ an den Stellen $x = x_i$ liefert wieder das Gleichungssystem (4.1.5), mit Ausnahme der Gl. (1) $a_i = f_i$, diese Beziehung ist hier nicht mehr gültig! Zur Herleitung einer analogen Beziehung zwischen a_i und f_i formen wir (4.3.1) (2) um. Wegen $\bar{f}(x_i) = a_i$ gilt

$$(4.3.4) \qquad 0 \leq \sum_{i=0}^{N} \left(\frac{\bar{f}(x_i) - f_i}{d f_i} \right)^2 = \sum_{i=0}^{N} \left(\frac{a_i - f_i}{d f_i} \right)^2 \leq s.$$

Führt man jetzt eine zusätzliche Variable z ein (Schlupfvariable), so läßt sich die Ungleichung (4.3.4) durch die Gleichung ersetzen

$$(4.3.5) \qquad z^2 + \sum_{i=0}^{N} \left(\frac{a_i - f_i}{d f_i} \right)^2 - s = 0.$$

Weiter ergibt sich

$$(4.3.6) \qquad \int_{x_0}^{x_N} [\bar{f}''(x)]^2 \, dx = \sum_{i=0}^{N-1} \int_{x_i}^{x_{i+1}} [P_i''(x)]^2 \, dx$$

$$= \sum_{i=0}^{N-1} \frac{2}{3} h_i [c_i^2 + (c_i + c_{i+1})^2 + c_{i+1}^2]$$

mit $h_i = x_{i+1} - x_i$.

Die Forderungen (4.3.1) (2) und (3) sind dann gleichwertig mit der Forderung: Minimalisiere den Ausdruck (4.3.6) hinsichtlich der Variablen $c_1, \ldots, c_{N-1}$, $(c_0 = c_N = 0)$ unter Berücksichtigung der Nebenbedingungen (4.3.5), (4.1.5) (3). Das ist wiederum gleichwertig mit der Minimalisierung von

$$(4.3.7) \quad \Phi(a_0, \ldots, a_N, c_1, \ldots, c_{N-1}, z)$$

$$= \sum_{i=0}^{N-1} \frac{2}{3} h_i [c_i^2 + (c_i + c_{i+1})^2 + c_{i+1}^2] +$$

$$+ \lambda \left(z^2 + \sum_{i=0}^{N} \left(\frac{a_i - f_i}{d f_i} \right)^2 - s \right) + \sum_{i=1}^{N-1} \mu_i \times$$

$$\times \left\{ h_{i-1} c_{i-1} + 2(h_{i-1} + h_i) c_i + h_i c_{i+1} - 3 \left[\frac{a_{i+1} - a_i}{h_i} - \frac{a_i - a_{i-1}}{h_{i-1}} \right] \right\}$$

hinsichtlich der Variablen $a_0, \ldots, a_N, c_0, \ldots, c_{N-1}, z$.
$\lambda, \mu_1, \ldots, \mu_{N-1}$ sind die Lagrange-Parameter.

Notwendige Bedingungen für das Eintreten eines Minimums von (4.3.7) sind dann die Gleichungen

$$(4.3.8) \qquad \frac{\partial \Phi}{\partial a_i} = 0, \quad i = 0, \ldots, N,$$

$$(4.3.9) \qquad \frac{\partial \Phi}{\partial c_i} = 0, \quad i = 1, \ldots, N-1,$$

$$(4.3.10) \qquad \frac{\partial \Phi}{\partial z} = 2 \lambda z = 0.$$

Die letzte Gleichung liefert sofort $z = 0$ oder $\lambda = 0$. Die Gln. (4.3.8) und (4.3.9) führen nach etlichen Umformungen zu dem folgenden linearen Gleichungssystem zur Bestimmung von $a_0, \ldots, a_N$

$$(4.3.11) \qquad \left(I + \frac{1}{2\lambda}\, D^2 M L^{-1} M^T\right) \begin{pmatrix} a_0 \\ a_1 \\ \vdots \\ a_N \end{pmatrix} = \begin{pmatrix} f_0 \\ f_1 \\ \vdots \\ f_N \end{pmatrix},$$

dabei ist

$$I = \begin{pmatrix} 1 & & & 0 \\ & 1 & & \\ & & \ddots & \\ 0 & & & 1 \end{pmatrix}, \qquad N + 1\text{-reihige Einheitsmatrix,}$$

$$D = \begin{pmatrix} df_0 & & & 0 \\ & df_1 & & \\ & & \ddots & \\ 0 & & & df_N \end{pmatrix}, \qquad N + 1\text{-reihige Diagonalmatrix,}$$

$$L = \frac{1}{3} \begin{pmatrix} 2(h_0 + h_1) & h_1 & & & & 0 \\ h_1 & 2(h_1 + h_2) & h_2 & & & \\ & \ddots & \ddots & \ddots & & \\ & & h_{N-3} & 2(h_{N-3} + h_{N-2}) & h_{N-2} \\ & 0 & & h_{N-2} & 2(h_{N-2} + h_{N-1}) \end{pmatrix},$$

$N - 1$-reihige Tridiagonalmatrix;

$$M^T = \begin{pmatrix} \dfrac{1}{h_0} & -\left(\dfrac{1}{h_0} + \dfrac{1}{h_1}\right) & \dfrac{1}{h_1} & & & 0 \\[2ex] & \dfrac{1}{h_1} & -\left(\dfrac{1}{h_1} + \dfrac{1}{h_2}\right) & \dfrac{1}{h_2} & & \\[2ex] & & \ddots & \ddots & \ddots & \\[2ex] 0 & & & \dfrac{1}{h_{N-2}} & -\left(\dfrac{1}{h_{N-2}} + \dfrac{1}{h_{N-1}}\right) & \dfrac{1}{h_{N-1}} \end{pmatrix},$$

$(N - 1)\,(N + 1)$-Matrix, (M^T Transponierte von M).

Das Gleichungssystem (4.3.11) ist an die Stelle der Beziehung (4.1.5) (1) getreten, die sich bei der (eigentlichen) Spline-Interpolation ergab. Formal folgt diese Beziehung aus (4.3.5), wenn man dort $s = 0$ setzt.

Aus Gl. (4.3.11) können die ausgeglichenen Ordinaten a_i berechnet werden. Mit den so bestimmten a_i lassen sich dann b_i, c_i, d_i aus (4.1.5) (2)—(5) ermitteln.

Auf die diffizilen Untersuchungen bezüglich einer effektiven numerischen Berechnung des Parameters λ bzw. auf die numerisch günstigste Methode zur Lösung von (4.3.11) kann hier nicht eingegangen werden. Siehe dazu aber den nächsten Abschnitt.

Literatur: REINSCH [12].

4.3.3 ALGOL-Programm

Dieser Abschnitt enthält ein von REINSCH stammendes effektives ALGOL-Programm, genannt *ausgleichspline*, zur Berechnung der glättenden Spline-Funktion $\tilde{f}(x)$. Die Prozedur *ausgleichspline* liefert zu gegebenen Stützwerten (x_i, f_i) mit gegebener Standardabweichung df_i die Koeffizienten a_i, b_i, c_i, d_i zur Spline-Interpolation. Der Index i kann dabei die Zahlen $N_1, N_1 + 1, \ldots, N_2, (N_1 < N_2)$ durchlaufen. Der vorzugebende Parameter s steuert die „Glätte" von $\tilde{f}(x)$: Je größer s, um so glatter die Kurve, aber auch um so geringer die Approximation der Stützwerte f_i. Ist df_i ein Schätzwert für die Standardabweichung von f_i, so empfehlen sich für s Werte im Intervall $N + 1 - \sqrt{2(N+1)} \leq$ $\leq s \leq N + 1 + \sqrt{2(N+1)}$, wobei $N + 1 = N_2 - N_1 + 1$ die Anzahl der Stützpunkte angibt. Mit Hilfe der so berechneten Koeffizienten $a_i, b_i, c_i, d_i, i = N_1, N_1 + 1, \ldots, N_2$ ist gemäß (4.3.2), (4.3.3) die interpolierende Funktion $\tilde{f}(x)$ ermittelt.

```
procedure ausgleichspline grenzen (n1, n2)
                    stuetzwerte: (x, f, df)
                    glaettungskoeffizient: (s)
                    ergebnis
                    koeffizientensatz: (a, b, c, d);
value n1, n2, s; real s; integer n1, n2; array x, f, df, a, b, c, d;
comment Berechnet zu gegebenen (x_i, f_i), x_i < x_{i+1}, mit gegebener
        Standardabweichung df_i, i = N_1, N_1 + 1, ..., N_2, (N_2 -
        - N_1 ≧ 2), und gegebenem Glättungskoeffizienten s die
        Koeffizienten a_i, b_i, c_i, d_i zur Spline-Interpolation. Die auf-
        tretenden Felder sind zu deklarieren als array x, f, df, a, b,
        c, d, [n1 : n2];
begin real e, f1, f2, g, h, h1, p; integer i, m1, m2;
    array r, r1, r2, t, t1, u, v[n1 - 1 : n2 + 1];
    m1 := n1 - 1; m2 := n2 - 1; i := n2 + 1;
    r[m1] := r[n1] := r[n2] := r[i] := 0;
    r1[n1] := r1[n2] := r2[m1] := r2[n1] := 0;
    u[m1] := u[n1] := u[n2] := u[i] := p := 0;
    m1 := n1 + 1;
    h := x[m1] - x[n1]; f1 := (f[m1] - f[n1])/h;
    for i := m1 step 1 until m2 do
```

```
begin
        g := h;  h := x[i + 1] − x[i];
        e := f1;  f1 := (f[i + 1] − f[i])/h;
        a[i] := f1 − e;  t[i] := 2 × (g + h)/3;  t1[i] := h/3;
        r[i] := df[i − 1]/g;  r2[i] := df[i + 1]/h;
        r1[i] := − df[i]/g − df[i]/h
end;
for i := m1 step 1 until m2 do
begin
        b[i] := r[i] × r[i] + r1[i] × r1[i] + r2[i] × r2[i];
        c[i] := r1[i] × r[i + 1] + r2[i] × r1[i + 1];
        d[i] := r2[i] × r[i + 2]
end;
f2 := − s;

iter:

for i := m1 step 1 until m2 do
begin
        r[i] := 1/sqrt(p × b[i] + t[i] − r1[i − 1] × r1[i − 1] −
                                  r2[i − 2] × r2[i − 2]);
        r1[i] := (p × c[i] + t1[i] − r1[i − 1] × r2[i − 1]) × r[i];
        r2[i] := p × d[i] × r[i]
end;
for i := m1 step 1 until m2 do
u[i] := (a[i] − r1[i − 1] × u[i − 1] − r2[i − 2] × u[i − 2]) × r[i];
for i := m2 step −1 until m1 do
u[i] := (u[i] − r1[i] × u[i + 1] − r2[i] × u[i + 2]) × r[i];
e := h := 0;
for i := n1 step 1 until m2 do
begin
        g := h;  h := (u[i + 1] − u[i])/(x[i + 1] − x[i]);
        h1 := h − g;
        v[i] := h1 × df[i] × df[i];  e := e + v[i] × h1
end;
g := v[n2] := − h × df[n2] × df[n2];  e := e − g × h;
g := f2;  f2 := e × p × p;
if f2 ≧ s ∨ f2 ≦ g then go to fin;
f1 := 0;  h := (v[m1] − v[n1])/(x[m1] − x[n1]);
for i := m1 step 1 until m2 do
begin
        g := h;  h := (v[i + 1] − v[i])/(x[i + 1] − x[i]);
        r[i] := (h − g − r1[i − 1] × r[i − 1] − r2[i − 2] ×
                                  r[i − 2]) × r[i];
        f1 := f1 + r[i] × r[i]
```

end;

$h := e - p \times f1$; **if** $h \leq 0$ **then go to** *fin*;

$p := p + (s - f2)/((sqrt(s/e) + p) \times h)$; **go to** *iter*;

fin:

for $i := n1$ **step** 1 **until** $n2$ **do**

begin

$a[i] := f[i] - p \times v[i]$;

$c[i] := u[i]$

end;

for $i := n1$ **step** 1 **until** $m2$ **do**

begin

$h := x[i + 1] - x[i]$;

$d[i] := (c[i + 1] - c[i])/(3 \times h)$;

$b[i] := (a[i + 1] - a[i])/h - (h \times d[i] + c[i]) \times h$

end

end *ausgleichspline*

Beispiel: Die Abb. 4.5 zeigt eine ausgleichende Spline-Funktion $\tilde{f}(x)$ mit 101 Stutzpunkten (x_i, f_i), $i = 0, 1, \ldots, 100$. Die Meßwerte f_i wurden dabei wie

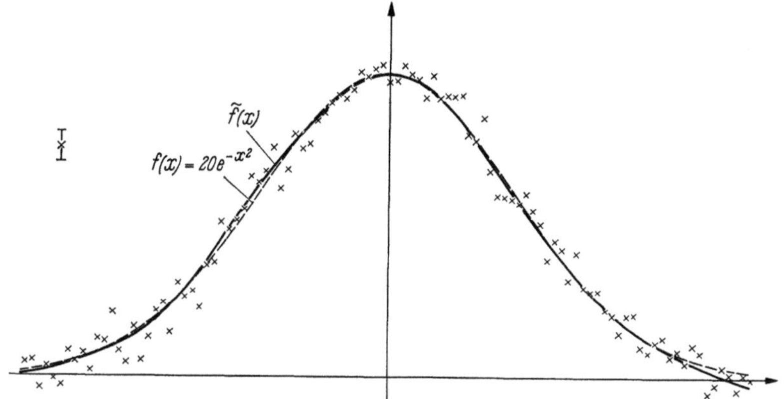

Abb. 4.5. Stutzpunkte (x_i, f_i), ausgleichende Spline-Funktion $\tilde{f}(x)$ und wahre Funktion $f(x)$

folgt gewonnen: Mit Hilfe eines Zufallsgenerators wurden normalverteilte Zufallszahlen z_i erzeugt (Erwartungswert 0, Standardabweichung 1) und diese zur „Erzeugung von Meßwerten" f_i benutzt gemäß

$$f_i = 20e^{-x_i^2} + z_i, \quad i = 0, 1, \ldots, 100$$

Für die df_i wurde als Schätzwert $df_i \approx \sigma = 0.941547\ldots$, $i = 0, 1, \ldots, 100$, errechnet, wobei

$$\sigma^2 = \frac{1}{100} \sum_{k=0}^{100} (z_k - \bar{z})^2, \qquad \bar{z} = \frac{1}{101} \sum_{k=0}^{100} z_k.$$

Mit $s = 90$ ergibt sich die in Abb. 4.5 dargestellte interpolierende Funktion $\tilde{f}(x)$. Zum Vergleich ist die „wahre" Funktion $f(x) = 20e^{-x^2}$ eingezeichnet. Man sieht, daß $\tilde{f}(x)$ die „unbekannte" Funktion $f(x)$ gut reproduziert.

§ 5. Interpolation durch rationale Funktionen

5.1 Erklärung

Unter rationaler Interpolation versteht man die Konstruktion einer rationalen Funktion

$$(5.1.1) \qquad R(x) = \frac{P(x)}{Q(x)} = \frac{p_0 + p_1 x + \cdots + p_\zeta x^\zeta}{q_0 + q_1 x + \cdots + q_\nu x^\nu}$$

mit vorgegebenem Zählergrad ζ und Nennergrad ν, die an diskreten Stellen $x_0, x_1, \ldots, x_n$ mit vorgegebenen Werten $f_i = f(x_i)$ einer Funktion $f(x)$ übereinstimmt

$$R(x_i) = f_i, \quad i = 0, 1, \ldots, n; \quad n = \zeta + \nu.$$

Dabei sei vermerkt, daß lediglich gefordert werden kann Grad $P \leqq \zeta$, Grad $Q \leqq \nu$, d. h. bei der Berechnung der rationalen Interpolationsfunktion können sich durchaus $p_\zeta, p_{\zeta-1}, \ldots, p_{\zeta-k}$ bzw. $q_\nu, q_{\nu-1}, \ldots, q_{\nu-l}$ zu null ergeben. Die rationale Interpolation ist eine Verallgemeinerung der Interpolation durch Polynome: Für $\nu = 0$, d. h. $Q(x) \equiv q_0 = $ const, hat man den Spezialfall der Polynom-Interpolation. Während aber die Existenz eines Interpolationspolynoms $P(x)$ mit vorgegebenem Grad n. das an $n + 1$ Stellen x_i, mit gegebenen Werten f_i übereinstimmt stet, gesichert ist, muß das keineswegs für eine interpolierende rationale Funks tion $R(x)$ mit vorgegebenem Zählergrad ζ und Nennergrad ν zutreffen-

Beispiel: Fur $f(0) = 1$, $f(1) = 3$, $f(2) = 3$ erhält man als interpolierende rationale Funktion mit $\zeta = \nu = 1$ den Ausdruck $R(x) = 3 \dfrac{x}{x}$; für $x \neq 0$ ergibt sich $R(x) \equiv 3$, fur $x = 0$ nimmt $R(x)$ den unbestimmten Wert $\dfrac{0}{0}$ an, die gekürzte Funktion $R(x) = 3$ erfullt keineswegs die Interpolationsbedingung.

Eine weitere Unbequemlichkeit ergibt sich daraus, daß im Interpolationsintervall $x_0 < x < x_n$ Nullstellen des Nennerpolynoms $Q(x)$ liegen können, die interpolierende Funktion $R(x)$ dort also Pole haben kann, was in der Praxis u. U. ärgerlich ist.

Beispiel: Aus $f(0) = -1$, $f(2) = 1$, $f(3) = \frac{1}{2}$ erhält man als Interpolierende mit $\zeta = \nu = 1$ die Funktion $R(x) = \dfrac{1}{x - 1}$ mit einer Polstelle bei $x = 1$.

Die Beispiele zeigen, wie problematisch die rationale Interpolation sein kann, und die Frage stellt sich, ob dieses Interpolationsverfahren in der Praxis brauchbar ist. Die Antwort liegt in der Erfahrungstatsache, daß eine interpolierende rationale Funktion $R(x)$ (deren Existenz vorausgesetzt) mit Zählergrad $\approx$ Nennergrad den Verlauf der zu interpolierenden Funktion $f(x)$ i. allg. besser wiedergibt als ein interpolierendes Polynom. Bei gleicher Information über $f(x)$, also fester Anzahl von Stützpunkten (x_i, f_i), rekonstruiert die rational Interpolierende die

Funktion $f(x)$ häufig besser als das Interpolationspolynom. Ferner kann man mit rationalen Funktionen die Interpolation auch in der Nähe von Polstellen durchführen [Beispiel: $f(x) = \tan x$, $x \approx \pi/2$; vgl. dazu auch Beispiel 5.4.9].

In den folgenden Abschnitten werden konstruktive Verfahren zur Berechnung rationaler Interpolationsfunktionen gegeben. Die Existenzfrage wird dabei nicht mehr aufgeworfen. Dazu muß auf die Spezialliteratur verwiesen werden.

5.2 Inverse und reziproke Differenzen

Für die Interpolation durch rationale Funktionen sind die sog. inversen und reziproken Differenzen wichtig. Sie bedeuten für diese Interpolationsmethode dasselbe wie die dividierten Differenzen bei der Interpolation durch Polynome.

5.2.1 Inverse Differenzen

Wir erklären zunächst den Begriff der inversen Differenz. Seien x_0 und x_1 zwei beliebige Abszissen mit $x_0 \neq x_1$. Man definiert als *erste inverse Differenz* von $f(x)$ den Ausdruck

$$\varphi_1(x_1, x_0) = \frac{x_1 - x_0}{f(x_1) - f(x_0)}\,.$$

Analog definiert man als *zweite inverse Differenz*

$$\varphi_2(x_2, x_1, x_0) = \frac{x_2 - x_1}{\varphi_1(x_2, x_0) - \varphi_1(x_1, x_0)}\,.$$

Allgemein gilt die folgende

Definition: *Die k-te inverse Differenz* φ_k *ist rekursiv erklärt durch*

$$(5.2.1) \quad \varphi_k(x_i, x_{k-1}, x_{k-2}, \ldots, x_1, x_0)$$

$$= \frac{x_i - x_{k-1}}{\varphi_{k-1}(x_i, x_{k-2}, x_{k-3}, \ldots, x_1, x_0) - \varphi_{k-1}(x_{k-1}, x_{k-2}, \ldots, x_1, x_0)}\,,$$

$$i = 0, 1, \ldots, n, \quad k = 1, \ldots, i$$

mit den Anfangswerten $\varphi_0(x_i) := f(x_i)$.

Der Prozeß läßt sich in einem Schema veranschaulichen

$$(5.2.2)$$

$$
\begin{array}{llllll}
x_0\ f_0 & & & & & \\
 & \varphi_1(x_1, x_0) & & & & \\
x_1\ f_1 & & \varphi_2(x_2, x_1, x_0) & & & \\
 & \varphi_1(x_2, x_0) & & \varphi_3(x_3, x_2, x_1, x_0) & & \\
x_2\ f_2 & & \varphi_2(x_3, x_1, x_0) & & \varphi_4(x_4, x_3, x_2, x_1, x_0) \\
 & \varphi_1(x_3, x_0) & & \varphi_3(x_4, x_2, x_1, x_0) & \vdots \\
x_3\ f_3 & & \varphi_2(x_4, x_1, x_0) & \vdots & \\
 & \varphi_1(x_4, x_0) & \vdots & & \\
x_4\ f_4 & \vdots & & & \\
\vdots\ \ \vdots & & & &
\end{array}
$$

Mit $\varphi_{ik} = \varphi_k(x_i, x_{k-1}, \ldots, x_1, x_0)$ ergibt sich folgende ALGOL-Formulierung für Gl. (5.2.1)

(5.2.3)
```
for i:= 0 step 1 until n do
begin
φ[i, 0] := f[i];
for k:= 1 step 1 until i do
φ[i, k] := (x[i] — x[k — 1]) / (φ[i, k — 1] — φ[k —1, k — 1]);
end
```

$$\text{Schema}$$

$$
\begin{array}{llllll}
x_0 & \varphi_{00} \\
 & & \varphi_{11} \\
x_1 & \varphi_{10} & & \varphi_{22} \\
 & & \varphi_{21} & & \varphi_{33} \\
x_2 & \varphi_{20} & & \varphi_{32} & & \varphi_{44} \\
 & & \varphi_{31} & & \varphi_{43} & \vdots \\
x_3 & \varphi_{30} & & \varphi_{42} & \vdots \\
 & & \varphi_{41} & \vdots \\
x_4 & \varphi_{40} & \vdots \\
 & \vdots & \vdots
\end{array}
$$

Für hinreichend großes n sind die inversen Differenzen φ_n von rationalen Funktionen $f(x)$ konstant.

In solchen (und anderen) Fällen können „unendliche" Differenzen auftreten.

Beispiel:

(5.2.4)

x	$f(x)$	φ_1	φ_2	φ_3	φ_4
0	2				
		$-\frac{1}{2}$			
1	0		2		
		$\frac{1}{2}$		∞	
3	8		2		0
		1		∞	
4	6		2		
		2			
6	5				

Die inversen Differenzen sind keine symmetrische Funktionen ihrer Argumente, es ist i. allg.

$$\varphi_2(x_0, x_1, x_2) \neq \varphi_2(x_1, x_2, x_0), \ldots \quad \text{usw.}$$

5.2.2 Reziproke Differenzen

Von Bedeutung sind ferner die sog. reziproken Differenzen. Man definiert als *erste reziproke Differenz*

$$\varrho_1(x_1, x_0) = \frac{x_1 - x_0}{f(x_1) - f(x_0)} \cdot$$

Die *zweite reziproke Differenz* ist erklärt durch

$$\varrho_2(x_2, x_1, x_0) = \frac{x_2 - x_0}{\varrho_1(x_2, x_1) - \varrho_1(x_1, x_0)} + f(x_1).$$

Allgemein gilt die folgende

Definition: *Die k-te reziproke Differenz ϱ_k ist rekursiv erklärt durch*

$$(5.2.5)$$

$$\varrho_k(x_i, x_{i-1}, \ldots, x_{i-k}) = \frac{x_i - x_{i-k}}{\varrho_{k-1}(x_i, \ldots, x_{i-k+1}) - \varrho_{k-1}(x_{i-1}, \ldots, x_{i-k})} +$$

$$+ \varrho_{k-2}(x_{i-1}, \ldots, x_{i-k+1}), \qquad i = 0, 1, \ldots, n; \ k = 1, \ldots, i$$

mit den Anfangswerten $\varrho_0(x_i) = f(x_i)$, $\varrho_{-1} = 0$.

Es ergibt sich das folgende Schema

$$(5.2.6)$$

Hinsichtlich der auftretenden Argumente $x_i, \ldots$ unterscheidet sich der Aufbau dieses Schemas von jenem der inversen Differenzen (5.2.2).

Mit $\varrho_{ik} = \varrho_k(x_i, x_{i-1}, \ldots, x_{i-k})$ lautet die ALGOL-Formulierung von (5.2.5)

$$(5.2.7)$$

```
for i := 0 step 1 until n do
   begin
         ϱ[i, 0] := f[i]; ϱ[i, −1] := 0;
         for k := 1 step 1 until i do
         ϱ[i, k] := (x[i] − x[i − k])/(ϱ[i, k − 1] − ϱ[i − 1, k − 1]) +
                    + ϱ[i − 1, k − 2];
   end
```

Schema

Im Gegensatz zu den inversen Differenzen φ_k sind die reziproken Differenzen ϱ_k symmetrische Funktionen ihrer Argumente, es ist also z. B.

$$\varrho_3(x_3, x_2, x_1, x_0) = \varrho_3(x_2, x_1, x_0, x_3) = \cdots \quad \text{usw.}$$

Zwischen inversen und reziproken Differenzen besteht die Relation

$$(5.2.8) \quad \varphi_k(x_{i_k}, x_{i_{k-1}}, \ldots, x_{i_0})$$
$$= \varrho_k(x_{i_k}, x_{i_{k-1}}, \ldots, x_{i_0}) - \varrho_{k-2}(x_{i_{k-2}}, x_{i_{k-3}}, \ldots, x_{i_0}),$$

wobei $i_k, i_{k-1}, \ldots, i_1, i_0$ irgendwelche $k + 1$ ganze Zahlen sind; $\varrho_{-1} = \varrho_{-2} = 0$.

Ferner gilt:

Für hinreichend großes n sind die reziproken Differenzen ϱ_n von rationalen Funktionen $f(x)$ konstant.

Beispiel: Schema der reziproken Differenzen fur $f(x) = \dfrac{1}{\sin x}$.

x	$\dfrac{1}{\sin x}$	ϱ_1	ϱ_2	ϱ_3
$1°$	$5{,}7298688_{10^1}$			
		$-3{,}4910131_{10^{-2}}$		
$2°$	$2{,}8653708_{10^1}$		$1{,}7461711_{10^{-2}}$	
		$-1{,}0475169_{10^{-1}}$		$3{,}4298165_{10^2}$
$3°$	$1{,}9107323_{10^1}$		$2{,}6205864_{10^{-2}}$	
		$-2{,}0956735_{10^{-1}}$		
$4°$	$1{,}4335587_{10^1}$			

(5.2.9)

5.3 Die Interpolationsformel von Thiele

Es sei $f(x)$ an $n + 1$ Stellen x_i mit Werten $f_i = f(x_i)$, $i = 0, 1, \ldots, n$, gegeben. Mit Hilfe der inversen Differenzen läßt sich dann eine von Thiele angegebene Interpolationsformel herleiten, die als Interpolierende eine rationale Funktion

$$(5.3.1) \qquad R(x) = \frac{p_0 + p_1 x + \cdots + p_\zeta x^\zeta}{q_0 + q_1 x + \cdots + q_\nu x^\nu}$$

mit $R(x_i) = f(x_i)$ liefert, wobei für die Grade von Zähler- und Nennerpolynom gilt

$$(5.3.2) \qquad \begin{aligned} \zeta = \nu = \frac{n}{2}, & \qquad \text{falls } n \text{ gerade,} \\[2mm] \zeta = \nu + 1 = \frac{n+1}{2}, & \qquad \text{falls } n \text{ ungerade.} \end{aligned}$$

Zur Herleitung dieser Formel schreiben wir unter Einschaltung einer Stelle x formal die inversen Differenzen an

$$x_0 - x = \varphi_1(x, x_0)\,[f_0 - f(x)],$$
$$x_1 - x = \varphi_2(x, x_1, x_0)\,[\varphi_1(x_1, x_0) - \varphi_1(x, x_0)],$$
$$\vdots$$
$$x_n - x = \varphi_{n+1}(x, x_n, x_{n-1}, \ldots, x_0)\,[\varphi_n(x_n, x_{n-2}, \ldots, x_0) -$$
$$- \varphi_n(x, x_{n-1}, x_{n-2}, \ldots, x_0)].$$

Eliminiert man aus diesen Gleichungen sukzessive die Ausdrücke $\varphi_1(x, x_0)$, $\varphi_2(x, x_1, x_0)$, ..., so erhält man bei der Auflösung nach $f(x)$ nacheinander die Kettenbrüche

(5.3.3)

$$f(x) = f_0 + \cfrac{x - x_0}{\varphi_1(x, x_0)},$$

$$f(x) = f_0 + \cfrac{x - x_0}{\varphi_1(x_1, x_0) + \cfrac{x - x_1}{\varphi_2(x, x_1, x_0)}},$$

$$\vdots \qquad \vdots$$

$$f(x) = f_0 + \cfrac{x - x_0}{\varphi_1(x_1, x_0) + \cfrac{x - x_1}{\varphi_2(x_2, x_1, x_0) + \cfrac{x - x_2}{\varphi_3(x_3, x_2, x_1, x_0) + \cdots}}}$$

$$+ \cfrac{x - x_{n-1}}{\varphi_n(x_n, \ldots, x_0) + \cfrac{x - x_n}{\varphi_{n+1}(x, x_n, x_{n-1}, \ldots, x_0)}}$$

Die Formeln (5.3.3) sind natürlich reine Identitäten, denn zur Bildung von $\varphi_1(x, x_0), \ldots, \varphi_{n+1}(x, x_n, \ldots, x_0)$ ist ja der Wert von $f(x)$ an der Stelle x erforderlich. Von Interesse ist jedoch der Näherungsbruch, der durch Weglassen des letzten Gliedes in der letzten Gleichung von (5.3.3) entsteht. Man gewinnt damit die *Thielesche Interpolationsformel*

(5.3.4)

$$R(x) = f(x_0) + \cfrac{x - x_0}{\varphi_1(x_1, x_0) + \cfrac{x - x_1}{\varphi_2(x_2, x_1, x_0) + \cdots}}$$

$$+ \cfrac{x - x_{n-2}}{\varphi_{n-1}(x_{n-1}, \ldots, x_0) + \cfrac{x - x_{n-1}}{\varphi_n(x_n, \ldots, x_0)}}$$

mit $R(x_i) = f(x_i)$, $i = 0, 1, \ldots, n$.

Diese von THIELE angegebene interpolierende rationale Funktion $R(x)$ ist das Analogon zum Interpolationspolynom $P(x)$.

Beispiel: Aus der Tab. (5.2.4) der inversen Differenzen erhält man zunächst formal

$$R(x) = 2 + \cfrac{x - 0}{-\tfrac{1}{2} + \cfrac{x - 1}{2 + \cfrac{x - 2}{\infty + \cfrac{x - 3}{0}}}} = 2 + \cfrac{x - 0}{-\tfrac{1}{2} + \cfrac{x - 1}{2 + \cfrac{x - 2}{\infty + \infty}}},$$

und daraus

$$R(x) = 2 + \cfrac{x - 0}{-\tfrac{1}{2} + \cfrac{x - 1}{2 + 0}} = 4\,\frac{x - 1}{x - 2}.$$

Die Interpolationsformel in der Gestalt (5.3.4) ist zum praktischen Rechnen unhandlich, jedoch läßt sich daraus eine bequeme Rekursionsformel für $R(x)$ herleiten. Dazu setze man

$$C_k = \varphi_k(x_k, x_{k-1}, \ldots, x_0), \quad k = 1, \ldots, n$$

und betrachte die Näherungsbrüche

$$(5.3.5) \qquad R_k(x) = \frac{P_k(x)}{Q_k(x)} = f_0 + \cfrac{x - x_0}{C_1 + \cfrac{x - x_1}{C_2 + \cdots \\ \qquad C_{k-2} + \cfrac{x - x_{k-2}}{C_{k-1} + \cfrac{x - x_{k-1}}{C_k}}}}$$

mit $R_n(x) = R(x)$.

Es gilt dann:

Zählerpolynom $P_k(x)$ und Nennerpolynom $Q_k(x)$ von (5.3.5) genügen den Rekursionsformeln

$$(5.3.6) \qquad
\begin{aligned}
P_k(x) &= C_k P_{k-1}(x) + (x - x_{k-1}) P_{k-2}(x), \quad P_0 = f_0, \ P_{-1} = 1, \\
Q_k(x) &= C_k Q_{k-1}(x) + (x - x_{k-1}) Q_{k-2}(x), \quad Q_0 = 1, \ Q_{-1} = 0,
\end{aligned}$$

mit

$$C_k = \varphi_k(x_k, x_{k-1}, \ldots, x_0), \quad k = 1, 2, \ldots, n,$$

wobei $R(x) = \dfrac{P_n(x)}{Q_n(x)}$ *die Thielesche Interpolationsfunktion ist.*

Beispiel: Gesucht ist $\dfrac{1}{\sin 1,5°}$. (Die Funktion $\dfrac{1}{\sin x}$ besitzt bei $x = 0$ einen Pol 1. Ordnung.) Aus der Tabelle der reziproken Differenzen (5.2.9) ergeben sich mit Hilfe von (5.2.8) die C_k. Für $x = 1,5°$ erhält man

k	C_k	$x - x_k$	P_k	Q_k	R_k
0	$5{,}7298688_{10^1}$	$5_{10^{-1}}$	$5{,}7298688_{10^1}$	1	$5{,}7298688_{10^1}$
1	$-3{,}4910131_{10^{-2}}$	$-5_{10^{-1}}$	$-1{,}5003047_{10^0}$	$-3{,}4910131_{10^{-2}}$	$4{,}2976198_{10^1}$
2	$-5{,}7281227_{10^1}$	$-1{,}5_{10^0}$	$5{,}7289950_{10^1}$	$1{,}4996951_{10^0}$	$3{,}8201064_{10^1}$
3	$3{,}4301656_{10^2}$		$1{,}9653653_{10^4}$	$5{,}1447264_{10^2}$	$3{,}8201551_{10^1}$

Ergebnis:
$$\frac{1}{\sin 1,5°} \approx 38{,}201551,$$

zum Vergleich:
$$\frac{1}{\sin 1,5°} = 38{,}20155001 \ldots$$

In diesem speziellen Beispiel hätte man naturlich auch die reziproke Funktion, d. h. $\sin x$, betrachten können und wäre dabei mit einer Polynom-Interpolation ausgekommen.

5.4 Die Interpolationsformeln von Stoer

5.4.1 Der erste Algorithmus

Formeln zur rationalen Interpolation, die ohne inverse bzw. reziproke Differenzen auskommen und direkt mit den Größen (x_i, f_i), $i = 0, 1, \ldots, n$ arbeiten, hat STOER [15] angegeben. Wir bezeichnen mit

$$(5.4.1) \qquad R_{\zeta\nu}(x; x_i, \ldots, x_{i+k}) = \frac{P_{\zeta\nu}(x; x_i, \ldots, x_{i+k})}{Q_{\zeta\nu}(x; x_i, \ldots, x_{i+k})}$$

die rationale Funktion vom Zählergrad ζ und Nennergrad ν mit der Interpolationseigenschaft

$$R_{\zeta\nu}(x_j; x_i, \ldots, x_{i+k}) = f(x_j), \quad j = i, i+1, \ldots, i+k,$$

wobei $\zeta + \nu = k$.

Führt man die abkürzenden Bezeichnungen ein

$$P_{\zeta\nu}^i(x) = P_{\zeta\nu}(x; x_i, \ldots, x_{i+k}) = p_{\zeta\nu}^i x^\zeta + \cdots,$$

$$Q_{\zeta\nu}^i(x) = Q_{\zeta\nu}(x; x_i, \ldots, x_{i+k}) = q_{\zeta\nu}^i x^\nu + \cdots,$$

$$R_{\zeta\nu}^i(x) = \frac{P_{\zeta\nu}^i(x)}{Q_{\zeta\nu}^i(x)},$$

so lautet der

Erste Algorithmus von Stoer

$$P_{\zeta\nu}^i(x) = (x - x_i)\, q_{\zeta-1,\nu}^{i+1}\, P_{\zeta-1,\nu}^{i+1}(x) - (x - x_{i+\zeta+\nu})\, q_{\zeta-1,\nu}^{i+1}\, P_{\zeta-1,\nu}^i(x),$$

$$(5.4.2) \qquad \begin{aligned} &P_{00}^i = f(x_i), \\[4pt] &Q_{\zeta\nu}^i(x) = (x - x_i)\, q_{\zeta-1,\nu}^{i+1}\, Q_{\zeta-1,\nu}^{i+1}(x) - (x - x_{i+\zeta+\nu})\, q_{\zeta-1,\nu}^{i+1}\, Q_{\zeta-1,\nu}^i(x), \\[4pt] &Q_{00}^i = 1, \end{aligned}$$

bzw.

$$P_{\zeta\nu}^i(x) = (x - x_i)\, p_{\zeta,\nu-1}^i\, P_{\zeta,\nu-1}^{i+1}(x) - (x - x_{i+\zeta+\nu})\, p_{\zeta,\nu-1}^{i+1}\, P_{\zeta,\nu-1}^i(x),$$

$$P_{00}^i = f(x_i),$$

$$(5.4.3) \quad Q_{\zeta\nu}^i(x) = (x - x_i)\, p_{\zeta,\nu-1}^i\, Q_{\zeta,\nu-1}^{i+1}(x) - (x - x_{i+\zeta+\nu})\, p_{\zeta,\nu-1}^{i+1}\, Q_{\zeta,\nu-1}^i(x),$$

$$Q_{00}^i = 1,$$

$$i = 0, 1, \ldots, n, \quad \zeta + \nu = 0, 1, \ldots, n.$$

$P_{\zeta\nu}^i(x)$ und $Q_{\zeta\nu}^i(x)$ können mit beliebigen konstanten Faktoren multipliziert werden [Erweitern oder Kürzen der rationalen Funktion $P_{\zeta\nu}^i(x)/Q_{\zeta\nu}^i(x)$].

Beispiel: Ermittlung einer rationalen interpolierenden Funktion durch die Punkte

i	0	1	2	3
x_i	1	2	3	4
f_i	1	-1	2	-2

Aus (5.4.2) bzw. (5.4.3) erhalten wir sukzessive

$$R_{10}(x; 1, 2) = \frac{P_{10}^0(x)}{Q_{10}^0(x)} = \frac{-2x + 3}{2 - 1},$$

$$R_{10}(x; 2, 3) = \frac{P_{10}^1(x)}{Q_{10}^1(x)} = \frac{3x - 7}{3 - 2},$$

$$R_{10}(x; 3, 4) = \frac{P_{10}^2(x)}{Q_{10}^2(x)} = \frac{-4x + 14}{4 - 3},$$

weiter

$$R_{11}(x; 1, 2, 3) = \frac{P_{11}^0(x)}{Q_{11}^0(x)} = \frac{-7x + 13}{-5x + 11},$$

$$R_{11}(x; 2, 3, 4) = \frac{P_{11}^1(x)}{Q_{11}^1(x)} = \frac{-10x + 28}{7x - 22}$$

und schließlich

$$R_{12}(x; 1, 2, 3, 4) = \frac{P_{12}^0(x)}{Q_{12}^0(x)} = \frac{9(16x - 36)}{9(-11x^2 + 57x - 66)}.$$

Ebenso wie der Thielesche Algorithmus eignet sich der erste Algorithmus von STOER zur rekursiven Berechnung rationaler Interpolationsfunktionen. Der Unterschied liegt darin, daß die Thielesche Formel nur Näherungsfunktionen mit gleichen Zähler- und Nennergraden liefert, während das Verfahren von STOER von dieser Einschränkung frei ist. Der Algorithmus ist jedoch nur dann effektiv brauchbar, wenn man sich für alle rationalen Funktionen $R_{\zeta\nu}(x; x_i, \ldots, x_{i+\zeta+\nu})$, $i = 0, 1, \ldots, n$, $\zeta + \nu = 0, 1, \ldots, n$, interessiert. Um nur eine solche rationale Funktion zu bestimmen, ist Thieles Algorithmus günstiger.

5.4.2 Der zweite Algorithmus

Dieser Algorithmus verallgemeinert die Formeln von AITKEN-NEVILLE und ist dann vorteilhaft, wenn man sich nur für die Werte der interpolierenden rationalen Funktion an einer Stelle $x = \xi$ interessiert (vgl. Ziff. 2.4). Er eignet sich besonders für automatische Rechnung.

Zur Herleitung erweitere man den Ausdruck [s. Gl. (5.4.2)]

$$R_{\zeta\nu}^i(x) = \frac{P_{\zeta\nu}^i(x)}{Q_{\zeta\nu}^i(x)}$$

mit

$$\frac{-P_{\zeta-1,\nu-1}^{i+1}}{Q_{\zeta-1,\nu}^i(x)\, Q_{\zeta-1,\nu}^{i+1}(x)\, Q_{\zeta-1,\nu-1}^{i+1}(x)}\,(x - x_{i+1})\,(x - x_{i+2})\ldots(x - x_{i+\zeta+\nu-1})$$

und erhält mit $k = \zeta + \nu$

$$(5.4.4) \qquad R_{\zeta\nu}^i(x) = \frac{(x - x_i)\, A\, R_{\zeta-1,\nu}^{i+1}(x) - (x - x_{i+k})\, B\, R_{\zeta-1,\nu}^i}{(x - x_i)\, A - (x - x_{i+k})\, B},$$

wobei

$$A = - \frac{q^\iota_{\zeta-1,\nu}\, p^{\iota+1}_{\zeta-1,\nu-1}}{Q^\iota_{\zeta-1,\nu}(x)\, Q^{\iota+1}_{\zeta-1,\nu-1}(x)}\, (x - x_{\iota+1}) \ldots (x - x_{\iota+k-1}),$$

$$B = - \frac{q^{\iota+1}_{\zeta-1,\nu-1}\, p^{\iota+1}_{\zeta-1,\nu-1}}{Q^{\iota+1}_{\zeta-1,\nu}(x)\, Q^{\iota+1}_{\zeta-1,\nu-1}(x)}\, (x - x_{\iota+1}) \ldots (x - x_{\iota+k-1}).$$

Es ist jetzt

$$(5.4.5) \qquad \begin{aligned} A &= R^\iota_{\zeta-1,\nu}(x) - R^{\iota+1}_{\zeta-1,\nu-1}(x), \\ B &= R^{\iota+1}_{\zeta-1,\nu}(x) - R^{\iota+1}_{\zeta-1,\nu-1}(x), \end{aligned}$$

womit der Algorithmus in Gl. (5.4.4) und (5.4.5) gefunden ist.

Besonders wichtig ist in der Praxis der Spezialfall gleicher Zähler- und Nennergrade. Zweckmäßigerweise wählt man dann als Sequenz der (ζ, ν) die Folge $(0, 0) \to (0, 1) \to (1, 1) \to (1, 2) \to \cdots \to (j, j) \to \to (j, j + 1) \to (j + 1, j + 1) \to \cdots$. Die dreifach indizierte Größe $R^\iota_{\zeta\nu}$ läßt sich dann durch die zweifach indizierte Größe $R_{\zeta+\nu+i,\,\zeta+\nu}$ ersetzen. Soll diese spezielle rationale Interpolationsfunktion $R(x; x_0 \ldots x_n)$ an der Stelle $x = \xi$ berechnet werden, so ergibt sich mit der Bezeichnung

$$(5.4.6) \qquad R_{\iota k} = R(\xi; x_\iota, x_{\iota-1}, \ldots, x_{\iota-k})$$

aus (5.4.4) der

Spezielle zweite Algorithmus von Stoer

$$(5.4.7) \qquad R_{ik} = R_{\iota,k-1} + \frac{R_{i,k-1} - R_{i-1,k-1}}{\dfrac{\xi - x_{\iota-k}}{\xi - x_\iota} \left(1 - \dfrac{R_{i,k-1} - R_{i-1,k-1}}{R_{i,k-1} - R_{i-1,k-2}}\right) - 1},$$

$$i = 0, 1, \ldots, n, \quad k = 1, \ldots, i.$$

Anfangswerte $\quad R_{\iota 0} = f(x_\iota), \quad R_{\iota,-1} = 0,$

Resultatwert $\quad R_{nn} = R(\xi; x_n, x_{n-1}, \ldots, x_0) \equiv R(\xi; x_0, x_1, \ldots, x_n).$

Aus drei Größen $R_{\iota-1,k-2}$, $R_{\iota-1,k-1}$ und $R_{i,k-1}$ wird also jeweils die neue Größe $R_{\iota k}$ berechnet. Den Rechengang zeigt das folgende Schema:

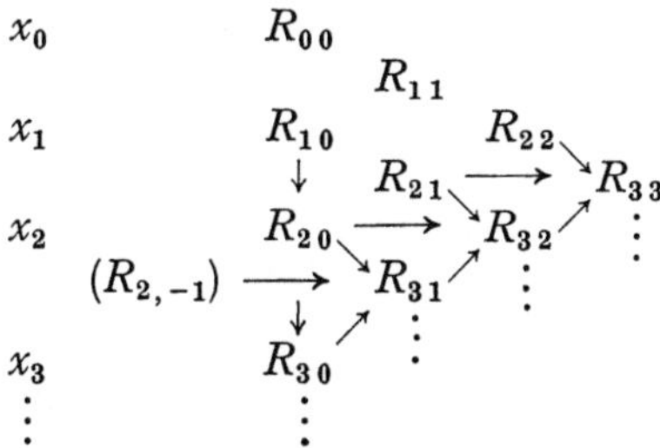

In Gl. (5.4.7) läßt sich die direkte numerische Berechnung der Differenzen $R_{\iota,k-1} - R_{\iota-1,k-1}$, usw. (Auslöschung!) durch einen Kunstgriff weitgehend vermeiden. Ein in dieser Hinsicht effektives ALGOL-Programm ist nachstehend wiedergegeben.

```
      for i:= 0 step 1 until n do
      begin
          c:= R[i, 0]:= f[i]; v:= g; g:= c; b[i]:= x[i] − ξ;
          for k:= 1 step 1 until i do
          begin
```

$$w := c - v; \quad c := b[i] \times c; \quad d := b[i - k] \times v;$$
$$v := d - c;$$

(5.4.8)

```
              if v = 0 then w:= 0 else w:= w/v;
```
$$u := w \times c; \quad c := w \times d;$$
$$v := dR[k]; \quad dR[k] := u;$$
$$R[i, k] := u + R[i, k - 1];$$
```
          end
      end
```

$R[n, n]$ ist der gesuchte Wert.

Die auftretenden Zwischenwerte lassen sich nach (5.4.6) anschaulich deuten: $R[i, k]$ ist gerade der Wert der interpolierenden rationalen Funktion (durch die Punkte $x_i, x_{i-1}, \ldots, x_{i-k}$) an der Stelle ξ.

Beispiel: Berechnung von $\cot 2°30'$ aus einer cot-Tabelle. (Die Funktion $\cot x$ besitzt bei $x = 0$ einen Pol erster Ordnung.)

	x	$\cot x$				
	1°	57,28996163				
			22,90760673			
	2°	28,63625328		22,90341624		
			22,90201805		22,90369573	
(5.4.9)	3°	19,08113669		22,90411487		22,90376552
			22,91041916		22,90384141	
	4°	14,30066626		22,90201975		
			22,94418151			
	5°	11,43005230				

Ergebnis: $\cot 2°30' \approx 22{,}90376552$,

zum Vergleich. $\cot 2°30' = 22{,}9037655484 \ldots$

Es ist sehr lehrreich, die Zahlen des Stoer-Tableaus (5.4.9) mit den entsprechenden Zahlen des Neville-Tableaus (d. h. bei Polynom-Interpolation, s. Ziff. 2.4.2) zu vergleichen; man erhält als Neville-Tableau

	1°	57,2...				
			14,30939911			
	2°	28,6...		21,47137102		
			23,85869499		22,36661762	
(5.4.10)	3°	19,0...		23,26186421		22,63519158
			21,47137190		23,08281486	
	4°	14,3...		22,18756808		
			18,60658719			
	5°	11,4...				

Mit praktisch demselben Rechenaufwand ergibt sich hier das dürftige Ergebnis $\cot 2°30' \approx 22{,}635 \ldots$; die Polynom-Interpolation liefert also nicht einmal drei richtige Ziffern!

Grund: Das interpolierende Polynom kann sich in der Nähe der singulären Stelle $x = 0$ nicht so gut an die Funktion $\cot x$ anschmiegen wie die interpolierende rationale Funktion.

Man könnte natürlich die Polynom-Interpolation mit der reziproken Funktion $f(x) = \dfrac{1}{\cot x} = \tan x$ durchführen, die für $x = 0$ lediglich eine Nullstelle besitzt, also harmlos ist. In diesem Fall ergibt sich aus den 5 Stützwerten $\tan 1°$, $\tan 2°, \ldots, \tan 5°$ der interpolierte Wert $\tan 2°30' \approx 0{,}04366094322$, woraus $\cot 2°30' \approx 22{,}90376539$. Dieser indirekt ermittelte Wert für $\cot 2°30'$ ist wesentlich genauer als der aus Tab. 5.4.10 erhaltene. Führt man aber dasselbe mit rationaler Interpolation durch, so erhält man $\tan 2°30' \approx 0{,}04366094296$, woraus $\cot 2°30' \approx 22{,}90376552$. Also auch hier liefert die rationale Interpolation ein besseres Ergebnis als die Polynom-Interpolation (vgl. dazu die Bemerkungen in Ziff. 5.1).

§ 6. Interpolation bei Funktionen mehrerer Veränderlicher

6.1 Allgemeines

Die Interpolationsformeln für mehrere unabhängige Variable sind i. allg. recht kompliziert. Der Übersichtlichkeit halber und um das wesentliche besser hervorheben zu können, wollen wir uns deshalb auf den Fall zweier unabhängiger Variabler x, y beschränken. Die Darstellung ist dabei so abgefaßt, daß die Übertragung auf mehr als zwei Variable keine grundsätzlichen Schwierigkeiten bereitet.

Die Interpolationsaufgabe im Fall zweier Veränderlicher lautet nun so: Gegeben sind im x, y, z-Raum $n + 1$ Punkte $\big(x_i, y_i, f(x_i, y_i)\big)$, $i = 0, 1, \ldots, n$, man konstruiere ein Polynom $P(x, y)$, wo

$$(6.1.1) \qquad P(x, y) = \sum a_{ik}\, x^i\, y^k$$

so, daß

$$(6.1.2) \qquad P(x_i, y_i) = f(x_i, y_i), \quad i = 0, 1, \ldots, n.$$

Wobei man hofft, daß für einigermaßen anständige Funktionen $f(x, y)$ — wenigstens in der Nähe der Interpolationspunkte — $P(x, y) \approx f(x, y)$ gilt.

Liegen die Interpolationspunkte (x_i, y_i) unregelmäßig verstreut in der x, y-Ebene, so ist der direkte Ansatz (6.1.1) und die Ermittlung der a_{ik} aus dem linearen Gleichungssystem (6.1.1), (6.1.2) meistens der einzige praktisch gangbare Weg, das Interpolationsproblem zu lösen, trotz aller Nachteile, die ein solches Vorgehen mit sich bringt, zum Beispiel Wiederholung der gesamten Rechenarbeit bei Hinzunahme weiterer Stützstellen.

Dabei ist zu beachten, daß die Lösbarkeit der Interpolationsaufgabe bei willkürlichem Ansatz (6.1.1) oder bei zu willkürlicher Verteilung der Punkte (x_i, y_i) keineswegs gesichert ist.

Beispiel:

1) Bestimme $P(x, y) = a + b\,x\,y$ aus $f(-1, -1) = 4$, $f(1, 1) = 4$. Aufgabe nicht eindeutig lösbar.

2) Bestimme $P(x, y) = a + b\,x + c\,y + d\,x\,y$ aus

$$f(0, 0) = 1, \; f(1, 0) = 4, \; f(2, 0) = 7, \; f(4, 0) = 13.$$

Ergebnis:

$a = 1$, $b = 3$; c und d können nicht bestimmt werden.

Im folgenden werden hinreichende Bedingungen angegeben, unter denen die Interpolationsaufgabe lösbar ist. Die Erläuterungen des nächsten Abschnittes dienen zunächst der Klärung der Begriffe.

6.2 Vollständige und gesättigte Polynome, Silhouette und assoziiertes Gitter, Lösbarkeit der Interpolationsaufgabe

Definition: *Das Polynom* $P(x, y) = \sum a_{ik}\, x^i\, y^k$ *im Ansatz* (6.1.1) *heißt gesättigt, falls mit dem Glied* $a_{ik}\, x^i\, y^k$ *auch alle Glieder* $a_{i\varkappa}\, x^i\, y^\varkappa$, $\iota = 0$, $1, \ldots, i$, $\varkappa = 0, 1, \ldots, k$ *vorkommen.*

Definition: *Enthält ein gesättigtes Polynom* $P(x, y)$ *das Glied* $a_{mn}\, x^m\, y^n$ *und ist weiter* $a_{\mu\nu} = 0$ *für* $\mu > m$ *oder* $\nu > n$, *so heißt* $P(x, y)$ *vollständig vom Grad* m *in* x *und Grad* n *in* y. *Allgemeine Darstellung*

$$P(x, y) = \sum_{i=0}^{m} \sum_{k=0}^{n} a_{ik}\, x^i\, y^k.$$

Beispiel:

1) Jedes vollständige Polynom ist gesättigt; das umgekehrte braucht aber nicht zu gelten.

2) $a + d\,x\,y$, nicht gesättigt.

3) $\left. a + b\,x + c\,y + d\,x\,y + e\,y^2 \right\}$ gesättigt, aber nicht vollständig.
4) $\left. a + b\,y + c\,y^2 + d\,y^3 + e\,x \right\}$

5) $(a + b\,y + c\,y^2 + d\,y^3) + x(e + f\,y + g\,y^2 + h\,y^3)$ vollständiges

$\qquad = (a + e\,x) + y(b + f\,x) + y^2(c + g\,x) + y^3(d + h\,x),$ Polynom.

Es sei das Polynom

$$(6.2.1) \qquad P(x, y) = \sum a_{ik}\, x^i\, y^k$$

gegeben. Wir markieren in einem ebenen Koordinatensystem den Punkt (i, k), falls das Glied a_{ik} im Ansatz (6.2.1) vorkommt. Die Gesamtheit der Punkte (i, k) heißt *Silhouette* des Polynoms.

Beispiel:

$$\begin{aligned}
P(x, y) = \; & a_{00} + a_{10}\,x + a_{01}\,y + a_{11}\,x\,y + \\
& + a_{20}\,x^2 + a_{02}\,y^2 + a_{12}\,x\,y^2 + \\
& + a_{21}\,x^2\,y + a_{03}\,y^3 + \\
& + a_{04}\,y^4
\end{aligned}$$

zugehörige Silhouette Abb. 6.1.

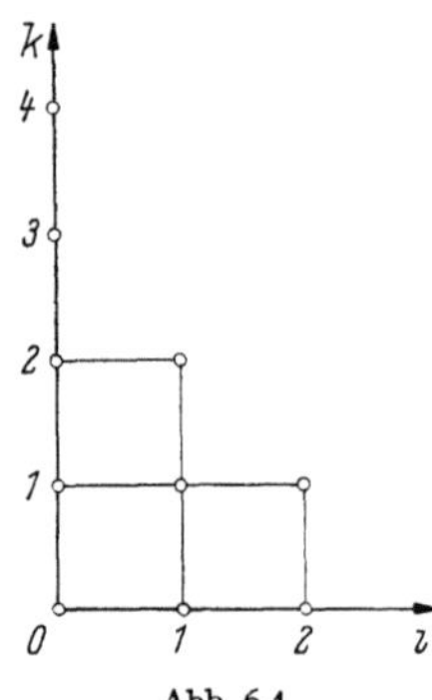

Abb. 6.1
Silhouette eines Polynoms

Seien jetzt eine feste Anzahl Abszissen $x_0, x_1, \ldots$ und Ordinaten $y_0, y_1, \ldots$ gegeben. Wir betrachten in der x, y-Ebene die Punktverteilung

$$(6.2.2) \qquad \left\{ (x_i, y_k); \quad \begin{matrix} i = 0, 1, \ldots \\ k = 0, 1, \ldots \end{matrix} \right\}.$$

Zu jedem Punkt (x_i, y_k) gehört ein Indexpaar (i, k). Die Indexpaare (i, k) tragen wir als Punkte in ein ebenes Koordinatensystem ein und bezeichnen die Gesamtheit dieser Punkte als das zur Punktverteilung (6.2.2) *assoziierte Gitter*.

Beispiel: Abb. 6.2.

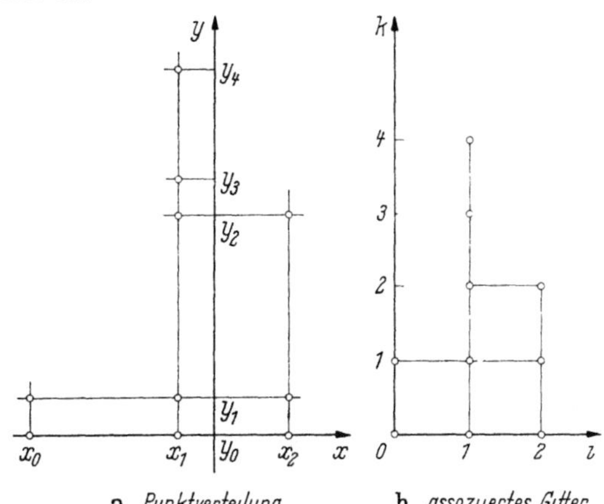

Abb. 6.2. Punktverteilung und assoziiertes Gitter

Läßt sich durch „Umnumerieren" der Punkte in der Punktverteilung (6.2.2) erreichen, daß im assoziierten Gitter mit dem Punkt (i, k) auch alle Punkte $(\iota, \varkappa)$, $\iota = 0, 1, \ldots, i$; $\varkappa = 0, 1, \ldots, k$, zum assoziierten Gitter gehören, dann nennen wir das assoziierte Gitter *gesättigt*.

Beispiel: Durch „Umnumerieren" erhalten wir aus der Punktverteilung nach Abb. 6.2a die Abb. 6.3a. Das zu Abb. 6.3a gehörige assoziierte Gitter ist gesättigt: Abb. 6.3b.

Mit Hilfe dieser Begriffe lassen sich folgende hinreichende Kriterien für die Lösbarkeit der Interpolationsaufgabe (6.1.1) angeben.

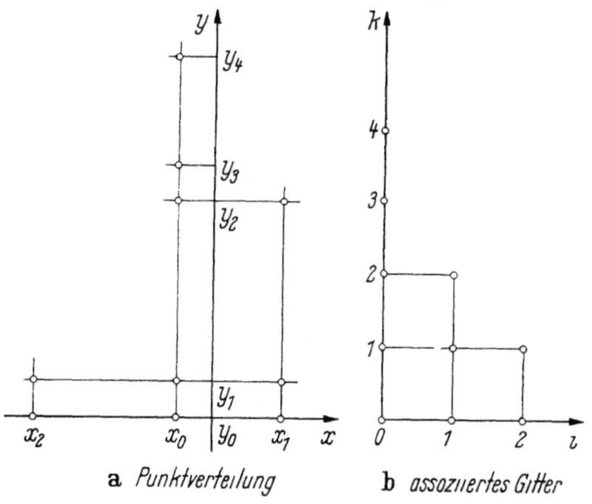

Abb. 6.3. Punktverteilung und assoziiertes Gitter

19*

In den Punkten

$$(x_i, y_k), \quad \begin{aligned} i &= 0, 1, \ldots, \\ k &= 0, 1, \ldots \end{aligned}$$

seien Funktionswerte $f_{ik} = f(x_i, y_k)$ gegeben. Die Interpolationsaufgabe (6.1.1) ist lösbar, falls

(6.2.3)

1) *das zur Punktmenge $\{(x_i, y_k)\}$ assoziierte Gitter gesättigt ist (eventuell nach Umnumerieren) und*

2) *assoziiertes Gitter und Silhouette des Polynoms $P(x, y)$ identisch sind.*

In der Praxis richtet man sich natürlich nach der Punkteverteilung des gesättigten Gitters und konstruiert dazu das zugehörige Polynom.

6.3 Interpolation bei rechteckigem assoziiertem Gitter

Füllen die Interpolationsstellen (x_i, y_k) ein rechteckiges Tableau aus, gilt also $i = 0, 1, \ldots, m$, $k = 0, 1, \ldots, n$

(6.3.1)

$\diagdown^{y}_{x}$	y_0	y_1	$\cdots$	y_n
x_0	f_{00}	f_{01}	$\cdots$	f_{0n}
x_1	f_{10}	f_{11}		
$\vdots$	$\vdots$			
x_m	f_{m0}	$\cdots$	$\cdots$	f_{mn}

dann ist das zugehörige assoziierte Gitter rechteckig und die Interpolationsaufgabe für ein vollständiges Polynom vom Grad m in x und Grad n in y lösbar. Die Interpolationsformeln sind in diesem Fall besonders übersichtlich und lediglich leichte Verallgemeinerungen der Formeln für eine Variable x.

6.3.1 Die Interpolationsformel von Lagrange

Wir definieren die Lagrangeschen Interpolationspolynome durch

$$L_i(x) = \frac{(x - x_0) \ldots (x - x_{i-1})(x - x_{i+1}) \ldots (x - x_m)}{(x_i - x_0) \ldots (x_i - x_{i-1})(x_i - x_{i+1}) \ldots (x_i - x_m)},$$

$$\mathfrak{L}_k(y) = \frac{(y - y_0) \ldots (y - y_{k-1})(y - y_{k+1}) \ldots (y - y_n)}{(y_k - y_0) \ldots (y_k - y_{k-1})(y_k - y_{k+1}) \ldots (y_k - y_n)},$$

dann lautet die *Lagrangesche Interpolationsformel* mit Restglied

$$(6.3.2) \qquad f(x, y) = \sum_{i=0}^{m} \sum_{k=0}^{n} L_i(x) \, \mathfrak{L}_k(y) \, f(x_i, y_k) + R(x, y).$$

Für das Restglied hat man die Darstellung

$$(6.3.3) \quad R(x, y) = \int_{-\infty}^{+\infty} K_m(x, \xi)\, f^{(m+1,0)}(\xi, y)\, d\xi +$$

$$+ \int_{-\infty}^{+\infty} \Re_n(y, \eta)\, f^{(0,n+1)}(x, \eta)\, d\eta -$$

$$- \int_{-\infty}^{+\infty}\int_{-\infty}^{+\infty} K_m(x, \xi)\, \Re_n(y, \eta)\, f^{(m+1,n+1)}(\xi, \eta)\, d\xi\, d\eta;$$

mit den Abkürzungen

$f^{(p,q)}(x, y) : f(x, y)$ $p$mal nach x und $q$mal nach y differenziert,

$$(6.3.4)$$
$$K_m(x, \xi) = \frac{1}{2}\left\{ \frac{(x-\xi)^m}{m!}\, \mathrm{sign}\,(x-\xi) - \sum_{\iota=0}^{m} L_i(x)\, \frac{(x_i-\xi)^m}{m!}\, \mathrm{sign}\,(x_i-\xi) \right\},$$

$$(6.3.5)$$
$$\Re_n(y, \eta) = \frac{1}{2}\left\{ \frac{(y-\eta)^n}{n!}\, \mathrm{sign}\,(y-\eta) - \sum_{k=0}^{n} \mathfrak{L}_k(y)\, \frac{(y_k-\eta)^n}{n!}\, \mathrm{sign}\,(y_k-\eta) \right\}.$$

Wendet man den Mittelwertsatz auf die Integrale in Gl. (6.3.3) an, so erhält man für den Rest den Ausdruck

$$(6.3.6) \quad R(x, y) = \frac{(x-x_0)\ldots(x-x_m)}{(m+1)!}\, f^{(m+1,0)}(\xi_1, y) +$$

$$+ \frac{(y-y_0)\ldots(y-y_n)}{(n+1)!}\, f^{(0,n+1)}(x, \eta_1) -$$

$$- \frac{(x-x_0)\ldots(x-x_m)}{(m+1)!}\, \frac{(y-y_0)\ldots(y-y_n)}{(n+1)!}\, f^{(m+1,n+1)}(\xi_2, \eta_2).$$

Dabei sind (ξ_1, η_1) und (ξ_2, η_2) Punkte aus dem Interpolationsgebiet.

6.3.2 Interpolation durch Zurückführung auf eine unabhängige Variable

Ein Verfahren, das besonders bei der Interpolation in Tafeln mit zwei Eingängen brauchbar ist, besteht in folgendem: Man konstruiert sich zunächst Interpolationspolynome in x aus den Werten einer Spalte in (6.3.1), d.h., man bildet bei festem y_k aus den Werten $f_{0k}, f_{1k}, \ldots, f_{mk}$ die $n+1$ Interpolationspolynome $P_k(x; y_k)$, $k = 0, 1, \ldots, n$ vom Grad m in x, etwa nach einem der in Ziff. 2 angegebenen Verfahren. Darauf bilde man aus den $n+1$ Werten $g_k = P_k(x; y_k)$ das Interpolationspolynom $\Pi(y)$ vom Grad n in y; $\Pi(y)$ ist dann gleichzeitig auch vom Grad m in x, d. h., es ist gerade

$$\Pi(y) \equiv P(x, y).$$

Beispiel: Gegeben ist die Werteverteilung

$\diagdown$ y x	0	2
2	9	65
3	19	133

Aus diesen Werten ist ein Interpolationspolynom vom Grad 1 in x und y zu konstruieren. Dazu bestimmt man bei festem y_0 und y_1 die Interpolationspolynome

$$P_0(x; y_0) = 19 \frac{x - 2}{3 - 2} + 9 \frac{x - 3}{2 - 3} = 10x - 11,$$

$$P_1(x; y_1) = 133 \frac{x - 2}{3 - 2} + 65 \frac{x - 3}{2 - 3} = 68x - 71$$

und hieraus das Interpolationspolynom

$$\Pi(y) = P(x, y) = (68x - 71) \frac{y - 0}{2 - 0} + (10x - 11) \frac{y - 2}{0 - 2}$$

$$= -11 + 10x - 30y + 29xy.$$

Der Rechenaufwand sinkt, wenn der Wert $P(x, y)$ nur für festes $x = \xi$ (bzw. festes $y = \eta$) benötigt wird. An Stelle der Polynome $P_k(x; y_k)$ braucht man dann lediglich die Zahlenwerte $g_k = P_k(\xi; y_k)$, $k = 0, 1, \ldots, n$, zu berechnen und aus den g_k das Interpolationspolynom $P(\xi, y)$ in y zu ermitteln.

6.3.3 Interpolationsformel von Newton

Eine der Newtonschen Interpolationsformel für eine Variable äquivalente Form erhält man bei Verwendung der dividierten Differenzen. Man definiert als *dividierte Differenz* nach x (bei konstantem y) die Ausdrücke (vgl. Ziff. 2.5)

$$[x_i; y_k] = f(x_i, y_k),$$

$$[x_i\, x_j; y_k] = \frac{[x_i; y_k] - [x_j; y_k]}{x_i - x_j},$$

$$[x_i\, x_j\, x_l; y_k] = \frac{[x_i\, x_j; y_k] - [x_j\, x_l; y_k]}{x_i - x_l},$$

(6.3.7)

$$\vdots$$

$$[x_0\, x_1 \ldots x_m; y_k] = \frac{[x_0 \ldots x_{m-1}; y_k] - [x_1 \ldots x_m; y_k]}{x_0 - x_m}.$$

Das erfordert die Bildung so vieler Differenzenschemata, wie Werte y_k vorhanden sind.

Aus den dividierten Differenzen nach x lassen sich dann dividierte Differenzen nach y bilden

$$[x_0 \ldots x_i; y_l\, y_j] = \frac{[x_0 \ldots x_i; y_l] - [x_0 \ldots x_i; y_j]}{y_l - y_j},$$

$$\vdots$$

$$[x_0 \ldots x_i; y_0 \ldots y_k] = \frac{[x_0 \ldots x_i; y_0 \ldots y_{k-1}] - [x_0 \ldots x_i; y_1 \ldots y_k]}{y_0 - y_k}.$$

Man kann auch zuerst die Differenzen nach y bilden, d. h. $[x_\iota; y_0 \ldots y_k]$ berechnen und hierauf durch Differenzenbildung nach x die Ausdrücke $[x_0 \ldots x_\iota; y_0 \ldots y_k]$ ermitteln.

Die $[x_0 \ldots x_\iota; y_0 \ldots y_k]$ *sind bezüglich der Variablen* x_j *und bezüglich der Variablen* y_l *symmetrische Funktionen ihrer Argumente.*

Es ist z. B.

$$[x_0\, x_1\, x_2;\, y_0\, y_1] = [x_1\, x_0\, x_2;\, y_0\, y_1] = [x_1\, x_0\, x_2;\, y_1\, y_0] = \cdots \quad \text{usw.}$$

Unter Verwendung der dividierten Differenzen lautet die *Newtonsche Interpolationsformel* mit Restglied

$$(6.3.8)\quad f(x, y) = \sum_{\iota=0}^{m} \sum_{k=0}^{n} (x - x_0) \ldots (x - x_{\iota-1})\, (y - y_0) \ldots (y - y_{k-1}) \times$$

$$\times\, [x_0 \ldots x_\iota;\, y_0 \ldots y_k] + R(x, y),$$

ausgeschrieben

$$(6.3.9)\quad f(x, y) = f(x_0, y_0) + (x - x_0)\, [x_0\, x_1;\, y_0] +$$
$$+ (x - x_0)\, (x - x_1)\, [x_0\, x_1\, x_2;\, y_0] + \cdots +$$
$$+ (y - y_0)\, \{[x_0;\, y_0\, y_1] + (x - x_0)\, [x_0\, x_1;\, y_0\, y_1] +$$
$$+ (x - x_0)\, (x - x_1)\, [x_0\, x_1\, x_2;\, y_0\, y_1] + \cdots\} +$$
$$+ (y - y_0)\, (y - y_1)\, \{[x_0;\, y_0\, y_1\, y_2] +$$
$$+ (x - x_0)\, [x_0\, x_1;\, y_0\, y_1\, y_2] + \cdots\}$$
$$\vdots$$

Im Gegensatz zur Lagrangeschen Formel (6.3.2) braucht hier bei Hinzunahme weiterer Stützpunkte die gesamte Rechenarbeit nicht wiederholt zu werden.

Beispiel: Gegeben ist die Werteverteilung

Tabelle 6.3.1

x \ y	0	2	3	5
2	9	65	159	599
3	19	133	289	979
5	51	401	741	2051
6	73	625	1099	2803
−1	3			

Wir bilden daraus zuerst die dividierten Differenzen nach x_ι, $i = 0, 1, \ldots, 3$; s. Tab. 6.3.2.

Tabelle 6.3.2

	x_i	$[x_i; y_k]$	$[x_i, x_{i+1}; y_k]$	$[x_i, x_{i+1}, x_{i+2}; y_k]$	$[x_0 \cdots x_3; y_k]$
	2	9			
			10		
$k = 0$	3	19		2	
$y_0 = 0$			16		0
	5	51		2	
			22		
	6	73			
	2	65			
			68		
$k = 1$	3	133		22	
$y_1 = 2$			134		2
	5	401		30	
			224		
	6	625			
	2	159			
			130		
$k = 2$	3	289		32	
$y_2 = 3$			226		3
	5	741		44	
			358		
	6	1099			
	2	599			
			380		
$k = 3$	3	979		52	
$y_3 = 5$			536		5
	5	2051		72	
			752		
	6	2803			

Und hieraus durch Differenzenbildung nach y_k die Tab. 6.3.3.

Tabelle 6.3.3

y_k	$[x_0; y_k]$	$[x_0; y_k y_{k+1}]$	$[x_0; y_k y_{k+1} y_{k+2}]$	$[x_0; y_0 \cdots y_3]$
0	9			
		28		
2	65		22	
		94		4
3	159		42	
		220		
5	599			

y_k	$[x_0 x_1; y_k]$	$[x_0 x_1; y_k y_{k+1}]$	$[x_0 x_1; y_k y_{k+1} y_{k+2}]$	$[x_0 x_1; y_0 \cdots y_3]$
0	10			
		29		
2	68		11	
		62		2
3	130		21	
		125		
5	380			

y_k	$[x_0\,x_1\,x_2;\,y_k]$	$[x_0\,x_1\,x_2;\,y_k\,y_{k+1}]$	$[x_0\,x_1\,x_2;\,y_k\,y_{k+1}\,y_{k+2}]$	$[x_0\,x_1\,x_2;\,y_0\cdots y_3]$
0	2			
		10		
2	22		0	
		10		0
3	32		0	
		10		
5	52			

y_k	$[x_0\cdots x_3;\,y_k]$	$[x_0\cdots x_3;\,y_k\,y_{k+1}]$	$[x_0\cdots x_3;\,y_k\,y_{k+1}\,y_{k+2}]$	$[x_0\cdots x_3;\,y_0\cdots y_3]$
0	0			
		1		
2	2		0	
		1		0
3	3		0	
		1		
5	5			

Mit den Werten aus Tab. 6.3.3 erhält man dann nach Gl. (6.3.9)

$$P(x, y) = 9 + 10(x-2) + 2(x-2)(x-3) + 0 +$$
$$+ (y-0)\{28 + 29(x-2) + 10(x-2)(x-3) + (x-2)(x-3)(x-5)\} +$$
$$+ (y-0)(y-2)\{22 + 11(x-2) + 0 + 0\} +$$
$$+ (y-0)(y-2)(y-3)\{4 + 2(x-2) + 0 + 0\},$$

und durch Umformung

$$P(x, y) = 1 + x\,y^2 + 2x\,y^3 + 2x^2 + x^3\,y.$$

6.4 Interpolation bei allgemeiner Lage der Stützpunkte

Wir wollen jetzt über die Verteilung der Stützpunkte keine Voraussetzungen machen, außer daß das zugehörige assoziierte Gitter gesättigt ist. Nach (6.2.3) existiert dann ein interpolierendes Polynom $P(x, y)$.

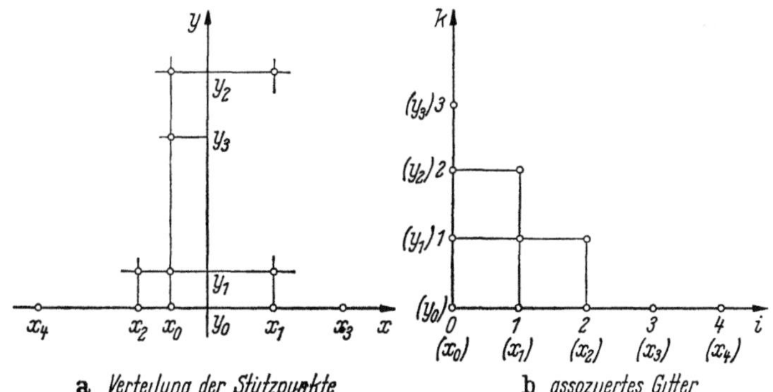

Abb. 6.4. Punktverteilung und assoziiertes Gitter

Wie dieses Polynom $P(x, y)$ im allgemeinen Fall gefunden werden kann, soll an einem speziellen Beispiel gezeigt werden. Es liege eine Stützpunktverteilung nach Abb. 6.4a vor. Dabei sind die Punkte (x_i, y_k) gleich so numeriert, daß das zugehörige assoziierte Gitter gesättigt ist, Abb. 6.4b.

An Hand des assoziierten Gitters Abb. 6.4b läßt sich das interpolierende Polynom wie folgt konstruieren:

$$(6.4.1) \quad P(x, y) = [x_0; y_0] + (x - x_0) [x_0 x_1; y_0] +$$
$$+ (x - x_0) (x - x_1) [x_0 x_1 x_2; y_0] +$$
$$+ (x - x_0) (x - x_1) (x - x_2) [x_0 \ldots x_3; y_0] +$$
$$+ (x - x_0) \ldots (x - x_3) [x_0 \ldots x_4; y_0] +$$
$$+ (y - y_0) \{[x_0; y_0 y_1] + (x - x_0) [x_0 x_1; y_0 y_1] +$$
$$+ (x - x_0) (x - x_1) [x_0 x_1 x_2; y_0 y_1]\} +$$
$$+ (y - y_0) (y - y_1) \{[x_0; y_0 y_1 y_2] +$$
$$+ (x - x_0) [x_0 x_1; y_0 y_1 y_2]\} +$$
$$+ (y - y_0) (y - y_1) (y - y_2) [x_0; y_0 y_1 y_2 y_3].$$

Die Formel ist, bis auf die in ihr vorhandenen „Lücken", dieselbe wie die in (6.3.8). Auf die Angabe des Interpolationsfehlers wird allerdings wegen der Kompliziertheit der auftretenden Terme verzichtet.

Zweckmäßigerweise erfolgt die Konstruktion des interpolierenden Polynoms immer an Hand der Punktverteilung im assoziierten Gitter.

Beispiel: Wir nehmen die Werteverteilung der Tab. 6.3.1, wobei wir uns auf die Werte oberhalb der gestrichelten Linie beschränken. Die zur Aufstellung der Interpolationsformel (6.4.1) benötigten Differenzen entnehmen wir der Tab. 6.3.3, eine Zusatzrechnung liefert noch $[x_0 \ldots x_4; y_0] = 0$.

Man erhält

$$P(x, y) = 9 + 10(x - 2) + 2(x - 2)(x - 3) + 0 + 0 +$$
$$+ (y - 0) \{28 + 29(x - 2) + 10(x - 2)(x - 3)\} +$$
$$+ (y - 0)(y - 2) \{22 + 11(x - 2)\} +$$
$$+ (y - 0)(y - 2)(y - 3) \cdot 4$$
$$= 1 + 54y + 2x^2 - 43xy - 20y^2 + 10x^2 y + 11xy^2 + 4y^3.$$

§ 7. Numerische Quadratur

Unter numerischer Quadratur versteht man die angenäherte Berechnung eines bestimmten Integrals $\int_a^b f(x) \, dx$. Hierfür sind verschiedene Methoden in Gebrauch, die den Erfordernissen der Praxis angepaßt sind und sich hinsichtlich Genauigkeit und Rechenaufwand unterscheiden. Quadraturformeln für hohe Genauigkeiten setzen aber stets die Existenz und Beschränktheit von höheren Ableitungen des

Integranden $f(x)$ im Integrationsintervall $[a, b]$ voraus. Andernfalls liefern solche Formeln i. allg. nur ungenaue Resultate[1].

Eine Auswahl von Quadraturformeln wird im folgenden gegeben (vgl. auch B § 8.4 und I, Kap. II § 5).

7.1 Die Trapezformel

Sie ist die einfachste Quadraturformel. Man unterteilt dazu das Integrationsintervall $a \leq x \leq b$ in n äquidistante Teilintervalle der Länge h und berechnet als sog. Trapezsumme

$$(7.1.1) \quad T(h) = h[\tfrac{1}{2}f(a) + f(a + h) + f(a + 2h) + \cdots$$
$$+ f(b - 2h) + f(b - h) + \tfrac{1}{2}f(b)].$$

Es ist anschaulich klar, daß $T(h)$ einen Näherungswert für das Integral $\int_a^b f(x)\,dx$ darstellt, s. Abb. 7.1: $T(h)$ ist die Summe der Flächeninhalte aller Trapezstreifen. Für $2m + 2$-mal stetig differenzierbare Integranden $f(x)$, $m \geq 0$, ist der Zusammenhang zwischen $T(h)$ und Integral durch die *Eulersche Summenformel* mit Restglied gegeben

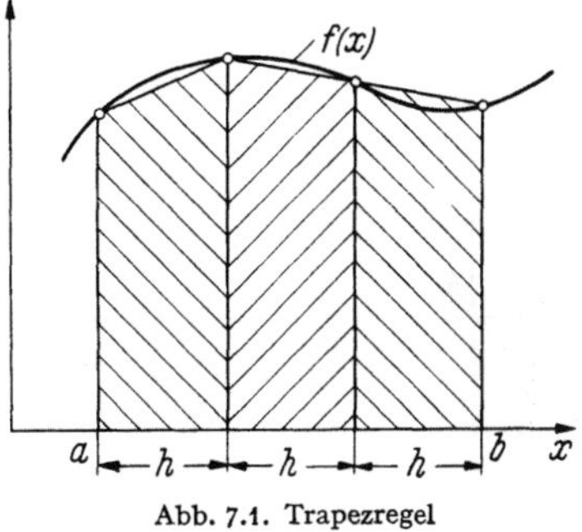

Abb. 7.1. Trapezregel

$$(7.1.2) \quad \int_a^b f(x)\,dx = T(h) - \sum_{\nu=1}^{k} h^{2\nu}\,\frac{B_{2\nu}}{(2\nu)!}\,\{f^{(2\nu-1)}(b) - f^{(2\nu-1)}(a)\} -$$
$$- h^{2k+2}\,\frac{B_{2k+2}}{(2k+2)!}\,(b - a)\,f^{(2k+2)}(\xi_k), \quad a < \xi_k < b.$$

Dabei ist k eine beliebige ganze Zahl im Intervall $0 \leq k \leq m$. Speziell ergibt sich für $k = 0$

$$(7.1.3) \quad \int_a^b f(x)\,dx = T(h) - h^2\,\frac{(b - a)}{12}\,f^{(2)}(\xi).$$

Die $B_{2\nu}$ sind die sog. Bernoulli-Zahlen, einige Werte:

2ν	2	4	6	8	10	12	14	16
$B_{2\nu}$	$\dfrac{1}{6}$	$-\dfrac{1}{30}$	$\dfrac{1}{42}$	$-\dfrac{1}{30}$	$\dfrac{5}{66}$	$-\dfrac{691}{2730}$	$\dfrac{7}{6}$	$-\dfrac{3617}{510}$

Die $B_{2\nu}$ wachsen mit ν außerordentlich stark an, asymptotisch gilt

$$|B_{2\nu}| \sim \frac{2}{(2\pi)^{2\nu}}\,(2\nu)!.$$

---

[1] Aus diesem Grund ist die einfache Trapezformel vorzuziehen, falls die Werte des Integranden aus (mit Fehlern behafteten) Messungen gewonnen sind.

Obwohl $T(h)$ i. allg. nur eine relativ grobe Näherung für $\int_a^b f(x)\,dx$ ist, lassen sich aus Gl. (7.1.2) eine Reihe bemerkenswerter Formeln gewinnen. Sind etwa die Werte der Ableitungen an den Randpunkten $x = a, b$, also $f^{(i)}(a)$, $f^{(i)}(b)$, leicht berechenbar so kann man sie gemäß Gl. (7.1.2) zur Trapezsumme „hinzuschlagen". Der Gewinn an Genauigkeit kann beträchtlich sein. Ist allerdings $f(x)$ eine periodische Funktion mit der Periode $b - a$, so ist bereits $T(h)$ die „bestmögliche" Approximation für $\int_a^b f(x)\,dx$.

Beispiel: Berechnung von $\int_0^3 \sin x\,dx$.

Mit der Schrittweite $h = \dfrac{3}{10}$ ergeben sich aus Gl. (7.1.2) folgende Näherungswerte und Fehlerabschätzungen für das Integral:

k	$T(h) - \sum\limits_{\nu=1}^{k} h^{2\nu}\dfrac{B_{2\nu}}{(2\nu)!}\{f^{(2\nu-1)}(3) - f^{(2\nu-1)}(0)\}$	$h^{2k+2}\dfrac{\lvert B_{2k+2}\rvert}{(2k+2)!}(3-0)\times \max\limits_{0\leq x\leq 3}\lvert f^{(2k+2)}(x)\rvert$
0	1,97504 51174	$2,3_{10^{-2}}$
1	1,98997 00611	$3,4_{10^{-5}}$
2	1,98999 24485	$7,3_{10^{-8}}$
3	1,98999 24965	$1,7_{10^{-10}}$

Zum Vergleich: $\int_0^3 \sin x\,dx = 1,98999\,24966\,004\ldots$

In der Praxis sind die höheren Ableitungen i. allg. schwierig zu berechnen. Ein Ausweg bietet sich an, wenn man für $f^{(i)}(a)$, $f^{(i)}(b)$ Differenzennäherungen verwendet. Für die Fehlerordnungen h^4 und h^6 erhält man folgende spezielle Formeln

(7.1.4)

$$\int_a^b f(x)\,dx = T(h) + \frac{h}{24}\{-f(a-h) + f(a+h) + f(b-h) - f(b+h)\} +$$

$$+ h^4\frac{11}{720}(b-a)\,f^4(\xi),$$

bzw.

$$(7.1.5)\quad \int_a^b f(x)\,dx = T(h) + \frac{h}{24}\{-f(a-h) + \cdots - f(b+h)\} +$$

$$+ \frac{11h}{1440}\{f(a-2h) - 2f(a-h) + 2f(a+h) - f(a+2h) -$$

$$- f(b-2h) + 2f(b-h) - 2f(b+h) + f(b+2h)\} -$$

$$- h^6\frac{191}{60480}(b-a)\,f^{(6)}(\xi).$$

Formeln höherer Fehlerordnung sind in Gl. (7.6.2) angegeben. Die Formeln (7.1.4) und (7.1.5) kommen ohne Ableitungen aus, benutzen aber Funktionswerte von Argumenten, die außerhalb des Integrationsintervalls $a \leq x \leq b$ liegen.

Beispiel: Berechnung des Integralsinus $\mathrm{Si}(x) = \int\limits_{0}^{x} \frac{\sin \xi}{\xi} d\xi$ für $x = 1$.

Mit der Schrittweite $h = \dfrac{1}{10}$ erhält man zunächst $T(h) = 0{,}94583207187$. Fügt man die Korrekturglieder gemäß (7.1.4) hinzu, so kommt $\mathrm{Si}(1) \approx 0{,}94608279988$.

Unter Berücksichtigung von $\max\limits_{0 \leq x \leq 1} \left| \dfrac{d^{2k} \left(\dfrac{\sin x}{x} \right)}{d x^{2k}} \right| \leq \dfrac{1}{2k+1}$ ergibt sich dann die Abschatzung

$$|\mathrm{Si}(1) - 0{,}94608279988| \leq 3{,}1_{10^{-7}}.$$

Und mit den weiteren Korrekturgliedern nach (7.1.5)

$$|\mathrm{Si}(1) - 0{,}94608306997| \leq 4{,}5_{10^{-10}}.$$

Zum Vergleich $\mathrm{Si}(1) = 0{,}94608307036 \ldots$

7.2 Quadratur durch Trapezsummenextrapolation

7.2.1 Das allgemeine Verfahren

Nach einer Methode von ROMBERG lassen sich allein mit Hilfe von Trapezsummen Quadraturformeln beliebig hoher Fehlerordnung erzeugen; eine Berechnung von Ableitungen des Integranden ist dabei nicht nötig. Die Methode ist besonders für automatische Rechnung geeignet. Die erste Fehleranalyse dieses Verfahrens stammt von BAUER bzw. von RUTISHAUSER-STIEFEL [2]. Zur Herleitung des Verfahrens lösen wir Gl. (7.1.2) nach $T(h)$ auf und vernachlässigen dabei das Restglied. $T(h)$ ist dann näherungsweise ein Polynom vom Grad k in h^2

(7.2.1) $$T(h) \approx e_0 + e_1 h^2 + \cdots + e_k h^{2k}$$

mit

$$e_0 = \int\limits_{a}^{b} f(x)\, dx.$$

Die Berechnung des Integrals läßt sich jetzt auf eine Interpolationsaufgabe zurückführen: Man ermittelt zu $k + 1$ verschiedenen Schrittweiten h_j, $j = i, i-1, \ldots, i-k$ mit $h_i < h_{i-1} < \cdots < h_{i-k}$ die Trapezsummen $T(h_j)$ und legt durch die Punkte $(h_j, T(h_j))$ ein interpolierendes Polynom $\hat{T}_{ik}(h)$ vom Grad k in h^2; dann ist mit hoher Genauigkeit $\hat{T}_{ik}(0) \approx e_0 = \int\limits_{a}^{b} f(x)\, dx$. Das Polynom $\hat{T}_{ik}(h)$ braucht dabei nicht explizit ermittelt zu werden, denn mit Hilfe des Algorithmus von NEVILLE (vgl. Ziff. 2.4.2) läßt sich ausgehend von den Trapezsummenwerten $T(h_j)$ durch *Extrapolation nach* $h = 0$ der Wert $T_{\iota k}$ $[\equiv \hat{T}_{\iota k}(0)]$ rekursiv berechnen gemäß

$$(7.2.2) \qquad T_{\iota k} = T_{\iota,k-1} + \frac{T_{i,k-1} - T_{i-1,k-1}}{\dfrac{h_{i-k}^2}{h_i^2} - 1},$$

$$i = 0, 1, 2, \ldots; \quad k = 1, 2, \ldots, i$$

mit $T_{i0} = T(h_i)$.

Rechenschema

$$(7.2.3)$$

$$
\begin{array}{llllll}
h_0 & T_{00} \\
 & & T_{11} \\
h_1 & T_{10} & & T_{22} \\
 & & T_{21} & & T_{33} \\
h_2 & T_{20} & & T_{32} & \vdots \\
 & & T_{31} & \vdots \\
h_3 & T_{30} & \vdots \\
\vdots & \vdots
\end{array}
$$

Unter der Voraussetzung $|h_{i+1}/h_i| \leqq q < 1$, $i = 0, 1, \ldots$, mit einer festen von i unabhängigen Zahl q, konvergieren im Schema (7.2.3) alle Spalten und alle Schrägzeilen gegen das Integral $\int\limits_a^b f(x)\,dx$. Zu empfehlen ist die Extrapolation aber nur dann, wenn die höheren Ableitungen des Integranden $f(x)$ im Integrationsintervall beschränkt sind.

Für den exakten *Quadraturfehler* erhält man

$$(7.2.4) \qquad T_{\iota k} - \int\limits_a^b f(x)\,dx = h_i^2 h_{i-1}^2 \ldots h_{i-k}^2\, \sigma_{k+1}(h_\iota, h_{i-1}, \ldots, h_{i-k}),$$

wobei

$$\sigma_{k+1}(h_\iota, \ldots, h_{\iota-k})$$
$$= \int\limits_a^b f^{(2k+2)}(x) \sum_{j=\iota-k}^{\iota} \hat{c}_{kj}^{(\iota)}\, h_j^{2k+2} \sum_{\mu=1}^{\infty} \frac{2\left(1 - \cos 2\mu\,\pi\,\dfrac{x-a}{h_j}\right)}{(2\mu\,\pi)^{2k+2}}\,dx$$

mit

$$\hat{c}_{kj}^{(\iota)} = \prod_{\substack{\nu=\iota-k \\ \nu \neq j}}^{\iota} \frac{h_\nu^2}{h_j^2 - h_\nu^2}.$$

Es gilt:

Falls $f^{(2k+2)}(x)$ *in* $a \leqq x \leqq b$ *beschränkt ist, so ist auch* σ_{k+1} *bei festem* k *eine für alle passenden* $|h_\iota| \leqq |b-a|$ *beschränkte Funktion.*

Bei manchen Sequenzen h_i läßt sich der Mittelwertsatz auf σ_{k+1} anwenden. In diesem Fall reduziert sich (7.2.4) auf

$$(7.2.5)$$
$$T_{\iota k} - \int\limits_a^b f(x)\,dx = h_i^2 \ldots h_{i-k}^2 \frac{|B_{2k+2}|}{(2k+2)!}\,(b-a)\,f^{(2k+2)}(\xi), \quad a < \xi < b.$$

Das Extrapolationsverfahren ist für automatische Rechnung besonders geeignet: Man berechne zuerst $T_{00} = T(h_0)$ und $T_{10} = T(h_1)$ und extrapoliere hieraus T_{11}. Dann berechne man $T_{20} = T(h_2)$ und extrapoliere T_{21} und T_{22}, dann wird wieder die neue Trapezsumme $T_{30} = T(h_3)$ berechnet, extrapoliert usw. ... Der Spaltenindex k von T_{ik} sollte aber in der Praxis den Wert 7 nicht übersteigen (i kann beliebig groß werden). Der Prozeß wird so lange fortgesetzt, bis sich im Schema (7.2.3) ein „Nest" von gleichen Werten angesammelt hat. Als Schrittweitenfolge h_i wählt man zweckmäßigerweise entweder

$$(7.2.6) \qquad \begin{aligned} h_i &= h_0/2^i, \\ h_0 &= b - a, \end{aligned}$$

oder

$$(7.2.7) \qquad \{h_0, h_0/2, h_0/3, h_0/4, h_0/6, h_0/8, h_0/12, \ldots\},$$
$$h_0 = b - a,$$

d. h. im Nenner alle Potenzen von 2 und das dreifache davon. Bei Wahl dieser Schrittweiten lassen sich durch einen einfachen Kunstgriff bei der Programmierung bereits berechnete Funktionswerte $f(a + j\,h_i)$ wieder zur Ermittlung neuer Trapezsummen $T(h_{i+1})$, $T(h_{i+2})$, ...

Tabelle 7.2.1. *Extrapolationsschema zur Berechnung von* $\int_1^2 \dfrac{e^x}{x}\,dx$

h_i	$T(h_i)$	T_{i1}	T_{i2}	T_{i3}	T_{i4}	T_{i5}	T_{i6}
h_0	3,2......						
		3,06........					
h_1	3,09.....		3,0591.......				
		3,059.......		3,05911......			
h_2	3,07.....		3,05911......		3,0591165....		
		3,0591......		3,0591165....		3,0591165396.	
h_3	3,06.....		3,059116.....		3,0591165396.		3,05911653964
		3,05911.....		3,059116539..		3,05911653964	
h_4	3,06.....		3,0591165....		3,05911653964		3,05911653963
		3,059116....		3,05911653964		3,05911653963	
h_5	3,059....		3,0591165396.		3,05911653963		
		3,0591165...		3,05911653963			
h_6	3,059....		3,05911653963				
		3,0591165...					
h_7	3,0591...						

verwenden. Bei gleicher geforderter Genauigkeit kommt man mit (7.2.7) mit weniger Funktionswerten aus als mit (7.2.6). Die Programmierung ist dafür etwas umständlicher, s. [*4*].

Beispiel: Berechnung von $\int_1^2 \dfrac{e^x}{x}\,dx$. Zur Extrapolation wurde die Schrittweitenfolge (7.2.7) benutzt. Die Rechnung wurde mit einer Maschine mit 12 Dezimalstellen durchgeführt; im Extrapolationsschema Tab. 7.2.1 sind aber der Übersichtlichkeit halber nur soviel Dezimalstellen angeschrieben, als mit dem exakten Wert des Integrals ubereinstimmen. Die Konvergenz der T_{ik} in den Spalten und Zeilen ist in Tab. 7.2.1 deutlich zu sehen.

Die Konvergenz der T_{ik} kann i. allg. erheblich beschleunigt werden, wenn man zur Extrapolation an Stelle von Polynomen rationale Funktionen benützt. Der Algorithmus (7.2.2) [bzw. (2.4.6)] von NEVILLE ist dann sinngemäß durch den Algorithmus (5.4.7) von STOER zu ersetzen. Literatur: [*4*].

7.2.2 Berechnung von Schranken für das bestimmte Integral

Die visuelle Konvergenzprüfung durch Betrachten des gesamten Extrapolationsschemas hat in Einzelfällen einiges für sich, kommt aber in der Praxis nicht in Frage. Eine praktisch zuverlässige und durch die Maschine leicht ausführbare Genauigkeitskontrolle ergibt sich durch folgende Methode. Man berechne aus zwei aufeinanderfolgenden Werten T_{ik} und $T_{i+1,k}$ der k-ten Spalte von (7.2.3) neue Werte U_{ik} gemäß

$$(7.2.8) \qquad U_{ik} = (1 + \alpha_{ik})\, T_{i+1,k} - \alpha_{ik} T_{ik}$$

mit

$$\alpha_{ik} = 1 + \frac{2}{\dfrac{h_{i-k}^2}{h_{i+1}^2} - 1}.$$

Aus Gl. (7.2.4) erhält man dann als *Quadraturfehler* für U_{ik}

$$(7.2.9) \qquad U_{ik} - \int_a^b f(x)\,dx = -h_i^2\, h_{i-1}^2 \dots h_{i-k}^2 \Big[\sigma_{k+1}(h_i, h_{i-1}, \dots, h_{i-k}) + $$

$$+ \frac{2}{\dfrac{h_{i-k}^2}{h_{i+1}^2} - 1} \big(\sigma_{k+1}(h_i, \dots, h_{i-k}) - \sigma_{k+1}(h_{i+1}, \dots, h_{i-k+1})\big)\Big].$$

Für größere Werte von k ($k \geq 4$) wird in (7.2.9) der Faktor $2/(h_{i-k}^2/h_{i+1}^2 - 1)$ sehr klein, ebenso für größere Werte von i die Differenz $\sigma_{k+1}(h_i, \dots) - \sigma_{k+1}(h_{i+1}, \dots)$. In diesem Fall wird in der eckigen Klammer die Größe $\sigma_{k+1}(h_i, \dots, h_{i-k})$ den Rest überwiegen, und die Quadraturfehler von T_{ik} und U_{ik} besitzen dann gerade entgegengesetztes Vorzeichen, d. h. aber, daß T_{ik} und U_{ik} den Wert des Integrals $\int_a^b f(x)\,dx$ einschließen. Für die Praxis ergibt sich folgende Regel:

Man berechne T_{ik} und U_{ik} nach (7.2.2) bzw. (7.2.8). Es sei $J^i_{\min}$ die kleinere und $J^i_{\max}$ die größere der beiden Zahlen T_{ik}, U_{ik}

$$(7.2.10) \quad J^i_{\min} = \min\{T_{ik}, U_{ik}\}, \quad J^i_{\max} = \max\{T_{ik}, U_{ik}\},$$

k hinreichend groß $(k \geqq 4)$.

Nimmt dann von einem gewissen i_0 an $J^i_{\min}$ monoton zu und $J^i_{\max}$ monoton ab, gilt also

$$J^{i_0}_{\min} < J^{i_0+1}_{\min} < \cdots < J^i_{\min} < \cdots < J^i_{\max} < \cdots < J^{i_0+1}_{\max} < J^{i_0}_{\max},$$

so ist mit praktischer Sicherheit

$$J^i_{\min} < \int_a^b f(x)\,dx < J^i_{\max}.$$

Beispiel: Berechnung von $\int_5^3 e^{x^2} \sin(\Gamma(x))\,dx$.

Setzt man in (7.2.10) $k = i$, so ergibt sich folgende Tabelle für $J^i_{\min}$ bzw. $J^i_{\max}$:

i	$J^i_{\min} \times 10^{-9}$	$J^i_{\max} \times 10^{-9}$
1	$0{,}66\ldots\ldots$	$21{,}7\ldots\ldots$
2	$3{,}1\ldots\ldots$	$10{,}5\ldots\ldots$
3	$-8{,}4\ldots\ldots$	$6{,}7\ldots\ldots$
4	$-0{,}84\ldots\ldots$	$2{,}5\ldots\ldots$
5	$0{,}85\ldots\ldots$	$1{,}6\ldots\ldots$
6	$1{,}18\ldots\ldots$	$1{,}23\ldots\ldots$
7	$1{,}2127\ldots\ldots$	$1{,}2129\ldots\ldots$
8	$1{,}2128472\ldots$	$1{,}2128478\ldots$
9	$1{,}212847573$	$1{,}212847576$

Es gilt also ab $i_0 = 3$:

$$J^i_{\min} < J^{i+1}_{\min} < \cdots < J^{i+1}_{\max} < J^i_{\max}$$

und damit

$$1212847573 < \int_5^3 e^{x^2} \sin(\Gamma(x))\,dx < 1212847576.$$

Beim Rechnen mit endlicher Stellenzahl ist dem monotonen Verhalten von $J^i_{\min}$ und $J^i_{\max}$ durch die Rundungseffekte in den letzten Ziffern eine Grenze gesetzt. Ist $f(x)$ ein Polynom niedrigen Grades oder ist das Integrationsintervall $a \leqq x \leqq b$ sehr klein, dann konvergieren die T_{ik}, U_{ik} so stark, daß die Monotonie der $J^i_{\min}$, $J^i_{\max}$ schon nach wenigen Extrapolationsschritten im „Rundungsrauschen" der letzten Dezimalziffern völlig untergeht.

7.2.3 Spezielle Extrapolationsformeln

Wählt man für die Extrapolation spezielle Sequenzen h_i und festes k, so ergeben sich einige klassische Quadraturformeln. Die bekanntesten seien hier aufgeführt.

7.2.3.1 Simpsonsche Regel

Für $h_i = h_{i-1}/2$, $h_0 = b - a$ und $k = 1$ stellen die T_{i1} Näherungswerte nach SIMPSON dar. Man schreibt sie gewöhnlich in der Form

$$S(h)\ (= T_{i1}) = \frac{h}{3}\,[f(a) + 4f(a + h) + 2f(a + 2h) + 4f(a + 3h) + \cdots$$
$$+ 2f(b - 2h) + 4f(b - h) + f(b)],$$

wobei $h = h_i$, $i = 1, 2, \ldots$
Quadraturfehler nach (7.2.5).

7.2.3.2 Newtons 3/8 Regel

Für $h_i = h_{i-1}/3$, $h_0 = b - a$ und $k = 1$ sind die T_{i1} Näherungswerte nach NEWTON. Speziell ist für $i = 1$

$$T_{11} = \frac{b - a}{8}\left[f(a) + 3f\left(a + \frac{1}{3}\,h_0\right) + 3f\left(a + \frac{2}{3}\,h_0\right) + f(b)\right].$$

Quadraturfehler nach (7.2.5).

7.2.3.3 Boolesche Regel

Für $h_i = h_{i-1}/2$, $h_0 = b - a$ und $k = 2$ stellen die T_{i2} die entsprechenden Näherungswerte dar. Quadraturfehler nach (7.2.5).

7.2.3.4 Weddlesche Regel

Extrapoliert wird hier jeweils aus den drei Trapezsummen $T(h_0^{(i)})$, $T(h_1^{(i)})$ und $T(h_2^{(i)})$, wobei $h_0^{(i)} = h_i/2$, $h_1^{(i)} = h_i/3$, $h_2^{(i)} = h_i/6$. Die h_i genügen der Rekursion $h_i = h_{i-1}/2$, $h_0 = b - a$. Die Restgliedformel (7.2.5) ist hier nicht anwendbar.

7.3 Die Quadraturformeln von Newton und Cotes

Die zu integrierende Funktion $f(x)$ sei durch die Lagrangesche Interpolationsformel (2.2.6) dargestellt. Durch Integration dieser Formel erhält man

$$(7.3.1) \qquad \int_a^b f(x)\,dx = \sum_{i=0}^{n} f(x_i) \int_a^b L_i(x)\,dx + \int_a^b R(x)\,dx.$$

Man hat also lediglich die Quadratur der Lagrange-Polynome ein für allemal durchzuführen. Die erhaltenen Zahlen sind dann mit den jeweiligen speziellen Funktionswerten $f(x_i)$ zu multiplizieren. Um einfach zu handhabende, praktische Formeln zu erhalten, wollen wir die Interpolationsstellen x_i als äquidistant voraussetzen:

$$x_i = a + ih, \quad i = 0, 1, \ldots, n; \quad b = a + nh.$$

Es ist dann

$$(7.3.2) \qquad \int_a^b f(x)\,dx = \frac{b-a}{B_n} \sum_{\iota=0}^n A_i\,f(x_i) + E_n$$

mit

$$\frac{b-a}{B_n} A_\iota = \int_a^b L_i(x)\,dx$$

und

$$E_n = \int_a^b R(x)\,dx;$$

A_i hängt natürlich noch von n ab.

Die folgende Tab. (7.3.3) gibt in Abhängigkeit von n die Zahlen A_ι, B_n und den Fehlerterm E_n an, $h = \dfrac{b-a}{n}$

(7.3.3)

n	B_n	A_0	A_1	A_2	A_3	A_4	A_5	A_6	A_7	E_n
1	2	1	1							$-h^3 f^{(2)}(\xi)/12$
2	6	1	4	1						$-h^5 f^{(4)}(\xi)/90$
3	8	1	3	3	1					$-3h^5 f^{(4)}(\xi)/80$
4	90	7	32	12	32	7				$-8h^7 f^{(6)}(\xi)/945$
5	288	19	75	50	50	75	19			$-275h^7 f^{(6)}(\xi)/12096$
6	840	41	216	27	272	27	216	41		$-9h^9 f^{(8)}(\xi)/1400$
7	17280	751	3577	1323	2989	2989	1323	3577	751	$-8183h^9 f^{(8)}(\xi)/518400$

Zu höheren Ordnungen ($n > 7$) überzugehen hat wenig Sinn. Falls höhere Approximationen gewünscht sind, ist es besser, das Integrationsintervall $a \leqq x \leqq b$ zu halbieren bzw. noch weiter zu unterteilen und die Formel (7.3.2) auf die Teilintervalle $a \leqq x \leqq \dfrac{a+b}{2}$, $\dfrac{a+b}{2} \leqq x \leqq b$ usw. anzuwenden. Speziell sei noch angemerkt, daß man für $n = 2$ die Simpson-Regel und für $n = 3$ Newtons 3/8 Regel erhält.

Beispiel: Zu berechnen ist $\mathrm{Si}(1) = \int_0^1 \dfrac{\sin x}{x}\,dx$.

Formel (7.3.2) liefert für $n = 3$

$$\mathrm{Si}(1) = \frac{1-0}{8} \left[1 + 3\,\frac{\sin\left(\frac{1}{3}\right)}{\frac{1}{3}} + 3\,\frac{\sin\left(\frac{2}{3}\right)}{\frac{2}{3}} + \frac{\sin(1)}{1} \right] + E_3$$

$$= 0{,}946111 + E_3,$$

mit

$$|E_3| \leqq \frac{3}{80} \left(\frac{1}{3}\right)^5 \max_{0 \leqq x \leqq 1} \left| \frac{d^4\left(\frac{\sin x}{x}\right)}{dx^4} \right| = \frac{1}{80 \cdot 81}\,\frac{1}{5}\,.$$

Es ergibt sich die Abschätzung

$$|\operatorname{Si}(1) - 0{,}946111| = |E_3| < 3{,}1_{10^{-4}}.$$

Zum Vergleich $\operatorname{Si}(1) = 0{,}94608307\ldots$

7.4 Hermitesche Quadraturformeln

Durch Integration der Interpolationsformel von HERMITE (2.7.10) erhält man Quadraturformeln, die neben Funktionswerten des Integranden zusätzlich Werte der Ableitungen des Integranden benützen. Es ergeben sich folgende spezielle Formeln $[f_i = f(a + i\,h)]$

$$(7.4.1) \quad \int_a^b f(x)\,dx = \frac{b-a}{2}\left[f_0 + f_1 + \frac{b-a}{6}(f_0' - f_1')\right] +$$

$$+ \frac{(b-a)^5}{720} f^{(4)}(\xi), \quad h = b - a,$$

$$(7.4.2) \quad \int_a^b f(x)\,dx = \frac{b-a}{30}\left[7f_0 + 16f_1 + 7f_2 + \frac{b-a}{2}(f_0' - f_2')\right] +$$

$$+ \frac{(b-a)^7}{120 \cdot 7!} f^{(6)}(\xi), \quad h = \frac{b-a}{2}.$$

Eine Formel, die auch zweite Ableitungen f'' benützt, ist

$$(7.4.3)$$

$$\int_a^b f(x)\,dx = \frac{b-a}{2}\left[f_0 + f_1 + \frac{b-a}{5}(f_0' - f_1') + \frac{(b-a)^2}{60}(f_0'' + f_1'')\right] -$$

$$- \frac{(b-a)^7}{100\,800} f^{(6)}(\xi), \quad h = b - a.$$

Diese Formeln sind genauer als die entsprechenden Formeln in Ziff. 7.3. Man vergleiche dazu auch die Formeln von Ziff. 7.1, die ähnlich gebaut sind, so ist (7.4.1) mit der entsprechenden Trapezformel identisch. Wie schon in Ziff. 7.1 betont wurde, empfiehlt sich die Verwendung dieser Formeln dann, wenn die Ableitungen des Integranden leicht zu berechnen sind. Bei größeren Intervallen $a \leqq x \leqq b$ ist es zweckmäßig, die obigen Formeln auf Teilintervalle anzuwenden und die Teilintegrale zu addieren. So ergibt Formel (7.4.2) bei $n = 2r$-facher Unterteilung des Intervalls $a \leqq x \leqq b$

$$(7.4.4) \quad \int_a^b f(x)\,dx = \frac{h}{15}\left[7f_0 + 16f_1 + 14f_2 + 16f_3 + 14f_4 + \cdots + \right.$$

$$\left. + 14f_{n-2} + 16f_{n-1} + 7f_n + h(f_0' - f_n')\right] + \frac{16}{15}\frac{h^6(b-a)}{7!} f^{(6)}(\xi),$$

$$h = (b-a)/n, \quad f_i = f(a + i\,h), \quad n \text{ gerade.}$$

Man benötigt also die Werte der Ableitungen des Integranden nur an den Intervallenden.

7.5 Quadratur der Binomialkoeffizienten

Die zu integrierende Funktion sei durch die Newtonsche Interpolationsformel (3.3.5) dargestellt. Durch Integration dieser Formel ergibt sich

$$(7.5.1) \qquad \int_{x_0}^{x} f(\xi)\, d\xi = h \sum_{k=0}^{n} \Delta^k f_0 \int_0^t \binom{\tau}{k} d\tau + \int_{x_0}^{x} R(\xi)\, d\xi,$$

$$\xi = x_0 + h\,\tau, \quad x = x_0 + h\,t.$$

Die Quadratur von $f(x)$ reduziert sich also auf die Quadratur der Binomialkoeffizienten. Wir benutzen dazu die Darstellung (3.1.11) für die Binomialkoeffizienten. Durch Integration der Gl. (3.1.11) kommt

$$(7.5.2) \qquad \int_0^t (1+x)^\tau\, d\tau = \sum_{k=0}^{\infty} x^k \int_0^t \binom{\tau}{k} d\tau.$$

Die Integration der linken Seite liefert

$$\int_0^t (1+x)^\tau\, d\tau = \int_0^t e^{\tau \ln (1+x)}\, d\tau = \frac{(1+x)^t - 1}{\ln(1+x)} = \frac{(1+x)^t - 1}{x} \cdot \frac{x}{\ln(1+x)}.$$

Der Ausdruck auf der rechten Seite läßt sich nach Potenzen von x entwickeln. Wie sich unmittelbar aus (3.1.11) ergibt, besitzt der erste Faktor rechts die Entwicklung

$$\frac{(1+x)^t - 1}{x} = \sum_{k=0}^{\infty} \binom{t}{k+1} x^k,$$

für den zweiten Faktor findet man nach etwas Rechnung

$$\frac{x}{\ln(1+x)} = \sum_{k=0}^{\infty} g_k\, x^k$$

mit folgenden Werten für g_k

(7.5.3)

k	0	1	2	3	4	5	6	7	8
g_k	1	$\dfrac{1}{2}$	$-\dfrac{1}{12}$	$\dfrac{1}{24}$	$-\dfrac{19}{720}$	$\dfrac{3}{160}$	$-\dfrac{863}{60480}$	$\dfrac{275}{24192}$	$-\dfrac{33953}{3628800}$

Damit ergibt sich für das Integral auf der linken Seite von (7.5.2) die folgende Entwicklung nach Potenzen von x

$$(7.5.4) \qquad \int_0^t (1+x)^\tau\, d\tau = \sum_{k=0}^{\infty} \binom{t}{k+1} x^k \sum_{k=0}^{\infty} g_k\, x^k$$

$$= \sum_{k=0}^{\infty} x^k \sum_{l=0}^{k} \binom{t}{l+1} g_{k-l}.$$

Durch Vergleich mit den Faktoren entsprechender Potenzen von x auf der rechten Seite von Gl. (7.5.2) findet man für das Integral über den Binomialkoeffizienten

$$(7.5.5) \qquad \int\limits_0^t \binom{\tau}{k} d\tau = \sum_{l=0}^{k} \binom{t}{l+1} g_{k-l}.$$

Setzt man $t = 1$, integriert also in (7.5.1) über ein Intervall der Länge h, so gewinnt man die spezielle Formel

$$(7.5.6) \qquad \int\limits_0^1 \binom{\tau}{k} d\tau = g_k.$$

Ebenso erhält man

$$(7.5.7) \qquad \int\limits_0^1 \binom{-\tau}{k} d\tau = \sum_{l=0}^{k} (-1)^l g_{k-l}.$$

7.6 Zentrale Quadraturformeln

Quadraturformeln, die man durch Integration der Besselschen bzw. Stirlingschen Interpolationsformel erhält, werden als zentrale Formeln bezeichnet. Sie eignen sich zur numerischen Integration „im Innern" des Differenzenschemas. Ihre Verwendung ist zu empfehlen, wenn der Integrand tabellarisch gegeben ist.

7.6.1 Integration der Besselschen Formel

Integriert man die Besselsche Formel (3.3.11) über ein Intervall der Länge h von x_i bis x_{i+1}, so fallen die Glieder mit den ungeraden Differenzen $\delta^{2k-1} f_{i+\frac{1}{2}}$ heraus, und es ergibt sich die Formel

$$(7.6.1) \qquad \int\limits_{x_i}^{x_{i+1}} f(x)\, dx$$

$$= h\left[\frac{1}{2}(f_i + f_{i+1}) - \frac{1}{12}\mu\, \delta^2 f_{i+\frac{1}{2}} + \frac{11}{720}\mu\, \delta^4 f_{i+\frac{1}{2}} - \cdots \right] + \text{Rest},$$

mit

$$\mu\, \delta^k f_{i+\frac{1}{2}} = \tfrac{1}{2}(\delta^k f_i + \delta^k f_{i+1}).$$

Integriert man über ein längeres Intervall $a \leq x \leq b$, so erhält man durch Addition der n Teilintegrale (7.6.1) $(x_0 = a, x_n = b)$.

$$(7.6.2) \qquad \int\limits_a^b f(x)\, dx = h[(\tfrac{1}{2}f_0 + f_1 + f_2 + \cdots + f_{n-1} + \tfrac{1}{2}f_n) +$$

$$+ c_1(\mu\, \delta^1 f_n - \mu\, \delta^1 f_0) + c_3(\mu\, \delta^3 f_n - \mu\, \delta^3 f_0) + \cdots +$$

$$+ c_{2k-1}(\mu\, \delta^{2k-1} f_n - \mu\, \delta^{2k-1} f_0)] + c_{2k+1}\, h^{2k+2}(b-a)\, f^{(2k+2)}(\xi),$$

wobei

$$f_i = f(a + i\, h), \qquad h = (b-a)/n;$$

einige Werte für c_k

k	1	3	5	7
c_k	$-\dfrac{1}{12}$	$\dfrac{11}{720}$	$-\dfrac{191}{60480}$	$\dfrac{2497}{3628800}$

Bei der Ermittlung der rechten Seite von (7.6.2) ist die Beziehung benutzt worden

$$\sum_{\iota=0}^{n-1} \mu\, \delta^k f_{i+\frac{1}{2}} = \tfrac{1}{2}\sum_{\iota=0}^{n-1}(\delta^k f_i + \delta^k f_{i+1}) = \tfrac{1}{2}\sum_{\iota=0}^{n-1}(\delta^{k-1} f_{i+\frac{1}{2}} - \delta^{k-1} f_{i-\frac{1}{2}}) +$$

$$+ \tfrac{1}{2}\sum_{\iota=1}^{n}(\delta^{k-1} f_{i+\frac{1}{2}} - \delta^{k-1} f_{i-\frac{1}{2}})$$

$$= \tfrac{1}{2}(\delta^{k-1} f_{n-\frac{1}{2}} - \delta^{k-1} f_{-\frac{1}{2}}) + \tfrac{1}{2}(\delta^{k-1} f_{n+\frac{1}{2}} - \delta^{k-1} f_{\frac{1}{2}})$$

$$= \tfrac{1}{2}(\delta^{k-1} f_{n-\frac{1}{2}} + \delta^{k-1} f_{n+\frac{1}{2}}) - \tfrac{1}{2}(\delta^{k-1} f_{-\frac{1}{2}} + \delta^{k-1} f_{\frac{1}{2}})$$

$$= \mu\, \delta^{k-1} f_n - \mu\, \delta^{k-1} f_0.$$

Die Formel (7.6.2) ist im wesentlichen die Trapezformel (7.1.2), geschrieben mit zentralen Differenzen an Stelle von Ableitungen; vgl. dazu die Formeln (7.1.4) und (7.1.5).

7.6.2 Integration der Stirlingschen Formel

Integriert man die Stirlingsche Formel (3.3.13) über ein Intervall, das symmetrisch zu $x = x_i$ liegt, so fallen die Glieder mit den ungeraden Differenzen $\delta^{2k-1} f_\iota$ heraus, da deren Koeffizienten ungerade Funktionen von t sind. Es ergibt sich die Formel

$$(7.6.3) \qquad \int_{x_i-nh}^{x_i+nh} f(x)\,dx$$

$$= h[e_0 f_i + e_2\, \delta^2 f_i + e_4\, \delta^4 f_i + e_6\, \delta^6 f_i + e_8\, \delta^8 f_i + e_{10}\, \delta^{10} f_i + \cdots].$$

mit folgenden (noch von n abhängenden) Werten für $e_0, e_2, \ldots, e_{10}$

(7.6.4)

n	e_0	e_2	e_4	e_6	e_8	e_{10}
1	2	$\dfrac{1}{3}$	$-\dfrac{1}{90}$	$\dfrac{1}{756}$	$-\dfrac{23}{113400}$	$\dfrac{263}{7484400}$
2	4	$\dfrac{8}{3}$	$\dfrac{14}{45}$	$-\dfrac{8}{945}$	$\dfrac{13}{14175}$	$-\dfrac{62}{467775}$
3	6	$\dfrac{27}{3}$	$\dfrac{33}{10}$	$\dfrac{41}{140}$	$-\dfrac{9}{1400}$	$\dfrac{19}{30800}$
4	8	$\dfrac{64}{3}$	$\dfrac{688}{45}$	$\dfrac{736}{189}$	$\dfrac{3956}{14175}$	$-\dfrac{2368}{467775}$
5	10	$\dfrac{125}{3}$	$\dfrac{875}{18}$	$\dfrac{17225}{756}$	$\dfrac{20225}{4536}$	$\dfrac{80335}{299376}$

Die Größe des Quadraturfehlers schätzt man an Hand der Größe der letzten benutzten Differenz ab.

Beispiel: Man berechne $\int_0^{1,2} J_1(x)\,dx$, wobei $J_1(x)$ die Bessel-Funktion der Ordnung 1 ist. Aus einer Tafel der Bessel-Funktionen (vgl. [I], S. 390) berechnet man sich das folgende Differenzenschema (die ungeraden Differenzen δ^{2k+1} sind weggelassen):

x	$J_1(x)$	δ^2	δ^4	δ^6	δ^8
$-0,2$	$-0,0995008326$				
$0,0$	$0,0000000000$	000000000			
$0,2$	$0,0995008326$	-297508733	988395		
$0,4$	$0,1960265779$	-58513352	1942310	-67721	
$0,6$	$0,2867009881$	-85333520	2828505	-98529	3517
$0,8$	$0,3688420461$	-109325184	3616170	-125819	
$1,0$	$0,4400505857$	-129700678	4278016		
$1,2$	$0,4982890576$	-145798155			
$1,4$	$0,5419477139$				

Daraus folgt nach (7.6.3) und (7.6.4)

$$\int_0^{1,2} J_1(x)\,dx = \int_{0,6-3\times0,2}^{0,6+3\times0,2} J_1(x)\,dx = 0,2\left[6\times0,2867009881 - \frac{27}{3}\times0,0085333520 + \right.$$

$$+ \frac{33}{10}\times0,0002828505 - \frac{41}{140}\times0,0000098529 - $$

$$\left. - \frac{9}{1400}\times0,0000003517\right] + \text{Fehler.}$$

Hieraus ergibt sich die Abschätzung

$$\left|\int_0^{1,2} J_1(x)\,dx - 0,3288672559\right| \approx \frac{2}{10}\cdot\frac{9}{1400}\cdot\frac{3517}{10^{10}} < 5,0_{10}{}^{-10}.$$

Zum Vergleich: $\int_0^{1,2} J_1(x)\,dx = 1 - J_0(1,2) = 0,328867255735\ldots$

7.7 Periphere Quadraturformeln für das Verfahren von Adams

Für die Integration „am Rand" des Differenzenschemas eignen sich die Newtonschen Interpolationsformeln, s. Ziff. 3.3.3.

Integriert man die Formel (3.3.7) über ein Intervall der Länge h von x_n bis x_{n+1}, $(0 \leqq t \leqq 1)$, so erhält man mit Hilfe der Beziehung

$$\int_0^1 \binom{t+k-1}{k}\,dt = (-1)^k \int_0^1 \binom{-t}{k}\,dt = (-1)^k \sum_{l=0}^{k} (-1)^l g_{k-l} = a_k$$

die Formel

$$(7.7.1) \qquad \int_{x_n}^{x_{n+1}} f(x)\,dx = h[a_0 f_n + a_1 \nabla f_n + a_2 \nabla^2 f_n + \cdots + a_k \nabla^k f_n] + $$
$$+ a_{k+1} h^{k+2} f^{(k+1)}(\xi),$$

mit $k \leqq n$, $x_{n-k} < \xi < x_{n+1}$.

Einige Zahlenwerte für a_k:

(7.7.2)

k	0	1	2	3	4	5	6	7
a_k	1	$\dfrac{1}{2}$	$\dfrac{5}{12}$	$\dfrac{3}{8}$	$\dfrac{251}{720}$	$\dfrac{95}{288}$	$\dfrac{19087}{60480}$	$\dfrac{5257}{17280}$

Integriert man (3.3.7) von x_{n-1} bis x_n, $(-1 \leqq t \leqq 0)$, so erhält man mit

$$b_k = (-1)^k g_k$$

(7.7.3)
$$\int\limits_{x_{n-1}}^{x_n} f(x)\, dx = h[b_0\, f_n - b_1\, \nabla f_n - b_2\, \nabla^2 f_n - \cdots - b_k\, \nabla^k f_n] - \\ - b_{k+1}\, h^{k+2}\, f^{(k+1)}(\xi)$$

mit $k \leqq n$, $x_{n-k} < \xi < x_n$.

Einige Zahlenwerte für b_k:

(7.7.4)

k	0	1	2	3	4	5	6	7
b_k	1	$\dfrac{1}{2}$	$\dfrac{1}{12}$	$\dfrac{1}{24}$	$\dfrac{19}{720}$	$\dfrac{3}{160}$	$\dfrac{863}{60480}$	$\dfrac{275}{24192}$

Die beiden Formeln (7.7.1) und (7.7.3) werden gewöhnlich zur Integration von Differentialgleichungen benutzt. Formel (7.7.1) spielt dabei die Rolle des sog. *Prediktors* (Adams-Bashforth-Verfahren) und Formel (7.7.3) die Rolle des *Korrektors* (Adams-Moulton-Verfahren). Literatur: HENRICI [6].

7.8 Iterierte Quadratur

Die Interpolationsformeln können wiederholt integriert werden. Die Quadratur braucht dabei jeweils nur an den Binomialkoeffizienten vorgenommen werden, wobei sich die Formeln für m-fache Integration leicht mit Hilfe der Beziehung

$$\int\limits_{a}^{x} \int\limits_{a}^{\xi_m} \cdots \int\limits_{a}^{\xi_2} \psi(\xi_1)\, d\xi_1 \ldots d\xi_m = \frac{(x-a)^m}{(m-1)!} \int\limits_{0}^{1} \xi^{m-1}\, \psi(x - (x-a)\,\xi)\, d\xi$$

gewinnen lassen.

Die m-fach iterierte Quadratur von Gl. (3.3.7) zwischen den Grenzen $x_n \leqq x \leqq x_{n+1}$ liefert

(7.8.1)
$$\int\limits_{x_n}^{x} \int\limits_{x_n}^{\xi_m} \cdots \int\limits_{x_n}^{\xi_2} f(\xi_1)\, d\xi_1 \ldots d\xi_m = h^m \sum_{\varrho=0}^{k} P_{m\varrho}(t)\, \nabla^\varrho f_n + R_{m,k+1}(x),$$
$$x = x_n + t\, h.$$

Die $P_{m\varrho}(t)$ sind Polynome vom Grad $m + \varrho$ in t, vgl. Tab. 7.8.1. Für das Restglied hat man die Abschätzung

$$(7.8.2) \qquad |R_{m,k+1}| \leqq h^{m+k+1} P_{m,k+1}(1) \max|f^{(k+1)}(\xi)|,$$

$$x_{n-k} \leqq \xi \leqq x_{n+1}.$$

Analoge Ausdrücke erhält man durch Integration von Gl. (3.3.7) zwischen den Grenzen $x_{n-1} \leqq x \leqq x_n$

$$(7.8.3) \qquad \int_{x_{n-1}}^{x} \int_{x_{n-1}}^{\xi_m} \dots \int_{x_{n-1}}^{\xi_2} f(\xi_1)\, d\xi_1 \dots d\xi_m$$

$$= h^m \sum_{\varrho=0}^{k} P^*_{m\varrho}(t)\, \nabla^\varrho f_n + R^*_{m,k+1}(x), \qquad x = x_n + t\,h.$$

Für die Polynome $P^*_{m\varrho}(t)$ vgl. Tab. 7.8.2.

Für das Restglied ergibt sich die Abschätzung

$$(7.8.4) \qquad |R^*_{m,k+1}| \leqq h^{m+k+1} |P^*_{m,k+1}(0)| \max|f^{(k+1)}(\xi)|,$$

$$x_{n-k} \leqq \xi \leqq x_n.$$

Der Vollständigkeit halber sei noch eine Quadraturformel angegeben, die sich aus Stirlings Formel (3.3.13) ableitet. Schreibt man (3.3.13) für t und $-t$ an und bildet das arithmetische Mittel, so fallen die ungeraden Differenzen heraus und es ergibt sich

$$(7.8.5) \qquad \varphi(x) = \frac{1}{2}\left[f(x) + f(2x_i - x)\right] = f(x_i) + \frac{t^2}{2!}\,\delta^2 f_i +$$

$$+ \frac{t^2(t^2 - 1^2)}{4!}\,\delta^4 f_i + \dots + \frac{t^2(t^2 - 1^2)\dots(t^2 - (k-1)^2)}{(2k)!}\,\delta^{2k} f_i +$$

$$+ \frac{t^2(t^2 - 1^2)\dots(t^2 - k^2)}{(2k+2)!}\,h^{2k+2}\,f^{(2k+2)}(\xi)$$

mit $x = x_i + t\,h$, $x_{i-k} \leqq \xi \leqq x_{i+k}$.

Die m-fache Integration dieser Formel liefert

$$(7.8.6) \qquad \int_{x_i}^{x} \int_{x_i}^{\xi_m} \dots \int_{x_i}^{\xi_2} \varphi(\xi_1)\, d\xi_1 \dots d\xi_m$$

$$= h^m \sum_{\varrho=0}^{k} S_{m\varrho}(t)\, \delta^{2\varrho} f_i + R^{**}_{m,k+1}(x), \qquad x = x_i + t\,h.$$

Die $S_{m\varrho}(t)$ sind Polynome vom Grad $m + 2\varrho$ in t, vgl. Tab. 7.8.3. Für das Restglied hat man die Abschätzung

$$|R^{**}_{m,k+1}| \leqq s_{m,k+1} \frac{h^{m+2k+2}}{(2k+2)!} \max|f^{(2k+2)}(\xi)|, \qquad x_{i-k} \leqq \xi \leqq x_{i+k},$$

wo

$$s_{m,k+1} = \int_{0}^{1} \int_{0}^{t_m} \dots \int_{0}^{t_2} |t_1^2(t_1^2 - 1^2)\dots(t_1^2 - k^2)|\, dt_1 \dots dt_m.$$

Tabelle 7.8.1. *Polynome* $P_{m\varrho}(t)$

$m \backslash \varrho$	0	1	2	3
1	t	$\dfrac{1}{2}t^2$	$\dfrac{1}{12}(3t^2 + 2t^3)$	$\dfrac{1}{24}(4t^2 + 4t^3 + t^4)$
2	$\dfrac{1}{2}t^2$	$\dfrac{1}{6}t^3$	$\dfrac{1}{24}(2t^3 + t^4)$	$\dfrac{1}{360}(20t^3 + 15t^4 + 3t^5)$
3	$\dfrac{1}{6}t^3$	$\dfrac{1}{24}t^4$	$\dfrac{1}{240}(5t^4 + 2t^5)$	$\dfrac{1}{720}(10t^4 + 6t^5 + t^6)$
4	$\dfrac{1}{24}t^4$	$\dfrac{1}{120}t^5$	$\dfrac{1}{720}(3t^5 + t^6)$	$\dfrac{1}{5040}(14t^5 + 7t^6 + t^7)$

Tabelle 7.8.2. *Polynome* $P^{*}_{m\varrho}(t)$

$m \backslash \varrho$	0	1	2	3
1	$1 + t$	$\dfrac{1}{2}(-1 + t^2)$	$\dfrac{1}{12}(-1 + 3t^2 + 2t^3)$	$\dfrac{1}{24}(-1 + 4t^2 + 4t^3 + t^4)$
2	$\dfrac{1}{2}(1 + t)^2$	$\dfrac{1}{6}(-2 - 3t + t^3)$	$\dfrac{1}{24}(-1 - 2t + 2t^3 + t^4)$	$\dfrac{1}{360}(-7 - 15t + 20t^3 + 15t^4 + 3t^5)$
3	$\dfrac{1}{6}(1 + t)^3$	$\dfrac{1}{24}(-3 - 8t - 6t^2 + t^4)$	$\dfrac{1}{240}(-3 - 10t - 10t^2 + 5t^4 + 2t^5)$	$\dfrac{1}{720}(-4 - 14t - 15t^2 + 10t^4 + 6t^5 + t^6)$
4	$\dfrac{1}{24}(1 + t)^4$	$\dfrac{1}{120}(-4 - 15t - 20t^2 - 10t^3 + t^5)$	$\dfrac{1}{720}(-2 - 9t - 15t^2 - 10t^3 + 3t^5 + t^6)$	$\dfrac{1}{5040}(-6 - 28t - 49t^2 - 35t^3 + 14t^5 + 7t^6 + t^7)$

Tabelle 7.8.3. *Polynome* $S_{m\varrho}(t)$

m \\ ϱ	0	1	2	3
1	t	$\dfrac{1}{6}t^3$	$\dfrac{1}{360}(-5t^3+3t^5)$	$\dfrac{1}{15120}(28t^3-21t^5+3t^7)$
2	$\dfrac{1}{2}t^2$	$\dfrac{1}{24}t^4$	$\dfrac{1}{1440}(-5t^4+2t^6)$	$\dfrac{1}{120960}(56t^4-28t^6+3t^8)$
3	$\dfrac{1}{6}t^3$	$\dfrac{1}{120}t^5$	$\dfrac{1}{10080}(-7t^5+2t^7)$	$\dfrac{1}{1815400}(168t^5-60t^7+5t^9)$
4	$\dfrac{1}{24}t^4$	$\dfrac{1}{720}t^6$	$\dfrac{1}{120960}(-14t^6+3t^8)$	$\dfrac{1}{3630800}(56t^6-15t^8+t^{10})$

Einige Zahlen für $s_{m,k}$:

Tabelle 7.8.4. *Werte der* $s_{m,k}$

m \\ k	2	3
1	$\dfrac{2}{15}$	$\dfrac{10}{21}$
2	$\dfrac{1}{20}$	$\dfrac{31}{168}$
3	$\dfrac{1}{84}$	
4	$\dfrac{11}{5040}$	

7.9 Numerische Quadratur nach Gauß

Effektive Formeln zur numerischen Quadratur hat GAUSS angegeben. Die in die Näherungssummen eingehenden Funktionswerte werden dabei nicht an äquidistanten Stellen des Integrationsintervalls berechnet, sondern an den Nullstellen der sog. Legendre-Polynome. Zur Begründung des Verfahrens s. B § 8.4.

Die *Quadraturformel von Gauß* lautet

(7.9.1)

$$\int_{-1}^{1} f(x)\,dx = \sum_{\nu=1}^{n} \lambda_{\nu n}\, f(x_{\nu n}) + \frac{2^{2n+1}(n!)^4}{(2n+1)\,[(2n)!]^3}\, f^{(2n)}(\xi), \qquad -1 < \xi < 1,$$

bzw. bei allgemeiner Lage des Integrationsintervalls

(7.9.2)
$$\int_{a}^{b} f(x)\,dx = \frac{b-a}{2} \sum_{\nu=1}^{n} \lambda_{\nu n}\, f(y_{\nu n}) + \frac{(b-a)^{2n+1}(n!)^4}{(2n+1)\,[(2n)!]^3}\, f^{(2n)}(\xi),$$

$$a < \xi < b,$$

wobei $y_{\nu n} = \dfrac{b-a}{2} x_{\nu n} + \dfrac{b+a}{2}$; n heißt die Ordnung des Verfahrens, $n = 1, 2, 3, \ldots$

Die *Stützstellen* $x_{\nu n}$, $\nu = 1, \ldots, n$, sind die n Nullstellen der Legendre-Polynome vom Grad n (vgl. B § 8.5.3). Diese Nullstellen liegen symmetrisch zu $x = 0$. Die $\lambda_{\nu n}$ ($\lambda_{\nu n} > 0$) sind die sog. *Gewichtsfaktoren*. Einige Zahlenwerte sind in Tab. 7.9.1 gegeben. Weitere Zahlenwerte bis zur Ordnung $n = 96$ finden sich in ABRAMOWITZ-STEGUN [1], S. 916 bis 918.

Die Methode von GAUSS ist in gewisser Weise das theoretisch bestmögliche Quadraturverfahren. Wie man nämlich dem Restglied entnimmt, genügen bereits n Funktionswerte um Polynome vom Grad $2n - 1$ exakt zu integrieren (wegen $f^{(2n)} \equiv 0$). Bezogen auf die Anzahl der Funktionswertberechnungen liefert die Methode unter allen Quadraturverfahren i. allg. den kleinsten Quadraturfehler.

Tabelle 7.9.1. *Stützstellen $x_{\nu n}$ und Gewichte $\lambda_{\nu n}$ zum Quadraturverfahren von Gauß*

	ν	$x_{\nu n}$	$\lambda_{\nu n}$
$n = 1$	1	0	2
$n = 2$	1	0,5773502691 90	1
	2	−0,577...	1
$n = 3$	1	0,7745966692 41	0,5555 5555 5556
	2	0	0,8888 8888 8889
	3	−0,774...	0,555...
$n = 4$	1	0,8611363115 94	0,3478 5484 5137
	2	0,3399810435 85	0,6521 4515 4863
	3	−0,339...	0,652...
	4	−0,861...	0,347...
$n = 5$	1	0,9061798459 39	0,2369 2688 5056
	2	0,5384693101 06	0,4786 2867 0499
	3	0	0,5688 8888 8889
	4	−0,538...	0,478...
	5	−0,906...	0,236...
$n = 6$	1	0,9324695142 03	0,1713 2449 2379
	2	0,6612093864 66	0,3607 6157 3048
	3	0,2386191860 83	0,4679 1393 3457 3
	4	−0,238...	0,467...
	5	−0,661...	0,360...
	6	−0,932...	0,171...

Soll aber, wie es meistens in der Praxis der Fall ist, das Integral mit vorgeschriebener Genauigkeit berechnet werden, so ist die Kenntnis der kleinsten Ordnung n erforderlich, die diese Genauigkeit liefert. Da zur Fehlerabschätzung die Berechnung der Ableitung des Integranden gewöhnlich nicht in Frage kommt, muß man daher, um den Quadraturfehler abschätzen zu können, das Verfahren für verschiedene Quadraturordnungen n wiederholen. Man kann auch bei fester Ordnung n die Quadraturformel jeweils auf die Teilintervalle $a \leq x \leq \dfrac{a+b}{2}$, $\dfrac{a+b}{2} \leq x \leq b$ anwenden und die sich ergebenden Näherungssummen addieren. Entsprechend ist bei weiterer Unterteilung des Intervalls $a \leq x \leq b$ zu verfahren. Im allgemeinen gehen aber damit die Vorteile des Verfahrens verloren, weil jeweils alle Funktionswerte neu berechnet werden müssen und nichts von den vorhergehenden Schritten übernommen werden kann.

Beispiel: Berechnung von $\int\limits_0^{\frac{\pi}{2}} \sin x\, dx$ und $\int\limits_0^{\pi} x \cos(3x)\, dx$ für verschiedene Quadraturordnungen n. Zum Vergleich sind extrapolierte Trapezsummen T_{ii} angeführt (vgl. Ziff. 7.2); dabei bezeichnet A_i die Anzahl der Funktionswertberechnungen des Integranden $f(x)$ zur Ermittlung aller Werte $T_{00}, T_{11}, \ldots, T_{ii}$.

| | | Integralapproximation durch | | | |
| | Gauß-Quadratur | | Trapezsummenextrapolation [(rational, Folge (7.2.7)]] | | |
	n	$\dfrac{b-a}{2} \sum\limits_{\nu=1}^{n} \lambda_{\nu n} f(y_{\nu n})$	i	T_{ii}	A_i
$\int\limits_0^{\pi/2} \sin x\, dx$	3	1,00000 812156	2	0,99999 570210	5
	4	0,99999 997721	3	1,00000 000656	7
	5	1,00000 000000	4	1,00000 000000	9
$-\int\limits_0^{\pi} x \cos(3x)\, dx$	8	0,22222 144532	4	0,22265 227542	9
	9	0,22222 223877	5	0,22222 326869	13
	10	0,22222 222198	6	0,22222 221782	17
	11	0,22222 222210	7	0,22222 222218	25
	12	0,22222 222223	8	0,22222 222223	33

Man sieht, daß das Verfahren von GAUSS bei gleicher Genauigkeit im Resultat mit weniger Funktionswerten auskommt als die Trapezsummenextrapolation.

Unter der Annahme aber, daß $\int\limits_0^{\pi} x \cos 3x\, dx$ mit einem relativen Fehler von 10^{-9} berechnet werden soll, genügen bei der Trapezsummenextrapolation bei „blinder" Vorwärtsrechnung 33 Funktionswerte (einschließlich Kontrolle). Das Verfahren von GAUSS benötigt, falls man zufälligerweise gerade beim „richtigen" Wert $n = 11$ anfängt, mindestens $11 + 12 = 23$ Funktionswerte. Hätte man bei $n = 10$ (bzw. 9) begonnen, so wäre der Vergleich wesentlich ungünstiger ausgefallen.

Es hilft i. allg. wenig, schon von vornherein die Ordnung n sehr groß zu wählen. Bei den in der Praxis vorkommenden, z. T. komplizierten Funktionen kann man selbst für große n schlechte Resultate erhalten.

Praktische Versuche haben gezeigt, daß bei Vorgabe einer oberen Schranke für den Quadraturfehler die Trapezsummenextrapolation mit rationalen Funktionen [mit Folge (7.2.7)] i. allg. mit weniger Funktionswertberechnungen des Integranden $f(x)$ auskommt als die Gauß-Quadratur.

Literatur zum Gaußschen Verfahren und verwandten Methoden (Verfahren von LOBATTO, RADAU, TSCHEBYSCHEFF usw.): KRYLOV [7], DAVIS-RABINOWITZ [16]. Verschiedene weitere Quadraturformeln finden sich auch in ABRAMOWITZ-STEGUN [1], S. 885—891.

Schlußbemerkungen und Literaturhinweise

Zur weiterfuhrenden Lektüre seien folgende Bücher empfohlen (die hier getroffene Auswahl stellt keine Wertung dar): Über *Interpolation* das Werk von KUNTZMANN [8], über *numerische Quadratur* das Werk von DAVIS-RABINOWITZ [16] bzw. KRYLOV [7]. Beide Gebiete sind behandelt in BEREZIN-ZHIDKOV [3], HENRICI [6], MILNE [9] und STEFFENSEN [14]; für eine mehr theoretische Behandlung s. NÖRLUND [10]. Über mehrdimensionale Integration s. ABRAMOWITZ-STEGUN [1] und RALSTON-WILF [17].

[1] ABRAMOWITZ, M., and I. A. STEGUN: Handbook of mathematical functions. New York: Dover 1965.

[2] BAUER, F. L., H. RUTISHAUSER and E. STIEFEL: New aspects in numerical quadrature. Proc. of Symposia in Applied Mathematics 15, 199—218, Amer. Math. Soc. (1963).

[3] BEREZIN, I. S., and N. P. ZHIDKOV: Computing Methods, Vol. I. Oxford: Pergamon 1965.

[4] BULIRSCH, R., and J. STOER: Handbook series numerical integration. Numerical quadrature by extrapolation. Numer. Math. 9, 271—278, 1967.

[5] GREVILLE, T. N. E.: Numerical procedures for interpolation by spline functions. J. SIAM Numer. Anal. Ser. B 1, 53—68 (1964).

[6] HENRICI, P.: Elements of numerical analysis. New York: Wiley 1964.

[7] KRYLOV, V. I.: Approximate calculation of integrals. New York/London: Macmillan 1962.

[8] KUNTZMANN, J.: Méthodes numériques, interpolation-dérivées. Paris: Dunod 1959.

[9] MILNE, W. E.: Numerical calculus. Princeton: Princeton University Press 1949.

[10] NÖRLUND, N. E.: Vorlesungen uber Differenzenrechnung. New York: Chelsea 1954.

[11] OPITZ, G.: Steigungsmatrizen. ZAMM 44, T 52—T 54 (1964).

[12] REINSCH, CH.: Smoothing by spline functions. Numer. Math. 10, 177—183 (1967).

[13] RUTISHAUSER, H.: Bemerkungen zur glatten Interpolation. ZAMP 11, 508—513 (1960).

[14] STEFFENSEN, J. F.: Interpolation. London: Baillière, Tindall & Cox 1927.

[15] STOER, J.: Über zwei Algorithmen zur Interpolation mit rationalen Funktionen. Numer. Math. 3, 285—304 (1961).

[16] DAVIS, P. J., and P. RABINOWITZ: Numerical integration. London: Blaisdell 1967.

[17] RALSTON, A., and H. S. WILF: Mathematical methods for digital computers. Vol 2. New York: Wiley 1967.

[18] SCHOENBERG, I. J.: Spline functions and the problem of graduation. Proc. Nat. Acad. Scienc. U.S.A., 52, 947—950 (1964).

[19] AHLBERG, J. H., E. N. NILSON and J. L. WALSH: The theory of splines and their applications. New York: Academic Press 1967.

I. Approximation von Funktionen

I. Theoretische Grundlagen

Von **Georg Aumann**, München

§ 1. Einführung

1.1 Zweck der Approximationstheorie

Wendet man die Mathematik auf ein reales Problem an, so sind auf Grund der mathematischen Idealisierung des Problems und der Ungenauigkeit der Meßwerte numerische Fehler unvermeidlich; sie bestimmen einen Genauigkeitsspielraum („Toleranz"), der bei numerischer Auswertung des Problems nicht wesentlich unterboten zu werden braucht. Diese Toleranz erlaubt eine gewisse Beweglichkeit in der Wahl der mathematischen Hilfsmittel und gestattet rechnerische Vereinfachungen, einmal durch abgerundetes Rechnen, und, was hier interessiert, durch „Approximation", d. h. angenäherte Darstellung der im Problem auftretenden Funktionen durch rechnerisch bequeme Ausdrücke, sofern die dadurch entstehenden Abweichungen von den exakten Werten im Genauigkeitsspielraum bleiben; es kommt also *nicht* darauf an, *beliebig genaue Annäherungen* zu finden, sondern *lediglich hinreichend genaue*. Hierin unterscheidet sich die Approximationstheorie von jenem Teil der Analysis, der sich mit der *exakten Darstellung* von Funktionen, etwa mit Hilfe konvergenter Reihen, bestimmter Integrale oder anderer Grenzprozesse, befaßt und natürlich auf diese Weise ebenfalls Approximationen, und zwar beliebig genaue, bereitstellt [s. Teil I, Abschn. A, B, C]. Hier haben wir hauptsächlich solche Approximationen zu behandeln, bei welchen auf Grund der *vereinbarten Beschränkung der Hilfsmittel* nur ein gewisser Grad von Genauigkeit erreichbar ist.

Ehe die Aufgabe allgemein formuliert wird, seien einige klassische Beispiele vorausbeschrieben.

1.2 Das Beispiel der Fourier-Analyse

Die Anfänge der Approximationstheorie gehen zurück auf die Darstellung „willkürlicher" Funktionen durch unendliche Reihen, wobei die zugehörigen Partialsummen als Approximationen der darzustellenden Funktion in Erscheinung treten. Die Fourier-Reihen sind ein typisches Beispiel hierfür; indem wir ihre Grundeigenschaften als bekannt voraussetzen, können wir an ihnen die nachfolgend zu entwickelnden allgemeinen Begriffe aufzeigen.

Zu der in $[-\pi, \pi]$ gegebenen, 2π-periodischen, stetigen Funktion g bestimmt man durch geeignete Wahl der Koeffizienten $a_0, a_1, b_1, \ldots,$ a_n, b_n ein „trigonometrisches Polynom" f der Ordnung n

$$f(x) := \frac{a_0}{2} + a_1 \cos x + b_1 \sin x + \cdots + a_n \cos n\, x + b_n \sin n\, x,$$

das g bestens im Sinne einer Minimalisierung der „mittleren quadratischen Abweichung"

$$\|g - f\|_G := \left(\int\limits_{-\pi}^{\pi} (g(x) - f(x))^2 \, dx \right)^{\frac{1}{2}}$$

annähert. Es gibt genau eine Lösung $f = F_n\, g$, das zu g gehörige Fourier-Polynom der Ordnung n,

$$F_n\, g(x) := \frac{a_0^*}{2} + a_1^* \cos x + b_1^* \sin x + \cdots + a_n^* \cos n\, x + b_n^* \sin n\, x,$$

worin

$$a_\nu^* = \frac{1}{\pi} \int\limits_{-\pi}^{\pi} g(x) \cos \nu\, x \, dx, \qquad b_\nu^* = \frac{1}{\pi} \int\limits_{-\pi}^{\pi} g(x) \sin \nu\, x \, dx$$

$\nu = 0, 1, \ldots, n$, die Fourier-Koeffizienten von g bedeuten. Für die zugehörige kleinste mittlere Abweichung gilt:

$$\|g - F_n\, g\|_G \to 0 \quad \text{für} \quad n \to +\infty;$$

man spricht daher von beliebig genauer „Approximation im Mittel". Dies besagt jedoch nicht, daß stellenweise Konvergenz vorliegt, d. h. daß $F_n\, g(x) \to g(x)$ (für $n \to +\infty$) für jedes x gelten müßte. (Es gibt stetige Funktionen g, für die diese Konvergenz an unendlich vielen Stellen des Intervalls $[-\pi, \pi]$ nicht statt hat.)

Nun hat aber FEJÉR gezeigt, daß für $n \to +\infty$ die Funktionen

$$\tilde{F}_n\, g := \frac{1}{n+1} (F_0\, g + \cdots + F_n\, g)$$

gleichmäßig auf $[-\pi, \pi]$ gegen g konvergieren, d. h. daß es zu jedem $\varepsilon > 0$ ein $n(\varepsilon)$ gibt, so daß

$$|g(x) - \tilde{F}_n\, g(x)| < \varepsilon$$

für alle $n > n(\varepsilon)$ und alle x aus $[-\pi, \pi]$ gilt. Man kann dies mit Hilfe der „*Norm der gleichmäßigen Konvergenz*" auf $[-\pi, \pi]$,

$$\|h\|_T := \sup\{|h(x)| : x \in [-\pi, \pi]\}$$

kürzer ausdrücken:

$$\|g - \tilde{F}_n g\|_T \to 0 \quad \text{für} \quad n \to +\infty.$$

Es liegt also hier beliebig genaue „*gleichmäßige Approximation*" vor. Wir sehen also, daß die Fourier-Polynome $F_n g$ und die Fejérschen Polynome $\tilde{F}_n g$ die gegebene Funktion g in ganz verschiedener Weise „beliebig genau" annähern. Es wird also in allgemeineren Fällen zu präzisieren sein, wie „Genauigkeit" gemessen werden soll.

1.3 Das Beispiel des Weierstraßschen Approximationssatzes

Zu einer eigenständigen Disziplin wurde die Approximationstheorie durch den Satz von WEIERSTRASS (1885): Jede auf einem abgeschlossenen Intervall (etwa $[0, 1]$) stetige Funktion g läßt sich beliebig genau und gleichmäßig durch Polynome f approximieren. Dies besagt: Zu jedem $\varepsilon > 0$ gibt es ein Polynom f, $f(x) := a_0 + a_1 x + \cdots + a_n x^n$, so daß $\|g - f\|_T < \varepsilon$; dabei bezeichnet jetzt $\|h\|_T$ die Norm der gleichmäßigen Konvergenz *auf* $[0, 1]$.

Ein sehr elementarer Beweis dieses Satzes stammt von S. BERNSTEIN, der gezeigt hat, daß die Folge der Polynome $B_n g$,

$$B_n g(x) := \sum_{\nu=0}^{n} g\left(\frac{\nu}{n}\right) \binom{\nu}{n} x^\nu (1 - x)^{n-\nu},$$

in $[0, 1]$ gleichmäßig gegen g konvergiert.

Es gibt andererseits genau ein Polynom $W_n g$ vom Grad $\leq n$, das g im Sinne der gleichmäßigen Konvergenz am besten annähert, d. h. daß $\|g - f\|_T > \|g - W_n g\|_T$ für alle Polynome f vom Grad $\leq n$ und verschieden von $W_n g$. Daher gilt

$$\|g - W_n g\|_T \leqq \|g - B_n g\|_T,$$

d. h. bei gleichem n ist $W_n g$ besser (genauer gesagt „nicht schlechter") als $B_n g$. Dem steht gegenüber, daß der Approximationsoperator[1] $g \to : B_n g$ linear [s. F. (1.8.10)] und im übrigen durch eine explizite Formel gegeben ist, wohingegen $g \to : W_n g$ weder linear[2] noch durch

---

[1] Der mit diesem Gebrauch des Begriffes „Operator" nicht vertraute Leser setze hierfür das Synonym „Abbildung"; das Symbol „$\to$:" ist zu lesen „wird abgebildet auf".

[2] Daß z. B. W_0 (eine Bestapproximation mittels einer Konstanten) nicht linear ist, sieht man an den Funktionen $g_1(x) = x$, $g_2(x) = |x|$ im Intervall $[-1, 1]$. Es ist $W_0 g_1 = 0$, $W_0 g_2 = \frac{1}{2}$, aber $W_0(g_1 + g_2) = 1$ $(\neq 0 + \frac{1}{2})$.

eine Formel darstellbar ist[1]. Diese und ähnliche Gesichtspunkte beeinflussen die Frage, wie man approximieren soll; nicht zuletzt aber muß man eine genauere Kenntnis, d. h. gute Abschätzungen der Approximationsfehler, hier $\|g - W_n g\|_T$ und $\|g - B_n g\|_T$, zur Verfügung haben.

§ 2. Das allgemeine Approximationsproblem

2.1 Die Grundaufgabe $AP(g, \mathfrak{F}, p)$

Auf einem festen Definitionsbereich M sei erklärt die zu „approximierende" Funktion $g : M \to \mathbf{C}$, ferner eine Familie (Menge) $\mathfrak{F}$ von „Approximationen", d. h. „approximierenden" Funktionen $f : M \to \mathbf{C}$. Die Funktionen aus $\mathfrak{F}$ sind normalerweise von einfacher Bauart, z. B. Polynome oder rationale Funktionen. Aufgabe ist, unter den Funktionen f von $\mathfrak{F}$ eine auszusuchen, die die Funktion g „am besten" annähert, d. h. die *Fehler*-Funktion $\varphi := g - f$ irgendwie möglichst klein macht. Für den Vergleich der *Fehler* $|\varphi_1|$ und $|\varphi_2|$ zweier Approximationen f_1 und f_2 bietet sich zunächst die Ordnung

$$\varphi_1 \ll \varphi_2$$

(lies „φ_1 besser als oder ebenso gut wie φ_2") an, was bedeuten soll, daß $|\varphi_1(x)| \leqq |\varphi_2(x)|$ für alle $x \in M$ gilt. Diese Ordnung liefert zwar einen sehr gewissenhaften Vergleich der Fehler, ist aber praktisch unbefriedigend, da dabei nicht immer entschieden werden kann, welche von beiden Approximationen die bessere ist oder ob sie etwa gleich gut sind. Um eine solche Entscheidung zu erzwingen, ersetzt man zur Beurteilung die Fehlerfunktion φ durch eine einzige *Fehlergröße* $p(\varphi)$, d. h. man führt ein Funktional p ein, das der Fehlerfunktion φ eine nicht-negative Zahl $p(\varphi)$ zuordnet:

$$\varphi \to : p(\varphi) \quad \text{mit} \quad 0 \leqq p(\varphi) < + \infty$$

und $p(\varphi_0) = 0$ für die Funktion $\varphi_0 = 0$. Natürlicherweise wird man dabei auch verlangen, daß p die obige Ordnung $\ll$ richtig widerspiegelt, d. h. monoton ist:

$$\text{Wenn} \quad \varphi_1 \ll \varphi_2, \quad \text{dann} \quad p(\varphi_1) \leqq p(\varphi_2).$$

Nach Festlegung einer solchen Fehlergröße $p(\varphi)$ — was eine Frage der Vereinbarung und der Zweckmäßigkeit ist — lautet die *Aufgabe*:

Es ist $p(g - f)$ durch geeignete Wahl von $f \in \mathfrak{F}$ zu minimalisieren; dies nennen wir das *zu $g, \mathfrak{F}, p$ gehörige Approximationsproblem*, kurz $AP(g, \mathfrak{F}, p)$, und die Grundaufgabe ist, den (stets vorhandenen) Wert

$$D(g, \mathfrak{F}, p) := \inf\{p(g - f) : f \in \mathfrak{F}\},$$

---

[1] Dieser Umstand ist bei Verwendung von Rechenautomaten nicht so wesentlich (s. Kap. II).

d. h. das Infimum (= größte untere Schranke) der Werte $p(g-f)$ für alle $f \in \mathfrak{F}$ zu bestimmen. D heißt die *Minimalfehlergröße* oder der *Defekt von* $AP(g, \mathfrak{F}, p)$. Es ist $D \geqq 0$. Für die Brauchbarkeit einer Funktionenfamilie $\mathfrak{F}$ zur Approximation einer gegebenen Funktion g (der Fehler werde mit p gemessen) ist $D = 0$ keineswegs nötig; wesentlich ist nur, daß D unterhalb der zugelassenen Toleranz liegt. Um daher über die Brauchbarkeit bzw. Unbrauchbarkeit von $\mathfrak{F}$ entscheiden zu können, muß man entweder den *genauen Wert* von D oder *Abschätzungen von D nach oben bzw. nach unten* zur Verfügung haben.

Bei der Wahl von $\mathfrak{F}$ spielt natürlich auch die Monotonieeigenschaft von D mit:

$$\text{Wenn} \quad \mathfrak{F}_1 \subset \mathfrak{F}_2, \quad \text{dann} \quad D(g, \mathfrak{F}_1, p) \geqq D(g, \mathfrak{F}_2, p).$$

An die Grundaufgabe knüpfen sich weiter die Fragen nach der *Existenz einer Lösung* („*Bestapproximation*") f_0, d. h. einer bestapproximierenden Funktion $f_0 \in \mathfrak{F}$ mit

$$D(g, \mathfrak{F}, p) = p(g - f_0),$$

nach der *Einzigkeit* oder der Mannigfaltigkeit der Lösung und schließlich nach der *Berechnung ausreichend guter Approximationen* oder *der Lösung* selbst.

Beispiel: Im Intervall $[-1, 1]$ sei g_n die Funktion $x \to : x^n$, n eine natürliche Zahl, $\mathfrak{F}_{n-1}$ die Familie der Polynome in x vom Grad $\leqq n-1$ und p die Norm der gleichmäßigen Konvergenz in $[-1, 1]$. Dann ist $D(g_n, \mathfrak{F}_{n-1}, p) = 2^{-n+1}$ und die zur eindeutigen Bestapproximation f_0 gehörige, mit dem Faktor 2^{n-1} multiplizierte Fehlerfunktion

$$T_n := 2^{n-1}(g_n - f_0)$$

ist das *Tschebyscheffsche Polynom n-ten Grades*,

$$(2.1\,\text{a}) \quad T_n(x) = \cos(n \arccos x)$$

$$= \frac{1}{2} \sum_{\nu=0}^{\left[\frac{n}{2}\right]} (-1)^\nu \frac{n}{n-\nu} \binom{n-\nu}{\nu} (2x)^{n-2\nu}, \quad n = 1, 2, \ldots;$$

man setzt noch $T_0 = 1$ (s. II (2.1.12)).

Anmerkungen: 1. Oft ist $\mathfrak{F}$ eine m-parametrige Schar von Funktionen $f_{y_1, \ldots, y_m}$, wo $y_1, \ldots, y_m$ reelle Parameter bezeichnen, so daß $p(g-f)$ zu einer reellen Funktion der m reellen Veränderlichen $y_1, \ldots, y_m$ wird; es handelt sich dann um das Minimum einer solchen Funktion, das u. U. mit den Methoden der Differentialrechnung bestimmt werden kann. Diese Möglichkeit liegt vor im Beispiel 1.2 mit $p(g-f) = \|g-f\|_G$ und den Parametern $a_0, \ldots, b_n$; es ergibt sich

$$(D(g, \mathfrak{F}, p))^2 = \|f\|_G^2 - |a_0|^2 - \cdots - |b_n|^2$$

(s. 4.3.1).

2. Ist $\mathfrak{F}$ ein Vektorraum [F. (1.8.1)] und p eine Norm [F. (2.10.1)] (s. auch 4.1) im Vektorraum $\mathfrak{K}$, der $\mathfrak{F}$ und g enthält, so spricht man von einem *linearen Approximationsproblem* (*in* $\mathfrak{K}$).

In einfachster Veranschaulichung betrachte man dazu etwa die Aufgabe in der Ebene, auf einer gegebenen Geraden $\mathfrak{F}$ durch den Ursprung des Koordinatensystems denjenigen Punkt f_0 zu bestimmen, der von einem gegebenen Punkt g kleinsten Abstand $p(g - f_0)$ hat (s. Abb. 2.1).

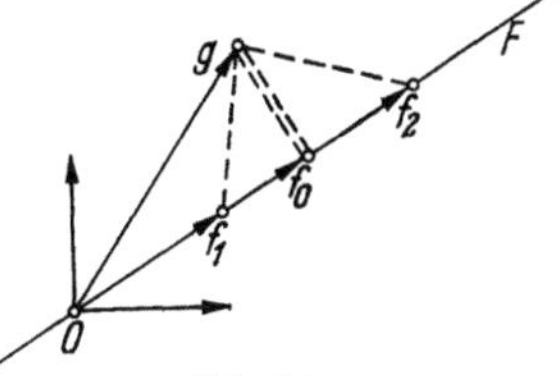

Abb. 2.1

3. Beurteilt man im Falle positiver Funktionen den Unterschied zwischen f und g mittels der Abweichung des Quotienten f/g von 1 („prozentualer Fehler"), so kommt man auf obige Betrachtungsweise zurück, wenn man entweder zu den Logarithmen übergeht ($g_1 := \log g$, $\mathfrak{F}_1 := \{\log f : f \in \mathfrak{F}\}$) oder mit $g_2 := 1$ und $\mathfrak{F}_2 := \{f/g : f \in \mathfrak{F}\}$ operiert.

2.2 Klassenprobleme

Ein „Klassenproblem" liegt vor, wenn eine Klasse (Menge) $\mathfrak{G}$ von zu approximierenden Funktionen g gegeben ist und man das $AP(g, \mathfrak{F}, p)$ für alle $g \in \mathfrak{G}$ zu betrachten hat. Für die Beurteilung der Approximationsgüte von $\mathfrak{F}$ relativ zu $\mathfrak{G}$ interessiert hier der Wert

$$D_1(\mathfrak{G}, \mathfrak{F}, p) := \sup\{D(g, \mathfrak{F}, p) : g \in \mathfrak{G}\},$$

der folgendermaßen zu interpretieren ist: Bei jeder Wahl von $s > D_1(\mathfrak{G}, \mathfrak{F}, p)$ gibt es zu jedem $g \in \mathfrak{G}$ ein $f \in \mathfrak{F}$, so daß der Approximationsfehler $p(g - f) < s$ (s. auch 5.3).

Man kann hier nach einem $g_0 \in \mathfrak{G}$ fragen, welches sich am schlechtesten approximieren läßt: $D_1(\mathfrak{G}, \mathfrak{F}, p) = D(g_0, \mathfrak{F}, p)$.

2.2.1 *Beispiel.* Es sei $\mathfrak{G}_t$ die Klasse der 2π-periodischen Funktionen g mit der Eigenschaft, daß

$$|g(x_1) - g(x_2)| \leqq t|x_1 - x_2| \quad \text{für alle } x_1, x_2$$

gilt; ferner sei $\mathfrak{F}_n$ die Familie aller trigonometrischen Polynome f der Ordnung n (s. 1.2) und $p(\ldots) = \|\ldots\|_T$ die Norm der gleichmäßigen Konvergenz in $[-\pi, \pi]$. Dann gilt der Satz von JACKSON (s. CHENEY [8]):

$$D_1(\mathfrak{G}_t, \mathfrak{F}_n, \|\ldots\|_T) = \frac{\pi t}{2(n+1)}.$$

2.2.2 Bei Klassenproblemen macht man häufig von *Approximationsoperatoren* A Gebrauch, d. h. von Abbildungen $A : \mathfrak{G} \to \mathfrak{F}$, welche jedem zu approximierenden $g \in \mathfrak{G}$ eine, wenn auch nicht immer beste Approximation $f = Ag \in \mathfrak{F}$ zuordnen (vgl. hierzu die Beispiele F_n, $\tilde{F}_n$, … in

1.2 und 1.3). Im Falle eines linearen AP, wobei auch $\mathfrak{G}$ ein Vektorraum $\subset \mathfrak{R}$ ist, empfehlen sich von selbst lineare Operatoren (Sard [21]).

2.2.3 Der *Defekt des Approximationsoperators A auf* $\mathfrak{G}$ gemäß dem Fehlerfunktional p ist

$$D_2(\mathfrak{G}, A, p) := \sup\{p(g - A\,g) : g \in \mathfrak{G}\}.$$

Beispiel. Bezeichnet $\mathfrak{G}_t$ die Klasse der in $[0, 1]$ 2-mal stückweise stetig differenzierbaren Funktionen g mit $\|f''\|_T \leq t$, wo $\|\ldots\|_T$ sich auf $[0, 1]$ bezieht, so ist für den Bernsteinoperator B_n (s. 1.3)

$$D_2(\mathfrak{G}_t, B_n, \|\ldots\|_T) \leq \frac{3t}{4n} \qquad \text{(G. G. Lorentz [16]).}$$

§3. Globale und lokalisierte Approximation

3.1 Globale Approximation

Globale Approximation liegt vor, wenn in die Berechnung von $p(\varphi)$ die Werte von $\varphi(x)$ für alle $x \in M$ wesentlich eingehen; dies setzt insbesondere voraus, daß die Werte von g für alle x aus M bekannt sind oder wenigstens eindeutig definiert sind.

Beispiele. 1. Die *Norm der gleichmäßigen Konvergenz*, auch *Tschebyscheff-Norm*, kurz *T-Norm* genannt:

$$p(\varphi) = \|\varphi\|_T := \sup\{|\varphi(x)| : x \in M\}.$$

2. Die *Norm der mittleren quadratischen Abweichung*, auch *Gauß-Norm*, kurz *G-Norm* genannt:

$$p(\varphi) = \|\varphi\|_G := \left(\int_a^b |\varphi(x)|^2\,dx\right)^{\frac{1}{2}},$$

wobei M ein Intervall $[a, b]$ ist und die betrachteten Funktionen stetig sind.

Bemerkungen. 1. Die Verwendung einer positiven „Gewichtsfunktion" $w\,(w(x) > 0$ für alle $x \in M)$, indem man etwa an Stelle der obigen Beispiele 1. und 2. für p die Funktionale

$$\sup\{w(x)\,|\varphi(x)| : x \in M\}$$

bzw.

$$\left(\int_a^b w^2(x)\,|\varphi(x)|^2\,dx\right)^{\frac{1}{2}}$$

als Fehlergröße nimmt, bedeutet keine Erschwerung der Aufgabe. Man kommt auf die ursprüngliche T-Norm bzw. G-Norm zurück, wenn man mit g/w und f/w an Stelle von g und f operiert.

2. Strebt man z. B. neben der Annäherung von g an f auch gleichzeitig eine von f' an g' (der Strich bedeute die Ableitung) an, so wird man etwa als Fehler-

größe Funktionale wie

$$\sup\{\max\{|\varphi(x)|,\ \alpha\,|\varphi'(x)|\}\cdot x \in M\}$$

bzw.

$$\left(\int_a^b (|\varphi(x)|^2 + \alpha^2\,|\varphi'(x)|^2)\,dx\right)^{\frac{1}{2}}$$

(mit einem positiven Gewichtsfaktor α) verwenden.

3.2 Lokalisierte Approximation

Von *lokalisierter Approximation* spricht man, wenn für die Bestimmung von $p(\varphi)$ nicht alle Werte von φ in M von Belang sind; dies läßt zu, daß die *Information über g unvollständig* ist.

Beispiele. 1. Bei „*interpolatorischer Approximation*" an den $n + 1$ Stellen $x_0, x_1, \ldots, x_n$ des (noch weitere Stellen enthaltenden) Definitionsbereichs M von g dient z. B.

$$(3.2a) \qquad p_{IN}(\varphi) := \max\{|\varphi(x_0)|, \ldots, |\varphi(x_n)|\}$$

als Fehlerfunktion. Es liegt nur dann „Interpolation" vor, wenn p_{IN} zu Null gemacht werden kann (s. H, 2.1).

Allgemeiner kann anstelle der endlichen Teilmenge $\{x_0, \ldots, x_n\}$ eine beliebig vorgegebene echte Teilmenge B von M treten; man hat z. B. die „Tschebyscheff-Seminorm"

$$(3.2b) \qquad p(\varphi) := \sup\{|\varphi(x)| : x \in B\}$$

(vgl. 3.2.1 und 3.4).

2. Die Approximation im Intervall $[0, 1]$ der in $x = 0$ n-mal stetig differenzierbaren Funktion g durch das Taylor-Polynom n-ter Ordnung

$$P_n\,g(x) = \sum_{\nu=0}^{n} \frac{1}{\nu!}\,g^{(\nu)}(0)\,x^\nu$$

gehört auch zu den lokalisierten Approximationen; man verwende die Fehlergröße

$$p_{AS}(\varphi) = \lim_{x \searrow 0} \sup \frac{|\varphi(x)|}{x^n}.$$

Innerhalb der Familie $\mathfrak{F}_n$ aller Polynome f vom Grad $\leq n$ ist nämlich $f = P_n\,g$ die („genaue") Lösung des $AP(g, \mathfrak{F}_n, p_{AS})$. Man spricht hier von „*asymptotischer Approximation*"; zur Bestimmung von $p_{AS}(\varphi)$ sind nur die Werte von φ in unmittelbarer Umgebung von $x = 0$ nötig.

Bemerkung. Bei lokalisierten Problemen hat man es i. allg. mit einem Klassenproblem zu tun, es ist nämlich die (nicht nur aus einem Element bestehende) Klasse aller Funktionen $\tilde{g}$ mitzubetrachten, für welche die zugebilligte Teilinformation dieselbe ist wie die für g.

3.2.1 Von lokalisierter Art sind auch die *Approximationsprobleme der elektrischen Filter*; die weitere Besonderheit ist hier, daß auch die Werte $\pm\infty$ als Approximationswerte auftreten (AMER-SCHWARZ [2]).

Es sei etwa γ als positive Gewichtsfunktion, erklärt für $(0, +\infty)$, gegeben, ferner ein Durchlaßbereich P und ein Sperrbereich S (beide bestehend aus je endlich vielen paarweise fremden Teilintervallen von $(0, +\infty)$) und eine gewisse Familie $\mathfrak{R}$ von rationalen Funktionen der Veränderlichen x. Man sucht $f \in \mathfrak{R}$ so zu bestimmen, daß die Funktion $\gamma\,|f|$ möglichst gut

$$(3.2.1\,\text{a}) \qquad \textit{in } P \textit{ den Wert } 0 \textit{ und } \textit{in } S \textit{ den Wert } +\infty$$

annähert; das Verhalten außerhalb $P \cup S$ bleibt dabei völlig außer Betracht. Bei dieser Formulierung ist die Aufgabe kein AP im Sinne von 2.1. Für $(3.2.1\,\text{a})$ hat man verschiedene analytische Forderungen vorgeschlagen: Eine Möglichkeit ist, durch Wahl von $f \in \mathfrak{R}$ das Funktional

$$(3.2.1\,\text{b}) \qquad \Phi(f) := \frac{\sup\,\{\gamma(x)\,|f(x)| : x \in P\}}{\inf\,\{\gamma(x)\,|f(x)| : x \in S\}}$$

zu minimalisieren; ein anderer Weg ist,

$$(3.2.1\,\text{c}) \quad \max\left\{\sup\{\gamma(x)\,|f(x)| : x \in P\},\ \sup\left\{\frac{1}{\gamma(x)\,|f(x)|} : x \in S\right\}\right\}$$

zu einem Minimum zu machen. Das Letzte ist übrigens gleichbedeutend mit einer sog. „*Kulissenbedingung*": man bestimme $f \in \mathfrak{R}$ so, daß

$$(3.2.1\,\text{d}) \qquad \gamma\,|f| \leqq s \text{ auf } P \text{ und zugleich } \gamma\,|f| \geqq s^{-1} \text{ auf } S$$

für ein *möglichst kleines s* erfüllt ist.

Beide Aufgaben $\{(3.2.1\,\text{b})$ und $(3.2.1\,\text{c})$ [oder $(3.2.1\,\text{d})]\}$ gehören in die Theorie der linearen und nicht-linearen Optimierung (s. J § 1).

3.2.1.1 Bei einer technisch anders gerichteten Fragestellung wird man auf ein lokalisiertes $AP(g, \mathfrak{F}, p)$ geführt (CAUER [6]): Dabei ist $g(x) = 1$ für $x \in P$ und $g(x) = 0$ für $x \in S$, $\mathfrak{F}$ eine Familie von Funktionen der Bauart $\gamma\,f$, wobei für γ und f dasselbe gilt wie in 3.2.1, und schließlich ist p die T-Norm auf $P \cup S$; man hat also

$$\sup\{|g(x) - \gamma(x)\,f(x)| : x \in P \cup S\}$$

durch geeignete Wahl von $f \in \mathfrak{R}$ zu minimalisieren.

3.2.2 Die Approximationen lokalisierten Charakters sind für die numerische Praxis von besonderer Bedeutung, und zwar gerade auch dann, wenn man sich für eine globale Approximation interessiert:

1. Die lokalisierten Approximationen verlangen nur eine Teilinformation über g;

2. sie sind zumeist leichter lösbar als globale Probleme;

3. es kommt häufig vor, daß eine Bestapproximation f_0 eines lokalisierten $AP(g, \mathfrak{F}, p_1)$ eine ausreichend gute Approximation der Lösung eines globalen $AP(g, \mathfrak{F}, p_2)$ darstellt.

Für die Beurteilung des letztgenannten Sachverhaltes ist ein Vergleich der Werte $D(g, \mathfrak{F}, p_1) = p_1(g - f_0)$ und $p_2(g - f_0)$, etwa die Möglichkeit einer Abschätzung des zweiten Wertes durch den ersten, erforderlich.

3.3 Beispiel des Übergangs von einem globalen zu einem lokalisierten Problem

Es sei etwa $h_0, h_1, \ldots, h_n, \ldots$ ein vollständiges Orthogonalsystem von reellen Funktionen im Intervall $[a, b]$ (s. z. B. B § 8). Die vorgegebene stetige reelle Funktion $g \mid [a, b]$ soll im Sinne der G-Norm durch Linearkombinationen $f = c_0 h_0 + \cdots + c_{n-1} h_{n-1}$ approximiert werden ($n \geq 1$ ist fest). Mit den Fourier-Koeffizienten

$$c_j^* = \frac{\int\limits_a^b g(x)\, h_j(x)\, dx}{\int\limits_a^b [h_j(x)]^2\, dx}$$

ist $f^* = \sum\limits_{j=0}^{n-1} c_j^*\, h_j$ die optimale Lösung. Wir versuchen eine angenäherte Darstellung von f^* durch Lösung eines lokalisierten AP. Aus der Theorie der orthogonalen Funktionen ist nämlich bekannt, daß die optimale Lösung f^* um g herum oszilliert, und zwar treffen sich f^* und g in mindestens n verschiedenen Stellen. Wären n von diesen Stellen bekannt, etwa $x_0, \ldots, x_{n-1}$, so könnte man

$$(3.3\,\text{a}) \qquad g(x_k) = \sum\limits_{j=0}^{n-1} c_j^*\, h_j(x_k), \qquad k = 0, \ldots, n - 1,$$

setzen und die c_j^* aus diesen Gleichungen berechnen. Die x_k hängen natürlich von g ab; jedoch lassen sich plausible Näherungswerte dafür angeben. Unter der Voraussetzung nämlich, daß die Reihenentwicklung für g,

$$c_0^*\, h_0(x) + \cdots + c_{n-1}^*\, h_{n-1}(x) + \cdots$$

konvergiert und g darstellt, ist der Fehler

$$g(x) - f^*(x) = c_n^*\, h_n(x) + c_{n+1}^*\, h_{n+1}(x) + \cdots.$$

Hierin hat, so wird man bei rascher Konvergenz sagen können, das erste Glied den Hauptanteil und die Nullstellen des Fehlers liegen in der Nähe der Nullstellen von h_n, die nach der allgemeinen Theorie bei geeigneter Numerierung der $h_0, h_1, \ldots$ gerade in der Anzahl n vorhanden sind. Es liegt daher nahe, in (3.3 a) für die x_k die Nullstellen von h_k

zu nehmen. Damit ist aber das ursprüngliche AP durch ein lokalisiertes ersetzt, nämlich ein Interpolationsproblem. Die Wirksamkeit dieses Ersatzes macht sich erst für größere n günstig bemerkbar.

3.4 Beispiel einer Diskretisierung

Wir betrachten das Problem $AP(g, \mathfrak{F}, p)$, worin g auf $I = [a, b]$ stetig, p die T-Norm und $\mathfrak{F}$ die Familie aller Linearkombinationen $f = a_1 f_1 + \cdots + a_n f_n$ ist, mit linear unabhängigen, auf I stetigen Funktionen f_i. Statt der ursprünglichen Approximationsnorm

$$p(\varphi) = \max\{|\varphi(x)| : x \in I\}$$

nehmen wir die lokalisierte

$$p_Y(\varphi) := \sup\{|\varphi(x)| : x \in Y\},$$

worin Y eine echte Teilmenge von I ist. Die Brauchbarkeit dieser Ersetzung kann beurteilt werden, wenn die „Dichte" von Y in I und die Stetigkeitseigenschaften von g und von $f_1, \ldots, f_n$ näher bekannt sind. Hierzu folgende Definitionen:

Wir verstehen unter dem *Lückenmaß* $\lambda(Y)$ *von* Y *in* I die Größe

$$\lambda(Y) := \max_{x \in I}\left(\inf_{y \in Y} |x - y|\right),$$

unter dem *Stetigkeitsmodul* von g die Funktion ω_g, erklärt für $\delta \geqq 0$ gemäß

$$\omega_g(\delta) := \max\{|g(x_1) - g(x_2)| : |x_1 - x_2| \leqq \delta\},$$

unter dem *Gesamtstetigkeitsmodul* der Familie $\{f_1, \ldots, f_n\}$

$$\Omega = \max\{\omega_{f_1}, \ldots, \omega_{f_n}\}.$$

Zur Erläuterung sei bemerkt: Hat beispielsweise g beschränkte Differenzenquotienten,

$$\sup\left\{\left|\frac{g(x_1) - g(x_2)}{x_1 - x_2}\right| : 0 < |x_1 - x_2|\right\} = L < +\infty,$$

so gilt $\omega_g(\delta) = L\,\delta$.

Wegen der linearen Unabhängigkeit von $f_1, \ldots, f_n$ ist

$$\beta := \min_{|a_1| + \cdots + |a_n| = 1} p(a_1 f_1 + \cdots + a_n f_n) > 0,$$

und es gilt

$$p_Y(g - f) \leqq p(g - f) \leqq p_Y(g - f) + \omega_g(\lambda(Y)) + \frac{1}{\beta} p(f)\,\Omega(\lambda(Y))$$

für alle $f \in \mathfrak{F}$. Diese Ungleichung gibt an, in welcher Weise $p_Y(g - f)$ gegen $p(g - f)$ konvergiert, wenn $\lambda(Y) \to 0$ [es gilt nämlich $\omega_g(\delta) \to 0$ und $\Omega(\delta) \to 0$ für $\delta \to 0$].

Ist weiter $\{f_1, \ldots, f_n\}$ ein *Tschebyscheff-System* in $[a, b]$, d. h. ist die Determinante

$$\begin{vmatrix} f_1(x_1), \ldots, f_n(x_1) \\ \cdots\cdots\cdots\cdots \\ f_1(x_n), \ldots, f_n(x_n) \end{vmatrix} \neq 0$$

für je n verschiedene Stellen $x_1, \ldots, x_n$ aus $[a, b]$, so ist die Lösung $\bar{f}$ von $AP(g, \mathfrak{F}, p)$ und die Lösung $\bar{f}_Y$ von $AP(g, \mathfrak{F}, p_Y)$ eindeutig und es gilt

$$\bar{f}_Y \to \bar{f} \quad \text{gleichmäßig auf } [a, b] \text{ für } \lambda(Y) \to 0 \qquad \text{(CHENEY [8]).}$$

Anmerkung. Die Eigenschaft *Tschebyscheff-System* zu sein, ist gleichbedeutend damit, daß das Interpolationsproblem

$$a_1 f_1(x_i) + \cdots + a_n f_n(x_i) = y_i, \quad i = 1, \ldots, n,$$

für beliebige (verschiedene) Stützstellen $x_1, \ldots, x_n$ und beliebige Stützwerte $y_1, \ldots, y_n$ eindeutig lösbar ist.

§4. Approximation gemäß Normen und Seminormen

4.1 Normen und Seminormen

In den Beispielen 3.1 und 3.2 erfüllt das Funktional p die folgenden Eigenschaften:

1. p ist erklärt auf einem Vektorraum $\mathfrak{K}$, wobei

$$0 \leqq p(\psi) < +\infty \quad \text{für alle} \quad \psi \in \mathfrak{K};$$

2. $p(\lambda\,\psi) = |\lambda|\,p(\psi)$ für alle $\psi \in \mathfrak{K}$ und alle Konstanten λ;

3. $p(\psi_1 + \psi_2) \leqq p(\psi_1) + p(\psi_2)$ für alle $\psi_1, \psi_2 \in \mathfrak{K}$.

Ein Funktional $p \mid \mathfrak{K}$ mit diesen Eigenschaften heiße eine *Seminorm* (*auf* $\mathfrak{K}$); p heißt eine (streng homogene) *Norm*, wenn $p(\psi) = 0$ nur für $\psi = 0$ zutrifft [s. F. 2.10].

4.1.1 Wenn p in $AP(g, \mathfrak{F}, p)$ eine echte Seminorm ist, d. h. die Menge $\mathfrak{N}_p$ aller ψ mit $p(\psi) = 0$, der sog. *Nullraum von* p, Elemente $\psi \neq 0$ enthält, so ist die Lösung von $AP(g, \mathfrak{F}, p)$ nicht eindeutig; denn mit jeder Lösung f_0 ist auch $f_0 + \psi$ eine solche für jedes $\psi \in \mathfrak{N}_p$.

Im Falle, daß $\mathfrak{F}$ ein Vektorraum ist, kann man sich dieser a priori-Mehrdeutigkeit entledigen, indem man *modulo* $\mathfrak{N}_p$ rechnet; man betrachtet dann f_1 und f_2 als *gleich* (oder *äquivalent*), wenn $p(f_1 - f_2) = 0$. Durch diese Gleichsetzung entsteht aus $\mathfrak{K}$ der lineare Raum[1] $\mathfrak{K}/\mathfrak{N}_p$, und

---

[1] Für „$\mathfrak{K}/\mathfrak{N}_p$" lese man „der Restvektorraum von $\mathfrak{K}$ modulo $\mathfrak{N}_p$".

auf $\Re/\Re_p$ ist p eine Norm. Statt in $\Re$ und $\mathfrak{F}$ operiert man in den Räumen $\Re/\Re_p$ und $\mathfrak{F}/(\mathfrak{F} \cap \Re_p)$; wegen

$$p(g - f) = p(g - (f + \psi)) \quad \text{für alle} \quad \psi \in \Re_p$$

vollzieht sich dieser Übergang eindeutig.

4.2 Allgemeine Eigenschaften eines *AP* gemäß einer Seminorm

4.2.1 Ist $\mathfrak{F}$ eine konvexe Menge (d. h. enthält $\mathfrak{F}$ mit f_1, f_2 allemal auch $r_1 f_1 + r_2 f_2$ für beliebige positive r_1, r_2 mit der Summe 1), so ist die *Lösungsmannigfaltigkeit von* $AP(g, \mathfrak{F}, p)$ *eine konvexe Menge.* Dies gilt insbesondere dann, wenn $\mathfrak{F}$ ein Vektorraum ist.

4.2.2 Ist $\mathfrak{F}$ in $AP(g, \mathfrak{F}, p)$ ein *Vektorraum endlicher* Dimension, so *existieren Lösungen* des *AP.*

Wenn nämlich p eine Seminorm ist, so reduziere man gemäß 4.1.1 auf eine Norm. Der Beweis folgt nun aus dem Satz, daß die durch eine Norm erzeugte Topologie in einem endlich-dimensionalen Vektorraum mit der gewöhnlichen Topologie äquivalent ist.

4.2.3 Die Seminorm p heißt *streng konvex*, wenn aus $p(\psi_1) = p(\psi_2) = 1$ und $\psi_1 \neq \psi_2$ stets $p(\psi_1 + \psi_2) < 2$ folgt; jede streng konvexe Seminorm ist allemal eine Norm.

Ist p eine *streng konvexe Norm* und ist $\mathfrak{F}$ konvex, so hat das $AP(g, \mathfrak{F}, p)$ *höchstens eine* Lösung.

Bemerkung. Die G-Norm ist streng konvex, die T-Norm ist es nicht. Daß die Strengkonvexität im übrigen nur eine hinreichende Bedingung für die Eindeutigkeit der Lösung ist, zeigt das verschiedenartige Verhalten der T-Norm:
Beispiel A: Man approximiere eine stetige Funktion g auf $[0,1]$ durch Treppenfunktionen f mit den festen Konstanzmengen $[0, \frac{1}{2})$ und $[\frac{1}{2}, 1]$ gemäß der T-Norm Es gibt, wenn nicht zufällig die Schwankungen von g in $[0, \frac{1}{2})$ und $[\frac{1}{2}, 1]$ gleich sind, unendlich viele Lösungen.
Beispiel B: Approximiert man die stetige Funktion g auf $[0, 1]$ durch Treppenfunktionen mit beliebigen Konstanzmengen, aber endlicher fester Anzahl n gemäß der T-Norm, so ist die Lösung eindeutig mit $D = \dfrac{1}{2n} (\max g - \min g)$.

4.2.4 Bei Funktionen mehrerer Veränderlicher ist die Mehrdeutigkeit der Lösungen eines AP mit der T-Norm das Normale (MAIRHUBER [*18*]). Dies wird plausibel durch eine von A. HAAR stammende *Bedingung*:

Für die Eindeutigkeit der Lösung eines $AP(g, \mathfrak{F}, p)$, worin g eine auf einer beschränkten abgeschlossenen Punktmenge M des n-dimensionalen Raumes erklärte stetige Funktion, $\mathfrak{F}$ den Vektorraum aller Linearkombinationen von m vorgegebenen stetigen, linear unabhängigen Funktionen f_μ ($\mu = 1, \ldots, m$) auf M und p die T-Norm bezeichnen, ist notwendig und hinreichend, daß jedes f_μ in M nicht mehr als $m - 1$ verschiedene Nullstellen hat (s. ACHIESER [*1*]).

Beispiel (zur Haarschen Bedingung): A) Man approximiere in $[-1, 1]$ die Konstante 1 mittels Linearkombinationen von x und $1 - |x|$; die Haarsche Bedingung ist nicht erfüllt. Betrachtung der Stellen $x = \pm 1$ lehrt, daß $D \geq 1$ und daß man in jeder Lösung $f(x) = a\,x + b\,(1 - |x|)$ für a Null setzen muß. Jede Funktion $f(x) = b\,(1 - |x|)$ mit einem b, das $1 \leq b \leq 2$ erfüllt, ist Lösung und $D = 1$.

B) Man betrachte nun diese Aufgabe im Intervall $[-r, 1]$ mit $0 < r < 1$, so daß jetzt die Haarsche Bedingung erfüllt ist. Wegen der stückweisen Linearität ist für $f(x) = a\,x + b\,(1 - |x|)$ der Fehler durch $\max\{|1 - a\,r - b\,(1 - r)|,$ $|1 - b|, |1 - a|\}$ gegeben. Man erkennt daraus leicht, daß $a = 1 - r$ und $b = 1 + r$ die einzige Lösung ergibt.

4.2.5 Wenn die Parameter in den approximierenden Funktionen nicht linear auftreten, brauchen keine Lösungen zu existieren.

Beispiel. M ist das Intervall $[0, 1]$, $g(x) = x$ und $f(x) = a\,x^2/(1 + b\,x)$ mit $a, b \geq 0$, Norm sei die T-Norm. Hier ist $D = 0$ $\left(\text{wegen } \left| \dfrac{n x^2}{1 + n x} - x \right| \leq \dfrac{1}{n} \text{ für } x \in [0, 1] \text{ und } n = 1, 2, \ldots\right)$, aber es gibt kein f, das gleich g wäre.

4.2.6 Andererseits aber ist eine *eindeutige Bestapproximation durch rationale Funktionen* gesichert, wenn das System der approximierenden Funktionen hinreichend umfassend gewählt ist. Es gilt der

Satz: Es sei $n \geq 0$, $m \geq 0$ und $\mathfrak{R}_{nm}$ das System aller rationalen Funktionen $r = p/q$ über dem Intervall $I = [a, b]$, wobei p und q relativ prime Polynome in x vom Grade $\leq n$ bzw. $\leq m$ bezeichnen (g. g. T. von p und q ist $= 1$ (s. a. F. 1.6)), mit $q(x) > 0$ für alle $x \in I$; ferner sei g eine stetige Funktion auf I und p die T-Norm auf I. Dann hat $AP(g, \mathfrak{R}_{nm}, p)$ genau eine Lösung (s. z. B. CHENEY, [8]). Wegen einer Bestimmung dieser Lösung siehe 4.4.

4.3 Die Lösung des $AP(g, \mathfrak{F}, p)$ mit der G- bzw. T-Norm

4.3.1 (G-*Norm*). Es sei $\mathfrak{K}$ ein Teilraum des reellen Hilbertschen Raumes mit dem „inneren Produkt" (x, y) und der Norm $\|x\| = \sqrt{(x, x)}$ und $\mathfrak{F}$ ein durch die linear unabhängigen Vektoren $f_1, \ldots, f_n$ aufgespannter Teilraum von $\mathfrak{K}$ [z. B. liegt dieser Fall vor bei den stetigen Funktionen, erklärt auf einem beschränkten Intervall I mit $(f_1, f_2) = \int_I f_1(x)\,f_2(x)\,dx$, wobei $\|f\|$ die G-Norm ergibt]. Die Funktion $f^* = a_1 f_1 + \cdots + a_n f_n$, die $\|g - f\|^2$ minimalisiert, ist eindeutig bestimmt und die betreffenden $a_1, \ldots, a_n$ berechnen sich aus den „Normalgleichungen"

$$\sum_{j=1}^{n} (f_i, f_j)\, a_j = (f_i, g), \quad i = 1, \ldots, n.$$

Der Approximationsdefekt D ist bestimmt durch

$$D^2 = \frac{G_{n+1}(g, f_1, \ldots, f_n)}{G_n(f_1, \ldots, f_n)},$$

worin allgemein

$$G_n(f_1, \ldots, f_n) = \begin{vmatrix} (f_1, f_1), \ldots, (f_1, f_n) \\ \cdots\cdots\cdots\cdots\cdots \\ (f_n, f_1), \ldots, (f_n, f_n) \end{vmatrix}$$

die „Gramsche Determinante" der $f_1, \ldots, f_n$ bedeutet. $D = 0$ besagt, daß $g \in \mathfrak{F}$.

Wird $f_1, \ldots, f_n$ als Orthonormalsystem gewählt, was durch die E. Schmidtsche Orthogonalisierung (F (2.3.7)) erreicht werden kann, d. h. ist $(f_i, f_j) = \delta_{ij}$, so wird aus den Normalgleichungen

$$a_i = (f_i, g), \quad i = 1, \ldots, n,$$

und aus obiger Formel für D^2

$$D^2 = (g, g) - (f_1, g)^2 - \cdots - (f_n, g)^2,$$

d. h. die „Besselsche Identität"

$$\left\| g - \sum_{i=1}^{n} (f_i, g) f_i \right\|^2 = \| g \|^2 - \sum_{i=1}^{n} (f_i, g)^2.$$

4.3.2 (*T-Norm*). Im Falle der T-Norm, wo $\mathfrak{F}$ wiederum von n auf M erklärten linear unabhängigen Funktionen $f_1, \ldots, f_n$ aufgespannt wird, ist die Bestimmung von D und von Lösungen mit einer Aufgabe der linearen Optimierung [J § 1] identisch:

Es sind $a_1, \ldots, a_n$ und s so zu bestimmen, daß

$$(4.3.2a) \quad -s \leq g(x) - (a_1 f_1(x) + \cdots + a_n f_n(x)) \leq s \text{ für alle } x \in M$$

gilt und zugleich s *minimal* ausfällt; es ist $s = D$. M ist dabei i. allg. unendlich. Falls M kompakt (z. B. eine beschränkte abgeschlossene Teilmenge des R^n) ist und $g, f_1, \ldots, f_n$ stetige Funktionen auf M sind, läßt sich die Aufgabe diskretisieren. Man kann sich nämlich auf Werte $s \leq \| g \|_T$ beschränken und wegen der linearen Unabhängigkeit der f_i existieren Stellen $x_1, \ldots, x_n$ mit $\det(f_i(x_j))_{i,j=1, \ldots, n} \neq 0$, so daß man auch für $a_1, \ldots, a_n$ eine Schranke finden kann:

$$(4.3.2b) \quad |a_i| \leq b, \quad i = 1, \ldots, n.$$

Weiter lehrt die gleichmäßige Stetigkeit von $g, f_1, \ldots, f_n$ auf M, daß es zu $\varepsilon > 0$ ein $\delta > 0$ gibt, so daß für beliebige a_i der Art (4.3.2b) sich $\varphi(x) = g(x) - a_1 f_1(x) - \cdots - a_n f_n(x)$ und $\varphi(x')$ um weniger als ε unterscheiden, sofern nur x und x' um weniger als δ voneinander abstehen. Um daher s mit einem Fehler $< \varepsilon$ zu bestimmen, genügt es, (4.3.2a) für die Punkte x_0 einer endlichen Teilmenge M_0 von M zu betrachten, wobei jeder Punkt x von M um weniger als δ von M_0

absteht; für das minimale s_0 der linearen Optimierungsaufgabe $-s_0 \leqq g(x_0) - a_1 f(x_0) - \cdots - a_n f_n(x_0) \leqq s_0$ für alle $x_0 \in M_0$ (mit endlichem M_0) gilt dann

$$s_0 \leqq D \leqq s_0 + \varepsilon.$$

4.3.3 Alternanten bei der T-Approximation auf einem Intervall

Es sei $g \mid [a, b]$ stetig und reell und $\mathfrak{F}$ bestehe aus allen reellen Linearkombinationen von n linear unabhängigen stetigen reellen Funktionen $f_1, \ldots, f_n$, welche auf $[a, b]$ erklärt sind und dort die Haarsche Bedingung erfüllen (4.2.4). Ist f die Minimallösung von $AP(g, \mathfrak{F}, \|\ldots\|_T)$, dann gibt es in $[a, b]$ $n + 1$-Stellen $x_0 < x_1 < \cdots < x_n$ mit der Eigenschaft, daß für die Fehlerfunktion $\varphi = g - f$ die folgenden Gleichungen erfüllt sind:

$$\varphi(x_\nu) = \sigma(-1)^\nu \|\varphi\|_T, \quad \nu = 0, 1, \ldots, n;$$

dabei hat σ für alle ν den gleichen Wert $+1$ oder -1. Eine solche Stellenfolge nennt man eine *T-Alternante von* φ.

Anmerkung. Die Alternanteneigenschaft kann in Fällen, wo g und die f_ι spezielle analytische Funktionen der Veränderlichen x sind, dazu dienen, die Minimallösung durch funktionentheoretische Betrachtungen zu bestimmen (SOLOTAREFF [23]).

4.3.4 Beim Problem von 4.3.3 kann man in gewisser Analogie zur Orthogonalisierung beim G-Norm-Problem (4.3.1) ebenfalls die ursprünglich gegebene Basis $f_1, \ldots, f_n$ durch eine der T-Norm-Approximation besser angepaßte Basis $f_1^*, \ldots, f_n^*$ ersetzen (STIEFEL [24], MEINARDUS [19]). Im speziellen Fall der Approximation im Intervall $[-1, 1]$ durch Polynome führt dies auf die Tschebyscheffschen Polynome $T_0, T_1, \ldots, T_n, \ldots$ (s. (2.1 a)). Wegen ihrer praktischen Verwendung bei Polynomapproximationen sei auf Kap. II verwiesen.

4.3.5 Bei der T-Norm-Approximation einer geraden bzw. ungeraden Funktion g einer reellen Veränderlichen in einem symmetrischen Intervall durch Polynome vom Grad $\leqq n$ ergeben sich ebenfalls gerade bzw. ungerade Funktionen f als Bestapproximationen, d. h. die Symmetrie von g überträgt sich auf f. Für die *Übertragung* von solchen *Symmetrieeigenschaften* oder ähnlichen Invarianzeigenschaften von der zu approximierenden Funktion auf die Bestapproximationen gelten allgemeine Regeln (MEINARDUS [19] S. 24).

4.4 Der Differentialkorrekturalgorithmus zur Berechnung von D für die T-Norm

Ist g eine stetige Funktion im Intervall $I = [a, b]$ und besteht $\mathfrak{F}$ aus allen Funktionen f der Bauart

$$f = p/q \quad \text{mit} \quad p = a_0 f_0 + \cdots + a_m f_m, \quad q = b_0 h_0 + \cdots + b_n h_n,$$

wobei $f_0, \ldots, h_n$ ebenfalls in I stetige Funktionen und die Konstanten $a_0, \ldots, b_n$ beliebig sind mit der Einschränkung, daß

$$b_0 h_0 + \cdots + b_n h_n > 0 \text{ auf } I,$$

dann läßt sich $D(g, \mathfrak{F}, \|\ldots\|_T) = D$ nach folgendem „Differentialkorrekturalgorithmus" (CHENEY [8]) berechnen:

Man bestimmt der Reihe nach $f_0, \ldots, f_n, \ldots$, und zwar beginnt man mit irgendeinem $f_0 = p_0/q_0$ mit $q_0 > 0$. Nach dem k-ten Schritt steht $f_k = p_k/q_k$ zur Verfügung und man berechnet dazu

$$\Delta_k = \|g - f_k\|_T.$$

Mit diesem Wert bildet man das Funktional

$$\delta_k(f) := \max\{|g(x)\, q(x) - p(x)| - \Delta_k q(x) : x \in I\}$$

für $f = p/q$ und bestimmt $f_{k+1} = p_{k+1}/q_{k+1}$ so, daß $\delta_k(f)$ für $f = f_{k+1}$ minimal wird unter Einhaltung der Bedingung $\|q_{k+1}\|_T = 1$. Es gilt: Δ_k strebt nichtsteigend gegen D, und wenn eine Lösung f von $AP(g, \mathfrak{F}, \|\ldots\|_T)$ existiert, dann gilt für diese Konvergenz

$$\Delta_{k+1} - D \leqq \Theta(\Delta_k - D) \text{ für alle } k$$

mit einem Θ zwischen 0 und 1.

Bemerkung. Bei der numerischen Durchführung endet das Verfahren mit dem Schritt k_0, wenn sich $\delta_{k_0}(f_{k_0+1}) \geqq 0$ eingestellt hat; f_{k_0+1} ist dann praktisch eine Bestapproximation.

4.5 Approximationen bei glatter Norm

4.5.1 Eine Norm oder Seminorm p heißt *glatt*, wenn für je drei Vektoren f, g_1, g_2 mit der Eigenschaft, daß

$$p(f + \lambda g_i) \geqq p(f) \text{ für alle Skalare } \lambda \text{ und für } i = 1, 2$$

gilt, auch

$$p(f + (\lambda_1 g_1 + \lambda_2 g_2)) \geqq p(f) \text{ für alle } \lambda_1, \lambda_2$$

zutrifft.

Die G-Norm ist glatt, die T-Norm ist es (vom eindimensionalen Fall abgesehen) nicht.

4.5.2 Wir betrachten ein $AP(g, \mathfrak{F}, p)$ mit einer glatten Norm p und worin $\mathfrak{F}$ aus allen Linearkombinationen der n Vektoren $f_1, \ldots, f_n$ besteht. Der Vektor $f = a_1 f_1 + \cdots + a_n f_n$ heißt für das AP *partiell minimal bzgl. f_i,* wenn die Funktion

$$\varkappa \to : p(g - f + (a_i - \varkappa) f_i)$$

für $\varkappa = a_i$ ihr Minimum annimmt. Es gilt der Satz:

f ist Bestapproximation von $AP(g, \mathfrak{F}, p)$ dann und nur dann, wenn f für AP partiell minimal ist bzgl. jedes f_i, $i = 1, \ldots, n$.

Dieser Satz ermöglicht die Annäherung der Lösung eines AP mit glatter Norm durch in $i = 1, \ldots, n$ alternierend iterative partielle Minimalisierung bzgl. f_i, was jeweils die Minimalisierung einer Funktion einer reellen Veränderlichen bedeutet.

Bemerkung. Natürlich kann man diese partiellen Minimalisierungen auch bei Problemen mit nicht-glatter Norm betreiben; jedoch führen sie dort nicht immer zum „globalen" Minimum (AUMANN [3], [5]).

§ 5. Schranken für den Defekt $D(g, \mathfrak{F}, p)$

5.1 Einschließungen von $D(g, \mathfrak{F}, p)$

Ist die Berechnung von $D(g, \mathfrak{F}, p)$ schwierig, so hat man sich mit Abschätzungen von D zu behelfen.

Nach Definition von D liefert jedes $f_1 \in \mathfrak{F}$ eine *obere Schranke* von D:

$$D(g, \mathfrak{F}, p) \leqq p(g - f_1).$$

Allgemeiner: Man betrachte bei fest gewähltem s die Ungleichung

$$(5.1\,\text{a}) \qquad\qquad p(g - f) \leqq s;$$

hat sie eine Lösung $f \in \mathfrak{F}$, so ist $D \leqq s$, hat sie keine Lösung $f \in \mathfrak{F}$, so ist $D \geqq s$. (Daß hier nicht $D > s$ behauptet werden kann, beruht auf dem Umstand, daß eventuell gar keine Lösung des AP existiert.) Wenn also die Prüfung von (5.1 a) auf Erfüllbarkeit mit $f \in \mathfrak{F}$ durchführbar ist, so erlaubt die obige Alternative beliebig enge Einschließungen von D: Hat man schon $s_1 \leqq D \leqq s_2$, so prüfe man (5.1 a) hinsichtlich des Wertes $s = (s_1 + s_2)/2$, usw.

5.1.1 Die Probleme von 4.4 und 3.2.1.1 lassen sich ebenfalls mit der Methode der Einschließungen behandeln.

Bei 4.4 ist das Ungleichungssystem

$$|g(x)\, q(x) - p(x)| \leqq s\, q(x) \quad \text{für alle} \quad x \in [a, b],$$

bei 3.2.1.1, wo $f = p/q$ gesetzt wird mit Polynomen p, q ($q > 0$), ist

$$|g(x)\, q(x) - \gamma(x)\, p(x)| \leqq s\, q(x) \quad \text{für alle} \quad x \in P \cup S$$

bei jeweils festem $s > 0$ auf Lösbarkeit bzw. Unlösbarkeit im Rahmen der möglichen Wahl der Polynome p, q zu prüfen. Diskretisierung durch Beschränkung auf endlich viele x-Stellen führt in beiden Fällen auf lineare Ungleichungssysteme für die Koeffizienten der Polynome p, q.

Bemerkung. Analoges gilt für das zu (3.2.1 d) gehörige „Kulissenproblem", wo man das Ungleichungssystem

$$\gamma(x)\, |p(x)| \leqq s\, |q(x)| \quad \text{für alle} \quad x \in P,$$

$$s\, \gamma(x)\, |p(x)| \geqq |q(x)| \quad \text{für alle} \quad x \in S$$

auf Lösbarkeit zu prüfen hat; hier ergeben sich dann Einschließungen der Kulissenkonstanten s.

5.2 Untere Schranken von D mittels linearer Funktionale

5.2.0 Zur Erläuterung der folgenden Methode sei an den anschaulichen Satz der Elementargeometrie erinnert, daß das Minimum der Abstände aller Punkte P einer gegebenen Geraden g von einem gegebenen Punkte A gleich ist dem Maximum der Abstände aller Ebenen e

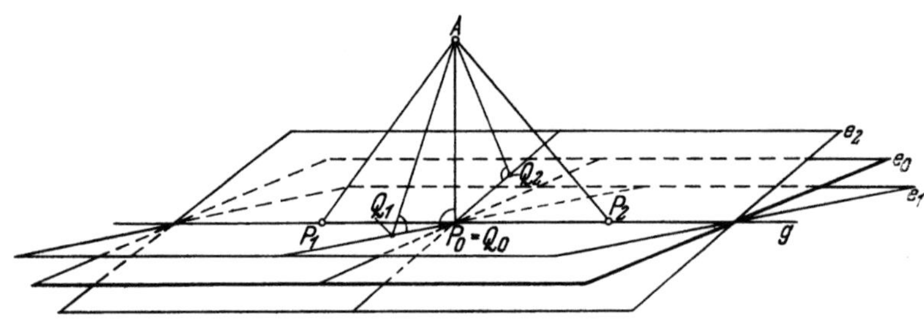

Abb. 5.1

durch g vom Punkt A (s. Abb. 5.1). Entsprechend ist im n-dimensionalen euklidischen Raum R^n der Abstand des Punktes x_0 von einem Vektorteilraum $\mathfrak{F}$ gleich dem Maximum der Abstände aller Hyperebenen durch $\mathfrak{F}$ von x_0; eine solche Hyperebene stellt sich dar als Verschwindungsort einer Linearform $L(x)$ [F. (1.8.16)], die insbesondere auf $\mathfrak{F}$ überall Null ist, und welche, wenn normiert (Hessesche Normalform!) mit dem Wert $|L(x_0)|$ unmittelbar den Abstand des Punktes x_0 von der Hyperebene angibt.

5.2.1 Es seien $\mathfrak{K}$ und $\mathfrak{F}$ Vektorräume, $\mathfrak{F} \subset \mathfrak{K}$, und p eine Seminorm in $\mathfrak{K}$. Ferner sei $\mathfrak{L}$ eine Menge von linearen Funktionalen L auf $\mathfrak{K}$ mit folgenden Eigenschaften:

(5.2.1a)   Jedes L ist „unternormiert", d. h.

$$|L(\psi)| \leq p(\psi) \text{ für alle } L \in \mathfrak{L} \text{ und alle } \psi \in \mathfrak{K}.$$

(5.2.1b)   Auf $\mathfrak{F}$ ist kein L aus $\mathfrak{L}$ durchwegs positiv, d. h. der „Kegel" $\mathfrak{C} := \{\psi : \psi \in \mathfrak{K} \text{ und } L(\psi) > 0 \text{ für alle } L \in \mathfrak{L}\}$ ist fremd zu $\mathfrak{F}$.

Unter diesen Voraussetzungen gilt:

(5.2.1c) $D(g, \mathfrak{F}, p) \geq \inf\{L(f_1 - g) : L \in \mathfrak{L}\}$ für jedes $f_1 \in \mathfrak{F}$.

Beweis· Wäre dieses Infimum größer als D, so folgte $L(f_1 - g) > D + r$ mit einem $r > 0$. Wählt man $f_2 \in \mathfrak{F}$ mit $p(f_2 - g) < D + r$, so ergibt sich $L(f_1 - f_2)$ $= L(f_1 - g) - L(f_2 - g) > D + r - L(f_2 - g) \geq D + r - p(f_2 - g) > 0$ für alle $L \in \mathfrak{L}$, also $f_1 - f_2 \in \mathfrak{C}$, im Widerspruch zu $f_1 - f_2 \in \mathfrak{F}$ und $\mathfrak{F} \cap \mathfrak{C} = \emptyset$.

Bemerkungen. 1. Jedes bzgl. p beschränkte lineare Funktional $L \neq 0$, d. h. mit $0 < \|L\|_p := \sup\{L(\psi) : \psi \in \mathfrak{K} \text{ und } p(\psi) \leqq 1\} < +\infty$, liefert in $L^* = \|L\|_p^{-1} L$ ein unternormiertes lineares Funktional.

2. Wenn p die T-Norm ist, so ist jedes Funktional $L^{(x_0)}$, $x_0 \in M$, erklärt durch

$$L^{(x_0)}(\psi) = \psi(x_0), \qquad \psi \in \mathfrak{K},$$

unternormiert; allgemeiner ist das Funktional

$$L(\psi) = a_0\, \psi(x_0) + \cdots + a_m\, \psi(x_m),$$

worin $a_0, \ldots, a_m$ feste Zahlen und $x_0, \ldots, x_m$ feste (verschiedene) Stellen aus M bezeichnen, unternormiert, falls

$$|a_0| + \cdots + |a_m| \leqq 1.$$

Diese Bedingung ist auch notwendig, wenn $\mathfrak{K}$ und p die folgende Eigenschaft haben: Zu beliebig vorgegebener Vorzeichenfolge $s_0, \ldots, s_m$ gibt es ein $\psi \in \mathfrak{K}$, so daß $p(\psi) = 1$, $|\psi(x_\mu)| = 1$ und $\mathrm{sign}\,\psi(x_\mu) = s_\mu$ für $\mu = 0, \ldots, m$.

3. Ein Spezialfall von (5.2.1 c) findet sich bei (COLLATZ [9]).

5.2.2 Eine wichtige Vereinfachung von 5.2.1 ergibt sich, wenn $\mathfrak{L} = \{L_0\}$ nur aus einem einzigen Element L_0 besteht; dann bedeutet (5.2.1 b), daß

(5.2.1 b′) $\qquad\qquad L_0(f) = 0 \quad \text{für alle} \quad f \in \mathfrak{F},$

und (5.2.1 c) liefert $D \geqq L_0(f - g) = -L_0(g)$. Indem man diese Überlegung auch mit $-L_0$ anstellt, folgt

$$D \geqq |L_0(g)|$$

für jedes unternormierte lineare Funktional L_0, das auf $\mathfrak{F}$ verschwindet. Als weitere Folge hat man

$$D \geqq \sup_{L_0} |L_0(g)|,$$

das Supremum gebildet über irgendeine Menge $\{L_0, \ldots\}$ von (oder auch allen) unternormierten linearen Funktionalen L_0 mit $L_0(f) = 0$ für alle $f \in \mathfrak{F}$.

5.2.3 Ist p eine Norm, so gilt

$$D(g, \mathfrak{F}, p) = \max_{L_0} |L_0(g)|,$$

das Maximum gebildet für alle normierten linearen, auf $\mathfrak{F}$ verschwindenden Funktionale L_0 ($\|L_0\|_p = 1$ und $L_0(f) = 0$ für alle $f \in \mathfrak{F}$) (siehe MEINARDUS [19], S. 4).

22*

5.2.4 Beispiele

1. Es sei $\mathfrak{F}$ der von den auf der kompakten Menge M stetigen Funktionen $h_1, \ldots, h_n$ aufgespannte Vektorraum und p die T-Norm. Das lineare Funktional

$$(5.2.4a) \qquad L_0(f) = \sum_{\nu=0}^{n} a_\nu f(x_\nu),$$

worin $x_0, \ldots, x_n$ $n + 1$ verschiedene feste Punkte aus M und $a_0, \ldots, a_n$ feste Zahlen bezeichnen, verschwindet auf $\mathfrak{F}$ dann und nur dann, wenn

$$(5.2.4b) \qquad \sum_{\nu=0}^{n} a_\nu h_i(x_\nu) = 0, \quad i = 1, \ldots, n;$$

es ist zudem unternormiert, wenn

$$(5.2.4c) \qquad \sum_{\nu=0}^{n} |a_\nu| = 1.$$

Daher gilt

$$(5.2.4d) \qquad D \geqq \sup_{L_0} |L_0(g)|,$$

worin L_0 alle Funktionale (5.2.4a) mit den Eigenschaften (5.2.4b, c) durchläuft.

2. Bei der Approximation einer stetigen Funktion $(x, y) \to : g(x, y)$ der beiden Veränderlichen x, y mit $a \leqq x \leqq b$, $c \leqq y \leqq d$ durch eine Summe der Gestalt

$$(5.2.4e) \qquad f(x, y) = f_1(x) + f_2(y)$$

mit beliebigen Funktionen f_1, f_2 je einer Veränderlichen x bzw. y bieten sich gemäß 5.2.4 Beispiel 1 als lineare, unternormierte für alle f verschwindende Funktionale L_0 an:

$$(5.2.4f) \qquad L_0^*(\psi) := \frac{1}{2n} \left(\sum_{k=1}^{n} \psi(x_k, y_k) - \sum_{k'=n+1}^{2n} \psi(x_{k'}, y_{k'}) \right),$$

wo $x_{n+1}, \ldots, x_{2n}$ eine Permutation von $x_1, \ldots, x_n$ und ebenso $y_{n+1}, \ldots, y_{2n}$ eine Permutation von $y_1, \ldots, y_n$ ist. Weiter folgt hier aus dem Rieszschen Darstellungssatz für lineare Funktionale, daß man die L_0 im Sinne von 5.2.3 durch die speziellen L_0^* von (5.2.4f) beliebig genau approximieren kann. Daher gilt hier sogar

$$D = \sup_{L_0} |L_0(g)|$$

(GOLOMB [*11*]).

5.3 Vergleichsfaktoren

5.3.1 Beim Klassenproblem (s. 2.2) gilt

$$(5.3.1\,\text{a}) \qquad D(g, \mathfrak{F}, p) \leqq D_1(\mathfrak{G}, \mathfrak{F}, p) \quad \text{für alle} \quad g \in \mathfrak{G};$$

wir können dabei die Vorgabe von $\mathfrak{G}$ als eine *Teilinformation über* g ansehen: $g \in \mathfrak{G}$. Es liege der besondere Fall vor, daß sich diese Teilinformation über g in der Form

$$(5.3.1\,\text{b}) \qquad\qquad q(g) \leqq a$$

schreiben läßt, wobei a eine positive Konstante und q ein schwach homogenes Funktional in $\mathfrak{K}$ sei [F. 2.10]. Wir setzen voraus, daß $\mathfrak{F}$ ein „Kegel" ist (d. h. mit $f \in \mathfrak{F}$ und $r > 0$ ist auch $r f \in \mathfrak{F}$). Alsdann nimmt (5.3.1 a) für g mit (5.3.1 b) die Gestalt an:

$$(5.3.1\,\text{c}) \qquad\qquad D(g, \mathfrak{F}, p) \leqq \Gamma(q, \mathfrak{F}, p)\, a$$

mit dem „*Vergleichsfaktor*"

$$\Gamma(q, \mathfrak{F}, p) := \sup_{\psi \in \mathfrak{K},\; q(\psi) \leqq 1} \left(\inf_{f \in \mathfrak{F}} p(\psi - f)\right).$$

Wenn dabei $\Gamma = +\infty$, so gibt (5.3.1 b) als einzige Information über g keine Auskunft über $D(g, \mathfrak{F}, p)$; ein solches q ist für die Untersuchung des $AP(g, \mathfrak{F}, p)$ ungeeignet.

5.3.2 Als besonders zweckmäßig ist die Wahl von q zu betrachten, wenn

$$(5.3.2\,\text{a}) \qquad\qquad \mathfrak{F} = \{\psi : \psi \in \mathfrak{K} \text{ und } q(\psi) = 0\};$$

dann stellt nämlich $q(g) \leqq a$ eine Aussage über die Größe der Abweichung von g von der Familie $\mathfrak{F}$ dar und

$$D(g, \mathfrak{F}, p) \leqq \Gamma(q, \mathfrak{F}, p)\, a$$

ist die bestmögliche Abschätzung des Defektes auf Grund der Information $q(g) \leqq a$. Unter der Voraussetzung (5.3.2 a) ist Γ offensichtlich nur von den beiden Seminormen p und q abhängig: $\Gamma = \Gamma(p, q)$.

5.3.3 Beispiele von Vergleichsfaktoren

5.3.3.1 (*Approximation differenzierbarer Funktionen*). Es sei $g \mid [-\pi, \pi]$ 2π-periodisch, r-mal beschränkt differenzierbar und

$$q(g) := \sup_{x \in [-\pi, \pi]} \left| \frac{d^r}{dx^r} g(x) \right|;$$

die approximierenden Funktionen seien die trigonometrischen Polynome $\sum\limits_{\nu=0}^{n-1} (a_\nu \sin \nu x + b_\nu \cos \nu x)$ und p sei die T-Norm in $[-\pi, \pi]$, dann ist

$$\Gamma(q, \mathfrak{F}, p) = \frac{K_r}{n^r}$$

mit $K_r = \dfrac{4}{\pi} \sum_{m=0}^{\infty} \dfrac{(-1)^{m(r+1)}}{(2m+1)^{r+1}}$ (ACHIESER [1]); für die Praxis genügt es zu wissen, daß mit $r > 1$

$$1 = K_0 < K_r < K_1 = \frac{\pi}{2}.$$

5.3.3.2 Es sei $g \,|\, [-1, 1]$ r-mal beschränkt differenzierbar, q analog wie in 5.3.3.1 für das Intervall $[-1, 1]$ erklärt und $\mathfrak{F}$ sei die Familie der Polynome vom Grad $< r$ (hier liegt der Fall 5.3.2 vor). Mit p als T-Norm ergibt sich (nach S. N. BERNSTEIN)

$$\Gamma(p, q) = \frac{1}{2^{r-1} r!}$$

(s. MEINARDUS [19], S. 78).

5.3.3.3 Es sei $(x, y) \to : g(x, y)$ für $0 \le x \le 1$, $0 \le y \le 1$ erklärt, wobei $\dfrac{\partial g}{\partial x}$, $\dfrac{\partial g}{\partial y}$ stetig und $\dfrac{\partial^2 g}{\partial x\, \partial y}$ beschränkt seien. Es soll g approximiert werden durch Funktionen der Bauart

$$(x, y) \to : a(x) + b(y)$$

mit stetig differenzierbaren a und b. Es werde

$$q(\psi) := \sup_{x, y} \left| \frac{\partial^2 \psi}{\partial x\, \partial y} \right|, \qquad p(\psi) = \left(\int_0^1 \int_0^1 \psi^2(x, y)\, dx\, dy \right)^{\frac{1}{2}}$$

gesetzt. Dann ist

$$\Gamma(p, q) = \frac{1}{12}$$

(AUMANN [4]).

5.3.4 In ähnlicher Weise kann man auch von *Vergleichsfaktoren bei Approximationsoperatoren* sprechen; wir nennen zwei Beispiele.

5.3.4.1 Der *Interpolationsoperator* I_n. Es seien $x_0, \ldots, x_n$ $n + 1$ verschiedene Stützstellen im Intervall $[a, b]$; zur Funktion $g \,|\, [a, b]$ gehört das eindeutig bestimmte Interpolationspolynom $I_n g$ vom Grad $\le n$ mit $g(x_i) = I_n g(x_i)$, $i = 0, \ldots, n$. Die Frage ist, wie gut $I_n g$ die Funktion g im Sinne der T-Norm approximiert. Setzt man voraus, daß g $(n + 1)$-mal beschränkt differenzierbar ist mit

$$q(g) := \sup_{x \in [a, b]} \left| \frac{d^{n+1}}{dx^{n+1}} g(x) \right| \le a,$$

so gilt

$$\| g - I_n g \|_T \le \Gamma^* a$$

mit

$$\Gamma^* := \frac{1}{(n+1)!} \max_{x \in [a, b]} |(x - x_0) \ldots (x - x_n)|.$$

5.3.4.2 Es sei $g \to : A g$ ein linearer Approximationsoperator; dann ist der zugehörige Fehler $R g := g - A g$ ein linearer Operator. Es sei nun weiter U ein linearer Operator mit der Eigenschaft, daß

(5.3.4a)   aus $U \psi = 0$ stets $R \psi = 0$ folgt;

dabei bilde U den vollständigen normierten Raum $\mathfrak{K}$ auf einen ebensolchen Raum $\bar{\mathfrak{K}}$ und R den Raum $\mathfrak{K}$ in einen vollständigen normierten Raum $\mathfrak{H}$ stetig ab. Aus (5.3.4a) folgt alsdann die Existenz eines stetigen linearen Operators Q, der $\bar{\mathfrak{K}}$ in $\mathfrak{H}$ abbildet, so daß

$$R \psi = Q\, U\, \psi \quad \text{für} \quad \psi \in \mathfrak{K};$$

dies führt zur Abschätzung

$$\| g - A\, g \| \leq \| Q \|\, \| U\, g \|,$$

die Operatornorm $\| Q \|$ übernimmt dabei die Rolle eines Vergleichsfaktors (SARD [21]).

§ 6. Beliebig genaue Approximationen

6.1 Das Kriterium von Korovkin

Beliebig genaue Approximationen, d. h. AP mit dem Defekt 0, treten häufig in Form von Approximationsoperatorenfolgen auf, wofür die Partialsummen konvergenter Reihenentwicklungen, wie die Taylorschen Polynome $P_n g$ einer analytischen Funktion g, und die Operatoren $F_n, \ldots, W_n$ in 1.2 und 1.3 klassische Beispiele sind.

Hinsichtlich der T-Norm gibt es ein sehr einfaches *Kriterium von* KOROVKIN:

Ist $L_1, \ldots, L_m, \ldots$ eine Folge von positiven linearen Operatoren[1], die auf der Menge $\mathfrak{C}(a, b)$ der auf dem n-dimensionalen Intervall $a_1 \leq x_1 \leq b_1, \ldots, a_n \leq x_n \leq b_n$ stetigen Funktionen $x := (x_1, \ldots, x_n) \to : f(x)$ erklärt sind, mit der Eigenschaft, daß für die $n + 2$ Funktionen $f_0, \ldots, f_{n+1}$ mit

$$f_0(x) = 1,$$
$$f_i(x) = x_i, \quad i = 1, \ldots, n,$$
$$f_{n+1}(x) = x_1^2 + \cdots + x_n^2$$

für alle $x \in [a, b]$ die Konvergenz

$$\lim_m L_m f_\nu = f_\nu$$

auf $[a, b]$ gleichmäßig stattfindet für $\nu = 0, 1, \ldots, n + 1$, so gilt auch

$$\lim_m L_m f = f$$

gleichmäßig auf $[a, b]$ für alle $f \in \mathfrak{C}(a, b)$.

---

[1] Der Operator L heißt *positiv*, wenn für $f \geq 0$ stets $L(f) \geq 0$ gilt; L ist dann auch monoton, d. h. aus $f_1 \leq f_2$ folgt $L(f_1) \leq L(f_2)$.

Beweis. Wegen der gleichmäßigen Stetigkeit von f gibt es zu vorgegebenem $\varepsilon > 0$ ein $\delta(\varepsilon) > 0$, so daß $|f(x) - f(x')| < \varepsilon$, sobald

$$\varphi(x, x') := (x_1 - x'_1)^2 + \cdots + (x_n - x'_n)^2 < \delta(\varepsilon).$$

Bei festgehaltenem x' folgt daraus mit $\Phi(x) := \varphi(x, x')$ und $c := (2\max|f|)/\delta(\varepsilon)$ für beliebige x die Abschätzung

$$-\varepsilon - c\,\Phi(x) \leqq f(x) - f(x') \leqq \varepsilon + c\,\Phi(x).$$

Wendet man hierauf L_m an (der Operator wirkt auf die Variable x), so ergibt sich

$$(*) \quad -\varepsilon\,L_m(1) - c\,L_m\,\Phi \leqq L_m f - f(x')\,L_m(1) \leqq \varepsilon\,L_m(1) + c\,L_m\,\Phi$$

für alle x. Wegen der vorausgesetzten Konvergenzeigenschaften der Folge L_m (Φ ist eine Linearkombination der $f_0, \ldots, f_{n+1}$) unterscheidet sich die linke (rechte) Seite von $(*)$ von dem Wert

$$\overline{(+)} \quad (\varepsilon + c\,\Phi(x))$$

und die Mitte von $(*)$ vom Wert

$$L_m f(x) - f(x')$$

um weniger als ε für hinreichend großes m und für alle x, x'. Insbesondere folgt daraus für $x = x'$

$$|L_m f(x') - f(x')| < 3\varepsilon \quad \text{für alle } x'.$$

6.1.1 Als Anwendung geben wir einen einfachen Beweis des Weierstraßschen Approximationssatzes im R^n:

Es sei g eine stetige Funktion, erklärt auf dem „Simplex" S der Punkte $x := (x_1, \ldots, x_n)$ mit

$$x_\mu \geqq 0, \quad \mu = 1, \ldots, n, \quad \text{und} \quad x_1 + \cdots + x_n \leqq 1.$$

Wir führen noch die Hilfsveränderliche x_{n+1} ein, welche durch

$$x_1 + \cdots + x_n + x_{n+1} = 1$$

an die $x_1, \ldots, x_n$ gebunden ist. Die „Bernsteinschen Elementarpolynome" $B^{(m)}_{\lambda_1, \ldots, \lambda_n}$ in den Veränderlichen $x_1, \ldots, x_{n+1}$ sind dann definiert durch die folgende Identität in den Unbestimmten $t_1, \ldots, t_n$:

$$(t_1 x_1 + \cdots + t_n x_n + x_{n+1})^m = \sum_{0 \leqq \lambda_1 + \cdots + \lambda_n \leqq m} t_1^{\lambda_1} \cdots t_n^{\lambda_n} B^{(m)}_{\lambda_1, \ldots, \lambda_n}.$$

Als g approximierende Polynome in $x_1, \ldots, x_n$ erhalten wir

$$B_m g(x_1, \ldots, x_n)$$
$$= \sum_{0 \leqq \lambda_1 + \cdots + \lambda_n \leqq m} g\left(\frac{\lambda_1}{m}, \ldots, \frac{\lambda_n}{m}\right) B^{(m)}_{\lambda_1, \ldots, \lambda_n}\left(x_1, \ldots, x_n, 1 - (x_1 + \cdots + x_n)\right).$$

Daß die $B_m g$ auf S für $m \to \infty$ gleichmäßig gegen g konvergieren, folgt mittels

$$B_m f_i = f_i \quad \text{für} \quad i = 0, 1, \ldots, n,$$

und

$$B_m f_{n+1} = f_{n+1}\left(1 - \frac{1}{m}\right) + (f_1 + \cdots + f_n)/m \quad \text{für alle } m.$$

Bemerkung. Um den Satz für eine auf einem beliebigen beschränkten abgeschlossenen Bereich M des R^n erklärte stetige Funktion g zu erhalten, denkt man sich M eingebettet in das Simplex S, erweitert dann g stetig von M auf S und wendet das obige Resultat an (s. auch 6.3).

6.2 Approximationsbasen

6.2.1 Es sei $\Re$ ein vollständiger normierter linearer Raum und B eine Teilmenge von $\Re$. Die *lineare Hülle* B^L von B ist die Menge aller Linearkombinationen von je endlich vielen Elementen von B. Die (hinsichtlich der Konvergenz gemäß der Norm in $\Re$) *abgeschlossene Hülle* B^{LA} von B^L besteht aus allen Elementen von $\Re$, die sich beliebig (norm-)genau durch Elemente aus B^L approximieren lassen. Es heißt

$$B \text{ total } (in\ \Re), \text{ wenn } B^{LA} = \Re,$$

$$B \text{ frei, wenn } x \notin (B - \{x\})^{LA} \text{ für alle } x \text{ aus } B$$

(d. h. wenn kein Element aus B sich durch endliche Linearkombinationen der übrigen Elemente beliebig genau approximieren läßt). B heißt eine *Approximationsbasis*, wenn B total und frei ist.

6.2.2 Beispiele von Approximationsbasen

1. Im Hilbertschen Raum der Zahlenfolgen $\varphi = (x_1, x_2, \ldots)$ mit endlicher Norm $\|\varphi\| = \left(\sum_{i=1}^{\infty} |x_i|^2 \right)^{\frac{1}{2}}$ bilden die Einheitsvektoren $e_i = (\delta_{i1}, \ldots, \delta_{in}, \ldots)$, $\delta_{ij} = 1$ oder 0, je nachdem $i = j$ oder $i \neq j$, eine Approximationsbasis.

2. Mit 1. äquivalent ist die Aussage, daß die trigonometrischen Funktionen $x \to : 1, \sin x, \cos x, \ldots, \sin n\,x, \cos n\,x, \ldots$ im Intervall $[-\pi, \pi]$, betrachtet als Elemente im Raum der Funktionen f mit endlicher Norm $\left(\int_{-\pi}^{\pi} |f(x)|^2\,dx \right)^{\frac{1}{2}}$ (Lebesgue-Integral!), eine Approximationsbasis bilden.

Dagegen ist die Menge P der Potenzfunktionen

$$x \to : 1, x, x^2, \ldots, x^n, \ldots$$

im Raum $\mathfrak{C}(a, b)$ der im Intervall $[a, b]$ stetigen Funktionen mit der T-Norm keine Approximationsbasis. Nach dem Weierstraßschen Satz ist zwar P total; P ist aber nicht frei: denn man kann z. B. die Funktion $x \to : x^2$ im Intervall $[-r, r]$ mit $r > 0$ beliebig genau und gleichmäßig durch endliche Linearkombinationen der Funktionen $x \to : 1, x^4,$

x^8, x^{12}, ... approximieren gemäß der für $-r \leq x \leq r$ gleichmäßig konvergenten Reihe

$$x^2 = \sqrt{x^4} = \frac{r^2}{\sqrt{2}}\left(1 + \frac{-r^4 + 2x^4}{r^4}\right)^{\frac{1}{2}} = \frac{r^2}{\sqrt{2}}\sum_{\nu=0}^{\infty}\binom{\frac{1}{2}}{\nu}\left(\frac{-r^4 + 2x^4}{r^4}\right)^{\nu}.$$

6.2.3 Die Kriterien von Müntz und Schwartz

6.2.3.1 Das MÜNTZsche Kriterium betrifft Potenzfolgen: Notwendig und hinreichend dafür, daß die Potenzfolge

$$x \to : 1, x^{\mu_1}. x^{\mu_2}, \ldots \quad \text{mit} \quad 0 < \mu_1 < \mu_2 < \cdots$$

in $\mathfrak{C}(0, 1)$ total ist, ist

$$\sum_{n=1}^{\infty}\frac{1}{\mu_n} = +\infty$$

(s. ACHIESER [1]).

6.2.3.2 Satz von L. SCHWARTZ: Es sei $1 \leq p < +\infty$ und $L_p(0, +\infty)$ bezeichne den Raum der für $0 \leq x < +\infty$ erklärten, im Lebesgueschen Sinn meßbaren reellen Funktionen f, für die $|f|^p$ in $(0, +\infty)$ Lebesgueintegrierbar ist, mit der Norm $\left(\int_0^{+\infty}|f(x)|^p\,dx\right)^{1/p}$. Ferner sei $\lambda_1, \lambda_2, \ldots$ eine aufsteigende Folge reeller positiver Zahlen mit $\lambda_n \to +\infty$ für $n \to +\infty$. Dann gilt:

I. Wenn $\sum_{n=1}^{\infty}\frac{1}{\lambda_n} = +\infty$, so ist die Folge der Funktionen f_n mit

$$f_n(x) = e^{-2\pi\lambda_n x}, \quad n = 1, 2, \ldots,$$

total in $L^p(0, +\infty)$ und in $\mathfrak{C}(0, +\infty)$; ferner ist jedes f_n durch endliche Linearkombinationen der übrigen beliebig genau approximierbar.

II. Wenn dagegen $\sum_{n=1}^{\infty}\frac{1}{\lambda_n} < +\infty$, dann ist die Folge der f_n nicht total, jedoch frei in jedem $L^p(0, +\infty)$ und in $\mathfrak{C}(0, +\infty)$. In diesem Falle erweisen sich die der abgeschlossenen linearen Hülle von $\{f_1, f_2, \ldots\}$ angehörigen Funktionen als analytische Funktionen der komplexen Veränderlichen $z = x + iy$, die in der ganzen Halbebene $x > 0$ regulär fortsetzbar sind.

Bemerkung. Die Charakterisierung der in $(0, +\infty)$ totalen bzw. freien Funktionenfolgen (6.2.3 a) mit komplexwertigen λ_n ist kompliziert und nur für Spezialfälle erledigt (L. SCHWARTZ [22]).

6.2.4 Ist das Definitionsintervall unendlich, etwa $(-\infty, +\infty)$, so sind für eine gleichmäßige Approximation Polynome nicht mehr geeignet;

man kann dann Funktionen der Bauart

$$(6.2.4\,\text{a}) \qquad \frac{x^n}{H(x)}, \qquad n = 0, 1, \ldots$$

heranziehen, wobei H eine geeignete Gewichtsfunktion ist. Hierzu sei ein Satz von HORVATH genannt (HORVATH [13]):

Die Funktionen (6.2.4 a) sind total im Raum der stetigen Funktionen $g \mid (-\infty, +\infty)$ mit $g(x) \to 0$ für $x \to \pm\infty$ bzgl. der T-Norm, wenn $H \mid (-\infty, +\infty)$ die folgenden Eigenschaften hat:

1. $H(x) > 0$ und stetig für alle x;
2. $\log H(x)$ ist konvex als Funktion von $\log|x|$;
3. $\displaystyle\int_{1}^{+\infty} \frac{\log H(x)}{x^2}\, dx = +\infty$.

6.2.5 Betrachtet man die gleichmäßige Approximation von stetigen komplexwertigen Funktionen $x \to : g(x)$ der reellen Veränderlichen x in $-\infty < x < +\infty$ durch trigonometrische Summen der Form

$$(6.2.5\,\text{a}) \qquad \sum_{\nu=1}^{n} a_\nu\, e^{i\lambda_\nu x}$$

mit komplexwertigen a_ν, aber reellen λ_ν, so wird man auf die eigentlich fast-periodischen Funktionen geführt:

Ist $\varepsilon > 0$, so heißt ω eine ε-*Fastperiode* von g, wenn

$$|g(x + \omega) - g(x)| < \varepsilon \text{ für alle } x$$

gilt; g heißt *eigentlich fast-periodisch*, wenn g stetig ist und für jedes $\varepsilon > 0$ die Menge der ε-Fastperioden von g auf der Zahlgeraden relativ dicht liegt, d. h. wenn es eine Zahl L gibt, so daß in jedem Intervall der Länge L mindestens eine ε-Fastperiode ω von g enthalten ist.

Die eigentlich fast-periodischen Funktionen sind identisch mit denjenigen Funktionen, die sich in $(-\infty, +\infty)$ gleichmäßig und beliebig genau durch Summen (6.2.5 a) approximieren lassen (MAAK [17]).

Da die genannten Summen selbst eigentlich fast-periodisch sind, ferner die eigentlich fast-periodischen Funktionen mit der T-Norm einen vollständig normierten linearen Raum bilden, so können wir sagen, daß in diesem Raum die Funktionen $x \to : e^{i\lambda v}$ mit $-\infty < \lambda < +\infty$ eine totale Menge bilden.

6.3 Der Stonesche Approximationssatz

Die Approximationsmöglichkeiten werden erheblich größer, wenn man über die Bildung von Linearkombinationen hinausgeht und auch Produktbildungen von Funktionen heranzieht.

Eine Menge $\mathfrak{A}$ von Funktionen mit demselben Definitionsbereich M heißt eine *Algebra*, wenn mit $f \in \mathfrak{A}$ auch $\lambda f \in \mathfrak{A}$ für jeden Skalar λ, ferner mit $f_1, f_2 \in \mathfrak{A}$ auch $f_1 + f_2 \in \mathfrak{A}$ und $f_1 f_2 \in \mathfrak{A}$ gilt. Zum Beispiel bilden die Polynome in einer Veränderlichen (oder auch in mehreren) eine Algebra. Zu jeder nicht leeren Menge $\mathfrak{F}$ von Funktionen gibt es eine kleinste, $\mathfrak{F}$ enthaltende Algebra; sie besteht aus allen „Polynomen ohne konstantes Glied", d. h. endlichen Summen der Gestalt

$$(6.3\,\text{a}) \qquad f = \sum_{s_1,\ldots,s_m} a_{s_1,\ldots,s_m} f_1^{s_1} \cdots f_m^{s_m},$$

worin $s_1, \ldots, s_m$ ganze Zahlen $\geqq 0$ mit $s_1 + \cdots + s_m > 0$, $a_{s_1,\ldots,s_m}$ beliebige Skalare, $f_1, \ldots, f_m$ beliebige Funktionen aus $\mathfrak{F}$ und m eine beliebige natürliche Zahl bezeichnen. Nur wenn $\mathfrak{F}$ eine Konstante $\neq 0$ enthält, kann in f ein „konstantes Glied" auftreten.

Für den Fall, daß M ein kompakter topologischer Raum ist (z. B. eine beschränkte abgeschlossene Punktmenge des R^n) gilt der Satz von M. H. STONE (STONE [25]):

Ist $\mathfrak{F} = \{f_i : i \in J\}$ eine Familie von auf M stetigen Funktionen f_i mit der Eigenschaft, daß es zu je zwei Punkten $x' \neq x''$ von M ein f_j, $j \in J$, gibt mit $f_j(x') \neq f_j(x'')$ (man nennt in diesem Falle $\mathfrak{F}$ eine auf M separative Funktionenmenge), so läßt sich jede auf M stetige Funktion $g \,|\, M$ im Sinne der T-Norm auf M beliebig genau durch Polynome $(6.3\,\text{a})$ mit $f_i \in \mathfrak{F}$ approximieren.

Beispielsweise sind im R^m die Funktionen f_μ, erklärt durch

$$(x_1, \ldots, x_m) \to : x_\mu, \qquad \mu = 1, \ldots, m,$$

separativ — sie dienen ja als Koordinaten im R^m —; daher folgt aus dem Stoneschen Satz der Weierstraßsche Satz im R^m (6.2.1).

§7. Approximation von Funktionen mehrerer Veränderlicher durch Funktionen weniger Veränderlicher

7.1 T-Norm-Approximationen

Der wichtigste Fall ist die *„polyadische" Approximation*, wo bei festem m eine Funktion g von n Veränderlichen $x_1, \ldots, x_n$ approximiert werden soll durch Funktionen der Bauart

$$(7.1\,\text{a}) \qquad f(x_1, \ldots, x_n) = \sum_{\mu=1}^{m} f_{\mu_1}(x_1) \cdots f_{\mu_n}(x_n)$$

durch geeignete, im übrigen freie Wahl der Funktionen f_{μ_i} von je einer Veränderlichen. Allgemeine Ergebnisse hierüber sind sehr spärlich (vgl. Beispiel 2 von 5.2.4, was bei positiven Funktionen nach Übergang zu den Logarithmen dem Fall $m = 1$, $n = 2$ entspricht; s. auch COLLATZ [*9*], § 25); der Grund hierfür ist in der Nicht-Linearität des Raumes der approximierenden Funktionen zu suchen.

Immerhin wird man bei Fixierung der Funktionen $f_{\mu\nu}$ von $n - 1$ der Veränderlichen, etwa für $\nu = 2, \ldots, n$, auf einen Vektorraum bzgl. der Funktionen f_{μ_1} der einen restlichen Veränderlichen x_1 geführt. Dieser Umstand legt die Anwendung der Methoden der linearen Approximationstheorie nahe im Sinne eines *alternierenden Verfahrens*:

Man beginne mit irgendwie gewählten $f_{\mu_2}, \ldots, f_{\mu_n}$ und minimalisiere (T-Norm-Approximation)

$$(7.1\,\text{b}) \qquad \sup_{x_1, x_2, \ldots} \left| g(x_1, x_2, \ldots) - \sum_{\mu=1}^{m} f_{\mu_1}(x_1)\, f_{\mu_2}(x_2) \cdots \right|$$

durch geeignete Wahl der f_{μ_1}. Nun halte man die so gewonnenen f_{μ_1} und die alten $f_{\mu_3}, \ldots, f_{\mu_n}$ fest und minimalisiere (7.1 b) durch Variation der f_{μ_2}, usw. Nach Variation der f_{μ_n} nehme man wieder f_{μ_1} an die Reihe, usw. Bei Diskretisierung ist jeder Prozeß ein Linearprogramm. Jeder Einzelprozeß wirkt auf eine Verringerung des Approximationsfehlers hin; es ist aber bekannt, daß in vielen Fällen oder bei ungünstigem Start dieses alternierende Verfahren dem Defekt bzw. einer Bestapproximation nicht beliebig nahe kommt (AUMANN [*1*]).

7.2 *G*-Norm-Approximationen

Wir behandeln zwei allgemeinere Beispiele.

7.2.1 Approximiert man g, erklärt im Rechteck $0 \leqq x \leqq 1$, $0 \leqq y \leqq 1$ der x, y-Ebene, wobei g als L^2-integrierbar vorausgesetzt wird, durch dyadische Ausdrücke

$$f(x, y) = a_1(x)\, b_1(y) + \cdots + a_m(x)\, b_m(y)$$

im Sinne der G-Norm

$$p(\psi) = \left(\int_0^1 \int_0^1 \psi^2(x, y)\, dx\, dy \right)^{\frac{1}{2}},$$

so ist

$$D(g, \mathfrak{F}, p) = \left((p(g))^2 - k_1^2 - \cdots - k_m^2 \right)^{\frac{1}{2}};$$

dabei sind $k_1, \ldots, k_m$ die m größten Eigenwerte, die zum Integralgleichungssystem ($\mu = 1, \ldots, m$)

$$\begin{cases} \displaystyle\int_0^1 g(x, y)\, u_\mu(x)\, dx = k_\mu\, v_\mu(y), \\[2ex] \displaystyle\int_0^1 g(x, y)\, v_\mu(y)\, dy = k_\mu\, u_\mu(x) \end{cases}$$

mit den Orthonormierungen

$$\int\limits_0^1 \int\limits_0^1 u_\mu^2(x)\, v_\mu^2(y)\, dx\, dy = k_\mu^2,$$

$$\int\limits_0^1 u_\mu u_{\mu'}\, dx = 0, \qquad \int\limits_0^1 v_\mu v_{\mu'}\, dy = 0 \quad \text{für} \quad \mu \neq \mu'$$

gehören. Eine Lösung des AP ist durch $u_1 v_1 + \cdots + u_m v_m$ gegeben; sie ist eindeutig, wenn die Eigenwerte $k_1, \ldots, k_m$ alle einfach sind. Für triadische Approximationen (in drei unabhängigen Veränderlichen) führt das Problem auf nichtlineare Integralgleichungen (GOLOMB [11]).

7.2.2 Es sei im n-dimensionalen Intervall $0 \leq x_i \leq 1, i = 1, \ldots, n$, eine Funktion g der Veränderlichen $x_1, \ldots, x_n$ durch Funktionen f der Gestalt

$$f(x_1, \ldots, x_n) = \sum_{\iota=1}^m \varphi_\iota(x_{1(\iota)}, \ldots, x_{k_\iota(\iota)})$$

zu approximieren, wobei m, ebenso wie

$$1(i) < \cdots < k_i(i)$$

als echte Teilfolgen von $1, \ldots, n$ vorgegeben sind, aber die φ_i beliebige Funktionen von je k_ι Veränderlichen sein dürfen. Bei G-Norm-Approximation mit

$$\|h\| = \left(\int\limits_0^1 \cdots \int\limits_0^1 |h(x_1, \ldots, x_n)|^2\, dx_1 \ldots dx_n \right)^{\frac{1}{2}}$$

wird die Lösung geliefert durch Funktionen $\varphi_1, \ldots, \varphi_m$, die den Integralgleichungen

$$\varphi_i = \int\limits_0^1 \cdots \int\limits_0^1 \left(g - \sum_{j \neq i} \varphi_j \right) dx_{s_1} \ldots dx_{s_r}$$

genügen, worin $x_{s_1}, \ldots, x_{s_r}$ die zu $x_{1(\iota)}, \ldots, x_{k_i(\iota)}$ komplementäre Variablengruppe bezeichnet. Bei Diskretisierung (im Sinne der Methode der kleinsten Quadrate) gehen obige Gleichungen in ein lineares Gleichungssystem über (GOLOMB [11]).

Literatur

[1] ACHIESER, N. I.: Theory of Approximation, Transl. by Ch. J. Hyman, N. Y. 1956.

[2] AMER, R. A., and H. R. SCHWARZ: Contributions to the Approximation Problem of Electrical Filters. Mitt. Inst. Angew. Math. ETH Zürich Nr. 9, herausg. v. E. STIEFEL.

[3] AUMANN, G.: Approximations by step functions, Proc. Amer. Math. Soc. **14** (1963), 477—482.

[4] — Über den Vergleichsfaktor bei linearen Approximationsproblemen. Numer. Math. **5** (1963) 68—72.

[5] — Der mathematische Begriff der Signifikanz. S. B. Bayer. Akad. Wiss. 1964, Math. Nat. Kl., 53—56.

[6] CAUER, W.: Theorie der linearen Wechselstromschaltungen, 2. Aufl., Berlin 1954.

[7] CHENEY, E. W.: A survey of approximation by rational functions, Space Techn. Lab. NN-149 (1960), Redondo Beach, California.

[8] — Introduction to Approximation Theory, N. Y. 1966.

[9] COLLATZ, L.: Approximation von Funktionen bei einer und bei mehreren unabhängigen Veränderlichen. ZAMM **36** (1956) 198—211.

[10] — Funktionalanalysis und numerische Mathematik, Berlin 1964.

[11] GOLOMB, U.: Approximations by Functions of Fewer Variables, siehe dies. Verz. Langer, S. 275—327.

[12] — Lectures on the Theory of Approximations, Argonne: Nat. Lab., Appl. Math. Div., 1962.

[13] HORVATH, J.: Approximacion y funciones casi-analiticas. Univ. de Madrid: Publ. Sec. Mat., 1956.

[14] KOROVKIN, P. P.: Linear operators and approximation theory, Delhi: Hindustan Publ. Corp. 1960 (Transl. from Russian ed. of 1959).

[15] LANGER, R. E.: On numerical approximation. Proc. Symp. Math. Research Cent. US army, Univ. of Wisconsin, Madison, 1959.

[16] LORENTZ, G. G.: Bernstein Polynomials, Toronto 1953.

[17] MAAK, W.: Fastperiodische Funktionen (2. Aufl.), Berlin 1967.

[18] MAIRHUBER, J.: On Haar's theorem concerning Chebysheff problems having unique solutions. Proc. Amer. Math. Soc. **7** (1956) 605—615.

[19] MEINARDUS, G.: Approximation von Funktionen und ihre numerische Behandlung, Berlin 1964.

[20] MÜNTZ, CH.: Über den Approximationssatz von Weierstraß, Schwartz-Festschrift, Math. Abh., Berlin 1914, 303—312.

[21] SARD, A.: Linear Approximation. Math. Surveys Nr. 9 (Amer. Math. Soc.) 1963.

[22] SCHWARTZ, L.: Étude des sommes d'exponentielles. Actual. scient. industr. 959 (1959), Paris.

[23] SOLOTAREFF, E. I.: Die Anwendung elliptischer Funktionen auf das Problem der Funktionen, die am wenigsten von der Null abweichen. Comm. Soc. Math. Kharkov 1932.

[24] STIEFEL, E.: Einführung in die numerische Mathematik, Stuttgart 1961.

[25] STONE, M. H.: The generalized Weierstrass approximation theorem. Math· Mag. **21** (1948) 167—183, 237—254.

II. Darstellung von Funktionen in Rechenautomaten

Von **Roland Bulirsch** und **Josef Stoer**, München und La Jolla[1]

§ 1. Einleitung

Programmgesteuerte Rechenautomaten in Verbindung mit einer der problemorientierten Programmierungssprachen wie ALGOL, FORTRAN usw. sind zu einem bedeutsamen Hilfsmittel für den rechnenden Ingenieur geworden. In diesem Zusammenhang ist es wichtig, gute numerische Verfahren zu finden, um effektive Programme für den Automaten erstellen zu können; es ist ein weitverbreiteter Irrtum zu glauben, daß es bei der Geschwindigkeit der modernen Rechenautomaten auf die Art der numerischen Methode nicht mehr ankomme.

Ein einfaches Beispiel möge die Probleme illustrieren, die speziell bei der Darstellung selbst einfacher Funktionen auftreten. Die Funktion $f(x) = e^x$ kann man als spezielle Lösung der Differentialgleichung $f' = f$ definieren, die der Anfangsbedingung $f(0) = 1$ genügt. Es ist grundsätzlich möglich, an Hand dieser Definition e^x für ein gegebenes x zu berechnen (etwa durch numerische Integration von $f' = f$), ökonomisch ist es sicherlich nicht. Andererseits ist e^x auch durch die Taylor-Reihe

$$e^x = 1 + \frac{x}{1!} + \frac{x^2}{2!} + \frac{x^3}{3!} + \cdots$$

erklärt, die für alle reellen und komplexen Zahlen x konvergiert. Versucht man jedoch die Taylor-Reihe für $x = -10$ auszuwerten, so erhält man eine „konvergente" Reihe der Form

$$e^{-10} = 1 - 10 + \frac{100}{2} - \frac{1000}{6} + \frac{10000}{24} - \frac{100000}{120} + \frac{1000000}{720} - \cdots$$

Um $e^{-10} = 0{,}0000453999\ldots$ mittels dieser Reihe auf 3 gültige Ziffern auszurechnen, hätte man mindestens 41 Glieder aufzusummieren und hätte (wegen der großen Auslöschung) die Rechnung mit mindestens 11 Dezimalstellen durchzuführen. Natürlich kann man e^{-10} wesentlich bequemer und genauer berechnen, etwa indem man mittels der Beziehung $e^{x+y} = e^x e^y$ die Berechnung von e^{-10} auf die Berechnung von e^x für x aus $-1 \leq x \leq 1$ zurückführt (Intervallreduktion) und die dort gut konvergente Taylor-Reihe von e^x verwendet.

---

[1] Die Autoren danken Herrn Professor Dr. H. RUTISHAUSER für die Überlassung von Vorlesungsmanuskripten, auf die sie sich bei der Abfassung dieses Beitrags u. a. stützen konnten.

Für die numerische Darstellung von Funktionen in Rechenautomaten werden im vorliegenden Beitrag erprobte Verfahren beschrieben: In Ziff. 2 wird die Entwicklung von Funktionen nach Tschebyscheff-Polynomen behandelt. Diese Entwicklungen konvergieren i. allg. wesentlich besser als die entsprechenden Taylor-Entwicklungen. In Ziff. 3 werden einige Techniken zur Approximation von singulären Funktionen besprochen. Ziff. 4 behandelt die Darstellung gegebener Funktionen durch Kettenbrüche; Kettenbruchentwicklungen konvergieren häufig besser als Taylor-Reihen. Dieser Abschnitt enthält auch Hinweise auf konvergenzbeschleunigende Algorithmen. In Ziff. 5 werden Algorithmen zur Auswertung elliptischer und verwandter Integrale beschrieben. Ziff. 6 enthält neuere, sehr effektive Methoden zur Berechnung periodischer Funktionen (Fourier-Analyse, Fourier-Synthese, trigonometrische Interpolation). Ziff. 7 befaßt sich mit der Berechnung von Bessel-Funktionen. Soweit notwendig, wurden für komplizierte Algorithmen die ALGOL-Programme mitgeliefert.

§ 2. Entwicklung von Funktionen nach Tschebyscheff-Polynomen

2.1 Kritik der Polynomdarstellung, Bedeutung der Tschebyscheff-Entwicklung

Soll auf einem Digitalrechner eine Funktion $f(x)$ ausgewertet werden, so wird häufig eine Taylor-Entwicklung verwendet mit passend gewählter Entwicklungsstelle x_0; bekanntlich gilt bei $n+1$ maliger Differenzierbarkeit von $f(x)$

$$(2.1.1) \qquad f(x) = P(x) + R(x)$$

mit

$$(2.1.2) \quad P(x) = f(x_0) + (x - x_0)\frac{f'(x_0)}{1!} + (x - x_0)^2\frac{f''(x_0)}{2!} + \cdots$$
$$\cdots + (x - x_0)^n\frac{f^{(n)}(x_0)}{n!},$$

$$(2.1.3) \quad R(x) = (x - x_0)^{n+1}\frac{f^{(n+1)}(x_0 + \vartheta(x - x_0))}{(n+1)!}, \quad 0 < \vartheta < 1.$$

Die Funktion $f(x)$ wird also durch ein Polynom $P(x)$ vom Grad n, das Taylorsche Näherungspolynom, ersetzt. Die Nachteile eines solchen Vorgehens sind bekannt:

a) Die Taylor-Koeffizienten $\frac{f^{(\nu)}(x_0)}{\nu!}$ nehmen häufig nur sehr langsam ab, insbesondere, wenn die Funktion $f(x)$ für reelle oder komplexe Werte des Arguments x in der Nähe von x_0 Singularitäten besitzt. Man braucht dann i. allg. viele Glieder für eine einigermaßen vernünftige Approximation.

(Beispiel: $f(x) = \arctan x$, $x = \pm i$).

b) Mit zunehmender Entfernung $x - x_0$ vom Entwicklungspunkt x_0 wird die Approximation von $f(x)$ durch das Taylor-Polynom immer schlechter.

c) Beim Rechnen mit endlicher Stellenzahl fällt ein weiterer Nachteil ins Gewicht: Obwohl das Näherungspolynom $P(x)$ im interessierenden Intervall „sehr kleine" Werte besitzen kann, können die Polynomkoeffizienten sehr groß sein; bei der Auswertung des Polynoms treten dann i. allg. „große" Zwischenresultate auf, die das Ergebnis durch „Auslöschung" führender Ziffern völlig verfälschen können.

Beispiel

$$(2.1.4) \quad \begin{aligned} P(x) &= 1 - 14{,}7\,x + 81{,}2\,x^2 - 220{,}5\,x^3 + 315\,x^4 - 226{,}8\,x^5 - 64{,}8\,x^6 \\ &= (1 - x)\,(1 - 1{,}2\,x)\,(1 - 1{,}5\,x)\,(1 - 2\,x)\,(1 - 3\,x)\,(1 - 6\,x). \end{aligned}$$

Im Intervall $0{,}3 < x < 0{,}85$ gilt $|P(x)| < 0{,}01$; bei der üblichen Berechnung ergeben sich diese kleinen Polynomwerte aus großen Summanden mit Auslöschung.

Für $x = 0{,}7$ ist

$$P(0{,}7) = 1 - 10{,}29 + 39{,}788 - 75{,}6315 + 75{,}6315 - 38{,}118276 + 7{,}6236552$$
$$= 00{,}0033792.$$

Das Ergebnis entsteht durch Auslöschung von vier führenden Ziffern (betragsgrößter Summand $75{,}6315$). Hätte man in Gleitkomma-Arithmetik mit 4 Dezimalziffern in der Mantisse gerechnet, so hätte man das Ergebnis in der Form $0, a_1 a_2 a_3 a_4$ erhalten, mit i. allg. völlig falschen Dezimalziffern a_1, a_2, a_3, a_4.

Bei der numerischen Auswertung von $f(x)$ ist man aber keineswegs auf das Taylor-Polynom (2.1.2) angewiesen. Vielmehr empfiehlt sich eine Entwicklung von $f(x)$ nach den sog. Tschebyscheff-Polynomen[1] (vgl. B. 8.5.4). Zur Herleitung der Tschebyscheff-Entwicklung von $f(x)$ nehmen wir ohne Beschränkung der Allgemeinheit an, daß $f(x)$ für $-1 \leqq x \leqq 1$ definiert sei.

Ist nämlich der Definitionsbereich einer zu approximierenden Funktion $f^*(\xi)$ das Intervall $a \leqq \xi \leqq b$ (a, b endlich; unendliche Intervalle s. Ziff. 3.1), so kann man eine neue Variable x einführen gemäß

$$(2.1.5) \qquad \xi = \frac{a + b}{2} + x\,\frac{b - a}{2}$$

mit

$$a \leqq \xi \leqq b \quad \text{für} \quad -1 \leqq x \leqq 1.$$

Die Funktion $f^*(\xi)$ geht dann über in

$$(2.1.6) \qquad f^*(\xi) = f^*\!\left(\frac{a + b}{2} + x\,\frac{b - a}{2}\right) = f(x), \quad -1 \leqq x \leqq 1.$$

Wir setzen jetzt

$$x = \cos\Theta$$

und entwickeln die periodische Hilfsfunktion

$$\varphi(\Theta) = f(\cos\Theta)$$

---

[1] Andere Schreibweisen für das Originalwort Чебышев: Chebyshev (engl.), Tchebycheff (franz.); korrekt wäre Čebyšev.

in eine Fourier-Reihe; wegen $\varphi(\Theta) = \varphi(-\Theta)$ ist $\varphi(\Theta)$ eine gerade Funktion von Θ mit einer Fourier-Entwicklung der Form

$$(2.1.7) \qquad \varphi(\Theta) = f(\cos\Theta) = \tfrac{1}{2}c_0 + \sum_{\nu=1}^{\infty} c_\nu \cos\nu\,\Theta$$

und Koeffizienten

$$(2.1.8) \quad c_\nu = \frac{2}{\pi}\int_0^\pi \varphi(\Theta)\cos\nu\,\Theta\,d\Theta = \frac{2}{\pi}\int_0^\pi f(\cos\Theta)\cos\nu\,\Theta\,d\Theta.$$

Setzt man in (2.1.7) wieder die Variable $x = \cos\Theta$ ein, so kommt

$$(2.1.9) \qquad f(x) = \tfrac{1}{2}c_0 + \sum_{\nu=1}^{\infty} c_\nu \cos(\nu\,\mathrm{arc}\,\cos x).$$

Die Ausdrücke $\cos(\nu\,\mathrm{arc}\,\cos x)$ sind aber Polynome vom Grad ν in $x = \cos\Theta$, es ist

$$(2.1.10) \quad \begin{cases} \cos\Theta = \cos^1\Theta & = x, \\ \cos 2\Theta = 2\cos^2\Theta - 1 & = 2x^2 - 1, \\ \cos 3\Theta = 4\cos^3\Theta - 3\cos\Theta & = 4x^3 - 3x, \end{cases}$$

usw.

Man bezeichnet nun als *Tschebyscheff-Polynom der Ordnung* ν den Ausdruck

$$(2.1.11) \qquad T_\nu(x) = \cos(\nu\,\mathrm{arc}\,\cos x).$$

Einige T-Polynome:

$$(2.1.12) \quad \begin{cases} T_0(x) = 1, & T_3(x) = 4x^3 - 3x, \\ T_1(x) = x, & T_4(x) = 8x^4 - 8x^2 + 1, \\ T_2(x) = 2x^2 - 1, & T_5(x) = 16x^5 - 20x^3 + 5x. \end{cases}$$

Wegen $\left|\cos(\nu\,\mathrm{arc}\,\cos x)\right| \leqq 1$ ist natürlich auch $\left|T_\nu(x)\right| \leqq 1$ für $-1 \leqq x \leqq 1$.

Aus der Theorie der Fourier-Reihen erhält man so den

(2.1.13) **Satz:** *Die Entwicklung nach Tschebyscheff-Polynomen für eine in* $-1 \leqq x \leqq 1$ *definierte stetige Funktion mit beschränkter Schwankung ist gegeben durch*

$$f(x) = \tfrac{1}{2}c_0 + \sum_{\nu=1}^{\infty} c_\nu\,T_\nu(x)$$

mit

$$c_\nu = \frac{2}{\pi}\int_0^\pi f(\cos\Theta)\cos\nu\,\Theta\,d\Theta = \frac{2}{\pi}\int_{-1}^{1} \frac{f(x)\,T_\nu(x)}{\sqrt{1-x^2}}\,dx.$$

Die Voraussetzung „stetig mit beschränkter Schwankung" ist z. B. erfüllt, falls $f(x)$ eine beschränkte erste Ableitung im Intervall $-1 \leqq x \leqq 1$ besitzt.

Die numerische Bedeutung der Tschebyscheff-Entwicklung liegt vor allem darin, daß die Koeffizienten c_ν i. allg. viel rascher abnehmen als die Koeffizienten der Taylor-Entwicklung. Wir entnehmen der Theorie der Fourier-Reihen den folgenden

(2.1.14) Satz: *Ist $f(x)$ in $-1 \leq x \leq 1$ r-mal stetig differenzierbar und ist $f^{(r+1)}(x)$ in $-1 \leq x \leq 1$ integrierbar, dann nehmen die Tschebyscheff-Koeffizienten c_ν für $\nu \to \infty$ mindestens wie $\frac{1}{\nu^{r+1}}$ ab.*

Ist $f(x)$ analytisch, so nehmen die c_ν schneller ab als jede Potenz $\left(\frac{1}{\nu}\right)^r$, mit $r = 1, 2, 3, \ldots$ (s. dazu 2.4.10). In diesem Fall gilt auch die Darstellung

$$(2.1.15) \qquad c_\nu = \frac{1}{2^{\nu-1}} \, \frac{1}{\nu!} \left(f^{(\nu)}(0) + \sum_{j=1}^{\infty} \left(\frac{1}{2}\right)^{2j} \frac{f^{(\nu+2j)}(0)}{j!\,(\nu+1)\ldots(\nu+j)} \right).$$

Beispiel

1. Taylor-Entwicklung von $\sin \pi x$:

$$\sin \pi x = x[3{,}14 - 5{,}1x^2 + 2{,}5x^4 - 0{,}59x^6 + 0{,}082x^8 - \cdots - 0{,}000021x^{14} + \cdots]$$

Tschebyscheff-Entwicklung von $\sin \pi x$:

$$\sin \pi x = x[1{,}34 - 1{,}5T_2(x) + 0{,}22T_4(x) - 0{,}014T_6(x) + 0{,}00051T_8(x) - \cdots$$
$$\cdots - 0{,}0000000023T_{14}(x) + \cdots]$$

(die Koeffizienten sind gerundet).

2. Stellt man das Polynom von Beispiel (2.1.4) (anstelle durch Potenzen x^ν) durch die „speziellen" Tschebyscheff-Polynome $T_\nu^*(x) = T_\nu(2x - 1)$, $0 \leq x \leq 1$, dar, so erhält man

$$(2.1.16) \quad P(x) = 0{,}13046875 - 0{,}2609375\,T_1^*(x) + 0{,}218359375\,T_2^*(x) -$$
$$- 0{,}17578125\,T_3^*(x) + 0{,}11953125\,T_4^*(x) - 0{,}06328125\,T_5^*(x) +$$
$$+ 0{,}031640625\,T_6^*(x).$$

Für $0 \leq x \leq 1$ ist $|T_\nu^*(x)| = |T_\nu(2x - 1)| \leq 1$ (für das Argument von T_ν gilt $-1 \leq 2x - 1 \leq 1$). Deshalb ist bei der Auswertung des Polynoms für $0 \leq x \leq 1$ der betragsgrößte Summand gleich dem betragsgrößten Tschebyscheff-Koeffizienten, hier $0{,}26 \ldots$ Das Ergebnis $P(0{,}7) = 0{,}0033792$ entsteht durch Auslöschung von nur zwei führenden Ziffern, man vgl. mit Beispiel (2.1.4).

2.2 Eigenschaften der Tschebyscheff-Polynome

In diesem Abschnitt werden einige Eigenschaften der T-Polynome (erster Art) zusammengestellt (vgl. auch B. 8.5.4), die für das Rechnen mit T-Entwicklungen wichtig sind.

Wie bereits erwähnt, ist $T_\nu(x)$ für $-1 \leq x \leq 1$ definiert durch

$$(2.2.1) \qquad T_\nu(x) = \cos(\nu \arccos x), \qquad \nu = 0, 1, 2, \ldots$$

Die speziellen T-Polynome $T_\nu^*(x)$ sind für $0 \leq x \leq 1$ definiert durch

$$(2.2.2) \qquad T_\nu^*(x) = T_\nu(2x - 1), \qquad \nu = 0, 1, 2, \ldots$$

Aus der Relation $\cos 2\Theta = 2\cos^2\Theta - 1$ folgt die für das Rechnen mit T-Polynomen wichtige Beziehung

$$(2.2.3) \qquad T_{2\nu}(x) = T_\nu(2x^2 - 1) = T_\nu^*(x^2).$$

Außerhalb des Intervalls $-1 \leqq x \leqq 1$ besitzt $T_\nu(x)$ die Darstellung

$$(2.2.4) \qquad T_\nu(x) = (\operatorname{sign}(x))^\nu \cosh(\nu\,\operatorname{ar\,cosh}|x|), \qquad |x| > 1.$$

Aus der Definition folgt $|T_\nu(x)| \leqq 1$ für $-1 \leqq x \leqq 1$. Außerhalb dieses Intervalls wachsen die T-Polynome wegen (2.2.4) mit x (und ν) sehr rasch an, die T-Entwicklung einer Funktion ist dort numerisch unbrauchbar!

$T_\nu(x)$ ist ein Polynom vom Grad ν in x

$$(2.2.5) \qquad T_\nu(x) = \sum_{j=0}^{\nu} t_{\nu j}\, x^j.$$

Für gerade ν enthält $T_\nu(x)$ nur gerade Potenzen von x, $(t_{\nu,2i+1} = 0)$, für ungerade ν nur ungerade Potenzen von x, $(t_{\nu,2i} = 0)$. $T_\nu(x)$ ist also für gerade ν eine gerade Funktion, für ungerade ν eine ungerade Funktion von x.

Der Koeffizient $t_{\nu,\nu-2k}$ von $x^{\nu-2k}$ im Ausdruck (2.2.5) für $T_\nu(x)$ ist gegeben durch

$$(2.2.6) \qquad t_{\nu,\nu-2k} = (-1)^k\, 2^{\nu-2k-1}\left\{2\binom{\nu-k}{k} - \binom{\nu-k-1}{k}\right\},$$
$$(t_{\nu,\nu-2k-1} = 0).$$

Tabelle 2.2.1. *Koeffizienten für die Entwicklungen* $T_\nu(x) = \sum_{j=0}^{\nu} t_{\nu j}\, x^j$

$$\text{und } x^\nu = \frac{1}{b_\nu} \sum_{j=0}^{\nu} d_{\nu j}\, T_j(x)$$

	x^0	x^1	x^2	x^3	x^4	x^5	x^6	x^7	x^8	x^9	x^{10}	x^{11}	x^{12}
b_ν	1	1	2	4	8	16	32	64	128	256	512	1024	2048
T_0	1 1		1		3		10		35		126		462
T_1		1 1		3		10		35		126		462	
T_2	−1		2 1		4		15		56		210		792
T_3		−3		4 1		5		21		84		330	
T_4	1		−8		8 1		6		28		120		495
T_5		5		−20		16 1		7		36		165	
T_6	−1		18		−48		32 1		8		45		220
T_7		−7		56		−112		64 1		9		55	
T_8	1		−32		160		−256		128 1		10		66
T_9		9		−120		432		−576		256 1		11	
T_{10}	−1		50		−400		1120		−1280		512 1		12
T_{11}		−11		220		−1232		2816		−2816		1024 1	
T_{12}	1		−72		840		−3584		6912		−6144		2048 1

Beispiel: $T_5(x) = 5x - 20x^3 + 16x^5$; $x^5 = \frac{1}{16}\left(10\,T_1(x) + 5\,T_3(x) + T_5(x)\right)$

Die Potenzen von x lassen sich durch T-Polynome ausdrücken; es ist

$$(2.2.7) \qquad x^{2\nu} = \frac{1}{2^{2\nu-1}} \left[\frac{1}{2}\binom{2\nu}{\nu} + \sum_{j=1}^{\nu} \binom{2\nu}{\nu-j} T_{2j}(x) \right]$$

bzw.

$$(2.2.8) \qquad x^{2\nu+1} = \frac{1}{2^{2\nu}} \sum_{j=0}^{\nu} \binom{2\nu+1}{\nu-j} T_{2j+1}(x).$$

Die Tab. 2.2.1 gibt die Koeffizienten in den Entwicklungen (2.2.5) und (2.2.7), (2.2.8).

Aus (2.2.1) ergeben sich die Nullstellen x_i des Polynoms $T_\nu(x)$ zu

$$(2.2.9) \qquad x_i = \cos\frac{2i-1}{2\nu}\pi, \qquad i = 1, \ldots, \nu.$$

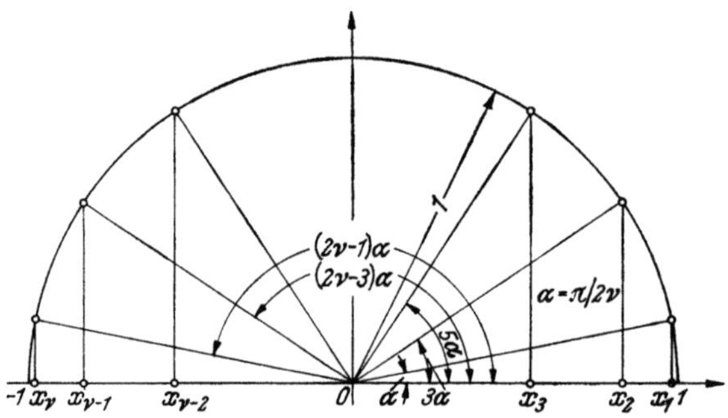

Abb. 2.1. Nullstellen x_i, $i = 1, \ldots, \nu$ des Tschebyscheff-Polynoms $T_\nu(x)$

Die Nullstellen x_i liegen also sämtlich im Intervall $-1 \leqq x_i \leqq 1$, s. Abb. 2.1. Mit Hilfe der Nullstellen ergibt sich die Darstellung

$$(2.2.10) \quad T_\nu(x) = 2^{\nu-1}\left(x - \cos\frac{\pi}{2\nu}\right)\left(x - \cos\frac{3\pi}{2\nu}\right)\cdots\left(x - \cos\frac{(2\nu-1)\pi}{2\nu}\right).$$

Die (relativen) Extrema von $T_\nu(x)$ liegen bei $x_j = \cos\frac{j\pi}{\nu}$, $j = 1, \ldots,$ $\nu-1$, wobei $T_\nu(x_j) = (-1)^j$.

Die Abb. 2.2 zeigt die T-Polynome $T_1(x), \ldots, T_5(x)$.

Aus der Beziehung $\cos(\nu+1)\Theta - 2\cos\Theta\cos\nu\Theta + \cos(\nu-1)\Theta = 0$ ergibt sich wegen (2.2.1) die Rekursionsformel

$$(2.2.11) \qquad T_{\nu+1}(x) - 2x\,T_\nu(x) + T_{\nu-1}(x) = 0.$$

Für das unbestimmte Integral von $T_\nu(x)$ erhält man

$$(2.2.12) \quad \begin{cases} \displaystyle\int^x T_0(\xi)\,d\xi = T_1(x) + c, \\[2ex] \displaystyle\int^x T_1(\xi)\,d\xi = \tfrac{1}{4}T_2(x) + c, \\[2ex] \displaystyle\int^x T_\nu(\xi)\,d\xi = \frac{1}{2}\left[\frac{T_{\nu+1}(x)}{\nu+1} - \frac{T_{\nu-1}(x)}{\nu-1}\right] + c, \qquad \nu > 1. \end{cases}$$

Durch Differentiation ergeben sich Beziehungen für die Ableitungen

$$(2.2.13) \quad \begin{cases} \dfrac{dT_1(x)}{dx} = T_0(x), \\[2mm] \dfrac{dT_2(x)}{dx} = 4T_1(x), \\[2mm] \dfrac{d}{dx}\left(\dfrac{T_{\nu+1}(x)}{\nu+1} - \dfrac{T_{\nu-1}(x)}{\nu-1}\right) = 2T_\nu(x), \quad \nu > 1, \end{cases}$$

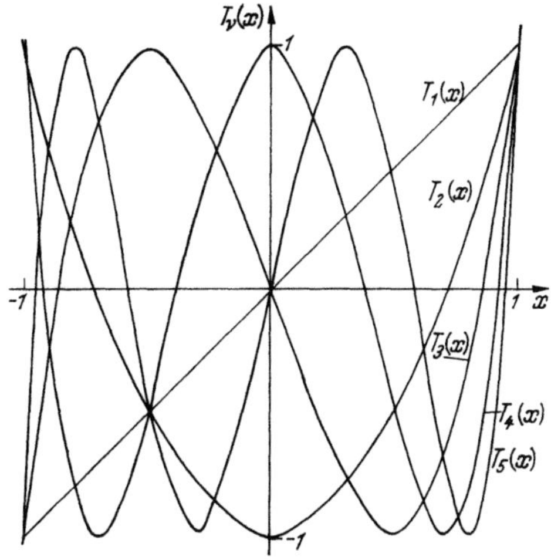

Abb. 2.2. T-Polynome $T_1(x), \ldots, T_5(x)$

und

$$(1 - x^2)\frac{dT_\nu(x)}{dx} = -\nu x\, T_\nu(x) + \nu\, T_{\nu-1}(x), \quad \nu \geqq 1.$$

Ferner gilt die sog. *Orthogonalitätsrelation*

$$(2.2.14) \quad \int_{-1}^{1} \frac{T_\nu(x)\, T_\mu(x)}{\sqrt{1 - x^2}}\, dx = \begin{cases} \pi, & \nu = \mu = 0, \\[2mm] \dfrac{\pi}{2}, & \nu = \mu \neq 0, \\[2mm] 0, & \nu \neq \mu. \end{cases}$$

Setzt man $x_j = \cos\dfrac{j\pi}{n}$ und gilt weiter $\nu, \mu \leqq n$, $n > 0$, dann ergibt sich

$$(2.2.15) \quad \tfrac{1}{2}T_\nu(x_0)\, T_\mu(x_0) + T_\nu(x_1)\, T_\mu(x_1) + \cdots + T_\nu(x_{n-1})\, T_\mu(x_{n-1}) +$$

$$+ \tfrac{1}{2}T_\nu(x_n)\, T_\mu(x_n) = \begin{cases} n, & \begin{cases} \nu = \mu = 0, \\ \nu = \mu = n, \end{cases} \\[3mm] \tfrac{1}{2}n, & \nu = \mu \neq 0, n, \\[2mm] 0, & \nu \neq \mu. \end{cases}$$

Es seien noch die Beziehungen angeführt

$$(2.2.16) \qquad \begin{aligned} T_\nu(T_\mu(x)) &= T_\mu(T_\nu(x)) = T_{\nu\cdot\mu}(x), \\ T_\mu(x)\, T_\nu(x) &= \tfrac{1}{2}\big(T_{\mu+\nu}(x) + T_{|\nu-\mu|}(x)\big). \end{aligned}$$

Die letzte Relation wird benutzt bei der Multiplikation von zwei T-Entwicklungen.

2.3 Rechnen mit T-Entwicklungen

2.3.1 Formale Operationen mit T-Entwicklungen

Für das Rechnen mit T-Entwicklungen gelten ähnliche Gesetze wie für das Rechnen mit Potenzreihen.

Es liege die T-Entwicklung einer Funktion $f(x)$ vor

$$(2.3.1) \qquad f(x) = \tfrac{1}{2}c_0 + \sum_{\nu=1}^{\infty} c_\nu\, T_\nu(x), \qquad -1 \leqq x \leqq 1.$$

Für das unbestimmte Integral ergibt sich dann mit Hilfe von (2.2.12)

$$(2.3.2) \qquad \int^x f(\xi)\, d\xi = \tfrac{1}{2}A_0 + \sum_{\nu=1}^{\infty} A_\nu\, T_\nu(x),$$

wobei

$$(2.3.3) \qquad A_\nu = \frac{c_{\nu-1} - c_{\nu+1}}{2\nu}, \qquad \nu > 0 \qquad (A_0 \text{ Integrationskonstante}).$$

Diese Formeln wurden von CLENSHAW, CURTIS zur Berechnung des unbestimmten Integrals $\int^x f(\xi)\, d\xi$ einer gegebenen Funktion $f(x)$ benutzt; vgl. insbesondere die verbesserte Methode von FILIPPI [*11*].

Beispiel

$$f(x) = \frac{1}{2} + \sum_{\nu=1}^{\infty} \frac{1}{\nu^2}\, T_\nu(x),$$

$$\int^x f(\xi)\, d\xi = \frac{1}{2}A_0 + \frac{3}{8}\, T_1(x) + \sum_{\nu=2}^{\infty} \frac{2}{(\nu^2-1)^2}\, T_\nu(x).$$

Ist $f(x)$ differenzierbar, so erhält man durch Differentiation von (2.3.1) mit Hilfe von (2.2.13)

$$(2.3.4) \qquad \frac{d\,f(x)}{dx} = \frac{1}{2}B_0 + \sum_{\nu=1}^{\infty} B_\nu\, T_\nu(x)$$

mit

$$(2.3.5) \qquad B_{\nu-2} = B_\nu + 2(\nu-1)\, c_{\nu-1},$$

woraus

$$(2.3.5\,\text{a}) \qquad B_\nu = \sum_{k=0}^{\infty} 2(2k+1+\nu)\, c_{2k+1+\nu},$$

$$\nu = 0, 1, 2, \ldots$$

Die Reihe in (2.3.4) konvergiert allerdings nur dann, falls $f'(x)$ total-stetig ist [z. B. erfüllt falls $f''(x)$ beschränkt ist].

Es sei $f(x) = \tfrac{1}{2}c_0 + \sum\limits_{\nu=1}^{N} c_\nu\, T_\nu(x)$ mit $f'(x) = \tfrac{1}{2}B_0 + \sum\limits_{\nu=1}^{N-1} B_\nu\, T_\nu(x)$; die B_ν lassen sich dann aus (2.3.5) berechnen: Man setzt $B_{N+1} = B_N = 0$ und erhält

$$B_{N-1} = 0 + 2N\, c_N,$$
$$B_{N-2} = 0 + 2(N-1)\, c_{N-1},$$
$$B_{N-3} = B_{N-1} + 2(N-2)\, c_{N-2},$$
$$\vdots$$
$$B_0 = B_2 + 2 \cdot 1 \cdot c_1.$$

Für spätere Zwecke merken wir noch folgende Formeln an: Ist $f(x)$ $s+1$-mal differenzierbar und bezeichnet $c_\nu^{(s)}$ den Koeffizienten von $T_\nu(x)$ in der s-mal differenzierten Reihe, also

$$(2.3.6) \qquad f^{(s)}(x) = \tfrac{1}{2}c_0^{(s)} + \sum_{\nu=1}^{\infty} c_\nu^{(s)}\, T_\nu(x),$$

dann gilt analog zu (2.3.4), (2.3.5)

$$(2.3.7) \qquad 2\nu\, c_\nu^{(s)} = c_{\nu-1}^{(s+1)} - c_{\nu+1}^{(s+1)}, \quad \nu > 1.$$

Bezeichnet weiter $c_\nu[g]$ den Koeffizienten von $T_\nu(x)$ in der T-Entwicklung für eine Funktion $g(x)$, also

$$(2.3.8) \qquad g(x) = \tfrac{1}{2}c_0[g] + \sum_{\nu=1}^{\infty} c_\nu[g]\, T_\nu(x),$$

dann gelten die Beziehungen (CLENSHAW [5])

$$(2.3.9) \qquad c_\nu[x\, f^{(s)}] = \tfrac{1}{2}(c_{|\nu-1|}^{(s)} + c_{\nu+1}^{(s)}), \qquad \begin{array}{l} \nu = 0, 1, 2, \ldots \\ s = 0, 1, 2, \ldots \end{array}$$

bzw. allgemein

$$(2.3.10) \qquad c_\nu[x^r\, f^{(s)}] = \frac{1}{2^r} \sum_{j=0}^{r} \binom{r}{j} c_{|\nu-r+2j|}^{(s)}$$

mit $f^{(s)}(x)$ und $c_\nu^{(s)}$ aus (2.3.6).

Es sei $f(x)$ eine ungerade Funktion von $f(x)$, dann hat die T-Entwicklung von $f(x)$ die Gestalt

$$(2.3.11) \qquad f(x) = \sum_{\nu=1}^{\infty} c_{2\nu+1}\, T_{2\nu+1}(x).$$

Ist $f(x)$ ungerade, dann ist $f(x)/x$ eine gerade Funktion. Es existiert also eine T-Entwicklung der Form

$$(2.3.12) \qquad f(x) = x\left[\tfrac{1}{2}c_0^* + \sum_{\nu=1}^{\infty} c_{2\nu}^*\, T_{2\nu}(x)\right].$$

Zwischen den T-Koeffizienten von (2.3.11) und (2.3.12) bestehen die Beziehungen

$$(2.3.13) \qquad c_{2\nu+1} = \tfrac{1}{2}(c_{2\nu}^* + c_{2\nu+2}^*),$$

$$(2.3.14) \qquad c_{2\nu}^* = 2 \sum_{k=0}^{\infty} (-1)^k c_{2\nu+2k+1}.$$

Es sei noch vermerkt, daß man wegen (2.2.3) für eine *ungerade Funktion* $f(x)$ die Darstellung erhält (für c_ν^* wird wieder c_ν geschrieben)

$$(2.3.15) \qquad f(x) = x\left[\tfrac{1}{2}c_0 + \sum_{\nu=1}^{\infty} c_{2\nu} T_\nu(2x^2 - 1)\right].$$

Bei einer *geraden Funktion* $f(x)$ hat man

$$(2.3.16) \qquad f(x) = \tfrac{1}{2}c_0 + \sum_{\nu=1}^{\infty} c_{2\nu} T_\nu(2x^2 - 1).$$

Die Darstellungen (2.3.15) bzw. (2.3.16) eignen sich vorzugsweise zur *numerischen Auswertung* der T-Entwicklungen ungerader bzw. gerader Funktionen.

2.3.2 Numerische Auswertung der T-Entwicklung

Soll $f(x)$ mit Hilfe seiner T-Entwicklung berechnet werden, so wird man die T-Reihe (2.3.1) bei einem Index n abbrechen und die Näherungsfunktion

$$(2.3.17) \qquad \bar{f}(x) = \tfrac{1}{2}c_0 + \sum_{\nu=1}^{n} c_\nu T_\nu(x), \qquad -1 \le x \le 1$$

auswerten. Wegen $|T_\nu(x)| \le 1$ für $-1 \le x \le 1$ ist der Fehler abzuschätzen durch

$$(2.3.18) \qquad |f(x) - \bar{f}(x)| \le |c_{n+1}| + |c_{n+2}| + \cdots$$

In vielen Fällen nehmen die c_ν so schnell ab, daß

$$(2.3.19) \qquad \max_{-1 \le x \le 1} |f(x) - \bar{f}(x)| \approx |c_{n+1}|;$$

der Fehler ist praktisch so groß wie der Koeffizient des ersten vernachlässigten Gliedes.

Es wäre nun sehr unzweckmäßig, $f(x)$ etwa so zu berechnen, daß man für gegebenes x alle T-Polynome berechnet und hernach die Reihe (2.3.17) aufsummiert. Die numerische Auswertung von (2.3.17) erfolgt besser mit Hilfe des

(2.3.20) *Algorithmus von Clenshaw.*

Mit den Startwerten $b_n = c_n$, $b_{n+1} = 0$ *berechne man für* $v = n - 1$, $n - 2, \ldots, 1, 0$

$$b_\nu = 2x\,b_{\nu+1} - b_{\nu+2} + c_\nu,$$

dann ist

$$\tilde{f}(x) = \tfrac{1}{2}(b_0 - b_2),$$

wobei

$$\tilde{f}(x) = \tfrac{1}{2}c_0 + \sum_{\nu=1}^{n} c_\nu\, T_\nu(x).$$

Der Algorithmus[1] beruht im wesentlichen auf der Rekursionsformel (2.2.11), vgl. auch Ziff. 6.2.

Die ALGOL-Formulierung von (2.3.20) lautet

(2.3.21)
```
d := 0;  b := c[n];  x2 := x + x;
for ν := n − 1 step −1 until 0 do
begin
    a := d;  d := b;  b := x2 × d − a + c[ν];
end;
f̃ := (b − a) × 0.5;
```

Man könnte natürlich (2.3.17) auch so auswerten, daß man die T-Polynome mit Hilfe von (2.2.5) und (2.2.6) wieder nach Potenzen von x entwickelt und den entstehenden Ausdruck nach Potenzen von x ordnet, man hat dann

$$(2.3.22) \qquad \tilde{f}(x) = \sum_{\nu=0}^{n} a_\nu\, x^\nu.$$

(2.3.22) läßt sich dann mit Hilfe des *Algorithmus von Horner* auswerten: *Man berechne mit* $d_n = a_n$, *für* $\nu = n − 1, n − 2, \ldots, 1, 0$

$$(2.3.23) \qquad d_\nu = x\, d_{\nu+1} + a_\nu,$$

dann ist

$$\tilde{f}(x) = d_0.$$

Die Ersparnis gegenüber (2.3.20) beträgt eine Addition pro Schritt. Allerdings sind die Nachteile gewöhnlich viel größer als die Ersparnis von n Additionen. Die Polynomkoeffizienten besitzen vielfach unterschiedliches Vorzeichen und sind betragsmäßig i. allg. viel größer als die T-Koeffizienten c_ν. Die Gefahr der „Auslöschung" führender Ziffern ist deshalb bei der Rekursion (2.3.23) größer als bei der Rekursion (2.3.20).

Beispiel. Wir betrachten die 10-stellige Approximation der Bessel-Funktion $J_0(x)$ im Intervall $-8 \leq x \leq 8$ (CLENSHAW [5]). Sie wird geliefert durch die ersten 13 Glieder der T-Entwicklung von $J_0(x)$

$$J_0(x) \approx \tilde{f}(x) = \frac{1}{2}c_0 + \sum_{\nu=1}^{12} c_{2\nu}\, T_{2\nu}\left(\frac{x}{8}\right).$$

Ordnet man nach Potenzen von x, so ist

$$\tilde{f}(x) = \sum_{\nu=0}^{12} a_{2\nu}\left(\frac{x}{8}\right)^{2\nu}.$$

Die Tabelle 2.3.1 enthält die T-Koeffizienten $c_{2\nu}$ und die Polynomkoeffizienten $a_{2\nu}$ [die ersten a_μ haben die Größenordnung der Taylor-Koeffizienten von $J_0(x)$].

$$\text{Tabelle 2.3.1.} \quad J_0(x) = \frac{1}{2} c_0 + \sum_{\nu=1}^{\infty} c_{2\nu}\, T_{2\nu}\left(\frac{x}{8}\right)$$

2ν	$c_{2\nu}$	$a_{2\nu}$
0	$+0{,}31545\,59429$	$1{,}0000\,00001$
2	$-0{,}00872\,34424$	$-\ 16{,}0000\,00074$
4	$+0{,}26517\,86132$	$+\ 64{,}0000\,03696$
6	$-0{,}37009\,49939$	$-113{,}7777\,848448$
8	$+0{,}15806\,71023$	$+113{,}7778\,444288$
10	$-0{,}03489\,37694$	$-\ 72{,}8181\,343232$
12	$+0{,}00481\,91801$	$+\ 32{,}36462\,55104$
14	$-0{,}00046\,06262$	$-\ 10{,}5700\,909056$
16	$+0{,}00003\,24603$	$+\ \ 2{,}64510\,83264$
18	$-0{,}00000\,17619$	$-\ \ 0{,}5243\,142144$
20	$+0{,}00000\,00761$	$+\ \ 0{,}08425\,30816$
22	$-0{,}00000\,00027$	$-\ \ 0{,}01069\,54752$
24	$+0{,}00000\,00001$	$+\ \ 0{,}0008\,388608$

Die Tabelle zeigt nicht nur die schnelle Abnahme der T-Koeffizienten $c_{2\nu}$, man sieht auch, welche Folgen die Umordnung nach Potenzen von x verursachen würde: Bei Rechnung mit 10 Dezimalziffern würde sich mit der T-Rekursion (2.3.20) das Ergebnis $J_0(7{,}9) = 0{,}1943\,618448\ldots$ praktisch ohne Auslöschung ergeben. Bei Rechnung mit der Polynom-Rekursion (2.3.23) würde das Ergebnis $J_0(7{,}9)$ durch Auslöschung von etwa 4 Ziffern entstehen, d. h., trotz 10stelliger Rechnung wären im Ergebnis nur 6 Ziffern gültig. Vgl. dazu auch die Beispiele (2.1.4) und (2.1.16).

2.4 Berechnung der Tschebyscheff-Koeffizienten

2.4.1 Allgemeine Verfahren

Die eigentliche Schwierigkeit bei der Arbeit mit T-Entwicklungen liegt in der Berechnung der T-Koeffizienten c_ν für eine gegebene Funktion $f(x)$.

Nach Satz 2.1.13 ist c_ν gegeben durch

$$(2.4.1) \qquad c_\nu = \frac{2}{\pi} \int_0^\pi f(\cos\Theta)\, \cos\nu\,\Theta\, d\Theta.$$

Unter Umständen sind die Integrale direkt auswertbar.

Beispiel

$$f(x) = \sin\frac{\pi}{2}\, x, \qquad -1 \leqq x \leqq 1,$$

$$f(\cos\Theta) = \sin\left(\frac{\pi}{2}\cos\Theta\right), \qquad \text{also}$$

$$c_\nu = \frac{2}{\pi} \int_0^\pi \sin\left(\frac{\pi}{2}\cos\Theta\right) \cos\nu\,\Theta\, d\Theta.$$

Bezeichnen wir mit $J_\nu\left(\dfrac{\pi}{2}\right)$ die Bessel-Funktion zur Ordnung ν mit Argument $\dfrac{\pi}{2}$, dann ist [s. B. (3.15)]

$$(2.4.2) \qquad c_\nu = \begin{cases} 0, & \nu \text{ gerade} \\ (-1)^{\frac{\nu-1}{2}} \, 2 J_\nu\left(\dfrac{\pi}{2}\right), & \nu \text{ ungerade} \end{cases}$$

Einige Koeffizienten sind in Tabelle 2.4.1 wiedergegeben.

Tabelle 2.4.1

ν	c_ν	ν	c_ν^*
1	$+1{,}13364818$	0	$+2{,}55255792$
3	$-0{,}13807178$	2	$-0{,}28526157$
5	$+0{,}00449071$	4	$+0{,}00911802$
7	$-0{,}00006770$	6	$-0{,}00013659$
9	$+0{,}00000059$	8	$+0{,}00000118$

Für numerische Zwecke ist es günstiger, aus den c_ν die Koeffizienten c_ν^* von $\dfrac{\sin\dfrac{\pi}{2} x}{x}$ gemäß (2.3.12), (2.3.13) zu berechnen: Dazu setze man $c_{10}^* = 0$ und erhält dann rekursiv aus (2.3.13)

$$c_8^* = 2c_9$$
$$c_6^* = 2c_7 - c_8^*$$
$$\vdots$$
$$c_0^* = 2c_1 - c_2^*$$

s. Tab. 2.4.1. Es ist dann mit etwa 8stelliger Genauigkeit

$$\sin\frac{\pi}{2} x \approx x\left[\frac{1}{2} c_0^* + c_2^* T_1(2x^2 - 1) + c_4^* T_2(2x^2 - 1) + \cdots + c_8^* T_4(2x^2 - 1)\right].$$

Auswertung nach (2.3.20) (wobei dort x durch $2x^2 - 1$ zu ersetzen ist).

Besitzt man eine (wenn auch komplizierte) numerisch brauchbare Rechenvorschrift für die Funktion $f(x)$, so kann man die Integrale (2.4.1) numerisch mit Hilfe der Trapezregel (vgl. H. 7.1) auswerten. Dazu unterteile man das Intervall $0 \leq \theta \leq \pi$ in N Teilintervalle der Länge $h = \pi/N$ (N hinreichend groß) und berechne die Trapezsumme

$$(2.4.3) \quad c_\nu(h) = \frac{2}{\pi} h\left[\frac{1}{2} f(1) + f(\cos h)\cos\nu h + f(\cos 2h)\cos 2\nu h + \cdots\right.$$
$$\left. + f(\cos(N-1)h)\cos((N-1)\nu h) + \frac{1}{2} f(-1)(-1)^\nu\right].$$

Zwischen dem Näherungswert $c_\nu(h)$ und dem exakten T-Koeffizienten c_ν besteht die Beziehung

$$(2.4.4) \quad c_\nu(h) = c_\nu + c_{2N-\nu} + c_{2N+\nu} + c_{4N-\nu} + c_{4N+\nu} + \cdots.$$

Für den Fehler gilt daher näherungsweise

(2.4.5)
$$c_\nu(h) - c_\nu \approx c_{2N-\nu}.$$

Für größere Werte von N ist also $c_\nu(h)$ eine durchaus brauchbare Approximation für das gesuchte c_ν. Allerdings sollte i. allg. $\nu \leqq \frac{N}{2}$ gelten. In der Praxis wird man sich für eine steigende Folge von Werten $N_1, N_2, \ldots$ eine Folge von Näherungen $c_\nu(h_1), c_\nu(h_2), \ldots$ verschaffen, bis sich von einem Index N_i an die Zahlen $c_\nu(h)$, $h = h_i, h_{i+1}, \ldots$ innerhalb der Rechengenauigkeit nicht mehr ändern.

Ist $f(x)$ eine analytische Funktion $f(x)$ und verfügt man numerisch über die Koeffizienten der Potenzreihenentwicklung, so kann man vermittels der Beziehungen (2.2.7) und (2.2.8) und Umordnen der Taylor-Entwicklung nach T-Polynomen die T-Koeffizienten c_ν erhalten (s. (2.1.16) und Ziff. 2.5). Viele Rechenzentren verfügen über Programme, die aus den Taylor-Koeffizienten die T-Koeffizienten von $f(x)$ berechnen. Das Verfahren ist allerdings nur sinnvoll, falls die Taylor-Reihe hinreichend gut konvergiert. Die Rechnung sollte wegen der i. allg. großen Auslöschung in mehrfacher Genauigkeit durchgeführt werden; vgl. THACHER [32].

2.4.2 Berechnung mittels Laurent-Reihen

Es sei $f(x)$ im Intervall $-1 \leqq x \leqq 1$ nicht nur stetig, sondern die ins Komplexe fortgesetzte Funktion $f(z)$, mit $z = x + iy$, holomorph in einer Ellipse mit den Brennpunkten $z = \pm 1$ (Halbachse a, Exzentrizität $\varepsilon = \frac{1}{a}$).

Mittels der Funktion

(2.4.6)
$$z = \frac{1}{2}\left(\zeta + \frac{1}{\zeta}\right)$$

bilden wir den Kreisring $\frac{1}{\varrho} < |\zeta| < \varrho$, $\varrho = a + \sqrt{a^2 - 1}$, in der ζ-Ebene auf die (doppelt überdeckte) Ellipse in der z-Ebene ab (siehe Abb. 2.3).

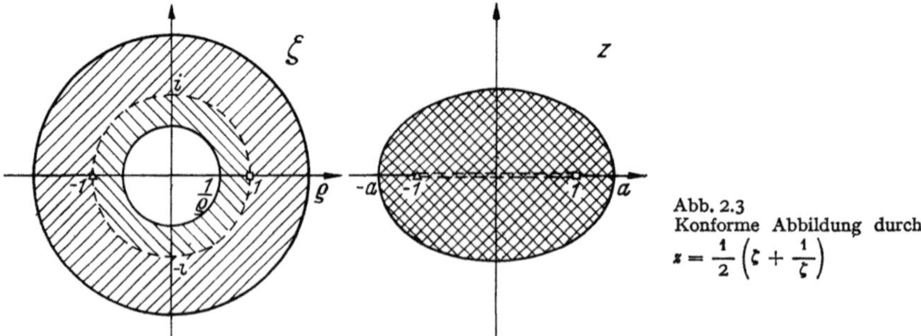

Abb. 2.3
Konforme Abbildung durch
$z = \frac{1}{2}\left(\zeta + \frac{1}{\zeta}\right)$

Definiert man $g(\zeta)$ durch

$$(2.4.7) \qquad g(\zeta) = f\left(\frac{1}{2}\left(\zeta + \frac{1}{\zeta}\right)\right) = f(z),$$

so ist $g(\zeta)$ eine im Kreisring holomorphe Funktion, die sich dort in eine Laurent-Reihe entwickeln läßt (vgl. A. I. 6.2), also

$$(2.4.8) \qquad g(\zeta) = \tfrac{1}{2} \sum_{\nu=-\infty}^{\infty} c_\nu \zeta^\nu$$

(Faktor $\tfrac{1}{2}$ aus Normierungsgründen angebracht).

Aus (2.4.7) folgt daß $g(\zeta) = g\left(\dfrac{1}{\zeta}\right)$. Es muß also $c_\nu = c_{-\nu}$ sein, woraus

$$(2.4.9) \qquad g(\zeta) = \frac{1}{2} c_0 + \sum_{\nu=1}^{\infty} c_\nu \left(\frac{\zeta^\nu + \zeta^{-\nu}}{2}\right).$$

Für $\zeta = e^{i\Theta}$ folgt $z = \dfrac{1}{2}\left(\zeta + \dfrac{1}{\zeta}\right) = \cos\Theta$ und daher

$$\tfrac{1}{2}(\zeta^\nu + \zeta^{-\nu}) = \tfrac{1}{2}(e^{i\nu\Theta} + e^{-i\nu\Theta}) = \cos\nu\,\Theta = T_\nu(z).$$

Wegen $g(\zeta) = f(z)$ hat man unmittelbar den

(2.4.10) **Satz:** *Die Tschebyscheff-Koeffizienten c_ν der Entwicklung*

$$f(z) = \tfrac{1}{2}c_0 + \sum_{\nu=1}^{\infty} c_\nu\, T_\nu(z)$$

sind gerade die Koeffizienten der Laurent-Reihe

$$f\left(\frac{1}{2}\left(\zeta + \frac{1}{\zeta}\right)\right) = \frac{1}{2} \sum_{\nu=-\infty}^{\infty} c_\nu\, \zeta^\nu,$$

mit dem Konvergenzbereich

$$\frac{\varepsilon_{\max}}{1 + \sqrt{1 - \varepsilon_{\max}^2}} < |\zeta| < \frac{1 + \sqrt{1 - \varepsilon_{\max}^2}}{\varepsilon_{\max}}.$$

Die T-Reihe von $f(z)$ konvergiert etwa wie eine geometrische Reihe mit dem Quotienten $\varepsilon_{\max}/(1 + \sqrt{1 - \varepsilon_{\max}^2})$.

$\varepsilon_{\max}$ = *Exentrizität der größten Ellipse mit den Brennpunkten* ± 1, *in der $f(z)$ noch holomorph ist.*

Ist $f(z)$ in der ganzen z-Ebene holomorph, so ist $\varepsilon_{\max} = 0$, die T-Reihe konvergiert dann schneller als jede geometrische Reihe.

Beispiel. A. Gesucht sind die Koeffizienten c_ν der T-Entwicklung

$$\ln(1 + x) = \frac{1}{2} c_0 + \sum_{\nu=1}^{\infty} c_\nu\, T_\nu(x), \qquad 0 \leqq x \leqq 1.$$

Wir setzen

$$z = 2x - 1, \qquad -1 \leqq z \leqq 1$$

und erhalten

$$\ln(1 + x) = \ln(3 + z) - \ln 2.$$

1. Methode. Mit $z = \dfrac{1}{2}\left(\zeta + \dfrac{1}{\zeta}\right)$ ergibt sich

$$\ln(3 + z) = \ln\left(3 + \frac{1}{2}\left(\zeta + \frac{1}{\zeta}\right)\right) = \ln\frac{(\zeta + 3 + \sqrt{8})(\zeta + 3 - \sqrt{8})}{2\zeta}.$$

Gesucht ist nun diejenige Laurent-Entwicklung, die im Kreisring $3 - \sqrt{8}$
$= \dfrac{1}{3 + \sqrt{8}} < |\zeta| < 3 + \sqrt{8}$ konvergiert. Man hat also wie folgt umzuformen

$$\ln(3 + z) = \ln\left[\left(\frac{3 + \sqrt{8}}{2}\right)\left(1 + \frac{\zeta}{3 + \sqrt{8}}\right)\left(1 + \frac{1}{(3 + \sqrt{8})\,\zeta}\right)\right]$$

$$= \ln\frac{3 + \sqrt{8}}{2} + \ln\left(1 + \frac{\zeta}{3 + \sqrt{8}}\right) + \ln\left(1 + \frac{1}{(3 + \sqrt{8})\,\zeta}\right).$$

Entwicklung nach Potenzen von ζ führt zu der gesuchten Darstellung

$$\ln(3 + z) = \ln\frac{3 + \sqrt{8}}{2} + \sum_{\nu=1}^{\infty}\frac{(-1)^{\nu+1}}{\nu\,(3 + \sqrt{8})^{\nu}}\,\zeta^{\nu} + \sum_{\nu=1}^{\infty}\frac{(-1)^{\nu+1}}{\nu\,(3 + \sqrt{8})^{\nu}}\,\frac{1}{\zeta^{\nu}},$$

woraus unmittelbar

$$\ln(1 + x) = \ln\frac{3 + \sqrt{8}}{2} + \sum_{\nu=1}^{\infty}\frac{(-1)^{\nu+1}\,2}{\nu\,(3 + \sqrt{8})^{\nu}}\,T_{\nu}(2x - 1), \quad 0 \leqq x \leqq 1.$$

Zum Vergleich sei die Taylor-Entwicklung um $x_0 = \frac{1}{2}$ angeführt

$$\ln(1 + x) = \ln\frac{3}{2} + \sum_{\nu=1}^{\infty}\frac{(-1)^{\nu+1}}{\nu\,3^{\nu}}\,(2x - 1)^{\nu}.$$

Die Tschebyscheff-Entwicklung konvergiert wie eine geometrische Reihe mit
dem Quotienten $\dfrac{1}{3 + \sqrt{8}} = (\sqrt{2} - 1)^2 = 0{,}17\ldots$; die Taylor-Reihe konvergiert
wie eine geometrische Reihe mit dem Quotienten $\frac{1}{3} = 0{,}33\ldots$

2. Methode. Wir bestimmen zunächst die T-Entwicklung der Ableitung von
$\ln(3 + z)$. Es ist

$$\frac{1}{3 + z} = \frac{1}{3 + \frac{1}{2}\left(\zeta + \frac{1}{\zeta}\right)} = \frac{2\zeta}{(\zeta + 3 + \sqrt{8})(\zeta + 3 - \sqrt{8})}$$

$$= \frac{1}{\sqrt{8}}\left[\frac{1}{1 + \dfrac{\zeta}{3 + \sqrt{8}}} - \frac{1}{(3 + \sqrt{8})\,\zeta}\,\frac{1}{1 + \dfrac{1}{(3 + \sqrt{8})\,\zeta}}\right]$$

mit der Laurent-Entwicklung

$$\frac{1}{3 + z} = \frac{1}{\sqrt{8}}\left[\sum_{\nu=0}^{\infty}\frac{(-1)^{\nu}}{(3 + \sqrt{8})^{\nu}}\,\zeta^{\nu} + \sum_{\nu=1}^{\infty}\frac{(-1)^{\nu}}{(3 + \sqrt{8})^{\nu}}\,\frac{1}{\zeta^{\nu}}\right]$$

also

$$(2.4.11) \qquad \frac{1}{3 + z} = \frac{1}{2}\,a_0 + \sum_{\nu=1}^{\infty} a_{\nu}\,T_{\nu}(z), \qquad a_{\nu} = \frac{2}{\sqrt{8}}\left(\frac{-1}{3 + \sqrt{8}}\right)^{\nu}.$$

Durch Integration erhalten wir

$$\int_{-1}^{z}\frac{d\zeta}{3 + \zeta} = \ln(3 + z) - \ln 2 = \frac{1}{2}\,c_0 + \sum_{\nu=1}^{\infty} c_{\nu}\,T_{\nu}(z),$$

wobei nach (2.3.2), (2.3.3)

$$c_\nu = \frac{a_{\nu-1} - a_{\nu+1}}{2\nu}, \qquad \nu = 1, 2, 3, \ldots$$

Es ist also

$$\ln(1 + x) = \frac{1}{2} c_0 + \sum_{\nu=1}^{\infty} c_\nu T_\nu(2x - 1), \qquad \text{mit} \quad c_\nu = \frac{(-1)^{\nu+1} 2}{\nu(3 + \sqrt{8})^\nu}, \qquad \nu = 1, 2, \ldots$$

Die Konstante c_0 bestimmt man jetzt aus einer der beiden Beziehungen

$$\ln 2 = \frac{c_0}{2} + \sum_{\nu=1}^{\infty} c_\nu$$

oder

$$0 = \frac{c_0}{2} + \sum_{\nu=1}^{\infty} (-1)^\nu c_\nu.$$

B. Entwicklung von $f(x) = \operatorname{arc} \tan x = \operatorname{arc} \tan(\lambda z)$, $-\lambda \leq x \leq \lambda$ bzw. $-1 \leq z \leq 1$.

1. Methode. Wir setzen

$$g(\zeta) = \operatorname{arc} \tan\left(\frac{\lambda}{2}\left(\zeta + \frac{1}{\zeta}\right)\right)$$

und definieren die Hilfsgrößen Φ, α, β durch

$$\tan \Phi = \lambda, \qquad \tan \alpha = \zeta \tan \frac{\Phi}{2}, \qquad \tan \beta = \frac{1}{\zeta} \tan \frac{\Phi}{2}.$$

Es ist nun

$$\tan(\alpha + \beta) = \frac{\tan \alpha + \tan \beta}{1 - \tan \alpha \tan \beta} = \frac{1}{2}\left(\zeta + \frac{1}{\zeta}\right) \tan \Phi$$

und daher

$$g(\zeta) = \operatorname{arc} \tan(\tan(\alpha + \beta)) = \alpha + \beta = \operatorname{arc} \tan\left(\zeta \tan \frac{\Phi}{2}\right) + \operatorname{arc} \tan\left(\frac{1}{\zeta} \tan \frac{\Phi}{2}\right).$$

Es ergibt sich die Laurent-Entwicklung

$$g(\zeta) = \sum_{\nu=0}^{\infty} (-1)^\nu \frac{\tan^{2\nu+1} \frac{\Phi}{2}}{2\nu + 1} \zeta^{2\nu+1} + \sum_{\nu=0}^{\infty} (-1)^\nu \frac{\tan^{2\nu+1} \frac{\Phi}{2}}{2\nu + 1} \frac{1}{\zeta^{2\nu+1}},$$

und daraus folgt endgültig

$$\operatorname{arc} \tan x = \sum_{\nu=0}^{\infty} \frac{(-1)^\nu \, 2 \tan^{2\nu+1} \frac{\Phi}{2}}{2\nu + 1} T_{2\nu+1}\left(\frac{x}{\lambda}\right), \qquad -\lambda \leq x \leq \lambda, \qquad \lambda = \tan \Phi.$$

Für $\lambda = 1$ wird $\Phi = \frac{\pi}{4}$, $\tan \frac{\Phi}{2} = \sqrt{2} - 1 = 0{,}414213 \ldots$. Das Intervall $-1 \leq x \leq 1$ genügt zur Berechnung von $\operatorname{arc} \tan x$, da für $x > 1$ gilt: $\operatorname{arc} \tan x = \frac{\pi}{2} - \operatorname{arc} \tan \frac{1}{x}$, mit $0 \leq \frac{1}{x} < 1$. Einige Werte der $c_{2\nu+1}$ für $\lambda = 1$

$2\nu+1$	$c_{2\nu+1}$
1	$+0{,}8284271$
3	$-0{,}0473785$
5	$+0{,}0048773$
7	$-0{,}0005977$
9	$+0{,}0000798$

2. Methode. Wir gehen von der T-Entwicklung der Ableitung von arc tan x aus. Es ist

$$\frac{1}{1 + x^2} = \frac{2}{3 + z},$$

wobei

$$z = 2x^2 - 1, \quad \text{mit} \quad 0 \leq x^2 \leq 1, \quad -1 \leq z \leq 1.$$

$\dfrac{2}{3 + z}$ besitzt nach (2.4.11) die T-Entwicklung

$$\frac{2}{3 + z} = \frac{1}{2} a_0 + \sum_{\nu=1}^{\infty} a_\nu T_\nu(z), \quad a_\nu = \frac{4}{\sqrt{8}} \left(\frac{-1}{3 + \sqrt{8}} \right)^\nu.$$

Wegen $T_\nu(z) = T_\nu(2x^2 - 1) = T_{2\nu}(x)$ folgt

$$\frac{1}{1 + x^2} = \frac{1}{2} a_0 + \sum_{\nu=1}^{\infty} a_\nu T_{2\nu}(x), \quad a_\nu \text{ wie oben.}$$

Durch Integration erhalten wir

$$\int_0^x \frac{d\xi}{1 + \xi^2} = \text{arc tan}\, x = \sum_{\nu=1}^{\infty} c_\nu T_{2\nu+1}(x),$$

wobei [vgl. wieder (2.3.3)]

$$c_\nu = \frac{a_\nu - a_{\nu+1}}{2(2\nu + 1)} = \frac{(-1)^\nu 2 (\sqrt{2} + 1)}{(2\nu + 1)(3 + \sqrt{8})^{\nu+1}} = \frac{(-1)^\nu 2 (\sqrt{2} - 1)^{2\nu+1}}{2\nu + 1}$$

2.4.3 Rekursive Berechnung von T-Koeffizienten

In vielen Fällen ist es möglich, Rekursionsformeln für die c_ν aufzustellen, die zur Berechnung der c_ν dienen können. Ein Beispiel möge dies näher erläutern.

Beispiel. Wir entnehmen dem Beitrag B. Gl. (3.10), (3.11) folgende T-Entwicklungen

$$(2.4.12) \quad \left\{ \begin{aligned} \sin x &= \sin\left(\lambda \frac{x}{\lambda}\right) = \sum_{\nu=0}^{\infty} (-1)^\nu 2 J_{2\nu+1}(\lambda) T_{2\nu+1}\left(\frac{x}{\lambda}\right), \\ \cos x &= \cos\left(\lambda \frac{x}{\lambda}\right) = J_0(\lambda) + \sum_{\nu=1}^{\infty} (-1)^\nu 2 J_{2\nu}(\lambda) T_{2\nu}\left(\frac{x}{\lambda}\right), \\ e^x &= e^{\lambda \frac{x}{\lambda}} = I_0(\lambda) + \sum_{\nu=1}^{\infty} 2 I_\nu(\lambda) T_\nu\left(\frac{x}{\lambda}\right). \end{aligned} \right.$$

Diese Entwicklungen sind für alle $\lambda \neq 0$ und alle x gültig, numerisch brauchbar sind sie jedoch nur für $-\lambda \leq x \leq \lambda$ (λ beliebig reell). Man hat also explizite Ausdrücke für die c_μ, aber noch keine Berechnungsvorschrift, denn i. allg. ist der Wert der Bessel-Funktionen $J_\mu(\lambda)$ bzw. $I_\mu(\lambda)$ ebenfalls unbekannt. Nun genügen aber die $J_\mu(\lambda)$ der Rekursionsformel [B. (3.74)]

$$(2.4.13) \quad \frac{2(\mu + 1)}{\lambda} J_{\mu+1}(\lambda) = J_\mu(\lambda) + J_{\mu+2}(\lambda);$$

mit $c_\mu = 2(-1)^{\left[\frac{\mu}{2}\right]} J_\mu(\lambda)$ [1] ergibt sich daraus folgende Rekursionsformel für die T-Koeffizienten von $\sin x$ und $\cos x$

$$(2.4.14) \qquad c_\mu = (-1)^\mu \frac{2(\mu+1)}{\lambda} c_{\mu+1} + c_{\mu+2}.$$

Für ungerade μ ist c_μ der entsprechende T-Koeffizient von $\sin x$, für gerade μ der von $\cos x$. In ähnlicher Weise ergibt sich für die T-Koeffizienten von e^x

$$(2.4.15) \qquad c_\nu = \frac{2(\nu+1)}{\lambda} c_{\nu+1} + c_{\nu+2}.$$

Zur Lösung der Rekursion setze man für genügend großes N

$$\tilde{c}_{N+1} = \tilde{c}_{N+2} = 0, \quad \tilde{c}_N = 1$$

und berechne sukzessive aus (2.4.14) die (vorläufigen) T-Koeffizienten (vgl. § 7)

$$(2.4.16) \qquad \begin{cases} \tilde{c}_{N-1} = (-1)^{N-1} \dfrac{2N}{\lambda} \tilde{c}_N + 0, \\[2ex] \tilde{c}_{N-2} = (-1)^{N-2} \dfrac{2(N-1)}{\lambda} \tilde{c}_{N-1} + \tilde{c}_N, \\[1ex] \vdots \\[1ex] \tilde{c}_0 = (-1)^0 \dfrac{2\cdot 1}{\lambda} \tilde{c}_1 + \tilde{c}_2. \end{cases}$$

Die $\tilde{c}_\mu$ sind näherungsweise bis auf einen unbekannten Faktor σ die gesuchten T-Koeffizienten c_μ

$$(2.4.17) \qquad c_\mu \approx \sigma\, \tilde{c}_\mu.$$

Es ist also

$$\sin x \approx \sigma \sum_{\nu=0}^{\left[\frac{N}{2}\right]} \tilde{c}_{2\nu+1} T_{2\nu+1}\left(\frac{x}{\lambda}\right),$$

$$\cos x \approx \sigma \left\{ \frac{1}{2} \tilde{c}_0 + \sum_{\nu=1}^{\left[\frac{N}{2}\right]} \tilde{c}_{2\nu} T_{2\nu}\left(\frac{x}{\lambda}\right)\right\}.$$

Durch spezielle Wahl des Arguments x läßt sich σ bestimmen; setzt man z. B. $x = 0$, so folgt aus der Gleichung für $\cos x$

$$\cos 0 = 1 \approx \sigma\{\tfrac{1}{2}\tilde{c}_0 - \tilde{c}_2 + \tilde{c}_4 - \cdots\},$$

woraus

$$\sigma \approx \frac{1}{\tfrac{1}{2}\tilde{c}_0 - \tilde{c}_2 + \cdots + (-1)^p \tilde{c}_{2p}}, \qquad p = \left[\frac{N}{2}\right].$$

Mit dem so bestimmten konstanten Faktor σ werden alle $\tilde{c}_\mu$ gemäß (2.4.17) multipliziert. Ist dann bei m-stelliger Rechnung der Koeffizient

---

[1] $\left[\dfrac{\mu}{2}\right]$ = größte ganze Zahl, die kleiner oder gleich $\dfrac{\mu}{2}$ ist

$c_N (\approx \sigma \tilde{c}_N)$ nicht größer als eine Einheit in der letzten Dezimale, so stimmen die numerischen Werte von $\sigma \tilde{c}_\mu$ auf m Dezimalstellen mit den exakten T-Koeffizienten überein. Ist allerdings c_N größer als eine Einheit der letzten Dezimale, so muß die Rechnung mit einem größeren N wiederholt werden.

Gelegentlich muß man einige Kunstgriffe anwenden, um solche Rekursionsformeln zu erhalten.

Beispiel. T-Entwicklung für den Integralsinus $\mathrm{Si}(x)$.
Es ist

$$(2.4.18) \qquad \mathrm{Si}(x) = \int_0^x \frac{\sin \xi}{\xi}\, d\xi.$$

Substitution $\xi = x\,\zeta$ führt zu

$$\mathrm{Si}(x) = \int_0^1 \frac{\sin(x\,\zeta)}{\zeta}\, d\zeta.$$

Nach (2.4.12) ist nun

$$\sin\left(\lambda\,\zeta\,\frac{x}{\lambda}\right) = \sum_{\nu=0}^{\infty} (-1)^\nu\, 2 J_{2\nu+1}(\lambda\,\zeta)\, T_{2\nu+1}\left(\frac{x}{\lambda}\right).$$

Damit ergibt sich

$$(2.4.19) \qquad \mathrm{Si}(x) = \sum_{\nu=0}^{\infty} c_{2\nu+1}\, T_{2\nu+1}\left(\frac{x}{\lambda}\right), \qquad -\lambda \leqq x \leqq \lambda$$

mit

$$c_{2\nu+1} = (-1)^\nu\, 2 \int_0^1 \frac{J_{2\nu+1}(\lambda\,\zeta)}{\zeta}\, d\zeta = (-1)^\nu\, 2 \int_0^\lambda \frac{J_{2\nu+1}(\xi)}{\xi}\, d\xi.$$

Mit Hilfe der Rekursionsformel (2.4.13) ergibt sich

$$(2\nu+1)\, c_{2\nu+1} = (-1)^\nu \int_0^\lambda \left(J_{2\nu}(\xi) + J_{2\nu+2}(\xi)\right)\, d\xi.$$

Schreibt man diese Formel für $c_{2\nu+3}$ an und addiert die beiden Formeln, so kommt

$$(2.4.20) \quad (2\nu+1)\, c_{2\nu+1} + (2\nu+3)\, c_{2\nu+3} = (-1)^\nu \int_0^\lambda \left(J_{2\nu}(\xi) - J_{2\nu+4}(\xi)\right)\, d\xi.$$

Nun gilt nach B. (3.75)

$$J_{2\nu}(\xi) - J_{2\nu+2}(\xi) = 2 J'_{2\nu+1}(\xi),$$
$$J_{2\nu+2}(\xi) - J_{2\nu+4}(\xi) = 2 J'_{2\nu+3}(\xi);$$

durch Addition erhält man

$$J_{2\nu}(\xi) - J_{2\nu+4}(\xi) = 2\left(J'_{2\nu+1}(\xi) + J'_{2\nu+3}(\xi)\right).$$

Einsetzen in (2.4.20) und Integration liefert die Rekursionsformel zur Bestimmung der T-Koeffizienten von $\mathrm{Si}(x)$

$$(2.4.21) \quad c_{2\nu+1} = \frac{1}{2\nu+1}\left[(-1)^\nu\left(J_{2\nu+1}(\lambda) + J_{2\nu+3}(\lambda)\right) - (2\nu+3)\, c_{2\nu+3}\right].$$

Diese Rekursion kann so gelöst werden, daß man sich nach Ziff. 7.2.2 die Bessel-Funktionen $J_\mu(\lambda)$ berechnet; für genügend großes N setze man dann $c_{2N+3} = 0$

und erhält dann rekursiv

$$c_{2N+1} \approx \frac{1}{2N+1}\,[(-1)^N (J_{2N+1}(\lambda) + J_{2N+3}(\lambda)) - 0],$$

$$c_{2N-1} \approx \frac{1}{2N-1}\,[(-1)^{N-1}(J_{2N-1}(\lambda) + J_{2N+1}(\lambda)) - (2N+1)\,c_{2N+1}],$$

$$\vdots$$

$$c_1 \approx \frac{1}{1}\,[(-1)^0 (J_1(\lambda) + J_3(\lambda)) - 3c_3].$$

Eine Normierung ist hier nicht erforderlich; allerdings darf wiederum c_{2N+1} nicht größer als eine Einheit der letzten Dezimale sein. Die $c_{2\nu+1}$ sollten nach (2.3.13) in die $c_{2\nu}^*$ umgerechnet werden [T-Entwicklung von $Si(x)/x$], vgl. dazu auch Beispiel 2.4.2.

Genügt die Funktion $f(x)$, deren T-Entwicklung gesucht ist, einer linearen Differentialgleichung der Form

$$(2.4.22) \quad p_n(x)\,f^{(n)}(x) + p_{n-1}(x)\,f^{(n-1)}(x) + \cdots + p_0(x)\,f(x) = 0,$$

wobei die $p_n(x), \ldots, p_0(x)$ Polynome in x sind, so führt folgende Methode zur Gewinnung von Rekursionsformeln für die T-Koeffizienten (CLENSHAW [5]). Besitzt das Polynom $p_s(x)$, $s = 0, \ldots, n$ den Grad γ_s, so ist

$$p_s(x)\,f^{(s)}(x) = \sum_{r=0}^{\gamma_s} d_{sr}\,x^r\,f^{(s)}(x).$$

Unter Benützung von (2.3.10) erhalten wir die folgende T-Entwicklung für $p_s(x)\,f^{(s)}(x)$

$$p_s(x)\,f^{(s)}(x) = \sum_{r=0}^{\gamma_s} d_{sr} \sum_{\nu=0}^{\infty}{}' c_\nu[x^r\,f^{(s)}]\,T_\nu(x)$$

bzw.

$$(2.4.23) \qquad p_s(x)\,f^{(s)}(x) = \sum_{\nu=0}^{\infty}{}' \left\{ \sum_{r=0}^{\gamma_s} \frac{d_{sr}}{2^r} \sum_{j=0}^{r} \binom{r}{j} c_{|\nu-r+2j|}^{(s)} \right\} T_\nu(x).$$

Der Strich am Summenzeichen bedeutet, daß der erste Summand (für $\nu = 0$) mit dem Faktor $\tfrac{1}{2}$ zu versehen ist.

Setzt man (2.4.23) in (2.4.22) ein, so folgt

$$\sum_{\nu=0}^{\infty}{}' A_\nu\,T_\nu(x) \equiv 0 \Rightarrow A_\nu = 0$$

mit

$$(2.4.24) \quad A_\nu = \sum_{s=0}^{n} \sum_{r=0}^{\gamma_s} \frac{d_{sr}}{2^r} \sum_{j=0}^{r} \binom{r}{j} c_{|\nu-r+2j|}^{(s)} = 0, \quad \nu = 0, 1, 2, \ldots$$

In Verbindung mit (2.3.7) liefert das Rekursionsformeln zur Berechnung von $c_\mu^{(s)}$, $\mu = 0, 1, \ldots$; $s = 0, 1, \ldots, n$. Das folgende von CLENSHAW [5] stammende Beispiel möge zur Illustration dienen.

Beispiel. Gesucht ist die T-Entwicklung der Bessel-Funktion $J_0(z)$ für das Intervall $-4 \leqq z \leqq 4$. $J_0(z)$ genügt der Differentialgleichung

$$z\, J_0''(z) + J_0'(z) + z\, J_0(z) = 0.$$

Wir setzen mit $z = 4x$, $f(x) = J_0(4x)$, $\dfrac{df}{dx} = 4 J_0'(z)$, $\dfrac{d^2 f}{dx^2} = 16 J_0''(z)$.

Geht man damit in die Differentialgleichung ein, so kommt

$$x\, f^{(2)}(x) + f^{(1)}(x) + 16 x\, f(x) = 0,$$

wobei

$$f(0) = 1, \quad f'(0) = 0.$$

Aus (2.4.24) folgt jetzt

$$(1) \quad \tfrac{1}{2}\big(c^{(2)}_{\nu-1} + c^{(2)}_{\nu+1}\big) + c^{(1)}_\nu + 8\big(c_{\nu-1} + c_{\nu+1}\big) = 0$$

und aus (2.3.7)

$$(2.4.25) \qquad (2) \quad (\nu + 1)\, c_{\nu+1} = \tfrac{1}{2}\big(c^{(1)}_\nu - c^{(1)}_{\nu+2}\big),$$

$$(3) \qquad \nu\, c^{(1)}_\nu = \tfrac{1}{2}\big(c^{(2)}_{\nu-1} - c^{(2)}_{\nu+1}\big)$$

für $\nu = 1, 3, 5, 7, \ldots$

[Da $f(x)$ eine gerade Funktion ist, sind $x f(x)$, $f^{(1)}(x)$ und $x f^{(2)}(x)$ ungerade Funktionen: $A_\nu = 0$, für $\nu = 0, 2, 4, \ldots$]. Aus (1) lassen sich die $c^{(2)}_\nu$ mit Hilfe von (3) eliminieren. Dazu schreiben wir (1) für den Index $\nu + 2$ an und subtrahieren die beiden Gleichungen. Man erhält

$$\tfrac{1}{2}\big(c^{(2)}_{\nu-1} + c^{(2)}_{\nu+1} - c^{(2)}_{\nu+1} - c^{(2)}_{\nu+3}\big) + \big(c^{(1)}_\nu - c^{(1)}_{\nu+2}\big) + 8\big(c_{\nu-1} + c_{\nu+1} - c_{\nu+1} - c_{\nu+3}\big) = 0,$$

woraus mit (3)

$$\big(\nu\, c^{(1)}_\nu + (\nu + 2)\, c^{(1)}_{\nu+2}\big) + c^{(1)}_\nu - c^{(1)}_{\nu+2} + 8\big(c_{\nu-1} - c_{\nu+3}\big) = 0,$$

also

$$(\nu + 1)\big(c^{(1)}_\nu + c^{(1)}_{\nu+2}\big) + 8\big(c_{\nu-1} - c_{\nu+3}\big) = 0, \quad \nu = 1, 3, 5, \ldots$$

Zusammen mit (2) liefert das folgende Rekursion

$$(2.4.26) \qquad \left.\begin{aligned} c^{(1)}_{\nu-1} &= c^{(1)}_{\nu+1} + 2\nu\, c_\nu \\[2mm] c_{\nu-2} &= c_{\nu+2} - \frac{\nu}{8}\big(c^{(1)}_{\nu-1} + c^{(1)}_{\nu+1}\big) \end{aligned}\right\} \quad \nu = 2, 4, 6, 8, 10, \ldots$$

Zur Auflösung setzen wir (z. B.) $\tilde{c}_{10} = 1$, $\tilde{c}_{12} = \tilde{c}_{14} = 0$, $\tilde{c}^{(1)}_{11} = \tilde{c}^{(1)}_{13} = 0$ und erhalten sukzessive aus (2.4.26) (wir schreiben wieder $\tilde{c}$ statt c)

ν	$\tilde{c}_\nu$	$\tilde{c}^{(1)}_{\nu+1}$
10	$+ \quad 1$	0
8	$- \quad 25$	$+ \quad 20$
6	$+ \quad 361$	$- \quad 380$
4	$- 2704$	$+ \quad 3952$
2	$+ 7225$	$- 17\,680$
0	$- 1089$	$+ 11\,220$

Es ist nun $c_\nu \approx \sigma\, \tilde{c}_\nu$, also

$$f(x) \approx \sigma\big(\tfrac{1}{2}\tilde{c}_0 + \tilde{c}_2\, T_2(x) + \cdots + \tilde{c}_{10}\, T_{10}(x)\big);$$

für $x = 0$ ergibt sich

$$f(0) = 1 \approx \sigma(\tfrac{1}{2}\,\tilde{c}_0 - \tilde{c}_2 + \cdots - \tilde{c}_{10}) = \sigma(-10860,5),$$

also

$$\sigma \approx -9{,}20768_{10}-5.$$

[Kontrolle: $f'(0) \approx \sigma(\tilde{c}_1^{(1)}\, T_1(0) + \cdots + \tilde{c}_{11}^{(1)}\, T_{11}(0)) = 0$].

Mit $f\left(\dfrac{z}{4}\right) = J_0(z)$ ergibt das jetzt folgende T-Entwicklung

$$J_0(z) \approx \frac{1}{2}\,0{,}1003 - 0{,}6653\,T_2\left(\frac{z}{4}\right) + 0{,}2490\,T_4\left(\frac{z}{4}\right) - 0{,}0332\,T_6\left(\frac{z}{4}\right) +$$

$$+ 0{,}0023\,T_8\left(\frac{z}{4}\right) - 0{,}0001\,T_{10}\left(\frac{z}{4}\right)$$

Der absolute Fehler ist $\leq 10^{-4}$ für $-4 \leq z \leq 4$.

2.4.4 Verzeichnis von berechneten T-Koeffizienten

Für die folgenden Funktionen wurden T-Koeffizienten berechnet

1. $\sin x$, $\cos x$, $\tan x$, $\cot x$, $\arcsin x$, $\arctan x$, e^x, 2^{-x}, $\ln x$, $\operatorname{ar\,sinh} x$, $\Gamma(1 + x)$, $\dfrac{1}{\Gamma(1 + x)}$, $\operatorname{erf} x$, $\operatorname{Ei}(x)$, $J_0(x)$, $J_1(x)$, $Y_0(x)$, $Y_1(x)$, $I_0(x)$, $I_1(x)$, $K_0(x)$, $K_1(x)$

in CLENSHAW [5], ALGOL-Programme in [6]

2. $J_{\pm\nu}(x)$, $Y_\nu(x)$, $I_{\pm\nu}(x)$, $K_\nu(x)$, für $\nu = 0, \tfrac{1}{4}, \tfrac{1}{3}, \tfrac{1}{2}, \tfrac{2}{3}, \tfrac{3}{4}, 1$. $J_\nu(x)$, $I_\nu(x)$ für $-1 \leq \nu \leq 1$, $|x| \leq 8$ („doppelte" T-Reihe nach ν und x) in CLENSHAW [7]

3. $\operatorname{Si}(x)$, $\operatorname{Ci}(x)$, Fresnel-Integrale $S(x)$, $C(x)$ in [4].

Weitere Approximationen für gewisse Funktionen in HASTINGS [17], ABRAMOWITZ-STEGUN [1]; für einige seltener auftretende Funktionen verstreut in der Zeitschrift *Mathematics of Computation* (früher *Math. Tables and other Aids to Computation*).

2.5 Ökonomisieren einer Potenzreihe

Vorgelegt sei die Taylor-Entwicklung einer Funktion $f(x)$

$$f(x) = \sum_{\nu=0}^{\infty} a_\nu\, x^\nu, \quad \text{konvergent für} \quad -1 \leq x \leq 1.$$

Es sei nun N so groß gewählt, daß die „abgebrochene" Potenzreihe

$$P_N(x) = \sum_{\nu=0}^{N} a_\nu\, x^\nu$$

eine hinreichende Approximation für $f(x)$ in $-1 \leq x \leq 1$ liefert, also

$$|f(x) - P_N(x)| \leq \varepsilon_N, \quad -1 \leq x \leq 1.$$

Unter „Ökonomisieren" des Polynoms $P_N(x)$ versteht man nun folgendes:
Man schreibt $P_N(x)$ als endliche T-Reihe

$$P_N(x) = \tfrac{1}{2} c_0 + \sum_{\nu=1}^{N} c_\nu\, T_\nu(x)$$

und approximiert $P_N(x)$ durch einen Abschnitt dieser T-Reihe, etwa
durch

$$\bar{P}_{N-k}(x) = \tfrac{1}{2} c_0 + \sum_{\nu=1}^{N-k} c_\nu\, T_\nu(x).$$

Dabei wird k möglichst groß [und damit der Grad $N-k$ des approximierenden Polynoms $\bar{P}_{N-k}(x)$ möglichst klein] gewählt, und zwar so,
daß

$$|c_{N-k+1}| + \cdots + |c_{N-1}| + |c_N| \leqq \varepsilon$$

gerade noch kleiner als die gewünschte Approximationsgenauigkeit ε
ist. Das Ökonomisieren ist also ein sukzessives Verkürzen der endlichen
T-Reihe. Es entspricht im wesentlichen dem Verfahren, eine
Funktion $f(x)$ dadurch zu approximieren, daß man $f(x)$ in eine T-Reihe
entwickelt und diese an passender Stelle abbricht.

Die Konstruktion der Polynome $\bar{P}_{N-1}(x)$, $\bar{P}_{N-2}(x),\ldots$ erfolgt
zweckmäßigerweise so: Man definiert $\bar{P}_{N-1}(x)$ durch

$$\bar{P}_{N-1}(x) = P_N(x) - \frac{a_N}{2^{N-1}}\, T_N(x)$$

$$= \sum_{\nu=0}^{N-1} b_\nu\, x^\nu, \qquad b_\nu = a_\nu - \frac{a^N}{2^{N-1}}\, t_{N\nu},$$

wobei (vgl. 2.2.6)

$$T_N(x) = \sum_{\nu=0}^{N} t_{N\nu}\, x^\nu, \qquad t_{NN} = 2^{N-1}.$$

$\bar{P}_{N-1}(x)$ ist vom Grad $N-1$, für den Approximationsfehler erhält
man

$$|f(x) - \bar{P}_{N-1}(x)| \leqq \varepsilon_N + \frac{|a_N|}{2^{N-1}} = \varepsilon_{N-1}.$$

Das Verfahren läßt sich wiederholen, man definiert

$$\bar{P}_{N-2}(x) = \bar{P}_{N-1}(x) - \frac{b_{N-1}}{2^{N-2}}\, T_{N-1}(x)$$

$$= \sum_{\nu=0}^{N-2} d_\nu x^\nu, \qquad d_\nu = b_\nu - \frac{b_{N-1}}{2^{N-2}}\, t_{N-1,\nu}.$$

Als Approximationsfehler erhält man

$$|f(x) - \bar{P}_{N-2}(x)| \leqq \varepsilon_{N-1} + \frac{|b_{N-1}|}{2^{N-2}} = \varepsilon_{N-2}.$$

Solange die ε_{N-i} unterhalb der gewünschten Approximationsgenauigkeit ε liegen, kann das Verfahren fortgesetzt werden. Man erhält so

schließlich ein Polynom $\bar P_{n-k}(x)$ vom Grad $N-k$, das $f(x)$ im Intervall mit der gewünschten Genauigkeit ε, wo $\varepsilon_{N-k} \leqq \varepsilon < < \varepsilon_{N-k-1}$, approximiert.

Beispiel. Es soll $\arctan \dfrac{x}{2}$ im Intervall $-1 \leqq x \leqq 1$ mit einem Fehler von 5_{10}^{-8} approximiert werden. Wir gehen von der Potenzreihenentwicklung aus

$$\arctan \frac{x}{2} = \frac{x}{2} - \frac{x^3}{24} +$$
$$+ \frac{x^5}{160} - \cdots - \frac{x^{19}}{9961472} +$$
$$+ \frac{x^{21}}{44040192} - \cdots$$

$P_{21}(x)$ approximiert

$$\arctan \frac{x}{2}$$

mit einem Fehler von $5,2_{10}^{-9}$. Es ergibt sich das Ökonomisierungsschema 2.5.1. Das letzte Polynom $\bar P_9(x)$ erfüllt die Approximationsforderung

$$\left| \arctan \frac{x}{2} - \bar P_9(x) \right| < 5_{10}^{-8},$$
$$-1 \leqq x \leqq 1,$$

$(\varepsilon_9 = 2,9_{10}^{-8},\ \varepsilon_7 = 5,3_{10}^{-8})$; es ist

$$\bar P_9(x) = 0,49999973\,x -$$
$$- 0,04166118\,x^3 +$$
$$+ 0,00621812\,x^5 -$$
$$- 0,00103863\,x^7 +$$
$$+ 0,00012959\,x^9.$$

Die Koeffizienten sind auf 8 Stellen nach dem Komma gerundet.

Tabelle 2.5.1. *Ökonomisierungsschema für* $f(x) = \arctan \dfrac{x}{2}$

	P_{21}	$\bar P_{19}$	$\bar P_{17}$	$\bar P_{15}$	$\bar P_{13}$	$\bar P_{11}$	$\bar P_9$
x	$+0,5000000000$	$+0,5000000000$	$+0,5000000000$	$+0,4999999999$	$+0,4999999993$	$+0,4999999847$	$+0,4999997320$
x^3	$-0,0416666667$	$-0,0416666666$	$-0,0416666667$	$-0,0416666634$	$-0,0416666385$	$-0,0416662309$	$-0,0416611770$
x^5	$+\ 6250\,0000$	$+\ 6249\,9993$	$+\ 6250\,0007$	$+\ 6249\,9537$	$+\ 6249\,6849$	$+\ 6246\,4243$	$+\ 6218\,1227$
x^7	$-\ 1116\,0714$	$-\ 1116\,0643$	$-\ 1116\,0758$	$-\ 1115\,7800$	$-\ 1114\,5000$	$-\ 1103\,3210$	$-\ 1038\,6317$
x^9	$+\ 2170\,139$	$+\ 2169\,750$	$+\ 2170\,250$	$+\ 2160\,389$	$+\ 2129\,101$	$+\ 1942\,784$	$+\ 1295\,891$
x^{11}	$-\ 443892$	$-\ 442621$	$-\ 443892$	$-\ 425247$	$-\ 384287$	$-\ 235234$	
x^{13}	$+\ 93900$	$+\ 91293$	$+\ 93248$	$+\ 73169$	$+\ 45863$		
x^{15}	$-\ 20345$	$-\ 16967$	$-\ 18756$	$-\ 7282$			
x^{17}	$+\ 4488$	$+\ 1806$	$+\ 2700$				
x^{19}	$-\ 1004$	$+\ 188$					
x^{21}	$+\ 227$						
	ε_{21}	ε_{19}	ε_{17}	ε_{15}	ε_{13}	ε_{11}	ε_9
	$5,2_{10}^{-9}$	$5,2_{10}^{-9}$	$5,2_{10}^{-9}$	$5,2_{10}^{-9}$	$5,25_{10}^{-9}$	$6,3_{10}^{-9}$	$2,9_{10}^{-8}$

2.6 Beziehungen zur Tschebyscheff-Approximation

Bisher wurde die bei einem Index $\nu = N$ „abgebrochene" T-Reihe als genäherte Darstellung für $f(x)$ benutzt, also

$$f(x) \approx f_N(x) = \tfrac{1}{2}c_0 + \sum_{\nu=1}^{N} c_\nu T_\nu(x), \qquad -1 \leqq x \leqq 1,$$

wobei $f_N(x)$ ein Polynom vom Grad N in x ist, das durch T-Polynome dargestellt ist. Man kann nun fragen, welche Beziehungen zwischen $f_N(x)$ und dem „bestapproximierenden" Polynom $p_N(x)$ vom Höchstgrad N bestehen, für welches im Sinne von Tschebyscheff der Ausdruck

$$\max_{-1 \leqq x \leqq 1} |p_N(x) - f(x)|$$

minimal wird (vgl. Kap. I. 2.1, 3.1).

Einen direkten Zusammenhang zwischen $f_N(x)$ und $p_N(x)$ kennt man bisher für folgende Fälle:

a) $f(x)$ ist selbst ein Polynom vom Grad $N+1$ $(c_{N+2} = c_{N+3} = \cdots = 0)$, also

$$f(x) \equiv f_{N+1}(x) \equiv \tfrac{1}{2}c_0 + \sum_{\nu=1}^{N+1} c_\nu T_\nu(x).$$

Es gilt dann (s. Kap. I. 2.1)

$$p_N(x) = f_N(x) = \tfrac{1}{2}c_0 + \sum_{\nu=1}^{N} c_\nu T_\nu(x).$$

Daraus folgt allgemein, daß für alle $k = 0, 1, 2, \ldots$ der k-te Abschnitt

$$f_k(x) = \tfrac{1}{2}c_0 + \sum_{\nu=1}^{k} c_\nu T_\nu(x)$$

jeder unendlichen T-Reihe (unter allen Polynomen vom Höchstgrad k) den folgenden Abschnitt

$$f_{k+1}(x) = \tfrac{1}{2}c_0 + \sum_{\nu=1}^{k+1} c_\nu T_\nu(x)$$

auch im Sinne von Tschebyscheff am besten approximiert. Daraus folgt aber nicht, daß $f_k(x)$ auch $f_{k+2}(x)$, $f_{k+3}(x) \ldots$ oder gar $f(x)$ im Sinne von Tschebyscheff am besten approximiert.

b) Die „vernachlässigten" T-Koeffizienten $c_{N+1}, c_{N+2}, \ldots$ genügen der Relation

$$c_{N+k} = \gamma q^k, \qquad k = 1, 2, \ldots$$

mit Konstanten γ und $|q| < 1$.

Dann läßt sich das „beste" Approximationspolynom $p_N(x)$ aus der „abgebrochenen" T-Reihe $f_N(x)$ berechnen gemäß

$$p_N(x) = f_N(x) + \frac{\gamma q^2}{1 - q^2}\, T_N(x).$$

Diese Beziehung bleibt noch näherungsweise gültig, falls

$$c_{N+k} \approx \gamma\, q^k, \qquad k = 1, \ldots$$

Weitere numerisch brauchbare Näherungsbeziehungen zwischen den c_ν und den Koeffizienten des bestapproximierenden Polynoms finden sich in HORNECKER [19].

Da die Berechnung des besten Polynoms $p_N(x)$ im allgemeinen Fall viel schwieriger ist als die Berechnung von $f_N(x)$, ist es von großem praktischem Interesse, die Approximationsgüte der Polynome $p_N(x)$ und $f_N(x)$ zu kennen. Nach HORNECKER [19] gilt nun folgendes Resultat:

Ist $\left|\dfrac{c_\nu}{c_{N+1}}\right|$ *klein gegen* 1 *(für* $\nu > N+1$*), so läßt sich der Fehler zwischen dem bestapproximierenden Polynom* $p_N(x)$ *und* $f(x)$ *durch die Koeffizienten der T-Entwicklung von* $f(x)$ *näherungsweise ausdrücken zu*

$$(2.6.1) \quad \max_{-1 \leq x \leq 1} |p_N(x) - f(x)|$$
$$\cong |c_{N+1}| \left\{ 1 + \left(\frac{c_{N+2}}{c_{N+1}}\right)^2 \left[1 + \frac{c_{N+3}}{c_{N+1}} - \left(\frac{c_{N+2}}{c_{N+1}}\right)^2 \right] + \left(\frac{c_{N+3}}{c_{N+1}}\right)^2 \right\}.$$

Für $f_N(x)$ gilt dagegen die Abschätzung

$$(2.6.2) \quad \max_{-1 \leq x \leq 1} |f_N(x) - f(x)| \leq |c_{N+1}| \left\{ 1 + \left|\frac{c_{N+2}}{c_{N+1}}\right| + \left|\frac{c_{N+3}}{c_{N+1}}\right| + \cdots \right\}.$$

Wie man den beiden Beziehungen entnimmt, ist der Unterschied zwischen $p_N(x)$ und $f_N(x)$ um so kleiner, je kleiner $\left|\dfrac{c_\nu}{c_{N+1}}\right|$ ist $(\nu > N+1)$.

Beispiel. Wir wählen die besonders schlecht konvergierende T-Entwicklung

$$I_0(x) = \frac{e^x}{\sqrt{x}}\, f(x), \quad x > 0, \quad \text{mit } f(x) = \frac{1}{2} c_0 + \sum_{\nu=1}^{\infty} c_\nu\, T_\nu\left(\frac{8}{x}\right), \quad -1 \leq \frac{8}{x} \leq 1$$

mit den T-Koeffizienten

ν	c_ν
0	$+0{,}79833\,17033\,7777$
1	$+0{,}00627\,82403\,0274$
2	$+0{,}00022\,51087\,3571$
$\cdot$	$\cdot$
$\cdot$	$\cdot$
$\cdot$	$\cdot$
17	$+0{,}00000\,00000\,0140$
18	$+\phantom{0{,}00000\,00000\,00}70$
19	$+\phantom{0{,}00000\,00000\,00}12$
20	$-\phantom{0{,}00000\,00000\,00}11$
21	$-\phantom{0{,}00000\,00000\,00}11$
22	$-\phantom{0{,}00000\,00000\,000}4$
23	$+\phantom{0{,}00000\,00000\,000}0$
24	$+\phantom{0{,}00000\,00000\,000}2$
25	$+\phantom{0{,}00000\,00000\,000}1$

Das Verhältnis $\left|\dfrac{c_\nu}{c_{\nu+1}}\right|$ strebt asymptomisch gegen 1, da $f(x)$ bei $\dfrac{8}{x} = 0$ nicht differenzierbar ist.

Brechen wir die T-Entwicklung bei $\nu = 17$ ab, so ist der Fehler

$$\max|f_{17}(x) - f(x)| \leqq (70 + 12 + 11 + 11 + 4 + 0 + 2 + 1) \times 10^{-14} = 11{,}1_{10^{-13}}.$$

Für das bestapproximierende Polynom $p_{17}(x)$ liefert (2.6.1) den Fehler

$$\max|p_{17}(x) - f(x)|$$
$$\cong 70 \times \{1 + 0{,}02939 - 0{,}00461 - 0{,}00086 + 0{,}02465\} \times 10^{-14} = 7{,}3_{10}$$

Durch Berechnung des bestapproximierenden Polynoms $p_{17}(x)$ könnte man den Fehler von $11_{10^{-13}}$ auf $7_{10^{-13}}$ herunterdrücken. Diese geringfügige Verbesserung lohnt nicht mehr. $\left(\text{Die Abschätzung gilt hier für } -1 \leqq \dfrac{8}{x} \leqq 1\right)$.

Die Berechnung des Polynoms $p_N(x)$, das im Sinne von Tschebyscheff eine gegebene Funktion $f(x)$ für $-1 \leqq x \leqq 1$ am besten unter allen Polynomen N-ten Grades approximiert, ist gewöhnlich nur dann lohnend, wenn die Koeffizienten c_ν der T-Reihe von $f(x)$ nur sehr langsam abnehmen, oder wenn für sehr häufig gebrauchte Funktionen wie $\sin x$, $\cos x$, e^x, $\ln x$, $\arctan x$ effektive Unterprogramme für einen Rechenautomaten zu konstruieren sind.

Merkliche Verbesserungen erzielt man jedoch, wenn man $f(x)$ nicht durch Polynome $p_N(x)$, sondern durch rationale Funktionen

$$R_{nm}(x) = \frac{a_0 + a_1 x + \cdots + a_n x^n}{b_0 + b_1 x + \cdots + b_m x^m}, \qquad -1 \leqq x \leqq 1$$

im Sinne von Tschebyscheff approximiert, d. h. die Koeffizienten a_i, b_i von $R_{nm}(x)$ so bestimmt, daß der Ausdruck

$$\|R_{nm} - f\| := \max_{-1 \leqq x \leqq 1}\left|\frac{R_{nm}(x) - f(x)}{w(x)}\right|$$

minimal wird. Dabei ist $w(x)$ eine gegebene Gewichtsfunktion; z. B. ist $w(x) \equiv 1$, falls der größte absolute Fehler $\max\limits_{-1 \leqq x \leqq 1}|R_{nm}(x) - f(x)|$ minimal werden soll, bzw. $w(x) \equiv f(x)$, falls der größte relative Fehler

$$\max_{-1 \leqq x \leqq 1}\left|\frac{R_{nm}(x) - f(x)}{f(x)}\right|$$

minimal werden soll.

Im allgemeinen ist die Wahl $n \approx m$ (Zählergrad $\approx$ Nennergrad) im folgenden Sinn die günstigste:

Unter den verschiedenen Tschebyscheff-Approximationen

$$R_{n,0}(x), R_{n-1,1}(x), R_{n-2,2}(x), \ldots, R_{0,n}(x)$$

für $f(x)$, die alle für ein bestimmtes x etwa mit dem gleichen Arbeitsaufwand berechnet werden können, liefert die rationale Funktion $R_{n-k,k}(x)$ mit $k \approx \left[\dfrac{n}{2}\right]$ in der Regel den kleinsten Fehler $\|R_{n-k,k} - f\|$.

Beispiel. Bei der Tschebyscheff-Approximation von $f(x) = e^{\frac{x+1}{2}}$, $-1 \leq x \leq 1$, erhält man für die optimalen rationalen Funktionen vom Typ $R_{n-k,\,k}(x)$, $n = 6$, $k = 1, 2, 3$, folgende Approximationsfehler $(w(x) \equiv 1)$:

Typ	Fehler
$p_6(x) = R_{6,0}(x)$	$4{,}02_{10}{-}8$
$R_{5,1}(x)$	$6{,}6_{10}{-}9$
$R_{4,2}(x)$	$2{,}6_{10}{-}9$
$R_{3,3}(x)$	$1{,}8_{10}{-}9$

Dabei ist $R_{6,0}(x) = p_6(x)$ gerade das bestapproximierende Polynom im Sinne von TSCHEBYSCHEFF. Hätte man die T-Reihe für $e^{\frac{x+1}{2}}$ nach dem 6. Glied abgebrochen, so hätte man als Approximationsfehler für $f_6(x)$ erhalten

$$|f_6(x) - f(x)| \leq 4{,}15_{10}{-}8, \qquad -1 \leq x \leq 1.$$

$f_6(x)$ und $p_6(x)$ approximieren $f(x) = e^{\frac{x+1}{2}}$ praktisch gleich gut; $R_{3,3}(x)$ ist dagegen eine bessere Approximation für $f(x)$. (Gewinn einer Dezimale bei gleichem Rechenaufwand).

Die für eine gegebene Funktion $f(x)$ im Sinne von Tschebyscheff optimalen approximierenden Polynome $R_{n0}(x)$ bzw. rationalen Funktionen $R_{nm}(x)$ lassen sich i. allg. nur iterativ mit Hilfe der sog. Remez-Algorithmen bestimmen, die die Alternanteneigenschaft (vgl. I, 4.3.3) der zu $f(x)$ und $R_{nm}(x)$ gehörigen Fehlerfunktion $f(x) - R_{nm}(x)$ ausnützen. Verfahren dieses Typs sind dargestellt u. a. in MEINARDUS [22], WERNER [34]. ALGOL-Programme zur Berechnung von bestapproximierenden Polynomen und rationalen Funktionen findet man in [8], [34], [35].

Für die wichtigsten Standardfunktionen liegen Approximationen tabelliert vor in HASTINGS [17], LYUSTERNIK [21], vgl. auch Ziff. 2.4.4. Weitere Approximationen spezieller Funktionen findet man hauptsächlich in den Zeitschriften:

Mathematics of Computation (früher: *Mathematic Tables and other Aids to Computation*).

Communications of the ACM (vgl. insbesondere [20]).

Journal of the ACM.

Numerische Mathematik.

§ 3. Approximation singulärer Funktionen

In diesem Abschnitt werden einige Methoden zur numerischen Behandlung von singulären Funktionen $f(x)$ skizziert.

3.1 Intervalle unendlicher Länge

Bei der Approximation von Funktionen $f(x)$ über ein unendliches Intervall $0 \leq x < \infty$ muß man i. allg. mit mindestens zwei Approximationsdarstellungen $f_1(x)$, $f_2(x)$ arbeiten

$$(3.1.1) \qquad \begin{aligned} f(x) &\approx f_1(x), \quad \text{gültig für} \quad 0 \leq x \leq \lambda, \\ f(x) &\approx f_2(x), \quad \text{gültig für} \quad \lambda \leq x < \infty \end{aligned}$$

mit passend gewähltem $\lambda > 0$.

Ist $f(x)$ in einem Intervall unendlicher Länge zu approximieren, $\lambda \leq x < \infty$, so kann man mit der Transformation

$$(3.1.2) \qquad x = \frac{\lambda}{\xi}, \quad 0 < \xi \leq 1$$

das unendliche Intervall auf das endliche Intervall $0 < \xi \leq 1$ abbilden. Es ist dann

$$(3.1.3) \qquad f(x) = f\left(\frac{\lambda}{\xi}\right) = f^*(\xi)$$

mit $0 < \xi \leq 1$, $\lambda \leq x < \infty$.

Eine weitere, häufig gebrauchte Transformation ist

$$(3.1.4) \qquad \begin{aligned} x &= \frac{2\lambda}{1 - \chi}, \quad -1 \leq \chi < 1, \\ \chi &= -\frac{2\lambda}{x} + 1, \quad \lambda \leq x < \infty. \end{aligned}$$

Man erhält

$$(3.1.5) \qquad f(x) = f\left(\frac{2\lambda}{1 - \chi}\right) = f^*(\chi), \quad -1 \leq \chi < 1.$$

3.2 Hilfsfunktionen

Besitzt die zu approximierende Funktion Singularitäten im Approximationsintervall, so muß vor jeder numerischen Behandlung die Singularität additiv oder multiplikativ abgespalten werden

$$(3.2.1) \qquad f(x) = s(x) + g(x)$$

oder

$$(3.2.2) \qquad f(x) = s(x)\, g(x),$$

wobei $s(x)$ eine bekannte singuläre Funktion ist und $g(x)$ regulär ist.

Beispiel.

$$f(x) = \sum_{\nu=0}^{\infty} \frac{x^{\nu + \frac{1}{2}}}{\Gamma(\nu + \frac{1}{2})} = \frac{\sqrt{x}}{\sqrt{\pi}} + \frac{\sqrt{x^3}}{\frac{1}{2}\sqrt{\pi}} + \cdots.$$

Die T-Entwicklung dieser Funktion würde sehr schlecht konvergieren. Man zerlegt am günstigsten

$$f(x) = s(x)\, g(x)$$

mit

$$s(x) = \sqrt{x}, \qquad g(x) = \sum_{\nu=0}^{\infty} \frac{x^\nu}{\Gamma(\nu + \frac{1}{2})}.$$

Die T-Entwicklung von $g(x)$ konvergiert gut.

Im allgemeinen Fall versuche man zu einer Darstellung zu kommen

$$(3.2.3) \qquad f(x) = a(x) + b(x)\, c\big(F(d(x))\big),$$

wobei a, b, c, d bekannte Funktionen ihrer Argumente sind; F ist zu approximieren.

Beispiel.

$$f(x) = \coth x - \frac{1}{x}, \qquad -\infty < x < \infty.$$

Die Funktion verhält sich etwa wie arc tan x (vgl. Abb. 3.1). Durch passende Wahl der Konstanten α, β in der Hilfsfunktion $b(x) = \alpha$ arc tan (βx) kann erreicht werden, daß

$$\lim_{x\to\infty} b(x) = \lim_{x\to\infty} f(x) = 1,$$

$$b'(0) = f'(0) = \tfrac{1}{3}.$$

Man erhält $\alpha = \dfrac{2}{\pi}$, $\beta = \dfrac{\pi}{6}$.

Wir betrachten jetzt die neue Funktion

$$F(x) = \frac{\coth x - \dfrac{1}{x}}{\dfrac{2}{\pi}\ \text{arc tan}\left(\dfrac{\pi}{6}\,x\right)}.$$

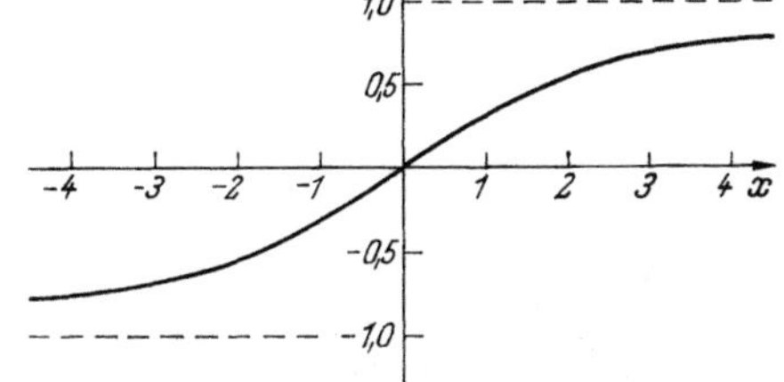

Abb. 3.1. $f(x) = \coth(x) - \dfrac{1}{x}$

$F(x)$ ist eine gerade Funktion: $F(x) = F(-x)$; nachstehend einige Werte:

x	$F(x)$
0	1
ε	$1 + 0{,}0247\ldots \times \varepsilon^2$
1	$1{,}0194\ldots$
2	$1{,}0440\ldots$
3	$1{,}0509\ldots$
7	$1{,}032\ \ldots$
$1/\varepsilon$	$1 + 0{,}2158\ldots \times \varepsilon$
∞	1

$F(x)$ weicht also nur wenig von 1 ab, die Approximation vor $F(x)$ macht keine großen Schwierigkeiten. Mit der Funktion $F(x)$ ergibt sich dann

$$\coth x - \frac{1}{x} = F(x) \times \frac{2}{\pi}\ \text{arc tan}\left(\frac{\pi}{6}\,x\right).$$

Beispiel.

$$(3.2.4) \qquad f(x) = \int_0^{\infty} \frac{e^{-x\tau}}{1+\tau}\,d\tau.$$

Die Substitution $\xi = x(1 + \tau)$ liefert

$$(3.2.5) \qquad f(x) = e^x \int_x^{\infty} \frac{e^{-\xi}}{\xi}\,d\xi.$$

Wir zerlegen in die beiden Teilintegrale

$$\int\limits_{x}^{\infty} = \int\limits_{x}^{1} + \int\limits_{1}^{\infty},$$

mit

$$\int\limits_{x}^{1} \frac{e^{-\xi}}{\xi}\, d\xi = \int\limits_{x}^{1} \frac{d\xi}{\xi} - \int\limits_{x}^{1} \frac{1-e^{-\xi}}{\xi}\, d\xi$$

$$= -\ln x - \int\limits_{0}^{1} \frac{1-e^{-\xi}}{\xi}\, d\xi + \int\limits_{0}^{x} \frac{1-e^{-\xi}}{\xi}\, d\xi.$$

Damit erhält man

$$\int\limits_{x}^{\infty} \frac{e^{-\xi}}{\xi}\, d\xi = -\ln x + \left\{ \int\limits_{1}^{\infty} \frac{e^{-\xi}}{\xi}\, d\xi - \int\limits_{0}^{1} \frac{1-e^{-\xi}}{\xi}\, d\xi \right\} + \int\limits_{0}^{x} \frac{1-e^{-\xi}}{\xi}\, d\xi,$$

wobei

$$\{\ldots\} = -C = -0.5772156649\ldots$$

Man hat also

$$f(x) = -e^{x}\ln x - C\, e^{x} - e^{x} \sum_{\nu=1}^{\infty} \frac{(-x)^{\nu}}{\nu \cdot \nu!}$$

oder nach einiger Umformung

(3.2.6) $$\qquad\qquad f(x) = -e^{x}\ln x + g(x)$$

mit

(3.2.7) $$\qquad\qquad g(x) = \sum_{\nu=0}^{\infty} \frac{\sum\limits_{k=1}^{\nu} \frac{1}{k} - C}{\nu!}\, x^{\nu}.$$

$g(x)$ ist eine ganze Funktion von x.

    a) Approximation von $f(x)$ im Intervall $0 < x \leqq 1$. Man benutzt die Darstellung (3.2.6), bricht die Taylor-Reihe (3.2.7) bei einem geeigneten Index $\nu = N$ ab und ökonomisiert nach Ziff. 2.5.

    b) Approximation von $f(x)$ im Intervall $1 \leqq x < \infty$. Man benutzt die Darstellung (3.2.5) und führt gemäß (3.1.4) eine neue Variable χ ein

$$x = \frac{2}{1-\chi}, \qquad -1 \leqq \chi < 1,$$

es ist dann

$$f(x) = f^{*}(\chi) = e^{\frac{2}{1-\chi}} \int\limits_{\frac{2}{1-\chi}}^{\infty} \frac{e^{-\xi}}{\xi}\, d\xi.$$

Gemäß (2.4.3) berechne man numerisch die T-Koeffizienten

$$c_{\nu} = \frac{2}{\pi} \int\limits_{0}^{\pi} f^{*}(\cos\Theta)\, \cos\nu\,\Theta\, d\Theta.$$

Es ist dann

$$f^{*}(\chi) = \tfrac{1}{2}\, c_0 + c_1\, T_1(\chi) + c_2\, T_2(\chi) + \cdots$$

bzw.

$$f(x) = \frac{1}{2}\, c_0 + c_1\, T_1\!\left(1 - \frac{2}{x}\right) + c_2\, T_2\!\left(1 - \frac{2}{x}\right) + \cdots, \qquad 1 \leqq x < \infty.$$

Die Berechnung der T-Koeffizienten für die Approximation im Intervall $\lambda \leqq x < \infty$ bedingt i. allg. einen gewissen Aufwand. Wir geben nachstehend ein typisches Beispiel (vgl. [7]).

Beispiel. Approximation der modifizierten Bessel-Funktion $I_0(x)$ im Intervall $\lambda \leqq x < \infty$. $I_0(x)$ ist eine Lösung der Differentialgleichung

$$(3.2.8) \qquad x^2 y'' + x y' - x^2 y = 0.$$

Eine weitere Lösung dieser Differentialgleichung ist die Funktion $K_0(x)$.

Für $x > 0$ gilt die Beziehung

$$(3.2.9) \qquad I_0(x) = \frac{e^x}{\sqrt{x}} F(x),$$

$$(3.2.10) \qquad K_0(x) = \pi \frac{e^{-x}}{\sqrt{x}} F(-x).$$

Für $F(x)$ hat man die asymptotische Entwicklung

$$(3.2.11) \qquad F(x) \sim \frac{1}{\sqrt{2\pi}} \left(1 + \frac{1}{8x} + \frac{1 \cdot 9}{2!(8x)^2} + \frac{1 \cdot 9 \cdot 25}{3!(8x)^3} + \cdots \right).$$

Die Reihe auf der rechten Seite konvergiert für keinen Wert von x, gleichwohl läßt sich $F(x)$ nach T-Polynomen entwickeln. Wir setzen (3.2.9) in (3.2.8) ein und erhalten für $F(x)$ die Differentialgleichung

$$(3.2.12) \qquad x^2 F'' + 2x^2 F' + \tfrac{1}{4} F = 0.$$

Es ist nun zweckmäßig, das Intervall $\lambda \leqq x < \infty$ auf das Intervall $-1 \leqq \chi < 1$ zu transformieren. Wir setzen nach (3.1.4)

$$(3.2.13) \qquad x = \frac{2\lambda}{1 - \chi} \Leftrightarrow \chi = -\frac{2\lambda}{x} + 1.$$

Es ist dann

$$(3.2.14) \qquad F(x) = F\left(\frac{2\lambda}{1 - \chi}\right) = z(\chi), \qquad -1 \leqq \chi < 1.$$

Die Differentialgleichung (3.2.12) geht dann über in

$$(3.2.15) \qquad (1 - \chi)^2 z'' + 2(2\lambda - 1 + \chi) z' + \frac{1}{4} z = 0, \qquad z' = \frac{dz}{d\chi}.$$

Gesucht ist eine Lösung dieser Differentialgleichung mit

$$(3.2.16) \qquad \begin{aligned} z(-1) &= F(\infty) = \frac{1}{\sqrt{2\pi}}, \\ z(1) &= F(\lambda) = \frac{\sqrt{\lambda}\, I_0(\lambda)}{e^\lambda}. \end{aligned}$$

Wir machen den Ansatz

$$z(\chi) = \tfrac{1}{2} c_0 + c_1 T_1(\chi) + c_2 T_2(\chi) + \cdots$$

und gehen damit in (3.2.15) ein. Man erhält dann Rekursionsformeln zur Bestimmung der c_ν [vgl. (2.4.22) usf.]. Wir lösen die Rekursion, indem wir für hinreichend großes N setzen

$$c_{N+1} = 0, \qquad c_N = 1,$$

sukzessive ergeben sich dann $c_{N-1}, \ldots, c_0$.

Wir bezeichnen diese (speziellen) T-Koeffizienten mit

$$(3.2.17) \qquad c_{N1}, c_{N-1,1}, \ldots, c_{01}.$$

Nun bestimmen wir eine zweite Lösung der Rekursionsformeln, indem wir setzen

$$c_{N+1} = \tfrac{1}{2}, \qquad c_N = 1$$

und dann sukzessive $c_{N-1}, \ldots, c_0$ berechnen. Wir bezeichnen diese Koeffizienten mit

$$(3.2.18) \qquad c_{N2}, c_{N-1,2}, \ldots, c_{02}.$$

Mit diesen beiden Koeffizientensätzen erhalten wir gerade zwei linear unabhängige Lösungen der Differentialgleichung (3.2.15)

$$z_1(\chi) \approx \tfrac{1}{2} c_{01} + c_{11} T_1(\chi) + \cdots + c_{N1} T_N(\chi),$$
$$z_2(\chi) \approx \tfrac{1}{2} c_{02} + c_{12} T_1(\chi) + \cdots + c_{N2} T_N(\chi).$$

Nun ist aber auch jede Linearkombination

$$z(\chi) = \alpha \, z_1(\chi) + \beta \, z_2(\chi)$$

eine Lösung der Differentialgleichung (3.2.15). Wir bestimmen die Konstanten α und β so, daß

$$z(-1) = \frac{1}{\sqrt{2\pi}} = \alpha \, z_1(-1) + \beta \, z_2(-1),$$

$$z(1) = \frac{\sqrt{\lambda}\, I_0(\lambda)}{e^\lambda} = \alpha \, z_1(1) + \beta \, z_2(1)$$

$\big(I_0(\lambda)$ muß dabei natürlich bekannt sein$\big)$. Mit den so gewonnenen α und β ergeben sich die gesuchten T-Koeffizienten c_ν von $z(\chi)$ zu

$$c_\nu \approx \alpha \, c_{\nu 1} + \beta \, c_{\nu 2}.$$

Mit

$$F(x) = z(\chi), \qquad \chi = 1 - \frac{2\lambda}{x}$$

ist dann

$$F(x) \approx \frac{1}{2} c_0 + c_1 T_1\left(1 - \frac{2\lambda}{x}\right) + \cdots + c_N T_N\left(1 - \frac{2\lambda}{x}\right)$$

und

$$I_0(x) = \frac{e^x}{\sqrt{x}}\, F(x), \qquad K_0(x) = \frac{\pi\, e^{-x}}{\sqrt{x}}\, F(-x).$$

§ 4. Kettenbrüche

4.1 Einführung

Kettenbrüche stellen ein wichtiges Hilfsmittel der numerischen Mathematik dar. Man kann damit Funktionen darstellen und schnell und genau berechnen. Zudem treten sie in vielen weiteren Zusammenhängen auf. Ein einführendes Beispiel möge das verdeutlichen. Gegeben sei die quadratische Gleichung $z^2 - 100z + 1 = 0$, mit den Lösungen

$$x = 50 + \sqrt{2499} \approx 100, \qquad y = 50 - \sqrt{2499} \approx 0.$$

Man könnte diese Lösungen iterativ berechnen mit Hilfe des Viétaschen Wurzelsatzes: $x\,y = 1$, $x + y = 100$. Man startet z. B. mit $x_1 = 100$ als Näherung für x und erhält wegen $x\,y = 1$ für y die Näherung $y_1 = 1/100$. Wegen $x + y = 100$ erhält man für x die neue Näherung $x_2 = 100 - y_1 = 100 - 1/100$ usw. Man bekommt so für x eine Darstellung, die man in folgender Form schreiben kann:

$$x = \lim_{k \to \infty} 100 - \cfrac{1}{100 - \cfrac{1}{100 - \cfrac{1}{100 - \cfrac{}{100 - \cfrac{1}{100}}}}} \Bigg\} \; k \text{ Bruchstriche.}$$

Allgemein bezeichnet man einen Ausdruck der Form

$$W = b_0 + \cfrac{a_1}{b_1 + \cfrac{a_2}{b_2 + \cfrac{}{\cdots + \cfrac{a_{k-1}}{b_{k-1} + \cfrac{a_k}{b_k + \cdots}}}}}$$

(4.1.1)

als

(4.1.2) $\qquad\qquad\qquad$ *Kettenbruch.*

Zur Abkürzung für (4.1.1) schreibt man gewöhnlich

$$(4.1.3) \qquad W = b_0 + \frac{a_1|}{|\,b_1} + \frac{a_2|}{|\,b_2} + \cdots + \frac{a_k|}{|\,b_k} + \cdots.$$

Analog schreibt man kurz

$$b_0 - \frac{a_1|}{|\,b_1} - \frac{a_2|}{|\,b_2} - \cdots - \frac{a_k|}{|\,b_k} - \cdots$$

statt

$$b_0 + \frac{-a_1|}{|\,b_1} + \frac{-a_2|}{|\,b_2} + \cdots + \frac{-a_k|}{|\,b_k} + \cdots.$$

a_k heißt der k-te Teilzähler, b_k der k-te Teilnenner, und a_k/b_k der k-te Teilbruch von (4.1.1). Den Ausdruck

$$C_k := b_0 + \frac{a_1|}{|\,b_1} + \cdots + \frac{a_k|}{|\,b_k}, \qquad C_0 := b_0,$$

nennt man den k-ten Näherungsbruch des Kettenbruchs (4.1.1).

Einen endlichen Kettenbruch, der etwa mit dem k-ten Teilbruch abbricht, kann man auf natürliche Weise von rückwärts berechnen nach der absteigenden Rekursionsformel

$$s := b[k];$$

for $i := k - 1$ **step** -1 **until** 0 **do**

$$s := a[i + 1]/s + b[i];$$

Für die Berechnung der Näherungsbrüche eines unendlichen Kettenbruchs (4.1.1), dessen Wert W durch

$$W := \lim_{k \to \infty} C_k$$

definiert ist [falls dieser Limes existiert, vgl. Def. (4.1.5)], ist dieses Vorgehen jedoch unpraktisch, was die Zahl der Rechenoperationen betrifft, weil man zur Bestimmung von C_{k+1} im wesentlichen dieselbe Rechnung noch einmal ausführen muß, jetzt aber mit $k + 1$ Teilbrüchen. Es ist daher wichtig, daß es eine einfache aufsteigende Rekursionsformel für die Näherungsbrüche C_k gibt.

Definiert man die Größen A_k, B_k rekursiv durch

$$(4.1.4\,\mathrm{a}) \qquad \begin{aligned} A_k &:= b_k A_{k-1} + a_k A_{k-2}, & A_{-1} &:= 1, & A_0 &:= b_0, \\ B_k &:= b_k B_{k-1} + a_k B_{k-2}, & B_{-1} &:= 0, & B_0 &:= 1, \end{aligned}$$

$$k = 1, 2, \ldots,$$

so gilt für den k-ten Näherungsbruch

$$(4.1.4\,\mathrm{b}) \qquad C_k = \frac{A_k}{B_k}, \qquad k = 0, 1, 2, \ldots$$

Aus diesem Grunde heißt A_k der k-te Zähler und B_k der k-te Nenner von (4.1.1). Mit Hilfe der A_k, B_k kann man nun die Konvergenz eines unendlichen Kettenbruchs genauer definieren:

(4.1.5) **Definition:** *Der Kettenbruch* (4.1.1) *heißt konvergent, falls höchstens eine endliche Zahl der Nenner B_k verschwindet und der Grenzwert*

$$W = \lim_{k \to \infty} \frac{A_k}{B_k}$$

existiert. In diesem Fall heißt W der Wert von (4.1.1).

4.2 Die Äquivalenztransformation und Kontraktion von Kettenbrüchen

Für das Rechnen mit Kettenbrüchen sind einige elementare Operationen wichtig. Die erste von ihnen, die

Äquivalenztransformation,

entspricht dem Erweitern eines Bruches und besteht darin, daß man den Kettenbruch

$$(4.2.1) \qquad b_0 + \frac{a_1 \mid}{\mid b_1} + \cdots + \frac{a_k \mid}{\mid b_k} + \cdots$$

mit den von Null verschiedenen beliebigen Konstanten $c_i \neq 0$, $i = 1, 2, \ldots$ umformt in

$$(4.2.2) \qquad b_0 + \frac{a_1 c_1 \,|}{|\, b_1 c_1} + \frac{a_2 c_1 c_2 \,|}{|\, b_2 c_2} + \frac{a_3 c_2 c_3 \,|}{|\, b_3 c_3} + \cdots + \frac{a_k c_{k-1} c_k \,|}{|\, b_k c_i} + \cdots.$$

Die Bedeutung der Äquivalenztransformation liegt darin, daß (4.2.1) und (4.2.2) dieselbe Folge von Näherungsbrüchen C_k besitzen.

Bei den

Kontraktionen

eines gegebenen Kettenbruchs (4.2.1) geht es darum, einen anderen Kettenbruch

$$(4.2.3) \qquad b_0' + \frac{a_1' \,|}{|\, b_1'} + \frac{a_2' \,|}{|\, b_2'} + \cdots$$

so zu konstruieren, daß für die Näherungsbrüche C_k von (4.2.1) und C_k' von (4.2.3) gilt

$\qquad$ a) $\quad C_k' = C_{2k}, \qquad k = 0, 1, 2, \ldots \qquad$ („gerade Kontraktion")

bzw.

$\qquad$ b) $\quad C_k' = C_{2k+1}, \quad k = 0, 1, 2, \ldots \qquad$ („ungerade Kontraktion").

Für die gerade Kontraktion findet man die Formel

$$(4.2.4) \qquad b_0 + \frac{a_1 b_2 \,|}{|\, b_1 b_2 + a_2} - \frac{a_2 a_3 b_4 \,|}{|\, (b_2 b_3 + a_3) b_4 + b_2 a_4} -$$
$$- \frac{a_4 a_5 b_2 b_6 \,|}{|\, (b_4 b_5 + a_5) b_6 + b_4 a_6} - \frac{a_6 a_7 b_4 b_8 \,|}{|\, (b_6 b_7 + a_7) b_8 + b_6 a_8} - \cdots$$

und für die ungerade Kontraktion

$$(4.2.5) \qquad \frac{b_0 b_1 + a_1}{b_1} - \frac{a_1 a_2 b_3 / b_1 \,|}{|\, (b_1 b_2 + a_2) b_3 + b_1 a_3} - \frac{a_3 a_4 b_1 b_5 \,|}{|\, (b_3 b_4 + a_4) b_5 + b_3 a_5} -$$
$$- \frac{a_5 a_6 b_3 b_7 \,|}{|\, (b_5 b_6 + a_6) b_7 + b_5 a_7} - \cdots.$$

Beispiel. 1. Der Kettenbruch

$$\frac{1 \,|}{|\, 1} + \frac{1 \,|}{|\, 3} + \frac{4 \,|}{|\, 5} + \frac{9 \,|}{|\, 7} + \cdots + \frac{k^2 \,|}{|\, 2k + 1} + \cdots$$

kann durch eine Äquivalenztransformation umgeformt werden zu

$$\frac{2 \,|}{|\, 2} + \frac{4/3 \,|}{|\, 2} + \frac{16/15 \,|}{|\, 2} + \frac{36/35 \,|}{|\, 2} + \cdots + \frac{4 k^2 / (4 k^2 - 1) \,|}{|\, 2} + \cdots.$$

2. Durch gerade Kontraktion geht der sog. *Stieltjes-Kettenbruch* (S-Kettenbruch)

$$(4.2.6) \qquad F(z) \equiv \frac{c_0 \,|}{|\, z} - \frac{q_1 \,|}{|\, 1} - \frac{e_1 \,|}{|\, z} - \frac{q_2 \,|}{|\, 1} - \frac{e_2 \,|}{|\, z} - \cdots - \frac{q_k \,|}{|\, 1} - \frac{e_k \,|}{|\, z} - \cdots$$

über in

$$(4.2.7) \qquad F(z) \equiv \frac{c_0 \,|}{|\, z - q_1} - \frac{q_1 e_1 \,|}{|\, z - e_1 - q_2} - \frac{q_2 e_2 \,|}{|\, z - e_2 - q_3} - \cdots.$$

Die ungerade Kontraktion des Kettenbruchs

$$(4.2.8) \qquad F(z) - \frac{c_0}{z} \equiv -\frac{c_0}{z} + \frac{c_0|}{|\,z} - \frac{q_1|}{|\,1} - \frac{e_1|}{|\,z} - \cdots$$

lautet

$$(4.2.9) \qquad F(z) - \frac{c_0}{z} \equiv \frac{c_0\,q_1\,z/z\;|}{|\,(z-q_1)\,z - z\,e_1} - \frac{e_1\,q_2\,z^2\;|}{|\,(z-q_2)\,z - z\,e_2} -$$

$$- \frac{e_2\,q_3\,z^2\;|}{|\,(z-q_3)\,z - z\,e_3} - \cdots.$$

Durch eine Äquivalenztransformation und durch Multiplikation mit z erhält man schließlich daraus

$$(4.2.10) \qquad z\,F(z) - c_0 \equiv \frac{c_0\,q_1\;|}{|\,z - q_1 - e_1} - \frac{e_1\,q_2\;|}{|\,z - q_2 - e_2} - \frac{e_2\,q_3\;|}{|\,z - q_3 - e_3} - \cdots.$$

4.3 Konvergenzkriterien für Kettenbrüche

Die Konvergenztheorie ist für Kettenbrüche wesentlich komplizierter als für Reihen. Die Konvergenzkriterien, die in diesem Abschnitt gebracht werden, beziehen sich auf Kettenbrüche der Form

$$(4.3.1) \qquad \frac{1\,|}{|\,1} + \frac{a_2|}{|\,1} + \frac{a_3|}{|\,1} + \cdots,$$

die man aus dem Kettenbruch (4.1.1) durch Äquivalenztransformation erhalten kann, sofern alle Teilnenner b_i in (4.1.1) von Null verschieden sind. Gilt in (4.3.1) $a_i \neq 0$ für $i = 2, 3, \ldots$, so gehört zu (4.3.1) der äquivalente Kettenbruch

$$(4.3.2) \qquad \frac{1\,|}{|\,b_1} + \frac{1\,|}{|\,b_2} + \frac{1\,|}{|\,b_3} + \cdots$$

mit $b_1 := 1$, $b_{p+1} := \dfrac{1}{a_{p+1}\,b_p}$ für $p = 1, 2, \ldots$ Nun gilt für den Kettenbruch (4.3.1) wegen $A_0 = 0$

$$C_k = \frac{A_k}{B_k} = \sum_{j=1}^{k}\left(\frac{A_j}{B_j} - \frac{A_{j-1}}{B_{j-1}}\right).$$

Aus den Rekursionsformeln (4.1.4) folgt aber leicht

$$(4.3.3) \qquad \frac{A_j}{B_j} - \frac{A_{j-1}}{B_{j-1}} = (-1)^{j+1}\frac{a_1\,a_2\ldots a_j}{B_j\,B_{j-1}}, \qquad (a_1 = 1),$$

also ist

$$(4.3.4) \qquad C_k = \sum_{j=1}^{k}(-1)^{j+1}\frac{a_1\,a_2\ldots a_j}{B_j\,B_{j-1}}$$

$$= 1 + \varrho_1 + \varrho_1\,\varrho_2 + \cdots + \varrho_1\,\varrho_2\ldots\varrho_{j-1},$$

wobei $\varrho_j := \dfrac{-a_{j+1}\,B_{j-1}}{B_{j+1}}$ der Quotient aufeinanderfolgender Glieder der Reihe (4.3.4) ist. Für diesen Quotienten erhält man aus (4.1.4) wiederum eine Rekursionsformel:

$$(4.3.5) \qquad \varrho_j = \cfrac{-1}{1 + \cfrac{1}{a_{j+1}} \cfrac{1}{1 + \varrho_{j-1}}} , \qquad j = 1, 2, \ldots, (\varrho_0 := 0).$$

Die Konvergenz des Kettenbruchs (4.3.1) ist damit gleichbedeutend mit der Konvergenz der Reihe

$$(4.3.6) \qquad 1 + \varrho_1 + \varrho_1 \varrho_2 + \varrho_1 \varrho_2 \varrho_3 + \cdots,$$

deren Quotienten ϱ_j der Beziehung (4.3.5) genügen. Diesen Zusammenhang kann man benutzen, um Konvergenzkriterien für Kettenbrüche aus solchen für unendliche Reihen herzuleiten. Man erhält auf diese Weise folgende Kriterien:

(4.3.7) **Satz** (WORPITZKI): *Der Kettenbruch (4.3.1) konvergiert, falls $|a_\iota| \leqq \frac{1}{4}$ für alle $i = 2, 3, \ldots$*

Beispiel. Der Kettenbruch

$$\frac{10^{10}\,|}{|\;10^7} + \frac{10^{11}\,|}{|\;10^8} + \frac{10^{12}\,|}{|\;10^9} + \cdots$$

ist nach (4.2.2) äquivalent zu

$$10^3 \times \left\{ \frac{1\,|}{|\,1} + \frac{10^{-4}\,|}{|\;1} + \frac{10^{-5}\,|}{|\;1} + \cdots \right\}$$

und damit konvergent nach Satz (4.3.7).

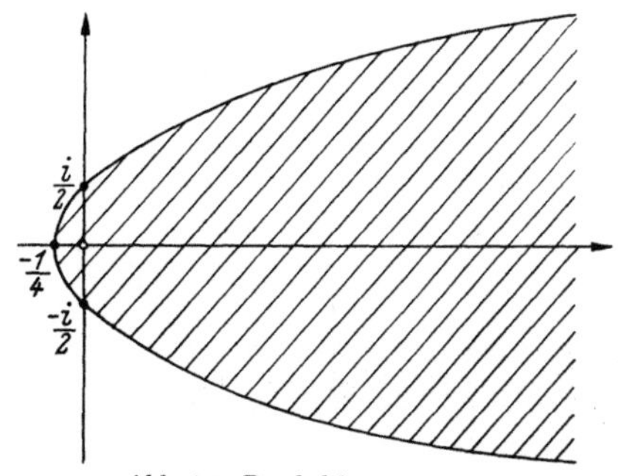
Abb. 4.1. Parabeltheorem

Eine Verschärfung des letzten Satzes ist das sog.

(4.3.8) **Parabeltheorem:** *Liegen alle Koeffizienten a_i, $i = 2, 3, \ldots$, des Kettenbruchs (4.3.1) in dem parabolischen Gebiet (s. Abb. 4.1)*

$$P := \{z \mid |z| - \mathrm{Re}\{z\} \leqq \tfrac{1}{2}\}$$

der komplexen Ebene, das von der Parabel mit dem Scheitel $-\frac{1}{4}$ und dem 0-Punkt als Brennpunkt begrenzt wird, so ist der Kettenbruch (4.3.1) genau dann konvergent, wenn entweder

a) irgendein a_ι verschwindet

oder

b) $a_i \neq 0$ für $i = 2, 3, \ldots$ und die Reihe $\sum\limits_{i=1}^{\infty} |b_\iota|$, die vermöge (4.3.2) zu (4.3.1) gehört, divergiert.

Insbesondere ist (4.3.1) dann konvergent, wenn die Menge $S := \{a_2, a_3, a_4, \ldots\}$ aller Koeffizienten von (4.3.1) beschränkt ist (und in P liegt).

Ein anderes Konvergenzkriterium bezieht sich direkt auf Kettenbrüche der Form (4.3.2):

(4.3.9) **Satz** (VAN VLECK): *Falls $\mathrm{Re}\{b_1\} > 0$ und es eine positive Zahl $c > 0$ gibt mit $\mathrm{Im}\{b_\iota\} \leqq c\,\mathrm{Re}\{b_\iota\}$ für alle $i = 1, 2, \ldots$, so konvergiert* *der Kettenbruch*

$$\frac{1\,|}{|\,b_1} + \frac{1\,|}{|\,b_2} + \frac{1\,|}{|\,b_3} + \cdots$$

genau dann, wenn die Reihe $\sum_i |b_i|$ divergiert.

Für gewisse Klassen von Kettenbrüchen lassen sich genauere Aussagen über die Konvergenzgeschwindigkeit durch Vergleich mit geometrischen Reihen machen. Es handelt sich dabei um die

(4.3.10)   *limitärperiodischen Kettenbrüche.*

Dabei heißt ein Kettenbruch der Form

(4.3.11) $$\frac{a_1\,|}{|\,b_1} + \frac{a_2\,|}{|\,b_2} + \cdots$$

limitärperiodisch, falls $\lim\limits_{k\to\infty} a_k = a$ und $\lim\limits_{k\to\infty} b_k = b$ existieren.

Dessen Konvergenzverhalten ist eng verwandt mit dem Konvergenzverhalten des periodischen Kettenbruchs

$$\frac{a\,|}{|\,b} + \frac{a\,|}{|\,b} + \frac{a\,|}{|\,b} + \cdots,$$

der zu der quadratischen Gleichung $z^2 - b\,z - a = 0$ gehört (vgl. das einführende Beispiel in Ziff. 4.1). Bezeichnet man mit z_1 und z_2 die Wurzeln dieser Gleichung und ist $|z_1| > |z_2|$, so gilt der

(4.3.12) **Satz:** *Zu dem limitärperiodischen Kettenbruch* (4.3.11) *gibt es eine Zahl N, so daß der Abschnitt*

$$\frac{a_N\,|}{|\,b_N} + \frac{a_{N+1}\,|}{|\,b_{N+1}} + \cdots$$

von (4.3.11) wie eine geometrische Reihe mit dem Quotienten $\dfrac{z_2}{z_1} \left(\left| \dfrac{z_2}{z_1} \right| < 1 \right)$ konvergiert.

Für den Kettenbruch (4.3.11) folgt daraus, daß er entweder wie eine geometrische Reihe mit dem Quotienten $\dfrac{z_2}{z_1}$ konvergieren oder wie eine geometrische Reihe mit dem Quotienten $\dfrac{z_1}{z_2}$ gegen $\pm\infty$ divergieren wird.

Beispiel. Der Kettenbruch

$$\frac{1\,|}{|\,1} + \frac{1\,|}{|\,3} + \frac{4\,|}{|\,5} + \frac{9\,|}{|\,7} + \cdots + \frac{k^2\quad|}{|\,2k+1} + \cdots$$

ist zwar nicht selbst limitärperiodisch, kann aber durch eine Äquivalenztransformation in den limitärperiodischen Kettenbruch

$$\frac{1\,|}{|\,1} + \frac{1/3\,|}{|\,1} + \frac{4/15\,|}{|\,1} + \cdots + \frac{k^2/(4k^2-1)\quad|}{|\,1} + \cdots$$

mit $\lim\limits_{k\to\infty} a_k = a = \tfrac{1}{4}$, $\lim\limits_{k\to\infty} b_k = b = 1$ verwandelt werden.

Die Wurzeln von $z^2 - z - \frac{1}{4} = 0$ sind $z_1 = \frac{1}{2}(1 + \sqrt{2})$, $z_2 = \frac{1}{2}(1 - \sqrt{2})$ und es ist $z_2/z_1 \approx -\frac{1}{6}$. Da der Kettenbruch nach dem Parabeltheorem konvergiert, konvergiert er nach (4.3.12) wie eine geometrische Reihe mit dem Quotienten $-\frac{1}{6}$ (und divergiert nicht wie eine geometrische Reihe mit dem Quotienten -6).

4.4 Die Konvergenz von Funktionskettenbrüchen

Für die Anwendung besonders wichtig sind Funktionskettenbrüche, bei denen die Partialzähler a_k und Nenner b_k Funktionen der komplexen Variablen z sind: $a_k = a_k(z)$, $b_k = b_k(z)$. Diese Kettenbrüche stellen eine Funktion

$$(4.4.1) \qquad F(z) = b_0(z) + \frac{a_1(z)\,|}{|\,b_1(z)} + \cdots + \frac{a_k(z)\,|}{|\,b_k(z)} + \cdots$$

für diejenigen Werte von z dar, für die sie konvergieren. In diesem Zusammenhang wird man sich für folgende Fragen interessieren:

1. Für welche z konvergiert der Kettenbruch (Konvergenzgebiet)?

2. In welchen Gebieten der komplexen z-Ebene konvergiert (4.4.1) gleichmäßig?

3. Welche Eigenschaften hat die Grenzfunktion $F(z)$ im Konvergenzgebiet (Analytizität usw.)?

4. Wie kann man zu einer gegebenen Funktion $F(z)$ einen Kettenbruch (4.4.1) finden, der in einem gewissen Gebiet der z-Ebene gegen $F(z)$ konvergiert?

Bis auf die letzte Frage, deren teilweise Beantwortung späteren Abschnitten vorbehalten ist, sollen hier für einen praktisch wichtigen Typ von Funktionskettenbrüchen, den Stieltjes-Kettenbrüchen (vgl. 4.2.6), die ersten drei Fragen behandelt werden. S-Kettenbrüche haben die Form

$$(4.4.2) \qquad \frac{1\,|}{|\,k_1\,z} + \frac{1\,|}{|\,k_2} + \frac{1\,|}{|\,k_3\,z} + \frac{1\,|}{|\,k_4} + \frac{1\,|}{|\,k_5\,z} + \cdots.$$

Sofern alle k_i von 0 verschieden sind, kann (4.4.2) durch Äquivalenztransformation und durch die Substitution $\zeta := 1/z$ in einen Kettenbruch der Form

$$(4.4.3) \qquad \frac{a_0\,|}{|\,1} + \frac{a_1\,\zeta\,|}{|\,1} + \frac{a_2\,\zeta\,|}{|\,1} + \frac{a_3\,\zeta\,|}{|\,1} + \cdots$$

überführt werden.

Für den Kettenbruch (4.4.2) gilt folgender wichtige Konvergenzsatz von STIELTJES [31]:

(4.4.4) **Satz:** *Wenn für den Kettenbruch (4.4.2) alle Konstanten k_i positiv sind, $k_i > 0$, und die Reihe $\sum\limits_{i=1}^{\infty} k_i$ divergiert, dann konvergiert (4.4.2) in jedem abgeschlossenen beschränkten Gebiet G der z-Ebene, dessen Abstand von der negativen reellen Achse positiv ist, gleichmäßig gegen* *eine Funktion $F(z)$, die für alle z, die nicht auf der negativen reellen Achse liegen ($|\arg(z)| < \pi$), holomorph ist (vgl. Abb. 4.2).*

Mit Hilfe von Satz (4.3.12) kann man für Kettenbrüche des Typs (4.4.3) zeigen:

(4.4.5) **Satz** (van Vleck): 1. *Falls* $\lim\limits_{k \to \infty} a_k = 0\,(a_k \neq 0)$, *dann konvergiert der Kettenbruch* (4.4.3) *gegen eine meromorphe Funktion* $F(\zeta)$.

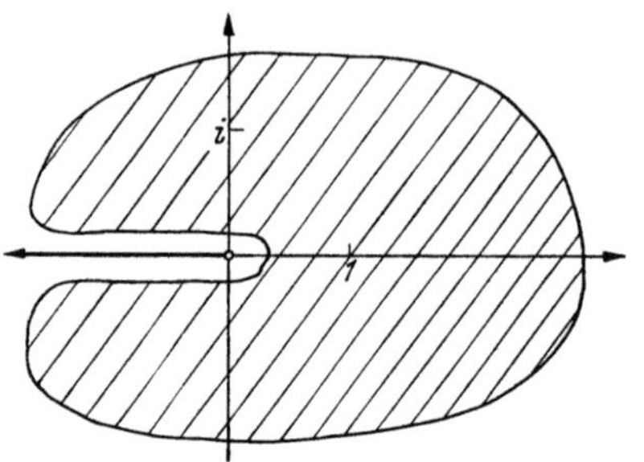

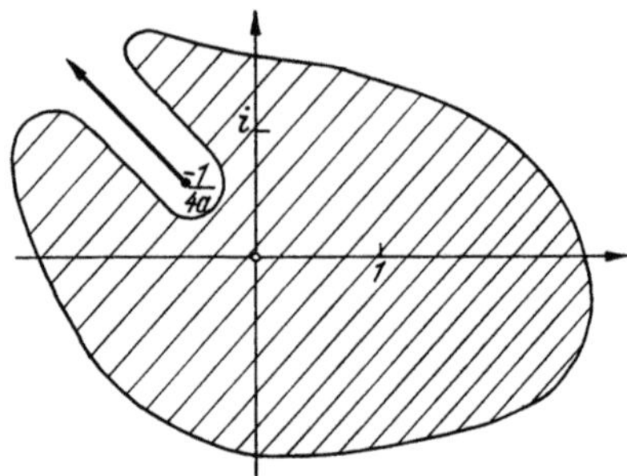

Abb. 4.2. Gebiet gleichmäßiger Konvergenz des Kettenbruchs 4.4.2

Abb. 4.3. Gebiet gleichmäßiger Konvergenz eines limitär-periodischen Kettenbruchs

Die Konvergenz ist gleichmäßig in jedem abgeschlossenen beschränkten Gebiet G, das keine Pole von F enthält.

2. *Falls* $\lim\limits_{k \to \infty} a_k = a \neq 0$, *dann konvergiert* (4.4.3) *für alle ζ außerhalb des Schnittes[1]* $S := \left\{ \zeta \mid \zeta = -\dfrac{\lambda}{4a},\ \lambda \geq 1 \right\}$ *gegen eine Funktion $F(\zeta)$, die für $\zeta \notin S$ höchstens Pole als Singularitäten besitzt. Die Konvergenz ist gleichmäßig in jedem abgeschlossenen beschränkten Gebiet G der ζ-Ebene, das mit S keinen Punkt gemeinsam hat und keine Pole von F enthält* (s. Abb. 4.3).

Aussagen über die Konvergenzgeschwindigkeit lassen sich wieder mit Hilfe von Satz (4.3.12) machen:

Beispiel. Die Funktion $\dfrac{\ln(1 + x)}{x}$ besitzt die Kettenbruchentwicklung

$$\frac{\ln(1+x)}{x} = \frac{1\,|}{|\,1} + \frac{x\,|}{|\,2} + \frac{x\,|}{|\,3} + \frac{4x\,|}{|\,4} + \frac{4x\,|}{|\,5} + \cdots + \frac{k^2 x\,|}{|\,2k} + \frac{k^2 x\,|}{|\,2k+1} + \cdots$$

$$= \frac{1\,|}{|\,1} + \frac{x/2\,|}{|\,1} + \frac{x/6\,|}{|\,1} + \cdots + \frac{k\,x/(4k-2)\,|}{|\,1} + \frac{k\,x/(4k+2)\,|}{|\,1} + \cdots.$$

Wegen $\lim\limits_{k \to \infty} \dfrac{k}{4k-2} = \lim\limits_{k \to \infty} \dfrac{k}{4k+2} = \dfrac{1}{4} = a$, konvergiert der Kettenbruch für alle x außerhalb des Schnitts $S = \{x \mid -\infty < x \leq -1\}$, und zwar gleichmäßig

---

[1] S ist der Schnitt der komplexen Ebene, der von $\dfrac{-1}{4a}$ nach ∞ läuft, und zwar in Richtung der komplexen Zahl $\dfrac{-1}{4a}$.

in jedem abgeschlossenen beschränkten Gebiet, das S nicht enthält $\left(\dfrac{\ln(1+x)}{x}\right.$ besitzt keine Pole). Die quadratische Gleichung $z^2 - z - \dfrac{x}{4} = 0$ besitzt die Nullstellen $z_{1,2} = \tfrac{1}{2}(1 \pm \sqrt{1+x})$. Also konvergiert der Kettenbruch nach (4.3.12) für $x \notin S$ wie eine geometrische Reihe mit dem Quotienten

$$q = \frac{1 - \sqrt{1+x}}{1 + \sqrt{1+x}},$$

während die Taylor-Reihe für $\dfrac{\ln(1+x)}{x}$, d. i.

$$1 - \frac{x}{2} + \frac{x^2}{3} - \frac{x^3}{4} + \cdots$$

wie eine geometrische Reihe mit dem Quotienten x konvergiert (bzw. divergiert). Ein Vergleich dieser Quotienten zeigt die Überlegenheit des Kettenbruchs

	x	q	
	$0,5$	$-0,10102\ldots$	
	1	$-0,1715\ldots$	
Divergenz	3	$-0,3333\ldots$	
der Taylor-Reihe	8	$-0,5$	Konvergenz des Kettenbruchs
	$-0,5$	$0,1715\ldots$	
	$-0,75$	$0,3333\ldots$	
	$-0,99$	$0,818\ldots$	
	$\pm i$	$0,09 + 0,2i$	
	ε	$-\varepsilon/4$, falls $|\varepsilon| \ll 1$	

Der Kettenbruch konvergiert an den Stellen, an denen die Taylor-Reihe konvergiert, nicht nur wesentlich schneller als die Reihe, sondern er konvergiert auch an Stellen, an denen die Taylor-Reihe divergiert (s. Abb. 4.4). In diesem Verhalten von Kettenbruchentwicklungen liegt die Bedeutung der Kettenbrüche für die Darstellung von Funktionen.

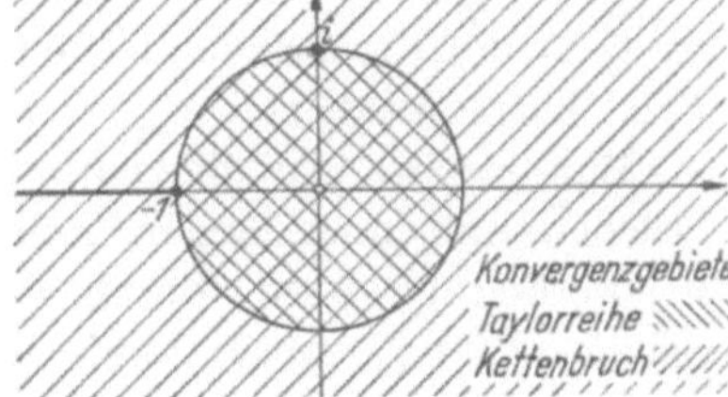

Abb. 4.4

4.5 Darstellung von Funktionen durch Kettenbrüche

4.5.1 Korrespondierende Kettenbrüche

Zur Darstellung von Funktionen sind Stieltjes-Kettenbrüche der Gestalt (4.2.6), (4.4.2) bzw. (4.4.3) besonders geeignet. In diesem Zusammenhang ist der Begriff des zu einer Reihe korrespondierenden

Kettenbruchs wichtig. Ist eine unendliche Reihe der Form

$$(4.5.1.1) \qquad F_0(z) := \frac{c_0}{z} + \frac{c_1}{z^2} + \frac{c_2}{z^3} + \cdots$$

gegeben, über deren Konvergenz zunächst nichts vorausgesetzt wird, so heißt ein Kettenbruch der Form

$$(4.5.1.2) \qquad W_0(z) := \frac{c_0\,|}{|\,z} - \frac{q_1\,|}{|\,1} - \frac{e_1\,|}{|\,z} - \frac{q_2\,|}{|\,1} - \frac{e_2\,|}{|\,z} - \cdots$$

der zu $F_0(z)$ korrespondierende Kettenbruch, falls für alle $k = 1, 2, \ldots$ der k-te Näherungsbruch $C_k = C_k(z)$ von $W_0(z)$ eine Reihenentwicklung nach fallenden Potenzen von z besitzt, die in den ersten k-Gliedern mit der Reihe (4.5.1.1) übereinstimmt:

$$C_k(z) = \frac{c_0}{z} + \frac{c_1}{z^2} + \cdots + \frac{c_{k-1}}{z^k} + \frac{d_k}{z^{k+1}} + \frac{d_{k+1}}{z^{k+2}} + \cdots.$$

Nicht zu jeder unendlichen Reihe (4.5.1.1) gibt es einen korrespondierenden Kettenbruch. Wenn es jedoch einen solchen gibt, dann ist er eindeutig bestimmt. Ist $W_0(z)$ der zu $F_0(z)$ korrespondierende Kettenbruch, so schreibt man kurz $W_0(z) \sim F_0(z)$. Methoden zur Bestimmung von $W_0(z)$ werden in Ziff. 4.5.2 besprochen.

Die Korrespondenz zwischen einer unendlichen Reihe der Form

$$(4.5.1.3) \qquad \Phi(\zeta) = c_0 + c_1\,\zeta + c_2\,\zeta^2 + \cdots$$

und einem Kettenbruch der Form

$$(4.5.1.4) \qquad K(\zeta) = \frac{c_0\,|}{|\,1} - \frac{q_1\,\zeta\,|}{|\,1} - \frac{e_1\,\zeta\,|}{|\,1} - \cdots$$

wird analog definiert: Zu $\Phi(\zeta)$ gehört die Reihe $F_0(z) := \frac{1}{z}\,\Phi\left(\frac{1}{z}\right)$ der Form (4.5.1.1) und $K(\zeta)$ geht durch eine Äquivalenztransformation über in (4.5.1.2): $W_0(z) = \frac{1}{z}\,K\left(\frac{1}{z}\right)$. Dementsprechend heißt $K(\zeta)$ der zu $\Phi(\zeta)$ korrespondierende Kettenbruch, $K(\zeta) \sim \Phi(\zeta)$, falls $W_0(z)$ zu $F_0(z)$ korrespondiert.

Man beachte, daß die Definition der Korrespondenz zwischen Kettenbrüchen und unendlichen Reihen zunächst nur formaler Natur ist: Es werden gewissen, durch die Koeffizienten c_i gegebenen Potenzreihen (4.5.1.1), über deren Konvergenz nichts vorausgesetzt wird, gewisse Kettenbrüche (4.5.1.2) zugeordnet, deren Konvergenz ebenfalls offen ist. Es kann vorkommen, daß $F_0(z)$ oder $W_0(z)$, oder beide, $F_0(z)$ und $W_0(z)$, divergieren.

In manchen Fällen wird der folgende Satz hinreichende Auskunft über die hier vorliegenden Verhältnisse geben. Er bezieht sich auf analytische Funktionen $\Phi(\zeta)$, deren Taylor-Reihen (4.5.1.3) in einem gewissen Kreis um $\zeta = 0$ konvergieren, und ihre korrespondierenden Kettenbrüche:

(4.5.1.5) **Satz:** *Wenn der Kettenbruch $K(\zeta)$ (4.5.1.4) gleichmäßig in einem Kreis $K_M = \{\zeta \mid |\zeta| \leq M\}$ der komplexen ζ-Ebene konvergiert, dann ist die Grenzfunktion $K(\zeta)$ in K_M analytisch und $K(\zeta)$ besitzt die Taylor-Reihe (4.5.1.3), die in einem Kreis $K_\varrho = \{\zeta \mid |\zeta| < \varrho\}$, $\varrho \geq M$, gegen $K(\zeta) = \Phi(\zeta)$ konvergiert.*

Beispiel. Zur Potenzreihe

$$\frac{\ln(1 + \zeta)}{\zeta} =: \Phi(\zeta) = 1 - \frac{\zeta}{2} + \frac{\zeta^2}{3} - \frac{\zeta^3}{4} + - \cdots$$

korrespondiert der Kettenbruch

$$(4.5.1.6) \qquad \frac{1|}{|1} + \frac{\zeta/2|}{|1} + \frac{\zeta/6|}{|1} + \cdots + \frac{k\,\zeta/(4k-2)|}{|1} + \frac{k\,\zeta/(4k+2)|}{|1} + \cdots,$$

wie man etwa mit den Methoden des nächsten Abschnitts (Beispiel 1) zeigen kann. Nach Satz (4.4.5) (s. Ziff. 4.4, Beispiel) konvergiert (4.5.1.6) in jedem Kreis $K_M = \{\zeta \mid |\zeta| \leq M\}$, $M < 1$, gleichmäßig gegen eine analytische Grenzfunktion $K(\zeta)$. Die Grenzfunktion $K(\zeta)$ besitzt nach (4.5.1 5) die Taylor-Reihe

$$1 - \frac{\zeta}{2} + \frac{\zeta^2}{3} - \frac{\zeta^3}{4} + - \cdots$$

mit einem Konvergenzradius $\varrho \geq 1$. Also gilt $K(\zeta) = \dfrac{\ln(1+\zeta)}{\zeta}$.

In vielen praktisch wichtigen Fällen liegt aber ein komplizierterer Sachverhalt vor: Häufig ist (4.5.1.1) nur eine asymptotische Entwicklung für eine gewisse Funktion $F(z)$, die für kein $z \neq 0$ konvergiert. In solchen Fällen können die folgenden Sätze nützlich sein, die im wesentlichen von Stieltjes stammen. Sie betreffen Funktionen $F(z)$, die als ein Stieltjes-Integral

$$(4.5.1.7) \qquad F(z) = \int\limits_0^\infty \frac{d\psi(t)}{z + t}$$

dargestellt werden können, wo $\psi(t)$ eine reelle, beschränkte, nicht abnehmende Funktion von t ist, die für $t \geq 0$ unendlich viele verschiedene Werte annimmt. Man kann zeigen, daß jede solche Funktion $F(z)$ für $|\arg(z)| < \pi$ analytisch ist, und daß $F(z)$ für $|\arg(z)| \leq \pi - \varepsilon$, $z \to \infty$ die asymptotische Entwicklung

$$(4.5.1.8) \qquad F_0(z) := \frac{c_0}{z} + \frac{c_1}{z^2} + \cdots$$

mit den Koeffizienten

$$(4.5.1.9) \qquad c_k = (-1)^k \int\limits_0^\infty t^k \, d\psi(t), \qquad k = 0, 1, 2, \ldots,$$

besitzt, d. h. es gilt für jedes n und jedes $\varepsilon > 0$

$$\lim_{\substack{z \to \infty \\ |\arg(z)| \leq \pi - \varepsilon}} |z^n| \cdot \left| F(z) - \frac{c_0}{z} - \frac{c_1}{z^2} - \cdots - \frac{c_{n-1}}{z^n} \right| = 0.$$

Der folgende Satz von STIELTJES [*31*] zeigt u. a., daß es zu solchen unendlichen Reihen (4.5.1.8), die zu einer analytischen Funktion $F(z)$ der Form (4.5.1.7) gehören, stets einen korrespondierenden Kettenbruch spezieller Gestalt gibt:

(4.5.1.10) **Satz:** *Ist $F(z)$ eine analytische Funktion der Form* (4.5.1.7), *so gibt es zu der zu $F(z)$ gehörigen asymptotischen Entwicklung $F_0(z)$* (4.5.1.8) *einen korrespondierenden Kettenbruch $W_0(z)$* (4.5.1.2) *mit $c_0 > 0$, $q_i < 0$, $e_i < 0$ für $i = 1, 2, \ldots$*

Über die Beziehungen zwischen $W_0(z)$ und der Funktion $F(z)$ (4.5.1.7) im Falle der Konvergenz von $W_0(z)$ gibt der folgende Satz Auskunft [vgl. die Sätze (4.3.9) und (4.4.4)]:

(4.5.1.11) **Satz:** *1. Ist $F(z)$ eine analytische Funktion der Form* (4.5.1.7) *und konvergiert der zu der asymptotischen Entwicklung $F_0(z)$* (4.5.1.8) *von $F(z)$ korrespondierende Kettenbruch $W_0(z)$* (4.5.1.2) *für $z = 1$, so konvergiert der Kettenbruch $W_0(z)$ auch für alle z, die nicht auf der negativen reellen Achse liegen ($|\arg(z)| < \pi$), gegen die analytische Funktion $F(z) = W_0(z)$.*

2. (CARLEMAN) Eine hinreichende Bedingung dafür, daß $W_0(z)$ für $z = 1$ und damit für $|\arg(z)| < \pi$ konvergiert, ist die Divergenz der Reihe

$$\sum_{n=0}^{\infty} |c_n|^{-\frac{1}{2n}}$$

Die Bedingung von CARLEMAN ist insofern von Bedeutung, als man mit ihr die Konvergenz von $W_0(z)$ und damit die Gleichheit $W_0(z) = F(z)$ allein mit Hilfe der Koeffizienten c_k (4.5.1.9) der zu $F(z)$ gehörigen asymptotischen Entwicklung beweisen kann, ohne den Kettenbruch $W_0(z)$ (4.5.1.2) explizit zu kennen.

Beispiel. 1. Die Funktion $F(z) := \ln(1 + z^{-1})$ hat die Gestalt (4.5.1.7):

$$\ln(1 + z^{-1}) = \int_0^{\infty} \frac{d\psi(t)}{z + t} = \int_0^1 \frac{dt}{z + t}, \qquad \psi(t) := \begin{cases} t & \text{für } 0 \leq t \leq 1, \\ 1 & \text{fur } t \geq 1 \end{cases}$$

Die zu $F(z)$ gehörige asymptotische Entwicklung ist wegen

$$c_k = (-1)^k \int_0^1 t^k \, dt = (-1)^k/(k+1)$$

gerade die Taylor-Reihe für $\ln(1 + z^{-1})$:

$$\ln(1 + z^{-1}) = \frac{1}{z} - \frac{1/2}{z^2} + \frac{1/3}{z^3} - + \cdots,$$

die bekanntlich für alle $|z| > 1$ konvergiert. Da die Reihe

$$\sum_{n=0}^{\infty} |c_n|^{-1/2n} = \sum_{n=1}^{\infty} n^{1/2n}$$

offensichtlich divergiert, muß nach Satz (4.5.1.11) $F(z) = \ln(1 + z^{-1})$ eine Kettenbruchentwicklung $W_0(z)$ (4.5.1.2) mit $c_0 > 0$, $q_i < 0$, $e_i < 0$ besitzen, die für alle z mit $|\arg(z)| < \pi$ gegen $\ln(1 + z^{-1})$ konvergiert [vgl. Beispiel (4.5.1.6)].

2. Man kann zeigen, daß die *komplementäre Fehlerfunktion*

$$\mathrm{Erfc}\,(z) := \int\limits_z^\infty e^{-t^2}\,dt$$

in der Form

$$\mathrm{Erfc}\,(z) = \frac{z}{2}\,e^{-z^2} \cdot F(z^2),$$

$$F(z) := \frac{1}{\sqrt{\pi}} \int\limits_0^\infty \frac{t^{-1/2}\,e^{-t}\,dt}{z + t} = \int\limits_0^\infty \frac{d\psi(t)}{z + t},$$

mit

$$\psi(t) := \frac{1}{\sqrt{\pi}} \int\limits_0^t \tau^{-1/2}\,e^{-\tau}\,d\tau$$

dargestellt werden kann. Zur Hilfsfunktion $F(z)$ gehören die Koeffizienten

$$c_0 := 1,$$

$$c_k := \frac{(-1)^k}{\sqrt{\pi}} \int\limits_0^\infty t^{k-1/2}\,e^{-t}\,dt$$

$$= (-1)^k \frac{1}{2}\,\frac{3}{2} \cdots \frac{2k-1}{2}, \quad k = 1, 2, \ldots$$

$\mathrm{Erfc}\,(z)$ besitzt daher die asymptotische Entwicklung

$$z\,e^{-z^2} \left[\frac{1}{2z^2} - \frac{1}{(2z^2)^2} + \frac{1 \cdot 3}{(2z^2)^3} - \frac{1 \cdot 3 \cdot 5}{(2z^2)^4} + \cdots \right],$$

die für kein $z \neq 0$ konvergiert. Andererseits ist das Kriterium von CARLEMAN erfüllt: Wegen

$$|c_k| \leq \frac{(2k)^k}{2^k} = k^k$$

sind nämlich die Reihen

$$\sum_{k=0}^\infty |c_k|^{-1/2k} \geq \sum_{k=1}^\infty k^{-1/2} \geq \sum_{k=1}^\infty \frac{1}{k}$$

alle divergent. Nach dem letzten Satz gibt es daher für $F(z)$ [und damit indirekt auch für $\mathrm{Erfc}\,(z)$] einen korrespondierenden Kettenbruch $W_0(z)$ (4.5.1.2), der fur alle z mit $|\arg(z)| < \pi$ gegen $F(z)$ konvergiert. Diesen Kettenbruch kann man etwa mit Hilfe des QD-Algorithmus (s. Ziff. 4.5.2) aus den c_k bestimmen. Man findet so für $\mathrm{Erfc}\,(z)$ den Kettenbruch

$$(4.5.1.12) \qquad \frac{2}{z}\,e^{z^2}\,\mathrm{Erfc}\,(z) = \frac{1\,|}{|\,z^2} + \frac{1/2\,|}{|\,1} + \frac{2/2\,|}{|\,z^2} + \frac{3/2\,|}{|\,1} + \frac{4/2\,|}{|\,z^2} + \cdots,$$

der für alle z mit $|\arg(z^2)| < \pi$, d. h. für z mit $\mathrm{Re}\{z\} > 0$ konvergiert.

Für die numerische Berechnung von Stieltjes-Kettenbrüchen der Form

$$(4.5.1.13) \qquad \frac{a_1\,|}{|\,z} + \frac{a_2\,|}{|\,1} + \frac{a_3\,|}{|\,z} + \cdots, \quad \text{mit} \quad a_i > 0 \quad \text{für} \quad i = 1, 2, \ldots,$$

die nach Satz (4.5.1.10) zu Funktionen $F(z)$ der Form (4.5.1.7) gehören, ist folgende Abschätzung für $F(z)$ wichtig, die von HENRICI und PFLUGER [18] gefunden wurde. Hat man etwa für ein bestimmtes z mit $|\arg(z)| < \pi$ die ersten n Näherungsbrüche

$$w_k := C_k(z), \quad k = 1, 2, \ldots, n$$

von (4.5.1.13) berechnet, so kann man leicht ein Gebiet der komplexen Ebene angeben, in dem der gesuchte Funktionswert $F(z)$ liegt. Dazu setze man $w_{-1} := \infty$, $w_0 := 0$ und definiere γ_n als den Kreisbogen, der von w_{n-1} über w_{n+1} nach w_n läuft (s. Abb. 4.5).

Man kann zeigen, daß für $|\arg(z)| < \pi$, $a_i > 0$, $i = 1, 2, \ldots,$ die Definition der Bögen γ_n sinnvoll ist: keine zwei der Punkte w_{n-1}, w_n, w_{n+1} können zusammenfallen, noch können w_{n-1}, w_n, w_{n+1} in dieser Reihenfolge auf einer Geraden liegen. Dann betrachte man das Kreisbogenzweieck Ω_n (einschließlich Rand), das von den Kreisbögen γ_n und γ_{n-1} begrenzt wird. Diese Gebiete Ω_n haben u. a. folgende Eigenschaften, sofern $|\arg(z)| < \pi$ und alle a_i in (4.5.1.13) positiv sind:

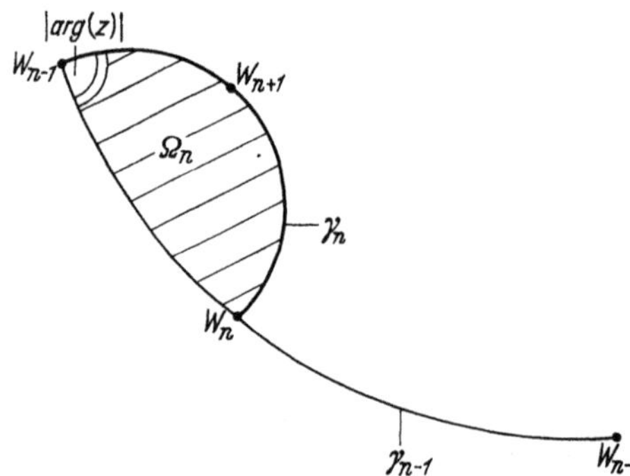

Abb. 4.5. Einschließungsgebiete für die Werte von Stieltjes-Kettenbruchen

1. Der gesuchte Funktionswert $F(z)$ liegt in Ω_n.

2. Ω_{n+1} ist echte Teilmenge von Ω_n.

3. Die Kreisbogenzweiecke Ω_n sind konvex und besitzen den Öffnungswinkel $|\arg(z)|$.

4. Falls (4.5.1.13) für das betreffende z konvergiert, so strebt der Durchmesser der Mengen Ω_n für $n \to \infty$ gegen 0.

Man beachte, daß diese Aussagen, insbesondere 1., auch dann richtig sind, wenn (4.5.1.13) für das betreffende z nicht konvergiert. Ferner beachte man, daß die Kreisbogenzweiecke Ω_n für reelle $z > 0$ den Öffnungswinkel $\arg(z) = 0$ besitzen und dementsprechend zu gewissen Strecken $\Omega_n = [w_{n-1}, w_n]$ auf der reellen Achse entarten.

Beispiel (HENRICI, PFLUGER [18]). Der Kettenbruch (4.5.1.12) besitzt für $z = \dfrac{1}{\sqrt{2}}(1 + i)$, $z^2 = i$ die folgenden Näherungsbrüche

n	0	1	2	3	4	5	6
w_n	0	$-i$	$\dfrac{2-4i}{5}$	$\dfrac{2-10i}{13}$	$\dfrac{38-124i}{145}$	$\dfrac{118-404i}{521}$	$\dfrac{1982-7278i}{8749}$

Der gesuchte Funktionswert

$$K := \frac{2}{z}\, e^{z^2}\, \mathrm{Erfc}\,(z)\ \Big|_{z^2\,=\,i}$$

liegt daher z. B. in Ω_6 (s. Abb. 4.6). Für den Näherungswert $\frac{1}{2}(w_5 + w_6) =$
$= 0{,}2265\ldots - 0{,}8036\ldots \times i$ für K findet man so die Abschätzung

$$|K - \tfrac{1}{2}(w_5 + w_6)| \leq \tfrac{1}{2}|w_5 - w_6|$$
$$= 0{,}028 \ldots$$

Dieser Wert für K ist wesentlich genauer als der „beste" Wert $\frac{1}{2} - i$, den
die asymptotische Entwicklung liefert:

$$2\left[\frac{1}{(2z^2)} - \frac{1}{(2z^2)^2} + \frac{1\cdot 3}{(2z^2)^3} - \right.$$
$$\left. - \frac{1\cdot 3\cdot 5}{(2z^2)^4} + - \cdots\right]_{z^2\,=\,i}$$
$$= -i + \frac{1}{2} + \frac{3}{4}\,i - \frac{15}{8} - \cdots$$

Die Beziehungen zwischen unendlichen Reihen und korrespondierenden Kettenbrüchen, die in
diesen Beispielen vorliegen, sind
typisch: Falls die Reihe (4.5.1.1)
für ein gewisses z gegen eine
Zahl $F(z)$ konvergiert, konvergiert
in der Regel der Kettenbruch
(4.5.1.2) gegen dieselbe Zahl, und
zwar gewöhnlich schneller als die
Reihe (4.5.1.1). Ferner wird der
Kettenbruch (4.5.1.2) in einem
größeren Gebiet der komplexen
z-Ebene konvergieren als die Reihe
(4.5.1.1) (vgl. Ziff. 4.4). Es liegt

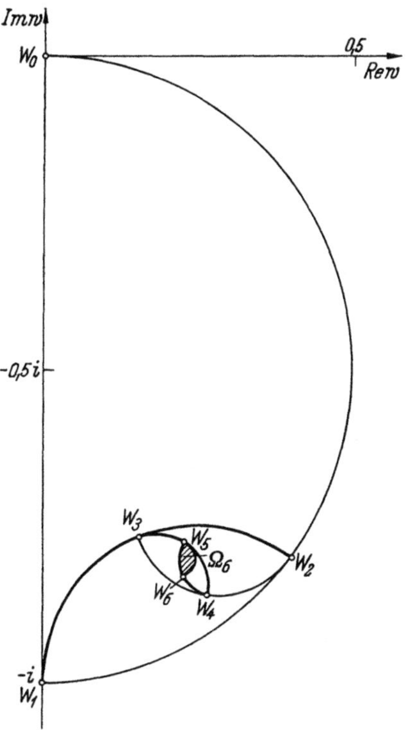

Abb. 4.6. Einschließungsgebiete für die Funktion

$$\frac{2}{z}\, e^{z^2}\, \mathrm{Erfc}\,(z)\ \Big|_{z^2\,=\,i}$$

daher nahe, den Grenzwert $F(z)$ einer langsam konvergenten (oder gar
divergenten) Reihe dadurch zu bestimmen (bzw. zu definieren), indem
man den korrespondierenden Kettenbruch bestimmt und den gesuchten
Grenzwert als Grenzwert der Folge der Näherungsbrüche von (4.5.1.2)
berechnet. Dieses *Summationsverfahren* stammt von STIELTJES. Die
technischen Einzelheiten dieses Verfahrens werden in den folgenden
Abschnitten besprochen.

An dieser Stelle seien zusätzlich zu den Kettenbrüchen (4.5.1.6)
und (4.5.1.12) noch einige weitere häufig gebrauchte Kettenbruch-
darstellungen bekannter Funktionen gebracht. Weitere Beispiele findet
man in der Literatur (z. B. WALL [33], PERRON [25], WYNN [38]).

Die elementaren Funktionen e^z, $\tan z$, $\arctan z$, $\arcsin z$ haben folgende Darstellungen (wobei z. B. $z^2 \nleqq -1$ Konvergenz für alle Komplexen z mit Ausnahme von $-\infty < z^2 \leqq -1$ bedeutet):

$$e^z = \frac{1\,|}{|\,1} - \frac{z\,|}{|\,1} + \frac{z\,|}{|\,2} - \frac{z\,|}{|\,3} + \frac{z\,|}{|\,2} - \frac{z\,|}{|\,5} + \frac{z\,|}{|\,2} - \cdots \quad (|z| < \infty),$$

$$\tan z = \frac{z\,|}{|\,1} - \frac{z^2\,|}{|\,3} - \frac{z^2\,|}{|\,5} - \frac{z^2\,|}{|\,7} - \cdots \qquad \left(z \neq \frac{\pi}{2} + n\pi\right),$$

$$\arctan z = \frac{z\,|}{|\,1} + \frac{z^2\,|}{|\,3} + \frac{4z^2\,|}{|\,5} + \frac{9z^2\,|}{|\,7} + \frac{16z^2\,|}{|\,9} + \cdots \qquad (z^2 \nleqq -1),$$

$$\frac{\arcsin z}{\sqrt{1-z^2}} = \frac{z\,|}{|\,1} - \frac{1 \cdot 2z^2\,|}{|\,3} - \frac{1 \cdot 2z^2\,|}{|\,5} - \frac{3 \cdot 4z^2\,|}{|\,7} - \frac{3 \cdot 4z^2\,|}{|\,9} - \cdots \quad (z^2 \ngeqq 1).$$

Wegen $\frac{1}{i}\tan iz = \tanh z$, $\frac{1}{i}\arctan iz = \operatorname{ar\,tanh} z$, $\frac{1}{i}\arcsin iz = \operatorname{ar\,sinh} z$ erhält man daraus sofort Kettenbrüche für die entsprechenden hyperbolischen Funktionen, beispielsweise

$$\operatorname{ar\,tanh} z = \frac{z\,|}{|\,1} - \frac{z^2\,|}{|\,3} - \frac{4z^2\,|}{|\,5} - \frac{9z^2\,|}{|\,7} - \frac{16z^2\,|}{9} - \cdots \qquad (z^2 \ngeqq 1).$$

4.5.2 Der QD-Algorithmus von Rutishauser

Der Quotienten-Differenzen-Algorithmus oder QD-Algorithmus von Rutishauser [29] ist eine Methode, den zu einer unendlichen Reihe (4.5.1.1) korrespondierenden Kettenbruch (4.5.1.2) zu bestimmen. Im wesentlichen beruht er auf den beiden Kontraktionsformeln (4.2.7) und (4.2.10). Man betrachtet in diesem Algorithmus neben der Reihe (4.5.1.1) und dem zugehörigen Kettenbruch (4.5.1.2) auch die weiteren Reihen

$$F_k(z) := \frac{c_k}{z} + \frac{c_{k+1}}{z^2} + \frac{c_{k+2}}{z^3} + \cdots,$$

und ihre korrespondierenden Kettenbrüche

$$F_k(z) \sim W_k(z) = \frac{c_k\,|}{|\,z} - \frac{q_1^{(k)}\,|}{|\,1} - \frac{e_1^{(k)}\,|}{|\,z} - \frac{q_2^{(k)}\,|}{|\,1} - \frac{e_2^{(k)}\,|}{|\,z} - \cdots.$$

Aus (4.2.10) folgt

$$(4.5.2.1) \quad z F_k(z) - c_k \sim \frac{c_k q_1^{(k)}\,|}{|\,z - q_1^{(k)} - e_1^{(k)}} - \frac{e_1^{(k)} q_2^{(k)}\,|}{|\,z - q_2^{(k)} - e_2^{(k)}} -$$
$$- \frac{e_2^{(k)} q_3^{(k)}\,|}{|\,z - q_3^{(k)} - e_3^{(k)}} - \cdots$$

und aus (4.2.7)

$$(4.5.2.2) \quad F_{k+1}(z) \sim \frac{c_{k+1}\,|}{|\,z - q_1^{(k+1)}} - \frac{q_1^{(k+1)} e_1^{(k+1)}\,|}{|\,z - e_1^{(k+1)} - q_2^{(k+1)}} -$$
$$- \frac{q_2^{(k+1)} e_2^{(k+1)}\,|}{|\,z - e_2^{(k+1)} - q_3^{(k+1)}} - \cdots.$$

Wegen $F_{k+1}(z) = z\,F_k(z) - c_k$ folgen durch Vergleich von (4.5.2.1) und (4.5.2.2) die Rekursionsformeln des QD-Algorithmus:

$$
(4.5.2.3) \qquad
\begin{aligned}
e_{\mu-1}^{(k+1)} + q_\mu^{(k+1)} &= q_\mu^{(k)} + e_\mu^{(k)}, & e_0^{(k)} &:= 0, \\[2mm]
q_\mu^{(k+1)} \cdot e_\mu^{(k+1)} &= e_\mu^{(k)} \cdot q_{\mu+1}^{(k)}, & q_1^{(k)} &:= \frac{c_{k+1}}{c_k}.
\end{aligned}
$$

Die Koeffizienten $q_\mu^{(k)}$, $e_\mu^{(k)}$ werden in dem QD-Schema angeordnet:

$$
(4.5.2.4) \qquad
\begin{array}{ccccccc}
 & \dfrac{c_1}{c_0} = q_1^{(0)} & & & & & \\[2mm]
0 = e_0^{(1)} & & e_1^{(0)} & & & & \\[2mm]
 & \dfrac{c_2}{c_1} = q_1^{(1)} & & q_2^{(0)} & & & \\[2mm]
0 = e_0^{(2)} & & e_1^{(1)} & & e_2^{(0)} & & \\[2mm]
 & \dfrac{c_3}{c_2} = q_1^{(2)} & & q_2^{(1)} & & q_3^{(0)} & \\[2mm]
0 = e_0^{(3)} & & e_1^{(2)} & & e_2^{(1)} & & \vdots \\[2mm]
 & \dfrac{c_4}{c_3} = q_1^{(3)} & & q_2^{(2)} & & \vdots & \\[2mm]
0 = e_0^{(4)} & & e_1^{(3)} & & \vdots & & \\[2mm]
 & \dfrac{c_5}{c_4} = q_1^{(4)} & & \vdots & & & \\[2mm]
 & \vdots & & & & &
\end{array}
$$

Ausgehend von den beiden ersten Spalten kann dieses Schema mittels der Regeln (4.5.2.3) berechnet werden, sofern keine Divisionen durch 0 nötig werden. Der QD-Algorithmus hat seinen Namen daher, weil man bei der Berechnung von (4.5.2.4) nach (4.5.2.3) abwechselnd Quotienten bzw. Differenzen zu bilden hat. Die Regeln (4.5.2.3) verknüpfen je 4 benachbarte auf den Ecken eines Rhombus liegende Zahlen von (4.5.2.4) und heißen daher Rhombenregeln. Die oberste Schrägzeile von (4.5.2.4) enthält gerade die Koeffizienten $q_i^{(0)}$, $e_i^{(0)}$ des gesuchten zu $F_0(z) = F(z)$ korrespondierenden Kettenbruchs.

Das QD-Schema (4.5.2.4) kann etwa mit Hilfe des folgenden ALGOL-Programms berechnet werden
(Bezeichnungen: $q[2i, k] := e_i^{(k-2i)}$, $q[2i-1, k] := q_i^{(k-2i+1)}$):

```
for   r := 1 step 1 until n do
begin q[0, r] := 0; q[1, r] := c[r]/c[r − 1]; bo := false;
      for j := 2 step 1 until r do
      begin bo := ¬ bo;
            q[j, r] := if bo then q[j − 1, r] + q[j − 2, r − 1] −
                                                q[j − 1, r − 1]
                       else q[j − 1, r] × q[j − 2, r − 1]/q[j − 1, r − 1]
      end
end;
```

Schema:

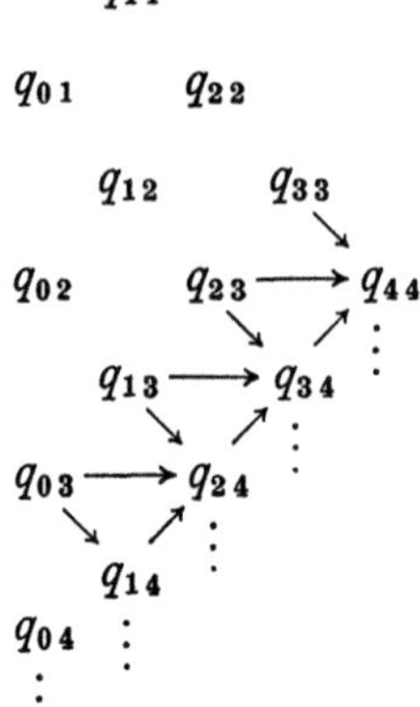

Beispiel 1. Zur Funktion $\Phi(x) := \dfrac{\ln(1+x)}{x}$ gehört die Taylor-Reihe

$$\Phi(x) = 1 - \frac{x}{2} + \frac{x^2}{3} - \frac{x^3}{4} + \cdots$$

bzw.

$$F(z) := \frac{1}{z}\,\Phi\left(\frac{1}{z}\right) = \frac{1}{z} - \frac{1/2}{z^2} + \frac{1/3}{z^3} - \cdots.$$

Man findet für die Funktionen Φ bzw. F das QD-Schema

$$
\begin{array}{ccccccc}
-1/2 \\
& 0 & & -1/6 \\
& & -2/3 & & -1/3 \\
& 0 & & -1/12 & & -1/5 \\
& & -3/4 & & -9/20 & & -3/10 \\
& 0 & & -1/20 & & -2/15 \\
& & -4/5 & & -8/15 \\
& 0 & & -1/30 \\
& & -5/6
\end{array}
$$

Dementsprechend korrespondiert zu Φ der Kettenbruch

$$\frac{1\,|}{|\,1} + \frac{x/2\,|}{|\,1} + \frac{x/6\,|}{|\,1} + \frac{x/3\,|}{|\,1} + \frac{x/5\,|}{|\,1} + \frac{3x/10\,|}{|\,1} + \cdots,$$

bzw. zu $F(z)$ der Kettenbruch

$$\frac{1\,|}{|\,z} + \frac{1/2\,|}{|\,1} + \frac{1/6\,|}{|\,z} + \frac{1/3\,|}{|\,1} + \frac{1/5\,|}{|\,z} + \frac{3/10\,|}{|\,1} + \cdots$$

(vgl. das Beispiel in Ziff. 4.4).

Das QD-Schema (4.5.2.4) besitzt viele weitere interessante Eigenschaften, die z. B. in RUTISHAUSER [29] ausführlich beschrieben sind. Beispielsweise gilt der folgende

(4.5.2.5) **Satz:** *Es sei* $F(z) = \sum\limits_{i=0}^{\infty} \dfrac{c_i}{z^{i+1}}$ *eine rationale Funktion, deren Nenner $N(z)$ den Grad n hat. Existiert dann das QD-Schema* (4.5.2.4) *zu $F(z)$, so verschwinden die Elemente $e_n^{(i)}$ in* (4.5.2.4) *für alle i.*

Außerdem lassen sich Aussagen über das Konvergenzverhalten der Spalten des QD-Schemas machen:

(4.5.2.6) **Satz:** *Ist* $F_0(z) = F(z) = \sum\limits_{i=0}^{\infty} \dfrac{c_i}{z^{i+1}}$ *eine rationale Funktion mit den Polen λ_i, $i = 1, 2, \ldots$ und ist*

$$|\lambda_1| > |\lambda_2| > |\lambda_3| > \cdots,$$

so gilt für das zugehörige QD-Schema von $F(z)$

$$\lim_{k \to \infty} q_i^{(k)} = \lambda_i, \qquad \lim_{k \to \infty} e_i^{(k)} = 0 \quad \text{für} \quad i = 1, 2, 3, \ldots$$

Dieses Verhalten des QD-Schemas (4.5.2.4) läßt einerseits leider die Berechnung von (4.5.2.4) numerisch instabil werden, wenn man das Schema von links nach rechts von der ersten Spalte ausgehend berechnet. Die $e_i^{(k)}$ ergeben sich dann nämlich im wesentlichen als Differenzen der gegen den gleichen Limes λ_i strebenden Zahlen $q_i^{(k)}$ und $q_i^{(k+1)}$ und werden deshalb durch Auslöschung ziemlich ungenau (s. Beispiel 2). Es ist deshalb ratsam, die oben beschriebene Form des QD-Algorithmus auf einer Rechenmaschine evtl. mit doppelter Genauigkeit zu rechnen oder andere Maßnahmen (s. GARGANTINI, HENRICI [*13*]) zu treffen, um die Genauigkeit zu erhöhen. Kennt man andererseits die oberste Schrägzeile von (4.5.2.4), so kann man mit Hilfe der Rekursionsformeln (4.5.2.3) das Schema (4.5.2.4) auch von oben nach unten zeilenweise konstruieren („progressiver QD-Algorithmus"). So geführt ist der Algorithmus numerisch stabiler und man kann ihn beispielsweise benutzen, um die Pole λ_i einer rationalen Funktion, also die Nullstellen des Nennerpolynoms, zu bestimmen.

Das folgende ALGOL-Programm beschreibt diese progressive Form des QD-Algorithmus. In ihm wird aus irgendeiner gegebenen Schrägzeile $q_1, e_1, q_2, e_2, \ldots, q_n$ des QD-Schemas die darunter liegende Schrägzeile $q_i', e_i', \ldots,$ berechnet unter der Annahme, daß das QD-Schema zu einer rationalen Funktion $F(z)$ gehört, deren Nennergrad gerade n ist $(e_n := e_n' := 0)$:

```
q[1] := q[1] + e[1]; e[n] := 0;
for   i := 1 step 1 until n − 1 do
begin e[i] := e[i] × q[i + 1]/q[i];
      q[i + 1] := q[i + 1] + e[i + 1] − e[i]
end;
```

Nach Durchlaufen der Schleife sind die Felder $e[1:n]$, $q[1:n]$ mit den Werten der gestrichenen Größen $q_1', e_1', \ldots$ besetzt.

Schema

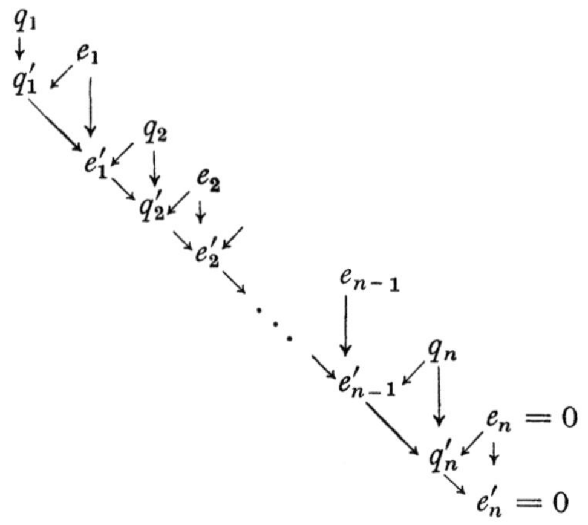

$$
\begin{array}{l}
q_1 \\
\downarrow \\
q_1' \quad e_1 \\
\qquad\qquad \searrow\ \downarrow \\
\qquad e_1' \quad q_2 \\
\qquad\qquad\qquad \searrow\ \downarrow \\
\qquad\qquad q_2' \quad e_2 \\
\qquad\qquad\qquad\qquad \searrow\ \downarrow \\
\qquad\qquad\qquad e_2' \\
\qquad\qquad\qquad\qquad \cdots \quad e_{n-1} \\
\qquad\qquad\qquad\qquad\qquad\qquad \downarrow \\
\qquad\qquad\qquad\qquad\qquad e_{n-1}' \quad q_n \\
\qquad\qquad\qquad\qquad\qquad\qquad\qquad \downarrow \\
\qquad\qquad\qquad\qquad\qquad\qquad q_n' \quad e_n = 0 \\
\qquad\qquad\qquad\qquad\qquad\qquad\qquad\qquad \downarrow \\
\qquad\qquad\qquad\qquad\qquad\qquad\qquad e_n' = 0
\end{array}
$$

Beispiel 2. Die rationale Funktion

$$
F(z) := \frac{z}{z^2 - z - 1}
$$

besitzt die Entwicklung

$$
F(z) = \frac{1}{z} + \frac{1}{z^2} + \frac{2}{z^3} + \frac{3}{z^4} + \frac{5}{z^5} + \frac{8}{z^6} + \cdots = \sum_{n=0}^{\infty} \frac{c_n}{z^{n+1}}
$$

mit $c_0 = c_1 = 1$, $c_n = c_{n-1} + c_{n-2}$ für $n \geqq 2$. Die Nullstellen des Nenners sind $\lambda_1 = 1{,}6180339885\ldots$, $\lambda_2 = -0{,}6180339885\ldots$ Zu der Reihenentwicklung von $F(z)$ findet man bei 11-stelliger Rechnung das QD-Schema

ν	$q_1^{(\nu)}$	$e_1^{(\nu)}$	$q_2^{(\nu)}$	$e_2^{(\nu)}$
0	$1{,}0000000000$			
		$1{,}0000000000$		
1	$2{,}0000000000$		$-1{,}0000000000$	
		$-5{,}0000000000_{10}{-1}$		0
2	$1{,}5000000000$		$-0{,}500000000\,5$	
		$1{,}6666666668_{10}{-1}$		0
3	$1{,}6666666666$		$-0{,}666666667\,01$	
		$-6{,}6666667 09_{10}{-2}$		$\cdot$
4	$1{,}6000000000$		$\cdot$	
$\cdot$		$\cdot$		$\cdot$
$\cdot$	$\cdot$	$\cdot$	$\cdot$	
$\cdot$		$\cdot$		0
	$\cdot$		$-0{,}6183742932\,2$	
		$-9{,}2608388513_{10}{-8}$		0
18	$1{,}6180339631$		$-0{,}6183310179\,6$	
		$3{,}5390257835_{10}{-8}$		0
19	$1{,}6180339985$		$-0{,}6174077099\,6$	
		$-1{,}3504177331_{10}{-8}$		0
20	$1{,}6180339850$		$-0{,}6137370287\,9$	
		$5{,}1222741603_{10}{-9}$		
21	$1{,}6180339901$			

Für $F(z)$ hat man außerdem die Darstellung als endlichen Kettenbruch:

$$F(z) = \frac{1\,|}{|\,z} - \frac{1\,|}{|\,1} - \frac{1\,|}{|\,z} + \frac{1\,|}{|\,1}.$$

Mit Hilfe des progressiven Q D-Algorithmus erhält man daraus das Q D-Schema (11-stellige Rechnung):

ν	$q_1^{(\nu)}$	$e_1^{(\nu)}$	$q_2^{(\nu)}$	$e_2^{(\nu)}$
0	1,0000000000			
		1,0000000000		
1	2,0000000000		$-1,0000000000$	
		$-5,0000000000_{10}{}^{-1}$		0
2	1,5000000000		$-0,5000000000$	
		$1,6666666666_{10}{}^{-1}$		0
.			$-0,6666666666$	
		.		
.	.		.	.
18	1,6180339633		.	
		$3,5355096835_{10}{}^{-8}$		.
19	1,6180339986		$-0,6180339985\,2$	
		$-1,3504445446_{10}{}^{-8}$		0
20	1,6180339851		$\underline{-0,6180339850\,1}$	
		$5,1582391418_{10}{}^{-9}$		0
			$-0,6180339901\,7$	

Beide Schemata müßten bei genauer Rechnung übereinstimmen und es mußte

$$\lim_{\nu \to \infty} q_1^{(\nu)} = \lambda_1 = 1,6180339985\ldots, \quad \lim_{\nu \to \infty} e_1^{(\nu)} = 0, \quad \lim_{\nu \to \infty} q_2^{(\nu)} = \lambda_2$$
$$= -0,6180339885\ldots$$

gelten. Infolge der beim Rechnen mit endlicher Stellenzahl unvermeidlichen Rundungsfehler ergeben sich jedoch typische Unterschiede: Während der progressive QD-Algorithmus (2. Schema) noch verhältnismäßig genaue Resultate liefert, liefert der gewöhnliche QD-Algorithmus (1. Schema) ein stark von Rundungsfehlern verfälschtes Resultat. (Man vergleiche etwa die Elemente $q_2^{(19)}$ (unterstrichen) in beiden Schemata mit λ_2)

Um den progressiven QD-Algorithmus zur Bestimmung der Nullstellen eines Polynoms $N(z)$ anwenden zu können, muß man sich zunächst eine rationale Funktion $F(z)$ mit dem Nennerpolynom $N(z)$ in der Form eines endlichen Kettenbruchs

$$(4.5.2.7) \quad F(z) \equiv \frac{c_0\,|}{|\,z} - \frac{q_1\,|}{|\,1} - \frac{e_1\,|}{|\,z} - \frac{q_2\,|}{|\,1} - \frac{e_2\,|}{|\,z} - \cdots - \frac{q_n\,|}{|\,1}$$

verschaffen. In einem praktisch besonders wichtigen Fall ist jedoch eine solche Entwicklung in natürlicher Weise gegeben: Es handelt sich um die Bestimmung der Eigenwerte (s. F 2.7) einer Tridiagonalmatrix

$$(4.5.2.8) \qquad J = \begin{pmatrix} a_1 & 1 & & & \text{\Large 0} \\ b_1 & a_2 & 1 & & \\ & \ddots & \ddots & \ddots & \\ & & & \ddots & 1 \\ \text{\Large 0} & & b_{n-1} & a_n \end{pmatrix}, \qquad b_i \neq 0 \quad \text{für} \quad i = 1, 2, \ldots, n-1.$$

Der Matrix J kann man nämlich den Kettenbruch

$$(4.5.2.9) \qquad \frac{1\;|}{|\,z - a_1} - \frac{b_1\;|}{|\,z - a_2} - \frac{b_2\;|}{|\,z - a_3} - \cdots - \frac{b_{n-1}\;|}{|\,z - a_n} \equiv F(z)$$

zuordnen. Aus den Rekursionsformeln (4.1.4), angewandt auf den Kettenbruch (4.5.2.9), folgt sofort, daß gilt

$$F(z) = \frac{Z(z)}{N(z)},$$

wobei das Nennerpolynom $N(z)$ gerade das charakteristische Polynom (s. F 2.7) $N(z) = \det(z\,I - J)$ der gegebenen Matrix und das Zählerpolynom $Z(z)$ gleich dem Hauptminor

$$\det \begin{pmatrix} z - a_2 & -1 & & & \text{\Large 0} \\ -b_2 & \ddots & \ddots & & \\ & \ddots & \ddots & \ddots & \\ & & \ddots & \ddots & -1 \\ \text{\Large 0} & & & -b_{n-1} & z - a_n \end{pmatrix}$$

ist. Nach Formel (4.2.7) ist der Kettenbruch (4.5.2.9) die gerade Kontraktion des Kettenbruchs

$$F(z) = \frac{1\,|}{|\,z} - \frac{q_1\,|}{|\,1} - \frac{e_1\,|}{|\,z} - \cdots - \frac{q_n\,|}{|\,1},$$

wenn man definiert

$$\begin{aligned} q_1 &:= a_1 \\ e_i &:= b_i / q_i \qquad &&\text{für} \quad i = 1, 2, \ldots, n-1. \\ q_{i+1} &:= a_{i+1} - e_i \end{aligned}$$

Benutzt man diese Werte q_i, e_i als oberste Schrägreihe des QD-Schemas (4.5.2.4), so werden nach Satz (4.5.2.6) die Elemente $q_i^{(k)}$ für $k \to \infty$ gegen die Eigenwerte λ_i der Matrix J (4.5.2.8) konvergieren, die ja gerade die Nullstellen des Nennerpolynoms $N(z)$ und damit die Pole der Funktion $F(z)$ sind.

4.5.3 Der η-Algorithmus

Der QD-Algorithmus löst die Aufgabe, zu einer unendlichen Reihe

$$(4.5.3.1) \qquad F(z) = \frac{c_0}{z} + \frac{c_1}{z^2} + \frac{c_2}{z^3} + \cdots$$

den korrespondierenden Kettenbruch

$$(4.5.3.2) \qquad W(z) = \frac{c_0 \,|}{|\;z} - \frac{q_1 \,|}{|\;1} - \frac{e_1 \,|}{|\;z} - \cdots$$

zu konstruieren und damit die Reihe (4.5.3.1) für $F(z)$ im Sinne von STIELTJES (s. Ziff. 4.5.1) zu summieren. Auf ähnliche Weise kann man die Konvergenz einer gegebenen Zahlenreihe

$$(4.5.3.3) \qquad c_0 + c_1 + c_2 + \cdots$$

durch Stieltjes-Summation beschleunigen: Man definiere $F(z)$ durch (4.5.3.1), konstruiere den zu F korrespondierenden Kettenbruch (4.5.3.2) und berechne für $z = 1$ die Folge der Näherungsbrüche $C_i(1)$ von $W(1)$. Da die Folge der Näherungsbrüche $C_i(1)$ genau die Folge der Partialsummen der unendlichen Reihe

$$(4.5.3.4) \qquad C_1(1) + \big(C_2(1) - C_1(1)\big) + \big(C_3(1) - C_2(1)\big) + \cdots$$

ist, ist die Stieltjes-Summation nichts anderes als eine gewisse Transformation der gegebenen Reihe (4.5.3.3) in eine andere Reihe (4.5.3.4). Es ist nun bemerkenswert, daß man diese Reihentransformation ohne explizite Berechnung der Größen q_i, e_i in (4.5.3.2), etwa mit Hilfe des QD-Algorithmus, durchführen kann. Das geschieht im sog.

$$\eta\text{-}Algorithmus,$$

der im Prinzip aus der folgenden Formel von EULER hergeleitet werden kann: Für die Näherungsbrüche C_k des Kettenbruchs

$$\frac{\eta_0\,|}{|\;1} - \frac{\eta_1\;\;|}{|\;\eta_0 + \eta_1} - \frac{\eta_0\,\eta_2\;\;|}{|\;\eta_1 + \eta_2} - \frac{\eta_1\,\eta_3\;\;|}{|\;\eta_2 + \eta_3} - \frac{\eta_2\,\eta_4\;\;|}{|\;\eta_3 + \eta_4} - \cdots$$

gilt

$$C_i = \eta_0 + \eta_1 + \cdots + \eta_{i-1}, \qquad i = 1, 2, \ldots$$

Um den η-Algorithmus anzugeben, betrachtet man wieder die im letzten Abschnitt eingeführten Reihen

$$F_k(z) = \sum_{i=0}^{\infty} \frac{c_{k+i}}{z^{i+1}}, \qquad k = 0, 1, 2, \ldots,$$

und die ihnen korrespondierenden Kettenbrüche $W_k(z)$

$$F_k(z) \sim W_k(z) = \frac{c_k\,|}{|\;z} - \frac{q_1^{(k)}\,|}{|\;1} - \frac{e_1^{(k)}\,|}{|\;z} - \frac{q_2^{(k)}\,|}{|\;1} - \frac{e_2^{(k)}\,|}{|\;z} - \cdots$$

an der Stelle $z = 1$ und schreibt den i-ten Näherungsbruch $C_i^{(k)}(z)$ von $W_k(z)$ für $z = 1$ in der Form

$$C_i^{(k)}(1) = \eta_0^{(k)} + \eta_1^{(k)} + \cdots + \eta_{i-1}^{(k)}, \qquad i = 1, 2, \ldots$$

Es ist dann insbesondere $\eta_0^{(k)} := c_k$, und die Stieltjes-Summation der Reihe

$$\sum_{k=0}^{\infty} c_k = \sum_{k=0}^{\infty} \eta_0^{(k)}$$

läuft darauf hinaus, die Reihe

$$\eta_0^{(0)} + \eta_1^{(0)} + \eta_2^{(0)} + \eta_3^{(0)} + \cdots$$

zu konstruieren. Das geschieht mit Hilfe der Rekursionsformeln des η-Algorithmus

$$(4.5.3.5) \qquad \begin{aligned} \eta_{2i-1}^{(k)} + \eta_{2i}^{(k)} &= \eta_{2i-2}^{(k+1)} + \eta_{2i-1}^{(k+1)}, & \eta_0^{(k)} &:= c_k, \\[2mm] \frac{1}{\eta_{2i}^{(k)}} + \frac{1}{\eta_{2i+1}^{(k)}} &= \frac{1}{\eta_{2i-1}^{(k+1)}} + \frac{1}{\eta_{2i}^{(k+1)}}, & \frac{1}{\eta_{-1}^{(k)}} &:= 0. \end{aligned}$$

Mit Hilfe dieser Rekursionsformel, die wieder die Struktur einer Rhombenregel hat, kann ausgehend von der ersten Spalte folgendes η-Tableau konstruiert werden

$$(4.5.3.6) \qquad \begin{array}{lllll}
c_0 = \eta_0^{(0)} \\
& \eta_1^{(0)} \\
c_1 = \eta_0^{(1)} & & \eta_2^{(0)} \\
& \eta_1^{(1)} & & \eta_3^{(0)} \cdot \\
c_2 = \eta_0^{(2)} & & \eta_2^{(1)} & & \ddots \\
& \eta_1^{(2)} & & \vdots \\
c_3 = \eta_0^{(3)} & \vdots \\
\vdots & \vdots
\end{array}$$

Die Glieder $c_k = \eta_0^{(k)}$ der gegebenen Reihe stehen in der 1. Spalte, die Glieder $\eta_i^{(0)}$ der gesuchten transformierten Reihe in der obersten Schrägreihe.

Folgendes ALGOL-Programm) leistet die Berechnung von (4.5.3.6) (Bezeichnungen: $e[i, k] := \eta_i^{(k-i)}$):

```
for r := 0 step 1 until n do
begin rec := 0; e[0, r] := c[r]; bo := false;
      for j := 1 step 1 until r do
      begin bo := ⌐bo;
            if bo then
            begin rec := rec + 1/e[j − 1, r] − 1/e[j − 1, r − 1];
                  e[j, r] := 1/rec;
            end
            else
            begin e[j, r] := e[j − 1, r] + e[j − 2, r − 1] −
                  e[j − 1, r − 1]; rec := 1/e[j − 1, r − 1];
            end
      end
end;
```

Schema

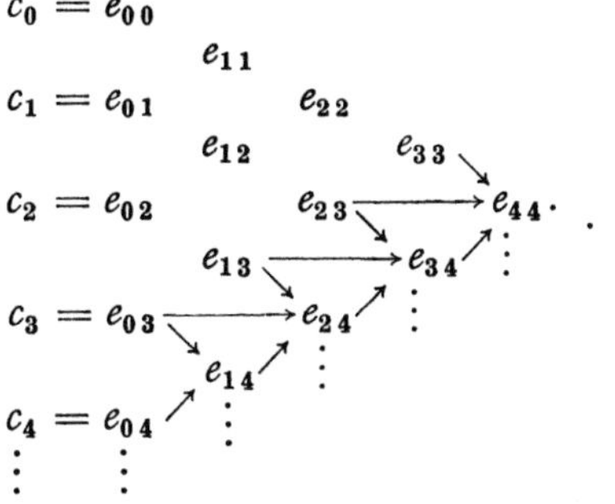

Gewöhnlich konvergiert die transformierte Reihe schneller gegen den gleichen Limes als die gegebene Reihe; häufig werden sogar divergente Reihen in konvergente verwandelt. Um die Konvergenzverhältnisse im einzelnen zu klären, müssen natürlich Konvergenzgebiete und Konvergenzgeschwindigkeit der Reihe

$$F(z) = \frac{c_0}{z} + \frac{c_1}{z^2} + \frac{c_2}{z^3} + \cdots$$

und des korrespondierenden Kettenbruchs $W(z)$, etwa mit Hilfe der Sätze von Ziff. 4.4 untersucht werden.

Beispiel. 1. Zur langsam konvergenten Reihe

$$1 - \frac{1}{2} + \frac{1}{3} - \frac{1}{4} + - \cdots = \ln(2) = 0.69314 \ldots .$$

gehört das η-Schema

1

    $-1/3$

$-1/2$ $1/30$

    $1/5$ $-1/130$

$1/3$ $-1/105$ $1/975$

    $-1/7$ $1/350$ $-1/4725.$

$-1/4$ $1/252$ $-1/4100$

    $1/9$ $-1/738$

$1/5$ $-1/495$

    $-1/11$

$-1/6$

Die transformierte Reihe ist

$$1 - \frac{1}{3} + \frac{1}{30} - \frac{1}{130} + \frac{1}{975} - \frac{1}{4725} + \cdots$$

Die Summe der ersten Glieder der ursprünglichen Reihe ist 0,61666..., wäbrend die ersten 6 Glieder der transformierten Reihe die Summe 0,69312 ergeben, also ein wesentlich genaueres Resultat liefern. Das liegt daran, daß die zur Reihe gehörige Funktion

$$(4.5.3.7) \qquad F(x) = 1 - \frac{x}{2} + \frac{x^2}{3} - \frac{x^3}{4} + \cdots = \frac{\ln(1+x)}{x}$$

die Kettenbruchentwicklung (s. Ziff. 4.5.2, Beispiel 1)

$$(4.5.3.8) \quad F(x) = \frac{1|}{|1} + \frac{x/2|}{|1} + \frac{x/6|}{|1} + \cdots + \frac{\dfrac{kx}{4k-2}|}{|1} + \frac{\dfrac{kx}{4k+2}|}{|1} + \cdots$$

besitzt, die nach Satz (4.4.5) für alle komplexen Zahlen x konvergiert mit Ausnahme der x auf der negativen reellen Achse mit $x \leqq -1$. Insbesondere konvergiert (4.5.3.8) für $x = 1$ wesentlich schneller als die ursprüngliche Reihe (4.5.3.7) (s. Ziff. 4.4, Beispiel).

2. Setzt man in der Potenzreihe (4.5.3.7) formal $x = -1$, so erhält man die divergente Reihe

$$1 + \frac{1}{2} + \frac{1}{3} + \frac{1}{4} + \cdots.$$

Zu ihr gehört das η-Schema

$$
\begin{array}{llll}
1 \\
\quad 1 \\
1/2 & 1/2 \\
\quad 1 & \quad 1/2 \\
1/3 & 1/3 & 1/3 \\
\quad 1 & \quad 1/2 & \quad 1/3 \\
1/4 & 1/4 & 1/4 & \ddots \\
\quad 1 & \quad 1/2 & \vdots \\
1/5 & 1/5 & \vdots \\
\quad 1 & \vdots \\
1/6 & \vdots \\
\vdots
\end{array}
$$

Die transformierte Reihe $1 + 1 + \frac{1}{2} + \frac{1}{2} + \frac{1}{3} + \frac{1}{3} + \cdots$ divergiert ebenfalls. Das ist nicht verwunderlich, weil die Funktion (4.5.3.7) für $x = -1$ eine logarithmische Singularität besitzt und deshalb auch der Kettenbruch (4.5.3.8) für $x = -1$ divergiert.

3. Dagegen wird die stärker divergente Reihe

$$1 - \frac{2}{2} + \frac{4}{3} - \frac{8}{4} + \frac{16}{5} - \cdots,$$

die zu (4.5.3.7) für $x = +2$ gehört, durch den η-Algorithmus in eine konvergente Reihe mit dem Limes $\dfrac{\ln(3)}{2} = 0,549306...$ verwandelt, weil (4.5.3.8) für $x = 2$ konvergiert:

η-Schema

1,00000						
	−0,50000					
−1,00000		0,07143				
	0,57143		−0,02597			
1,33333		−0,03810		0,00527		
	−0,80000		0,01739		−0,00171	
−2,00000		0,03077		−0,00220		0,00038
	1,23077		−0,01558		0,00088	
3,20000		−0,03077		0,00134		
	−2,00000		0,01653			
−5,33333		0,03509				
	3,36842					
9,14286						

Die ersten 7 Glieder der transformierten Reihe ergeben die Summe 0,54940...:

$$0,54940 = 1,00000 - 0,50000 + 0,07143 - 0,02597 + 0,00527 - 0,00171 +$$
$$+ 0,00038 - \cdots.$$

4.5.4 Der ε-Algorithmus von Wynn

Da jeder unendlichen Reihe $c_0 + c_1 + c_2 + \cdots$ eindeutig die Folge

$$a_0 := 0, \qquad a_1 := c_0, \qquad a_2 := c_0 + c_1, \qquad a_n := \sum_{i=0}^{n-1} c_i$$

ihrer Partialsummen entspricht, könnte man den η-Algorithmus auch dazu benutzen, eine gegebene Folge a_n von Zahlen in eine andere i. allg. schneller konvergente Folge a_n' zu transformieren. Man hätte sich dazu aus den a_n als erstes eine Reihe $\sum\limits_{i=0}^{\infty} c_i$ mit den Partialsummen a_i zu konstruieren, indem man setzt

$$c_i := a_{i+1} - a_i, \qquad i = 0, 1, \ldots,$$

und diese Reihe mit Hilfe des η-Algorithmus in eine andere Reihe $\sum\limits_{i=0}^{\infty} c_i'$ zu transformieren, deren Partialsummen $a_i' := \sum\limits_{k=0}^{i-1} c_k'$ dann die gesuchte Folge wäre. Wiederum ist es bemerkenswert, daß man diesen Umweg über unendliche Reihen und den η-Algorithmus vermeiden kann, daß man vielmehr die gegebene Folge a_n leicht direkt in die gesuchte Folge a_n' transformieren kann. Das geschieht im sog. ε-Algorithmus von WYNN [36]. In diesem Algorithmus wird ein Tableau von Zahlen, das ε-Tableau, rekursiv konstruiert:

$$(4.5.4.1)\qquad
\begin{array}{llll}
a_0 = \underline{\varepsilon_0^{(0)}} & & & \\[4pt]
 & \varepsilon_1^{(0)} & & \\[4pt]
a_1 = \underline{\varepsilon_0^{(1)}} & & \varepsilon_2^{(0)} & \\[4pt]
 & \varepsilon_1^{(1)} & & \varepsilon_3^{(0)} \\[4pt]
a_2 = \varepsilon_0^{(2)} & & \underline{\varepsilon_2^{(1)}} & & \underline{\varepsilon_4^{(0)}} \\[4pt]
 & \varepsilon_1^{(2)} & & \varepsilon_3^{(1)} & & \varepsilon_5^{(0)} \\[4pt]
a_3 = \varepsilon_0^{(3)} & & \varepsilon_2^{(2)} & & \underline{\varepsilon_4^{(1)}} \\[4pt]
 & \varepsilon_1^{(3)} & & \varepsilon_3^{(2)} & \\[4pt]
a_4 = \varepsilon_0^{(4)} & & \varepsilon_2^{(3)} & \\[4pt]
 & \varepsilon_1^{(4)} & & \\[4pt]
a_5 = \varepsilon_0^{(5)} & & &
\end{array}$$

In der ersten Spalte von (4.5.4.1) steht dabei die zu transformierende Folge $a_i := \varepsilon_0^{(i)}$, $i = 0, 1, 2, \ldots$, $(a_0 = 0)$. Die übrigen Spalten werden ausgehend von der ersten Spalte rekursiv berechnet nach der Formel

$$(4.5.4.2)\qquad (\varepsilon_i^{(k+1)} - \varepsilon_i^{(k)})(\varepsilon_{i+1}^{(k)} - \varepsilon_{i-1}^{(k+1)}) = 1, \qquad \varepsilon_{-1}^{(k)} := 0, \qquad \varepsilon_0^{(k)} := a_k,$$

die die Elemente des Rhombus

$$
\begin{array}{ccc}
 & \varepsilon_i^{(k)} & \\[4pt]
\varepsilon_{i-1}^{(k+1)} & & \varepsilon_{i+1}^{(k)} \\[4pt]
 & \varepsilon_i^{(k+1)} &
\end{array}
$$

miteinander verknüpft. Die Elemente

$$\varepsilon_0^{(0)}, \ \varepsilon_0^{(1)}, \ \varepsilon_2^{(0)}, \ \varepsilon_2^{(1)}, \ \varepsilon_4^{(0)}, \ \varepsilon_4^{(1)}, \ \ldots, \ \varepsilon_{2i}^{(0)}, \ \varepsilon_{2i}^{(1)}, \ \ldots$$

der beiden obersten Schrägzeilen [in (4.5.4.1) markiert] stellen dann die gesuchte transformierte Folge dar [vgl. (4.5.4.3)].

Die Elemente $\varepsilon_i^{(k)}$ hängen natürlich mit den Größen $\eta_i^{(k)}$, $q_i^{(k)}$, $e_i^{(k)}$ des zugehörigen η-Tableaus bzw. QD-Tableaus zusammen. Man findet für die Elemente in den geradzahlig indizierten Spalten von (4.5.4.1)

$$(4.5.4.3)\qquad \varepsilon_{2i}^{(k)} = \sum_{j=0}^{k-1} \eta_0^{(j)} + \sum_{j=0}^{2i-1} \eta_j^{(k)}$$

$$= c_0 + c_1 + \cdots + c_{k-2} + \frac{c_{k-1}\,|}{|\ 1} - \frac{q_1^{(k-1)}\,|}{|\ 1} - \frac{e_1^{(k-1)}\,|}{|\ 1} - \cdots - \frac{e_i^{(k-1)}\,|}{|\ 1}$$

$$= c_0 + c_1 + \cdots + c_{k-1} + \frac{c_k\,|}{|\ 1} - \frac{q_1^{(k)}\,|}{|\ 1} - \frac{e_1^{(k)}\,|}{|\ 1} - \cdots - \frac{q_i^{(k)}\,|}{|\ 1}.$$

Für die restlichen $\varepsilon_{2i+1}^{(k)}$ gilt die Formel

$$\varepsilon_{2i+1}^{(k)} = \sum_{j=0}^{2i} \frac{1}{\eta_j^{(k)}}.$$

Das ε-Tableau kann mit Hilfe des folgenden ALGOL-Programms berechnet werden (Bezeichnungen: $e[i, k] := \eta_i^{(k-i)}$):

```
for r := 0 step 1 until n do
begin e[-1, r] := 0; e[0, r] := a[r];
      for j := 1 step 1 until r do
          e[j, r] := 1/(e[j - 1, r] - e[j - 1, r - 1]) + e[j - 2, r - 1];
end;
```

Schema

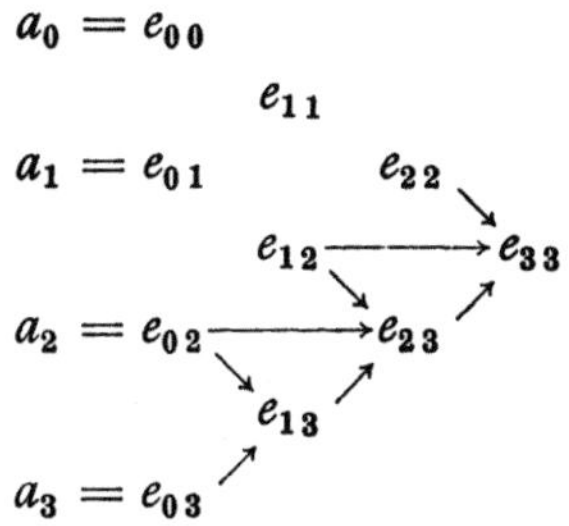

$$
\begin{array}{llll}
a_0 = e_{00} & & & \\
 & e_{11} & & \\
a_1 = e_{01} & & e_{22} & \\
 & e_{12} & \longrightarrow & e_{33} \\
a_2 = e_{02} & \longrightarrow e_{23} & \nearrow & \\
 & e_{13} & \nearrow & \\
a_3 = e_{03} & \nearrow & &
\end{array}
$$

Beispiel. 1. Zur Folge $\dfrac{1}{6}, \dfrac{2}{8}, \dfrac{3}{10}, \dfrac{4}{12}, \ldots, \dfrac{k}{2k+4}, \ldots$ gehört das ε-Schema:

$$
\begin{array}{llllll}
\underline{0} & & & & & \\
 & 6 & & & & \\
\underline{1/6} & & \underline{2/6} & & & \\
 & 12 & & 36 & & \\
2/8 & & \underline{3/8} & & 10/24 & \\
 & 20 & & 60 & & 120 \\
3/10 & & 4/10 & & \underline{13/30} & & \underline{27/60} \\
 & 30 & & 90 & & 180 & & 300 \\
4/12 & & 5/12 & & 16/36 & & \underline{33/72} \\
 & 42 & & 126 & & 252 & & \vdots \\
5/14 & & 6/14 & & 19/42 & & \vdots \\
 & 56 & & 168 & & \vdots & \\
6/16 & & 7/16 & & \vdots & & \\
 & 72 & & \vdots & & \\
7/18 & & \vdots & & & \\
\vdots & & & & &
\end{array}
$$

Die transformierte Folge ist

$$
0, \frac{1}{6}, \frac{2}{6}, \frac{3}{8}, \frac{10}{24}, \frac{13}{30}, \frac{27}{60}, \frac{33}{72}, \ldots
$$

Das letzte Element $\dfrac{33}{72} = 0{,}45833\ldots$ approximiert den Grenzwert $\dfrac{1}{2}$ der gegebenen Folge besser als $7/18 = 0{,}388888\ldots$

2. Wendet man den ε-Algorithmus auf die Folge $q_1^{(\nu)}$ des Beispiels 2 aus Ziff. 4.5.2 an, die gegen die größte Wurzel $\lambda_1 = 1{,}6180339885\ldots$ der quadratischen Gleichung $z^2 - z - 1 = 0$ konvergiert, so erhält man folgendes Ergebnis:

Ursprungliche Folge	Transformierte Folge
1,0000 00000	1,0000 00000
2,0000 00000	2,0000 00000
1,5000 00000	1,6666 66666
1,6666 66666	1,6250 00000
1,6000 00000	1,6176 470587
1,6250 00000	1,6180 55555
1,6153 46153	1,6180 344477
1,6190 76190	1,6180 39984
1,6176 470588	1,6180 39886

Das letzte Glied der transformierten Folge stimmt bis auf eine Einheit in der letzten Stelle mit dem gesuchten Limes überein, während das letzte Glied der ursprünglichen Folge erst 3 „richtige" Dezimalstellen besitzt.

Es sei noch erwähnt, daß man mit dem ε-Algorithmus nicht nur Folgen von Zahlen behandeln kann: von WYNN wurde in [37] auch angegeben, wie man mit Hilfe eines analogen Algorithmus auch die Konvergenz von Folgen von Vektoren usw. beschleunigen kann.

§ 5. Die Bartky-Transformation zur Berechnung elliptischer und verwandter Integrale

5.1 Allgemeine Transformationsformeln

Integrale der Form

$$(5.1.1) \qquad J = \int_0^{\pi/2} F(R)\, \frac{d\varphi}{R}$$

mit

$$(5.1.2) \qquad R = \sqrt{m^2 \cos^2\varphi + n^2 \sin^2\varphi}, \qquad m, n \text{ Konstante}$$

lassen sich mit Hilfe der Bartky-Transformation (s. [2]) bequem berechnen. Diesem Typ von Integralen ordnet sich beispielsweise auch das allgemeine vollständige elliptische Integral

$$(5.1.3) \quad cel(k_c, p, a, b) = \int_0^{\pi/2} \frac{a \cos^2\varphi + b \sin^2\varphi}{\cos^2\varphi + p \sin^2\varphi} \; \frac{d\varphi}{\sqrt{\cos^2\varphi + k_c^2 \sin^2\varphi}}$$

unter (vgl. Ziff. 5.2.1), wenn man $\sin^2\varphi$ und $\cos^2\varphi$ durch R^2 ausdrückt.

Dabei sei ausdrücklich erwähnt, daß Integrale vom Typ (5.1.1) i. allg. mit den klassischen Quadratformeln (vgl. H. 7) praktisch nicht ausgewertet werden können, da der Integrand in den meisten Fällen fast singulär ist.

Die Bartky-Transformation ist eine Verallgemeinerung der schon von LANDEN (1775) benützten Transformation zur Berechnung elliptischer Integrale.

Zur Herleitung der Transformationsformeln führen wir in (5.1.1) die Größe $R = \sqrt{m^2 \cos^2\varphi + n^2 \sin^2\varphi}$ als Integrationsvariable ein, wobei

$$(5.1.4) \qquad \frac{d\varphi}{R} = \frac{dR}{(n^2 - m^2)\sin\varphi\cos\varphi} = -\frac{dR}{\varDelta}$$

mit

$$(5.1.5) \qquad \varDelta = \sqrt{(m^2 - R^2)(R^2 - n^2)}.$$

Es ist dann

$$(5.1.6) \qquad J = \int\limits_0^{\pi/2} F(R)\,\frac{d\varphi}{R} = \int\limits_n^m F(R)\,\frac{dR}{\varDelta},$$

wobei wir ohne Einschränkung der Allgemeinheit

$$0 < n < m$$

vorausgesetzt haben.

Wir führen nun eine neue Integrationsvariable R_1 ein

$$(5.1.7) \qquad R_1 = \frac{1}{2}\left(R + \frac{n\,m}{R}\right), \qquad n \leqq R \leqq m.$$

Die Abb. 5.1 zeigt R_1 als Funktion von R. Die Größe R_1 ist im Intervall $n \leqq R \leqq \sqrt{n\,m}$ eine monoton fallende, in $\sqrt{n\,m} \leqq R \leqq m$ eine monoton steigende Funktion

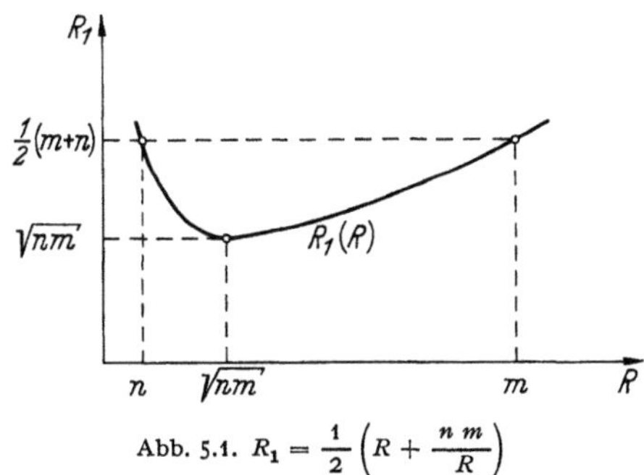

Abb. 5.1. $R_1 = \dfrac{1}{2}\left(R + \dfrac{n\,m}{R}\right)$

von R. Wir zerlegen deshalb das Integral J in die beiden Teilintegrale

$$(5.1.8) \qquad J = \int\limits_n^{\sqrt{n\,m}} F(R)\,\frac{dR}{\varDelta} + \int\limits_{\sqrt{n\,m}}^m F(R)\,\frac{dR}{\varDelta}.$$

Für den Bereich $n \leqq R \leqq \sqrt{n\,m}$ ergibt sich aus (5.1.7) die Umkehrung

$$(5.1.9) \quad R = R_1 - \sqrt{R_1^2 - n_1^2}, \qquad \frac{dR}{\varDelta} = -\frac{dR_1}{2\varDelta_1}, \qquad \varDelta_1 = \sqrt{(m_1^2 - R_1^2)(R_1^2 - n_1^2)}$$

mit

$$(5.1.10) \qquad m_1 = \tfrac{1}{2}(m+n), \qquad n_1 = \sqrt{n\,m}$$

und

$$m_1 \gtrless R_1 \gtrless n_1.$$

Analog ergibt sich für den Bereich $\sqrt{n\,m} \leqq R \leqq m$

$$R = R_1 + \sqrt{R_1^2 - n_1^2}, \qquad \frac{dR}{\varDelta} = \frac{dR_1}{2\varDelta_1}$$

mit $\varDelta_1$, m_1, n_1 wie in (5.1.9), (5.1.10).

Durch die Transformation (5.1.7) geht das Integral J über in

$$(5.1.11) \quad J = -\int\limits_{m_1}^{n_1} F\left(R_1 - \sqrt{R_1^2 - n_1^2}\right) \frac{dR_1}{2\varDelta_1} + \int\limits_{n_1}^{m_1} F\left(R_1 + \sqrt{R_1^2 - n_1^2}\right) \frac{dR_1}{2\varDelta_1}$$

oder

$$(5.1.12) \qquad J = \int\limits_{n_1}^{m_1} F_1(R_1)\,\frac{dR_1}{\varDelta_1} = \int\limits_0^{\pi/2} F_1(R_1)\,\frac{d\varphi}{R_1}$$

mit

$$F_1(R_1) = \tfrac{1}{2}\left\{F\left(R_1 + \sqrt{R_1^2 - n_1^2}\right) + F\left(R_1 - \sqrt{R_1^2 - n_1^2}\right)\right\},$$

$$R_1 = \sqrt{m_1^2 \cos^2\varphi + n_1^2 \sin^2\varphi}.$$

Die Transformation (5.1.7) läßt sich wiederholt anwenden. Man erhält so die *Transformationsformeln von Bartky*:

Es ist

$$(5.1.13) \qquad \int\limits_0^{\pi/2} F(R)\,\frac{d\varphi}{R} = \int\limits_0^{\pi/2} F_i(R_i)\,\frac{d\varphi}{R_i}, \qquad i = 1, 2, 3, \ldots$$

mit

$$m_i = \tfrac{1}{2}(m_{i-1} + n_{i-1}), \qquad m_0 = |m| \neq 0,$$

$$n_i = \sqrt{n_{i-1}\,m_{i-1}}, \qquad n_0 = |n| \neq 0,$$

$$R_i = \sqrt{m_i^2 \cos^2\varphi + n_i^2 \sin^2\varphi}, \qquad R_0 = R = \sqrt{m^2 \cos^2\varphi + n^2 \sin^2\varphi},$$

$$F_i(R_i) = \tfrac{1}{2}\left\{F_{i-1}\left(R_i + \sqrt{R_i^2 - n_i^2}\right) + F_{i-1}\left(R_i - \sqrt{R_i^2 - n_i^2}\right)\right\}, \qquad F_0 = F.$$

Dabei kann für die Ausgangsgrößen m, n gelten $|m| \geqq |n|$ oder $|m| \leqq |n|$.

Es ergibt sich eine Folge von ähnlich gebauten Integralen, die alle einander gleich sind. Die Bedeutung dieser Transformationsformeln liegt nun darin, daß m_i und n_i sehr rasch einem gemeinsamen Grenzwert $G(m, n)$, dem *Gaußschen arithmetisch geometrischen Mittel* von m und n zustreben. Der Prozeß ist quadratisch konvergent, bereits nach wenigen Schritten gilt $n_i \approx m_i \approx G(m, n)$.

Beispiel.

$m =$	$n = \dfrac{\sqrt{2}}{2} = 0{,}707106781186\ldots$
$m_1 = 0{,}853553390594$	$n_1 = 0{,}840896415253$
$m_2 = 0{,}847224902923$	$n_2 = 0{,}847201266746$
$m_3 = 0{,}847213084837$	$n_3 = 0{,}847213084752$
$m_4 = 0{,}847213084794$	$n_4 = 0{,}847213084794$

$m = 1$	$n = \sqrt{2} = 1{,}41421356237\ldots$
$m_1 = 1{,}20710678119$	$n_1 = 1{,}18920711500$
$m_2 = 1{,}19815694809$	$n_2 = 1{,}19812352149$
$m_3 = 1{,}19814023480$	$n_3 = 1{,}19814023468$
$m_4 = 1{,}19814023474$	$n_4 = 1{,}19814023474$

Gilt nun $n_l \approx m_l$ für einen Index l, so läßt sich wegen $R_l \approx m_l$ das Integral in (5.1.13) numerisch auswerten als

$$(5.1.14) \qquad J \approx \frac{1}{m_l} \int\limits_0^{\pi/2} F_l(R_l)\, d\varphi.$$

In vielen Fällen ist dieses Integral leichter zu berechnen als das ursprünglich gegebene (siehe dazu die folgenden Abschnitte).

5.2 Spezielle Algorithmen

Die Bartky-Transformation liefert besonders einfache und elegante Formeln, wenn die Funktionen F_l, $i = 1, 2, \ldots$ „dieselbe Gestalt" besitzen wie die Ausgangsfunktion F und lediglich die in den Funktionen auftretenden Parameter abgeändert sind. Das trifft insbesondere auf die vollständigen elliptischen Integrale aller 3 Gattungen zu.

5.2.1 Das vollständige elliptische Integral 1. Gattung

Das vollständige elliptische Integral 1. Gattung (vgl. A. II. 4.3) hat die Form

$$(5.2.1) \qquad K(k) = \int\limits_0^{\pi/2} \frac{d\varphi}{\sqrt{1 - k^2 \sin^2\varphi}} = \int\limits_0^{\pi/2} \frac{d\varphi}{\sqrt{\cos^2\varphi + k_c^2 \sin^2\varphi}} = \int\limits_0^{\pi/2} \frac{d\varphi}{R}.$$

Mit

$$m = 1, \quad n = k_c, \quad F(R) \equiv 1, \quad k^2 + k_c^2 = 1,$$

k Modul, k_c komplementärer Modul.

Die Formeln (5.1.13) vereinfachen sich damit zu

$$K(k) = \int\limits_0^{\pi/2} \frac{d\varphi}{\sqrt{\cos^2\varphi + k_c^2 \sin^2\varphi}} = \int\limits_0^{\pi/2} \frac{d\varphi}{\sqrt{m_i^2 \cos^2\varphi + n_i^2 \sin^2\varphi}},$$

wobei

$$m_\iota = \tfrac{1}{2}(m_{\iota-1} + n_{\iota-1}), \quad m_0 = 1,$$
$$n_\iota = \sqrt{m_{\iota-1}\,n_{\iota-1}}, \quad\quad n_0 = |k_c|,$$
$$F_\iota(R_\iota) \equiv 1.$$

Für $n_l \approx m_l$ ist dann

$$K(k) \approx \frac{\pi}{2\,m_l}.$$

Diese Formel hat bereits GAUSS (bzw. LANDEN) angegeben.

5.2.2 Das allgemeine vollständige elliptische Integral

Dieses Integral ist definiert durch

$$(5.2.2) \quad cel(k_c, p, a, b) = \int\limits_0^{\pi/2} \frac{a\cos^2\varphi + b\sin^2\varphi}{\cos^2\varphi + p\sin^2\varphi} \; \frac{d\varphi}{\sqrt{\cos^2\varphi + k_c^2\sin^2\varphi}}.$$

Im Fall $p < 0$ ist cel durch den Hauptwert erklärt.

Jede Linearkombination der speziellen, vollständigen elliptischen Integrale K und E bzw. K und Π, wo (vgl. A. II. 4.3)

$$K = \int\limits_0^{\pi/2} \frac{d\varphi}{\sqrt{1 - k^2\sin^2\varphi}}, \quad E = \int\limits_0^{\pi/2} \sqrt{1 - k^2\sin^2\varphi}\,d\varphi,$$

$$(5.2.3)$$

$$\Pi = \int\limits_0^{\pi/2} \frac{d\varphi}{(1 + n\sin^2\varphi)\sqrt{1 - k^2\sin^2\varphi}},$$

läßt sich durch cel ausdrücken. Es ist

$$(5.2.4) \quad \begin{aligned} \lambda K + \mu E &= cel(k_c, 1, \lambda + \mu, \lambda + \mu\,k_c^2), \\ \lambda K + \mu \Pi &= cel(k_c, p, \lambda + \mu, \lambda\,p + \mu), \end{aligned}$$

wobei

$$(5.2.5) \quad\quad k^2 + k_c^2 = 1, \quad p = n + 1.$$

Spezielle Beispiele:

$$K = cel(k_c, 1, 1, 1),$$
$$E = cel(k_c, 1, 1, k_c^2),$$

$$(5.2.6) \quad \frac{K - E}{k^2} = cel(k_c, 1, 0, 1), \quad\quad \frac{E - k_c^2\,K}{k^2} = cel(k_c, 1, 1, 0),$$

$$C(k) = \int\limits_0^{\pi/2} \frac{\sin^2\varphi\cos^2\varphi}{(1 - k^2\sin^2\varphi)^{3/2}}\,d\varphi = cel\left(\frac{2\sqrt{|k_c|}}{1 + |k_c|}, 1, 0, \frac{2}{(1 + |k_c|)^3}\right),$$

$$\Pi = cel(k_c, p, 1, 1), \quad\quad \frac{\Pi - K}{1 - p} = cel(k_c, p, 0, 1).$$

Der Wert dieser Beziehungen liegt u. a. darin, daß die Funktion *cel* auf der rechten Seite mit Hilfe der Bartky-Transformation „auslöschungsfrei" berechnet werden kann, der Ausdruck auf der linken Seite i. allg. jedoch nicht. Warnung: Die elliptischen Integrale K und $\mathit{\Pi}$ hängen in empfindlicher Weise von k ab, falls $k \approx 1$: kleine Änderungen in der Mantisse von k bewirken große Änderungen der Integrale! Dagegen haben kleine Änderungen in der Mantisse von k_c nur geringen Einfluß auf K und $\mathit{\Pi}$, und zwar für alle $0 < k_c < \infty$. Man vermeide daher überhaupt die Größe k, insbesondere Anweisungen wie $k_c := \sqrt{1 - k^2}$. Man versuche nur mit k_c zu arbeiten.

Die Bartkyschen Formeln (5.1.13) führen (nach etwas Rechnung) zu folgender Rekursion für die Funktion *cel*:

Es ist

$$(5.2.7) \quad cel(k_c, p, a, b) = \int\limits_0^{\pi/2} \frac{a_i\, \mu_i^2 \cos^2\varphi + b_i\, p_i \sin^2\varphi}{\mu_i^2 \cos^2\varphi + p_i^2 \sin^2\varphi} \; \frac{d\varphi}{\sqrt{\mu_i^2 \cos^2\varphi + v_i^2 \sin^2\varphi}},$$

$$i = 0, 1, 2, 3, \ldots$$

mit den Rekursionsformeln

$$(5.2.8) \quad \begin{cases} \mu_{i+1} = v_i + \mu_i, & \mu_0 = 1, \\[2mm] v_{i+1} = 2\sqrt{\mu_i\, v_i}, & v_0 = |k_c| \gtrless 1, \\[2mm] p_{i+1} = \dfrac{v_i\, \mu_i}{p_i} + p_i, & p_0 = \begin{cases} \sqrt{p}, & p > 0, \\[2mm] \sqrt{\dfrac{k_c^2 - p}{1 - p}}, & p < 0, \end{cases} \\[6mm] a_{i+1} = \dfrac{b_i}{p_i} + a_i, & a_0 = \begin{cases} a, & p > 0, \\[2mm] \dfrac{a - b}{1 - p}, & p < 0, \end{cases} \\[6mm] b_{i+1} = 2\left(\dfrac{v_i\, \mu_i}{p_i}\, a + b_i\right), & b_0 = \begin{cases} \dfrac{b}{p_0}, & p > 0, \\[2mm] -\dfrac{(b - a\, p)}{(1 - p)^2}\, \dfrac{(1 - k_c^2)}{p_0} + \\[2mm] \qquad + \dfrac{a - b}{1 - p}\, p_0, & p < 0. \end{cases} \end{cases}$$

Um Rechenoperationen pro Iterationsschritt einzusparen, wurden die Bartkyschen Formeln etwas modifiziert: Es ist, bezogen auf die „alten" Größen m_i, n_i, $\mu = 2^i m_i$, $v_i = 2^i n_i \Rightarrow \dfrac{n_i}{m_i} = \dfrac{v_i}{\mu_i}$.

Gilt (bei einem Index $i = l$) innerhalb der Rechengenauigkeit $\dfrac{v_l}{\mu_l} \approx 1$, dann ist auch innerhalb der Rechengenauigkeit

$$\sqrt{\mu_l^2 \cos^2\varphi + v_l^2 \sin^2\varphi} \approx \mu_l$$

und das Integral (5.2.7) kann elementar ausgewertet werden. Ist also

$$\left| 1 - \frac{v_i}{\mu_i} \right| \leqq 10^{-D},$$

dann ist unter der Voraussetzung $a_0\, b_0 \geqq 0$

$$(5.2.9) \qquad cel(k_c, p, a, b) \approx \frac{\pi}{2}\, \frac{a_i \mu_i + b_i}{\mu_i(\mu_i + p_i)}$$

mit einem relativen Fehler 10^{-D}.

Das folgende ALGOL-Programm dient zur Berechnung der Funktion cel. Zur Steuerung der Genauigkeit enthält die Prozedur einen globalen Parameter CA: Besitzt der Digitalrechner D Dezimalziffern in der Mantisse, so setze man $CA := 10^{-\frac{D}{2}}$ (bzw. ersetze man CA durch $10^{-\frac{D}{2}}$). (Bei 11 Mantissenziffern ist $CA \approx 3_{10-6}$). Der Resultatwert cel enthält dann ungefähr D wesentliche Ziffern.
(Weitere Algorithmen und ALGOL-Programme für unvollständige elliptische Integrale und die Jacobischen elliptischen Funktionen s. [3]).

```
real procedure cel(kc, p, a, b);
value kc, p, a, b; real kc, p, a, b;
comment cel berechnet das allgemeine vollständige elliptische Inte-
        gral (5.2.2). Die Prozedur benutzt einen globalen Parameter
                 -D
        CA := 10  2  und liefert dann den Resultatwert cel mit
        etwa D wesentlichen Ziffern. Ausgang nach FAIL für
        kc = 0. Testwerte: cel(10⁻¹, 4, 1, 1) = 1.37492278016 ...
                       cel(10⁻¹, -4, 1, 1) = -0.65025050873...;
if kc ≠ 0 then
begin real e, f, g, m, q;
    e := kc := abs(kc); m := 1; if p > 0 then
    begin p := sqrt(p); b := b/p end else
    begin f := kc × kc; q := 1 - f; g := 1 - p; f := f - p;
        q := (b - a × p) × q; p := sqrt(f/g); a := (a - b)/g;
        b := -q/(g × g × p) + a × p
    end;
z: f := a; a := b/p + a; g := e/p; b := f × g + b; b := b + b;
    p := g + p; g := m; m := kc + m;
    if abs(g - kc) > g × CA then
    begin kc := sqrt(e); kc := kc + kc; e := kc × m; go to z end;
    cel := 1.5707963326794897 × (a × m + b)/(m × (m + p))
end else go to FAIL
```

5.2.3 Weitere spezielle Rekursionsformeln

Bei Integralen der Form

$$(5.2.10) \quad \Phi(a, b, m, n)$$

$$= \int_0^{\pi/2} \ln \left| a + b \sqrt{m^2 \cos^2 \varphi + n^2 \sin^2 \varphi} \right| \frac{d\varphi}{\sqrt{m^2 \cos^2 \varphi + n^2 \sin^2 \varphi}}$$

führt die Bartky-Transformation ebenfalls zu einfachen Rekursionsformeln.

Es ist

$$(5.2.11) \quad \Phi(a, b, m, n)$$

$$= \frac{1}{2^i} \int_0^{\pi/2} \ln \left| a_i + b_i \sqrt{m_i^2 \cos^2 \varphi + n_i^2 \sin^2 \varphi} \right| \frac{d\varphi}{\sqrt{m_i^2 \cos^2 \varphi + n_i^2 \sin^2 \varphi}},$$

$$i = 0, 1, 2, 3, \ldots$$

mit

$$(5.2.12) \quad \begin{cases} m_{i+1} = \tfrac{1}{2}(m_i + n_i), & m_0 = |m|, \\ n_{i+1} = \sqrt{m_i n_i}, & n_0 = |n|, \\ a_{i+1} = a_i^2 + b_i^2 m_i n_i, & a_0 = a, \\ b_{i+1} = 2 a_i b_i, & b_0 = b. \end{cases}$$

Gilt $\left| 1 - \dfrac{n_i}{m_i} \right| < 10^{-D}$, *dann ist*

$$(5.2.13) \quad \Phi(a, b, m, n) \approx \frac{\pi}{2} \frac{1}{2^i m_i} \ln |a_i + b_i m_i|$$

mit einem relativen Fehler der Ordnung 10^{-D}, *falls* $a b \geqq 0$.

Rekursiv auswerten läßt sich auch

$$(5.2.14) \quad \Psi(a, b, m, n) = \int_0^{\pi/2} \ln (a^2 \cos^2 \varphi + b^2 \sin^2 \varphi) \frac{d\varphi}{\sqrt{m^2 \cos^2 \varphi + n^2 \sin^2 \varphi}}.$$

Es ist

$$(5.2.15) \quad \Psi(a, b, m, n) = \frac{1}{2^i} \int_0^{\pi/2} \ln (a_i^2 \cos^2 \varphi + b_i^2 \sin^2 \varphi) \frac{d\varphi}{\sqrt{m_i^2 \cos^2 \varphi + n_i^2 \sin^2 \varphi}},$$

$$i = 0, 1, 2, 3, \ldots$$

mit

$$(5.2.16) \quad \begin{cases} m_{i+1} = \tfrac{1}{2}(m_i + n_i), & m_0 = |m|, \\ n_{i+1} = \sqrt{m_i n_i}, & n_0 = |n|, \\ a_{i+1} = a_i b_i, & a_0 = |a|, \\ b_{i+1} = \dfrac{a_i^2 n_i + b_i^2 m_i}{n_i + m_i}, & b_0 = |b|. \end{cases}$$

Gilt $\left|1 - \dfrac{n_l}{m_l}\right| < 10^{-D}$, *dann ist*

$$\Psi(a, b, m, n) \approx \frac{\pi}{2^l \, m_l} \ln \frac{a_l + b_l}{2}$$

mit einem relativen Fehler der Ordnung 10^{-D}.

Weitere rekursiv auswertbare Integrale ergeben sich, falls in den Formeln (5.2.10) bzw. (5.2.14) *ln* durch *arctan* ersetzt wird.

5.3 Die allgemeinen Quadraturformeln

In vielen praktischen Fällen führen die Bartkyschen Transformationsformeln nicht zu so einfach gebauten Rekursionen wie in 5.2 beschrieben. Dazu gehört beispielsweise die von EPSTEIN und HUBELL untersuchte Funktion

$$(5.3.1) \qquad \Omega_j(k) = \int\limits_0^\pi \frac{d\varphi}{(1 - k^2 \cos\varphi)^{j + \frac{1}{2}}}$$

bzw.

$$(5.3.2) \quad \Omega_j(k) = 2 \int\limits_0^{\pi/2} \frac{d\varphi}{[(1 - k^2)\cos^2\varphi + (1 + k^2)\sin^2\varphi]^{j + \frac{1}{2}}} = \int\limits_0^{\pi/2} \frac{2}{R^{2j}} \frac{d\varphi}{R},$$

die bei Strahlungsproblemen auftritt.

Es ist nun von praktischer Bedeutung, daß die Bartkyschen Transformationsformeln (5.1.13) mit (5.1.14) trotzdem zu bemerkenswerten Quadraturformeln führen, mit denen Integrale vom Typ (5.1.1) direkt ausgewertet werden können. Ist etwa beispielsweise bis auf die Rechengenauigkeit $m_3 \approx n_3$, so ist auch $R_3 \approx m_3$ und man erhält aus der Beziehung (5.1.14)

$$(5.3.3) \qquad \int\limits_0^{\pi/2} F(R) \frac{d\varphi}{R} = \int\limits_0^{\pi/2} F_3(R_3) \frac{d\varphi}{R_3} \approx \int\limits_0^{\pi/2} F_3(m_3) \frac{d\varphi}{m_3} = \frac{\pi}{2 m_3} F_3(m_3).$$

Für $F_3(m_3)$ erhält man aber durch sukzessive Verwendung der Rekursionsformeln für F_l

$$F_3(m_3) = \tfrac{1}{2}\left\{F_2\left(m_3 + \sqrt{m_3^2 - n_3^2}\right) + F_2\left(m_3 - \sqrt{m_3^2 - n_3^2}\right)\right\}$$

$$= \tfrac{1}{2}\left\{F_2(m_2) + F_2(n_2)\right\}$$

$$= \tfrac{1}{2}\left\{\tfrac{1}{2}\left\{F_1\left(m_2 + \sqrt{m_2^2 - n_2^2}\right) + F_1\left(m_2 - \sqrt{m_2^2 - n_2^2}\right)\right\} + \right.$$

$$\left. + \tfrac{1}{2}\left\{F_1\left(n_2 + \sqrt{n_2^2 - n_2^2}\right) + F_1\left(n_2 - \sqrt{n_2^2 - n_2^2}\right)\right\}\right\},$$

also

$$F_3(m_3) = \tfrac{1}{2}\left\{\tfrac{1}{2}\left\{F_1(m_1) + F_1(n_1)\right\} + F_1(n_2)\right\}$$

und daraus endgültig

$$(5.3.4)\quad F_3(m_3) = \tfrac{1}{4}\left\{ \tfrac{1}{2}\{F(m)+F(n)\} + F(\sqrt{m\,n}) + \right.$$
$$\left. + F\big(n_2 + \sqrt{n_2^2 - n_1^2}\big) + F\big(n_2 - \sqrt{n_2^2 - n_1^2}\big)\right\}.$$

Die numerische Berechnung des Integrals (5.3.3) erfordert also die Auswertung des Integranden lediglich an 5 Stellen. Bei höheren Iterationsordnungen ($l > 3$) ergeben sich natürlich entsprechend umfangreichere Formeln (insgesamt sind $1 + 2^{l-1}$ Funktionswertberechnungen bei der Ordnung l notwendig).

5.3.1 ALGOL-Programm

Zur Auswertung von Integralen der Form

$$(5.3.5)\qquad J = \int_0^{\pi/2} F(R)\,\frac{d\varphi}{R}, \qquad R = \sqrt{m^2\cos^2\varphi + n^2\sin^2\varphi}$$

dient die nachstehende Prozedur *bartky*.

Vorzugeben sind

a) der Integrand, zu deklarieren als
   real procedure $F(R)$; **value** R; **real** R;

b) die reellen Parameter m, n

c) eine Toleranzschranke *eps*. Die Iteration wird abgebrochen, falls $\left|1 - \dfrac{n_l}{m_l}\right| < eps$. Setzt man $eps = 10^{-4}$, so verliert man ungefähr $\dfrac{A}{16}$ Dezimalziffern durch „Auslöschung". Es hat i. allg. wenig Sinn, *eps* kleiner zu wählen als 10^{-4D}, $D =$ Anzahl der Dezimalziffern der Mantisse des Rechners.

Ausgegeben werden

d) ein Näherungswert *integral* für $\displaystyle\int_0^{\pi/2} F(R)\,\frac{d\varphi}{R}$

e) eine Fehlergröße *fehler*, derart daß $\left|\displaystyle\int_0^{\pi/2} F(R)\,\frac{d\varphi}{R} - integral\right| \leqq fehler$.

```
procedure bartky integrand (F)
                parameter: (m, n)
                toleranz: (eps)
                ergebnis: (integral, fehler);
value m, n, eps; real m, n, eps, integral, fehler; real procedure F;
begin real a, b, e, e2, eta, mo, nn, q, s, s1, sa;
        integer g, h, i, j, k, l, l2, t;
```

```
      array c, n1, n2 [0 : 20];
      m := abs (m);  n := abs (n);
      s := (F (m) + F (n)) × 0.5 + F (sqrt (m × n));
      h := 1;  l := 0;  eps := abs (eps);  eta := c [0] := abs (m − n);
      q := m + n;
anf:  mo := m;  m := q × 0.5;  h := h + h;  l := l + 1;
      nn := n2 [l] := mo × n;  n1 [l] := n := sqrt (nn);  q := m + n;
      eta := c [l] := eta × eta × 0.25/q;
      if eta > eps × m then go to anf;
      g := h × 0.25;  l2 := l − 2;
      begin array v [1 : g];
            for   i := l2 step −1 until 1 do
            begin
                  v [1] := n1 [i + 1];  t := 1;
                  for j := 1 step 1 until i do
                  begin
                        for k := 1 step 1 until t do
                        begin
                              if j = 1 then
                                  begin e2 := n1 [i] × c [i];
                                        e := sqrt (e2);  go to ma;
                                  end;
                              if j = 2 then
                                  begin
                                        if k = 1 then
                                          begin
                                          a := e × n1 [i + 1] × 2;
                                          b := n1 [i − 1] ×
                                                c [i − 1] + e2 × 2;
                                          e := sqrt (a + b)
                                          end
                                        else e := sqrt (abs (b − a));
                                        go to ma;
                                  end;
                              e := sqrt (v [k] × v [k] − n2 [i + 1 − j]);
                        ma: v [k] := v [k] + e;
                              v [k + t] := n2 [i + 1 − j]/v [k];
                        end   k;
                        t := t + t;
                  end   j;
                  s1 := 0;
                  for k := 1 step 1 until t do s1 := s1 + F (v [k]);
                  if i = l2 then sa := s1 else s := s + s1;
```

```
        end i;
      end block;
      a := 3.14159265359/(m × h);
      integral := a × (s + sa);
      fehler := abs(a × (s − sa));
end bartky
```

Beispiel. Wir berechnen nach (5.3.2)

$$\Omega_9\left(\sqrt{0{,}99}\right) = \int\limits_0^{\pi/2} \frac{2}{R^{18}}\,\frac{d\varphi}{R}, \qquad R = \sqrt{10^{-2}\cos^2\varphi + 1{,}99\sin^2\varphi},$$

also

```
real procedure F(R);
value R; real R;
begin
      F := 2/(R power 18);
end;
m := 10⁻¹; n := sqrt(1.99);
eps := 10⁻³⁶;
```

(Rechnung mit 11 Dezimalziffern)
Ergebnis:

$$integral = 4{,}25812\,54733_{10}{}^{17}$$

$$fehler = 6_{10}{}^{9}.$$

Endgültiges Ergebnis:

$$\Omega_9\left(\sqrt{0{,}99}\right) \approx 4{,}2581255_{10}{}^{17}.$$

Setzt man $eps := 10^{-18}$, so erhält man

$$integral = 4{,}25812\,54125_{10}{}^{17}$$

$$fehler = 4_{10}{}^{11}.$$

Die Größe *fehler* überschätzt i. allg. den wahren Fehler um einige Zehnerpotenzen.

§ 6. Berechnung periodischer Funktionen und numerische Fourier-Analyse

6.1 Erklärung

Es sei $f(x)$ eine totalstetige periodische Funktion. Ohne Einschränkung der Allgemeinheit kann die Periode zu 2π angenommen werden: $f(x + 2\pi) = f(x)$. [Hat nämlich $g(\xi)$ die Periode $2p$, so besitzt $g\left(\dfrac{x\,p}{\pi}\right) = f(x)$ die Periode 2π].

Es existiert dann eine konvergente Entwicklung (Fourier-Reihe)

$$(6.1.1) \qquad f(x) = \tfrac{1}{2}a_0 + a_1\cos x + a_2\cos 2x + \cdots$$

$$+ b_1\sin x + b_2\sin 2x + \cdots.$$

Die Fourier-Koeffizienten a_ν, b_ν sind gegeben durch

$$(6.1.2) \qquad a_\nu = \frac{1}{\pi} \int\limits_0^{2\pi} f(x) \cos \nu x \, dx, \qquad b_\nu = \frac{1}{\pi} \int\limits_0^{2\pi} f(x) \sin \nu x \, dx.$$

Die Integrale sind i. allg. nur numerisch auswertbar. Am günstigsten benutzt man dazu die Trapezregel (s. H. 7.1, vgl. dazu auch STETTER [30]).

Unterteilt man das Intervall $0 \leq x \leq 2\pi$ in eine ungerade Anzahl $2N + 1$ Teilintervalle der Länge h

$$h = \frac{2\pi}{2N+1},$$

so erhält man unter Verwendung der Beziehung $f(0) = f(2\pi)$ für a_ν und b_ν die von h abhängenden Näherungswerte $\alpha_\nu(h)$, $\beta_\nu(h)$ mit

$$\alpha_\nu = \alpha_\nu(h) = \frac{h}{\pi} \sum_{k=0}^{2N} f_k \cos(\nu k h), \qquad \nu = 0, 1, \ldots, N$$

$$(6.1.3)$$

$$\beta_\nu = \beta_\nu(h) = \frac{h}{\pi} \sum_{k=1}^{2N} f_k \sin(\nu k h), \qquad \nu = 1, \ldots, N$$

mit $h = \dfrac{2\pi}{2N+1}$, $f_k = f(k h)$.   Es ist dann

$$(6.1.4) \qquad f(x; h) = \tfrac{1}{2}\alpha_0 + \alpha_1 \cos x + \cdots + \alpha_N \cos N x +$$
$$+ \beta_1 \sin x + \cdots + \beta_N \sin N x$$

das trigonometrische Näherungspolynom N-ter Ordnung für $f(x)$, das an den Stellen $x = \nu h$ mit $f(x)$ übereinstimmt:

$$(6.1.5) \quad f(\nu h; h) = f(\nu h), \quad \nu = 0, 1, \ldots, 2N, \quad h = \frac{2\pi}{2N+1}.$$

Bei gerader Unterteilung des Intervalls $0 \leq x \leq 2\pi$, also $h = \dfrac{2\pi}{2N}$, bleibt die Interpolationseigenschaft (6.1.5) nur dann erhalten, falls das Glied α_N mit dem Faktor $\tfrac{1}{2}$ versehen wird. Man hat

$$\alpha_\nu(h) = \frac{h}{\pi} \sum_{k=0}^{2N-1} f_k \cos(\nu k h), \qquad \nu = 0, \ldots, N,$$

$$(6.1.3\,\text{a})$$

$$\beta_\nu(h) = \frac{h}{\pi} \sum_{k=1}^{2N-1} f_k \sin(\nu k h), \qquad \nu = 1, \ldots, N - 1$$

mit $h = \dfrac{2\pi}{2N}$, $f_k = f(k h)$.   Als trigonometrisches Näherungspolynom erhält man

$$(6.1.4\,\text{a}) \quad f(x; h) = \tfrac{1}{2}\alpha_0 + \alpha_1 \cos x + \cdots + \alpha_{N-1} \cos(N-1) x +$$
$$+ \tfrac{1}{2}\alpha_N \cos N x +$$
$$+ \beta_1 \sin x + \cdots + \beta_{N-1} \sin(N-1) x,$$

wobei wieder

$$(6.1.5\,\text{a}) \quad f(\nu h; h) = f(\nu h), \quad \nu = 0, 1, \ldots, \quad 2N - 1, \quad h = \frac{2\pi}{2N}.$$

Es gelten die „Fehlerrelationen"

$$\alpha_0 = a_0 + 2(a_M + a_{2M} + a_{4M} + \cdots)$$

$$\alpha_\nu = a_\nu + a_{M-\nu} + a_{M+\nu} + a_{2M-\nu} + \alpha_{2M+\nu} + \cdots$$

$$\beta_\nu = b_\nu - b_{M-\nu} + b_{M+\nu} - b_{2M-\nu} + b_{2M+\nu} - \cdots,$$

$$\nu = 1, \ldots, N$$

mit

$$M = \begin{cases} 2N + 1, & \text{für } (6.1.3) \\ 2N, & \text{für } (6.1.3\,\text{a}). \end{cases}$$

Man könnte nun (6.1.3) bzw. (6.1.3 a) so auswerten, daß man die rechten Seiten direkt aufsummiert. Bei großen Werten von N ist das sehr unzweckmäßig, da zur Ermittlung von α_ν, β_ν die trigonometrischen Funktionen $\cos x$, $\sin x$ $4N + 1$ mal berechnet werden müssen. Der Aufwand sinkt, wenn man beachtet, daß $\cos x$ und $\sin x$, abgesehen vom Vorzeichen, in den vier Quadranten dieselben Werte annehmen (Rungesche Faltung).

Im folgenden werden zwei elegante Algorithmen zur zweckmäßigen Auswertung von (6.1.3) bzw. (6.1.3 a) angegeben.

6.2 Der Algorithmus von Goertzel

GOERTZEL [15] hat einen einfachen Weg zur Berechnung von Summen der Form

$$(6.2.1) \qquad \sum_{k=0}^{2N} f_k \cos(k\,\xi), \qquad \sum_{k=1}^{2N} f_k \sin(k\,\xi), \qquad \xi \text{ beliebig reell}$$

angegeben. Zur Herleitung seiner Methode betrachten wir die Größen

$$(6.2.2) \qquad U_i := \frac{1}{\sin\xi} \sum_{k=i}^{2N} f_k \sin(k - i + 1)\,\xi.$$

U_ι genügt nun der Rekursionsformel

$$(6.2.3) \qquad U_i = f_i + 2\cos\xi\, U_{i+1} - U_{i+2}.$$

Zum Beweis berechnen wir den Ausdruck

$$A = f_\iota + 2\cos\xi\, U_{i+1} - U_{i+2}$$

$$= f_\iota + \frac{1}{\sin\xi} \left\{ 2\cos\xi \sum_{k=i+1}^{2N} f_k \sin(k - \iota)\,\xi - \sum_{k=i+2}^{2N} f_k \sin(k - i - 1)\,\xi \right\}.$$

Da $\sin(i + 1 - i - 1)\,\xi = 0$, kann man bei der zweiten Summe die Summation bei $k = i + 1$ beginnen lassen:

$$A = f_\iota + \frac{1}{\sin\xi} \sum_{k=i+1}^{2N} f_k [2\cos\xi \sin(k - i)\,\xi - \sin(k - i - 1)\,\xi].$$

Nun ist

$$[\ldots] = (\cos\xi \sin(k-i)\,\xi + \sin\xi \cos(k-i)\,\xi) + (\cos\xi \sin(k-i)\,\xi -$$
$$- \sin\xi \cos(k-i)\,\xi) - \sin(k-i-1)\,\xi$$
$$= \sin(k-i+1)\,\xi + \sin(k-i-1)\,\xi - \sin(k-i-1)\,\xi = \sin(k-i+1)\,\xi$$

woraus

$$A = \frac{1}{\sin\xi}\left\{ f_i \sin\xi + \sum_{k=i+1}^{2N} f_k \sin(k-i+1)\,\xi \right\}$$
$$= \frac{1}{\sin\xi} \sum_{k=i}^{2N} f_k \sin(k-i+1)\,\xi.$$

Es ist also gerade $A = U_i$ und speziell

$$U_1 = \frac{1}{\sin\xi} \sum_{k=1}^{2N} f_k \sin k\,\xi.$$

Ebenfalls mit Hilfe der Additionstheoreme der trigonometrischen Funktionen läßt sich zeigen, daß

$$f_0 + U_1 \cos\xi - U_2 = \sum_{k=0}^{2N} f_k \cos k\,\xi.$$

Für (6.1.3a) gelten analoge Rekursionsformeln.

Man erhält daraus den

(6.2.4) *Algorithmus von Goertzel*

Mit den Startwerten $U_{2N+1} = U_{2N+2} = 0$ berechne man für $i = 2N$, $2N-1, \ldots, 1$

$$U_i = f_i + 2\cos\xi\, U_{i+1} - U_{i+2},$$

dann ist

$$\sum_{k=0}^{2N} f_k \cos k\,\xi = f_0 + U_1 \cos\xi - U_2,$$
$$\sum_{k=1}^{2N} f_k \sin k\,\xi = U_1 \sin\xi.$$

Dieser Algorithmus erfordert nur die einmalige Berechnung von $\cos x$ und $\sin x$ für $x = \xi$. Leider ist der Algorithmus 6.2.4 numerisch instabil. REINSCH [27] hat eine numerisch stabile Modifikation von 6.2.4 angegeben:

(6.2.5) *Algorithmus zur Fourier-Analyse*

Bei gegebenem M und gegebenen $f[k]$, $k = 0, 1, \ldots, M-1$, wobei $M = 2N$ bei gerader, bzw. $M = 2N+1$ bei ungerader Unterteilung ist, berechne man

$N := entier\,(M \times 0.5 + 0.1)$; $mv := entier\,(M \times 0.25)$; $r := 2/M$;
$c := 1$; $s := sin\,(\pi/M)$; $\delta c := -2 \times s \times s$; $t := 2 \times \delta c$;
$\delta s := s \times sqrt\,(4 + t)$; $s := d := 0$; $m1 := M - 1$;

```
for v := 0 step 1 until N do
begin
        u := δu := 0;
        if   v < mv then
                begin
                        λ := d + d;
                        for k := m1 step −1 until 0 do
                        begin
                                u := δu + u;
                                δu := u × λ + δu + f[k]
                        end
                end
        else
                begin
                        λ := −2 × s × s/d;
                        for k := m1 step −1 until 0 do
                        begin
                                u := δu − u;
                                δu := u × λ − δu + f[k]
                        end
                end;
        α[v] := r × (δu − u × λ × 0.5);
        β[v] := r × u × s;
        d := d + δc;
        c := c + δc;  δc := t × c + δc;
        s := s + δs;  δs := t × s + δs;
        comment Es ist jetzt c = cos(2(v+1)π/M), s = sin(2(v+1)π/M);
end   v schleife;
```

$\alpha[v]$ *und* $\beta[v]$ *sind die gemäß* (6.1.3) *bzw.* (6.1.3a) *berechneten Koeffizienten* ($\beta[0] = 0$).

Bei diesem Algorithmus wird lediglich $\sin(\pi/M)$ am Anfang der Schleife berechnet; die Berechnung von $\sin(2\pi v/M)$ und $\cos(2\pi v/M)$ erfolgt rekursiv.

Die Berechnung der trigonometrischen Summe

$$f(x) = \frac{\alpha_0}{2} + \sum_{v=1}^{N} (\alpha_v \cos v\, x + \beta_v \sin v\, x)$$

bei gegebenem x und gegebenen Koeffizienten α_v, β_v läßt sich ebenfalls in eleganter Weise rekursiv durchführen [der Fall (6.1.4a) ordnet sich hier unter, wenn man α_N durch $\frac{\alpha_N}{2}$ und β_N durch 0 ersetzt],

(6.2.6) *Algorithmus zur Fourier-Synthese*

*Bei gegebenem x und gegebenen α_ν, β_ν, $\nu = 0, 1, \ldots, N$, $(\beta_0 = 0)$
berechne man*

```
c := cos (x); u := δu := w := δw := 0;
if   c > 0 then
     begin
             λ := 2 × sin (x/2); λ := − λ × λ;
             for ν := N step −1 until 0 do
             begin
                     u := δu + u; δu := λ × u + δu + α [ν];
                     w := δw + w; δw := λ × w + δw + β [ν]
             end
     end
else
     begin
             λ := 2 × cos (x/2); λ := λ × λ;
             for ν := N step −1 until 0 do
             begin
                     u := δu − u; δu := λ × u − δu + α [ν];
                     w := δw − w; δw := λ × w − δw + β [ν]
             end
     end;
     f := δu − (u × λ + α [0]) × 0.5 + w × sin (x);
```

Es ist jetzt

$$f = \frac{\alpha_0}{2} + \sum_{\nu=1}^{N} (\alpha_\nu \cos \nu x + \beta_\nu \sin \nu x).$$

6.3 Der Algorithmus von Cooley und Tukey

6.3.1 Erklärung

Dieses Verfahren ist ein Musterbeispiel eines „maschinenorientierten"
effektiven Algorithmus zur Aufsummierung trigonometrischer Summen.
Zur Herleitung der Methode gehen wir aus von der komplexen trigonometrischen Summe

$$(6.3.1) \qquad c_\nu = \frac{1}{N} \sum_{k=0}^{N-1} w_k \, e^{-2\pi i \frac{\nu k}{N}}, \qquad \nu = 0, 1, \ldots, N-1$$

und ihrer Umkehrung

$$(6.3.2) \qquad w_k = \sum_{\nu=0}^{N-1} c_\nu \, e^{2\pi i \frac{k\nu}{N}}, \qquad k = 0, 1, \ldots, N-1.$$

Die w_k, c_ν sind dabei beliebige komplexe Zahlen.

Reelle trigonometrische Summen nach Art von (6.1.3 a) ordnen sich der komplexen Schreibweise unter, wenn man definiert

$$(6.3.3) \qquad w_k = f_{2k} + i f_{2k+1}, \qquad k = 0, \ldots, N-1.$$

Setzt man $c_0 = c_N$, so folgt jetzt

$$(6.3.4) \qquad \alpha_\nu - i\beta_\nu = \frac{1}{2}(c_\nu + \bar{c}_{N-\nu}) + \frac{1}{2i}(c_\nu - \bar{c}_{N-\nu}) e^{-\frac{i\pi\nu}{N}},$$

$$\alpha_{N-\nu} - i\beta_{N-\nu} = \frac{1}{2}(c_{N-\nu} + \bar{c}_\nu) + \frac{1}{2i}(\bar{c}_\nu - c_{N-\nu}) e^{\frac{i\pi\nu}{N}}$$

($\bar{c}_\nu$ = konjugiert Komplexes von c_ν),
wobei [s. (6.1.3 a)]

$$(6.3.5) \qquad \alpha_\nu = \frac{1}{N} \sum_{k=0}^{2N-1} f_k \cos\left(k\nu\frac{\pi}{N}\right), \qquad \nu = 0, 1, \ldots, N,$$

$$\beta_\nu = \frac{1}{N} \sum_{k=1}^{2N-1} f_k \sin\left(k\nu\frac{\pi}{N}\right), \qquad \nu = 1, \ldots, N-1.$$

Wir setzen jetzt voraus, daß N eine Potenz von 2 ist, also

$$(6.3.6) \qquad N = 2^p,$$

wobei p eine ganze positive Zahl sein soll.

Die Indizes ν, k in (6.3.1) schreiben wir in binärer Darstellung

$$(6.3.7) \qquad \nu = \nu_0 2^0 + \nu_1 2^1 + \cdots + \nu_{p-1} 2^{p-1},$$
$$k = k_0 2^0 + k_1 2^1 + \cdots + k_{p-1} 2^{p-1},$$

wobei die ganzen Zahlen $\nu_0, \ldots, \nu_{p-1}, k_0, \ldots, k_{p-1}$ nur die Werte 0 und 1 annehmen können (z. B.: $\nu = 13 = 1 \cdot 2^0 + 0 \cdot 2^1 + 1 \cdot 2^2 + 1 \cdot 2^3$).

Durchläuft nun ν (bzw. k) alle Zahlen von 0 bis $N - 1 = 2^p - 1$, so durchlaufen die $\nu_0, \ldots, \nu_{p-1}$ unabhängig voneinander die Werte 0, 1 (von $\nu = 0 = 0 \cdot 2^0 + 0 \cdot 2^1 + \cdots + 0 \cdot 2^{p-1}$ bis $\nu = 2^p - 1 = 1 \cdot 2^0 + 1 \cdot 2^1 + \cdots + 1 \cdot 2^{p-1}$).

Wir benutzen diese Eigenschaft, um die Summation in (6.3.1) abzukürzen. Unter Verwendung der ALGOL-Schreibweise $w[k]$ für w_k bzw. $c[\nu]$ für c_ν erhält man zunächst aus (6.3.1) und (6.3.7)

$$c[\nu] = \sum_{k_0 2^0 + \cdots + k_{p-1} 2^{p-1} = 0}^{2^p - 1} w[k_0 2^0 + \cdots + k_{p-1} 2^{p-1}] \times$$

$$\times \exp\left(-2\pi i(\nu_0 2^0 + \cdots + \nu_{p-1} 2^{p-1}) \frac{(k_0 2^0 + \cdots + k_{p-1} 2^{p-1})}{2^p}\right).$$

Nun ist

$$\exp\left(-2\pi i(\nu_0\,2^0 + \cdots + \nu_{p-1}\,2^{p-1})\left(\frac{k_0}{2^p} + \cdots + \frac{k_{p-1}}{2^1}\right)\right)$$

$$= \exp\left(-2\pi i(\nu_0\,2^0 + \cdots + \nu_{p-1}\,2^{p-1})\frac{k_0}{2^p}\right) \times$$

$$\times \exp\left(-2\pi i(\nu_0\,2^0 + \cdots + \nu_{p-2}\,2^{p-2})\frac{k_1}{2^{p-1}}\right) \times \cdots$$

$$\cdots \times \exp\left(-2\pi i(\nu_0\,2^0)\frac{k_{p-1}}{2^1}\right),$$

da die beim Ausmultiplizieren entstehenden Ausdrücke

$$\exp\left(-2\pi i\,\frac{\nu_{p-1}\,2^{p-1}}{2^{p-1}}\,k_1\right), \quad \text{usw.}$$

alle gleich 1 sind.

Damit ergibt sich

$$(6.3.8)\quad c[\nu] = \sum_{k_0\,2^0 + \cdots + k_{p-1}\,2^{p-1} = 0}^{2^p-1} \cdots$$

$$= \sum_{k_0=0}^{1} \exp\left(-2\pi i(\nu_0\,2^0 + \cdots + \nu_{p-1}\,2^{p-1})\frac{k_0}{2^p}\right) \times$$

$$\times \sum_{k_1=0}^{1} \exp\left(-2\pi i(\nu_0\,2^0 + \cdots + \nu_{p-2}\,2^{p-2})\frac{k_1}{2^{p-1}}\right) \times \cdots$$

$$\cdots \times \sum_{k_{p-1}=0}^{1} \exp\left(-2\pi i(\nu_0\,2^0)\frac{k_{p-1}}{2^1}\right) w[k_0\,2^0 + \cdots + k_{p-1}\,2^{p-1}].$$

Unter Benutzung von Hilfsgrößen $S_l[r]$, $r = 0, 1, \ldots, 2^p - 1$; $l = 1, \ldots, p$, läßt sich die Summe (6.3.8) geschickt auswerten. Man erhält so den

(6.3.9) *Algorithmus von Cooley und Tukey.*

Man berechne

```
for k₀, k₁, ..., k_{p-1} := 0, 1 do
    S₀[k₀2⁰ + ··· + k_{p-1}2^{p-1}] := w[k₀2⁰ + ··· + k_{p-1}2^{p-1}];
for l := 1 step 1 until p do
begin
        for k₀, ..., k_{p-l-1}, ν_{l-1}, ..., ν₀ := 0, 1 do
        S_l[k₀2⁰ + ··· + k_{p-l-1}2^{p-l-1} + ν_{l-1}2^{p-l} + ··· + ν₀2^{p-1}] :=
              1
              Σ    exp(−2πi(ν₀2⁰ + ··· + ν_{l-1}2^{l-1}) k_{p-l}/2^l ×
            k_{p-l}=0
          ×S_{l-1}[k₀2⁰ + ··· + k_{p-l}2^{p-l} + ν_{l-2}2^{p-l+1} + ··· + ν₀2^{p-1}];
end l;
for ν₀, ..., ν_{p-1} = 0, 1 do
    c[ν₀2⁰ + ··· + ν_{p-1}2^{p-1}] := S_p[ν_{p-1}2⁰ + ν_{p-2}2¹ + ··· + ν₀2^{p-1}];
```

Am Ende der Rekursion, d. h. für $l = p$, ergibt sich gerade $c[\nu] := S_p[\mu]$, wobei die Indizes ν, μ die Binärdarstellung

$$\nu = \nu_0 \, 2^0 + \cdots + \nu_{p-1} \, 2^{p-1},$$
$$\mu = \mu_0 \, 2^0 + \cdots + \mu_{p-1} \, 2^{p-1}$$

besitzen, mit

$$\mu_\varrho = \nu_{p-\varrho-1}, \qquad \varrho = 0, 1, \ldots, p - 1.$$

Bei geschickter Programmierung des Algorithmus (6.3.9) ist die Rechenersparnis gegenüber der direkten Auswertung nach (6.3.1) erheblich. Die Rechenzeiten verhalten sich etwa wie $N \log N$ zu N^2.

6.3.2 ALGOL-Programme

Wir geben nachstehend ein von REINSCH stammendes ALGOL-Programm *foucom*, das auf der Basis von (6.3.9) angefertigt ist. Die Eingabeparameter von *foucom* sind

    a) die boolesche Variable *ana*

    b) die ganze Zahl $N = 2^p$

    c) die beiden Felder $u, v[0 : N - 1]$.

Verwendungsmöglichkeiten:

    I. *foucom* berechnet für *ana* := **true** aus den gegebenen Größen u_k, v_k (wobei $w_k = u_k + i\,v_k$) die komplexen Koeffizienten c_ν, $\nu = 0, 1, \ldots, N - 1$ [s. (6.3.1)]. Bei Verlassen der Prozedur *foucom* sind die u_ν mit $\mathrm{Re}\{c_\nu\}$ und die v_ν mit $\mathrm{Im}\{c_\nu\}$ überschrieben: $c_\nu = u_\nu + + i\,v_\nu$.

    II. *foucom* berechnet für *ana* := **false** aus den gegebenen Größen u_ν, v_ν (wobei $c_\nu = u_\nu + i\,v_\nu$) die komplexen Werte w_k, $k = 0, 1, \ldots,$ $N - 1$ [s. (6.3.2)]. Bei Verlassen der Prozedur *foucom* sind die u_k mit $\mathrm{Re}\{w_k\}$ und die v_k mit $\mathrm{Im}\{w_k\}$ überschrieben: $w_k = u_k + i\,v_k$.

Will man die Prozedur *foucom* zur reellen Fourieranalyse verwenden, so hat man nach (6.3.3) zu setzen

$$u[k] := f[2 \times k]; \quad v[k] := f[2 \times k + 1], \quad k = 0, 1, \ldots, N - 1.$$

```
procedure foucom (ana, N) transient: (u, v);
value ana, N; boolean ana; integer N; array u, v;
begin real ci, si, dc, ds, h, pr, pi, qr, qi, scale;
        integer i, imax, j, k, kl, kmax, l, m, nh, nq, ne;
        procedure umkehr;
        begin switch sw := br1, br2, br1, br4, br1, br2, br1, br8;
                m := m + 1; go to sw[m];
          br1: j := j + nh; go to fin;
          br2: j := j - nq; go to fin;
          br4: j := j - ne; go to fin;
          br8: j := 0; k := 1; m := i;
```

```
                    for m := m + m while m ≠ 0 do
                    begin
                            if m ≧ N then
                                begin m := m − N; j := j + k end;
                            k := k + k;
                    end;
                fin:
            end umkehr;
            scale := 1/N;
            nh := N × 0.5; nq := nh × 0.5; ne := nq × 2.5;
            l := N; imax := 0; h := −4;
    test:   if l ≦ 1 then go to enof;
            l := l × 0.5; m := 7; dc := h × 0.5; ci := 1; si := 0;
            ds := sqrt(−dc × (2 + dc)); if ana then ds := −ds;
            for i := 0 step 1 until imax do
            begin
                    umkehr; kmax := j + l − 1;
                    for k := j step 1 until kmax do
                    begin
                            kl := k + l;
                            pr . = u[k]; pi := v[k];
                            qr := u[kl] × ci − v[kl] × si;
                            qi := u[kl] × si + v[kl] × ci;
                            u[k] := pr + qr; v[k] := pi + qi;
                            u[kl] := pr − qr; v[kl] := pi − qi
                    end;
                    ci := ci + dc; dc := h × ci + dc;
                    si := si + ds; ds := h × si + ds
            end i;
            imax := imax + imax + 1; h := h/(2 + sqrt(4 + h));
            go to test;
    enof:   imax := N − 1; m := 7;
            for i := 0 step 1 until imax do
            begin if ana then
                    begin u[i] := scale × u[i]; v[i] := scale × v[i]; end;
                    umkehr;
                    if j < i then
                        begin
                                h := u[i]; u[i] := u[j]; u[j] := h;
                                h := v[i]; v[i] := v[j]; v[j] := h
                        end
            end i
    end foucom
```

Die Umwandlung der komplexen Koeffizienten c_ν in die reellen Koeffizienten α_ν, β_ν [s. (6.3.4)] kann mit der folgenden Prozedur *reelltrans* erfolgen; Eingabeparameter sind

   a) die boolesche Variable *ana*

   b) die ganze Zahl $N = 2^p$

   c) die beiden Felder $a, b[0:N]$

Verwendungsmöglichkeiten:

   I. *reelltrans* berechnet für $ana := $ **true** aus den gegebenen Größen a_ν, b_ν (wobei $a_\nu + i\,b_\nu = c_\nu$) die reellen Fourierkoeffizienten α_ν, β_ν [s. (6.3.4)]. Bei Verlassen der Prozedur *reelltrans* ist a_ν mit α_ν und b_ν mit β_ν überschrieben.

   II. *reelltrans* berechnet für $ana := $ **false** aus den gegebenen Größen a_ν, b_ν (wobei $a_\nu = \alpha_\nu, b_\nu = \beta_\nu$) die komplexen Fourierkoeffizienten c_ν [s. (6.3.4)]. Bei Verlassen der Prozedur *reelltrans* ist a_ν mit $\mathrm{Re}\{c_\nu\}$ und b_ν mit $\mathrm{Im}\{c_\nu\}$ überschrieben: $c_\nu = a_\nu + i\,b_\nu$.

```
procedure reelltrans (ana, N) transient: (a, b);
value ana, N; boolean ana; integer N; array a, b;
begin real r, fr, fi, gr, gi, hr, hi, ck, dc, sk, ds;
      integer k, nh, nk;
      nh := entier ((N + 0.5) × 0.5); hr := sin (0.7853981633397/nh);
      r := − 4 × hr × hr; dc := − 0.5 × r; ds := hr × sqrt (4 + r);
      ck := 1; sk := 0;
      if ana then
          begin a[N] := a[0]; b[N] := b[0] end;
      for k := 0 step 1 until nh do
      begin
              nk := N − k;
              fr := a[k] + a[nk]; fi := b[k] − b[nk];
              gr := a[k] − a[nk]; gi := b[k] + b[nk];
              hr := gr × ck + gi × sk; hi := gi × ck − gr × sk;
              a[k] := (hi + fr) × 0.5; a[nk] := (fr − hi) × 0.5;
              b[k] := (hr − fi) × 0.5; b[nk] := (fi + hr) × 0.5;
              dc := r × ck + dc; ck := ck + dc;
              ds := r × sk + ds; sk := sk + ds;
      end
end   reelltrans
```

Beispiel. 1. Gegeben $f[0 : 2 \times N − 1]$, $N = 2^p$. Gesucht α_ν, β_ν gemäß (6.1.3a). Es ist zu deklarieren **array** $\alpha, \beta[0:N]$.

```
for k := 0 step 1 until N − 1 do
begin
        α[k] := f[2 × k]; β[k] := f[2 × k + 1];
end;
foucom (true, N, α, β); reelltrans (true, N, α, β);
```

Die gesuchten Koeffizienten sind auf den beiden Feldern $\alpha[0:N]$, $\beta[0:N-1]$ gespeichert.

2. Gegeben $\alpha, \beta[0:N]$, $N = 2^p$. Gesucht $f_k = f\left(\dfrac{2\pi k}{2N}\right)$ gemäß (6.1.5a). Es ist zu deklarieren **array** $f[0:2 \times N - 1]$.

reelltrans (**false**, N, α, β); *foucom* (**false**, N, α, β);
for $k := 0$ **step** 1 **until** $N - 1$ **do**
begin
     $f[2 \times k] := \alpha[k]$; $f[2 \times k + 1] := \beta[k]$;
end;

(Die ursprünglich auf den Feldern $\alpha, \beta[0 \cdot N]$ gespeicherten Werte sind zerstört!)

§ 7. Berechnung von Zylinderfunktionen aus linearen Rekursionsformeln

7.1 Einleitung

Viele spezielle Funktionen genügen Rekursionsformeln bezüglich eines Parameters n. Als Beispiel seien die Legendresche Funktion $P_n(x)$ und die Besselfunktion $J_n(x)$ erwähnt; es gilt (vgl. B. 5, B. 3)

$$(7.1.1) \quad (n + 1)\, P_{n+1}(x) - (2n + 1)\, x\, P_n(x) + n\, P_{n-1}(x) = 0,$$

$$(7.1.2) \quad J_{n+1}(x) - \frac{2n}{x}\, J_n(x) + J_{n-1}(x) = 0.$$

Kennt man also beispielsweise für festes x die Werte $J_{n-1}(x)$ und $J_n(x)$, so läßt sich aus (7.1.2) $J_{n+1}(x)$ berechnen; aus $J_n(x)$ und $J_{n+1}(x)$ erhält man dann $J_{n+2}(x)$ usw. Man kann solche Rekursionsformeln aber auch in umgekehrter Richtung (fallendes n) auswerten: Kennt man $J_{n+1}(x)$ und $J_n(x)$, so läßt sich aus (7.1.2) $J_{n-1}(x)$ berechnen; $J_{n-2}(x)$ erhält man aus $J_n(x)$ und $J_{n-1}(x)$ usw. Besondere Aufmerksamkeit ist dabei der Stabilität des Rekursionsprozesses zu widmen: der Prozeß heißt stabil, falls die durch Rundung entstandenen Fehler relativ nicht stärker anwachsen als die gesuchte Funktion. Die Stabilität hängt ab

1. von der zu berechnenden Lösung der Rekursionsgleichung

2. vom Argument x, oder auch anderen Parametern

3. von der Richtung, in der die Rekursion läuft: wachsendes oder fallendes n.

Beispiel. Stabilität bei wachsendem n:

$$P_n(x), P_n^m(x), x \text{ beliebig,}$$

$$Q_n(x), Q_n^m(x), \quad \text{für} \quad |x| < 1$$

Stabilität für fallendes n:

$$P_n(x),\ P_n^m(x),\quad \text{für}\quad |x| < 1,$$
$$Q_n(x),\ Q_n^m(x),\ x\ \text{beliebig},$$

vgl auch GAUTSCHI [14].

7.2 Berechnung der Bessel- und Neumann-Funktionen

Es bezeichne $J_\nu(x)$ die Bessel-Funktion und $Y_\nu(x)$ die Neumann-Funktion zur Ordnung ν. Dann ist die Linearkombination

$$Z_\nu(x) = c_1 J_\nu(x) + c_2 Y_\nu(x)$$

die allgemeine Lösung der Rekursion

$$(7.2.1) \qquad Z_{\nu+1} - \frac{2\nu}{x} Z_\nu + Z_{\nu-1} = 0,$$

c_1, c_2 beliebige Konstanten.

7.2.1 Berechnung von $Y_\nu(x)$

Für $c_1 = 0$, $c_2 = 1$ ist $Z_\nu(x) = Y_\nu(x)$. Die Formel (7.2.1) läßt sich bei Kenntnis von $Y_{\nu-1}(x)$ und $Y_\nu(x)$ zur Berechnung von $Y_{\nu+1}(x)$ verwenden

$$(7.2.2) \qquad Y_{\nu+1} = \frac{2\nu}{x} Y_\nu - Y_{\nu-1}.$$

Der Prozeß ist in Richtung wachsender ν stabil, x beliebig. Besonders wichtig ist der Fall ganzzahliger ν: $Y_0(x)$ und $Y_1(x)$ berechnet man mittels T-Entwicklungen (vgl. Ziff. 2.4.4), $Y_2(x)$, $Y_3(x)$, ... mit Hilfe von (7.2.2). Von spezieller Bedeutung ist noch der Fall halbzahliger Indizes $\nu = n + \frac{1}{2}$, $n = 0, 1, \ldots$ Es ist

$$Y_{n+\frac{1}{2}}(x) = (-1)^{n+1} J_{-n-\frac{1}{2}}(x), \qquad n = 0, 1, \ldots$$

mit den „Startfunktionen"

$$Y_{\frac{1}{2}}(x) = -\sqrt{\frac{2x}{\pi}}\,\frac{\cos x}{x}, \qquad Y_{\frac{3}{2}}(x) = -\sqrt{\frac{2x}{\pi}}\left(\frac{\cos x}{x^2} + \frac{\sin x}{x}\right).$$

Berechnung von $Y_{\frac{5}{2}}(x)$, $Y_{\frac{7}{2}}(x)$, ... nach (7.2.2).

7.2.2 Berechnung von $J_\nu(x)$

Für $c_1 = 1$, $c_2 = 0$ ist $Z_\nu(x) = J_\nu(x)$. Es ist also

$$(7.2.3) \qquad J_{\nu+1} = \frac{2\nu}{x} J_\nu - J_{\nu-1}.$$

Die Rekursion ist in Richtung wachsender ν nur so lange stabil, als $\nu < x$ ist, für $\nu > x$ ist die Vorwärtsrekursion numerisch unbrauchbar, selbst wenn ν nur wenig größer als x ist.

Beispiel. Gegeben sind $J_0(2{,}13)$, $J_1(2{,}13)$ (Funktionswerte aus T-Entwicklungen). Die Tab. 7.2.1 enthält die gemäß (7.2.3) berechneten Funktionswerte $J_2(2{,}13)$, $J_3(2{,}13)$, ...; Rechnung mit 11 Dezimalziffern in der Mantisse. Zum Vergleich sind die richtigen Funktionswerte angegeben.

Tabelle 7.2.1

ν	$J_\nu(2{,}13)$ berechnet mittels Vcrwartsrekursion	$J_\nu(2{,}13)$ exakte Werte
0	0,14960 67704	0,14960 67704
1	0,56499 69806	0,56499 69806
2	0,38090 68263	0,38090 68263
3	0,15032 10031	0,15032 10031
4	0,04253 26191 5	0,04253 26191 5
5	0,00942 59232 35	0,00942 59232 52
6	0,00172 05415 79	0,00172 05416 55
7	0,00026 72687 630	0,00026 72691 745
8	0,00003 61545 156	0,00003 61571 4412
9	0,00000 43144 528	0,00000 43337 85971
10	0,00000 03056 496	0,00000 04663 993036
11	—0,00000 14445 028	0,00000 00455 5021271
12	—0,00001 52253 975	0,00000 00040 72377 000
13	—0,00017 01092 718	0,00000 00003 35725 3124
14	—0,00206 1225808	0,00000 00000 25678 45664
15	—0,02692 581684	0,00000 00000 01831 86408
16	—0,37717 56312	0,00000 00000 00012 44595
17	—5,63956 2539	0,00000 00000 00007 69951
18	—89,64401 044	· 0,00000 00000 00000 45707
19	—1509,47047 3	0,00000 00000 00000 02569
20	—26839,87617	0,00000 00000 00000 00137

Der Grund für das explosionsartige Anwachsen des Fehlers liegt darin, daß sowohl $J_\nu(x)$ als auch $Y_\nu(x)$ Lösungen der Rekursion (7.2.3) sind. Das (unvermeidliche) Auftreten von Rundungsfehlern bewirkt nun, daß an Stelle von $J_\nu(x)$ ein verfälschter Wert $\tilde{J}_\nu(x)$ berechnet wird:

$$\tilde{J}_\nu(x) = J_\nu(x) + \varepsilon\, Y_\nu(x),$$

ε in der Größenordnung der Maschinengenauigkeit. Für $\nu > x$ wächst nun $Y_\nu(x)$ mit ν so rasch an, daß selbst bei kleinem ε das Produkt $\varepsilon\, Y_\nu(x)$ bald größer wird als $J_\nu(x)$.

Nach MILLER (vgl. B. 3.9) lassen sich aber die $J_\nu(x)$, x beliebig $\gtreqless \nu$, durch *Rückwärtsrekursion* berechnen. Man setzt

$$\tilde{J}_{N+1} = 0, \quad \tilde{J}_N = \beta \neq 0,$$

N hinreichend groß, β beliebig [um Exponentenüberlauf in der Maschine zu vermeiden, setze man $\beta \approx \dfrac{x}{2N} \times$ (kleinste positive Maschinenzahl)].

Man erhält nun aus

$$(7.2.4) \qquad \tilde{J}_{\nu-1} = \frac{2\nu}{x}\,\tilde{J}_\nu - \tilde{J}_{\nu+1}, \qquad \tilde{J}_N = \beta, \qquad \tilde{J}_{N+1} = 0$$

für $\nu = N,\ N-1,\ \ldots,\ 1$ sukzessive $\tilde{J}_{N-1}, \ldots, \tilde{J}_0$.

Die $\tilde{J}_\nu(x)$ sind aber im wesentlichen bis auf einen gemeinsamen Faktor σ gerade die $J_\nu(x)$

$$(7.2.5) \qquad J_\nu(x) \approx \sigma\,\tilde{J}_\nu(x)$$

$\left(\text{Der exakte Ausdruck wäre } J_\nu(x) = \sigma\,\tilde{J}_\nu(x) + \frac{\tilde{J}_{N+1}(x)}{Y_{N+1}(x)}\,Y_\nu(x)\right).$

Zur Bestimmung des Normierungsfaktors σ benutze man entweder die Beziehung

$$1 = J_0(x) + 2J_2(x) + 2J_4(x) + \cdots,$$

woraus

$$(7.2.6) \qquad \sigma \approx \frac{\tfrac{1}{2}}{\tfrac{1}{2}\tilde{J}_0 + \tilde{J}_2 + \tilde{J}_4 + \cdots + \tilde{J}_{2Q}}, \qquad Q = \left[\frac{N}{2}\right],$$

oder bei bekanntem $J_0(x)$ (T-Entwicklung) die Relation $\sigma \approx \frac{J_0(x)}{\tilde{J}_0(x)}$. Einige Überlegung erfordert die Wahl von N. Wird $J_\nu(x)$, für $\nu = 0, 1, \ldots, M$, mit einer Genauigkeit von etwa 10 Dezimalen nach dem Komma benötigt, so setze man nach einem Vorschlag von MURRAY [23]

$$(7.2.7) \qquad N \geqq \max(M+1;\,P)$$

mit

$$P = \begin{cases} 2x + 10; & \text{für} \quad x \geqq 0{,}867, \\ 8x + 4{,}8; & \text{für} \quad 0 \leqq x < 0{,}867. \end{cases}$$

Beispiel. Berechnung von $J_0(2), \ldots, J_{10}(2)$. Es ist nach (7.2.7) $N \geqq$ $\geqq \max\{10 + 1; 2 \times 2 + 10\} = 14$ zu wählen. Man erhält aus (7.2.4) mit $\beta = 1$

ν	$\tilde{J}_\nu(2)$	$J_\nu(2) \approx \sigma\tilde{J}_\nu(2)$
14	1	0,00000 00000 1
13	14	0,00000 00001 4
12	181	0,00000 00019 3
11	2158	0,00000 00230 4
10	23557	0,00000 02515 4
9	2 33412	0,00000 24923 4
8	20 77151	0,00002 21795 5
7	163 83796	0,00017 49440 7
6	1126 09421	0,00120 24289 7
5	6592 72730	0,00703 96297 6
4	31837 54229	0,03399 57198 1
3	1 20757 44186	0,12894 32494 7
2	3 30434 78329	0,35283 40286 1
1	5 40112 12472	0,57672 48077 6
0	2 09677 34143	0,22389 07791 4

Der Normierungsfaktor σ ist nach (7.2.6)

$$\sigma \approx 1{,}0677871896_{10}{-}{}^{11},$$

woraus endgültig $J_\nu(2) \approx \sigma \tilde{J}_\nu(2)$ (s. Tabelle).

Setzt man $\beta = 1$, so ist die Anzahl der Dezimalziffern vor dem Komma bei $\tilde{J}_0(x)$ gleich der Anzahl der gültigen Dezimalziffern nach dem Komma bei $J_0(x), \ldots, J_N(x)$. Im obigen Beispiel sind also die Werte $J_0(2), \ldots, J_{14}(2)$ auf etwa 11 Stellen nach dem Komma genau.

Die Rückwärtsrekursion läßt sich auch zur Berechnung der Bessel-Funktionen

$$J_\alpha(x), J_{1+\alpha}(x), \ldots, J_{N+\alpha}(x)$$

verwenden, $0 \leq \alpha < 1$. Es ist

$$\tilde{J}_{n+\alpha-1} = \frac{2(n+\alpha)}{x} \tilde{J}_{n+\alpha} - \tilde{J}_{n+\alpha+1}; \quad \tilde{J}_{N+\alpha} = \beta \neq 0, \quad \tilde{J}_{N+\alpha+1} = 0$$

für $n = N, N-1, \ldots, 1$.

Es gilt wieder

$$J_{n+\alpha}(x) \approx \sigma \tilde{J}_{n+\alpha}(x).$$

Den Normierungsfaktor σ ermittelt man aus der Beziehung

$$\sigma \approx \frac{\left(\dfrac{x}{2}\right)^\alpha}{A},$$

wo

$$A = \Gamma(1+\alpha)\left\{ \tilde{J}_\alpha + (\alpha+2)\tilde{J}_{\alpha+2} + \frac{\alpha+1}{2!}(\alpha+4)\tilde{J}_{\alpha+4} + \right.$$
$$+ \frac{(\alpha+1)(\alpha+2)}{3!}(\alpha+6)\tilde{J}_{\alpha+6} +$$
$$\left. + \frac{(\alpha+1)(\alpha+2)(\alpha+3)}{4!}(\alpha+8)\tilde{J}_{\alpha+8} + \cdots \right\}.$$

Für $\alpha = \tfrac{1}{2}$ verwende man die einfachere Beziehung

$$\sigma \approx \frac{J_{\frac{1}{2}}(x)}{\tilde{J}_{\frac{1}{2}}(x)} = \frac{\sqrt{\dfrac{2}{\pi x}}\sin x}{\tilde{J}_{\frac{1}{2}}(x)}.$$

7.3 Berechnung der modifizierten Bessel-Funktionen

Die Linearkombination

$$\zeta_\nu(x) = c_1 I_\nu(x) + c_2 e^{i\nu\pi} K_\nu(x)$$

der modifizierten Bessel-Funktionen $I_\nu(x)$, $K_\nu(x)$ ist Lösung der Rekursion

$$(7.3.1) \qquad\qquad \zeta_{\nu+1} + \frac{2\nu}{x}\zeta_\nu - \zeta_{\nu-1} = 0,$$

c_1, c_2 beliebige Konstanten.

7.3.1 Berechnung von $K_\nu(x)$

Für $c_1 = 0$, $c_2 = 1$ ist $\zeta_\nu(x) = e^{i\nu\pi} K_\nu(x)$. Man erhält aus (7.3.1)

$$(7.3.2) \qquad K_{\nu+1} = \frac{2\nu}{x} K_\nu + K_{\nu-1}.$$

Der Rekursionsprozeß ist in Richtung wachsender ν stabil. Für ganzzahlige ν kann $K_0(x)$ und $K_1(x)$ mittels T-Entwicklungen berechnet werden (vgl. Ziff. 2.4.4). $K_2(x)$, $K_3(x)$, ..., lassen sich dann aus (7.3.2) ermitteln. Für halbzahlige Indizes $\nu = n + \frac{1}{2}$, $n = 0, 1, \ldots$ ist

$$K_{n+\frac{1}{2}}(x) = \frac{\pi}{2} (-1)^n [I_{-n-\frac{1}{2}}(x) - I_{n+\frac{1}{2}}(x)],$$

Startfunktionen:

$$K_{\frac{1}{2}}(x) = \sqrt{\frac{\pi}{2x}} e^{-x}, \qquad K_{\frac{3}{2}}(x) = \sqrt{\frac{\pi}{2x}} e^{-x}\left(1 + \frac{1}{x}\right);$$

Berechnung von $K_{\frac{5}{2}}(x)$, $K_{\frac{7}{2}}(x)$, ... nach Gl. (7.3.2).

7.3.2 Berechnung von $I_\nu(x)$

Für $c_1 = 1$, $c_2 = 0$ ist $\zeta_\nu(x) = I_\nu(x)$. Es ist also

$$I_{\nu+1} = -\frac{2\nu}{x} I_\nu + I_{\nu-1}.$$

Die Rekursion ist in Richtung fallender ν stabil. Zum Beispiel kann von

$$I_{-\frac{1}{2}}(x) = \sqrt{\frac{2x}{\pi}} \frac{\cosh x}{x}, \qquad I_{-\frac{3}{2}}(x) = \sqrt{\frac{2x}{\pi}} \left(\frac{\sinh x}{x} - \frac{\cosh x}{x^2}\right)$$

ausgehend, $I_{-\frac{5}{2}}(x)$, ... berechnet werden.

Für $\nu > 0$ ist wieder die Rückwärtsrekursion anwendbar. Man setzt

$$\tilde{I}_{N+1} = 0, \qquad \tilde{I}_N = \beta \neq 0$$

und berechnet sukzessive

$$(7.3.3) \qquad \tilde{I}_{\nu-1} = \frac{2\nu}{x} \tilde{I}_\nu + \tilde{I}_{\nu+1}$$

für $\nu = N, N-1, \ldots, 1$.

Es ist dann

$$(7.3.4) \qquad I_\nu(x) \approx \sigma \tilde{I}_\nu(x).$$

Der Normierungsfaktor σ kann für ganzzahlige ν entweder aus der Beziehung

$$\sigma \approx \frac{I_0(x)}{\tilde{I}_0(x)}, \qquad I_0(x) \text{ aus einer } T\text{-Entwicklung}$$

oder aus

$$(7.3.5) \qquad \sigma \approx \frac{\frac{1}{2}e^x}{\frac{1}{2}\tilde{I}_0 + \tilde{I}_1 + \cdots + \tilde{I}_N}$$

berechnet werden.

Einige Aufmerksamkeit ist der Wahl von N zu schenken. Soll $I_\nu(x)$ für $\nu = 0, 1, \ldots, M$ mit einem relativen Fehler von etwa 10^{-10} berechnet werden, so setze man nach MURRAY [23]

$$(7.3.6) \qquad N \geqq N_{\min} = \begin{cases} \dfrac{P}{2} + M; & \text{für} \quad M \geqq \dfrac{P}{2}, \\[2mm] P; & \text{für} \quad M < \dfrac{P}{2}, \end{cases}$$

wobei

$$P = \begin{cases} 1{,}5x + 12; & \text{für} \quad x \geqq 1{,}457, \\ 5x + 6{,}9; & \text{für} \quad 0 \leqq x < 1{,}45. \end{cases}$$

Die Rückwärtsrekursion läßt sich auch zur Berechnung der Funktionen

$$I_\alpha(x), \quad I_{1+\alpha}(x), \quad I_{2+\alpha}(x), \ldots, I_{N+\alpha}(x)$$

verwenden, $0 \leqq \alpha < 1$. Es ist

$$\tilde{I}_{n+\alpha-1} = \frac{2(n+\alpha)}{x} \tilde{I}_{n+\alpha} + \tilde{I}_{n+\alpha+1}; \quad \tilde{I}_{N+\alpha} = \beta \neq 0, \quad \tilde{I}_{N+\alpha+1} = 0$$

für $n = N, N-1, \ldots, 1$.

Es gilt dann

$$I_{n+\alpha}(x) \approx \sigma \, \tilde{I}_{n+\alpha}(x).$$

Der Normierungsfaktor σ ist gegeben durch

$$\sigma \approx \frac{\left(\dfrac{x}{2}\right)^\alpha e^x}{A}$$

mit

$$A = \Gamma(1+\alpha) \left\{ \tilde{I}_\alpha + (2\alpha + 2)\, \tilde{I}_{\alpha+1} + \frac{2\alpha + 1}{2!} (2\alpha + 4)\, \tilde{I}_{\alpha+2} + \right.$$

$$+ \frac{(2\alpha + 1)(2\alpha + 2)}{3!} (2\alpha + 6)\, \tilde{I}_{\alpha+3} +$$

$$\left. + \frac{(2\alpha + 1)(2\alpha + 2)(2\alpha + 3)}{4!} (2\alpha + 8)\, \tilde{I}_{\alpha+4} + \cdots \right\}.$$

Für $\alpha = \frac{1}{2}$ verwende man die einfachere Beziehung

$$\sigma \approx \frac{I_{\frac{1}{2}}(x)}{\tilde{I}_{\frac{1}{2}}(x)} = \frac{\sqrt{\dfrac{2}{x\,\pi}}\,\sinh x}{\tilde{I}_{\frac{1}{2}}(x)}.$$

ALGOL-Programme zur Berechnung von $J_\nu(x)$, $Y_\nu(x)$, $I_\nu(x)$, $K_\nu(x)$ siehe MURRAY [23]; weitere approximative Darstellungen (z. B. für sphärische Bessel-Funktionen usw.) in ABRAMOWITZ-STEGUN [1]; vgl. auch Ziff. 2.4.4.

Literatur

[1] ABRAMOWITZ, M., and I. A. STEGUN: Handbook of mathematical functions. New York: Dover 1965.

[2] BARTKY, W.: Numerical calculation of a generalized complete elliptic integral. Rev. Mod. Phys. **10**, 264—269 (1938).

[3] BULIRSCH, R.: Numerical calculation of elliptic integrals and elliptic functions I, II. Numer. Math. **7**, 78—90, 353—354 (1965).

[4] — Numerical calculation of the sine, cosine and Fresnel integrals. Numer. Math. **9**, 380—385 (1967).

[5] CLENSHAW, C. W.: Chebyshev series for mathematical functions. London: Her Majesty's Stationery Office 1962.

[6] —, G. F. MILLER and M WOODGER: Algorithms for special functions I. Numer. Math. **4**, 403—419 (1963).

[7] —, and S. M. PICKEN: Chebyshev series for Bessel functions of fractional order. London: Her Majesty's Stationery Office 1966.

[8] CODY, W. J., and J. STOER: Rational Chebyshev approximation using interpolation. Numer. Math. **9**, 177—188 (1966).

[9] COOLEY, J. W. and J. W. TUKEY: An algorithm for the machine calculation of complex Fourier series. Math. Comp. **19**, 297—301 (1965).

[10] DAVIS, P. J.: Interpolation and approximation. New York: Blaisdell 1963.

[11] FILIPPI, S.: Angenäherte Tschebyscheff-Approximation einer Stammfunktion — eine Modifikation des Verfahrens von Clenshaw und Curtis. Numer. Math. **6**, 320—328 (1964).

[12] GARABEDIAN, H. L.: Approximation of functions. Proceedings of the Symposium on approximation of functions. Amsterdam: Elsevier 1965.

[13] GARGANTINI, I., and P. HENRICI: A continued fraction algorithm for the computation of higher transcendental functions in the complex plane. Math. Comp. **21**, 18—29 (1967).

[14] GAUTSCHI, W.: Computational aspects of three-term recurrence relations. SIAM Review **9**, 24-82 (1967).

[15] GOERTZEL, G.: An algorithm for the evaluation of finite trigonometric series. Amer. Math. Monthly **65**, 34—35 (1958).

[16] HANDSCOMB, D. C.: Methods of numerical approximation. Oxford: Pergamon 1966.

[17] HASTINGS, C.: Approximations for digital computers. Princeton: Princeton University Press 1955.

[18] HENRICI, P., and P. PFLUGER: Truncation error estimates for Stieltjes fractions. Numer. Math. **9**. 120—138 (1966).

[19] HORNECKER, G.: Evaluation approchée de la meilleure approximation polynomiale d'ordre n de $f(x)$ sur un segment fini (a, b). Chiffres **1**, 157—169 (1958), **4**, 37—40 (1961).

[20] Index by subject to algorithms, S. 21. Comm. ACM **7**, 146—148 (1964).

[21] LYUSTERNIK, L. A , O. A. CHERVONENKIS and A. R. YANPOLSKII: Handbook for computing elementary functions. Oxford: Pergamon 1965.

[22] MEINARDUS, G.: Approximation von Funktionen und ihre numerische Behandlung. Berlin/Göttingen/Heidelberg/New York: Springer 1964.

[23] MURRAY, W.: Computation of Bessel functions. Teddington, England: National Physical Laboratory 1967.

[24] National Physical Laboratory: Modern computing methods. London: Her Majesty's Stationery Office 1961.

[25] PERRON, O.: Die Lehre von den Kettenbrüchen, Band I, 3. Aufl. Stuttgart: Teubner 1954.

[26] — Die Lehre von den Kettenbrüchen, Band II, 3. Aufl. Stuttgart: Teubner 1957.

[27] REINSCH, CH.: A note on trigonometric interpolation. Erscheint in Kürze.

[28] RICE, J. R.: The approximation of functions. Vol. I — Linear theory. London: Addison Wesley 1964.

[29] RUTISHAUSER, H.: Der Quotienten-Differenzen-Algorithmus. Basel: Birkhäuser 1957.

[30] STETTER, H. J.: Numerical approximations of Fourier-transforms. Numer. Math. 8, 235—249 (1966).

[31] STIELTJES, T. J.: Recherches sur les fractions continues. Ann. Fac. Sci. Toulouse 8, 1—122 (1894) und 9, 1—47 (1894).

[32] THACHER, H. C. JR.: Conversion of a power to a series of Chebyshev polynomials. Comm. ACM 7, 181—182 (1964).

[33] WALL, H. S.: Analytic theory of continued fractions. New York: Van Nostrand 1948.

[34] WERNER, H.: Vorlesung über Approximationstheorie. Lecture Notes in Mathematics, Bd. 14. Berlin/Heidelberg/New York: Springer 1966.

[35] —, J. STOER and W. BOMMAS: Rational Chebyshev approximation. Numer. Math.

[36] WYNN, P.: On a device for computing the $e_m(S_n)$-transformation. MTAC 10, 91—96 (1956).

[37] — Continued fractions whose coefficients obey a non-commutative law of multiplication Arch. Rat. Mech. Anal. 12, 273—312 (1963).

[38] — On some recent developments in the theory and applications of continued fractions. J. SIAM, Ser. B, Numer. Anal. 1, 177—197 (1964).

[39] SNYDER, M. A.: Chebyshev methods in numerical approximation. Englewood Cliffs: Prentice-Hall 1966.

J. Lineare und nichtlineare Optimierung
Von **Hans Paul Künzi**, Zürich

Die lineare Optimierung

§ 1. Problemstellung, Bezeichnungen und Definitionen

In der linearen Optimierung befaßt man sich mit der Maximierung oder Minimierung einer linearen Funktion, genannt Zielfunktion (oft spricht man auch von Objektfunktion), deren Variablen $x_1, \ldots, x_n$ einer Anzahl von Nebenbedingungen, gegeben durch lineare Ungleichungen (oft auch Gleichungen), unterworfen sind.

Wendet man sich zuerst der Maximumaufgabe zu, bei der die Restriktionen nur durch Ungleichungen gegeben sind, so ergibt sich die Problemstellung:

$$(1.1) \quad \left\{ \begin{aligned} &\text{Man maximiere} \\ &M = p_1\, x_1 + p_2\, x_2 + \cdots + p_n\, x_n \\ &\text{bezüglich der } m \text{ Restriktionen} \\ &\quad a_{11}\, x_1 + a_{12}\, x_2 + \cdots + a_{1n}\, x_n \leqq a_{10} \\ &\quad a_{21}\, x_1 + a_{22}\, x_2 + \cdots + a_{2n}\, x_n \leqq a_{20} \\ &\qquad\qquad \vdots \\ &\quad a_{m1}\, x_1 + a_{m2}\, x_2 + \cdots + a_{mn}\, x_n \leqq a_{m0} \\ &\text{und der } n \text{ Vorzeichenrestriktionen} \\ &\quad x_1 \geqq 0, \ldots, x_n \geqq 0. \end{aligned} \right.$$

(1.1) kann kürzer geschrieben werden:

$$(1.1\,\text{a}) \quad \left\{ \begin{aligned} &\text{Man maximiere} \\ &M = \sum_{i=1}^{n} p_i\, x_i \\ &\text{bezüglich der } m \text{ Restriktionen} \\ &\sum_{i=1}^{n} a_{ji}\, x_i \leqq a_{j0} \quad (j = 1, \ldots, m) \\ &\text{und } x_i \geqq 0 \qquad (i = 1, \ldots, n). \end{aligned} \right.$$

(1.1) bzw. (1.1a) kann man als Grundform der Maximumaufgabe bezeichnen.

In sehr vielen, besonders in praktischen Anwendungen spielen die Vorzeichenbeschränkungen eine wichtige Rolle. Man könnte aber auch lineare Optimierungsaufgaben formulieren ohne derartige Beschränkungen.

Treten an Stelle von Ungleichungen Gleichungen auf, so können diese sofort in Ungleichungen übergeführt werden durch

$$\sum_{i=1}^{n} a_{1i}\, x_i = a_{10} \to \begin{cases} \sum_{i=1}^{n} a_{1i}\, x_i \leqq a_{10} \\ \sum_{i=1}^{n} a_{1i}\cdot x_i \geqq a_{10}. \end{cases}$$

Einer Gleichung entsprechen dadurch zwei Ungleichungen.

Wichtiger für die vorliegenden Untersuchungen ist aber die Überführung eines linearen Ungleichungssystems in ein lineares Gleichungssystem. Das kann im Restriktionensystem (1.1) erreicht werden durch die Einführung zusätzlicher, nichtnegativer Variablen, indem man schreibt

$$(1.2) \quad \begin{aligned} a_{11} x_1 + a_{12} x_2 + \cdots + a_{1n} x_n + x_{n+1} &= a_{10} \\ a_{21} x_1 + a_{22} x_2 + \cdots + a_{2n} x_n + x_{n+2} &= a_{20} \\ &\vdots \\ a_{m1} x_1 + a_{m2} x_2 + \cdots + a_{mn} x_n + x_{n+m} &= a_{m0} \\ x_1 \geqq 0, \ldots, x_n \geqq 0, \quad x_{n+1} \geqq 0, \ldots, x_{n+m} &\geqq 0. \end{aligned}$$

Im System (1.2) bezeichnet man die Variablen $x_1, \ldots, x_n$ als eigentliche Variablen und $x_{n+1}, \ldots, x_{n+m}$ als Schlupfvariablen.

Setzt man nun an Stelle von (1.1a) das Problem:

$$(1.3) \quad \begin{cases} \text{Man maximiere} \\ \qquad M = \sum_{i=1}^{n} p_i\, x_i \\ \text{bezüglich} \\ \sum_{i=1}^{n} a_{ji}\, x_i + x_{n+j} = a_{j0} \qquad (j = 1, \ldots, m) \\ x_i \geqq 0 \quad (i = 1, \ldots, n, \, n+1, \ldots, n+m), \end{cases}$$

so hat man eine Maximierungsaufgabe in $n + m$ vorzeichenbeschränkten Variablen bezüglich m Restriktionen in Gleichungsform.

Im § 2 werden Lösungsverfahren für diese Aufgabenstellung erläutert.

Irgendeine Lösung $x = (x_1, \ldots, x_{n+m})$ für das Restriktionensystem in (1.3) wird als zulässige Lösung bezeichnet.

In der Koeffizientenmatrix $A = (a_{ji})$, $j = 1, \ldots, m$; $i = 1, \ldots, n + m$ des Gleichungssystems in (1.3) sind jeweils höchstens m Spalten linear unabhängig. Läßt sich der Vektor[1] $a'_{-0} = (a_{10}, \ldots, a_{m0})$ als Linearkombination von irgendwelchen linear unabhängigen Spalten von A darstellen, so bezeichnet man die zugehörige Lösung x als Basislösung. Sind alle Komponenten von x nichtnegativ, dann spricht man von einer zulässigen Basislösung. Es folgt (vgl. § 2), daß in einer zulässigen Basislösung x mindestens n Komponenten gleich Null sind.

Liefert die zulässige Lösung das wirkliche Maximum der Zielfunktion bezüglich des Restriktionensystems, so nennt man sie die optimale zulässige Lösung.

Sodann wird bewiesen (§ 2), daß die optimale Lösung immer als zulässige Basislösung dargestellt werden kann.

Im folgenden sei ein Beispiel durchdiskutiert, auf das in späteren Abschnitten noch öfters zurückgegriffen wird.

Beispiel 1.1. Man maximiere

$$M = 28x_1 + 17x_2$$

bezüglich

$$3x_1 + 7x_2 \leqq 105$$
$$x_1 + x_2 \leqq 20$$
$$8x_1 + 3x_2 \leqq 120$$
$$x_1 \geqq 0, \ x_2 \geqq 0.$$

Lösung: Führt man Schlupfvariablen ein, so heißt die Aufgabe:

$$M = 28x_1 + 17x_2$$
$$3x_1 + 7x_2 + x_3 = 105$$
$$x_1 + x_2 + x_4 = 20$$
$$8x_1 + 3x_2 + x_5 = 120$$
$$x_1 \geqq 0, \ x_2 \geqq 0, \ x_3 \geqq 0, \ x_4 \geqq 0, \ x_5 \geqq 0.$$

Man erkennt, daß

$$x_1 = 5, \ x_2 = 5, \ x_3 = 55, \ x_4 = 10, \ x_5 = 65, \quad (M = 225)$$

eine zulässige Lösung ist.

$$x_1 = 15, \ x_2 = 0, \ x_3 = 60, \ x_4 = 5, \ x_5 = 0 \quad (M = 420)$$

ist weiter eine zulässige Basislösung.

Der in § 4 entwickelte Algorithmus führt auf die optimale zulässige (Basis-) Lösung von

$$x_1 = 12, \ x_2 = 8, \ x_3 = 13, \ x_4 = 0, \ x_5 = 0 \quad (M_{\max} = 472).$$

Da in Beispiel 1.1 nur 2 eigentliche Variablen (x_1 und x_2) gewählt wurden, läßt sich dieses auf einfache Weise in einem zweidimensionalen Koordinatensystem darstellen (Abb. 1.4).

---

[1] Der Strich weist wie üblich auf den transponierten Vektor hin.

Wie aus der Theorie der linearen Ungleichungen bekannt ist, stellt eine lineare Ungleichung $\sum\limits_{i=1}^{n} a_i x_i \leqq b$ einen Halbraum im n-dimensionalen Raum R^n dar, begrenzt durch die Hyperebene $\sum\limits_{i=1}^{n} a_i x_i = b$.

Im Beispiel 1.1 handelt es sich speziell um Halbebenen, deren Durchschnitt (schraffiert in Abb. 1.4) den zulässigen Bereich darstellt.

Einen Bereich dieser Art $(0, P_1, P_2, P_3, P_4)$ bezeichnet man als konvexes Polyeder, das dadurch charakterisiert ist, daß es durch Gerade (bzw. Ebenen) begrenzt wird und keine einspringenden Ecken aufweist.

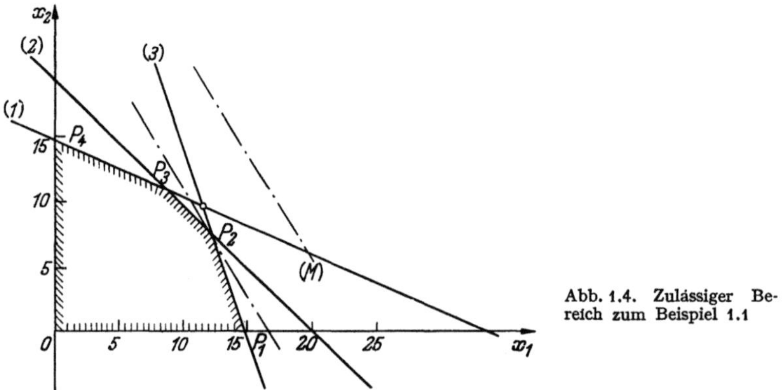

Abb. 1.4. Zulässiger Bereich zum Beispiel 1.1

Man kann sich leicht überlegen, daß der Durchschnitt einer Anzahl Halbebenen, wenn er nicht leer ist, ein konvexes Polyeder bildet (vgl. § 2).

Für jeden Wert von M stellt die Zielfunktion ebenfalls eine Gerade (bzw. Hyperebene) dar. Je größer M, desto weiter ist die Gerade (in Abb. 1.4 strich-punktiert) vom Ursprung entfernt.

Geometrisch heißt das nun, daß vom zulässigen Bereich der „äußerste Punkt" bezüglich der Zielfunktion zu bestimmen ist. Dieser äußerste Punkt stellt dann die gesuchte Lösung dar. Im allgemeinen ist dieser erwähnte äußerste Punkt eine Ecke des Polyeders und liegt somit im R^2 (Ausnahmen vorbehalten) im Schnittpunkt zweier Geraden. Auf den Geraden wird aber die der betreffenden Restriktion zugeordnete Schlupfvariable gleich 0. Dies deckt sich mit der früher gemachten Aussage, daß im Optimalpunkt n, also im obigen Fall, 2 Variablen 0 werden.

Die optimale Lösung kann also im allgemeinen unter den Ecken des Polyeders gesucht werden. Diese Ecken stellen aber gerade die Basislösungen dar. Im Spezialfall kann die optimale Lösung auf einer Kante des Polyeders liegen. Man hat dann den Fall mehrerer Lösungen.

Im Beispiel 1.1 liegt die Lösung im Eckpunkt P_2.

Das Beispiel 1.1 läßt sich sehr einfach in eine praktische Aufgabe einer Produktionsplanung einkleiden:

Angenommen, ein Betrieb fabriziere zwei verschiedene Typen von Verstärkern, nämlich V_1 und V_2. Unter anderem befinden sich in jedem Verstärker Röhren und Trafos; diese beiden Teile sowie die verfügbare Arbeitszeit stehen dem Betrieb nur in beschränktem Maße zur Verfügung. Bei bekanntem Gewinn suche man diejenige Produktion, die unter den Restriktionen bezüglich des Materials die gewinngünstigste darstellt.

Aus der Tab. (1.5) können die verschiedenen Konstanten entnommen werden:

		V_1	V_2	Tages-kapazität
(1.5)	Gewinn/Einheit	28	17	—
	Arbeitsstunden/Einheit . . .	3	7	105
	Trafo/Einheit	1	1	20
	Röhre/Einheit	8	3	120

Es sei dem Leser überlassen festzustellen, daß die Lösung der Aufgabe im Beispiel 1.1 den optimalen Produktionsplan liefert, wenn man mit x_1 die Anzahl der Tagesproduktion von V_1 und mit x_2 diejenige von V_2 bezeichnet.

Die Größen der Schlupfvariablen geben in der Optimallösung die sogenannten unverbrauchten Kapazitäten wieder.

Die angegebene Optimallösung erfährt im praktischen Beispiel die folgende Interpretation:

Täglich sind $x_1 = 12$ Apparate des Typus V_1 und
$$x_2 = 8 \text{ Apparate des Typus } V_2$$
zu fabrizieren. Der tägliche Gewinn beträgt dann $M = 472,—$.

Täglich werden $x_3 = 13$ Arbeitsstunden, die zur Verfügung stünden, nicht benötigt.

Hingegen werden sämtliche Trafos $(x_4 = 0)$ und Röhren $(x_5 = 0)$, die dem Unternehmen pro Tag zur Verfügung stehen, benötigt. Die gleiche Aufgabe wird in § 4 noch rechnerisch behandelt.

Wie einleitend erwähnt wurde, kann man auch von einer Minimumaufgabe sprechen. Ohne weiteres erkennt man, daß jede Maximumaufgabe in trivialer Weise als Minimumaufgabe formuliert werden kann. Für das Problem (1.1) würde das heißen:

$$(1.6) \quad \begin{cases} \text{Man minimiere} \\[1mm] C = -M = -\sum_{i=1}^{n} p_i\, x_i \\[1mm] \text{bezüglich} \\[1mm] -\sum_{i=1}^{n} a_{j\,i}\, x_i \geqq -a_{j\,0} \\[1mm] \text{und} \\[1mm] x_i \geqq 0. \end{cases}$$

Das Problem (1.6) kann natürlich analog zu (1.1) behandelt werden.

Auch hier führt man Schlupfvariablen $x_{n+j} \geqq 0$ bei den Restriktionen ein, die nun allerdings von der linken Seite der Ungleichung zu subtrahieren sind, um diese in Gleichungen überzuführen.

Beispiel 1.2. Man minimiere

$$C = 6x_1 + 21x_2$$

bezüglich

$$x_1 + 2x_2 \geqq 3$$

$$x_1 + 4x_2 \geqq 4$$

$$x_1 \geqq 0, \ x_2 \geqq 0.$$

Lösung: Auch diese Aufgabe wird später mittels eines Algorithmus

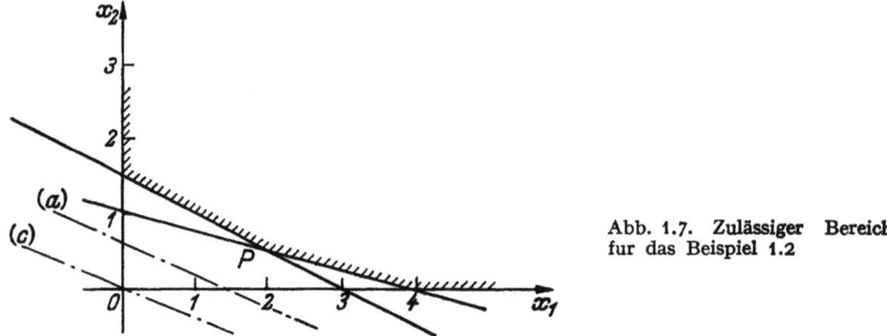

Abb. 1.7. Zulässiger Bereich fur das Beispiel 1.2

exakt gelöst, an dieser Stelle begnüge man sich wie im Beispiel 1.1 mit der graphischen Lösung.

Man beachte, daß der konvexe Bereich im Falle des Beispiels 1.2 nicht mehr endlich ausfällt. Die „tiefste Ecke" bezüglich der Zielfunktion liegt im Punkte P mit den Koordinaten

$$x_1 = 2, \quad x_2 = 0,5$$

und ergibt den Wert $C_{\min} = 22\tfrac{1}{2}$.

Aus Gründen, die später (§ 6) im Zusammenhang mit dem Dualitätsprinzip der linearen Optimierung hervorgehen, ist es zweckmäßig, die Minimumaufgabe in einer gewissen Symmetrie zum Maximumproblem (1.1) zu formulieren:

(1.8)

Man minimiere

$$C = \sum_{j=1}^{m} a_{j0}\, w_{n+j}$$

bezüglich

$$\sum_{j=1}^{m} a_{ji}\, w_{n+j} \geqq p_i \qquad (i = 1, \ldots, n)$$

und

$$w_{n+j} \geqq 0 \qquad (j = 1, \ldots, m)$$

beziehungsweise

$$(1.9) \quad \begin{cases} C = \sum_{j=1}^{m} a_{j0}\, w_{n+j} \\[2mm] \text{bezüglich} \\[1mm] \sum_{j=1}^{m} a_{ji}\, w_{n+j} - w_i = a_{0i} \quad (i = 1, \ldots, n) \\[2mm] \text{und} \\[1mm] w_1 \geqq 0 \ldots w_{m+n} \geqq 0. \end{cases}$$

Weisen 2 Aufgaben die Strukturen von (1.1) und (1.8) auf, so nennt man sie zueinander dual.[1]

In § 6 wird gezeigt, daß für die Lösung zweier dualer Probleme die grundlegende Beziehung besteht:

$$(1.10) \qquad M_{\max} = C_{\min}.$$

Beispiel 1.3. Man bestimme zur linearen Optimierungsaufgabe im Beispiel 1.1 die duale Minimumaufgabe.

Lösung: Man minimiere:

$$C = 105\, w_3 + 20\, w_4 + 120\, w_5$$

bezüglich der Restriktionen

$$3\, w_3 + w_4 + 8\, w_5 \geqq 28$$
$$7\, w_3 + w_4 + 3\, w_5 \geqq 17$$
$$w_3 \geqq 0, \ldots, w_5 \geqq 0.$$

§ 2. Mathematische Grundlagen der linearen Optimierungstheorie

Nachdem in § 1 die lineare Optimierungsaufgabe mehr in heuristisch anschaulicher Art und Weise diskutiert wurde, sollen jetzt einige Punkte einer strengeren Betrachtung unterworfen werden.

2.1 Über Punktmengen und konvexe Mengen

Eine Punktmenge M im n-dimensionalen Raum, also im R^n, heißt dann konvex, wenn sie mit 2 Punkten x^1 und x^2 auch die Strecke von x^1 nach x^2 enthält, welche durch die Punkte

$$x = \lambda\, x^1 + (1 - \lambda)\, x^2$$

mit $0 \leqq \lambda \leqq 1$ dargestellt wird. Bei solchen konvexen Mengen werden die Randpunkte zur Menge gerechnet.

---

[1] Die gegenüber der Maximumaufgabe abweichende Indizierung der Variablen w wird in § 6 näher erläutert.

Es ist nicht möglich, an dieser Stelle eingehend auf die Theorie der konvexen Mengen einzugehen, es sollen hier lediglich einige Eigenschaften herausgegriffen werden, die für die lineare Optimierung von Bedeutung sind, ohne dabei tiefer in die Beweisverfahren einzudringen.

1. Eine Hyperebene, gegeben durch

$$a_1 x_1 + a_2 x_2, \ldots, a_{11} x_{11} = b,$$

ist konvex, denn man zeigt leicht, daß mit 2 Punkten x^1 und x^2 die ganze Gerade durch x^1 und x^2 in der Ebene liegt, also auch die Strecke von x^1 nach x^2.

2. Ein Halbraum, gegeben durch

$$a_1 x_1 + a_2 x_2 + \cdots + a_n x_n \geqq b$$

beziehungsweise

$$a_1 x_1 + a_2 x_2 + \cdots + a_n x_n \leqq b,$$

ist konvex. Auch hier zeigt man sofort, daß mit x^1 und x^2 auch die Strecke von x^1 nach x^2 im Halbraum liegt.

Bezeichnet man mit dem Durchschnitt zweier Punktmengen M_1 und M_2 die Gesamtheit aller Punkte, die sowohl in M_1 wie auch M_2 liegen, und schreibt dafür $M_1 \cap M_2$, so gilt:

3. Der Durchschnitt beliebig vieler konvexer Mengen ist, vorausgesetzt, daß er nicht leer ist oder nur aus einem Punkt besteht, wieder konvex.

Ein Punkt x einer konvexen Menge heißt Stützpunkt oder Eckpunkt der Menge, wenn er kein innerer Punkt einer Strecke ist, die 2 Punkte von M verbindet.

In diesem Sinne sind sämtliche Peripheriepunkte einer Kreisscheibe Stützpunkte.

4. Eine konvexe Menge, die nur endlich viele Stützpunkte bzw. Ecken aufweist, heißt konvexes Polyeder.

Häufig beschränkt man sich auf die endlichen konvexen Polyeder, die sich nicht ins Unendliche erstrecken.

Im R^2 sind die beschränkten konvexen Polyeder genau die n-Ecke.

2.2 Der zulässige Bereich und die zulässigen Lösungen in der linearen Optimierung

Ausgehend von der Formulierung in § 1 und den soeben erwähnten Eigenschaften konvexer Punktmengen unter Abschn. 2.1 dieses Paragraphen ergeben sich sofort die beiden wichtigen Aussagen:

1. Der zulässige Bereich, gegeben durch das Restriktionensystem in (1.3), ist konvex.

2. Ist der zulässige Bereich beschränkt, so ist er ein konvexes Polyeder.

Satz 1. Betrachtet man einen linearen Ausdruck

$$M = p_1 x_1 + p_2 x_2 + \cdots + p_n x_n$$

über einem konvexen beschränkten Polyeder, so nimmt dieser sein Maximum und sein Minimum in einer Ecke des Bereiches an. Wird dieser Extremalwert in mehreren Ecken angenommen, nämlich in x^1, $x^2, \ldots, x^s$, so wird er auch in dem von diesen Ecken erzeugten kleinsten konvexen Polyeder angenommen.

Der Beweis läßt sich besonders einfach geometrisch interpretieren.

Es sei das gesuchte Maximum gegeben durch $\bar{M}$. Somit gilt überall auf dem Polyeder

$$(2.1) \qquad p_1 x_1 + p_2 x_2 + \cdots + p_n x_n \leqq \bar{M}.$$

Also liegt das Polyeder ganz im Halbraum (2.1). Dieses kann die begrenzende Hyperebene

$$p_1 x_1 + p_2 x_2 + \cdots + p_n x_n = \bar{M}$$

nur in einer oder in endlich vielen Ecken berühren. Im letzteren Fall berührt das die Ecken verbindende konvexe Teilpolyeder diese Hyperebene. Dieser geometrisch einfache Schluß kann auch für das Minimum benutzt werden.

Geht man auf die Definition der Basislösung in § 1 zurück, so ergibt sich der

Satz 2. Die zulässigen Basislösungen $x_1^{*}, \ldots, x_r^{*}$ bilden die Eckpunkte des zulässigen Bereiches B, welcher durch das Restriktionensystem (1.3) festgelegt ist.

Zum Beweis gehe man aus von einer beliebigen zulässigen Basislösung gegeben durch

$$(2.2) \qquad x_1 > 0, \ldots, x_m > 0, \quad x_{m+1} = 0, \ldots, x_{m+n} = 0.$$

Dann gilt nach (1.3)

$$(2.3) \qquad a_1 x_1 + a_2 x_2 + \cdots + a_m x_m = a_0.$$

In (2.3) bedeuten $a_1, \ldots, a_m$ die Spaltenvektoren der Koeffizientenmatrix $A = (a_{j\,i})$ aus (1.3) und a_0 ist gleich dem Vektor $(a_{10}, a_{20} \ldots a_{m0})'$.

$a_1, \ldots, a_m$ werden als linear unabhängig vorausgesetzt. Man kann jetzt zeigen, daß der Punkt in (2.2) ein Eckpunkt ist. Wäre das nämlich nicht der Fall, so müßte es 2 Punkte x^1 und x^2 $(x^1 \neq x^2)$ geben, so daß

$$x = \lambda x^1 + (1 - \lambda) x^2 \quad \text{mit} \quad 0 < \lambda < 1.$$

Weil $x_i^1 \geqq 0$ und $x_i^2 \geqq 0$, müssen die letzten n Elemente von x^1 und x^2 ebenfalls 0 sein, also folgt:

$$\sum_{i=1}^{m} a_i x_i^1 = a_0$$

und

$$\sum_{i=1}^{m} a_i x_i^2 = a_0 .$$

Subtrahiert man diese beiden Beziehungen voneinander, so folgt:

$$(2.4) \qquad \sum_{i=1}^{m} a_i (x_i^1 - x_i^2) = 0 .$$

Da die Vektoren a_i für $i = 1, \ldots, m$ als linear unabhängig vorausgesetzt sind, folgt aus (2.4)

$$x_i^1 = x_i^2 \qquad (i = 1, \ldots, m),$$

wodurch die Annahme, x sei kein Eckpunkt, auf einen Widerspruch führt.

Ebenfalls sehr einfach läßt sich die Umkehrung zu diesem Satz beweisen, nämlich daß ein Eckpunkt x eine Basislösung des Restriktionensystems (1.3) darstellt.

Angenommen, dieser Eckpunkt weise die streng positiven Koordinaten

$$x_1, x_2, \ldots, x_s$$

auf. Es gilt dann

$$(2.5) \qquad a_1 x_1 + a_2 x_2 + \cdots + a_s x_s = a_0 .$$

Zuerst zeige man, daß $a_1, \ldots, a_s$ linear unabhängig sind.

Wiederum werde dieser Beweis indirekt geführt, indem das Gegenteil behauptet wird, nämlich $a_1, \ldots, a_s$ seien linear abhängig.

Dann aber gäbe es s Zahlen λ_i $(i = 1, \ldots, s)$, die nicht sämtlich verschwinden, so daß

$$(2.6) \qquad \sum_{i=1}^{s} \lambda_i a_i = 0 .$$

Angenommen, λ sei > 0, so multipliziert man (2.6) mit dieser Größe und addiert den Ausdruck zu (2.5):

$$(2.7) \qquad \sum_{i=1}^{s} a_i x_i + \lambda \sum_{i=1}^{s} \lambda_i a_i = a_0 .$$

Aus (2.7) folgt:

$$\sum_{i=1}^{s} a_i (x_i + \lambda \lambda_i) = a_0 .$$

Subtrahiert man die beiden Ausdrücke, so ergibt dies:

$$\sum_{i=1}^{s} a_i (x_i - \lambda \lambda_i) = a_0 .$$

Betrachtet man nun die beiden Punkte:

$$x^1 = \{x_1 + \lambda \lambda_1, \ldots, x_s + \lambda \lambda_s, 0, \ldots, 0\}$$
$$x^2 = \{x_1 - \lambda \lambda_1, \ldots, x_s - \lambda \lambda_s, 0, \ldots, 0\},$$

so stellt man fest, daß diese zulässig sind, falls $\lambda > 0$ so klein gewählt wurde, daß dadurch keine Komponente von x^1 und x^2 negativ wurde.

Somit gilt:
$$x = \tfrac{1}{2}x^1 + \tfrac{1}{2}x^2.$$

Das steht im Widerspruch zur Annahme, daß x ein Eckpunkt sei. Somit hat man gezeigt, daß $a_1, \ldots, a_s$ linear unabhängig sind. Das ist aber anderseits nur möglich für
$$s \leq m.$$

Also sind mindestens n Koordinaten des Vektors $x = (x_1, \ldots, x_{n+m})$ gleich Null, womit der Satz vollständig bewiesen ist.

Im Fall $s < m$ heißt die zulässige Basislösung degeneriert (vgl. § 5).

Aus Satz 1 geht jetzt hervor:

Satz 3. Für mindestens eine zulässige Basislösung nimmt die Zielfunktion in (1.3) unter den gegebenen Restriktionen ihr Maximum an, falls der zulässige Bereich beschränkt ist.

§ 3. Austauschschritte bei den dualen Restriktionssystemen

Zur Bestimmung der optimalen Lösung von (1.3) oder (1.9) wird im § 4 ein Algorithmus entwickelt, das sogenannte Simplexverfahren, das man G. B. DANTZIG verdankt. Diese Methode arbeitet iterativ, indem von einer bestimmten Basislösung ausgegangen wird, die dann schrittweise verbessert wird, bis man im Optimum angelangt ist. Dieses schrittweise Vorgehen besteht darin, daß man, bezogen auf die graphische Darstellung in (1.4), von einer „Ausgangsecke" des konvexen Polyeders längs eines Kantenzuges in eine benachbarte Ecke übergeht, so daß dadurch die Zielfunktion verbessert wird, und so lange fortfährt, bis man die „Lösungsecke" erreicht hat. Dieses Verfahren bedingt, daß man im Restriktionensystem des öfteren sogenannte Austauschschritte zwischen Variablen vorzunehmen hat.

Bei der Technik dieser Austauschschritte lehnen wir uns an das Vorgehen an, das STIEFEL [16] in übersichtlicher Weise vorgeschlagen hat.

Ausgegangen wird der Einfachheit halber (ohne Beschränkung der Allgemeinheit) von einem (primalen) System, gegeben durch:

$$(3.1) \qquad y_j = \sum_{i=1}^{4} a_{ji} x_i \qquad (j = 1, \ldots, 3).$$

Das System (3.1) kann man in Tabellenform schreiben

$$(3.2)$$

	x_1	x_2	x_3	x_4
$y_1 =$	a_{11}	a_{12}	a_{13}	a_{14}
$y_2 =$	a_{21}	a_{22}	a_{23}	a_{24}
$y_3 =$	a_{31}	a_{32}	a_{33}	a_{34}

x_i seien die unabhängigen, y_j die abhängigen Variablen.

Im Tableau (3.2) soll nun ein sogenannter Austauschschritt vorgenommen werden, indem eine abhängige Variable gegen eine unabhängige ausgetauscht wird.

Im obigen Beispiel werde x_3 abhängig und dafür y_2 unabhängig. Das bedingt eine Umrechnung im Koeffizientenschema von (3.2). Dazu bezeichne man die x_3 zugeordnete Spalte als Pivot-Spalte und die y_2 entsprechende Zeile als Pivot-Zeile. Der Koeffizient a_{23} im Schnittpunkt von Pivot-Zeile und -Spalte heißt Pivot-Element.

Eine elementare Substitution führt auf die neue Darstellung:

$$(3.3) \quad \begin{cases} y_1 = \left(a_{11} - \dfrac{a_{21}\,a_{13}}{a_{23}}\right)x_1 + \left(a_{12} - \dfrac{a_{22}\,a_{13}}{a_{23}}\right)x_2 + \\[2mm] \qquad\qquad\qquad\quad + \dfrac{a_{13}}{a_{23}}\,y_2 + \left(a_{14} - \dfrac{a_{24}\,a_{13}}{a_{23}}\right)x_4 \\[3mm] x_3 = -\dfrac{a_{21}}{a_{23}}\,x_1 - \dfrac{a_{22}}{a_{23}}\,x_2 + \dfrac{1}{a_{23}}\,y_2 - \dfrac{a_{24}}{a_{23}}\,x_4 \\[3mm] y_3 = \left(a_{31} - \dfrac{a_{21}\,a_{33}}{a_{23}}\right)x_1 + \left(a_{32} - \dfrac{a_{22}\,a_{33}}{a_{23}}\right)x_2 + \\[2mm] \qquad\qquad\qquad\quad + \dfrac{a_{33}}{a_{23}}\,y_2 + \left(a_{34} - \dfrac{a_{24}\,a_{33}}{a_{23}}\right)x_4 . \end{cases}$$

Verwendet man für (3.3) eine zu (3.2) analoge Tabellenschreibweise, so erhält man:

$$(3.3') \qquad \begin{array}{c|cccc} & x_1 & x_2 & y_2 & x_4 \\ \hline y_1 = & a'_{11} & a'_{12} & a'_{13} & a'_{14} \\ x_3 = & a'_{21} & a'_{22} & a'_{23} & a'_{24} \\ y_3 = & a'_{31} & a'_{32} & a'_{33} & a'_{34} \end{array}$$

Die neuen Koeffizienten haben nach (3.3) folgende Bedeutung:

1. Das Pivot-Element transformiert sich in

$$(3.4) \qquad a'_{23} = \frac{1}{a_{23}} .$$

2. Die übrigen Elemente der Pivot-Spalte werden durch das Pivot-Element dividiert, d. h.

$$(3.4') \qquad a'_{13} = \frac{a_{13}}{a_{23}} , \qquad a'_{33} = \frac{a_{33}}{a_{23}} .$$

3. Die übrigen Elemente der Pivot-Zeile werden durch das Pivot-Element dividiert und mit dem umgekehrten Vorzeichen versehen, also

$$(3.4'') \qquad a'_{21} = -\frac{a_{21}}{a_{23}} , \qquad a'_{22} = -\frac{a_{22}}{a_{23}} , \qquad a'_{24} = -\frac{a_{24}}{a_{23}} .$$

4. Die restlichen Elemente (außerhalb Pivot-Zeile und -Spalte) gehen über in:

$$(3.4''')\quad
\begin{aligned}
&a_{11}' = a_{11} - \frac{a_{21}\,a_{13}}{a_{23}}, \quad
a_{12}' = a_{12} - \frac{a_{22}\,a_{13}}{a_{23}}, \quad
a_{14}' = a_{14} - \frac{a_{24}\,a_{13}}{a_{23}}, \\[2mm]
&a_{31}' = a_{31} - \frac{a_{21}\,a_{33}}{a_{23}}, \quad
a_{32}' = a_{32} - \frac{a_{22}\,a_{33}}{a_{23}}, \quad
a_{34}' = a_{34} - \frac{a_{24}\,a_{33}}{a_{23}}.
\end{aligned}$$

Die Transformationsregeln in $(3.4''')$ kann man sich einfach aus der schematischen Darstellung (3.5) zurechtlegen:

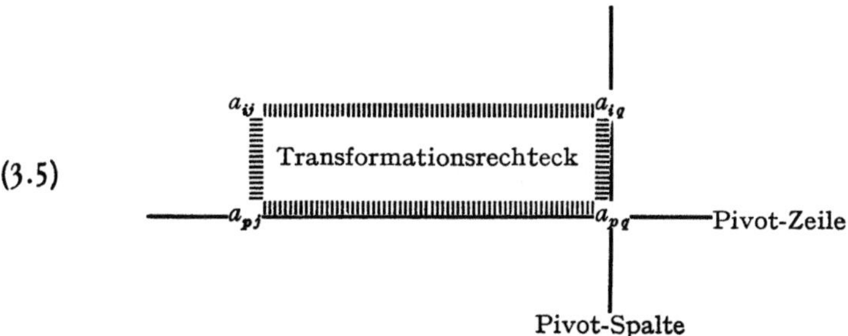

(3.5)

Als Rechtecksregel für die Transformation gilt:

$$(3.6)\qquad a_{ij}' = a_{ij} - \frac{a_{iq}\,a_{pj}}{a_{pq}}.$$

Nach dieser Überlegung definiert man zum System (3.1) das duale durch

$$(3.7)\qquad v_i = -\sum_{j=1}^{3} a_{ji}\,u_j \quad (i = 1,\ldots,4),$$

für das man das duale Tableau zu (3.2) bildet, nämlich:

$$(3.8)\qquad
\begin{array}{c|cccc}
 & v_1 = & v_2 = & v_3 = & v_4 = \\
\hline
-u_1 & a_{11} & a_{12} & a_{13} & a_{14}\,\cdot \\
-u_2 & a_{21} & a_{22} & a_{23} & a_{24} \\
-u_3 & a_{31} & a_{32} & a_{33} & a_{34}
\end{array}$$

Führt man in diesem dualen System einen Austauschschritt mit demselben Pivot-Element durch, indem man also v_3 gegen u_2 austauscht, so führt wiederum eine einfache Rechnung zu

$$(3.9)\quad
\begin{aligned}
v_1 &= -\left(a_{11} - \frac{a_{21}\,a_{13}}{a_{23}}\right)u_1 + \frac{a_{21}}{a_{23}}\,v_3 - \left(a_{31} - \frac{a_{21}\,a_{33}}{a_{23}}\right)u_3, \\[2mm]
v_2 &= -\left(a_{12} - \frac{a_{22}\,a_{13}}{a_{23}}\right)u_1 + \frac{a_{22}}{a_{23}}\,v_3 - \left(a_{32} - \frac{a_{22}\,a_{33}}{a_{23}}\right)u_3, \\[2mm]
u_2 &= -\frac{a_{13}}{a_{23}}\,u_1 - \frac{1}{a_{23}}\,v_3 - \frac{a_{33}}{a_{23}}\,u_3, \\[2mm]
v_4 &= -\left(a_{14} - \frac{a_{24}\,a_{13}}{a_{23}}\right)u_1 + \frac{a_{24}}{a_{23}}\,v_3 - \left(a_{34} - \frac{a_{24}\,a_{33}}{a_{23}}\right)u_3
\end{aligned}$$

oder in abgekürzter Tabellenform:

$$(3.9')\qquad
\begin{array}{c|cccc}
 & v_1 = & v_2 = & u_2 = & v_4 = \\
\hline
-u_1 & a'_{11} & a'_{12} & a'_{13} & a'_{14} \\
-v_3 & a'_{21} & a'_{22} & a'_{23} & a'_{24} \\
-u_3 & a'_{31} & a'_{32} & a'_{33} & a'_{34}
\end{array}$$

Dabei berechnen sich, wie aus (3.3) und (3.9) hervorgeht, die gestrichenen Größen in (3.9') genau gleich aus den ungestrichenen in (3.8), wie dies für die Koeffizienten im primalen Tableau (3.3.) der Fall war.

Daraus folgt die für spätere Untersuchungen wichtige Feststellung: *Ein Austauschschritt in einem primalen Linearsystem verläuft genau gleich wie ein solcher im dualen, wenn in beiden Fällen dasselbe Pivot-Element verwendet wird.*

§ 4. Die Simplexmethode

Wie schon in § 3 darauf hingewiesen wurde, hat G. B. Dantzig[1] durch die Simplexmethode ein äußerst wirkungsvolles Verfahren zur Lösung linearer Optimierungsprobleme angegeben, das sich auch besonders gut eignet für elektronische Rechenautomaten. Die Simplexmethode soll nun an Hand der Maximumaufgabe näher erläutert werden.

Da, wie im § 2 gezeigt wurde, die optimale Lösung stets eine Basislösung ist, d. h. von den $m + n$ Variablen mindestens deren n gleich 0 sind, so werden lediglich zulässige Basislösungen untersucht.

In einem ersten Schritt wird versucht, aus dem Restriktionssystem eine zulässige Basislösung als Anfangslösung zu bestimmen. Dazu löst man dieses System nach m Variablen (Basisvariablen) auf und erhält dann die erste Lösung, indem man die übrigen n Variablen, die Nichtbasisvariablen, gleich Null setzt. Die Basisvariablen müssen natürlich so gewählt werden, daß ihre Werte der Nichtnegativitätsbedingung genügen.

Angenommen, in der Aufgabenstellung (1.3) könne man nach den letzten m Variablen (Schlupfvariablen) auflösen, was immer dann möglich ist, wenn alle $a_{i0} \geqq 0$ sind, so erhält man das Restriktionssystem für die Ausgangslösung durch die m linearen Funktionen:

$$(4.1)\qquad x_{n+j} = -\sum_{i=1}^{n} a_{ji} x_i + a_{j0}.$$

---

[1] Vgl. Dantzig [4] sowie Krelle-Künzi [9] und Gass [6].

Die zu maximierende zugehörige Zielfunktion in den n Variablen werde
angegeben durch

(4.2) $$z = - \sum_{i=1}^{n} a_{0i} x_i + a_{00}\,[1],$$

sodann wird verlangt, daß

(4.3) $$x_i \geqq 0 \qquad (i = 1, 2, \ldots, n + m).$$

Zur Lösung der gestellten Aufgabe ist es zweckmäßig, das lineare Funk-
tionensystem (4.1) und (4.2), analog wie dies in § 3 erfolgte, in Tabellenform darzustellen. Benutzt man die Schreibweise von (3.8) so gilt:

(4.4)

$$
\begin{array}{c|ccc|c}
 & x_{n+1} = \cdots & x_{n+j} = \cdots & x_{n+k} = \cdots & z = \\
\hline
-x_1 & a_{11}\cdots & a_{j1}\cdots & a_{k1}\cdots & a_{01} \\
\vdots & & & & \\
-x_i & a_{1i}\cdots & a_{ji}\cdots & a_{ki}\cdots & a_{0i} \\
\vdots & & & & \\
\hline
1 & a_{10}\cdots & a_{j0}\cdots & a_{k0}\cdots & a_{00}
\end{array}
$$

Die Kopfzeile des Tableaus (4.4) enthält, abgesehen vom letzten Eintrag,
die Basisvariablen, die die Werte a_{i0} annehmen. Die Kopfspalte hingegen
enthält die Nichtbasisvariablen, denen die Werte 0 entsprechen.

Die letzte Spalte im Tableau bezieht sich auf die Zielfunktion,
der für die entsprechende Basislösung der Wert a_{00} entspricht. Wegen
der Voraussetzung (4.3) müssen in allen Tableaus die Einträge in der
Fußzeile, d. h. $a_{i0} > 0$ sein.[2]

Der Simplexalgorithmus, der in endlich vielen Schritten zum Ziele
führen wird, besteht im wesentlichen darin, daß in jeder Iteration eine
Nichtbasisvariable gegen eine Basisvariable so ausgetauscht wird, daß
sich dadurch der Wert der Zielfunktion vergrößert. Ist eine derartige
Vergrößerung nicht mehr möglich, so ist man am Ziel angelangt. Geometrisch bedeutet das, daß man von einer Ecke des Polyeders in eine
Nachbarecke übergeht.

Für jede Iteration wird ein neues Tableau der Art (4,4) aufgestellt,
aus dem die neue Basis ersichtlich wird, und das die transformierten
Koeffizienten a'_{ji}, a'_{0i} und a'_{j0} enthält, wobei die Transformationen entsprechend § 3 (3.4), (3.4'), (3.4''), (3.4''') erfolgen.

Will man nun vom Ausgangstableau (4.4) zu einem verbesserten
Tableau gelangen, d. h. von einer ersten Basislösung zu einer zweiten,
so daß der Wert der Zielfunktion vergrößert wird, so hat man folgende

---

[1] Es ist an dieser Stelle zweckmäßig, die früher eingeführten Koeffizienten p_i
durch $-a_{0i}$ zu ersetzen.

[2] Statt $a_{i0} > 0$ könnte man auch $a_{i0} \geqq 0$ fordern. Das würde heißen, daß die
sog. Degeneration eines Tableaus zugelassen wäre (vgl. § 5).

Punkte zu beachten:[1]

(4.5) $\left\{\begin{array}{l}\text{Die neue Lösung soll wiederum eine zulässige Basislösung sein;}\\ \text{d. h., die Elemente in der Fußzeile (ausgenommen } a_{00}) \text{ müssen}\\ \text{wiederum} > 0 \text{ sein.}\end{array}\right.$

(4.6) $\left\{\begin{array}{l}\text{Der Wert der Zielfunktion soll anwachsen, d. h., das Element}\\ \text{rechts unten im Tableau soll einen größeren Wert erhalten.}\end{array}\right.$

Angenommen, im Tableau (4.4) werde die Nichtbasisvariable x_i gegen die Basisvariable x_{n+j} ausgetauscht, so daß also a_{ji} zum Pivot-Element wird, dann ergeben sich nach § 3 für die Fußzeile die folgenden transformierten Einträge:

$$(4.7) \qquad a_{j0} \to \frac{a_{j0}}{a_{ji}}; \qquad a_{k0} \to a_{k0} - \frac{a_{ki}}{a_{ji}} a_{j0}; \qquad a_{00} \to a_{00} - \frac{a_{0i}}{a_{ji}} a_{j0}.$$

Die Bedingungen (4.5), (4.6) und die Transformation (4.7) bestimmen nun die Variablen, die gegeneinander auszutauschen sind:

α) Aus (4,5) und der ersten Relation in (4.7) folgt, daß das Pivot-Element $a_{ji} > 0$ sein muß.

β) Aus (4.6) und der dritten Relation in (4.7) folgt, daß a_{0i} negativ sein muß.

γ) Aus (4.5) und der 2. Relation in (4.7) folgt

$$(4.8) \qquad a_{k0} - \frac{a_{ki}}{a_{ji}} a_{j0} > 0$$

bei festem j für $k \neq j$.

Da a_{k0}, a_{ji}, a_{j0} als positiv vorausgesetzt sind, ist die Bedingung (4.8) sicher erfüllt für $a_{ki} \leqq 0$.

Andernfalls dividiere man durch a_{ki} und erhält

$$(4.9) \qquad \frac{a_{k0}}{a_{ki}} > \frac{a_{j0}}{a_{ji}} \qquad (k = 1, \ldots, m; \quad k \neq j).$$

Die positiven Quotienten a_{k0}/a_{ki} bezeichnet man als charakteristische Koeffizienten bezüglich der i-ten Zeile.

Nun ergeben sich die beiden Austauschregeln wie folgt:

1. Für die neu eintretende Variable. Nach β) bestimme man die neu eintretende Variable x_i (und damit die Pivot-Zeile) so, daß ihr zugehöriges Element a_{0i} in der letzten Spalte negativ ist. Es ist zweckmäßig, i so zu wählen, daß dafür gilt:

$$(4.10) \qquad -a_{0i} = \operatorname*{Max}_{\nu}(-a_{0\nu}) < 0$$

2. Für die austretende Variable. Nach α) und γ) bestimme man die austretende Variable x_{n+j} und damit die Pivot-Spalte so, daß der zu-

---

[1] Vgl. hierzu Dantzig [4], Künzi/Tzschach/Zehnder [14], Stiefel [16].

geordnete charakteristische Quotient für $a_{ki} > 0$ am kleinsten wird (vgl. 4.9).

Bei den soeben angegebenen Regeln 1 und 2 sind speziell 2 Punkte zu beachten:

i) Tritt in (4.9) das Minimum für zwei charakteristische Koeffizienten zugleich ein, d. h.

$$(4.11) \qquad \frac{a_{j0}}{a_{ji}} = \frac{a_{l0}}{a_{ji}},$$

so versagt die Regel 2. Man hat es mit einer degenerierten Lösung zu tun, die in § 5 näher erläutert wird.

ii) In der Pivot-Zeile sind sämtliche Elemente $a_{ki} \leq 0$. In diesem Falle erkennt man leicht, daß man x_i über alle Grenzen anwachsen lassen kann, ohne eine Restriktion zu verletzen, wobei auch der Wert z der Zielfunktion gegen ∞ strebt.

Hat man in der letzten Spalte nur noch positive Elemente, so ist das Optimum erreicht.

Schließt man den Fall der Degeneration aus, so muß man nach endlich vielen Iterationsschritten am Optimum sein, denn, wie man sich leicht überlegt, gibt es nur endlich viele Tableaus mit verschiedenen Kopfzeilen und Kopfspalten. Da sich aber bei jedem Tableau der Wert der Zielfunktion vergrößert, muß dieses Optimum in endlich vielen Schritten erreicht werden.

Es erübrigt sich, den Simplexalgorithmus auch für die Minimumaufgabe zu entwickeln, denn hat man in (4.2) die Funktion

$$z = - \sum_{i=0}^{n} a_{0i} x_i + a_{00}$$

bezüglich (4.1) und (4.3) zu minimieren, dann kann man statt dessen die Funktion $(-z)$ maximieren. (Vgl. auch die Problemstellung (1.5)).

Zur näheren Erläuterung soll jetzt das Beispiel 1.1 aus § 1 mit Hilfe der Simplexmethode durchgerechnet werden.

Ausgehend von der Darstellung (4.1), (4.2) und (4.3) ergibt sich

Beispiel 4.1

$$x_3 = -3x_1 - 7x_2 + 105$$

$$x_4 = -\ x_1 -\ x_2 + 20$$

$$x_5 = -8x_1 - 3x_2 + 120$$

$$z = 28x_1 + 17x_2 + 0 \qquad (a_{01} = -28,\ a_{02} = -17,\ a_{00} = 0)$$

$$x_i \geq 0 \qquad (i = 1, \ldots, 5).$$

Um das Maximum von z zu finden, bediene man sich der Tableau-darstellung nach (4.4) und erhält das Ausgangstableau (4.12):

(4.12)

	$x_3 =$	$x_4 =$	$x_5 =$	$z =$
$-x_1$	3	1	$\boxed{8}$	-28
$-x_2$	7	1	3	-17
1	105	20	120	0

Nach (4.10) wird die zu x_1 gehörige Zeile Pivot-Zeile und nach (4.9) die zu x_5 gehörige Spalte Pivot-Spalte. 8 wird zum ersten Pivot-Element.

Unter Berücksichtigung der Transformationsregeln (3.4), (3.4'), (3.4'') und (3.4''') erhält man das neue Tableau (4.13):

(4.13)

	$x_3 =$	$x_4 =$	$x_1 =$	$z =$
$-x_5$	$-\dfrac{3}{8}$	$-\dfrac{1}{8}$	$\dfrac{1}{8}$	$\dfrac{7}{2}$
$-x_2$	$5\dfrac{7}{8}$	$\boxed{\dfrac{5}{8}}$	$\dfrac{3}{8}$	$-\dfrac{13}{2}$
1	60	5	15	420

Da sich in der Schlußspalte noch immer negative a_{0j} befinden, kann das Tableau (4.13) noch nicht optimal sein.

Wiederum bestimmt man noch (4.10) und (4.9) Pivot-Zeile und Pivot-Spalte und erhält das neue Tableau (4.14):

(4.14)

	$x_3 =$	$x_2 =$	$x_1 =$	$z =$
$-x_5$	$\dfrac{4}{5}$	$-\dfrac{1}{5}$	$\dfrac{1}{5}$	$\dfrac{11}{5}$
$-x_4$	$-\dfrac{47}{5}$	$\dfrac{8}{5}$	$-\dfrac{3}{5}$	$\dfrac{52}{5}$
1	13	8	12	472

Da im Tableau (4.14) in der letzten Spalte nur positive a_{0j}-Einträge stehen, stellt (4.14) das optimale Tableau dar.

Man gewinnt daraus die optimale Lösung durch:

$$x_1 = 12, \quad x_2 = 8, \quad x_3 = 13, \quad x_4 = 0, \quad x_5 = 0,$$

$$a_{00} = 472.$$

Bestimmung einer ersten zulässigen Lösung (M-Methode). Wenn bei einer linearen Optimierungsaufgabe sämtliche Koeffizienten $a_{i0} \geqq 0$ sind, so ist es immer möglich, sofort eine erste Basis und damit ein

Ausgangstableau zu bestimmen, indem man sämtliche Schlupfvariable als Basisvariable nimmt und die eigentlichen Variablen gleich Null setzt. Mit anderen Worten, man benutzt als Stützpunkt den Koordinatenursprung $x_1 = \cdots = x_n = 0$, der wegen $a_{i0} \geqq 0$ zum zulässigen Bereich gehört.

Sind aber eines oder mehrere a_{i0} negativ, so muß man zuerst eine zulässige Ausgangslösung suchen.

Das entsprechende Vorgehen werde gleich am Beispiel 1.1 erläutert, indem man in der 2. Restriktion das entgegengesetzte Ungleichheitszeichen setzt, d. h., $x_1 + x_2 \geqq 20$. Man erhält jetzt

Beispiel 4.2.

Man maximiere

(4.15)
$$z = 28x_1 + 17x_2$$

bezüglich

(4.15′)
$$\begin{cases} x_3 = -3x_1 - 7x_2 + 105 \\ x_4 = + x_1 + x_2 - 20 \\ x_5 = -8x_1 - 3x_2 + 120 \\ x_1 \geqq 0, \ldots, x_5 \geqq 0. \end{cases}$$

Der neue konvexe Bereich, gegeben durch (4.15′), enthält jetzt, wie aus Abb. 4.16 hervorgeht, den Nullpunkt nicht mehr.

Um auch in diesem Falle mit einer einfachen Ausgangslösung starten

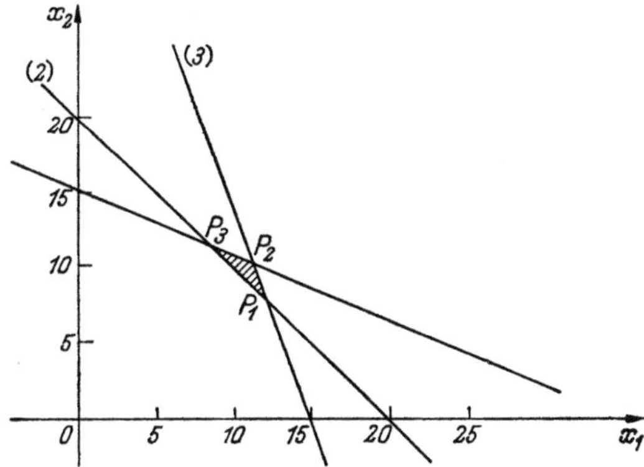

Abb. 4.16. Zulässiger Bereich zum Beispiel 4.2

zu können, führt man in der zweiten Gleichung von (4.15′) mit negativen a_{20} eine sogenannte künstliche nichtnegative Variable v ein und schreibt $x_1 + x_2 + v - x_4 = 20$. Die Variable v wird an Stelle von x_4 in die 1. Basis genommen.

Aus (4.15′) wird dann:

$$x_3 = -3x_1 - 7x_3 + 105$$
$$(4.17) \qquad v = -\,x_1 - \,x_2 + x_4 + 20$$
$$x_5 = -8x_1 - 3x_2 + 120.$$

Damit die künstliche Variable v möglichst rasch aus der Basis verschwindet, modifiziert man auch die Zielfunktion (4.15) und setzt:

$$(4.18) \qquad z = 28x_1 + 17x_2 - M\,v$$
$$= x_1(28 + M) + x_2(17 + M) - Mx_4 - 20\,M.$$

In der neuen Zielfunktion (4.18) wird das Glied $-M\,v$ mitgenommen, wobei $-M$ ein sehr hohes negatives Gewicht darstellen mag, das natürlich verursacht, daß v rasch aus der Basis verschwindet.

Die Aufgabenstellung nach (4.17) und (4.18) wird jetzt in Tabellenform geschrieben:

(4.19)

	$x_3 =$	$v =$	$x_5 =$	$z =$
$-x_1$	3	1	$\boxed{8}$	$-28 - M$
$-x_2$	7	1	3	$-17 - M$
$-x_4$	0	-1	0	M
1	105	20	120	$-20\,M$

(4.20)

	$x_3 =$	$v =$	$x_1 =$	$z =$
$-x_5$	$-\dfrac{3}{8}$	$-\dfrac{1}{8}$	$\dfrac{1}{8}$	$\dfrac{7}{2} + \dfrac{M}{8}$
$-x_2$	$5\dfrac{7}{8}$	$\boxed{\dfrac{5}{8}}$	$\dfrac{3}{8}$	$-\dfrac{13}{2} - \dfrac{5\,M}{8}$
$-x_4$	0	-1	0	M
1	60	5	15	$420 - 5\,M$

(4.21)

	$x_3 =$	$x_2 =$	$x_1 =$	$z =$
$-x_5$	$\dfrac{4}{5}$	$-\dfrac{1}{5}$	$\dfrac{1}{5}$	$\dfrac{11}{5}$
$-v$	$-\dfrac{47}{5}$	$\dfrac{8}{5}$	$-\dfrac{3}{5}$	$\dfrac{52}{5} + M$
x_4	$\boxed{\dfrac{47}{5}}$	$-\dfrac{8}{5}$	$\dfrac{3}{5}$	$-\dfrac{52}{5}$
1	13	8	12	472

Im Tableau (4.21) ist es gelungen, die künstliche Variable aus der Basis zu eliminieren, so daß diese also den Wert 0 erhält. Somit ist es nicht mehr nötig, diese Variable in den folgenden Iterationen mitzunehmen, d. h., man kann im obigen Tableau die zu v gehörige Zeile streichen.

Jetzt stellt Tableau (4.21), ohne v-Zeile, die gesuchte Anfangslösung dar. Man erkennt aus der Schlußspalte, daß die Lösung noch nicht optimal ist. Vergleicht man mit Abb. (4.16), so erkennt man, daß die Iteration jetzt im Punkte P_1 angelangt ist. Eine nochmalige Iteration führt auf das optimale Schlußtableau (4.22):

$$(4.22)$$

	$x_4 =$	$x_2 =$	$x_1 =$	$z =$
$-x_5$	$\dfrac{4}{47}$	$-\dfrac{3}{47}$	$\dfrac{7}{47}$	$\dfrac{101}{47}$
$-x_3$	$\dfrac{5}{47}$	$\dfrac{88}{47}$	$-\dfrac{3}{47}$	$\dfrac{52}{47}$
1	$\dfrac{75}{47}$	$10\dfrac{10}{47}$	$11\dfrac{8}{47}$	$486\dfrac{18}{47}$

Die optimale zulässige Basislösung heißt somit:

$$x_1 = 11\frac{8}{47}, \quad x_2 = 10\frac{10}{47}, \quad x_3 = 0, \quad x_4 = \frac{75}{47}, \quad x_5 = 0,$$

$$a_{00} = 486\frac{18}{47}.$$

Diese wird im Punkte P_2 der Abb. (4.16) erreicht.

Das an diesem Beispiel dargestellte Verfahren (man spricht oft von der M-Methode) läßt sich ganz generell dann anwenden, wenn der Koordinatenursprung $x_i = 0$ ($i = 1, \ldots, n$) nicht zum zulässigen Bereich gehört. Für jede Restriktion von (4.1), bei der x_{n+j} negativ würde, führt man analog eine künstliche Variable v_j ein. In der modifizierten Zielfunktion wird diese Variable mit einem hohen negativen Gewicht bei der Maximumaufgabe, beziehungsweise mit einem hohen positiven Gewicht bei der Minimumaufgabe, hinzugefügt.

Übungsaufgabe: Man minimiere

$$z = 3x_1 + 2x_2$$

bezüglich

$$3x_1 + x_2 - x_3 = 3$$

$$4x_1 + 3x_2 - x_4 = 6$$

$$x_1 + 2x_2 - x_5 = 2$$

$$x_i \geqq 0 \quad (i = 1, \ldots, 5).$$

§ 5. Die Degeneration

In § 4 wurde darauf hingewiesen, daß die Auswahlregel dann versagt, wenn das Minimum der charakteristischen Koeffizienten in (4.10) a_{k0}/a_{ki} für mehrere k-Werte gleichzeitig angenommen wird. Man erkennt sofort, daß in diesem Falle in der Basislösung Null-Werte auftreten.

Geometrisch heißt das, daß im konvexen Polyeder, der durch das Restriktionensystem festgelegt wird, Ecken auftreten, an denen mehr als n Hyperebenen beteiligt sind.

Im zweidimensionalen Fall gilt dies in Abb. 5.1 für die Ecke P_2.

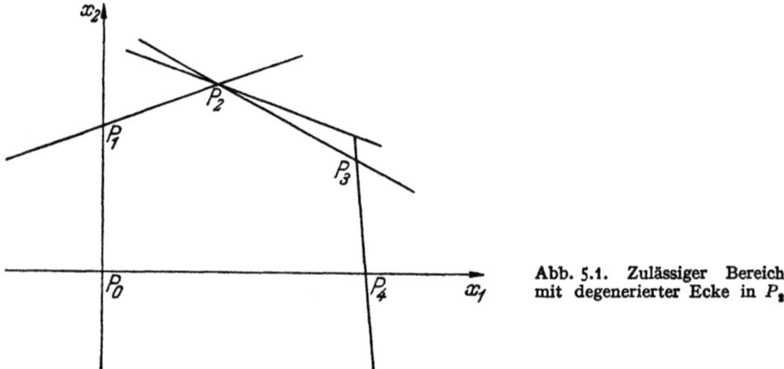

Abb. 5.1. Zulässiger Bereich mit degenerierter Ecke in P_2

Tritt nun in einem Tableau Degeneration auf, so verliert die Simplexregel aus § 4 den Charakter einer notwendigen Bedingung.

CHARNES [2] hat ein Zusatzverfahren entwickelt, das zur Behebung jeglicher Degenerationserscheinung führt. Seine Überlegung beruht darauf, daß durch kleine Verschiebungen der Hyperebenen (im Falle der Abb. 5.1 der Geraden) das Zusammenfallen von mehr als n solcher Ebenen im kritischen Eckpunkt verunmöglicht wird. Diese Verschiebungen erfolgen mit Hilfe eines E-Vektors durch den Ansatz

$$(5.2) \qquad \bar{a}_{-0} = a_{-0} + A E$$

mit $E' = (\varepsilon^1, \varepsilon^3, \ldots, \varepsilon^{m+n})$. Dabei ist ε ein beliebig kleiner, aber positiver Wert.

Mittels der Relation (5.2) geht der ursprüngliche a_{-0}-Vektor durch eine kleine Verschiebung in den $\bar{a}_{-0}$-Vektor über.

Während bei der Degeneration der a_{-0}-Vektor von irgendwelchen $(m-1)$-Spalten der A-Matrix linear abhängig war, kann das für den neuen $\bar{a}_{-0}$-Vektor nicht mehr der Fall sein. ε muß natürlich so klein gewählt werden, daß man der ursprünglichen Aufgabe beliebig nahe kommt. Man rechnet jetzt statt mit a_{-0} mit $\bar{a}_{-0}$, womit die Degeneration behoben ist.

Für ein numerisches Verfahren bei Degeneration vergleiche man KRELLE-KÜNZI [9] (Kapitel 3 und 4).

§ 6. Dualität und duale Simplexmethode

Dualitätssatz. Wie in § 1 bereits erwähnt wurde, bezeichnet man zwei lineare Optimierungsaufgaben zueinander dual, wenn sie die folgenden Eigenschaften aufweisen:

a) Man maximiere

$$(6.1) \quad \begin{cases} z = -a_{01} x_1 + \cdots - a_{0n} x_n + a_{00} \\ \text{bezüglich} \\ x_{n+1} = -a_{11} x_1 - \cdots - a_{1n} x_n + a_{10} \geqq 0 \\ \qquad \vdots \\ x_{n+m} = -a_{m1} x_1 - \cdots - a_{mn} x_n + a_{m0} \geqq 0 \\ \text{und} \\ x_1 \geqq 0, \ldots, x_n \geqq 0. \end{cases}$$

b) Man minimiere

$$(6.2) \quad \begin{cases} z = a_{10} w_{n+1} + a_{20} w_{n+2} + \cdots + a_{m0} w_{n+m} + a_{00} \\ \text{bezüglich} \\ w_1 = a_{11} w_{n+1} + a_{21} w_{n+2} + \cdots + a_{m1} w_{n+m} + a_{01} \geqq 0 \\ \qquad \vdots \\ w_n = a_{1n} w_{n+1} + a_{2n} w_{n+2} + \cdots + a_{mn} w_{n+m} + a_{0n} \geqq 0 \\ w_{n+1} \geqq 0, \ldots, w_{n+m} \geqq 0. \end{cases}$$

Stellt man für diese beiden Aufgaben die in § 4 dargestellten Ausgangstableaus auf, indem man für die Maximumaufgabe die nach § 3 aufgestellte duale Schreibweise und für die Minimumaufgabe die primale benutzt, so erhält man:

(6.3)

	$x_{n+1} =$	$x_{n+2} =$	$\cdots$	$x_{n+m} =$	$z =$
$- x_1$	a_{11}	$a_{21} \cdots$		a_{m1}	a_{01}
$- x_2$	a_{12}	$a_{22} \cdots$		a_{m2}	a_{02}
$\vdots$	$\vdots$				
$- x_n$	a_{1n}	$a_{2n} \cdots$		a_{mn}	a_{0n}
1	a_{10}	$a_{20} \cdots$		a_{m0}	a_{00}

(6.4)

	w_{n+1}	$w_{n+2} \cdots w_{n+m}$		1
$w_1 =$	a_{11}	$a_{21} \cdots$	a_{m1}	a_{01}
$w_2 =$	a_{12}	$a_{22} \cdots$	a_{m}	a_{02}
$\vdots$	$\vdots$			
$zw_n =$	a_{1n}	$a_{2n} \cdots$	a_{mn}	a_{0n}
$z =$	a_{10}	$a_{20} \cdots$	a_{m0}	a_{00}

In beiden Tableaus müssen die Einträge der untersten Zeile a_{10}, $a_{20}, \ldots, a_{m0} > 0$ sein.

Löst man nun die beiden Tableaus (6.3) und (6.4) simultan zueinander auf, indem man so auswechselt, daß man immer für beide Aufgaben dasselbe Pivot-Element benutzt, so ergibt sich auf Grund der Betrachtungen in § 3 der

Dualitätssatz der linearen Optimierung: Zwei duale lineare Optimierungsprobleme der Art (6.1) und (6.2) haben denselben optimalen Wert.

Die beiden Tableaudarstellungen (6.3) und (6.4) geben noch weiteren Aufschluß hinsichtlich der Lösungen dualer Probleme.

Nimmt man an, es handle sich bei den beiden Tableaus (6.3) und (6.4) um die optimalen Tableaus, so erkennt man, daß die Koeffizienten der Zielfunktion im primalen Tableau gleich den Werten der Basisvariablen im dualen Tableau sind und umgekehrt. Daraus schließt man, daß die Koeffizienten der Zielfunktion im primalen Tableau gleich den Werten der Basisvariablen im dualen Tableau sind und umgekehrt.

Ferner schließt man, daß die Simplexmethode beim Endtableau neben der gesuchten Lösung auch noch die Lösung des Dualproblems liefert.

Wählt man zur Indizierung der Variablen diejenige nach (6.1) und (6.2), so folgt weiter, daß die Indizes der optimalen Basisvariablen im primalen System denjenigen entsprechen, die im dualen System den Nichtbasisvariablen zugeordnet sind und umgekehrt.

Die obigen Betrachtungen sollen wiederum an einem Zahlenbeispiel näher erläutert werden.

Beispiel 6.1. Man gehe vom Beispiel 1.1 in § 1 aus, zu dem die duale Minimumaufgabe formuliert und gelöst wird:
Man minimiere

$$(6.5) \qquad\qquad z = 105\,w_3 + 20\,w_4 + 120\,w_5$$

bezüglich

$$(6.5') \qquad \begin{cases} 3\,w_3 + w_4 + 8\,w_5 \geqq 28 \\ 7\,w_3 + w_4 + 3\,w_5 \geqq 17 \\ \quad w_3 \geqq 0, \ldots, w_5 > 0. \end{cases}$$

Lösung: Führt man in (6.5') die nichtnegativen Schlupfvariablen w_1 und w_2 ein und löst nach diesen auf (vgl. 6.2), so erhält man:

$$(6.5'') \qquad \begin{cases} w_1 = 3\,w_3 + w_4 + 8\,w_5 - 28 \geqq 0 \\ w_2 = 7\,w_3 + w_4 + 3\,w_5 - 17 \geqq 0 \\ \qquad\quad w_1 \geqq 0, \ldots, w_5 \geqq 0. \end{cases}$$

(4.5) und (4.5'') schreibt man jetzt als duales Tableau (vgl. (3.3)):

(6.6)

	w_3	w_4	w_5	1
$w_4 =$	3	1	8	-28
$w_5 =$	7	1	3	-17
$z =$	105	20	120	0

Die Koeffizientenmatrix dieses Tableaus (4.6) ist identisch mit derjenigen im Tableau (4.12). Es ist allerdings zu erwähnen, daß das Tableau (6.6) im Sinne von § 1 keine zulässige Lösung darstellt, denn es wäre $w_4 = -28$ und $w_5 = -17$.

Ignoriert man dies und transformiert das Ausgangstableau jeweils mit den gleichen Pivot-Elementen, wie das beim primalen Beispiel 4.1 in (4.12) und (4.13) erfolgte, so erhält man nach der 2. Iteration das duale Schlußtableau, das natürlich demjenigen von (4.14) entspricht:

(6.7)

	w_3	w_2	w_1	1
$w_5 =$	$\dfrac{4}{5}$	$-\dfrac{1}{5}$	$\dfrac{1}{5}$	$\dfrac{11}{5}$
$w_4 =$	$-\dfrac{47}{5}$	$\dfrac{8}{5}$	$-\dfrac{3}{5}$	$\dfrac{52}{5}$
$z =$	13	8	12	472

Die optimale Basislösung der dualen Minimumaufgabe lautet somit:

$$w_1 = 0, \quad w_2 = 0, \quad w_3 = 0, \quad w_4 = \frac{52}{5}, \quad w_5 = \frac{11}{5} \quad \text{und} \quad a_{00} = 472.$$

Es bestätigt sich somit das Dualitätstheorem, nach welchem für den Optimalwert der beiden Dualaufgaben gilt

$$z_{\text{Max}} = z_{\text{Min}}.$$

Wie schon früher erwähnt wurde, so hätte man natürlich die Lösung der dualen Minimumaufgabe bereits dem optimalen Tableau (4.14) entnehmen können.

Abschließend sei noch erwähnt, daß bei einer derartigen Aufstellung von dualen Tableaus erst die beiden optimalen Tableaus *beide zulässig* sind, was, wie sich der Leser leicht überlegen kann, eine charakteristische Eigenschaft für einander dual entsprechende Tableaus ist.

Die duale Simplexmethode. Die tiefen Zusammenhänge, die zwischen zwei Optimierungsaufgaben bestehen, erlauben einem, statt die Iteration im primalen Tableau im dualen durchzuführen. Man spricht dann von der dualen Simplexmethode, die in vielen Fällen sehr zweckmäßig angewendet werden kann.

Zur Erläuterung gehe man aus vom Beispiel 2.1 aus § 1, das nochmals behandelt werde als

Beispiel 6.2. Man minimiere

$$(6.8) \qquad z = 6x_1 + 21x_2$$

bezüglich

$$(6.8') \qquad \begin{cases} x_1 + 2x_2 \geqq 3 \\ x_1 + 4x_2 \geqq 4 \\ x_1 \geqq 0,\, x_2 \geqq 0. \end{cases}$$

Lösung: Führt man Schlupfvariable ein, so wird aus (6.8'):

$$(6.8'') \qquad \begin{cases} x_3 = x_1 + 2x_2 - 3 \\ x_4 = x_1 + 4x_2 - 4 \\ x_1 \geqq 0, \ldots, x_4 \geqq 0. \end{cases}$$

Geht man für die Aufgabe, gegeben durch (6.8) und (6.8''), zur primalen Tableaudarstellung über, so erhält man:

(6.9)

	$x_3 =$	$x_4 =$	$z =$
$-x_1$	-1	-1	-6
$-x_2$	-2	-4	-21
1	-3	-4	0

Das Tableau (6.9) ist, wie man sofort erkennt, nicht zulässig. Statt hier die *M*-Methode anzusetzen, ist es zweckmäßig, die Aufgabe in einem „dualen Tableau" darzustellen durch:

(6.10)

	x_1	x_2	1
$x_3 =$	1	2	-3
$x_4 =$	1	$\boxed{4}$	-4
$z =$	6	21	0

Liest man dieses Tableau im primalen Sinne, so ist es zulässig, da alle Einträge in der Fußzeile (eventuell mit Ausnahme von a_{00}) positiv sind.

Der duale Simplexalgorithmus rechnet jetzt im Tableau (6.10) so lange, bis die Schlußspalte nur positive Einträge enthält.

(6.11)

	x_1	x_4	1
$x_3 =$	$\boxed{\tfrac{1}{2}}$	$\tfrac{1}{2}$	-1
$x_2 =$	$-\tfrac{1}{4}$	$\tfrac{1}{4}$	1
$z =$	$\tfrac{3}{4}$	$5\tfrac{1}{4}$	21

(6.12)

	x_3	x_4	1
$x_1 =$	2	-1	2
$x_2 =$	$-\frac{1}{2}$	$\frac{1}{8}$	$\frac{1}{2}$
$z =$	$\frac{3}{2}$	$4\frac{1}{2}$	$22,5$

Man erkennt, daß das Tableau (6.12) optimal ist mit

$$x_1 = 2, \quad x_2 = \tfrac{1}{2}, \quad x_3 = 0, \quad x_4 = 0, \quad a_{00} = 22,5.$$

Betrachtet man die 3 Tableaus (6.10), (6.11) und (6.12), so stellt man fest, daß der Wert der Zielfunktion, obwohl es sich um eine Minimumaufgabe handelt, ständig anwächst bis auf 22,5. Das ist aber kein Widerspruch, denn beim optimalen Tableau ist die Zielfunktion:

$$z = \tfrac{3}{2} x_3 + 4\tfrac{1}{2} x_4 + 22,5.$$

Das heißt mit anderen Worten, da x_3 und $x_4 \geq 0$ sein müssen, daß z mindestens den Wert 22,5 annehmen muß, was gerade dem gesuchten Minimalwert entspricht.

Es ist leicht einzusehen, daß das geschilderte Verfahren immer dann erfolgreich angewendet werden kann, wenn man eine Minimumaufgabe zu lösen hat, bei der sämtliche Koeffizienten a_{i0} der Zielfunktion positiv sind.

Dieses Vorgehen ist der M-Methode vorzuziehen, da hier keine zusätzlichen künstlichen Variablen erforderlich sind.

Weiter wird in § 7 gezeigt, daß bei der sogenannten ganzzahligen Optimierung nach GOMORY der duale Simplexalgorithmus eine wichtige Rolle spielt.

Übungsbeispiele:

1. Gesucht wird das Maximum von

$$z = 60x_1 + 60x_2 + 90x_3 + 90x_4$$

bezüglich

$$100x_1 + 100x_2 + 100x_3 + 100x_4 \leqq 1500$$

$$7x_1 + 5x_2 + 3x_3 + 2x_4 \leqq 100$$

$$3x_1 + 5x_2 + 10x_3 + 15x_4 \leqq 100$$

$$x_1 \geqq 0, \ldots, x_4 \geqq 0.$$

2. Man löse die in (6.5) und (6.5') formulierte Minimumaufgabe (Beispiel 6.1) mit der dualen Simplexmethode.

3. Beispiel 1.1 aus § 1 werde so abgeändert, daß die 1. Restriktion als Gleichheit zu erfüllen sei, also

$$z = 28x_1 + 17x_2$$

bezüglich

$$3x_1 + 7x_2 = 105$$

$$x_1 + x_2 \leqq 20$$

$$8x_1 + 3x_2 \leqq 120$$

$$x_1 \geqq 0, \ x_2 \geqq 0.$$

Anweisung zur Lösung: Wie bei der früheren Auflösung dieser Aufgabe werden Schlupfvariablen x_3, x_4 und x_5 für die 3 Restriktionen eingeführt, und zwar ungeachtet dessen, ob die Restriktion eine Gleichung oder eine Ungleichung ist. Die Schlupfvariable x_3, die zur Gleichung gehört, wird nun gleich behandelt wie die künstliche Variable v bei der M-Methode.

§7. Die ganzzahlige lineare Optimierung

In zahlreichen praktischen Anwendungen wird verlangt, daß das Optimum, das aus einem System der Form (1.1) oder (4.1) bis (4.3) errechnet wird, ganzzahlig in den Werten x_i ausfällt.

Um diese Ganzzahligkeit zu erreichen, benötigt man entsprechende spezielle Algorithmen, von denen hier derjenige von GOMORY [7] in seinen Grundzügen beschrieben wird.

Bedient man sich zur Erläuterung wiederum einer Graphik, so stellt sich die Aufgabe, an Stelle der „äußersten Ecke" beim konvexen Polyeder, den „äußersten Gitterpunkt" zu suchen, man vgl. Abb. 7.1.

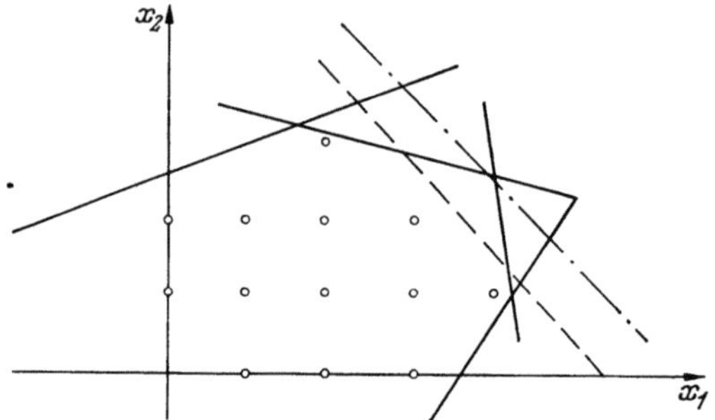

Abb. 7.1. Konvexer Bereich mit Gitterpunkten

Für das algorithmische Vorgehen sucht man zuerst das nichtganzzahlige Optimum mit Hilfe der Simplexmethode. Dabei wird noch vorausgesetzt, daß alle Koeffizienten a_{ij} in (1.1) ganze Zahlen sind. Sind die a_{ij} rational, so läßt sich die Forderung durch geeignetes Multipli-

zieren der Restriktionen stets erreichen. Angenommen, dieses Endtableau laute:

	$x_1 =$	$x_2 = \cdots x_m =$	$z =$
$-x_{m+1}$	$a_{1,m+1}$	$a_{2,m+1} \cdots a_{m,m+1}$	a_{01}
$-x_{m+2}$	$a_{1,m+2}$	$a_{2,m+2} \cdots a_{m,m+2}$	a_{02}
$\vdots$	$\vdots$		$\vdots$
$-x_{m+n}$	$a_{1,m+n}$	$a_{2,m+n} \cdots a_{m,m+n}$	a_{0n}
1	a_{10}	$a_{20} \cdots \quad a_{m0}$	a_{00}

(7.2)

Es wird nun angenommen, daß im Tableau (7.2) mindestens ein
Wert a_{j0} noch nicht ganzzahlig sei, z. B. a_{10}.

Nun wird jede Konstante, die sich in der 1. Spalte befindet, auf-
gespalten in den größten ganzen Teil sowie in den gebrochenen Teil,
d. h.

$$(7.3) \qquad a_{1i} = g_{1i} + f_{1i}; \quad a_{10} = g_{10} + f_{10},$$

so daß

$$0 \leqq f_{1i} < 1 \qquad (i = m + 1, \ldots, m + n)$$
$$0 < f_{10} < 1.$$

Die erste Spalte im Tableau (7.2) geht nun durch (7.3) über in:

$$(7.4) \qquad g_{10} + f_{10} = x_1 + (g_{1,m+1} + f_{1,m+1}) x_{m+1} + \cdots$$
$$+ (g_{1,m+n} + f_{1,m+n}) x_{m+n}.$$

(7.4) heißt umgeschrieben:

$$(7.5) \qquad f_{10} - (f_{1,m+1} x_{m+1} + \cdots + f_{1,m+n} x_{n+m}) =$$
$$x_1 + g_{1,m+1} x_{m+1} + \cdots + g_{i,m+n} x_{n+m} - g_{10}.$$

Auf Grund der Definitionen: $f_{1i} \geqq 0$ und $x_{m+i} \geqq 0$ ist für einen
zulässigen Gitterpunkt der Klammerausdruck links in (7.5) nichtnegativ.
Andererseits entspricht die rechte Seite in (7.5) nach Definition einem
ganzzahligen Wert und kann nicht größer sein als f_{10}.

Daraus folgt aber, daß

$$(7.6) \qquad (f_{1,m+1} x_{m+1} + \cdots + f_{1,m+n} x_{m+n}) \geqq f_{10}$$

oder

$$(7.6') \qquad x_{n+m+1} - f_{1,m+1} x_{m+1} - \cdots - f_{1,m+n} x_{m+n} = -f_{10}$$

beziehungsweise

$$(7.7) \qquad x_{n+m+1} = -f_{10} - \sum_{i=1}^{n} f_{1,m+i} (-x_{m+i}).$$

Dabei ist x_{n+m+1} eine neue Schlupfvariable, die nichtnegativ und ganz
sein muß, was aus (7.5) ohne weiteres folgt.

Mit Hilfe der soeben hergeleiteten Relation (7.6) bzw. (7.7) hat man eine neue Restriktion geschaffen, welche von jeder (optimalen oder nicht-optimalen) nichtnegativen ganzen Lösung des Problems erfüllt sein muß.

Fügt man hingegen die neue Gl. (7.7) zu dem aufgestellten Tableau (7.2) hinzu, so ergibt sich ein Wert für x_{n+m+1} von $-f_{10}$, also gebrochen und negativ.

Man erkennt, daß durch die Einführung der zusätzlichen Gl. (7.7) die früher optimale (nicht ganzzahlige) Lösung aus dem zulässigen Bereich herausgefallen ist. Mit anderen Worten, die zusätzliche Gleichung hat den ursprünglichen Bereich reduziert, ohne daß allerdings ein ganzzahliger Gitterpunkt abgeschnitten worden wäre.

Mit Hilfe der dualen Simplexmethode kann nun so weitergerechnet werden, daß x_{n+m+1} nichtbasisch und somit 0 wird.

Erhält man dadurch eine ganzzahlige Lösung, so ist das Ziel erreicht.

Treten in der neuen Lösung wiederum gebrochene Werte auf, so führt man entsprechend dem obigen Vorgehen eine neue Variable und Gleichung ein und rechnet mit dem bereits erwähnten Dual-Simplex-Algorithmus weiter.

Das vorgeschlagene Gomory-Verfahren beruht generell gesehen darin, daß durch zusätzliche Restriktionen das ursprüngliche Gebiet stets reduziert wird, allerdings so, daß, wie bereits oben erwähnt, keine Gitterpunkte abgeschnitten werden.

Die Abb. 7.8 möge diese Situation an einem einfachen zweidimensionalen Beispiel erläutern.

Gegeben sei der ursprüngliche konvexe Bereich AEFGH. Dabei sei im Punkt F (nicht Gitterpunkt) das gewöhnliche Optimum vorhanden.

Besonders interessiert man sich für die konvexe Hülle der Gitterpunkte (schraffiertes Gebiet).

Nach dem beschriebenen Algorithmus ergeben sich jetzt die Schritte:

1. Der Simplexalgorithmus führt von A nach F.

2. Hinzufügen der neuen Ungleichung $x_{n+m+1} \geqq 0$ reduziert den ursprünglichen Bereich, so daß die Eckpunkte E, F und G nicht mehr zum reduzierten Bereich gehören.

3. Mit der Dual-Simplex-Methode errechnet man die neue zulässige Lösung, indem man von F über G nach K gelangt.

4. Es wird eine neue Ungleichung $x_{n+m+2} \geqq 0$ hinzugefügt.

5. Mittels einer weiteren Iteration im dual zulässigen Tableau erhält man das ganzzahlige Optimum im Punkt C.

Da man zur Elimination eines gebrochenen Wertes jeweils eine neue Gleichung und eine neue Variable einführen muß, ist es nicht ohne weiteres sichtbar, daß das vorgeschlagene Verfahren wirklich in endlich vielen Schritten zum Ziel führt.

GOMORY hat aber in der zitierten Arbeit den Endlichkeitsbeweis erbracht, für den an dieser Stelle lediglich auf die Originalarbeit verwiesen sei.

Die Erfahrung hat auch gezeigt, daß in vielen Fällen die Anzahl der

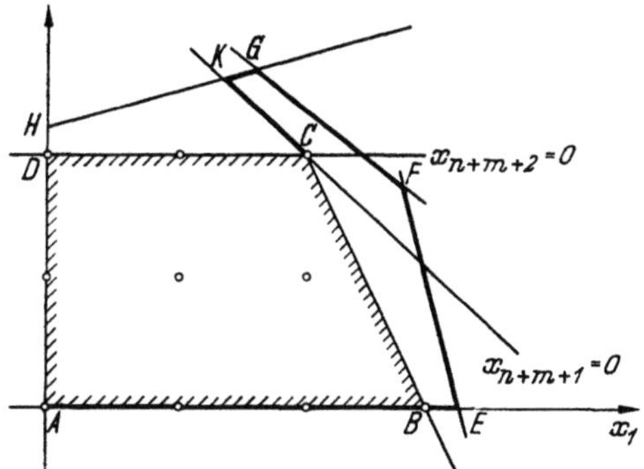

Abb. 7.8. Iterationsschritte beim ganzzahligen Prozeß

erforderlichen Iterationen bei praktischen Berechnungen sehr groß werden kann, was den praktischen Einsatz unter Umständen schmälern könnte.

Auch ist ohne weiteres ersichtlich, daß man die zusätzliche Gleichung auf mehrere Arten bilden kann, denn multipliziert man eine Gleichung mit einer Zahl λ, so erhält man andere Brüche und somit andre zusätzliche Restriktionen. Man erhält gesamthaft Λ verschiedene Fälle, wenn Λ den größten gemeinsamen Nenner der Koeffizienten einer Gleichung darstellt.

(Vgl. GOMORY [7]). Für den Fall, daß die Ganzzahligkeit sich nur auf einen Teil der Variablen beschränkt, spricht man von der gemischt-ganzzahligen Optimierung. (Vgl. dazu GOMORY [7] und [8].)

Beispiel 7.1. Gesucht wird das ganzzahlige Minimum von

$$(7.9) \qquad z = -x_2$$

bezüglich

$$(7.9') \qquad \begin{cases} -4x_1 + 4x_2 + x_3 = 3 \\ 12x_1 - x_2 + x_4 = 30 \\ x_1 \geqq 0, \ldots, x_4 \geqq 0. \end{cases}$$

Lösung: Man bestimmt zuerst das gewöhnliche Optimum, indem mit Hilfe der Simplexmethode an Stelle von (7.9) die Zielfunktion

$$z = +x_2$$

bezüglich (7.9') maximiert wird.

(7.10)

	$x_3 =$	$x_4 =$	$z =$
$-x_1$	-4	12	0
$-x_2$	$\boxed{4}$	-1	-1
1	3	30	0

(7.11)

	$x_2 =$	$x_4 =$	$z =$
$-x_1$	-1	$\boxed{11}$	-1
$-x_3$	$\dfrac{1}{4}$	$\dfrac{1}{4}$	$\dfrac{1}{4}$
1	$\dfrac{3}{4}$	$30\dfrac{3}{4}$	$\dfrac{3}{44}$

(7.12)

	$x_2 =$	$x_1 =$	$z =$
$-x_4$	$\dfrac{1}{11}$	$\dfrac{1}{11}$	$\dfrac{1}{11}$
$-x_3$	$\dfrac{3}{11}$	$\dfrac{1}{44}$	$\dfrac{3}{11}$
1	$3\dfrac{6}{11}$	$2\dfrac{35}{44}$	$3\dfrac{6}{11}$

Mit (7.12) ist das nichtganzzahlige Optimum erreicht mit

$$x_1 = 2\frac{35}{44}, \quad x_2 = 3\frac{6}{11}, \quad a_{00} = -3\frac{6}{11}.$$

(7.12) heißt ausgeschrieben

$$(7.13) \quad \begin{cases} x_2 = 3\dfrac{6}{11} + \dfrac{3}{11}(-x_3) + \dfrac{1}{11}(-x_4) \\[2mm] x_1 = 2\dfrac{35}{44} + \dfrac{1}{44}(-x_3) + \dfrac{1}{11}(-x_4) \\[2mm] z = \dfrac{1}{11}x_4 + \dfrac{3}{11}x_3 - 3\dfrac{6}{11}. \end{cases}$$

Bei der Zielfunktion in (7.13) wurden die Vorzeichen wieder geändert entsprechend der Minimierung der Zielfunktion.

Um die ganzzahlige Optimierung zu erreichen, führt man entsprechend (7.7) eine neue Variable und eine neue Restriktion ein.

Das Gomory-Verfahren bestimmt diese neue Restriktion nicht eindeutig, doch erweist es sich als zweckmäßig, die neue Restriktion so anzusetzen, daß für sie f_{10} möglichst groß wird.

Im ersten Schritt heißt die neue Restriktion

$$(7.14) \qquad x_5 = -\frac{35}{44} - \frac{1}{44}(-x_3) - \frac{1}{11}(-x_4).$$

Das Gleichungssystem (7.13) und (7.14) werden nach dem dualen Simplexalgorithmus gelöst. Das erste duale Tableau heißt:

$$(7.15)$$

	x_3	x_4	1
$x_2 =$	$-\dfrac{3}{11}$	$-\dfrac{1}{11}$	$3\dfrac{6}{11}$
$x_1 =$	$-\dfrac{1}{44}$	$-\dfrac{1}{11}$	$2\dfrac{35}{44}$
$x_5 =$	$\dfrac{1}{44}$	$\boxed{\dfrac{1}{11}}$	$-\dfrac{35}{44}$
$z =$	$\dfrac{3}{11}$	$\dfrac{1}{11}$	$-3\dfrac{6}{11}$

Die nächste Iteration führt zu:

$$(7.16)$$

	x_3	x_5	1
$x_2 =$	$-\frac{1}{4}$	-1	$2\frac{3}{4}$
$x_1 =$	0	-1	2
$x_4 =$	$-\frac{1}{4}$	11	$8\frac{3}{4}$
$x_6 =$	$\frac{1}{4}$	0	$-\frac{3}{4}$
$z =$	$\frac{1}{4}$	1	$-2\frac{3}{4}$

Das Tableau (7.16) ist noch nicht ganzzahlig. Bezüglich der x_4-Zeile wird die neue Restriktion (7.17) gebildet:

$$(7.17) \qquad x_6 = -\tfrac{3}{4} - \tfrac{1}{4}(-x_3).$$

Die Relation (7.17) wird jetzt dem Tableau (7.16) beigefügt. Dann ergibt sich das iterierte Tableau (7.18):

$$(7.18)$$

	x_6	x_5	1
$x_2 =$	-1	-1	2
$x_1 =$	0	-1	2
$x_4 =$	-1	11	8
$x_3 =$	4	0	3
$z =$	1	1	-2

Mit dem Tableau (7.18) ist das ganzzahlige Optimum erreicht durch:

$$x_1 = 2, \quad x_2 = 2, \quad x_3 = 3, \quad x_4 = 8 \quad \text{und} \quad z = -2.$$

Die künstlichen Schlupfvariablen $x_6 = 0$, $x_5 = 0$ interessieren nicht mehr.

Hervorzuheben ist noch, daß die ganzzahlige optimale Lösung natürlich keine Basislösung mehr darstellt.

Die Abb. 7.19 veranschaulicht die durch die ganzzahligen Iterationen erzeugten Bereiche.

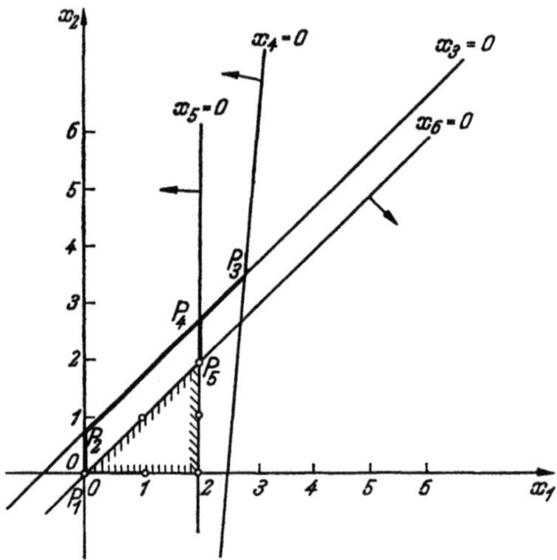

Abb. 7.19. *Kommentar:* Das nichtganzzahlige Optimum liegt im Punkte P_3. Das ganzzahlige wird durch den Gitterpunkt P_5 angegeben. $P_1\ P_2\ P_3\ P_4\ P_5$ beschreibt die Folge der Iterationspunkte.

§ 8. Der Duoplexalgorithmus

Wendet man die lineare Optimierung auf praktische Probleme der Wirtschaft oder Industrie an, so stellt man öfters fest, daß die Anzahl der Variablen und die Anzahl der Restriktionen sehr groß werden. In solchen Fällen ist es ausgeschlossen, die Lösung ohne Zuhilfenahme einer Rechenanlage zu ermitteln. Aber bei besonders umfangreichen Aufgaben kann es vorkommen, daß selbst die größten zur Zeit verfügbaren Elektronenrechner Schwierigkeiten haben mit der Bestimmung der optimalen Lösung. Dies kann im Zusammenhang stehen mit der beschränkten Speicherkapazität oder mit Rundungsfehlern, die sich bei derartigen Problemen besonders unangenehm auswirken können.

In zahlreichen Untersuchungen beschäftigte man sich in letzter Zeit mit Algorithmen, die derartigen großen Aufgaben Rechnung trugen. Erwähnt sei unter anderen das Decompositionsprinzip von DANTZIG und WOLFE [5], das ein Zerlegen in Teilprobleme ermöglicht.[1]

---

[1] Vgl. dazu KÜNZI-TAN [15]

An dieser Stelle sei der Duoplexalgorithmus kurz beschrieben[1], der sich besonders eng an die Simplexmethode anlehnt und, wie die Praxis zeigt, in sehr vielen Fällen eine wesentliche Reduktion der Rechenzeit ermöglicht.

Die Grundidee der Duoplexmethode besteht darin, in einem ersten Schritt eine Restriktion zu finden, deren Begrenzungsfläche (Hyperebene) den gesuchten Optimalpunkt enthält.

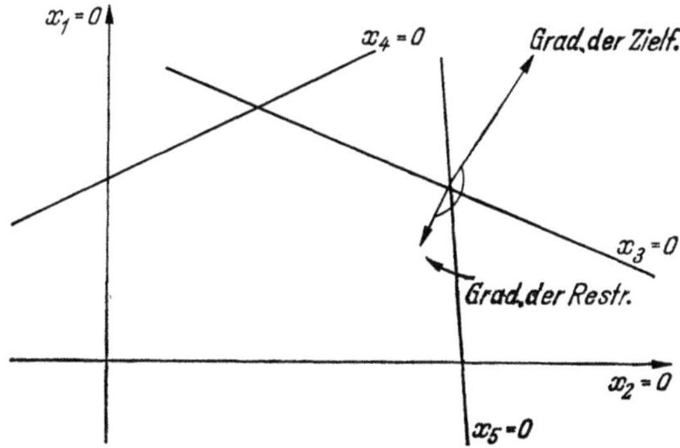

Abb. 8.1. Konvexer Bereich mit ausgezeichneter Hyperebene

Als „ausgezeichnete Hyperebene" bezeichnet man diejenige, für die die zugehörige innere Normale mit dem Gradienten der Zielfunktion einen maximalen Winkel ergibt (Abb. 8.1).

In Abb. 8.1 seien die Normalen der Restriktionen nach innen orientiert.

Es gibt aber Fälle, bei denen der Optimalpunkt nicht auf der ausgezeichneten Hyperebene liegt. (Vgl. dazu das Übungsbeispiel am Ende dieses Paragraphen.)

In solchen Situationen führt das Duoplexverfahren trotzdem zum Ziel, doch ist es jetzt nicht mehr gesagt, daß die Zahl der Iterationsschritte kleiner bleibt als beim Simplexalgorithmus.

Besonders sei darauf hingewiesen, daß der Duoplexalgorithmus dann mit Vorteil angewendet wird, wenn ein lineares Optimierungsproblem eine große Zahl von Restriktionen im Vergleich zur Anzahl der Variablen aufweist.

Sind dagegen wenig Restriktionen und viele Unbekannte gegeben, so gehe man zum dualen Problem über und wende darauf Duoplex an.

Bei der Lösung wird von der üblichen Problemstellung ausgegangen: Man maximiere

$$(8.2) \qquad z = - \sum_{i=1}^{n} a_{0i} x_i + a_{00}$$

---

[1] Vgl. dazu KÜNZI-TZSCHACH-ZEHNDER [14] und KÜNZI [12].

bezüglich

$$(8.3) \quad \begin{cases} x_{n+j} = -\sum_{i=1}^{n} a_{ji} x_i + a_{j0} \geqq 0 \\ \text{und} \\ x_i \geqq 0 \quad (i = 1, \ldots, n). \end{cases}$$

Im Gegensatz zu den früheren Überlegungen starte man stets mit dem Ursprung $x_1 = 0, \ldots, x_n = 0$, auch wenn dieser nicht zum zulässigen Bereich gehört. Von diesem Startpunkt aus beginnt die

1. Phase: Bestimmung der ausgezeichneten Hyperebene: Diese erfolgt mit Hilfe des skalaren Produkts der verschiedenen Normalenvektoren n_j der begrenzenden Hyperebenen mit dem Gradienten der Zielfunktion:

$$(8.4) \quad \operatorname*{Min}_{1 \leqq j \leqq m} \left\{ \frac{\sum_{i=1}^{n} a_{0i} a_{ji}}{\sqrt{\sum_{i=1}^{n} a_{0i}^2} \sqrt{\sum_{i=1}^{n} a_{ji}^2}} \right\}.$$

Das Minimum in 8.4 werde angenommen für $j = j_p$.

1. Austauschschritt: Analog wie bei der Simplexmethode bestimme man

$$(8.5) \quad \operatorname*{Max}_{1 \leqq i \leqq n} \left\{ -a_{0i} \right\}.$$

Das Maximum werde für $i = i_p$ angenommen. In diesem Falle wechsle man die Variable, die zur i_p-ten Spalte gehört mit derjenigen die der j_p-ten Zeile entspricht, aus.

Nochmals sei darauf hingewiesen, daß man es beim Duoplexverfahren gestattet, außerhalb des zulässigen Bereiches zu kommen. Der folgende Algorithmus zeigt, daß es stets möglich sein wird, in endlich vielen Schritten wieder in den zulässigen Bereich hineinzukommen. Es werden dabei Überlegungen benutzt, die eng mit der sogenannten Mehrphasenmethode zusammenhängen (vgl. KÜNZI [*11*]).

Nach dieser 1. Phase des Duoplex beginnt jetzt das eigentliche Iterationsverfahren, das zur 2. Phase gehört.

2. Phase: 1. Schritt: Angenommen, man hätte bereits r Iterationsschritte ausgeführt, dies sei angedeutet durch die oberen Indizes bei den Konstanten. Man bestimme

$$(8.6) \quad \operatorname*{Max}_{1 \leqq i \leqq n} \left\{ -a_{0i}^{(r)} \right\}.$$

Das Maximum in (8.6) werde für $i = i_0$ angenommen.

Wenn $-a_{0i_0}^{(r)} \leqq 0$ und $a_{j0}^{(r)} \geqq 0$ ausfällt für alle $j = 1, 2, \ldots, m$, so ist das gestellte Problem (8.1) gelöst. Im anderen Fall gehe man zum 2. Schritt über.

2. Schritt: In diesem Schritt wird versucht, den Wert der Zielfunktion zu vergrößern unter der Bedingung, daß keine erfüllte Restriktion durch den Iterationsschritt verletzt wird.

Dazu bestimmt man die Größe λ durch[1]

$$(8.7) \qquad \lambda = \operatorname*{Min}_{1 \le j \le m} \left\{ \frac{a_{j0}^{(r)}}{a_{ji_0}^{(r)}} \,\middle|\, a_{j0}^{(r)} \ge 0 \land a_{ji_0} > 0 \right\}.$$

Wenn λ existiert und für $j = j_0$ angenommen wird und wenn $-a_{0i_0}^{(r)} > 0$ ist, so wechsle man entsprechend dem Simplexverfahren die Variable x_{n+j_0} mit x_{i_0} aus und fahre mit dem 2. Schritt weiter.

Wenn λ nicht existiert, so ersetze man den Wert für λ durch ∞ und fahre mit dem 4. Schritt weiter.

Wenn $-a_{0i_0}^{(r)} \le 0$, aber nicht alle $a_{j0}^{(r)} \ge 0$, so gehe man ebenfalls über zu Schritt 3.

3. Schritt: In diesem Schritt wird bezweckt, möglichst viele verletzte Restriktionen zu erfüllen mit der Bedingung, keine schon erfüllte Restriktion zu verletzen.

Man bestimme dazu die Größe:

$$(8.8) \qquad \sigma = \operatorname*{Max}_{1 \le j \le m} \left\{ \frac{a_{j0}^{(r)}}{a_{ji_0}^{(r)}} \,\middle|\, a_{j0}^{(r)} < 0 \land a_{ji_0}^{(r)} < 0 \land \frac{a_{j0}^{(r)}}{a_{ji_0}} \le \lambda \right\}.$$

Man kann hier 4 Fälle unterscheiden:

α) Wenn σ existiert und für $j = j_1$ angenommen wird, dann vollziehe man den Austausch zwischen x_{i_0} und x_{n+j_1} und fahre mit Schritt 1 weiter. Man erkennt, daß durch diesen Schritt mindestens eine, i. allg. aber mehrere verletzte Restriktionen erfüllt werden. Der Wert der Zielfunktion kann sich allerdings verschlechtern.

β) Wenn all $a_{ji_0}^{(r)} < 0$ für $a_{j0}^{(r)} < 0$ und λ nicht existiert, so existiert bei $-a_{0i_0}^{(r)} > 0$ keine endliche Lösung. (Vgl. dazu CHARNES-COOPER-HENDERSON [3]).

γ) Wenn σ nicht existiert, aber λ existiert und es gibt wenigstens ein

$$(8.9) \qquad a_{ji_0}^{(r)} < 0 \quad \text{für} \quad a_{j0}^{(r)} < 0$$

so wechsle man die Variablen x_{n+j_0} und x_{i_0} gegeneinander aus und fahre mit Schritt 1 weiter.

δ) Wenn unter γ) die Bedingung (8.9) nicht zu erfüllen ist für mindestens ein j, so gehe man zu Schritt 1 zurück, schließe aber jetzt $i = i_0$ aus.

Existiert kein i, so daß entweder $-a_{0i}^{(r)} > 0$ und λ existiert oder es mindestens ein j gibt, so daß

$$a_{j0}^{(r)} < 0 \quad \text{und} \quad a_{ji}^{(r)} < 0,$$

---

[1] In Formel (8.7) steht das Zeichen $\land$ für das logische „und"

dann sind die Restriktionen unverträglich. Man zeigt leicht, daß dann mindestens eine' Zeile im Tableau existiert mit

$$a_{j0}^{(r)} < 0 \quad \text{und} \quad a_{ji}^{(r)} \geqq 0 \qquad (i = 1, \ldots, n).$$

Die Endlichkeit des Duoplexverfahrens folgt direkt aus der Endlichkeit des Simplexverfahrens und der bereits erwähnten Mehrphasenmethode. (Vgl. KÜNZI [*11*].)

Beispiele 8.1. Man maximiere

$$z = x_1 + x_2$$

bezüglich

$$2x_1 + x_2 \leqq 2$$

$$x_1 + x_2 \leqq 3$$

$$x_1 \geqq 0, \; x_2 \geqq 0.$$

Starttableau:

	$x_3 =$	$x_4 =$	$z =$
$-x_1$	2	1	-1
$-x_2$	1	1	-1
1	2	3	0

Nach der 1. Phase wird die 2. Restriktion zur ausgezeichneten bestimmt.

Die 2. Phase ergibt weiter die beiden Tableaus:

	$x_3 =$	$x_2 =$	$z =$
$-x_1$	1	1	0
$-x_4$	-1	1	-1
1	-1	3	3

	$x_4 =$	$x_2 =$	$z =$
$-x_1$	-1	2	1
$-x_3$	-1	1	1
1	1	2	2

Das letzte Tableau ist optimal. Der Leser wird feststellen, daß die 2. Ungleichung redundant ist, d. h. überflüssig.

Beispiel 8.2. Man minimiere

$$z = 2x_1 + 3x_2 + x_3$$

bezüglich

$$x_4 = -4 + 2x_1 + x_2 + x_3$$
$$x_5 = -1 + x_1 - x_2$$
$$x_6 = -1 + x_1 - x_3$$
$$x_1 \leqq 0, \ldots, x_6 \geqq 0.$$

Starttableau:

	$x_4 =$	$x_5 =$	$x_6 =$	$z =$
$-x_1$	-2	-1	-1	-2
$-x_2$	-1	-1	0	-3
$-x_3$	-1	0	1	-1
1	-4	-1	-1	0

Es ist bei diesem Beispiel interessant festzustellen, daß der Duoplexalgorithmus dieselben Austauschschritte benötigt wie der duale Simplexalgorithmus.

Die Tableauberechnung sei dem Leser überlassen.

Übungsaufgabe. Man minimiere

$$z = x_1$$

bezüglich

$$x_4 = 2 - x_1 - 0{,}1x_2 - 100x_3$$
$$x_5 = 2 - x_1 - 0{,}1x_2 + 100x_3$$
$$x_6 = 10 - x_1 - x_2$$
$$x_1 \geqq 0, \ldots, x_6 \geqq 0.$$

Man zeige, daß der Extremalpunkt nicht auf der ausgezeichneten Hyperebene liegt.[1]

Nichtlineare Optimierung

§ 9. Ausblick in die nichtlineare Optimierung[2]

Bei der linearen Optimierung, speziell bei den entsprechenden Algorithmen spielte das lineare Verhalten der Zielfunktion und der Restriktionen eine maßgebende Rolle.

Das Simplexverfahren kann in der oben geschilderten Weise sicher nicht mehr verwendet werden, wenn auch nur eine der Restriktionen oder auch die Zielfunktion aufhören linear zu sein.

---

[1] Wir verdanken dieses Beispiel Herrn M. BEALE.

[2] Vgl. dazu KÜNZI-KRELLE [*13*], dort findet man auch ein umfangreiches Literaturverzeichnis zur nichtlinearen Optimierung.

Von seiten der Praxis her ist es aber oft erwünscht und auch erforderlich, nichtlineare Ausdrücke in die Optimierungsaufgabe einzubeziehen.

Es versteht sich von selbst, daß dadurch die Rechenverfahren wesentlich komplizierter werden. In gewissen Fällen kann man sich damit behelfen, die nichtlinearen Funktionen stückweise zu linearisieren.

Die allgemeinste nichtlineare Optimierungsaufgabe würde lauten: Man minimiere die Funktion

$$G(x_1, \ldots, x_n)$$

unter den Restriktionen

$$(9.1) \qquad g_j(x_1, \ldots, x_n) \leqq 0 \qquad (j = 1, \ldots, m)$$

$$x_1 \geqq 0, \ldots, x_n \geqq 0.$$

Stellt man überhaupt keine Bedingungen an die Funktionen $G(x_1, \ldots, x_n)$ und $g_j(x_1, \ldots, x_n)$, so ist die Aufgabe (9.1) vorläufig noch nicht lösbar.

Die meisten Verfahren, die heute bekannt sind, verlangen, daß G und g_j konvexe Funktionen darstellen. Auch hier soll nur ein Spezialfall der nichtlinearen Optimierung näher behandelt werden.

Zur Vorbereitung seien anschließend einige Begriffe und Sätze zusammengestellt, deren Kenntnis für die weiteren Ausführungen unerläßlich ist.

Quadratische Formen, Definitheit. Unter der quadratischen Form $Q(x_1, \ldots, x_n)$ versteht man den Ausdruck:

$$\begin{aligned}
Q(x_1, \ldots, x_n) = {}& c_{11} x_1^2 + 2c_{12} x_1 x_2 + 2c_{13} x_1 x_3 + \cdots + 2c_{1n} x_1 x_n \\
(9.2) \qquad & + c_{22} x_2^2 + 2c_{23} x_2 x_3 + \cdots + 2c_{2n} x_2 x_n \\
& + \\
& \cdot \\
& \quad \cdot \\
& + \cdots + c_{nn} x_n^2.
\end{aligned}$$

Die Koeffizienten c_{ij} in (9.2) sind reell vorausgesetzt. Symmetrisiert man die Koeffizienten durch

$$c_{ij} = c_{ji},$$

so kann man für (9.2) schreiben:

$$(9.3) \qquad Q = \sum_{\iota=1}^{n} \sum_{j=1}^{n} c_{ij} x_j x_i.$$

Werden in (9.3) die Koeffizienten c_{ij} zu einer symmetrischen $(n \times n)$-Matrix C zusammengefaßt gemäß

$$C = \begin{pmatrix} c_{11} \cdots c_{1n} \\ \vdots \\ c_{n1} \cdots c_{nn} \end{pmatrix}$$

und die Variablen $x_1, \ldots, x_n$ zu einem n Vektor x, d. h.

$$x' = (x_1, \ldots, x_n),$$

so ist die rechte Seite von (9.3) gleich dem Skalarprodukt des Zeilenvektors x' mit dem Spaltenvektor $C\,x$.

Benutzt man die Matrixschreibweise, so stellt sich die quadratische Form (9.3) dar als

$$(9.4) \qquad Q(x) = x'\,C\,x,$$

wobei also C eine symmetrische **Matrix** bedeutet.

Eine symmetrische Matrix C heißt nichtnegativ definit oder positiv semidefinit, wenn

$$x'\,C\,x \geqq 0 \quad \text{für alle } x.$$

Entsprechend heißt sie positiv definit oder genauer streng positiv definit, wenn

$$x'\,C\,x > 0 \quad \text{für alle } x \neq 0.^{[1]}$$

Man spricht von einer negativ (semi-) definiten Matrix C, wenn $-C$ positiv (semi-) definit ist.

Mit der Matrix C nennt man auch die zugeordnete quadratische Form $x'\,C\,x$ definit.

So kann eine semidefinite quadratische Form niemals negative Werte annehmen. Ist sie zudem noch streng definit, so nimmt sie den Wert 0 nur für $x = 0$ an.

Es ist an dieser Stelle nicht möglich, tiefer in die Theorie der quadratischen Formen einzudringen, man vgl. dazu [13].

Konvexe Funktionen. Eine Funktion $F(x)$ in den n Variablen $(x_1, \ldots, x_n)$ heißt konvex über einer konvexen Punktmenge M, wenn für je 2 Punkte x^1 und x^2 aus M gilt:

$$(9.5) \quad F\{\lambda\,x^1 + (1 - \lambda)\,x^2\} \leqq \lambda F(x^1) + (1 - \lambda)\,F(x^2) \quad \text{für } 0 < \lambda < 1.$$

Die Funktion heißt streng konvex, wenn man für $x^1 \neq x^2$ das Zeichen $\leqq$ durch $<$ ersetzen kann.

Gibt $F(x)$ eine Funktion in einer unabhängigen Variablen wieder, so läßt sich diese graphisch durch eine Kurve darstellen, welche längs des Geradensegments zwischen x^1 und x^2 keinen höheren Wert annehmen kann als die lineare Funktion, die bei der linearen Interpolation entsteht. (Vgl. Abb. 9.6.)

Eine Funktion $F(x)$ heißt konkav (streng konkav), wenn $-F(x)$ konvex (streng konvex) ist.

---

[1] Ein Vektor x heißt $\neq 0$, wenn mindestens eine Komponente x_i von x verschieden von 0 ist.

Für die weiteren Betrachtungen sei noch verwiesen auf den
Satz: Wenn C eine positiv semidefinite Matrix ist, so ist die Funktion

$$Q(x) = x' C x$$

konvex; wenn C streng positiv definit ist, so ist $Q(x)$ streng konvex.

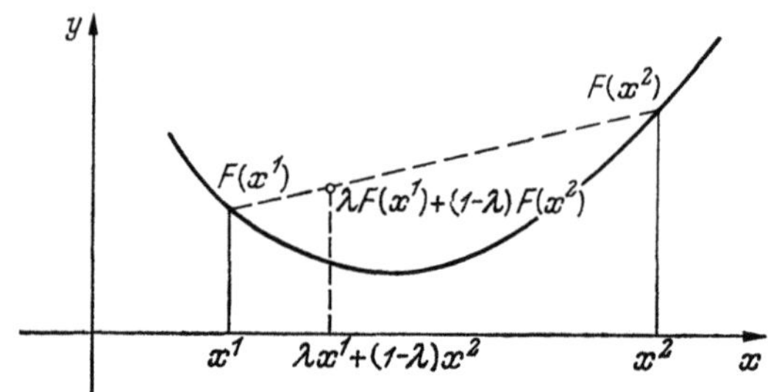

Abb. 9.6. Verlauf der konvexen Funktionen $F(x)$

Für die erste Hälfte dieses Satzes wird anschließend eine Beweis-
skizze gegeben, die 2. Hälfte möge der Leser analog beweisen.

Unter Berücksichtigung von

$$\lambda z' C z \geqq \lambda^2 z' C z$$

für alle z und für

$$0 < \lambda < 1$$

folgt

$$\lambda Q(x^1) + (1 - \lambda) Q(x^2) = \lambda x^{1'} C x^1 + (1 - \lambda) x^{2'} C x^2$$

$$= \lambda x^{2'} C (x^1 - x^2) + \lambda (x^1 - x^2)' C x^2 + \lambda (x^1 - x^2)' C (x^1 - x^2) + x^{2'} C x^2 \geqq$$

$$\geqq \lambda x^{2'} C (x^1 - x^2) + \lambda (x^1 - x^2)' C x^2 + \lambda^2 (x^1 - x^2)' C (x^1 - x^2) + x^{2'} C x^2$$

$$= \{\lambda (x^1 - x^2) + x^2\}' C \{\lambda (x^1 - x^2) + x^2\}$$

$$= \{\lambda x^1 + (1 - \lambda) x^2\}' C \{\lambda x^1 + (1 - \lambda) x^2\}$$

$$= Q\{\lambda x^1 + (1 - \lambda) x^2\}$$

für alle x^1, x^2 und für $0 < \lambda < 1$.

Ist andererseits C negativ definit, so ist $Q(x)$ konkav.

Konvexe Optimierung und Kuhn-Tucker-Theorem. Wie einleitend
zu diesem Paragraphen erwähnt wurde, kann man noch nicht von
einer Lösungsmethode sprechen, wenn die Problemstellung so allgemein
wie in (9.1) formuliert ist.

Hingegen kennt man Kriterien und Lösungsmethoden für verschiedene Spezialfälle, so z. B. dann, wenn die Zielfunktion $F(x)$ und die
Restriktionen $f_j(x)$ $(j = 1, \ldots, m)$ konvexe Funktionen der n Variablen $x_1, \ldots, x_n$ darstellen.

Unter einer konvexen Optimierungsaufgabe versteht man die Minimierung der Zielfunktion

$$(9.7) \qquad \begin{cases} F(x) \\ \text{bezüglich} \\ f_j(x) \leqq 0 \qquad (j = 1, \ldots, m) \\ x \geqq 0, \end{cases}$$

wobei $F(x)$ und die $f_j(x)$ konvexe Funktionen darstellen.

Sind $F(x)$ und $f_j(x)$ konkav, so hat man die entsprechende Aufgabe, nämlich:

Man maximiere die Zielfunktion

$$(9.8) \qquad \begin{cases} F(x) \\ \text{bezüglich } \textbf{der Restriktionen} \\ f_j(x) \geqq 0 \qquad (j = 1, \ldots, m) \\ x \geqq 0. \end{cases}$$

Wie bei der linearen Optimierung bezeichnet man Lösungspunkte, die den Restriktionen in (9.7) bzw. (9.8) genügen, als zulässige Punkte. Ein zulässiger Punkt x, der in der Aufgabe (9.7) das Minimum über dem zulässigen Bereich liefert, heißt Optimalpunkt. Ist der zulässige Bereich nicht leer und beschränkt und $F(x)$ überall stetig, so existiert mindestens eine Lösung.

Abschließend sei noch kurz auf das Kuhn-Tucker-Theorem der konvexen Optimierung hingewiesen, das notwendige und hinreichende Bedingungen angibt, damit die Aufgabe (9.7) in $\hat{x}$ eine optimale Lösung aufweist.

Für einen Beweis dieses Satzes sei auf die Spezialliteratur verwiesen.[1]

Die Kriterien des Theorems beziehen sich auf eine sogenannte verallgemeinerte Lagrange-Funktion Φ. Diese Funktion wird gebildet, indem man m neue Variablen $u_1, \ldots, u_m$, die sogenannten Lagrange-Multiplikatoren, einführt, die man auch zu einem Vektor u zusammenfaßt. Φ ist dann eine Funktion der $m + n$ Variablen (x, u) nach der Vorschrift:

$$(9.9) \qquad \Phi(x, u) = F(x) + \sum_{j=1}^{m} u_j f_j(x).$$

Theorem von Kuhn-Tucker: Wenn $F(x)$ und $f_j(x)$ differenzierbare Funktionen sind, so stellt ein Vektor $\hat{x}$ dann und nur dann eine Lösung

---

[1] Vgl. KUHN-TUCKER [10] oder KÜNZI-KRELLE [13].

des Problems (9.7) dar, wenn ein Vektor $\hat{u}$ existiert derart, daß:

$$(9.10) \quad \begin{cases} \left(\dfrac{\partial \Phi}{\partial x_i}\right)_{\hat{x},\hat{u}} \geqq 0 \\[2mm] \hat{x}_i \left(\dfrac{\partial \Phi}{\partial x_i}\right)_{\hat{x},\hat{u}} = 0 \\[2mm] \hat{x}_i \geqq 0 \end{cases} \quad \text{für} \quad i = 1, 2, \ldots, n$$

$$\begin{cases} \left(\dfrac{\partial \Phi}{\partial u_j}\right)_{\hat{x},\hat{u}} \leqq 0 \\[2mm] \hat{u}_j \left(\dfrac{\partial \Phi}{\partial u_j}\right)_{\hat{x},\hat{u}} = 0 \\[2mm] \hat{u}_j \geqq 0 \end{cases} \quad \text{für} \quad j = 1, \ldots, m.$$

§ 10. Das Verfahren von Beale für die quadratische Optimierung

An dieser Stelle soll die Optimierung einer quadratischen Zielfunktion mit positiv semidefiniter Matrix und linearen Restriktionen näher untersucht werden. Die Aufgabe lautet:

Man minimiere

$$(10.1) \quad \begin{cases} Q(x) = a_{0-}\, x + x'\, C\, x \\ \text{bezüglich} \\ A\, x = a_{-0} \\ x \geqq 0. \end{cases}$$

Dabei sind $x' = (x_1, \ldots, x_n)$, $a_{0-} = (a_1, \ldots, a_n)$, $a_{-0} = (a_{10}, \ldots, a_{m0})$, A eine beliebige $(m \times n)$-Matrix und C eine symmetrische, positiv semidefinite $(n \times n)$-Matrix.

Im zweidimensionalen Fall läßt sich die Aufgabe (10.1) wiederum graphisch darstellen. Wenn C positiv definit ist, so stellen die Kurven $Q(x) = k$ konzentrische Ellipsen dar. Es können dann drei Fälle auftreten:

Mit $\overset{\circ}{x}$ sei in den Abb. 10.2a, 10.2b und 10.2c das Optimum der Zielfunktion $Q(x)$ ohne Restriktionen und mit $\hat{x}$ dasjenige mit Restriktionen gemeint.

Man erkennt den Unterschied zur linearen Optimierung. Dort nahm die Zielfunktion ihr bedingtes Minimum in einer Ecke des konvexen Polyeders an, während im Falle der quadratischen Optimierung mit linearen Nebenbedingungen das bedingte Minimum in einer Ecke (Abb. 10.2), auf einer Kante (Abb. 10.2b) oder sogar im Inneren des Bereiches angenommen werden kann (Abb. 10.2c).

Im folgenden werde nun ein Algorithmus für die Lösung der Aufgabe (10.1) skizziert, den man M. BEALE [1] verdankt.

Für eine ausführliche Darstellung dieser Methode sei auch auf KÜNZI-KRELLE [13] verwiesen.

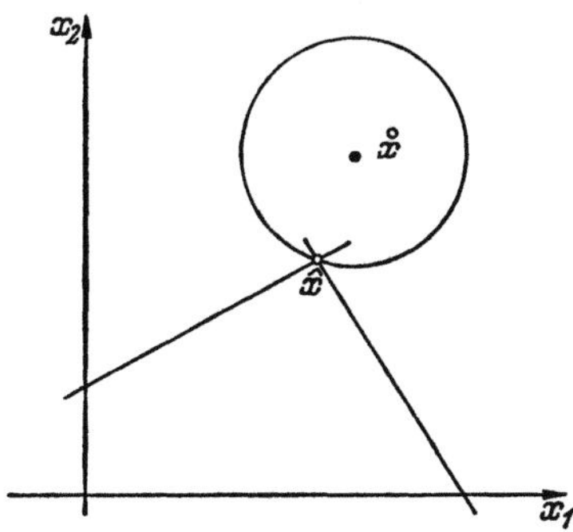

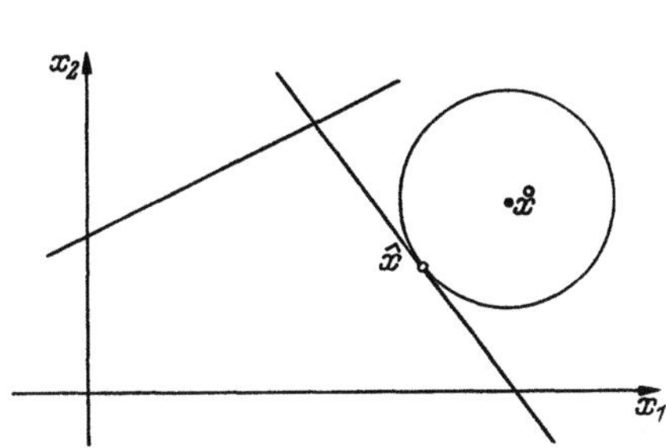

Abb. 10.2a Der Lösungspunkt $\hat{x}$ liegt auf einem Eckpunkt des konvexen Bereichs

Abb. 10.2b Der Lösungspunkt $\hat{x}$ liegt in einer Begrenzungsgeraden des konvexen Bereichs

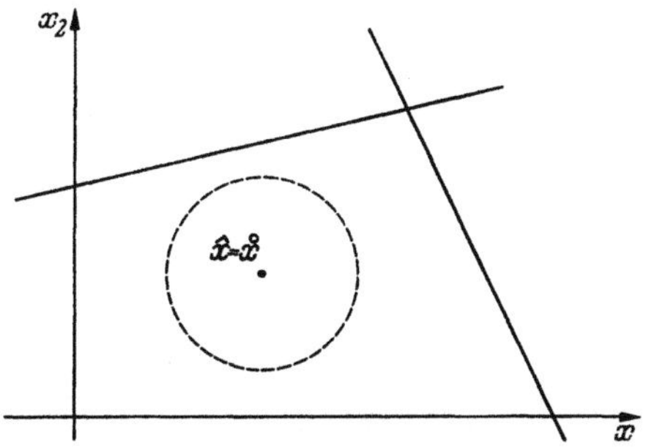

Abb. 10.2c Der Lösungspunkt $\hat{x}$ fällt mit dem Punkt $\overset{\circ}{x}$ des freien Minimums zusammen, die beide innerhalb des konvexen Bereichs liegen

Ausgegangen wird dabei von der Formulierung (10.1), nach der eine konvexe quadratische Zielfunktion

$$Q(x_1, \ldots, x_n) = Q(x)$$

maximiert wird unter den linearen Nebenbedingungen

(10.3)
$$\begin{cases} A\,x = a_{-0} \\ x \geqq 0. \end{cases}$$

Das Beale-Verfahren startet mit irgendeiner zulässigen Basislösung des Systems (10.2). Löst man das Gleichungssystem in (10.3) nach den gewählten Basisvariablen auf, es seien dies die ersten m, also $x_1, x_2, \ldots, x_m$, so erhält man:

(10.4) $$x_g = d_{g0}^1 + \sum_{h=1}^{n-m} d_{gh}^1 z_h \quad (g = 1, \ldots, m) \quad \text{mit} \quad z_h = x_{m+h}.$$

Nach der getroffenen Wahl haben die Basisvariablen am 1. Versuchspunkt (der obere Index 1 weist auf den 1. Versuchspunkt hin) die Werte $d^1_{g0} > 0$.

Analog der linearen Optimierung nennt man die Variablen auf der rechten Seite des Systems (10.4) die „unabhängigen" bzw. die „verschwindenden" Variablen. Diejenigen auf der linken Seite sind dann die „abhängigen" oder die Basisvariablen.

Vermittels (10.4) kann man aus Q die abhängigen Variablen eliminieren. Aus praktischen Gründen sei die nachfolgende Schreibweise empfohlen:

$$(10.5) \quad \left\{ \begin{aligned}
&Q(x_1, \ldots, x_n) = Q^1(z_1, \ldots, z_{n-m}) \\
&= c^1{}_{00} + \sum_{i=1}^{n-m} c^1_{0i} z_1 + \sum_{h=1}^{n-m} \sum_{i=1}^{n-m} c^1_{hi} z_i z_h \\
&= \left(c^1_{00} + \sum_{i=1}^{n-m} c^1_{0i} z_i \right) + \sum_{h=1}^{n-m} \left(c^1_{h0} + \sum_{i=1}^{n-m} c^1_{hi} z_i \right) z_h \\
&= (c^1_{00} + c^1_{01} z_1 + \cdots + c^1_{0, n-m} z_{n-m}) \cdot 1 \\
&\quad + (c^1_{10} + c^1_{11} z_1 + \cdots + c_{1, n-m} z_{n-m}) \cdot z_1 \\
&\quad \vdots \\
&\quad + (c^1_{h0} + c^1_{h1} z_1 + \cdots + c^1_{h, n-m} z_{n-m}) \cdot z_h \\
&\quad \vdots \\
&\quad + (c^1_{n-m, 0} + c^1_{n-m, 1} z_1 + \cdots + c^1_{n-m, n-m} z_{n-m}) \cdot z_{n-m}.
\end{aligned} \right.$$

In (10.5) gilt die Symmetrie $c^1_{ih} = c^1_{hi}$ und weiter

$$(10.6) \qquad \frac{1}{2} \frac{\partial Q^1}{\partial z_h} = c^1_{h0} \quad \text{für } h = 1, \ldots, n - m.$$

Sicher ist der Wert von Q am 1. Versuchspunkt gleich c^1_{00}.

Benutzt man die obige Darstellung, so erhalten die Kuhn-Tucker-Bedingungen eine besonders einfache Form:

Falls nämlich am gewählten Versuchspunkt alle

$$\frac{\partial Q^1}{\partial z_h} \geqq 0$$

sind, so stellt dieser Versuchspunkt bereits die optimale Lösung dar, denn jede Erhöhung einer unabhängigen Variablen würde den Wert von Q^1 vergrößern.

Falls aber für gewisse z_h am Versuchspunkt

$$(10.7) \qquad \frac{\partial Q^1}{\partial z_h} < 0, \quad (\text{d. h. } c^1_{h0} < 0)$$

gilt, so kann man den Q-Wert noch verbessern, indem man z_h positiv werden läßt.

Angenommen, dies treffe für den Index $h = 1$, also für z_1 zu. Läßt man nun z_1 positiv anwachsen, so variieren natürlich auch die übrigen abhängigen Variablen.

Entsprechend wie bei der linearen Optimierung stellt sich nun die Frage, wieweit die Variable z_1 anzuwachsen habe. Im quadratischen Fall muß zwischen 2 Varianten unterschieden werden, nämlich

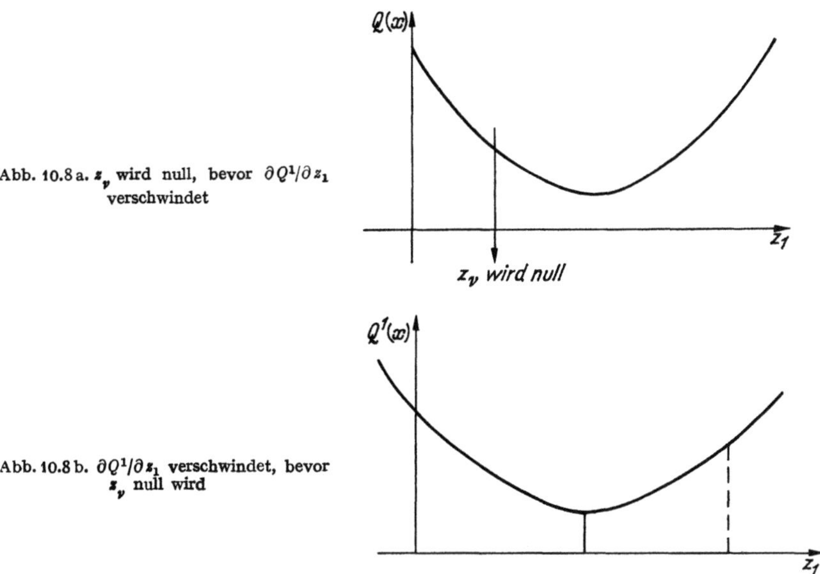

Abb. 10.8 a. z_ν wird null, bevor $\partial Q^1/\partial z_1$ verschwindet

Abb. 10.8 b. $\partial Q^1/\partial z_1$ verschwindet, bevor z_ν null wird

Fall a) Man lasse z_1 so weit anwachsen, bis eine Basisvariable, z. B. z_ν, verschwindet. [Analog zur linearen Optimierung, (vgl. Abb. 10.8a).]

Fall b) $\dfrac{\partial Q^1}{\partial z_1}$ wird Null, bevor eine abhängige Variable verschwindet. In diesem Falle vergrößert man z_1 natürlich nur so weit, bis $\partial Q^1/\partial z_1 = 0$ wird (Abb. 10.8 b).

Im Falle a) verläuft der Austauschschritt analog wie bei der linearen Optimierung, und man hat das Restriktionensystem wiederum nach den neuen Basisvariablen aufzulösen und die Zielfunktion durch die Nichtbasisvariablen auszudrücken, womit man im 2. Versuchspunkt angelangt ist.

Im Falle b) führt man eine neue, nicht vorzeichenbeschränkte Variable u_1 ein:

$$(10.9) \qquad\qquad u_1 = \frac{1}{2}\,\frac{\partial Q^1}{\partial z_1}\,.$$

u_1 wird als die 1. „freie" Variable bezeichnet.

Als 2. Versuchspunkt wählt man nun denjenigen Punkt, an dem die

1. freie Variable verschwindet zusammen mit den bisherigen unabhängigen Variablen $z_2, \ldots, z_{n-m}$.

Auch hier wird das Restriktionssystem und die Zielfunktion neu geordnet, wobei sich jetzt die „freie Variable" u_1 unter den unabhängigen Variablen befindet.

Wegen

$$u_1 = c^1_{10} + \sum_{h=1}^{n-m} c^1_{1h} z_h = \frac{1}{2} \frac{\partial Q^1}{\partial z_1}$$

erhält man für die jetzt abhängige Variable z_1

$$z_1 = -\frac{c^1_{10}}{c^1_{11}} + \frac{1}{c^1_{11}} u_1 - \sum_{h=2}^{n-m} \frac{c^1_{1h}}{c^1_{11}} z_h = d^2_{10} + d^2_{11} u_1 + \sum_{h=2}^{n-m} d^2_{1h} z_h.$$

Verwendet man diese Gleichung, um in (10.3) z_1 zu eliminieren, so folgt:

$$(10.10) \quad x_g = d^2_{g0} + d^2_{gi} u_1 + \sum_{h=2}^{n-m} d^2_{gh} z_h \quad (g = 1, 2, \ldots, m, m+1),$$

entsprechend wird z_1 auch in Q^1 eliminiert.

Im neuen Restriktionssystem (10.10) hat man jetzt eine Gleichung mehr, die von der Einführung der freien Variablen herrührt, und man hat auch eine Basisvariable mehr, da ja keine frühere Basisvariable verschwunden ist.

Dieser 2. Versuchspunkt wird jetzt wieder nach denselben Kriterien behandelt wie der 1.

Es ist noch zu bemerken, daß für eine freie Variable die Kuhn-Tucker-Bedingung lautet:

$$\frac{\partial Q^2}{\partial u_1} = 0.$$

Verschwindet nun die Ableitung nach der freien Variablen nicht, so kann man Q erniedrigen, indem man u_1 positiv oder negativ variiert. Ist z. B. die Ableitung nach u_1 größer als 0, so soll u_1 negativ werden, andernfalls positiv.

Ist eine freie Variable dann abhängig geworden, so braucht man sie nicht weiter zu berücksichtigen, sobald man sie aus den Gleichungen der Restriktionen und aus der Zielfunktion eliminiert hat. (Die Gleichungen haben ja nur den Zweck, die Variablen zu kontrollieren, damit diese nie negativ werden; eine solche Kontrolle ist aber für freie Variablen nicht erforderlich.)

BEALE beweist, daß dieses Verfahren in endlich vielen Schritten zum gesuchten Optimum führt, allerdings unter Befolgung der

Zusatzregel: Wenn immer möglich, sollen zuerst die freien Variablen beim Übergang zum nächsten Versuchspunkt variiert werden. Nur wenn die Ableitung von Q nach allen freien Variablen verschwindet, eine Verminderung von Q auf diese Art also nicht möglich ist, dann soll eine eigentliche Variable in die Basis genommen werden.

Für den Endlichkeitsbeweis sei auf BEALE [1] und KÜNZI-KRELLE [13] verwiesen.

Beispiel 10.1. Man minimiere

$$Q = -x_1 - 2x_2 + \tfrac{1}{2}x_1^2 + \tfrac{1}{2}x_2^2$$

bezüglich

$$2x_1 + 3x_2 + x_3 = 6$$
$$x_1 + 4x_2 + x_4 = 5$$
$$x_i \geqq 0 \quad (i = 1, \ldots, 4).$$

1. Versuchspunkt: $x_1 = 0$, $x_2 = 0$, $x_3 = 6$, $x_4 = 5$, $Q = 0$.

Für diesen Punkt ergibt sich für die Basisvariablen:

$$(10.11) \qquad x_3 = 6 - 2x_1 - 3x_2$$
$$x_4 = 5 - x_1 - 4x_2$$

und die Zielfunktion:

$$Q^1 = (0 - \tfrac{1}{2}x_1 - x_2) \cdot 1$$
$$(10.12) \qquad + (-\tfrac{1}{2} + \tfrac{1}{2}x_1)\,x_1$$
$$+ (-1 + \tfrac{1}{2}x_2)\,x_2.$$

Aus (10.12) folgt, daß man x_2 in die Basis nehmen kann, denn es ist:

$$\frac{1}{2}\frac{\partial Q^1}{\partial x_2} = \left(-1 + \frac{1}{2}\,x_2\right).$$

Diese partielle Ableitung verschwindet für $x_2 = 2$. Aus (10.11) erkennt man, daß x_4 schon für $x_2 = \dfrac{5}{4}$ verschwindet. Somit wird am 2. Versuchspunkt x_4 gegen x_2 ausgetauscht. Die entsprechenden Transformationen ergeben:

$$(10.13) \qquad x_2 = \frac{5}{4} - \frac{1}{4}x_1 - \frac{1}{4}x_4$$
$$x_3 = \frac{9}{4} - \frac{5}{4}x_1 + \frac{3}{4}x_4$$

$$(10.14) \qquad \left\{ \begin{aligned} Q^2 ={} & \left(-\frac{55}{32} - \frac{13}{32}x_1 + \frac{3}{32}x_4\right) \cdot 1 \\ & + \left(-\frac{13}{32} + \frac{17}{32}x_1 + \frac{1}{32}x_4\right) \cdot x_1 \\ & + \left(\frac{3}{32} + \frac{1}{32}x_1 + \frac{1}{32}x_4\right) \cdot x_4. \end{aligned} \right.$$

Aus (10.14) ergibt sich, daß das Optimum noch nicht erreicht ist und daß x_1 neu in die Basis kommt. Es ist

$$\frac{1}{2}\frac{\partial Q^2}{\partial x_1} = -\frac{13}{32} + \frac{17}{32}x_1 + \frac{1}{32}x_4.$$

Diese partielle Ableitung verschwindet für $x_1 = \dfrac{13}{17}$.

Aus (10.13) folgt, daß

$$x_2 \text{ verschwindet für } x_1 = 5$$

und

$$x_3 \text{ verschwindet für } x_1 = \tfrac{9}{5}.$$

Somit ist die Einführung einer nichtvorzeichenbeschränkten, künstlichen Variablen u_1 erforderlich:

$$(10.15) \qquad u_1 = -\frac{13}{32} + \frac{17}{32}\,x_1 + \frac{1}{32}\,x_4.$$

Durch (10.15) vergrößert sich das Restriktionensystem (10.14) um eine Gleichung und um eine Variable.

Für den 3. Versuchspunkt löst man dieses auf nach den Basisvariablen x_1, x_2, x_3 und erhält:

$$(10.16) \qquad \left\{ \begin{aligned} x_1 &= \frac{13}{17} + \frac{32}{17}\,u_1 - \frac{1}{17}\,x_4 \\[2mm] x_2 &= \frac{18}{17} - \frac{8}{17}\,u_1 - \frac{4}{17}\,x_4 \\[2mm] x_3 &= \frac{22}{17} - \frac{40}{17}\,u_1 + \frac{16}{17}\,x_4. \end{aligned} \right.$$

Entsprechend erhält man für die Zielfunktion am 3. Versuchspunkt:

$$(10.17) \qquad \left\{ \begin{aligned} Q^3 &= \left(-\frac{69}{34} \qquad\quad + \frac{2}{17}\,x_4 \right) \cdot 1 \\[2mm] &+ \left(\qquad \frac{32}{17}\,u_1 \qquad\quad \right) u_1 \\[2mm] &+ \left(\quad \frac{2}{17} \qquad + \frac{1}{34} \quad \right) x_4. \end{aligned} \right.$$

Der 3. Versuchspunkt erweist sich nach (10.17) als optimal. Für diesen gilt:

$$x_1 = \frac{13}{17}, \qquad x_2 = \frac{18}{17}, \qquad x_3 = \frac{22}{17}, \qquad x_u = 0,$$

$$Q = -\frac{69}{34}.$$

Literatur

[1] BEALE, E. M. L.: On minimizing a convex function subject to linear in equalities. J. Roy, Stat. Soc. **17B**, 173—184 (1955).

[2] CHARNES, A.: Optimality and degeneracy in linear programming. Econometrica **20**, 160—170 (1952).

[3] CHARNES, A., W. W. COOPER u. A. HENDERSON: An introduction to linear programming. New York 1953.

[4] DANTZIG, G. B : Lineare Programmierung und Erweiterungen. Berlin/Heidelberg/New York 1966.

[5] DANTZIG, G. B., u. PH. WOLFE: Decomposition principle for linear programs. Operations Res. *8*, 101—111 (1960).

[6] GASS, S. I.: Linear programming, methods and applications. New York/Toronto/London 1964.

[7] GOMORY, R. E.: Essentials of an algorithm for integer solutions to linear programs. Bull. Amer. Math. Soc. **64** (1958).

[8] GOMORY, R. E.: An algorithm for the mixed integer problem. The Rand Corporation **P-1885** (1960).

[9] KRELLE, W., u. H. P. KÜNZI: Lineare Programmierung. Zürich 1959.

[10] KUHN, H. W., u. A. W. TUCKER: Non linear programming. In: Proceedings of the Second Berkeley Symposium on Math. Stat. and Probab. Berkeley, Cal. 1950, 481—492.

[11] KÜNZI, H. P.: Die Simplexmethode zur Bestimmung einer Ausgangslösung bei bestimmten linearen Programmen. Unternehmensforschung **2**, 60—69 (1958).

[12] KÜNZI, H. P.: Die Duoplex-Methode. Unternehmensforschung **7**, 103—116 (1963).

[13] KÜNZI, H. P., u. W. KRELLE: Nichtlineare Programmierung. Berlin/Heidelberg/New York 1962.

[14] KÜNZI, H. P., H. TZSCHACH u. C. A. ZEHNDER: Mathematische Optimierung. Stuttgart 1966.

[15] KÜNZI, H. P., u. S. TAN: Lineare Optimierung großer Systeme. Berlin/Heidelberg/New York 1966.

[16] STIEFEL, E.: Einfuhrung in die numerische Mathematik. Stuttgart 1966.

Anhang

K. Rechenanlagen

Von **Klaus Samelson**, München

§ 1. Modelle und Algorithmen

Der Ingenieur muß zur Lösung der ihm gestellten Aufgaben häufig das Verhalten komplizierter Systeme unter verschiedenartigen Bedingungen untersuchen. Dies gilt für die Konstruktion einer Brücke oder eines Staudamms, eines Fahrzeugs oder eines Flugkörpers ebenso wie für die Planung einer Verkehrsanlage oder einer Fernsprechvermittlung und schließlich auch für die Produktions- und Investitionsplanung eines größeren Industriebetriebs. Das an sich zuverlässigste Verfahren, die Systeme probeweise zu bauen und in natura zu studieren, verbietet sich im Stadium der Entwicklung aus den verschiedensten Gründen, wenn es nicht grundsätzlich unmöglich ist. So bleibt, wenn Erfahrung und herkömmliche Methoden nicht ausreichen, nur die Untersuchung von Modellen, die die wichtigsten Eigenschaften des zu entwerfenden Systems näherungsweise wiedergeben.

1.1 Konkrete und abstrakte Modelle

Dem Ingenieur am vertrautesten ist das konkrete Modell, etwa das Flugkörpermodell im Windkanal, das Netzmodell des Hochspannungs-Kabelnetzes, das spannungsoptische Modell im Schalenbau oder das Flußmodell im Wasserbau. Wert hat aber ein solches Modell nur dann, wenn man sicher sein kann, daß es die wesentlichen Eigenschaften und Verhaltensweisen des modellierten Systems hinreichend gut abzuleiten gestattet. Diese Sicherheit wird gewährleistet durch allgemeingültige Gesetze, denen Modell und Vorbild gleichermaßen genügen und die als Ähnlichkeitsgesetze die Übertragung der Ergebnisse der Modellversuche erlauben.

Diese Gesetze, die quantitative Aussagen erlauben, beruhen zwangsläufig auf mathematischen Begriffsbildungen. Das auch für den Ingenieur wichtigste Beispiel sind die Gesetze der Physik, die insgesamt ein mathematisches Modell unserer physikalischen Welt darstellen. Sie haben meist die Form von Funktionalgleichungen (Differential- oder Integralgleichungen), die also den funktionalen Zusammenhang zwischen den Verhaltensgrößen des zu beschreibenden physikalischen Systems, etwa Geschwindigkeit, Beschleunigung, Druck-Zug-, Temperaturverteilung, Schwingungsfrequenz und Amplitude, Strukturgrößen wie Masse, Form und Materialeigenschaften sowie äußeren Einflüssen darstellen.

Die Gesamtheit der Verhaltensgrößen eines Systems als Funktionen von Struktur- und Einflußgrößen kann nun dem konkreten Modell als abstrakt-mathematisches Modell zur Seite gestellt werden. Zwar fehlt dem abstrakten Modell die Handgreiflichkeit und Anschaulichkeit des konkreten Modells, doch wird dies durch vielerlei andere Vorzüge des ersteren aufgewogen. Am Schreibtisch „gebaut" und „getestet", läßt das abstrakte Modell wesentlich gründlichere und umfangreichere Untersuchungen bei geringerem Arbeitsaufwand zu als das konkrete. Zwar muß man sich darüber im klaren sein, daß es nicht zuverlässiger ist als die physikalische Theorie, auf der es basiert, und daß eine noch so sorgfältige mathematische Analyse der Folgerungen Unzulänglichkeiten der Theorie selbst nicht beheben kann. Aber diese Überlegung trifft letztlich in mindestens gleichem Umfang auch das konkrete Modell, das ja eben nur über die Theorie mit dem modellierten Vorbild in Beziehung gesetzt werden kann und dem letzteren daher im Grunde ferner steht als das abstrakte Modell.

1.2 Analytische und numerische Rechenmethoden

Die gesuchten Verhaltensfunktionen sind im allgemeinen, wie bereits bemerkt, durch die Funktionalgleichungen der Theorie nur implizit definiert. Nur in den seltensten Fällen lassen sich diese Gleichungen in geschlossener Form mit Hilfe bekannter (z. B. in großem Umfang tabellierter) Funktionen auflösen. Meist aber muß man sich auf Näherungen für die Lösungen beschränken, deren Bestimmung einen beträchtlichen mathematischen Aufwand erfordert. Soweit es sich um die Auflösung echter Funktionalgleichungen handelt, sind die Aufgaben analytischer Natur, und Lösungsansätze stützen sich dementsprechend zunächst auf Näherungsmethoden der Analysis, an die sich als letzter Schritt die numerische Auswertung anschließt.

Das Aufkommen der elektronischen Rechenanlagen hat daran prinzipiell nichts geändert, nur die Gewichte haben sich verschoben. Die Rechenanlage kann und soll die Analysis nicht ersetzen. Wohl aber erlaubt sie, mit Hilfe analytischer Methoden gewonnene Näherungsansätze (wie z. B. Differenzengleichungen für Differentialgleichungen) in früher ungeahntem Ausmaß und mit entsprechender Genauigkeit auszuwerten. Eine analytisch gewonnene Lösung läßt im allgemeinen die

Abhängigkeit von den Parametern in einem gewissen Bereich gut erkennen. Numerische Methoden dagegen verlangen im allgemeinen die numerische Fixierung aller Parameter. Man erhält jeweils nur eine spezielle Lösung, und will man einen größeren Parameterbereich übersehen, so hat man entsprechend viele Lösungsgänge durchzurechnen.

Der analytischen Lösung, soweit eine solche auffindbar ist, ist also entschieden der Vorzug zu geben, und numerische Methoden sollten erst da eingesetzt werden, wo mit analytischen Mitteln nicht mehr weiterzukommen ist, sie sollten die Analysis ergänzen und nicht ersetzen. Daß sie dies heute in so großem Umfang tun können, ist eine Folge der Leistungsfähigkeit der modernen Rechenanlagen.

Die Gleichungen, die ein physikalisches System beschreiben, stellen das abstrakte Modell nur implizit dar. Erst die Lösungsvorschrift, wie immer geartet, repräsentiert das Modell explizite. Daher ist die Feststellung berechtigt, daß die Rechenanlage, auf der die Lösungsvorschrift ausgewertet wird, eine Art abstraktes, universelles Modellprüffeld ist, mit dem der Ingenieur das für seine jeweilige Aufgabe benötigte abstrakte Modell austestet.

Auch für Aufgaben, bei denen physikalische Gesetze keine Rolle spielen, kann die Rechenanlage in ähnlicher Weise zur „Modellkonstruktion" eingesetzt werden. So kann man z. B. bei Aufgaben „logischer" Natur wie etwa der Planung eines großen, von vielen Mitarbeitern und Zulieferern abhängigen Bauvorhabens Ablaufdarstellungen in Form „graphischer Fahrpläne", die das zeitliche Neben- und Nacheinander der verschiedenen Ausführungsphasen darstellen, als abstrakte Modelle des Vorhabens betrachten, die sich aus Elementen, wie Lieferfristen, Kapazitätsbeschränkungen, zeitlichen Ordnungsrelationen zwischen verschiedenen Arbeitsgängen und Zulieferungen, aufbauen. Das Zusammensetzen dieser Elemente in möglichst günstiger Weise zu einem Gesamtplan ebenso wie die laufende Kontrolle und Modifizierung dieses Planes während der Durchführung sind Aufgaben kombinatorischer Natur, die ebenfalls auf einer Rechenanlage durchgespielt werden können[1]. Auch in diesem Falle liefert die Rechenanlage einen modellmäßigen Test des eigentlichen Vorhabens.

1.3 Algorithmen und Programme

Lösungsverfahren für möglichst allgemeine Klassen von Aufgaben anzugeben ist zunächst Sache des Mathematikers. Allerdings macht gerade die Vorstellung der Lösung als eines Modells für einen realen Sachverhalt deutlich, daß auch der Ingenieur bei der Entwicklung und

---

[1] Methoden dieser Art sind unter dem Namen „Netzplantechnik" bekannt geworden.

Beurteilung von Lösungsverfahren wichtige Beiträge liefern kann, da er unter Umständen aus fachlich-technischen Gesichtspunkten die Eignung einer möglichen Näherung als Ersatzmodell für seine Aufgabe viel besser beurteilen kann als der Mathematiker den Näherungscharakter für die abstrahierte mathematische Aufgabe.

Die Entwicklung bzw. Auswahl eines Lösungsverfahrens für die Ausgangsgleichungen des Problems ist der wichtigste Schritt auf dem Lösungswege überhaupt. Sie erfordert mathematische Einsicht, und es gibt kein systematisches Verfahren, das diese ersetzen könnte. Im Interesse einer rationellen Arbeitsteilung aber verlangen wir, daß der an die Entwicklung des Lösungsverfahrens anschließende Schritt der Auswertung einer solchen Einsicht nicht bedarf. Wir lassen als Lösungsverfahren also nur Arbeitsvorschriften zu, die ohne jedes Verständnis der mathematischen oder physikalisch-technischen Zusammenhänge ausgeführt werden und in entsprechend leicht verständlicher Form dargestellt werden können.

Eine systematische Arbeitsvorschrift, die sich in eindeutiger Weise aus wohldefinierten Einzeloperationen an ebenso wohldefinierten Objekten zusammensetzt, bezeichnet man als Algorithmus. Die Formulierung eines Algorithmus in Worten (und Symbolen) einer Sprache nennt man Programm. Der Algorithmus ist also sozusagen die abstrakte „Idee" konkret niedergeschriebener Programme. Da er aber zum Zweck der Mitteilung doch sprachlich formuliert werden muß und damit zum Programm wird, bleibt die Unterscheidung bis zu einem gewissen Grade willkürlich.

Eine gegebene Arbeitsvorschrift kann je nach Auswahl der als zulässig betrachteten Klassen von Objekten und Operationen durch sehr verschiedene Programme dargestellt werden. Ein an sich mathematisch triviales Beispiel diene zur Erläuterung.

1.4 Algorithmen für die Matrixmultiplikation als Beispiel

Die Aufgabe sei, aus zwei gegebenen quadratischen Matrizen A und B vom Grade n mit reellen Elementen das Produkt zu bilden, das den Namen C erhalten solle.

Betrachtet man Matrizen als zulässige Objekte und die Matrixmultiplikation als zulässige Operation, so stellen die Aufgaben

A, B reelle $n \times n$ Matrizen

C definiert als Produkt aus A und B

oder abgekürzt $\qquad C := A \cdot B$

bereits das entsprechende Programm dar.

Betrachtet man als zulässig nur reelle Zahlen und ihre Verknüpfung, erlaubt aber n-gliedrige Summen, wobei also voneinander unabhängige Verknüpfungen als unabhängig „gleichzeitig" ausführbar angesehen werden, so ergibt sich das Programm

$$a_{i,j},\ b_{j,k} \quad (i,\ j,\ k = 1,\ 2,\ \ldots,\ n)\ \text{reelle Zahlen,}$$

$$c_{i,k} := \sum_j a_{i,j}\, b_{j,k} \quad (i,\ k = 1,\ 2,\ \ldots,\ n).$$

Läßt man nur die binären Speziesoperationen mit je zwei reellen Zahlen als Operanden zu, so muß man die Summen rekursiv definieren und erhält etwa

$$\left.\begin{aligned}
& c_{i,k}^{(o)} := 0 \\
& c_{i,k}^{(j)} := a_{i,j}\, b_{j,k} + c_{i,k}^{(j-1)} \quad (j = 1,\ 2,\ \ldots,\ n) \\
& c_{i,k} := c_{i,k}^{(n)}
\end{aligned}\right\} (i,\ k = 1,\ 2,\ \ldots,\ n)$$

Die Folge der Werte des Rekursionsindex j schreibt hier bereits eine Reihenfolge der einzelnen Rechenvorschriften vor (die willkürlich gewählt ist, da man ja die einzelnen Produkte auch in anderer Reihenfolge summieren könnte).

Verlangt man schließlich eine eindeutige Festlegung der Reihenfolge sämtlicher Operationen, so wird die Anzahl der verschiedenen Möglichkeiten, die Menge der Wertekombinationen der drei Indizes i, j und k zu durchlaufen, enorm groß. Am einfachsten erscheinen die lexikographischen Anordnungen, von denen es noch sechs verschiedene gibt. Wir beschränken uns auf die Reihenfolge $i\,k\,j$. Hier sind die Matrixelemente $c_{i,k}$ als Resultate eindeutig festgelegter Folgen von Additionen und Multiplikationen dargestellt, und damit sind wir etwa auf dem Niveau dessen angekommen, was heute als Programm für programmgesteuerte Rechenanlagen bezeichnet wird.

Als Arbeitsvorschrift betrachtet, stellt diese Darstellung aber immer noch beträchtliche Ansprüche an das Abstraktionsvermögen des ausführenden Organs. Dieses muß zunächst einmal die dem „Buchstabenrechnen" zugrunde liegende Relation zwischen Namen (hier den Variablennamen i, j, k, $a_{i,j}$, $b_{j,k}$, $c_{i,k}$) und Benanntem (hier die zum Teil nicht erscheinenden Werte der Variablen) beherrschen. Außerdem muß es bis zu einem vorgeschriebenen Endwert zählen und die durch die Indexläufe implizierten Repetitionen (Zyklen) erkennen.

§ 2. Mechanisierung der Datenverarbeitung

2.1 Die arithmetischen Operationen

Um uns eine Vorstellung von den Methoden der Mechanisierung der Programmausführung zu machen, wollen wir nun zunächst einmal eine konkrete Durchrechnung durch eine entsprechend geschulte menschliche Hilfskraft betrachten. Ihr muß zunächst eine Liste der Anfangsdaten zur Verfügung stehen, die die Werte der Matrixelemente $a_{i,j}$ und $b_{j,k}$ sowie der Dimensionsvariablen n enthält, ferner vorbereitete Listen zur Aufnahme der Zwischen- und Endergebnisse $c_{i,k}^{(j)}$ und $c_{i,k}$ sowie zur Festhaltung der jeweiligen Indexwerte und schließlich trivialerweise Papier und Bleistift zum Rechnen. Die Durchführung der Arbeit besteht in einem ständigen Wechsel von Ablesen von Zahlen aus Listen, der Multiplikation und Addition dieser Zahlen und der Eintragung der Ergebnisse in Listen. Für eine Mechanisierung der Arbeit zur Entlastung des Menschen bieten sich zunächst die Rechenoperationen an, die übrigens geradezu den Prototyp algorithmischer Prozesse darstellen. Die Tischrechenmaschine übernimmt die eigentlich produktive „Materialverarbeitung", für die der Mensch nur noch durch Knopfdruck die Kommandos zu geben braucht. Daneben verbleibt ihm allerdings noch die Tätigkeit des Ablesens und Übertragens von Zahlen sowie die Zählprozesse.

Der logische nächste Schritt, der in der historischen Entwicklung allerdings ausgelassen worden ist, besteht in der Mechanisierung auch des „Materialtransportes", dessen Folge wäre, daß die Tätigkeit des Bearbeiters sich auf reine Steuerfunktionen beschränkt.

2.2 Datentransport und Speicherung

Eine Automatisierung des Material- oder Datentransportes verlangt ein System zur Aufbewahrung der Zahlendaten, das ein mechanisches Einschreiben und Ablesen gestattet, und zwar mit einer den Variablennamen entsprechenden Identifizierungsmöglichkeit. Weiter sind Übertragungswege zwischen diesem gewöhnlich „Speicher" genannten Zahlenaufbewahrungssystem und dem Rechengerät nötig. Auf rein mechanischem Wege wie in den üblichen Tischrechenmaschinen läßt sich ein Speicher des benötigten größeren Umfangs nicht mehr bewältigen, wohl aber mit Hilfe der Schwachstrom- und Magnettechnik. Als Bausteine des Speichers dienen heute meist sog. „Ferritkerne", Ringe (mit Durchmessern in der Größenordnung eines Millimeters) aus einem nichtleitenden, ferroelektrischen Material mit nahezu rechteckiger Hystereseschleife, die damit zwei stabile Sättigungszustände annehmen können, die man etwa mit den Ziffern Null und Eins identifizieren kann. Meist gruppiert man den Speicher in Einheiten mit der Kapazität des Einstell- oder des Summenwerks des Rechengerätes, die als Speicherzellen bezeichnet werden. Die einzelne Speicherzelle ist also ein System, das ebenso viele verschiedene Zustände annehmen wie das Einstellwerk verschiedene Zahlen aufnehmen kann. Natürlich kann man Speicherzellen nicht wie Rechenpapier nach einmaligem Gebrauch wegwerfen.

Sie sind vielmehr beliebig oft „überschreibbar", d. h. auf einen neuen
Zustand einstellbar, wobei der alte Zustand verlorengeht, und ein
einmal eingestellter Zustand ist beliebig oft „ablesbar", ohne dabei
verändert zu werden. Zur Identifizierung werden die Speicherzellen einfach durchnumeriert, meist von Null an; die Nummern werden üblicherweise als „Adressen" der Speicherzellen bezeichnet. Zur Herstellung
der Verbindung zwischen Rechenwerk und einer einzelnen Speicherzelle
dient die Speicheransteuerung, die man sich wie eine Telephonzentrale
mit Anwahl durch die Adresse vorstellen kann.

2.3 Zähl- und Vergleichsoperationen

Steht ein System Rechengerät-Speicher mit den skizzierten Eigenschaften zur Verfügung, so ist der Operateur von der eigentlichen Datenverarbeitung völlig entlastet und hat nur noch den Ablauf der Arbeiten
zu steuern. Seine Tätigkeit beschränkt sich aber noch nicht ausschließlich auf das Anwählen von Speicherzellen und die Auslösung von Trans-
port- oder Rechenoperationen, also auf reines Knöpfedrücken. Er muß
daneben noch die Indexzählungen durchführen, die den laufenden
Indexwerten entsprechenden Matrixkomponenten identifizieren, die
zugehörigen Speicheradressen aufsuchen und schließlich feststellen, wann
ein Index den Endwert erreicht und damit ein Zyklus oder sogar die
ganze Rechnung abgeschlossen ist.

Das Hochzählen der Indizes zwar läßt sich mit den beschriebenen
Mitteln bewältigen: Man weist dem Index eine Speicherzelle zu, besetzt sie anfangs mit null und zählt, indem man bei jedem Schritt über
das Rechenwerk eine eins hinzuaddiert. In der früher verwendeten
Notation drückt sich das durch die zunächst widersprüchlich erscheinenden Anweisungen

$$j := 0; \quad \dots \quad j := j + 1$$

aus, die aber die einwandfreie Bedeutung „man addiere eins zu dem
gerade gültigen Wert von j und nenne das Ergebnis wieder j" haben.

Die Frage, ob ein laufender Index (wie j) seinen vorgeschriebenen
Endwert n erreicht hat, läßt sich durch einen Vergleich entscheiden: Ist
nach einem Zählschritt j kleiner oder gleich n, so ist der normale
Arbeitsschritt auszuführen. Ist j aber größer als n geworden, so ist der
entsprechende j-Zyklus voll durchlaufen, und es hat die entsprechende
Nachfolge-Operation zu erfolgen, in unserem Beispiel die Erhöhung
des nächsten Index und die Einleitung des nächsten j-Zyklus. Einen
solchen Vergleich, also die Beantwortung der Frage „Ist j größer als n?"
kann man sich in einem speziellen Vergleichswerk automatisiert vorstellen, ähnlich wie eine Rechenoperation im Rechenwerk. Ein solches
Werk hat wie das Rechenwerk zwei Einstellregister für den ersten und

den zweiten Operanden sowie Operationstasten „Größer?", „Größer-gleich?", „Gleich?" usw., als Resultate aber erscheinen nur die soge-nannten Wahrheitswerte „richtig" und „falsch" als Antwort auf die mit dem Drücken der Operationstaste gestellte Frage. Es ist im übrigen klar, daß die Antwort sich aus der Differenz der beiden Vergleichsoperan-den ablesen läßt: „$a < b$" z. B. ist gleichbedeutend mit „$a - b$ nega-tiv". Dementsprechend bilden das Rechenwerk und unser Vergleichs-werk physisch meist eine Einheit.

2.4 Speicherplatzidentifizierung

Die Feststellung der den indizierten Variablen für die verschiedenen Indexwerte zugeordneten Speicheradressen läßt sich bei entsprechender Anordnung der Matrixelemente im Speicher durch eine einfache Neben-rechnung erledigen. Nehmen wir etwa zeilenweise Speicherung in der Reihenfolge

$$a_{11}, a_{12}, \ldots, a_{1n}, a_{21}, \ldots, a_{2n}, \ldots, a_{n1}, \ldots, a_{nn}$$

an, so ergibt sich die Adresse des Elements a_{ik} aus derjenigen des Ele-ments a_{11} durch die Rechenvorschrift

$$\text{Adresse } (a_{ik}) := \text{Adresse } (a_{11}) + (i - 1)\, n + k - 1.$$

Wenn also die natürliche Zahl Adresse (a_{11}) als Anfangsgröße vor-gegeben und im Speicher untergebracht wird, dann kann die Adressen-bestimmung für alle Matrixelemente wie andere Rechnungen automati-siert und in die Arbeitsvorschrift aufgenommen werden. Da es sich um eine reine Hilfsrechnung handelt und überdies das Ergebnis bereitstehen muß, wenn eine der „produktiven" Operationen ausgeführt werden soll, erscheint es sinnvoll (und ist weitgehend üblich), daß für diese Rech-nungen ein eigenes Adressenrechenwerk zur Verfügung gestellt wird, dessen Resultate der Benützer in die Speicheranwahl übertragen kann.

2.5 Das automatische Datenverarbeitungssystem

Die bisher beschriebenen Vorrichtungen ergeben insgesamt das in Abb. 2.1 dargestellte auto-matische Datenverarbeitungs-system.

Es besteht aus

    Speicherwerk mit An-steuerung,
    Rechenwerk,
    Adressenrechenwerk,
    Vergleichswerk,

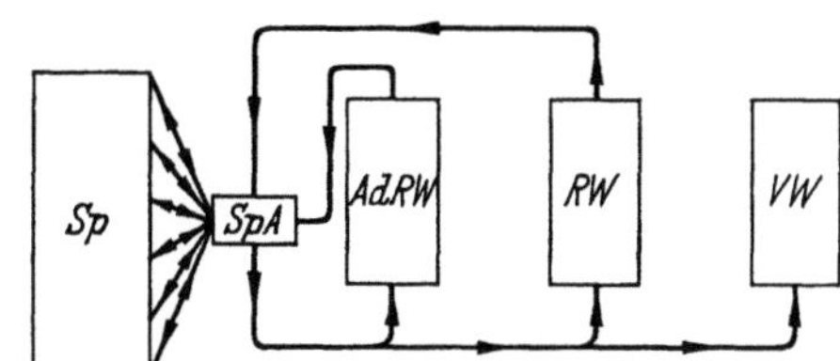

Abb. 2.1. Schematische Darstellung des automatischen Datenverarbeitungssystems
Sp Speicher, *SpA* Speicheransteuerung, *RW* Rechen-werk, *AdRW* Adressenrechenwerk, *VW* Vergleichswerk

mit Datentransportwegen

vom Speicherwerk in die Operandenregister der drei Arbeitswerke,
vom Resultatregister des Rechenwerks in den Speicher,
vom Resultatregister des Adressenrechenwerks in die Speicheransteuerung.

Die Bedienung des Systems reduziert sich, wenn man zunächst einmal unterstellt, daß alle vorgegebenen Daten sich bereits im Speicher befinden, auf Einstellungen von Adressen in der Speicheranwahl und Betätigungen von Operationstasten, die in einem vorweg aufstellbaren Arbeitsplan, dem Programm, genau niedergeschrieben werden können. Es bleibt die eine Einschränkung, daß gelegentlich im Anschluß an einen Vergleich zwei Fortsetzungsmöglichkeiten entsprechend den beiden möglichen Antworten „richtig" bzw. „falsch" vorgesehen werden müssen, aus denen der Operateur die der tatsächlich erfolgenden Antwort entsprechende auswählen muß.

2.6 Das Programm für die Matrixmultiplikation als Beispiel

Zur Erläuterung wollen wir das unserem Beispiel der Matrixmultiplikation entsprechende Programm angeben, wobei wir allerdings, um uns nicht allzusehr in Details zu verlieren, noch immer einige Abkürzungen verwenden. Insbesondere die Angabe „berechne Adr(.)" für indizierte Variable steht stellvertretend für die volle Arbeitsvorschrift, die etwa für „berechne $\mathrm{Adr}(c_{i\,k})$" dargestellt wird durch[1]

$i \rightarrow$ Adressenrechenwerk; eins $\rightarrow$ Adressenrechenwerk;
   subtrahiere im Adressenrechenwerk;
$n \rightarrow$ Adressenrechenwerk; multipliziere im Adressenrechenwerk;
$k \rightarrow$ Adressenrechenwerk; addiere im Adressenrechenwerk;
Adresse $(c_{11}) \rightarrow$ Adressenrechenwerk; addiere im Adressenrechenwerk;

Als Resultat steht dann im Adressenrechenwerk die gewünschte Adresse. Die Angabe einer Variablen bedeute stets Anwahl der entsprechenden Speicherzelle. Ist die Variable indiziert, so muß die Adresse unmittelbar vorher berechnet worden sein und im Adressenrechenwerk zur Überführung in die Speicheranwahl zur Verfügung stehen. Eine einfache, unindizierte Variable steht stellvertretend für die zugehörige feste Speicheradresse, die unmittelbar in die Speicheranwahl eingetragen werden kann.

---

[1] Der liegende Pfeil $\rightarrow$ bedeutet Übertragung des Inhaltes der links genannten zur rechts genannten Speicherzelle (Register).

Nun das Programm:

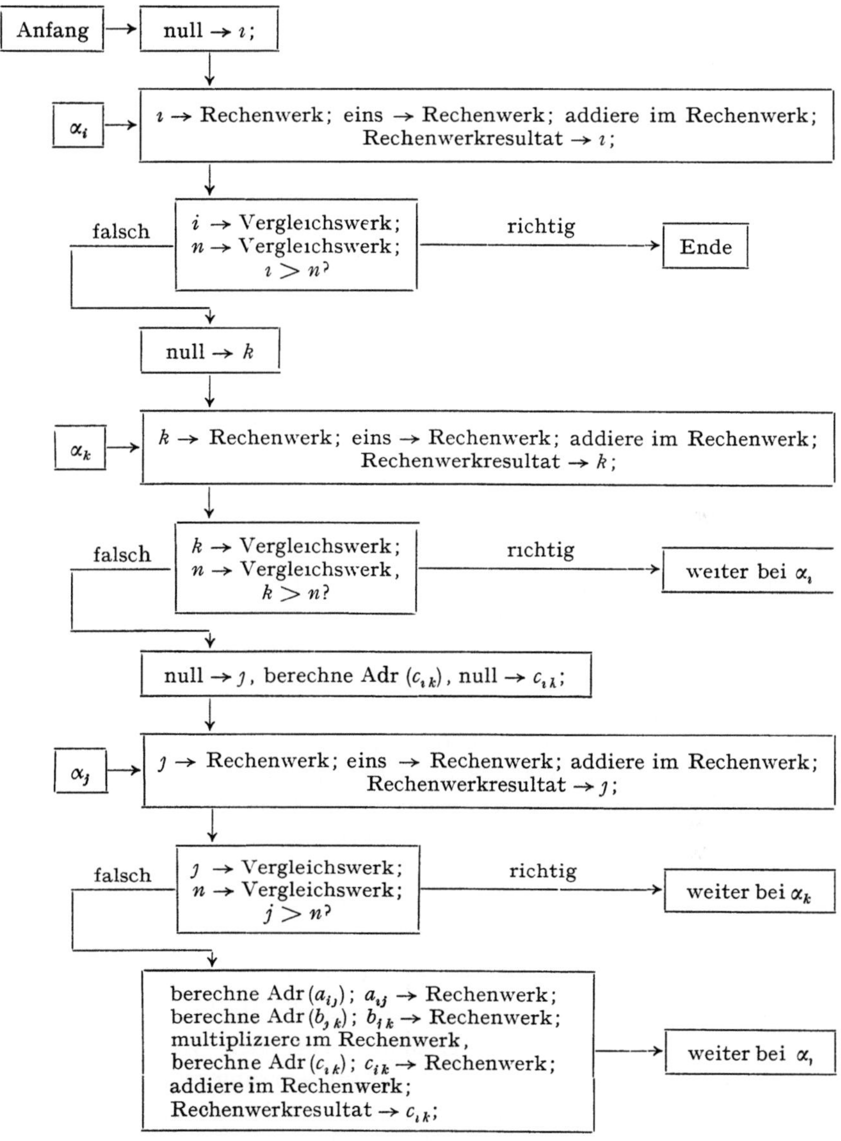

Das Programm ist also eine Liste von Anweisungen mit einer Vorschrift über die Reihenfolge: Innerhalb eines Kästchens gilt die Reihenfolge der Aufschreibung; die Reihenfolge der Kästchen wird durch den eingezeichneten Linienzug festgelegt, wobei nur gewisse Linien durch die Angabe „weiter bei α" ersetzt sind. Von jedem Vergleichskästchen gehen zwei (mit „richtig" bzw. „falsch" markierte) Linien aus, unter denen jeweils bei der Ausführung die dem Ausfall des Vergleichs entsprechende auszuwählen ist. Ein Arbeitsplan, der eine derartige Skizze des Ablaufs enthält, wird als „Flußdiagramm" bezeichnet.

2.7 Mechanisierung der Programmsteuerung

Der letzte noch fehlende Schritt zur Entlastung des Menschen von der Bedienung des Rechengerätes ist nun die Übertragung auch der Steuerung des bisher entwickelten Systems an eine automatisch arbeitende Einheit, die Programmsteuerung. Allerdings kann man im Grunde auch hier noch zwei Teilschritte unterscheiden. Der erste ist die Einführung einer zentralen Operationsauslösung. Die verschiedenen möglichen Operationen (Adresseneinstellungen, Übertragungen, Operationen in den Arbeitswerken) werden in geeigneter Weise verschlüsselt, z. B. durch Zahlen, dargestellt. Ein eigenes „Befehlsentschlüsselungswerk" übernimmt die Entschlüsselung dieser „Befehle" und die elektronische Auslösung der entsprechenden Operationen in den einzelnen Werken des Systems. Die „Ausführung" des in Befehlen verschlüsselten Programms reduziert sich damit auf die sukzessive Übertragung der Befehle in das Entschlüsselungswerk und die anschließende Betätigung einer einzigen generellen Operationsauslösungstaste, allerdings unter Einhaltung der vorgeschriebenen Reihenfolge, die nach Vergleichen die Auswahl des richtigen Programmzweigs verlangt.

Als letztes kommt die automatische Regelung auch des Programmablaufs hinzu. Sie wird vorgenommen durch ein weiteres Werk, die Programmablaufsteuerung, die die Übertragung der einzelnen Befehle in das Befehlsentschlüsselungswerk sowie die Operationsauslösung übernimmt. Die Befehle des Programms müssen zur Übertragung wie Zahlen in einem Speicher, dem Programmspeicher, zur Verfügung stehen. Da die Ablaufsteuerung die Reihenfolge der Befehle automatisch regeln soll, muß das Programm jetzt nach Vergleichen Folgeangaben der Form

$$\text{„auf ,richtig' weiter bei } \alpha\text{"}$$

als Anweisung an die Ablaufsteuerung sowie die Marken α, die die Fortsetzungsstellen im Programm bezeichnen, enthalten. Weiter müssen die Resultate des Vergleichswerks der Ablaufsteuerung zugeführt werden, was eine Art Rückkoppelung von den von der Programmsteuerung kontrollierten Arbeitswerken zur obersten Programmsteuerung bedeutet. Befehlsentschlüsselung und Ablaufsteuerung gemeinsam werden gewöhnlich als Steuerwerk oder Leitwerk bezeichnet.

Konstruktiv wird dabei üblicherweise folgendermaßen vorgegangen: Als Programmspeicher wird ein in adressierbare Zellen zerlegter Speicher wie der Datenspeicher benützt; heute ist es praktisch stets der gleiche

Speicher, der teils als Daten-, teils als Programmspeicher benützt wird. Die einzelnen Anweisungen werden in aufeinanderfolgende Zellen eingetragen, und die Adresse der Zelle dient als Marke für Folgeanweisungen. Die Ablaufsteuerung enthält einen Zähler, den „Befehlszähler", der vor dem Start des Programms auf die Adresse der ersten Zelle des Programms eingestellt wird. Nach dem Start wird der Befehl in dieser Zelle in die Befehlsentschlüsselung übertragen, gleichzeitig wird der Befehlszählerinhalt um eins erhöht. Anschließend wird die Ausführung des Befehls im Entschlüsselungswerk ausgelöst. Handelt es sich um eine Folgeanweisung „weiter bei α" (die mit einer Frage oder Bedingung verknüpft sein kann, aber nicht sein muß), so bedeutet Ausführung des Befehls, daß, gegebenenfalls bei positiver Antwort vom Vergleichswerk, die Programmadresse α in den Befehlszähler übergeführt wird. Damit enthält dieser nach Ausführung des laufenden Befehls stets die Adresse des Nachfolgers, und der Zyklus läuft von neuem ab.

Einen Überblick über das oben skizzierte System gibt Abb. 2.2. Hinzukommen müssen natürlich noch Geräte, die die Übernahme des Programms und der Anfangsdaten in den Speicher, die „Eingabe", einerseits und die Abgabe der Endresultate, die „Ausgabe", andererseits durchführen. Für die Eingabe benützt man normalerweise Lochstreifen- oder Lochkartenleser, die die auf Streifen bzw. Karten verschlüsselten Pro-

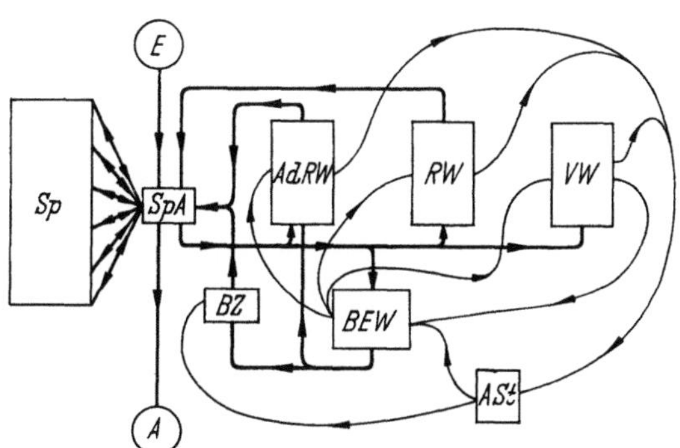

Abb. 2.2. Schematische Darstellung des programmgesteuerten Datenverarbeitungssystems
Sp Speicher, *SpA* Speicheransteuerung, *AdRW* Adressenrechenwerk, *RW* Rechenwerk, *VW* Vergleichswerk, *BZ* Befehlszähler, *BEW* Befehlsentschlüsselungswerk, *ASt* Ablaufsteuerung, *E* Eingabe, *A* Ausgabe
———— Transportleitungen, ———— Steuersignalleitungen

gramme und Daten in die von der Elektronik verlangte Form von Folgen elektrischer Impulse umsetzen und auf den üblichen Transportleitungen in den Speicher absetzen. Die Ausgabe geht entweder zu einer elektrischen Schreibmaschine bzw. einem im Prinzip gleichartigen leistungsfähigeren Druckgerät (on line-Ausgabe) oder in zur Eingabe „reziproker" Weise zu einem Streifen- bzw. Kartenlocher, dessen Erzeugnis, ein Lochstreifen oder Kartenstapel, auf einem speziellen Schreibgerät (Blattschreiber bzw. Tabelliermaschine) unabhängig von der Rechenanlage in ein für Menschen lesbares Protokoll umgewandelt wird (off line-Ausgabe). Ein- und Ausgabe werden normalerweise wie die übrigen Werke von der Programmsteuerung durch Befehle in Betrieb gesetzt.

Erwähnt werden sollte schließlich noch, daß heute praktisch alle Rechenanlagen außer den allerkleinsten neben dem uns beschriebenen primären Arbeitsspeicher noch Hilfsspeichergeräte (Magnettrommeln, Magnetband- und Magnetplattengeräte) umfassen, die wesentlich größere Mengen von Daten aufnehmen können als der Arbeitsspeicher. Die gespeicherten Daten sind aber nicht so bequem zugänglich wie im Arbeitsspeicher, insbesondere fehlen unmittelbare Übertragungswege in die Arbeitswerke. Man kann daher diese Hilfsgeräte etwa als kombinierte Aus- und Eingabegeräte betrachten. Die Anlage kann Daten an sie abgeben wie an die Ausgabe, kann sie aber ohne Mithilfe eines menschlichen Operateurs wieder zurückholen wie von den Eingabegeräten.

Damit sind die wesentlichen Bestandteile einer programmgesteuerten Rechenanlage in ihrer Funktionsweise beschrieben.

§ 3. Programmiersprachen

3.1 Der Begriff des Programms und seine Konsequenzen

Ausgehend von dem durchaus intuitiven Begriff eines Rechenprozesses oder Programms haben wir, im wesentlichen der historischen Entwicklung folgend, die bei der Durchführung solcher Prozesse erforderlichen Arbeitsgänge analysiert. Wir haben dabei gesehen, daß diese sich auf eine relativ kleine Anzahl verschiedener Elementaroperationen, der Befehle, reduzieren. Daraus ergab sich das Konzept der programmgesteuerten Rechenanlage als eines Gerätes, das beliebige Folgen solcher Elementaroperationen nach entsprechender Voreinstellung selbsttätig ausführt. Dieses Konzept nun führt zwangsläufig zu einer neuen Definition des Begriffs „Programm":

Ein Programm ist eine (natürlich endliche) Folge von Befehlen, deren Ausführung durch eine Rechenanlage nach endlich vielen Befehlsausführungen zu einem vom Programmierer vorgesehenen Ende (etwa einem Befehl „halt") führt.[1]

---

[1] Dabei ist vorausgesetzt, daß dem Programm nach dem Start (bzw. scheinbar allgemeiner nach Ausfuhrung endlich vieler Operationen) keinerlei Information von außen zugefuhrt wird. Diese Voraussetzung ist im allgemeinen nicht erfüllt bei Regelungsvorgängen, wie rechnergesteuerter Flugsicherung, Verkehrssignalregelung, Regelung kontinuierlicher chemischer Prozesse etwa in Ölraffinerien. Hier wird dem Programm ständig neue Information zugeführt, und die Programmausführung darf zu keinem Ende kommen, solange der Informationsfluß anhält. Aber auch hier muß bei Abbrechen dieses Flusses ein vorgesehener Grundzustand erreicht werden.

Als offensichtlich sinnlos werden also solche Befehlsfolgen ausgeschlossen, die die Anlage permanent im Gang halten würden, wie als einfachstes Beispiel der Befehl „α: weiter bei α".

Daß dieser neue, aus dem Konzept der Rechenanlage abgeleitete Programmbegriff mit dem früher geprägten gleichwertig ist, ist der Inhalt einer berühmten These des Logikers A. CHURCH. Die Churchsche These ist nicht beweisbar, da nur der neue Programmbegriff präzis definiert ist. Sie entspricht aber aller bisherigen Erfahrung und kann als Rechtfertigung dafür dienen, die programmgesteuerte Rechenanlage als „Universalrechner" zu bezeichnen, mit dem sich (natürlich abgesehen von Kapazitäts- und Zeitbeschränkungen) alle durch Algorithmen präzis formulierbaren Aufgaben lösen lassen.

Daß die Universalität ihre Schranken hat, besagt ein gleicherweise berühmter Satz von TURING, aus dem z. B. folgt, daß es nicht möglich ist, ein Rechenverfahren, also ein Programm, anzugeben, das für jede beliebige endliche Folge von Befehlen feststellt, ob sie ein Programm im eben definierten Sinne ist oder nicht.

3.2 Maschinensprachen

Für den Benützer von Rechenanlagen spielt diese vielleicht verblüffende Tatsache allerdings kaum eine Rolle. Praktisch bedeutsame Folgen aber hat die angestrebte Universalität des Rechners in anderer Hinsicht. Sie wurde erreicht durch ein Zurückgehen auf möglichst einfache Grundoperationen, aus denen sich jede gewünschte Operation durch einfaches Aneinanderreihen aufbauen läßt. Diese stark von den technischen Anforderungen der Rechnerkonstruktion bestimmten Grundoperationen sind aber so geartet, daß schon Aufgaben, die dem Unbefangenen noch als durchaus einfach erscheinen, auf lange, unübersichtliche Befehlsfolgen führen. Ihre Ausarbeitung erfordert einen beträchtlichen Arbeitsaufwand und insbesondere eine ungeheure Sorgfalt, da die Befehlsfolge in jedem Detail richtig sein muß. Die Masse der Details aber, auf die geachtet werden muß, hängt nur von den konstruktiv bedingten Eigenschaften des Rechners ab (wie z. B. alle Adressenrechnungen in unserem Beispiel) und hat sachlich mit dem eigentlichen Problem nichts zu tun.

Kurz gesagt, die Universalität des Rechners erweist sich als eine Belastung, da der Benutzer eigentlich für jedes Problem einen auf eben dieses Problem eingestellten Spezialrechner braucht. Durch ein Programm kann er den Universalrechner entsprechend einstellen, aber nur mit einem oft fast unerträglich scheinenden Arbeitsaufwand. Zur Illustration kann die Tatsache dienen, daß man heute in der Industrie bei der Anfertigung von großen Programmsystemen (mit 10000 und mehr

33*

Befehlen) mit einer durchschnittlichen Arbeitsleistung (gemittelt über die Zeit vom Beginn der Planung bis zur endgültigen Freigabe des Programms) von etwa 1000 bis 2000 Befehlen pro Person und Arbeitsjahr rechnet.

Die hier als Belastung empfundene Universalität des Rechners liefert aber auch ein recht wirksames Mittel zur Überwindung der eben geschilderten Schwierigkeiten der Programmfertigung. Um dies zu verstehen, muß man sich klarmachen, daß es sich hier im wesentlichen um ein Problem von sprachlicher Natur handelt. Die Gesamtheit der Befehle einer Rechenanlage, die „Befehlsliste", ist das Vokabular einer „Sprache", deren „Sätze" eben die aus Befehlen zusammengesetzten Programme sind, die der Maschine als Arbeitsvorschriften übergeben und von ihr kraft ihrer inneren Konstruktion in der vorgesehenen Weise interpretiert werden.

Da das Vokabular und die Satzbildungsregeln der Sprache unmittelbar auf die Funktionen der Maschine abgestellt sind, erscheint es berechtigt, die Sprache als Maschinensprache zu bezeichnen. Der Benutzer, der in Maschinenbefehlen programmiert, verkehrt mit der Maschine in ihrer Sprache. Er ist also gezwungen, eine ihm fremde Sprache zu lernen, die ihn an sich gar nicht interessiert, die nicht auf seine Bedürfnisse, sondern auf die Konstruktion des Gerätes abgestellt ist und die infolgedessen nur höchst primitive Regeln der Satzbildung aufweist, die nicht geeignet sind, sinnlose Wortfolgen auszuschließen oder auch nur leicht zu erkennen.

3.3 Möglichkeiten der Sprachumsetzung

Die Verwendung einer Sprache zur Festlegung der Arbeitsvorschriften und damit zur Einstellung des Rechengerätes liegt in der Natur der Sache. Wenn aber „Herr" und „Gehilfe" sich vermittels einer Sprache verständigen müssen, und dem „Herrn" ist die Sprache des „Gehilfen" zu unbequem, dann ist es das nächstliegende, dem Gehilfen die Sprache des Herrn beizubringen. Die Frage ist nur, ob sich diese Konsequenz auf unseren Fall, in dem der Gehilfe eine Maschine ist, übertragen läßt.

Der Universalrechner ist nun durchaus imstande, in dem für die Zwecke der Programmierung erforderlichen Umfang von seiner eigenen abweichende Sprachen zu „lernen". Allerdings darf man hier das Wort „lernen" nur in demselben eingeschränkten Sinne verstehen wie vorher das Wort „Sprache". Die Maschine „versteht" ihre eigene Sprache in dem Sinne, daß der Mechanismus des Leitwerks auf die Befehlsfolgen richtig anspricht. Sie „lernt" eine andere Sprache in dem Sinne, daß ein Spezialprogramm sie instand setzt, die Sätze dieser Sprache (die sich inhaltlich mit einem Teilbereich der Maschinensprache überdecken muß) in Maschinenprogramme zu übersetzen, die anschließend ausgeführt werden.

Eine solche Übersetzung mit Hilfe der Rechenanlage ist jedenfalls im Prinzip stets möglich, wenn sich überhaupt eine eindeutige Vorschrift für die Durchführung der Übersetzung angeben läßt, die nicht von der Bedeutung der vorkommenden Worte oder Symbole abhängt. Eine solche Vorschrift besteht nur aus Regeln zur Umformung von Zeichenreihen und ist damit ein Algorithmus im anfangs definierten Sinne. Daß er sich nicht auf Zahlen als Objekte bezieht, spielt keine Rolle. Tatsächlich ist das numerische Rechnen, also die Umformung von Zahlen zu Zahlen, nur ein anscheinend besonders augenfälliger Spezialfall von Zeichenumformungen, und der Name „Rechenmaschine" ist für den Universal„rechner" eigentlich zu eng, da dieser bei geeigneter Programmierung jede durch einen Algorithmus gegebene Umformung von Zeichenreihen ausführen kann.

Dank dieser Fähigkeit der Rechenanlage kann man nun zur Formulierung von Programmen jede beliebige Sprache benützen, wenn sich ein Algorithmus, also ein System von Regeln, angeben läßt, durch deren Anwendung die Sätze der Sprache in Folgen von Maschinenbefehlen übergeführt werden. Der Algorithmus muß als Maschinenprogramm ausgearbeitet werden — eine einmalige Arbeit für Spezialisten — und dieses Programm steht im Rechner ständig bereit, die Übersetzung von in der „Programmiersprache" geschriebenen Programmen in äquivalente Maschinenprogramme durchzuführen. Da die eigentliche Ausführung des Programms sich unmittelbar an die Übersetzung anschließen kann, braucht der Benützer im Prinzip von der Übersetzungsphase nichts zu wissen. Die Rechenanlage wird ihm präsentiert als ein System, das Programme in der Programmiersprache verarbeitet, und nur diese Sprache braucht er zu kennen.

3.4 Problemorientierte Programmiersprachen

Die Entwicklung solcher Programmiersprachen oder allgemeiner Programmiersysteme, die den Universalrechner auf die Verwendung für einen bestimmten Problemkreis spezialisieren, ist heute zu einer Aufgabe geworden, die gleichberechtigt neben die Entwicklung von Rechenanlagen selbst tritt und mit ihr zusammen durchgeführt werden muß.

Für den Bereich der numerischen Mathematik ist in den letzten Jahren eine ganze Reihe solcher Programmiersprachen entwickelt worden. Als wichtigste sind zu nennen einmal das System FORTRAN der Firma IBM, das vor allem in den USA bevorzugt verwendet wird, zum andern die von einem internationalen Gremium entwickelte und von der International Federation for Information Processing (IFIP) adoptierte Sprache ALGOL, die insbesondere in europäischen Rechenzentren für technisch-wissenschaftliche Aufgaben überwiegend verwendet wird und als Basis für die praktische Ausbildung an Rechenanlagen in den Hochschulen dient.

Beide Sprachen benützen die traditionelle Notation der Mathematik mit einfachen und indizierten Variablen, rationalen Ausdrücken, Funktionen und gleichungsartigen „Formeln". Daneben gibt es spezielle Formulierungen zur Darstellung von bedingungsabhängigen Verzweigungen und von Zähl- und Rekursionsvorgängen, die bei dem älteren System FORTRAN noch an die Maschinensprache, bei dem jüngeren ALGOL an die (englische) Umgangssprache angelehnt sind.

Für eine Beschreibung dieser Sprachen fehlt hier der Platz, und wir müssen auf die diesbezügliche Literatur [1—4] verweisen. Als Illustration möge unser Beispiel der Matrixmultiplikation in FORTRAN und ALGOL dienen.

FORTRAN:

$$
\begin{aligned}
&DO \quad 1 \quad I = 1, N \\
&DO \quad 1 \quad K = 1, N \\
&C(I, K) = 0.0 \\
&DO \quad 1 \quad J = 1, N \\
1 \quad &C(I, K) = A(I, J) * B(J, K) + C(I, K)
\end{aligned}
$$

ALGOL:

```
for  i := 1 step  1 until  n do
   for  k := 1 step  1 until  n do
      begin  c[i, k] := 0;
         for  j := 1 step  1 until  n do
            c[i, k] := a[i, j] × b[j, k] + c[i, k]
      end
```

Neben der numerischen Mathematik ist heute die kaufmännische Datenverarbeitung das wichtigste Anwendungsgebiet programmgesteuerter Rechenanlagen. Auch für diese Zwecke ist in den letzten Jahren in den USA eine heute international eingeführte Sprache mit dem Namen COBOL [5] entwickelt worden. Dem angenommenen Benutzerkreis sowie dem vorgesehenen Aufgabenbereich entsprechend ist diese Sprache überwiegend an die (wieder englische) Umgangssprache angelehnt und mit einem besonders reichhaltigen Vokabular zur Beschreibung von Entscheidungsvorgängen sowie vor allem auch von Ein- und Ausgabevorgängen (z. B. zur Formularbeschriftung) ausgestattet.

Als weiteres Beispiel für eine Sprache oder besser für ein Programmiersystem mit einem spezialisierten Anwendungsbereich sei PERT [6] genannt. Hier handelt es sich um ein System zur Bestimmung bester Strategien bei der Planung und Kontrolle des Ablaufs komplizierter, von vielen unabhängigen und nur unvollständig bekannten Faktoren abhängiger Prozesse, wie z. B. großer Bauvorhaben.

Ein Beispiel für eine Sprache, die nicht mehr der Steuerung des Rechners selbst dient, aber doch als Programmiersprache klassifiziert wird, ist schließlich APT [7], eine Sprache, die zur Darstellung von Prozessen der digitalen Werkzeugmaschinensteuerung dient, also als Programmiersprache für Werkzeugmaschinen anzusehen ist. Auch hier ist die Sprache aber den Bedürfnissen des Benützers angepaßt, und in APT geschriebene Programme werden von den Steuerorganen von Werkzeugmaschinen nicht akzeptiert. Vielmehr müssen diese Programme erst von einer programmgesteuerten Rechenanlage in die Maschinensprache der Werkzeugmaschinensteuerung übersetzt werden. Das Resultat der Arbeit der Rechenanlage ist dann ein Lochstreifen oder Kartenstapel, der der Eingabe der Werkzeugmaschinensteuerung zugeführt wird. Die Rechenanlage wirkt also nur noch als Übersetzungsmaschine und hat mit dem primären Verwendungszweck des Programms überhaupt nichts zu tun.

Der Zweck aller Programmiersprachen ist es, dem Benützer das Arbeiten mit der Rechenanlage soweit als möglich zu erleichtern. Diese Erleichterung betrifft aber ausschließlich die korrekte Formulierung der Arbeitsvorschrift zur Lösung des dem Benutzer vorliegenden Problems. Die Entwicklung dieser Arbeitsvorschrift wird davon in keiner Weise berührt. Hierfür gibt die beste Programmiersprache keinerlei Hinweise. Im Sinne des anfangs verwendeten Modellbildes kann man etwa sagen, daß die Programmiersprache eine Art Modellbaukasten darstellt.

Das Vokabular der Sprache sind die Bausteine, die Bildungsregeln der Sprache sagen, wie man die Bausteine korrekt zu größeren Einheiten zusammensetzen kann. Wie man aber bauen muß, um ein Modell für einen bestimmten Zweck zu erhalten, das muß der Modellbauer wissen, bevor er mit dem Bau beginnt, und dafür findet er in der Sprache keinerlei Hinweise. Die Programmiersprache erlaubt eine bequeme Beschreibung des Modells, die Rechenanlage übernimmt die Durchführung und Auswertung der Tests des Modells, der Entwurf des Modells in Form eines Algorithmus aber ist ein schöpferischer Akt, der dem wissenschaftlich geschulten, denkenden Menschen vorbehalten bleibt.

Literatur

[1] Programmers Reference Manual FORTRAN. New York: International Business Machines Corp. 1956.

[2] BACKUS, J. W., et al.: The FORTRAN Automatic Coding System. Proc. Western Joint Computer Conference, Los Angeles, 26.—28. Febr. 1957, S. 188—198.

[3] BAUMANN, R., et al.: Introduction to ALGOL. Englewood Cliffs, N. J.: Prentice Hall Inc. 1964.

[4] BAUER, F. L., et al.: Moderne Rechenanlagen. Stuttgart: Teubner 1965.

[5] SAMMET, J.: Detailed Description of COBOL. In: Annual Review in Automatic Programming Vol. 2., S. 197—230. Hrsg. R. GOODMANN. Oxford: Pergamon Press 1961.

[6] WILLE, H., K. GEWALD u. H. D. WEBER: Netzplanmodelle für die Planung von Projekten. El. Rechenanlagen 6, 277—285 (1964).

[7] BROWN, S. A., C. E. PRAYTOR u. B. MITTMANN: A Description of the APT Language. Comm. ACM 6, 649—658 (1963).

Verzeichnis spezieller Symbole

Die Grundlehren der mathematischen Wissenschaften
in Einzeldarstellungen
mit besonderer Berücksichtigung der Anwendungsgebiete

Lieferbare Bände:

2. Knopp· Theorie und Anwendung der unendlichen Reihen. DM 48,—; US $ 12 00
3. Hurwitz: Vorlesungen über allgemeine Funktionentheorie und elliptische Funktionen. DM 49,—; US $ 12.25
4. Madelung: Die mathematischen Hilfsmittel des Physikers. DM 49,70; US $ 12 45
10. Schouten: Ricci-Calculus. DM 58,60; US $ 14.65
14. Klein: Elementarmathematik vom hoheren Standpunkt aus. 1. Band: Arithmetik. Algebra. Analysis. DM 24,—; US $ 6.00
15. Klein: Elementarmathematik vom höheren Standpunkt aus. 2. Band: Geometrie. DM 24,—; US $ 6.00
16. Klein: Elementarmathematik vom höheren Standpunkt aus. 3. Band Präzisions- und Approximationsmathematik. DM 19,80; US $ 4 95
19. Pólya/Szegö: Aufgaben und Lehrsatze aus der Analysis I: Reihen, Integralrechnung, Funktionentheorie. DM 34,—; US $ 8 50
20. Pólya/Szegö: Aufgaben und Lehrsätze aus der Analysis II: Funktionentheorie, Nullstellen, Polynome, Determinanten, Zahlentheorie. DM 38,—; US $ 9 50
22. Klein: Vorlesungen über höhere Geometrie. DM 28,—; US $ 7.00
26. Klein: Vorlesungen über nicht-euklidische Geometrie. DM 24,—; US $ 6 00
27. Hilbert/Ackermann: Grundzuge der theoretischen Logik DM 38,—; US $ 9.50
30. Lichtenstein: Grundlagen der Hydromechanik. DM 38,—; US $ 9 50
31. Kellogg: Foundations of Potential Theory. DM 32,—; US $ 8.00
32. Reidemeister: Vorlesungen uber Grundlagen der Geometrie. DM 18,—; US $ 4 50
38. Neumann: Mathematische Grundlagen der Quantenmechanik. DM 28,—; US $ 7.00
52. Magnus/Oberhettinger/Soni: Formulas and Theorems for the Special Functions of Mathematical Physics. DM 66,—; US $ 16.50
57. Hamel: Theoretische Mechanik. DM 84,—; US $ 21.00
58. Blaschke/Reichardt: Einfuhrung in die Differentialgecmetrie. DM 24,—; US $ 6.00
59. Hasse: Vorlesungen über Zahlentheorie. DM 69,—; US $ 17.25
60. Collatz: The Numerical Treatment of Differential Equations. DM 78,—; US $ 19.50
61. Maak: Fastperiodische Funktionen. DM 38,—; US $ 9.50
62. Sauer: Anfangswertprobleme bei partiellen Differentialgleichungen. DM 41,—; US $ 10.25
64. Nevanlinna: Uniformisierung. DM 49,50; US $ 12.40
65. Tóth: Lagerungen in der Ebene, auf der Kugel und im Raum. DM 27,—; US $ 6.75

MIX
Papier aus verantwortungsvollen Quellen
Paper from responsible sources
FSC® C105338
FSC
www.fsc.org